快乐的人生

[美]戴尔·卡耐基◎著　申文平◎译

中南出版传媒集团
民主与建设出版社

前言

从来没有哪一个时代的人们像今天这样如此重视"成功"，"成功"成为这个时代被使用最频繁的字眼。那么，什么是成功？成功当指成就功业或达到预期的结果。成功的含义是丰富的，然而只有造福于社会，获得社会的承认，赢得他人的尊重，才称得上是真正的成功。

事实上，成功是一种积极的心态，是每个人实现自己的理想后，自然而然地产生的一种自信和满足心态。

卡耐基认为，一个人的成功有15%是由于他的技术专长，而85%是靠良好的人际关系和为人处世的能力。经过多年的研究考察，他最终发展出一套独特的融演讲、推销、为人处世、智能开发于一体的成人教育方式，这种方式得到人们的认可，并且不断完善。他开创的"人际关系训练班"遍布世界各地，对数以百万计的人产生了深远的影响。其中不仅有社会名流、军政要员，甚至还包括几位美国总统。

《快乐的人生》是美国"成人教育之父"戴尔·卡耐基的代表作之一，它教人们怎样用智慧经营人生。卡耐基以简单明了的道理结合生动真实的具体事例，向读者介绍了如何培养平安快乐的心理、如何免受批评的忧虑、如何把握工作和金钱，快乐生活的真实故事。这是一本关于幸福的书，是通往美好人生路的导航灯！

CONTENTS 目录

第一章　修炼良好心态，快乐面对人生

01　树立积极乐观的人生态度　003

02　不为小事而烦恼　006

03　学会自我肯定　008

04　先让别人快乐起来　010

05　无争，才能无忧　013

06　丢弃心灵的保险绳　015

07　让内心平衡　017

08　学会关心自己的身体　019

09　不要把快乐的底线定得太高　021

10　放慢节奏，学会享受生活　023

第二章　学会驾驭自我，掌控好自己的情绪

01　赶走忧虑，活在当下　027

02　让自己忙碌起来　029

03　化不利为有利　031

04　踢开让你失望的绊脚石　033

05　只有播种快乐，才能收获快乐　035

06　做事前先想一个好结果　040

07　平静是通向幸福天堂的路　042

08 始终保持乐观   044

09 练习放松的艺术 046

10 调整生活中的轻与重   048

11 自我控制，终成大器   051

第三章 打造自身魅力，拓展人际关系

01 给自己制造交际机会   055

02 注重第一印象 057

03 当好他人的听众 059

04 正确捕捉对方的观点，并加以赞赏 061

05 对他人表示同情 065

06 不轻易指使别人 069

07 和善做人，才能赢得友情 072

08 乐于忘记，不念旧恶   074

09 真诚地关心他人 076

10 具备谦谦君子的心态   080

11 学会分享，善意地看待世界   082

12 建立融洽人际关系的语言技巧   084

13 拓展人际关系要循序渐进 086

第四章　掌握沟通秘诀，打破社交障碍

01　记住对方的名字　091

02　别逞口舌之能　093

03　承认对方的重要性　095

04　用表情反映心声　097

05　正确运用态势语　099

06　点到为止102

07　不要硬碰硬　104

08　把笑容写在脸上　106

09　勇于承认错误　108

10　不断更新改进　110

第五章　提高说话技巧，有效说服他人

01　点明说话的主题　115

02　不要直击对方的错误　117

03　给对方说话的机会　121

04　尊重对方的意见　125

05　从对方得意的事说起　131

06　以亲切友善的态度软化对方　133

07　利用权威和角色说服对方　135

08　送人一个好名声，让他去保全　137

09　尽量少让对方说"不"　140

10　站在对方的立场上　144

第六章　避开工作误区，收获职场成功

01　更新你的事业观，让工作成为快乐的源泉　149

02　在工作中学会思考　151

03　主动去做老板没有交代的事　153

04　克服不良工作习惯　155

05　勇于承担责任　158

06　尽职尽责才问心无愧　160

07　做出更好的"全脑进度表"　162

08　多付出一点点儿　165

09　用心对待在职的每一天　167

10　多一些感恩，少一些抱怨　170

11　激发竞争欲望，勇于面对挑战　173

第七章　开发自身潜能，不断取得胜利

01　正确地认识自我　179

02　储备丰富的知识　183

03 养成良好的习惯 185

04 选择明确的目标 187

05 捕捉人生机遇 190

06 开发自身潜能 195

07 独立思考，说出自己的见解 199

08 渴望成功，斗志昂扬 201

09 接受新观念的挑战 203

10 模仿成功人士 205

11 学会有效安排时间 208

12 勇敢面对挫折，挖掘自身潜能 211

13 努力奋斗直到成功213

第一章

修炼良好心态，
快乐面对人生

快乐面对人生，就是对生活充满信心。你不能决定生命的长度，但你可以扩展生命的宽度；你不能预测明天，但你可以充分利用今天；你不能要求事事顺利，但你可以做到事事尽心。无论怎样都不要失去生活的热情，这样才能魅力无限。

01
树立积极乐观的人生态度

积极的人生态度是一个人获得成功的一项重要原则，你可将此原则运用到你所做的任何工作上。如果你不了解如何应用积极的人生态度，那么你就无法从生活和工作中得到最大的效益。

如果你能掌握你的思想，并引导它为你的目标服务，你就能享受：

1. 为你带来成功环境的成功意识；

2. 生理和心理的健康；

3. 经济的独立；

4. 出于兴趣而且能表达自我的工作；

5. 内心的平静；

6. 驱除恐惧的信心；

7. 长久的友谊；

8. 长寿而且各方面都能取得平衡的生活；

9. 免于自我限定；

10. 了解自己和他人的智慧。

如果你所抱持的是消极的人生态度，你将会尝到以下苦果：

1. 生命中的贫穷和凄惨；

2. 生理和心理的疾病；

3. 使你变得平庸的自我限定；

4. 恐惧和所有具有破坏性的结果；

5. 痛恨你帮助自己的方法；

6. 敌人多而朋友少的处境；

7. 人类所知的各种烦恼；

8. 成为所有负面影响的牺牲品；

9. 屈服在他人意志之下；

10. 过着对人类没有贡献的颓废生活。

这两者相比较，相信大家在对年轻人到底应该树立什么样的人生态度这个问题上，已经有了答案。

由于时代和时代精神的不同，即构成确立人生态度的外部环境的不同，卡耐基又对人生态度的确立提出了相应的要求：

一、科学的人生态度

科学认识社会、认识时代精神、认识自我、认识人生，才有可能确立积极乐观的人生态度。积极的人生态度体现了态度的行为倾向。认知倾向和行为倾向是联系在一起的，科学的人生态度必然要求人们积极地去追求人生，创造人生，而不是观望人生，游戏人生。

积极的人生态度是时代和社会所期望的人生态度，它要求我们适应历史发展的需要，勇于开拓创新，不断追求真理，坚韧不拔，拼搏向上；能敏锐地发现并热情支持新生事物；奉献精神强，具有"一切向前看"的价值取向；在工作和事业上表现为兢兢业业，认真负责；广泛汲取信息，注重全面发展；运用科学工作方法，讲究劳动效率和办事效率；既有锐意改革，敢为天下先的胆识，又有当机立断的应变能力。

二、人生态度要乐观

乐观是建立在对社会未来和人生前途充满信心的基础之上的，而信心又是以科学的认识为条件，所以科学的人生态度要求人们对社会和人生持乐观态度。

树立乐观的人生态度，就是以积极的心态来看待生活中发生的各种事，以昂扬的姿态来面对即将到来或已经到来的艰难困苦。

　　乐观的人生态度是我们快乐生活、轻松生活的基础。只有拥有乐观的态度，生活才会更美好，生活中的磕磕碰碰也就有了一种别样的美。

　　三、人生态度还要求实

　　求实是美好品德中的一种，也是一个人的立身之本。在学习中，我们需要有求实的精神，"知之为知之，不知为不知"；在工作中，我们也要有求实的精神，以认真严谨的态度完成每一项工作。我们要能从实际出发，敢于并善于发现真理；能客观地批评别人的错误，也能勇于承认和改正自己的错误。在人生求索的道路上，求实务实是走向成功的保障，它是现代人不可缺少的素质。

　　科学、积极乐观、求实构成了现代人生态度的基本要素，这几个要素同等重要，缺一不可。只有同时具备了这几个特质，我们才能在面对人生中的风风雨雨时镇定自若，才能在人生中找到属于自己的正确方向，并且朝着既定的目标不断前行。

卡耐基金言

　　只有同时具备了积极乐观、科学、求实这几个特质，我们才能在面对生活中的风风雨雨时镇定自若，才能在人生中找到属于自己的正确方向，并且朝着既定的目标不断前行。

02
不为小事而烦恼

　　二战后，一位名叫摩尔的美国人在他的回忆录里写下了这样一件事：

　　那是1945年3月的一天，我和我的战友在太平洋海下的潜水艇里执行任务。忽然，我们从雷达上发现一支日军舰队朝我们开来。几分钟后，6枚深水炸弹在我们的潜水艇四周炸开，把我们逼到海底280英尺的地方。尽管如此，疯狂的日军仍不肯罢休，他们不停地投下深水炸弹，整整持续了15个小时。在这个过程中，有十几枚炸弹就在离我们几十英尺左右的地方爆炸。倘若再近一点儿的话，我们的潜水艇一定会被炸出一个洞来，我们也就永远葬身太平洋了。

　　当时，我和所有的战友——样，静躺在自己的床上，保持镇定。我吓得都不知如何呼吸了，脑子里仿佛蹿出一个魔鬼，它不停地对我说："这下死定了，这下死定了……"

　　因为关闭了制冷系统，潜水艇内的温度达到40多摄氏度，可是我却因害怕而全身发冷，一阵阵冒虚汗。15个小时后，攻击停止了，那支日军舰队在用光了所有的炸弹后开走了。

　　我感觉这15个小时好像有15年那么长。我过去的生活一一浮现在眼前，那些曾经让我烦忧过的无聊小事更是清晰地浮现在我的脑海中：爸爸把那个不错的闹钟给了哥哥而没给我，我因此几天不跟爸爸说话；结婚后，我没钱买汽车，没钱给妻子买好衣服，我们经常为了一点儿芝麻小事吵架……可是，这些令人发愁的事，在深水炸弹威胁我的生命时，都显得那么荒谬、渺小。当时，我就对自己发誓，如果我还有机会再重见天日的话，我将永远不会再计较这些小事了！

通常，我们能很勇敢地面对生活中的那些大的危机或变故，可是，却会被芝麻大的小事搞得垂头丧气。人应该让自己适应一切，而不应该妄想去试着调整一切来适应自己的欲求。所以，面对生活中的烦恼，要在烦恼毁了你以前，先改掉烦恼的习惯。

为此，我提供了4个步骤来消除烦恼：

1. 你担忧的是什么？

2. 你能怎么办？

3. 你决定怎么做？

4. 你什么时候开始做？

如果是生意上的不安，你还可能用另4个步骤来减去你的烦恼：

1. 问题是什么？

2. 问题的成因是什么？

3. 可能解决问题的方法有哪些？

4. 你建议用哪一种解决的方法？

面对生活，也许你有点儿疲惫不堪，但这种不幸的心态本身，又何尝不是由于我们每天积累的烦恼所致。如果你试着用一种积极的态度去解决它们，用富有建设性、思想性的计划驱逐它们，那么相信你很快会摆脱它们。

卡耐基金言

通常，我们能很勇敢地面对生活中的那些大的危机或变故，可是，却会被芝麻大的小事搞得垂头丧气。人应该让自己适应一切，而不应该妄想去试着调整一切来适应自己的欲求。所以，面对生活中的烦恼，要在烦恼毁了你以前，先改掉烦恼的习惯。

03
学会自我肯定

自我肯定的行为可以增加一个人选择的自由度。当一个人拥有选择的自由时，自尊、自重的情感会取代压抑、委屈或愤怒等伤害人的情感。

在讨论自我肯定时，我们会十分注意一个人是否自尊自重。以真诚的方式表达自己，得到自尊与自重，同时也能尊重别人，才是自我肯定的真谛。我们可以在生活中学习自我肯定的行为，以便有效地处理人际关系。

一、自我肯定的方法

自我肯定有如下表达方法：

1. 描述情境。

2. 表达情绪。

3. 提出意见。

4. 征询讨论。

简单地说，自我肯定是坚定的原则与温和的表达。

在自我肯定的行为中，非口语部分中包含：目光温和地接触、脸部表情放松、声调坚定平稳、说话流利、保持适当距离、姿势适中、语气肯定。在口语部分包含：练习说"不行"、"不要"、"我不喜欢"，以平稳的方式叙述自己的感受与意见，并学习事实、感受、期望、讨论四者兼具的表达方式。

在自我肯定的行为中，非口语部分中包含：目光温和地接触、脸部表情放松、声调坚定平稳、说话流利、保持适当距离、姿势适中、语气肯定。在口语部分包含：练习说"不行"、"不要"、"我不喜欢"，以平稳的方式叙述自己的感受与意见，并学习事实、感受、期望、讨论四者兼具的表达方式。

二、自我肯定的时机

那么自我肯定要选择怎样的使用时机呢？下面是我总结的三种情况：

1. 有人请你帮忙，你心中不乐意，却不知怎么拒绝时。

2. 有求于人，又不知从何开口时。

3. 经常一个人埋头苦干，不愿意求人帮忙时。

三、自我肯定的要领

当然，自我肯定也要掌握一定的要领，你至少要做到如下几点：

1. 温和，但不羞怯，因为你对自己有信心，重视自己的价值。

2. 坚持，但不顽固，因为你认为重要的原则，即使在家人或外人的压力之下也不能改变。

3. 关怀，因为你重视别人的权益。

4. 表达清楚，声调、姿势、态度都能让别人清楚地感受到你所要表达的内容。

5. 勇敢，因为你不会畏惧压力或嘲笑。

6. 满意，因为你能在各种环境中维护你的权益，且不去侵犯别人的权益，双方都满足。

7. 有自我价值感，通过与人平等交往，自己能从别人的尊重中更加重视自己的价值。

卡耐基金言

自我肯定的行为可以增加一个人选择的自由度。当一个人拥有选择的自由时，自尊、自重的情感会取代压抑、委屈或愤怒等伤害人的情感。

04
先让别人快乐起来

快乐是有传染性的，只有使别人快乐，才能让我们自己也快乐。

不管你的处境多么平凡，你每天都会碰到一些人，他们每个人都有自己的烦恼、梦想和个人的野心，他们也渴望有机会跟他人共享，可是你有没有给他们这个机会呢？你有没有对他们的生活表露出兴趣呢？你不一定要做南丁格尔，或是一个社会改革者，才能帮着改变这个世界。你可以从明天早上开始，从你所碰到的那些人做起。

也许，你会问，这对自己有什么好处？这会带给你更大的快乐，更多的满足以及你自己心中的满意。为别人做好事不是一种责任，而是一种快乐，因为这能增加你自己的健康和快乐。

纽约心理治疗中心的负责人亨利·林克说："现代心理学上最重要的发现就是，用科学证明了必须要有自我牺牲或者是约束的精神，才能达到自我了解与快乐。"

多为别人着想，不仅能使你不再为自己忧虑，也能帮助你结交更多的朋友，并得到更多的乐趣。那么，怎样才能做到这一点呢？

如果你想消除忧虑，得到平安与幸福，请记住这条规则：要对别人感兴趣而忘掉你自己，每一天都做一件能给别人带来快乐与微笑的好事。

洛克菲勒早在23岁的时候就开始全心全意地追求他的目标。据他的朋友说："除了生意上的好消息以外，没有任何事情能令他展颜欢笑。当他做成一笔生意，赚到一大笔钱时，他会高兴地把帽子摔到地上，痛痛快快地跳起舞来。但如果失败了，那他会随之病倒。"

就在他的事业达到顶峰之时，他的私人世界却崩溃了，许多书籍和文章公开谴责他。

在宾夕法尼亚州，当地人们最痛恨的人就是洛克菲勒。被他打败的竞争者，将他的人像吊在树上泄恨；充满火药味的信件如雪花般涌进他的办公室，威胁要取他的性命。他雇用了许多保镖，防止遭人杀害，并试图忽视这些仇视怒潮。有一次，他曾以讽刺的口吻说："你尽管踢我、骂我，但我还是会按照我自己的方式行事。"

但最后他还是发现自己毕竟也是个凡人，无法承受人们对他的仇视，也承受不了忧虑的侵蚀。他的身体开始不行了，疾病从内部向他发动攻击，令他措手不及，痛苦不堪。

起初，他试图对自己偶尔的不适进行隐瞒。但是，失眠、消化不良、掉头发等症状是无法隐瞒的。

在那段痛苦及失眠的夜晚里，洛克菲勒终于有时间进行自我反省。他开始为他人着想，他曾经一度停止去想他能赚多少钱，而开始思索那笔钱能帮助多少人获得幸福。

简而言之，洛克菲勒现在开始考虑把数百万的金钱捐出去。有时候，做件好事可真不容易。当他向一座教堂捐献时，全国各地的传教士齐声发出反对的怒吼："腐败的金钱！"

但他继续捐献，在获知一家学院因为抵押而被迫关闭时，他立刻展开援助行动，捐出数百万美元去援助那家学院，并将它建设成为了目前举世闻名的芝加哥大学。他也尽力帮助黑人，像塔斯基吉黑人大学，需要基金完成黑人教育家华盛顿卡文的志愿时，他毫不迟疑地捐出巨款。然后，他又采取更进一步的行动，成立了一个庞大的国际性基金会——洛克菲勒基金会——致力于消灭世界各地的疾病、文盲及无知。

　　像洛克菲勒基金会这种壮举，在历史上前所未见。洛克菲勒深知世界各地有许多有识之士，他们在进行着许多有意义的活动。但是这些工作，却经常因缺乏基金而宣告结束。

　　因此，他决定帮助这些人道的开拓者——并不是"将他们接收过来"——而是给他们一些钱帮助他们完成工作。

　　洛克菲勒把钱捐出去之后，是否已获得心灵的平安呢？他最后终于感觉满足了。

　　洛克菲勒十分快乐，他已完全改变了，完全不再烦恼了。

　　很多人一生都在追求快乐，其实快乐很简单——让别人快乐你就会快乐。

卡耐基金言

　　为别人做好事不是一种责任，而是一种快乐，因为这能增加你自己的健康和快乐。要对别人感兴趣而忘掉你自己，每一天都做一件能给别人带来快乐与微笑的好事。

05

无争，才能无忧

"处处绿杨堪系马，家家有路到长安"，事事斤斤计较，事事强出头，只会让自己活得很累。当你同别人争名夺利时，你就成了别人的眼中钉、肉中刺。

一个研究所的副所长，他负责一个课题的研究，由于行政事务繁多，他没有把全部精力放在课题的研究上。他的助手经过千辛万苦把研究成果搞了出来，这个课题得到了广泛的认可。报纸、电视台的记者争相采访那位副所长，但这位副所长都拒绝了，他对记者说："这项研究能成功是我助手的功劳，荣誉应该属于他。"

一个处处抛头露面的人，也许会给人一种朝气蓬勃、充满时代气息的感觉，但同时也会给人留下不够成熟、虚荣轻浮的印象。社会竞争日趋激烈，若要想好好地生存下去，不但要有"敢为天下先"的勇气和魄力，还要有"退一步海阔天空"的韧劲。

其实在很多情况下，我们需要把功劳让给别人。当你刚从事一份工作时，你要有足够的心理准备去这样做，这是一种谦虚的态度，一种合作的态度。只有不去争功，才能从别人身上学到更多东西，也才能让别人乐意传授你知识。如果你一上来就猛打猛冲，都抢着干，别人就会对你抱有戒心。

作为一个新手，更不能去争功，以求充实自己；而作为一个老手，也要乐于把机会让给新手，让新手能得到更多的锻炼。

另外，在工作中遇到大家都能做的事，不要抢着去表现。即使你做成了，别人也不会夸奖你，而且和别人争做这样的事，容易引起矛盾。而当有些事别人做不了时，你可以勇敢地接受，好好地表现一下，这才能显示出你的卓尔不群。

处处喜欢抛头露面的人往往容易成为众矢之的，而那些平时踏实耐劳，在关键时候一鸣惊人的人，才是最具竞争力的人。所以，在工作中，要学着做"黑马"，而不要抢做"出头鸟"。

再则，有些名利之争，少涉及为妙，以免落得个虽有能耐，但是个势利之人的名声。能在名利问题上甘当配角，此种人必有远见，必能成大事。钱钟书先生之所以有如此高的声望，一方面是因为他学识渊博，另一方面是因为他淡泊名利。用他的话来讲："姓了一辈子钱，还在乎钱吗？"

关键时刻要争做主角，但争主角不是凭一时的冲动，而是要有充分的心理准备。首先，要估计自己的能力，要对自己有充分的信心，当然这种自信不能是盲目的。此外，要能处理好各种因当主角带来的复杂矛盾，也就是各种人际关系。当然，还要考虑到各种不测和意外，做好担当相应责任的准备。

卡耐基金言

处处喜欢抛头露面的人往往容易成为众矢之的，而那些平时踏实耐劳，在关键时候一鸣惊人的人，才是最具竞争力的人。

06
丢弃心灵的保险绳

　　许多人之所以不能成为自己命运的决定者的原因之一，是他们给自己找到了一根心灵的保险绳。大多数人在潜意识里都渴望被保护，于是不自觉地期待着家庭、宗教、政府，甚至幻想这些能指引他们度过一生。在一定程度上，这些人都没有从哺乳期过渡到成年期。否则就很难解释为什么在面临一些突发事件时，许多成年人会六神无主地渴望被救援，虽然事实上他们自己完全有能力完成自救工作。

　　我们不能去责备什么人，因为获取安全感和获得保护是人的本能。但是千万不要依赖保护度过你的一生，应当相信更多时候你只能依靠自己。

　　一位叫里尔的少年，一直与父母生活在一起，家庭是他潜意识中一根永不会断的保险绳，而事实也好像证明了这一点。里尔一帆风顺地到了16岁，并开始异地求学。当离开家庭的新鲜感被一种无依无靠感替代后，他开始茫然、不知所措。第一年，由于有同学的帮助他比较顺利地度过了许多不开心的日子。

　　可是第二年，由于一次意外，他触犯了校规，校方给了他两个选择，要么留级，要么退学。这时候的里尔多么渴望有一双强有力的手给他指引方向，可是不管他如何向上帝祷告，到最后他还是只能自己做决定。于是他一夜之间被迫丢开心灵的保险绳做出了自己的选择——退学，重新去考另一所学校。从那时起，里尔就不再给自己系上任何保险绳了，因为他知道有时候能做决定的只有他自己。

想拥有自己的事业，就得付出代价。这话是指每个人必须愿意，而且能够自己负起责任。只有勇于承担、勇于付出，才能丢开心灵的保险绳，成为一个独立自主的成年人。

没有一个人是平白无故获得成功事业的，尽管富有的家庭可以提供稳定和机会，但它们并不一定能使人满足。获取安全感是人的本能，但是千万不要依赖别人的保护度过你的一生。你要知道，其实更多的时候你只能靠自己。否则面临一些突发事件时，你将无所适从。

卡耐基金言

想取得成功，就得付出代价。这里的代价是指每个人必须愿意，而且能够自己负起责任。只有勇于承担、勇于付出，才能丢开心灵的保险绳，成为一个独立自主的成年人。

07
让内心平衡

人们内心的失衡大多是由欲望膨胀所致，只有善于调控自己的欲望，享受与珍惜自己所拥有的人，才能享受内心的平衡和喜乐。试试这十个诀窍，相信你会从中受益：

一、克服虚荣心理

做到自尊自重，绝不能为了一时的心理满足，不惜用人格来换取浮华的东西。

物质生活再富足，也无法弥补心灵的空虚。

二、不要指望用金钱能买到快乐

人们赚取金钱的多寡与快乐、难过之间没有什么关系，关键是看一个人对自己的收入是否感到心满意足。

三、抛弃完美主义

世上并不存在绝对的完美，一个人也不可能拥有一切。用完美主义指导人生，就会使人终日沉湎于自我嫌弃和挑剔中，无法享受生活的乐趣。与其空谈完美，不如踏实地努力，抓住自己能够得到的东西。

四、学会喜欢自己

据研究，拥有健康和自尊心理的人，在面对挫折时表现得较为坚强。

五、正确对待舆论

不应该让他人的评论影响自己的情绪，在冷言冷语中，最可贵的便是自信自强。

六、立刻停止抱怨

一个愁眉苦脸、唠唠叨叨的人不仅毫无亲和力可言，还会令身边的人望而生厌。想要抱怨，先想想有什么用处，牢骚再多也解决不了实际的问题，何况，并不仅仅是你有这样的麻烦，看看那些知足的人是怎么做的吧。

七、不为失去而烦恼

失去了固然可惜，但也没必要耿耿于怀。一味地伤感于事无补，人生还有更重要的事，想想自己所拥有的一切，调整心态去面对失去。

八、珍惜每一个时刻

快乐来自每天发生的一件件小事，而不是源于偶尔的几件带来好运的大事。

九、锻炼

散步、跑步和游泳等锻炼，可起到矫治轻度的忧郁和焦虑，使人保持快乐的作用。

十、睡眠充足

充足的睡眠可为身体重新"充电"，对保持头脑清醒和减轻低落情绪至关重要。

卡耐基金言

人们内心的失衡大多是由欲望膨胀所致，只有善于调控自己的欲望，享受与珍惜自己所拥有的人，才能享受内心的平衡和喜乐。

08
学会关心自己的身体

数年前，美国IMG公司聘用了一位精力充沛的女业务代表，负责在高尔夫球场及网球场上的新人当中发掘"明日之星"。美国西岸有位网球选手特别有潜质，她决定招揽对方加盟IMG公司。从此，即使每天在纽约的办公室忙上12个小时，她依然不忘打电话到加州，了解这个选手受训的情形。甚至这个选手到欧洲比赛时，她也会趁着出差之际抽空去探望一下，为他打理打理。有好几次，她居然连续三天都未合眼，忙着飞来飞去，观察这个选手的进步快慢情况。

可悲的事终于在法国公开赛上发生了，照原定日程，这位女业务代表不必出席这项比赛，但是她说服了主管，为了增进与那位年轻选手的感情，她要求到场。主管勉强应允，但要求她得在出发前把一些紧急事务处理完毕，结果她又几个晚上没合眼。

最后，她终于乘上了飞往巴黎的飞机，但时差及重大赛事所产生的压力感也随之而来，这位非常能干的女士到最后已是大脑一片空白。抵达巴黎当天，在一个为选手和新闻界以及特别来宾举行的宴会上，她不时地为那位年轻选手引见一些要人。当时正是瑞典名将柏格独领风骚的年代，而柏格刚好又是IMG公司的客户，也是那位年轻选手的偶像，她自然就有必要介绍他俩互相认识。然而，令人难堪的事却在这时发生了。

柏格正在房间里与一些欧洲体育记者闲聊，她与年轻选手走了过去。当柏格望向这边时，她赶忙说："柏格，容我介绍这位……这

位……"天哪！她居然忘了自己最得意的球员的姓名！她实在是精疲力
竭了，过度疲劳使她的大脑刹那间一片空白。好在柏格机智，尽力设法
打圆场，化解了尴尬的场面，可是这位年轻选手却面红耳赤、张口结
舌，心中更是难过得不得了，从此他再也不相信IMG的业务代表是真心
对他了。

后来，她发掘的这位选手果真打入了世界前十名，但从此再也不是
IMG公司的客户了。可悲的是，她的一片苦心却由于疲劳过度而造成了
无可挽回的损失。

休息是工作的一部分，休息就是修补。只有保证了身体的健康，才
能保证工作的效率与质量。不会休息的人也不会工作，一刻不停地忙碌
只会透支你的生命，降低你做事的效率。

要减少生活中的压力，我们就要学会休息，以便储备更多的体力和
精力来应对下一步的挑战。

卡耐基金言

休息是工作的一部分，休息就是修补。只有保证了身体的健康，才
能保证工作的效率与质量。不会休息的人也不会工作，一刻不停地忙碌
只会透支你的生命，降低你做事的效率。

09

不要把快乐的底线定得太高

快乐与否，在人不在天。

顺境中能快乐，逆境中也能快乐；富贵人能快乐，贫穷人也能快乐；在物质世界中能快乐，在精神世界中也能快乐……快乐不需要刻意去寻找，它需要靠自己去感受。

不要把快乐的底线定得太高，生命中的任何一件小事，只要你细心品味过，可以说都与快乐有关，只要能给快乐一道底线就行。

美国《时代》杂志上曾刊登了一篇文章，这篇文章讲述了一个伤兵的故事。这个受伤的士兵叫约翰·纳斯堡，在战争中，他的喉头被飞来的炮弹碎片击中，输血7次之后，他才从昏迷中醒来。

他写了一张字条给医治他的大夫，上面写道："我会活下来吗？"

"会的。"医生回答说。

他接着又写了一张纸条问："我以后还能够说话吗？"

他得到了相同的答复。

于是，他再写了一张纸条，上面写道："那我还有什么好担心的呢？"

是啊，遇事多感恩，我们就会活得越快乐。

"想想它与谢谢它"这句话，被刻在了英格兰克伦威尔的许多教堂的墙上，然而，这句话更应该深深地刻在我们的心中。"想想它与谢谢它"这句话，告诉我们的是要多去想一想那些我们应该感激的事情，以及感谢造物主给予我们的恩赐与布施。

作家史铁生写道："生病的经验是一步步懂得了满足。发烧了，才知道不发烧的日子多么清爽。咳嗽了，才体会到不咳嗽的日子多么安详。刚坐上轮椅时，我老想，不能直立行走岂不把人的特点搞丢了？便觉天昏地暗。等又生出褥疮，一连几日只能歪七扭八地躺着，才想到端坐的日子其实多么晴朗。后来又患上尿毒症，经常昏昏然不能思想，就更加怀念起往日时光……"

"知足者常乐"，给自己的快乐画一条底线，我们才会从最平常的日子、最琐碎的事情里品尝到快乐的滋味。

卡耐基金言

"知足者常乐"，给自己的快乐画一条底线，我们才会从最平常的日子、最琐碎的事情里品尝到快乐的滋味。

10
放慢节奏，学会享受生活

狂风袭来，树被吹弯了，可是在风停之后，树又会挺起腰继续它们的参天之梦。

懂得弯曲的小河，有时也会奋不顾身，跌成瀑布；善拉弧圈球的乒乓球高手，有时也会大刀阔斧，直接扣杀。何时该曲，何时该直，运用之妙，存乎一心。

在加拿大魁北克有一个南北走向的山谷，这个山谷没有什么特别之处，唯一能引人注意的是，它的西坡长满了松树、柏树、女贞树等，但它的东坡却只有雪松。这一奇异的景观许多人都不明所以，也一直没有人能给出令人信服的答案，但一对夫妇却揭开了其中的秘密。

一年冬天，他们的婚姻正濒于破裂的边缘。为找回爱情，他们打算去旅行。如果能找回爱情就继续生活，否则就友好分手。当他们来到这个山谷时，正好下起了大雪。他们支起帐篷，望着大雪，发现由于特殊的风向，东坡的雪总比西坡的大且密。一会儿，雪松上就落了厚厚的一层雪，不过当雪积到一定程度，雪松富有弹性的枝丫就会向下弯曲，直到雪从枝上滑落，这样雪松就能完好无损。但是其他的树，却因为没有这个弯曲的本领，因此树枝被积雪压断了。

妻子对丈夫说："以前东坡上肯定也有过其他的树，只是那些树不会弯曲才被大雪摧毁了。"顷刻间，两人突然明白了什么，紧紧地拥抱在一起……

刀再锋利，如果一碰就断，也没有什么用。面对压力，我们不能一味地往前冲，否则只能将自己逼到崩溃的边缘。我们应该懂得张弛有度、松紧适当的生活哲学，当面临巨大的压力时，要提醒自己适当地放慢节奏，学会享受生活。

据说，老子曾经问他的一个学生："牙齿和舌头谁硬？"

学生说："牙齿硬。"

老子张开嘴让学生看："牙齿硬，但是现在一个都不剩了；舌头软，现在还完好无缺。"

老子以此教育他的学生，要懂得物极必反的道理，其实就是提醒我们要刚柔相济，特别是要在巨大的压力面前学会弯曲。

生活中需要学会弯曲。弯曲，并不意味着低头承认失败，也不意味着放弃追逐希望，而是为了弯曲后的"重生"。生活，不曾要求人们一味地如"铁人"一般，因此，我们实在无须为了所谓的坚持、所谓的自尊而放弃"弯曲"的权利。适时弯曲，才是生活的智慧。

卡耐基金言

我们应该懂得张弛有度、松紧适当的生活哲学，当面临巨大的压力时，要提醒自己适当地放慢节奏，学会享受生活。

第二章

学会驾驭自我，
掌控好自己的情绪

很多时候，因为我们没有控制好自己的情绪，以至于我们和他人之间的误会不断加深，我们伤害了朋友、同事和亲人等。因此，年轻人要想担当重任，就要学会控制自己的情绪，尽量做到荣辱不惊。

01
赶走忧虑，活在当下

每个人都多多少少会有些忧虑，如何才能驱逐忧虑呢？其实，我们所担心的事，百分之九十九都不会发生，而对这些不会发生的事凭空操心是很悲哀的。

今天就是你昨天所担心的明天，但你昨天所担心的事真的发生了吗？恐怕是没有。因此，杞人忧天不仅是可笑的，而且是徒劳的。所以，一个人在感到沮丧时，应该设法在最短的时间内将烦恼全部赶走，重新找回充满自信的你。

那么，采取什么样的方法会更为有效呢？

一、运动是最佳的解忧剂

烦恼时多用肌肉，少用脑筋，其结果将会令你惊讶不已。精神沮丧无以排遣时，强迫自己多从事一些运动，如跑步，或是徒步到乡下，或是打半小时的沙袋，或是到体育场打球。不管是什么运动，强迫自己多流汗，你会发现沮丧和忧愁全都随着汗水流光了。

二、泄愤遣忧

把你的怒气发泄在无关紧要的小事上，可以使你养成遇到任何大事都镇定自若的忍耐力。怒气发泄后，就要立即把心情宽松下来，这样你的怒气才算没有白白发作；反之，如果你发作后，仍把这事牢记在心，不肯忘却，那你所获得的结果，一定是不堪想象的。聪明的人会依照自己的个性，选择一种最适当的泄愤方法，并将它养成习惯，那么当那危险的怒火上升时，就不难将它消灭于无形了。

抵御忧虑还应该有一种"生活在今天"的信念。生活就像一个战场，遍布破灭的梦想、支离破碎的希望和残缺的幻想。在这场战斗中，你得胜的机会或许很低，一场战斗下来，总使你伤痕累累，然而，你不要自哀自怜，也不必为此而烦恼流泪，因为你是实实在在地生活着。

人性中最可怜的一件事就是，我们大多数人都梦想着天边的一座奇妙的玫瑰园，而不去欣赏今天开放在我们窗口的玫瑰。

我们总是无法及早懂得快乐就在生活里，就在每一天和每一个时刻里。

因而，如果你不希望烦恼侵入你的生活，请你问问自己下面这几个问题，然后写下答案。

1. 我是否没有生活在现在而只担心未来？或是去追求所谓"一座遥远奇妙的玫瑰园"？

2. 我是否经常为过去发生的事后悔，为那些已经过去的事伤怀？

3. 我清早起来的时候，是否决定要"抓住这一天"，充分利用今天这24小时？

4. 我什么时候该开始这么做？下星期？明天？还是今天？

当你回答了这些问题，你就会知道，不论在生活上碰到什么事情，都不必害怕，也不必担心未来，因为每一天都是一个新的开始。

卡耐基金言

我们所担心的事，百分之九十九都不会发生。因此，对那些不可能发生的事凭空操心是多么悲哀啊。要知道，今天就是我们昨天所担心的明天。

02
让自己忙碌起来

生活中我们经常会遇到一些伤心的事情，面对这些伤心事，很多年轻人都感到痛彻心扉，甚至绝望。这时年轻人该怎么办呢？

找些事情做，让自己没有时间去想那些不愉快的事情。

心理学家曾发现这样一条定理：忧虑最能伤害到你的时候，不是在你有所行动的时候，而是在你工作之余。那时候，你的想象力会混乱起来，使你想起各种荒诞无稽的事情，把每一个小错误都加以夸大。在这种时候，你的思想就像一个没有载货的汽车，乱冲乱撞，摧毁一切，甚至也会让自己变成碎片。消除忧虑的最好办法，就是让自己忙碌起来，去做一些有意义的事情。

让我们来做一个实验：假定你现在靠坐在椅子上，闭起双眼，试着在同一时间去想两件事情……

你会发现你只能轮流地想其中的一件事，而不能同时想两件事情，对不对？对你的情感来说，也是这样。我们不可能既激动、热诚地想去做一些很令人兴奋的事情，又同时因为忧虑而停滞下来。一种感觉会把另一种感觉赶出去，也就是这么简单的发现，使得军队的心理治疗专家们能够在战后创造奇迹。

当有些军人因为在战场上受到打击而退下来的时候，他们被称为"心理上的精神衰弱症"患者，军方的医生都以"让他们忙着"作为治疗的方法。

除了睡觉的时间之外，每一分钟都不让这些在精神上受到打击的军人停下来，比如钓鱼、打猎、打球、打高尔夫球、拍照、种花，以及跳舞等等，根本不让他们有时间去回想他们那些可怕的经历。

让自己不停地忙着，是改掉忧虑的最好办法。忧虑的人一定要让自己沉浸在工作之中，否则只会在绝望中挣扎。

"没有时间去忧虑"，这正是丘吉尔在战时说的一句话。当别人问他是否为自己身负的重任而忧虑时，他说："我太忙了，我没有时间去忧虑。"

查尔斯·柯特林在发明汽车的自动点火器的时候，也碰到过这样的情形。柯特林先生一直是通用公司的副总裁，最近才退休。可是，当年他却穷得要用谷仓里放稻草的地方做实验室。家里的开销，都得靠他太太教钢琴所赚来的1500美元。后来，他又用他的人寿保险作为抵押借了500美元。

我问过他太太，在那段时期她是不是很忧虑？"是的，"她回答说，"我担心得睡不着，可是柯特林一点儿也不担心。他整天埋头工作，没有时间忧虑……"

工作，确切地说是忙碌，是治疗忧虑的最好办法。如果你正处于悲伤忧郁的情绪中，那么试着给自己找点儿事情做吧，忙碌起来，你就会忘记那些不愉快。

卡耐基金言

工作，确切地说是忙碌，是治疗忧虑的最好办法。如果你正处于悲伤忧郁的情绪中，那么试着给自己找点儿事情做吧，忙碌起来，你就会忘记那些不愉快。

03
化不利为有利

有一天，我到芝加哥大学访问罗伯特·哈金斯校长，请教他是如何解决忧虑的。哈金斯的回答是："我一直遵循已故的西尔斯百货公司总裁朱利斯·罗森沃德的建议——如果你手中只有一个柠檬，那就做杯柠檬汁吧！"

哈金斯校长正是那么做的，但一般人却刚好反其道而行。有的人发现命运送给他的只是一个柠檬，他会立即放弃，并说："我完了，我的命怎么这么不好，一点儿机会都没有。"于是他很容易陷入自怜之中。如果是一个聪明人得到了一个柠檬，他会说："我可以从这次不幸中学到什么呢？怎样才能改善我目前的处境呢？怎样把这个柠檬做成柠檬汁呢？"

我曾听瑟尔玛·汤普森女士讲过一段她的经历：

战时，我丈夫驻防在加州沙漠的陆军基地。为了能经常与他相聚，我搬到那附近去住，那里实在是个可憎的地方，我简直没见过比那儿更糟糕的地方。我丈夫出外参加演习时，我就只好一个人待在那间小房子里。这里热得要命——仙人掌阴影下的温度高达52℃，并且没有一个可以谈话的人。风沙很大，所有我吃的、呼吸的都充满了沙子！

我觉得自己倒霉到了极点，觉得自己好可怜，于是我写信给我父母，告诉他们我放弃了，准备回家，我一分钟也不能再忍受了，我情愿去坐牢也不想待在这个鬼地方。我父亲的回信中只有三句话，但这三句话却常常萦绕在我心中，并改变了我的一生：有两个人从铁窗朝外望去，一个人看到的是满地的泥泞，另一个人看到的却是满天的繁星。

我把这三句话反复念了好几遍，我觉得自己很丢脸。我于是决定找出自己目前处境的有利之处，我要找寻那一片星空。

我开始与当地居民交朋友，他们的反应令我心动。当我对他们的编织与陶艺表现出很大的兴趣时，他们会把拒绝卖给游客的心爱之物送给我。我研究各式各样的仙人掌及当地植物。我试着认识土拨鼠，我观看沙漠中的黄昏，找寻300万年前的贝壳化石，原来这片沙漠在300万年前曾是海底。

是什么带给我这些惊人的改变呢？沙漠并没有发生改变，改变的只是我自己的态度。正是这种改变使我有了一段精彩的人生经历。我所发现的新天地令我觉得既刺激又兴奋，于是，我开始着手写一本书——一本小说。

我逃出了自筑的牢狱，找到了美丽的星空……

快乐是一种化不利为有利的积极的人生态度。命运交给你一个柠檬，你得想法把它做成柠檬汁。伟大的心理学家阿德勒穷其一生都在研究人类及其潜能，他曾经宣称他发现人类最不可思议的一种特性——人具有一种反败为胜的力量。所以，面对生活中的种种不幸，积极地应对吧，因为你有这种化不利为有利的潜能。

卡耐基金言

保持快乐是一种人生态度。人类有一种不可思议的特性——反败为胜、化不利为有利。所以，面对生活和工作中的种种不幸，勇敢的人都会选择积极地应对，而不是自暴自弃。

04
踢开让你失望的绊脚石

失望是一个人常有的一种情绪。有人能较快地克服这种情绪，有人却长期为这种情绪所羁绊。前者意志坚强，锲而不舍，很快就克服了失望；而后者意志薄弱，心存畏惧，认为自己很难克服失望，所以长期为失望情绪所羁绊。以下三种方法对克服失望情绪非常有益，只要你坚持下去，就一定会取得成效。

一、真心期望自己能够克服失望

从某种意义上来说，失望是逃避现实、自我怜悯的一个"避难所"。失望只是有些人不愿面对社会竞争的一个借口。而且，每个人心里都或多或少存在着一定的自虐倾向，只是程度不同而已。这种倾向强烈的人即使不以戏剧化的方式，也一定会以某种消极思维的方式来鞭打自己，他们满足于将自己蜷缩在失意落魄的气氛中。如果你能够全心全意地克服失望情绪，那么可以说你已经走向胜利之路了。

二、沉思

沉思就是每天进行10分钟严格挑选的思考程序，只要正确培养这种习惯，必能获得良好的结果。

一天之中的任何时刻都可以进行10分钟的沉思，不管是白天还是夜晚，不需要挑选特别的时间。但一天24小时之内一定要有10分钟的沉思时间。

首先进入房里关上房门，然后安静地坐下。电话铃响了也不要接，门铃响了也是一样，在10分钟之内不受任何干扰。只要你能够坚持下去，而不是"三天打鱼，两天晒网"，就会见到成效。

三、请一个人听你倾诉

当失望的情绪快要把你的心灵压垮，积极的态度即将瓦解时，找一个能以积极的态度聆听、有充分理解力的人，对他倾吐所有的不愉快。这个方法的关键是向别人和自己坦白苦恼，不要感情化，要理性地从心里排除这些失望的念头。这样就必定能获得很好的效果。

卡耐基金言

失望是一个人常有的一种情绪。有人能较快地克服这种情绪，有人却长期为这种情绪所羁绊。要想摆脱失望的情绪，首先要做的就是不要为自己找借口。

05

只有播种快乐，才能收获快乐

德莱特说："如果每个人都想在漫长的人生中享受快乐，就不能只想到自己，而应为他人着想。"

下面是密苏里州波顿先生的故事，他告诉我他是怎样获得快乐的。

我9岁那年母亲带着两个小妹妹离家出走了，从此我们就再也没有见过面。母亲离家3年后，父亲在一次意外中死于车祸。当时父亲与他人合伙开了一家咖啡店。在父亲外出办事时，合伙人偷偷把咖啡店卖了并携款逃跑。父亲的一位朋友把这件事告诉了他，父亲在赶回来的途中，遭遇车祸丧生。

此后，我和四个弟弟就成了孤儿。这时，我们的两位姑姑收养了三个弟弟，我和小弟没人要。镇上的人同情我们，在他们的帮助下我们得以生存下来。虽然，我很害怕别人说我们是孤儿，但这种担心很快就变成了现实。

我在镇上一个非常贫穷的人家住了一段时间，随着男主人的失业，我再次面临无家可归。这时，洛福华先生收留了我。洛福华先生年纪很大，已70岁了，他长年卧病在床。他对我说，只要不撒谎、不偷东西、听话，就可以一直住在这里。这三点要求成了我行动的准则，我时刻遵守着它。

不久，洛福华先生把我送到学校学习。到学校的第一个星期，就不断地有学生来找我的麻烦。其他学生骂我是笨蛋，他们取笑我的大鼻子，称我为"臭孤儿"。我非常伤心，非常想揍那些不尊重我的同学。可是收留我的洛福华先生一直教导我："你一定要记住，真正的男子汉是不会为了这种小事情而跟别人打架的。"所以，我一直强忍着没有动手。直到有一天，一个男生把鸡屎丢在了我的脸上，我怒不可遏，上去将他一顿痛打，结果我还因此交到了几个朋友，他们都说那个男生罪有应得。

　　我非常喜欢洛福华太太送给我的一顶帽子。可是有一天，一个大女孩抢走了我的帽子，并在里面灌满了水，把帽子弄坏了。她告诉我，她之所以往帽子里装水是为了淋湿我的脑袋，好让我"清醒"一点。我从来不在学校里掉眼泪，可是回家之后，我躲在被子里放声大哭。

　　有一天，洛福华太太知道了我的委屈，就给我出了个主意，让我消除了所有的烦恼，也交到了很多的朋友。她说："波顿，如果你肯主动表示对他们感兴趣，为他们做些什么事情的话，他们就不会再嘲笑你，或叫你'臭孤儿'了。"我接受了她的建议，每天都用功读书，学习成绩是班上最好的一个。可从来没有人嫉妒我，因为我总是尽力帮助他们。

　　我帮他们写作业，写辩论稿。有的孩子为了不让自己的父母知道这件事，到我家里来时，总是找一些借口。有时，我会花上几个晚上的时间帮助他们做作业。

　　村中接二连三地发生不幸，几个年纪很大的农夫相继去世了，一位老太太被丈夫遗弃了。这两年来，我一直尽力地帮助那些寡妇。每天放学后，我会去帮助她们砍柴，挤牛奶，帮她们饲养牲畜。

　　从那以后再也没有人拿我开玩笑了，我得到了他们的一致称赞，每个人都把我当成了好朋友。

　　我从部队退役回来时，他们表露出了对我的感情。回家的前几天，家里来看望我的人络绎不绝，有人甚至从遥远的地方开车来看我。他们对我是那么真诚友好。由于我一直乐于帮助他人，我几乎没有什么烦恼，再也没有人叫我"臭孤儿"了。

为什么帮助他人会给自己带来这么大的益处呢？因为我们在帮助他人时，就不会有时间想到自己，而忧虑、烦恼都是因为我们只想到了自己，想得过多而引发的。

萧伯纳说过："一个以自我为中心的人，一天到晚都在抱怨别人不能使他开心。只有乐于助人，为他人带来笑声，你才能真正快乐。"

帮助别人，为他人做好事不是你的责任，没有人要求你这么去做。但是这样做了以后，你收获的比你付出的要多，因为这能增加你的快乐和健康。

多为别人着想，尽量帮助他人，会给自己带来意想不到的收获。贝恩太太和我讲述了她的故事：

5年前的圣诞节，我陷在自怜与悲伤之中。在度过了很长一段快乐的婚姻生活之后，我的丈夫离开了我。在圣诞节来临时，我更加悲伤。我到现在还没有单独一个人过圣诞节。有很多朋友都来邀请我与他们一起过圣诞，我怕我会触景伤情，破坏了节日的气氛，便一一回绝了他们。时间越临近，我的伤感情绪愈浓。

圣诞节那天，我下午三点钟离开了办公室，漫无目的地在大街上闲逛，希望自己的心情能变得好一些。街上挤满了快乐的人群，这让我不自觉地想起那些快乐的往事。那时，我心头十分茫然，我实在不敢回到那空荡荡的、没有人气的家中。

漫无目的地走了一个多小时，我发现自己走到了一个公共汽车站前，我顺着人群上了车。不知过了多久，只听到乘务员在耳边提醒我："该下车了，终点了，女士。"我都不知道到了哪儿。四周很安静，这时，附近一座教堂里传来了优美的乐声，我循声走了过去，静静地坐在教友席上。教堂里灯火辉煌，圣诞树装饰得非常漂亮，不知不觉中，我就睡着了。

醒来时，我一时忘了身在何方，我有点儿害怕。我看见面前有两个小孩，显然他们是来看圣诞树的。其中一个小孩指着我说："她会不会是圣诞老人带来的？"我突然醒来，把他们两个也吓了一跳。我冲他们笑了笑，他们的衣服很破旧。我问他们的父母在哪儿？他们说自己已没有父母了。这两个小孤儿的情况比我糟糕多了，我不禁为自己的忧虑和悲伤感到惭愧。

于是，我带着两个小孤儿在附近的商店中买了一些小礼物送给他们。这时候，我发现我的悲伤一下子都没有了。这两个小孤儿让我几个月来第一次忘掉了自己。当我和他们俩聊天时，我才发现自己是多么的幸运。我要感谢上帝，让我的童年充满了欢乐，让我得到父母无私的爱与关怀。这两个小孤儿带给我的远比我带给他们的要多。

这次的经历让我明白，要想让自己快乐，首先要给他人送去快乐。快乐是能够传染的，在付出的同时也得到收获。因为帮助别人，付出自己的爱，我克服了悲伤与痛苦，我感觉我就像是变了一个人，从那以后一直都是如此。

多想想别人，不仅可以为自己带来快乐，驱走烦恼，而且也可以让你结交到朋友，得到更多的乐趣。那么，如何才能做到这一点呢？我就这个问题请教了耶鲁大学的威廉·非尔晋斯教授，教授说："每当我去商店、理发店或其他场所时，都会和我所遇到的人聊上几句，说一些称赞他们的话，我要让他们感觉他们自己也是一个人物。有时候我会赞美招呼我的小姐，说她的眼睛或头发很美。理发时，我会问理发师，这样整天站着累不累？做这一行多长时间了？我发现，当你对一个人表示出兴趣时，会给他们带来很大的乐趣。我经常和那个帮我送行李的服务员握手，这会让他精神振作，干活更有劲头。

如果你想获得快乐、平安与幸福，请记住这条规则：忘掉自己，要对他人感兴趣，每天做一件能为别人带来快乐的好事。

卡耐基金言

如果你想在漫长的人生中享受快乐，就不能只想到自己，也应该为他人着想。只有播种快乐的人，才能收获更多的快乐。

06
做事前先想一个好结果

我们做任何事之前，都要先预想一个好的结果，好结果很重要，有了好结果的鼓舞，你就会信心百倍，有这种积极心态的人，成功的可能性也很大。

然而，生活中很多人，在还没有做事前，就想到事情会失败，在这种消极心态的影响下，事情真的就难以成功了。

一个人能否成功，关键在于他的心态是否积极。成功者在做事前，就相信自己能够取得成功，结果真的成功了。

前世界拳击冠军乔·弗列勒每战必胜的秘诀是：参加比赛的前一天，总要在天花板上贴上自己的座右铭——我能胜！

一天晚上，在漆黑偏僻的公路上，一个年轻人的汽车轮胎爆了。

年轻人下来翻遍工具箱，也没有找到千斤顶，而没有千斤顶，是换不了轮胎的。怎么办？这条路上半天都不会有一辆车经过，他远远望见一座房子里还亮着灯，便决定去那儿借一个千斤顶。

在去借千斤顶的路上，年轻人不停地想：

要是没有人开门怎么办？

要是没有千斤顶怎么办？

要是那家伙有千斤顶，却不肯借给我，那该怎么办？

……

顺着这种思路，年轻人越想越生气，当他敲开门，主人刚出来，年轻人就冲着人家劈头就是一句："你那千斤顶有什么稀罕的！"

主人被眼前这个年轻人弄得丈二和尚摸不着头脑，以为是一个精神病人，"砰"的一声就把门关上了。

做事前，就认为自己会失败，自然就难以成功了。

世界著名的走钢索选手卡尔·华伦达曾说："在钢索上才是我真正的人生，其他的都只是等待。"他总是以这种非常有信心的态度来走钢索，每一次都非常成功。

但是1978年，他在波多黎各表演时，从25米高的钢索上掉下来摔死了，令人不可思议。后来他的太太说出了原因，在表演前的3个月，华伦达开始怀疑自己。"这次可能会掉下来，"他时常说，"万一掉下去怎么办？"他花了很多精力以避免掉下来，而不是在走钢索，结果失败了。

做任何事，不要在心里制造失败，我们都要想到成功，要想办法把"可能会失败"的意念排除掉。

一个人想的全是成功，就可能会成功；想的尽是失败，就可能会失败。

卡耐基金言

我们做任何事之前，都要先预想一个好的结果，好结果很重要，有了好结果的鼓舞，你就会信心百倍，有这种积极心态的人，成功的可能性也很大。

07
平静是通向幸福天堂的路

平静并不是一种懒散、没有生气的状态，而是一种内在平静的心灵状态。生活中，只要经常保持平静，就可以拥有控制情绪的能力。

一旦你知道如何获得平静，你就可以从容地面对生活中的压力和挫折。现在，让我们给自己一段可以放慢脚步的时间，享受放松时的美好与快乐。让自己放松，你就会觉得很舒服。

你是否时常回忆过去的美好时光？你是否时常单独在空旷的海滩或安静的公园里散步？你是否曾经在派对上或电视节目进行到一半时离开到花园里的树下静坐？

只要你开始回想这些事，你就会发现，让自己内心平静的过程本身就是一种乐趣。它不是娱乐，也不是一种感官刺激，但是，它确实是一种乐趣，一种单纯的乐趣。

你应该开始了解——就算意识上还没有了解，潜意识应该也能够体会——获得平静是让你获得快乐的最简单、最有效的方法，也是通向幸福天堂的必经之路。

平静是人们必修的一堂课，它是春天里温暖的阳光，是秋天收获的果实。平静和其他优秀品质一样珍贵，它的价值远远胜过财富。在名利场里勾心斗角，或为几块金币、几亩田地同别人争白了头发，到头来也只不过是一日三餐和最后的几尺坟地。

有人曾这样说过："我们会结识这么一些人，他们勤奋、努力地工作，但是脾气暴躁，他们的生活也因此而变得混乱不堪。他们无法欣赏美好的事物，只顾着匆匆赶路，却忘了观看路边的风景，从而错过了许多应得的幸福。在我们身边，我们所能碰到的真正能享受平和宁静生活的人真是越来越少了。"

在当今这个忙碌的社会里，许多人会因各种各样的事情而焦虑不安，会因自我控制能力的弱化而经常出现情绪波动。只有那些明智的人，才会掌控并引领自己朝他原本向往的方向走去。

年轻的朋友们，无论你们在哪里，在做什么，要往哪里去，都请你们记住：如果生活是沙漠，那么总会有一片绿洲等你去发现。请你偶尔放慢脚步，好好欣赏吧，因为更多的时候，幸福是躲在平静背后的一道风景。

卡耐基金言

当你的情绪出现较大的波动时，你可以走到窗前望向窗外，深呼吸，将你的注意力集中到这次呼吸上，并忘掉其他的一切。这听起来很简单，但是如果你真的这样做了，你的心情就能很快地平静下来。

08
始终保持乐观

每个人都有遇到挫折的时候，但只有真正乐观的人才会化逆境为顺境。一个深受流言侵扰的名人曾说过："你知道吗？即使是你的朋友都有可能因嫉妒而恶意中伤你，但那又怎么样呢？我有时还会因此而偷偷地高兴，因为这更加反映出我的优秀，优秀得足以让朋友嫉妒，这不也是一种肯定吗？"

对于一件事情的看法，人们会因采取的态度不同而产生不一样的想法。

一个悲观的人，事事都往坏处想，于是愁眉苦脸，愤世嫉俗；反观乐观的人，他们会想办法在逆境中发现积极的因素，用乐观的心态去看待不愉快的事情，最后往往反败为胜。

要想从容地品味生活，乐观是一种必不可少的素质。

一位商界的成功人士说："我从小到大都不是一个品学兼优的孩子，但我从不因此就放弃自己。遇到困难、挫折，我就告诉自己，要保持乐观，明天就会好的。有些人碰到失败就认定自己的能力不足，认为自己注定一生都是一个失败者，这样的观念只会限制他们原本未发挥的潜能，成为他们成功的绊脚石。我认为什么事情都应该尝试一下，无论如何先做做看……"

心灵作家丹尼尔·史瓦兹在他的一本书中提到，人如果要获得真正的快乐，就必须要具备一颗乐观、开朗的心，即使身处逆境也要时时觉得自己很幸运。他说："把全部注意力集中在错误的事情上，并不能解决问题，更无法使你的心情愉快。"

真正要品味生活的人，就要先训练自己，无论遇到任何情况都要做正面的思考，这样才可以创造正面的人生观。

有多少人每天早上起床时是面带微笑的？乐观的人都有个特征，他们总是面带微笑。我们可以借哈哈大笑来吸入更多的新鲜空气，然后把不开心的废气全部排出体外。

保持乐观，说起来很简单，但做起来并不是那么容易的。你必须要学会在逆境中发现积极因素。如果保持开朗不那么容易做到，你就和乐观的人交朋友吧，他们积极向上的人生态度会感染你，使你在不知不觉中变得开朗起来。

一位好朋友出了车祸，车子全毁了，幸好人没事。大家都在惋惜他那部昂贵的车子，他却很开心地说："太好了，这几年缴的保险费全收回来了！"

当然，你也可以先从发现自己的优点开始。每天想一两件你擅长的事或你曾做过的最成功的事。有了信心之后，就不会因为惧怕失败而处处放不下了。

我们也可以从关注自己的心灵做起。我们要学会换一种眼光欣赏人生，反正事情不能十全十美，为什么我们不让自己过得快乐一点儿呢？

卡耐基金言

对于一件事情的看法，人们会因采取的态度不同而产生不一样的想法。悲观的人事事都往坏处想，从而离成功越来越远；乐观的人会想办法在逆境中发现积极因素，用幽默的眼光看待不愉快的事情，最后往往化不利为有利。

09
练习放松的艺术

约翰是一家大型航空公司的经理。一次偶然的机遇让他学会了一种放松的艺术，这让他第一次能够在忙碌的生活中找回宁静。

下面是他对这段宝贵体验的回顾：

在一个二月的早晨，我正匆匆忙忙地走在加州一家旅馆的长廊上，手上满抱着刚从公司总部转来的信件。我是来加州度寒假的，但是仍无法逃脱我的工作，还是得一早处理信件。当我快步走过，准备花两个小时来处理我的信件时，一位久违的朋友坐在摇椅上，帽子盖住他的部分眼睛，把我从匆忙中叫住，用他缓慢而愉悦的南方腔说道："你要赶到哪儿去啊，约翰？在这样美好的阳光下，那样赶来赶去是不行的。坐下来，好好'嵌'在摇椅里，和我一起练习一项最伟大的艺术。"

这话听得我一头雾水："和你一起练习一项最伟大的艺术？"

"对，"他答道，"一项逐渐没落的艺术，现在已经很少有人知道怎么做了。"

"噢，"我问道，"请你告诉我那是什么，我可没有看到你在练习什么艺术啊！"

"有噢，我有，"他说道，"我正在练习放松的艺术。坐在这里，让阳光洒在你的脸上，感觉很温暖，闻起来很舒服，你会觉得内心很平静，你曾经想过太阳吗？"

他接着说道："太阳从来不会匆匆忙忙，不会太兴奋，它只是善尽职守，也不会发出嘈杂声，不按任何钮，不摇任何铃，不接任何电话，只是一直洒下阳光，而太阳在一刹那所做的工作比你加上我一辈子所做的事还要多。想想看它做了什么：它使花儿开、使树长、使地球暖、使果蔬旺、使五谷熟，它还蒸发了水，然后再让它回到地球上来，它还使你觉得有'平静感'。

"我发现当我坐在阳光下，太阳的光便给了我能量，我想这是它给我花时间坐在阳光下的一种赏赐吧。

"所以，请你把那些信件都丢到角落去，跟我一起坐到这里来。"

我照做了，当我后来回到房间去处理那些信件时，我几乎一下子就搞定了它们。这使得我还留有大部分的时间来安排度假的活动。

内心的平静是生活中的珍宝，它和智慧一样珍贵，比黄金更加难得。拥有一颗平静的心的人，比那些只知醉心于赚钱的人更能够体会到生命的真谛。

如今，越来越多的人开始学习追求内心的平静，冥想和静思已经成为一种时尚。伊斯华伦在他的《征服心灵》中说："在深沉的冥想中，我们的心灵是静止、宁静而澄静的。这是我们童稚时期的天真状态，借此我们才知道自己是谁，以及生命的目的是什么。"

每天花点儿时间进行静思，这种练习能使你的精神活动放慢。一旦你放慢内在混乱状态的活动速度，你的外在生活自然也就慢下来了。

卡耐基金言

每天花点儿时间进行静思，让自己放松，这种练习能使你的精神活动放慢，缓解你紧张的情绪。至此，你将明白，内心的平静是生活中的珍宝，它和智慧一样珍贵，比黄金更加难得。

10
调整生活中的轻与重

　　生活是个五彩斑斓的大舞台，要想在这个舞台上表演得有声有色，就要巧妙运筹。美国作家布里安·戴森对生活十分形象地描绘道："生活就像是在抛接五只球的游戏。这五个球分别是工作、家庭、健康、友谊和精神。将五个球同时在空中抛接的确是一门艺术。不久你会发现，唯有工作是一个橡皮球，掉在地上还会弹起来。而其他四个球都是玻璃的，掉在地上便会留下疤痕、裂缝，或被摔得粉碎，总之不可能再恢复原样。所以我们要努力保持自己的平衡，才能把它们玩得转。"

　　生活中，我们无法选择命运和世界，但我们完全可以选择一个最好的自己。选择自己，实际上就是不断调整自己、修改自己、塑造自己、完善自己、提高自己的过程。只有不断调整自己，才能使自己的身心达到最佳状态。

　　人应有高远的志向，需要更多的向往，但是，并非向往越多就越好，志向越高越好。若过于苛求自己，自己的能力无法达到，则会造成长久的失落。

　　因此，制定目标和计划时应该审慎，我们应该善察时势，量力而行，准确把握自己和环境。我们应该有自知之明和知人之明，承认天外有天，人外有人，自己不可能在一切方面都胜过他人，不可能在许多领域都占据魁首。

争强好胜的性格是可贵的，但切不可给自己订下过高的目标和过紧的日程，须克制那些远离现实的奢求。对于太要强的人，需要适度放松自己，学会调整心态，使心灵得到舒展，避免急于求成的心理。唯有这样，才会举重若轻、临危不乱，才能化坎坷为坦途，拥抱成功。

　　能在奋斗和享受这两者之间，找到发挥生命潜质和享受完美生活的"契合点"，才能平稳而健康地创造生活，享受生活。这样的人生，才是富足的、愉悦的人生。

　　适可而止，见好就收，不失为走向成功的良好心态和策略。人生需要不断"进攻"，但不能始终将"进攻"作为人生的唯一选择，有时须在"放弃"中求得平衡，寻找一点儿平静如水的安谧。不要总是想着只能赢不可输，不要总盼着成全一切，不要永远使自己的欲望处于"临界点"。

　　生命中，不能使自己的负荷太轻，没有压力，这不是好事。但是，也不要将时间计划安排得过紧，不要担起过重的负荷。若穷尽生命，生活未必会给你丰厚的馈赠。

　　成才之路就如同参加一次旅行。在旅途中，聪明的人会随时进行心灵的大扫除，清理、淘汰掉那些不必要的东西，使自己轻装上阵。只有善于"去掉旧我，接纳新我"的人，才能活得更自在、更轻松。要想告别整日紧张忙碌、疲惫不堪的日子，就得随时清理自己的行囊，包括物质和精神方面的。

　　办事的时候，尽可能找寻乐趣，热情投入，以提高处理问题的效率。在方法上，做事尽可能找找窍门，不一味地蛮干；腾出足够的时间，突击处理最紧迫的事情；将主要精力用于从长远看收益最大的事；并在连续干完几件事后，进行短暂休整，奖给自己休息时间，做一些轻松的娱乐活动；将自己的琐事集中起来，抽一定时间集中去处理等等。

只要我们做珍惜时间的有心人，就能找到适合自己特点的"窍门"。

卡耐基金言

能在奋斗和享受这两者之间，找到发挥生命潜质和享受完美生活的"契合点"，才能平稳而健康地创造生活、享受生活。这样的人生，才是富足的、愉悦的人生。

11

自我控制，终成大器

一个精力不集中的人，是难以在某一领域取得突破的。因此，我们必须学会将自己的精力集中到某一点上。

拿破仑深刻地指出："我们唯一能控制的便是我们的大脑，如果我们不能控制它的话，别的力量就会来左右它了……"

男高音歌唱家帕瓦罗蒂在介绍自己的成功经历时说道："我在家乡跟一位专业歌手学唱歌，同时还要去师范学院上学。毕业时，我问父亲：'我今后是当教师还是当歌唱家呢？'父亲说：'如果你想同时坐两把椅子，你只会掉在两把椅子中间的地上。在生活中，你应该选定一把椅子。'我选择了唱歌，经过14年的奋斗，我终于获得了成功。"

成功的决策者，不仅意味着坚决做什么，而且也意味着坚决不做什么。果断取舍，确是一种大智慧，一种魄力。在种种诱惑面前，你还能"咬定青山不放松"，目标始终如一，这就难能可贵了。

会限制自己的人，就会发展自己；会发展自己的人，也会限制自己。正如女作家三毛说的："坚持自己该做的事情，是一种勇气。绝对不做那些良知不允许的事，是另一种勇气。"有了这两种勇气，我们就能为预定的目标，选择该做的事，舍弃不该做的。

限制自己是一种强制行为，它不仅表现在对精力的运筹上，还表现在对时间的调度上；不仅表现在对其他专业兴趣的控制上，也表现在对娱乐活动、应酬串门方面的限制上。人的生命是有限的，它经不起折腾和浪费。

　　限制自己需要顽强的意志和毅力，这种意志和毅力需要逐步积累才能形成。平时，我们要从调节自己的情绪起步，以自己的情绪控制其行动的人是弱者，用行动来控制自己情绪的人则是强者。有人谈到自己对不良情绪的"制约"，采取"反其道而行之"的方法：如果我觉得沮丧，我就唱歌；如果我觉得悲伤，我就大笑；如果我觉得没有信心，我就想想过去的成就……

　　如果我们每天都能将情绪调整到较佳的状态，久而久之，就能增强自己的聚焦意志，从而结出丰硕的果实。

卡耐基金言

　　成功的决策者，不仅意味着坚决做什么，而且也意味着坚决不做什么。果断取舍，才是一种大智慧，一种大魄力。

第三章

打造自身魅力，
拓展人际关系

良好的心理素质，是人们进行广泛社交活动的必要条件，也是交际才能得以充分发挥的前提。如果一个人不注重自身形象，不善于倾听他人讲话，就会在一定程度上阻碍他交朋结友和适应社会。一个人只有注重塑造自身形象，打造自身魅力，才有可能发展出良好的人际关系。

01
给自己制造交际机会

在个人交际上，不要以为漫无目的地出外寻找，就可以找到对自己有益的朋友，交际通常是发生在存有某种目的的时候。当你向自己的目标前进时，所走的路与旁人交错，才会产生交际，这时你才能交到有实际助益的朋友。

时时鞭策自己，设法找机会展现自己的能力，多让人了解自己，进而建立互相尊敬、信赖的关系，这是交朋友的理想步骤。

交际对于任何人来说都一样重要。伊丽莎白十分了解这个道理，她是特拉华州唯一的女性眼科医生，在该州是相当有名望的人物。

这位女医生是如何建立自己的声望的呢？一名知识型的上班族若想建立声望，除了积极参与社会活动外，别无他法。伊丽莎白就是因为这样才获得了既有活力又有爱心的评价的，而这种评价使她成为极受信赖的眼科医生。

她知道由于工作之故，无法借报纸、广播进行自我推销，于是，她便选择了为公众服务的方式来提高自己的声望。果然，这种方法使她深得人心，也将她的事业推向成功。

伊丽莎白的眼科诊所开业后，她的第一件工作就是整理出所有曾经交往过的朋友名单，同时参加该城的妇女团体。不久，她便当上妇女会会长，并且连任两届。后来，她又当上职业妇女组织州联合会会长。

她曾一度在主妇学校及业余剧团中十分活跃。她还经常参加宗教、妇女及其他各类聚会。她抽空把到国外旅游时的所见所闻制作成幻灯片展示给大家看，这个举动使她与大家的心更加接近。

她的社会生活多彩而忙碌，但她仍然能抽出时间扩大自己的交际范围。她曾出任视力鉴定协会会长，另外，她还被州长两次任命为特拉华州的视力鉴定考试委员。目前，她是特拉华州残疾人协会干事，并且也是州长直属的高速公路委员会中的三名女性之一。

那么，她对于参与社交活动的看法是怎样的呢？她说："能多参与社会性的工作，就越有机会被人们所信赖，从而可以随时把自己推销出去。"

就是这样，伊丽莎白在极短的时间内得到了大众的尊敬与信赖。参与社交活动不仅丰富了她的生活，也为她的工作带来了便利。

所以说，所有有雄心、有抱负的年轻人，都应多与前辈、有成就者接触。因为，他们丰富的成功经验是年轻人创业的最好范本。对于这些前辈和有成就者来说，看到对未来充满信心、憧憬的年轻人就好像看到当年的自己，他们通常会特别有好感。所以，相信他们会很乐意为年轻人提供宝贵的见解与经验。

卡耐基金言

在企业界，愈成功的人愈受重视。人们想加入"成功者俱乐部"很难，但一旦加入，以后的路便是坦荡的大道了。因为若活跃其间，便能轻易获得同行的成功经验。因此，对于有雄心、有抱负的年轻人而言，多与前辈、有成就者接触是非常有必要的。

02

注重第一印象

心理学上有个专业术语——首因效应。它是指第一次交往时一个人给他人留下的印象，这种在对方的头脑中形成并占据着主导地位的第一印象，持续的时间很长，也比以后得到的印象产生的作用更强。

一位心理学家曾做过这样一个实验：他让两个学生都做对30道题中的一半，但是让学生A做对的题目尽量出现在前15题，而让学生B做对的题目尽量出现在后15道题。然后让一些被测试者评价学生A和学生B谁更聪明一些？结果发现，多数被测试者都认为学生A更聪明。

无独有偶，美国前总统林肯也曾以第一印象差为由，拒绝了朋友推荐的一位才识过人的阁员。当朋友愤怒地责怪林肯以貌取人，说"任何人都无法为自己天生的脸孔负责"时，林肯说："一个人过了40岁，就应该为自己的形象负责。"

虽然林肯"以貌取人"有不足之处，但我们却看到了第一印象给人带来的巨大影响。由此可见，第一印象真的很重要。事实上，人们对你形成的第一印象，日后往往很难改变，而且人们会寻找更多的理由去支持这种印象。有的时候，尽管你的表现并不符合原先留给别人的印象，但人们在很长一段时间里仍然会坚持对你的最初评价。

那么，年轻人应该怎样做才能给人留下良好的第一印象呢？

一、言行举止要得体

在言谈方面要做到：语言表达要简明扼要，不乱用词语；别人讲话时要专心地倾听，不随便打断别人的讲话；在听的过程中，要善于通过身体语言和话语给对方以必要的反馈；不追问自己不必知道或别人不想回答的事情，以免给人留下不好的印象。

在举止方面要明白：脱俗的仪表和高雅的举止是个人品格修养的重要部分。当然，仪表得体并不是非要用名牌服饰包装自己，更不是过分地修饰，因为这样反而会给人一种轻浮浅薄的印象。

二、讲信用，守时间

现代社会，人们对时间愈来愈重视，往往把不守时和不守信用联系在一起。若你第一次与人见面就迟到，可能会造成难以弥补的损失，最好避免。

三、微笑待人，不卑不亢

第一次见面，热情地握手、微笑、点头问好等这些都是人们把友好的情意传递给对方的途径。在社会生活中，微笑有助于人与人之间友好的交往。但与别人第一次见面时，微笑要有度，不停地笑有失庄重。对有一定社会地位的朋友，不要企图巴结讨好，趋炎附势的行为不仅会引起当事人的蔑视，而且连在场的其他人都会瞧不起你。

卡耐基金言

人们对你形成的第一印象，日后往往很难改变，而且人们会寻找更多的理由去支持这种印象。有的时候，尽管你的表现并不符合原先留给别人的印象，但人们在很长一段时间里仍然会坚持对你的最初评价。

03
当好他人的听众

　　听人说话是社交场合中一件很重要的事情，在某种意义上，这也是一种礼貌，是对别人的一种尊重。而且，越是仔细听对方说话，越能鼓励对方说得精彩动人，同时自己也获益匪浅。

　　所以，在别人说话的时候，你应静静地听着，并不时地加以回应，如点头或者微笑，在对方没有讲完前不去打断他，那么你将非常受欢迎。

　　值得注意的是，你不能一边听，一边却胡乱地在想别的心事，从而把别人的话都漏掉了。你要用心去听，把注意力放在对方的身上，抓住他的每一句话，甚至关注他讲话时的态度和神情。你最好能够在事后准确地复述出对方所讲过的话，连对方用什么语调，说话时做了些什么手势，你都能记得清清楚楚。

　　有许多人误以为在听人说话的时候自己没有什么事做，所以总觉得无聊，不耐烦听别人讲，一定要别人停口，自己来讲才痛快。这些人并不知道，在听人说话的时候，其实是有许多事情可做的。

　　第一，谈话的目的是为了增进双方的了解，而喜欢听别人说话，就是深入细致地了解对方的有效方法。所以，我们在听人说话的时候，必须仔细地把握对方说话的内容，以及他的声调和神态所流露出来的心情。有时，对方说得很清楚，听来就比较容易理解；有时，对方的话说得很不清楚，零乱或者含糊，曲折或者闪烁，这时就需要细心地一面听，一面加以分析、整理和揣摩。

第二，在我们听人说话的时候，还可以有一段思考的时间，以便整理我们自己的想法，并使用恰当而明确的词句表达出来。

当你清楚地了解对方时，你就容易寻找到适当的词句来表达你自己，你的话也就容易引起对方的兴趣，而你也就容易把谈话引到你所希望的方向。

这就是为什么一个最善于说话的人，必须是最善于听人说话的人。我们经常看到那些很会说话的人，总是先倾听别人说话，用微笑、用点头、用看似随意的问话，鼓励别人畅所欲言，而他们却静静地倾听，到了一个合适的段落他们才开口，但他们的三言两语常常能抓到要点，牢牢地抓住别人的注意力，深深地打动别人的心，很快就可以使人信服，并得到对方的认可。

总之，在听的时候，你可以看，可以想，可以通过观察去了解对方……总之，你可做的事情很多。

照一般的情形来讲，如果两个人交谈，至少有一半的时间你可以静静地听；如果有十个人在一起谈话，那么，你就至少有百分之九十的时间在听。

这是很公道的一笔账，与其你打断别人的话，侵占别人应该说话的时间，倒不如让自己多听、多想、多准备。自己的话虽然少，却可以句句有分量、有道理、有趣味，句句动听，句句精彩。

卡耐基金言

一般情况下，如果两个人交谈，至少有一半的时间你可以静静地倾听；如果有十个人在一起谈话，那么，你就至少有百分之九十的时间在听。与其打断别人讲话，不如让自己多听多想。自己的话虽然少，却可以句句有分量，字字有道理，这样更能得到他人的认可和尊重。

04
正确捕捉对方的观点，并加以赞赏

现在我要告诉你们，关于我讲习班里的一个学员的故事。由于他不愿意发表自己的名字，我们就用R先生来代替。

R先生来到我的讲习班没有多久。

有一天，他陪太太去拜访亲戚。后来，他太太留下他陪亲戚老姑妈闲谈，自己另外看望别的亲戚去了。R先生要把学习所得，做一次实践，以便将来写篇报告。于是他想从这位老姑妈身上开始，他朝屋子四周看了看，想知道有哪些是值得他赞赏的。

他问老姑妈："这栋房子是1890年建造的，是吗？"

"是的，"老姑妈回答，"正是那年造的。"

他又说："这使我想起我出生时的那栋房子，非常美丽，也非常结实，现在的人都不讲究这些了。"

"是的，"老姑妈点点头，"现在的年轻人已不讲究房子是不是漂亮了，他们只需要一所小公寓和一个电冰箱，再有就是一部汽车而已。"

老姑妈无限幸福地回忆道："这是一栋理想的房子，这屋子是用'爱'建造成的。我和我的丈夫，在建造它之前，已规划了很多年。我们没有请建筑师，这栋房子完全是我们自己设计的。"

老姑妈说完之后，就领着R先生去各个房间参观。R先生对她一生所收藏的各种珍品，像法国式床椅，一套古式的英国茶具，一幅意大利的名画和一个曾经挂在法国封建时代宫堡里的丝帷，都真诚地加以赞美。

老姑妈带他参观完房间后，又带他去车库，里面停着一辆很新的"派凯特"牌的汽车。她轻轻地说："这部车子是我丈夫去世前不久买的。自从他去世后，我就再也没有开过。你如果喜欢，我就把这部车子送给你！"

R先生听到这话，感到很意外，婉转辞谢，说："姑妈，我感激你的好意，可是我不能接受。我自己已经有了一辆新的车子了，而且你还有很多更亲近的亲戚，相信他们会喜欢这部车子的。"

"亲戚？"老姑妈提高了声音说，"是的，我有很多更亲近的亲戚，但他们希望我赶快离开这个世界，他们就可以得到这部车子了，可是，他们永远得不到。"

R先生说："姑妈，你不愿意送给他们，可以把这部车子卖掉。"

"卖掉！"老姑妈大声地叫了起来，"你想我会卖掉这部车子吗？你想我会忍心看着陌生人驾着这部车子行驶在街上？这是我丈夫特地为我买的，我无论如何都不会卖。但我愿意交给你，因为你懂得如何欣赏一件美丽的东西！"

R先生婉转地辞谢，不愿接受她的赠予，可是他不能伤害了老姑妈的感情。这位老太太单独一个人住在这栋宽敞的房子里，对着屋子里这些精致、珍贵的陈设，缅怀起以往的事，她希望有一个人，跟她有同样的感受。她有过一段金色的年华，那时她美丽动人，为男士们所追求。她建造了这栋孕育着"爱"的房子，并且从欧洲各地，搜集了很多珍品来加以陈设装潢。

现在这位老姑妈，风烛残年，孤零零的一个人，她渴望着能获得一点儿人间的温暖，一点儿出于真心的赞美。可是，却没有一个人给她。而R先生正是因为捕捉到了这一点，并真诚地加以赞美。因此，当老姑妈发现她找到了那种渴望已久的赞美的时候，就像沙漠中涌出一泓泉水来，使她心底因激动而感谢，甚至愿意把这部"派凯特"牌的汽车相赠。

让我再说一个故事，这是纽约一位园业设计师唐纳德·麦克马丁说的。

在我听了"如何交友和影响他人"的演讲后不久，我替一位著名的司法官设计园景。那位司法官提出他的建议，在什么地方该栽种些什么花。

我说："法官，你有很好的业余嗜好，你那几条狗都很可爱，我听说你曾拿过很多次赛狗会中的蓝丝带优等奖。"

这一小小的称赞所引起的效果果然不小，那位司法官说："是的，我从养狗中得到很多的乐趣，你想不想参观我的狗舍？"

他花了差不多一个小时的时间，带我去参观他的狗和它们所得的许多奖状。他拿出有关那些狗的血统系谱，告诉我每条狗的血统。由于有优良的血统，所以他豢养的狗都活泼可爱。

最后他问我："你有没有儿子？"

我说："有。"

他接着问我："你孩子会不会喜欢小狗？"

我说："我相信他一定会喜欢的。"

司法官点头说："那太好了，我送他一只。"

他告诉我怎样豢养小狗，讲了一半他又说："我这样告诉你，你大概不容易记住，让我写一份说明给你。"那位司法官走进屋里，把他要送我的那头小狗的血统系谱和喂养的方法，用打字机很清楚地打了出来，然后给我一条价值百元的小狗，同时还浪费了他一小时又十五分钟宝贵的时间。

这是我对他的嗜好和成就表示出真挚的赞赏后所获得的结果。

麦克马丁与司法官建立了良好的人际关系，就在于他准确地捕捉到了司法官的嗜好和已取得的成就，并加以赞赏。

有一次，我在纽伯伦斯维克的米拉密其河钓鱼，在那里我每天只能读到镇上出版的一份报纸。也许是空闲的时间太多了，我把这份报纸详细地看了一遍。

一天，我从报上的狄克斯婚姻指导一栏里，看到了一篇文章，写得非常好，于是我把它保存起来。那篇文章里指出，狄克斯已经听厌了新郎对新娘所讲的那些话。她认为应给新郎一些建议：不会甜言蜜语的别结婚，结婚前赞美女人，似乎已是必然的事；在结婚以后给她赞美，那也是一件必须做的事。婚姻不只需要诚信，同时还需要有外交的手腕。

狄克斯的建议道出了男人不仅在结婚前应该赞美女人，而且结婚后更应该赞美、更应该肯定妻子的治家有方，只有掌握了这种外交手腕，才能过得快乐。

由此可知，男人应该掌握的外交手腕就是正确地捕捉到妻子的优点，并加以赞赏，那么我们该从什么地方开始试验这种奇妙的试金石呢？不如就从你自己的家庭开始吧！

卡耐基金言

成功的人际关系在于你捕捉对方观点的能力，并且看一件事须兼顾你和对方的不同观点。

05
对他人表示同情

非常真诚地说出你对他人的同情，能让脾气最暴躁、最倔犟的人变得温和起来。假如你是对方，假如他对你也真诚地说出同情的话，你就会产生和他一样的感受。

是的，对他人遭遇的不幸真诚地说出你的同情，可以缓解他人的悲伤，也能让你获得他人的喜欢和尊敬。

约翰·高看见一个醉酒的乞丐摇摇晃晃地走在街上时说："假如不是上帝赐福给我，我也会像他一样流落街头。"

约翰·高这句话给了我们很大的启示。是的，我们现在拥有的一切都不是我们造就的。所以，那些烦躁、心胸狭隘、不讲道理的人，他们之所以会成为那样的人，真实原因也不在他们身上。我们应该像约翰·高对待醉汉那样表示同情。

在我们所遇见的人中，绝大多数人都渴望得到别人的同情，同情他们，我们才会得到他们的喜爱。

美国的历届总统差不多每天都面临着怎样处理人际关系的问题。塔夫脱总统也不例外，但他从经验中懂得了同情产生的巨大作用。在他写的《服务道德》一书中，列举了这样一件事：

华盛顿有一位夫人，她的丈夫在政坛很有影响力。她到我这里，请求我为她的儿子安排一个工作，为此她和我周旋了6个星期。她得到了多数参议员和众议员的帮助，他们一起到我这里来为她担保。但是，她要求的职位是一个需要技术的人，而且该部部长已经推荐了别人，我也委任了那个人。

后来，我接到了这位夫人的一封信，她说我是个冷血无情的人，因为我剥夺了她作为母亲的快乐。她还说她已和个别州的代表商量过了，要对一项我感兴趣的行政议案投反对票。她说这是对我的报复。当收到这封信时，我非常生气，我首先感觉到这是一个既不讲理又不礼貌的人。我真想马上写信回敬她，但仔细地想了想，又放弃了这种想法。

两天后，我坐下来给她回信，我非常客气地告诉她，我很清楚一个母亲在这种情况下会很失望，但委任哪个人去做这项工作不是我个人的意愿能决定的，而且根据工作需要，我必须选一个有技术的人，所以我必须接受部长的推荐。我还说，我希望她的儿子能在现在的位置上，干出她所期望的成就。

这封信平息了她的愤怒，她在写给我的一个简短的信中，表示了对我的歉意。

但我所做出的任命没有马上通过。又过了一段时间，我又收到了一封自称是她丈夫的信，可我却看出这封信的字迹是她的。信中说，她因为这件事患了严重的神经衰弱，已病得起不了床，并将恶化成更严重的胃癌。信中问我能否将这个职位给她的儿子，以便让她的病好起来。

于是，我不得不又回了一封信，但这信是写给她丈夫的。我在信中说，我希望她的病是误诊，我深表同情。他一定会为妻子的"重病"而难过。但如果让我撤销那个委任是不可能的。

我的那项任命终于通过了。在接到那封信的两天后，我在白宫举行音乐会。在音乐会上，那位夫人和她丈夫最先到场，并向我及我的夫人问候，尽管她不久前还装过病。

塔夫脱总统最终平息了那位夫人的愤怒，就是因为他深知同情产生的巨大作用。因此，对那位夫人找出的种种借口深表同情。他不仅平息了那位夫人的愤怒，而且还博得那位夫人的好感。由此可知，对他人表示同情确实能产生令人意想不到的效果。

沙尔·胡诺科是美国著名的音乐经理人。他与世界上一些著名的音乐家交往了22年，其中包括众所周知的查理·亚宾、邓肯和潘洛佛。胡诺科告诉我，在与那些喜怒无常的艺术家打交道时，他得到了这样一个教训——同情——尤其是面对他们那种古怪可笑而又荒谬的怪僻时，更要同情。

他曾做过三年查理·亚宾的经纪人。查理·亚宾是当时最能轰动美国的伟大的低音歌唱家，但他行事却像个坏孩子一样，喜怒无常。胡诺科曾这样说他："他各方面都很糟糕。"

比如，查理·亚宾在他将要演唱的一天中午，打电话告诉胡诺科："沙尔，我觉得嗓子很不舒服，今晚我不能唱歌了。"胡诺科听到后，没有马上同他争论，他知道作为经纪人他不能那样对待艺人。胡诺科马上来到查理·亚宾下榻的宾馆，忧伤而又同情地说："太不幸了，我亲爱的朋友。是的，你不能上台演出了，我会立即取消这个演唱约定，你也就是损失了两三千美元而已。不过，这根本不算什么，因为不损失名声是最主要的。"查理·亚宾听完后，叹了口气说："你最好下午五点再来看看，也许那时我会好一些。"

下午五点，胡诺科再次跑到查理·亚宾的旅馆，表示同情，并坚持取消约定。查理·亚宾还是表明他不能唱，并且叹息说："你再晚一些过来吧，那时也许我会好一些。"

晚上七点半，这位伟大的歌唱家终于说他可以演唱了。但他让胡诺科在演出开始前向观众宣布，查理·亚宾因患感冒嗓子不舒服。胡诺科先生马上就答应了。因为他知道，只有这样才能使这位很牛的男低音上台演出。

格兹博士在他那本著名的《教育心理学》中说："每个人都渴望得

到同情。小孩子急切地把他的伤口给人看，甚至故意夸大伤口，就是为了得到更多的同情。同样的道理，大人也会显示他们的伤痕，诉说他们的意外病痛，尤其是动手术开刀的细节。从某种意义上说，为发生的或幻想的不幸而自怜自艾，是每个人都有的。"所以，我们应该像胡诺科那样对他人的不幸表示同情。

一家保险公司的律师就是利用了"同情"这种方法化解了一场纠纷。

波特先生从楼梯上摔下，肩膀严重受伤，以致右臂无法抬高。当他向保险公司索取赔偿时，保险公司以其索要过高而拒绝支付。波特先生打算把保险公司告上法庭，于是保险公司派出了一位律师与波特先生进行沟通。

这个律师见到波特先生后，满含同情地说："波特先生，现在让我看一下你能把手臂举多高。"波士特卫先生小心翼翼地把右臂举到耳朵那么高。律师又同情地说："我真是替你难过……"

律师与波特先生沟通的结果是，波特先生降低了索赔要求，并与律师成了好朋友。

同情是一种悲天悯人的情绪，是善良心灵折射出的美丽光辉，它传递着来自天堂的仁慈，是善者对弱小者的一种扶持与呵护，是一个生命对另一个生命的关爱，是一种博大无私的爱。

因此，如果你希望你的观点能被别人接受，你和别人能保持良好的关系，那你就必须记住下面的原则：对他人表示同情。

卡耐基金言

有这样一句神奇的话，它能让你避免争辩，也能让你给人留下一个好印象，能让人喜欢你。这句话是：我很理解你的感受，如果把我换做你，我肯定也和你的看法一样。

06
不轻易指使别人

拼命地指使他人是没有什么好处的。

从内心来讲，我们每个人都喜欢指挥他人而不是听命于他人，但出于工作的需要，必须得有人去命令他人，也有人必须要听命于他人。问题是有些人的命令让人难以听下去，就更别说从内心接受了。

一般来讲，当我们安排工作时，最好多一些疑问句而非祈使句，让对方感到你既是在征求他的意见，同时也知道你是在安排他去做某事，并且最好一定要完成。作为下属，他们当然喜欢这种友好的命令了。

著名的资深传记作家伊达·塔贝在写《欧文·杨传》的时候，曾和一位与杨先生共事3年的人谈话。这位先生宣称，他从未听过杨指使别人——他只是建议，从不命令。譬如，杨不会说"别这么做，别那么做"或"去干这个，干那个"，他只会说"你可以考虑这样"或"你觉得那样有用吗"。他常常在口授一封信之后说："你觉得这样如何？"在接过助手写的信之后，他会说："也许这样写比较好些。"他从不教助手做什么，而是让他们自己去做，让他们自己在错误中学习。

这种办法容易让一个人改变自己原有的观点。维护他的自尊心，给他一种自重感，这样他就会与你保持合作，而不是反对。无礼的命令只会导致长久的怨恨——即使这个命令可以用来改正他人明显的错误。

宾州有位教师丹·桑塔雷利讲述了这样一件事：

有个学生把车子停在了不该停的地方，挡住了别人的通道。有个老师冲进教室很不客气地问："是谁的车子挡住了通道？"等汽车主人回答之后，这位老师恶声说道："马上把车子移开，否则我叫人把车子拖走。"

这个学生是犯了错，车子是不该停在那里。但是，从那天开始，不只那个学生对老师心怀不满，甚至别的学生也常常故意捣蛋，使那位老师没好日子过。

如果这位老师换一种方式处理，结果会如何？他如果心平气和地问："谁的车挡住了通道？"然后建议这位学生移开车子，好方便别人进出。我相信，这么说那个学生会很乐意接受的，也不会引起其他学生的不满。

南非约翰内斯堡一家小工厂的总经理伊安·麦当劳，他的工厂专门制造精密机器零件。有人愿意向他们订购一大批货物，但要麦当劳先生确定能如期交货。由于工厂进度早已安排好，要在短时间内赶出一大批货，连麦当劳也不敢确定。

麦当劳没有催促工人赶工，他只是召集了所有员工，把事情详细地说明了一番，便开始提出问题。

"我们有什么办法可以处理这批订货？"

"有没有什么办法可以调整一下时间或个人分配的工作，以加快生产进度？"

"有没有人想出其他办法，看我们工厂是不是可以赶出这批订货？"

员工们纷纷提出意见，并且坚持接下订单。他们用"我们可以做到"的态度去处理问题，结果他们接下了订单，而且如期地赶出了这批订货。

谁都讨厌被人命令，受人指使，即使是你的孩子也是如此。"杰克，别整天只顾着玩，快去复习功课！"当你以这种方式命令他时，虽然他嘴上说："知道了。"却总是磨磨蹭蹭的不见行动。你在酒店里对服务员说："喂，拿壶水来。"服务员可能会答道："好的。"却迟迟不见水送上来。在公司里，这样的情形也常有发生。"怎么搞的，计划还没做出来，期限快到了呀！"但回答"知道了"的下属，却连一点儿动静也没有。"为什么还不着手呢？""知道了，可是没空呀！"下属虽然回答了两次"知道了"，但没有付诸行动的话，这只能算是沟通失败。

嘴里答应了却不去行动的人，必有他的某种原因存在。其主要原因就是，人都讨厌被人指使。

一般而言，欲矫正因不满而产生的反抗态度，则应该采用间接的说服方式，若直接施以压力，反而容易激起更强烈的反抗意识，这与拍球一样。

所以，你要想与他人有个成功的沟通，就请记住这一要诀：用问问题的方式来代替直接命令，以避免伤害对方的自尊心。

卡耐基金言

维护他的自尊心，给他一种自重感，这样他就会与你保持合作，而不是反对。无礼的命令只会导致长久的怨恨——即使这个命令可以用来改正他人明显的错误。

07
和善做人，才能赢得友情

不知有多少人因为生性怪僻或者没有个人魅力，而无缘享受友谊之乐，以致丧失了许多欢愉，成为孤独的人。但是他们不知道，要赢得友谊其实并不难，只要肯努力就行。

不管你的一生怎样不顺利，不管你遭遇到怎样的挫折，你仍然可以在举止之间，流露出对他人的关爱和欣赏的神情，使人们于不知不觉中亲近你。

要想赢得友谊，首先你必须宽宏大量。谁都喜欢胸怀宽广的人，因而大度的人，是人们所乐于亲近的。

其次，应该常说说别人的好话，常去注意别人的好处。对于他人的行为，常常吹毛求疵；对于别人行为上的失检，常常冷嘲热讽。这样的人是危险的，是不怎么可靠的。

轻视与嫉妒他人的人，其心胸是狭隘的。这种人从来不会看到或承认别人的优点。纵使一个人的优点已是众所周知的，心胸狭隘的人仍会用"不过"、"假使"等措辞去表示他的怀疑，希望能降低那个人的声誉。心胸宽广的人，看到他人的优点比看到他人的缺点更快；反之，心胸狭隘的人，目光所及之处都是别人的过失、缺陷甚至罪恶。

赢得友谊的最好方法，在于显示你对别人是很关心、很感兴趣的。但你不能做作，你必须真正地关心别人，对别人感兴趣。

有许多人一生都不能吸引人，交不到朋友，就因为他们只肯顾着自己的事，只喜欢"独善其身"。所以，久而久之，他们便失去了与外界的联络。

还有的人连他自己也不知道，为什么人人都不欢迎他。假使他去参加一个聚会，每个人见了他，都会避而远之。在别人纵声谈笑、其乐融融的时候，他只好一个人寂寞独处。这样的人在社会上仿佛是一块冰，没有热气。在现实生活中，这样的人不在少数。

这种人之所以不能赢得友谊，在他自己看来，完全是一个不解之谜。他本领高强，工作突出，也很想同大家亲近，但从来不能如愿以偿。其实，这样的人之所以不受欢迎，关键就在于他的自私心理：他总是为自己打算盘，绝不肯抛掉自己的事情去为他人打算。

人生中最美好的事，不是赚钱，而是把我们内在的、最大的力量和最美的天性充分发挥出来。这样，我们就能成为有吸引力与受欢迎的人，从而赢得真正的友谊。

所以，年轻的朋友要记住：你只有在日常生活中，处处表现出与人为善、乐于助人的态度，才会赢得友谊。

卡耐基金言

有人说，世间最感人的是亲情，最美丽的是爱情，但最伟大的却是友情。要想获得友情，你就必须真正关心别人，对别人感兴趣。一个待人冷漠、只知孤芳自赏的人是难以获得友情的。

08
乐于忘记，不念旧恶

一位朋友说："我只记着别人对我的好处，忘记了别人对我的坏处。"因此，这位朋友非常受大家的欢迎，拥有很多朋友。"人之有德于我也，不可忘也；吾有德于人也，不可不忘也。"

我常对人说："别人对我们的帮助，千万不可忘了；反之，别人倘若有愧对我们的地方，应该乐于忘记。"

乐于忘记有助于人们获得心理平衡。有一句俗语："生气是用别人的过错来惩罚自己。"老是念念不忘别人的"坏处"，实际上最受其害的就是自己的心灵，搞得自己痛苦不堪，何必呢？这种人，轻则自我折磨，重则有可能会对他人进行疯狂的报复。

乐于忘记是成大事者的一个特征，既往不咎的人，才可甩掉沉重的包袱，大踏步地前进。乐于忘记，也可理解为"不念旧恶"。人要有点"不念旧恶"的精神，况且人与人之间，在许多情况下，人们误以为恶的，未必就真的是什么恶。

最难得的是将心比心，谁没有过错呢？当我们有对不起别人的地方时，是多么渴望得到对方的谅解啊，是多么希望对方把这段不愉快的往事忘记啊，我们为什么不能用如此宽厚的胸怀谅解他人呢？

物理学家爱因斯坦，从小就经常被人否定，长大后也是如此。大学毕业后，爱因斯坦穷困潦倒，万般无奈之下，他向当时著名的物理学家昂内斯写了一封求助信，请求对方收留自己当助手。昂内斯读了爱因斯坦的信后，觉得爱因斯坦一无地位，二无声望，于是随手将信放在一边，没有理会。

但是，困难没有吓倒爱因斯坦，相反，他在逆境中顽强拼搏，攻破了一个又一个难关，取得了一项又一项科研成果，名声传遍了全球。

10年后，在一个物理界的研讨会上，爱因斯坦和昂内斯不期而遇。这时的昂内斯已是两鬓苍苍的老者了，他想起了10年前爱因斯坦的信，于是十分抱歉地说："现在该是我给你当助手了，您10年前给我写的信，我仍保存着，我一定将它送到历史博物馆，让它证明我这个老头当年是何等的愚昧无知。"

爱因斯坦笑着说："您现在仍是我尊敬的老前辈，因为您曾经告诉我，为了科学应学会顽强奋斗。"

可见，不计前嫌、化敌为友的做法可以让我们拥有好人缘。

卡耐基金言

当我们有对不起别人的地方时，是多么渴望得到对方的谅解啊，是多么希望对方把这段不愉快的往事忘记啊，我们为什么不能用如此宽厚的胸怀谅解他人呢？乐于忘记，不计前嫌，才能拥有好人缘。

09
真诚地关心他人

我们都知道,有些人终其一生都在向别人搔首弄姿,目的是为了引起别人的注意,但结果往往是白费力气。因为人们根本不会注意到他,人们注意的只是自己。有人曾做过这样一个有趣的调查:在电话通话中,哪一个字是最常用的?调查结果是"我"字,在500个通话中,这个"我"字约被用了3900次。

我们在看团体照片时,总是最先注意到照片中的自己。如果我们只是为了引起别人的注意,想给别人留下印象,那我们绝对交不到真心、诚恳的朋友。

霍华德·舍斯顿是美国著名的魔术大师,40多年来他走遍天下,制造了各种幻境,令观众惊讶不已。据统计,全美约有6000万人买票欣赏过他的演技,其所得的净利有250万美元之多。可他并没有受过良好的教育,因为他很小就离家出走了,到处流浪。他有时睡在草堆里,挨家挨户讨食物吃;有时躲在装货物的车厢里,免费搭乘便车。

他是在躲在货车里向外看路标的时候,才认识了一些字的。那么他是怎么懂得高人一等的魔术的呢?

有一次,他到百老汇献技时,我就在后台请教他成功的秘诀。在与他的谈话中,我发现了他有两种其他人所没有的法宝:其一,是他能够在舞台上表现出自己的个性。舍斯顿是个表演大师,他深谙人性。在舞台上,他的每个手势、动作、声调,甚至是每个微笑,都是事先经过认真演练的。其二，也是他最大的成功之处，是他关心别人。

他告诉我，他每次上台的时候，总是对自己说："是这些人让我的生活十分愉快，我要尽量拿出绝活让大家欣赏，并以此感谢他们。"他宣称，在他走向舞台的时候，心里总是在默念："我爱我的观众。"

舍斯顿之所以能够成为一位成功的表演大师，关键在于他真正地关心他人，并尽最大努力让观众在欣赏他的表演时感到开心。他的表演在使观众开心的同时，也让观众深深地喜欢上了他。

不仅舍斯顿知道这一秘诀，美国前总统罗斯福也深知真诚地关心他人能产生巨大的效应。

在威廉·霍华德·塔夫脱总统任职期间，西奥多·罗斯福有一天到白宫来访。恰巧那天总统和总统夫人外出不在。罗斯福热情地叫着每一个老仆人的名字，和他们打招呼，连厨房里洗碗盘的女仆都不例外，他对下人的关心真诚、真实地流露出来。

当他看到在厨房里干活的艾莉丝时，他问她是不是还在烘烤玉米面包。艾莉丝说她有时会做一些给仆人吃，但楼上的人并不吃。罗斯福大声说："他们真不懂品味，我见到总统的时候一定这么告诉他。"艾莉丝用盘子盛了一些玉米面包给他，他拿了一片边走边吃，并且一路上热情地向工人、园丁打招呼。

在白宫工作了40多年的老仆人爱科·胡佛含着热泪说："这是我两年来唯一感到快乐的日子。"

罗斯福有个侍仆叫詹姆斯·阿摩斯，他写了一本《仆人眼中的英雄——西奥多·罗斯福》，书中讲了这样一件事：

我太太因为从没见过鹑鸟，于是有次她向总统先生问起鹑鸟是什么样子，当时总统先生非常详细地描述了一番。没过多久，我们农舍里的电话响了，我太太跑去接，原来是总统先生亲自打过来的，他在电话中告诉我太太，如果现在从窗口向外看的话，也许可以看到有只鹑鸟正在树上唱歌。

他每次到农舍来，都要和我们聊天，即使我们还没有看到他，也可以听到他的声音："安妮！詹姆斯！"

哪一个人不喜欢这样的人呢？我从个人的经验中也发现，只有你真正关心他人，才能赢得他人的注意，才能得到他人的帮助，即使是最忙碌的重要人物也不例外。

真心关注别人，不仅会让你交到真诚的朋友，而且还会为公司争取到客户。

位于纽约的北美国家银行，在他们定期出版的刊物里刊登了一封储户马得林·露斯泰尔的来信："我很愿意让你们知道，我十分感谢贵行的职员，他们都彬彬有礼，并非常乐意帮助人。在排了长长的队伍之后，能得到柜台出纳员的亲切问候，那真是愉悦。去年，我母亲生病住院半年，使我有机会常去找玛瑞·派琪琪罗。她是出纳员，常向我询问我母亲的病情，她很关心我的母亲。也因如此，以后我一定会继续光顾贵行。"

关心他人必须出自真诚。不仅是要付出关心的人应该这样，接受关心的人也理应如此。这是一条双向道路，两者皆受益。这正如罗马诗人帕力里亚斯·赛诺斯所说："当别人关心我们时，我们也应关心他们。"

在费城选修我们课程的马丁·金帕斯说，一位护士的特别关怀，深深地影响了他的一生。他说：

很小的时候，父亲就去世了，我与母亲相依为命。我们住在一间小公寓里，靠接受社会福利来生活。在我13岁那年的感恩节，我住在城里一家医院的免费病房里，准备第二天进行外科整形手术。这天，母亲因有事不能来看我。病床上的我感到恐惧、孤独、无助，还要忍受伤口的疼痛，等待伤口复原。同时我也知道，母亲一个人在家，没有人陪她，没有人同她一起吃饭，甚至没有钱吃一顿感恩节晚餐，还要为我担心。想到这些，泪水涌进我的眼里。我把头埋进被子里，尽量不使自己哭出声来。但我当时实在太伤心了，因此哭得整个身体都抽搐不已。

这时，有位年轻的实习护士玛丽听到了我的哭声，便急忙跑过来。她掀开被子，擦去我脸上的泪水。然后告诉我，她今天得留在医院值班，也感到很孤单，并问我是否愿意与她一起用餐。接着她拿来了两份食物，有面包、火腿片、橘酱和马铃薯泥。我们一边用餐，一边聊天，直到下午5点换班的时候她才离开。晚上10点钟她又回来陪我玩，直到我睡熟了才离开。

从那以后，我又过了很多个感恩节，却唯有这个感恩节永远长驻在我心头。在那个特别的日子里，有我的孤单、挫折、恐惧，但更重要的是还有来自一位陌生人的温情和关爱，所以我将永远记住这个温馨的日子。

护士对马丁·金帕斯的关心，不仅让他消除了恐惧、孤独、无助，还让他永远地记住了那年的感恩节。可见，关心他人对一个人多么重要。其实，在关心帮助别人的同时，也帮助了自己。

所以，如果你帮助了别人，也就是在帮助自己。因此，你想改善你的人际关系时，请记住：真诚地关心别人。

卡耐基金言

不关心别人的人，大多会在有生之年遭受重大的困难，因为他们得不到他人的关心。可见，要想交到真正的朋友，必须要真正地关心他人。

10
具备谦谦君子的心态

在日常的交谈中表现自我的时候，一定要有谦谦君子的心态，学会安抚他人的心灵，千万不可以使对方产生相形见绌的感觉。

费丽女士的宝贝女儿，从剑桥毕业回国之后，在曼哈顿一家金融机构供职，每月数千美元薪水。费丽女士当然相当自豪，她面对亲朋好友时，言必称女儿的风光，语必道女儿的薪俸。她的女儿知道后，极力制止她这种做法，说总夸自己的女儿，突出自家好，人家会有什么感受，不要因此伤害了他人。

费丽女儿的话在情在理。因此，我们在叙述自我时，要防止过分突出自己，切勿使别人心理失衡，产生不快，从而影响了相互间的关系。

英格丽·褒曼在获得了两届奥斯卡最佳女主角奖后，又在《东方快车谋杀案》中以精湛演技获得最佳女配角奖。然而，她在领奖时，一再称赞与她角逐最佳女配角奖的弗沦汀娜·克蒂斯，认为真正获奖的应该是这位落选者，并由衷地说："原谅我，弗沦汀娜，我事先并没有打算获奖。"

褒曼作为获奖者，没有喋喋不休地叙述自己的成就与辉煌，而是对自己的对手推崇备至，极力维护了对手落选的面子。无论她的对手是谁，都会十分感激褒曼的，会认定她是一个好朋友。

一个人能在获得荣誉的时刻，如此善待竞争对手，与伙伴如此贴心，实在是一种难得的典雅风度。

这两个故事告诉我们，为了有一个良好的人际关系，你的一言一行都要考虑到对方的感受，学会安抚对方的心灵，不可以使对方产生相形见绌的感觉。

在生活中，我们经常可以看见一些人大谈自己的得意之事，这是不好的。对方不仅不会认为你是"了不起"的人，还会认为你是不成熟的、喜欢卖弄的人。所以，尽可能不要大谈自己的得意之事。

然而，每个人都想被他人认可，被评价得高一点儿。明知谈自己的得意之事不好，但却情不自禁地大谈特谈，这是人性中比较麻烦的一面。所以，完全不谈得意之事当然不可能，但同样是谈得意之事，不妨注意一下表达方式。

在别人未谈他们的得意之事之前，自己也不要谈。聪明的人会先"煽动"对方："您的见闻广博……"促使对方谈他的得意之事，然后充满兴趣地说："我也知道这样的事……"如此这般，穿插自己的得意之事。

卡耐基金言

在生活中，我们经常可以看见一些人大谈自己的得意之事，这是不好的。对方不仅不会认为你是"了不起"的人，还会认为你是不成熟的、喜欢卖弄的人。所以，尽可能不要大谈自己的得意之事。

11
学会分享，善意地看待世界

　　学会分享、给予和付出，你会感受到舍己为人、不求任何回报的快乐和满足。的确，在生活中，超越狭隘、帮助他人、撒播美丽、善意地看待这个世界，那么，快乐、幸福和丰收会时时与我们相伴。对此，罗曼·罗兰说得很精彩："快乐和幸福不能靠外来的物质和虚荣，而要靠自己内心的高贵和正直。"

　　保罗的哥哥送给保罗一辆新车作为圣诞礼物，圣诞节的前一天，保罗从他的办公室出来时，看到街上的一个小男孩在他闪亮的新车旁走来走去，并不时触摸它，满脸羡慕的神情。

　　保罗饶有兴趣地看着这个小男孩。从他的衣着来看，他的家庭显然不属于自己这个阶层。就在这时，小男孩抬起头，问道："先生，这是你的车吗？"

　　"是啊，"保罗说，"这是我哥哥送给我的圣诞礼物。"

　　小男孩睁大了眼睛："你是说，这是你哥哥给你的，而你不用花一分钱？"

　　保罗点点头。小男孩说："哇！我希望……"

　　保罗原以为小男孩希望的是也能有一个这样的哥哥，但小男孩说出的却是："我希望自己也能当这样的哥哥。"

　　保罗深受感动地看着这个男孩，然后问他："要不要坐我的新车去兜风？"

小男孩惊喜万分地答应了。

逛了一会儿之后，小男孩对保罗说："先生，能不能麻烦你把车开到我家门前？"

保罗笑了，他以为，这小男孩肯定想在邻居们面前炫耀一下，他是坐新轿车回家的。但是，保罗又猜错了。

男孩请求他："你能把车停到那两个台阶那儿吗？"

车停后，小男孩顺着台阶跑进了屋，不一会儿，保罗听到小男孩返回来了。小男孩背着残疾的弟弟出来了，他把弟弟放在最下面的台阶上，然后扶着弟弟说："弟弟，看那新车，是不是跟我在楼上告诉你的一样？他哥哥送给他的圣诞礼物！你等着，有一天我也会送你一辆车，那样你就可以坐在车里亲眼看一看圣诞节时商店橱窗里的那些好东西了！"

保罗的眼睛刹那间湿润了，他下了车，把小男孩的弟弟抱进了车里，那位小男孩也坐进了车里，他们三个人一起度过了一个难忘的夜晚。

从那天起，保罗真正懂得了：与人分享是快乐的。

即使你拥有金钱、爱情、荣誉、成功，也许你还是不快乐。快乐是人生的至高追求，但只有懂得给予和付出，你才能实现这一追求。

在生活中，从一个表情、一句问候、一个眼神开始，学会付出，学会与人分享，善意地看待这个世界，快乐会时时与我们相伴。

卡耐基金言

人活着应该让别人因为你活着而得到益处。快乐是人生的至高追求，但只有懂得给予和付出，你才能实现这一追求。

12
建立融洽人际关系的语言技巧

在生活中，我们怎么说话才能让别人喜欢，为自己赢得一个好人缘呢？

一、经常使用文明用语

文明用语有"谢谢"、"不用谢"、"对不起"、"没关系"等。这些文明用语可以向别人表达感激或歉意之情，可以建立融洽的人际关系。在得到别人的帮助时，要真诚地说一声"谢谢"。你若只是把感激之情埋在心底，对方感受不到就会认为你不懂礼貌，今后也就不会再帮助你了。同样，在打搅别人，给别人添麻烦时能真诚地说一声"对不起"，对方的气就会消去大半。恰当地使用文明用语是建立融洽人际关系的第一秘诀。

其次，多用"添加语言"也是非常重要的一个秘诀。"添加语言"有"实在对不起"、"真是不好意思"、"打搅您一下"、"麻烦您一下"等。

"添加语言"又称"缓冲语言"，如果多用这类"缓冲语言"，人际关系自然会变得融洽、和谐。

二、说话要真诚

由于说话态度不同，语言既可以成为建立和谐人际关系的最强有力的工具，也可以成为刺伤别人的利刃。

语言可以反映出一个人的人格。即使是语言比较笨拙的人，只要是发自内心的关怀，其感情就能在话语间充分地流露出来；相反，如果不是发自内心的关怀，即使用再多华丽的语言，也会被对方看穿。所以满怀真诚是最重要的。

三、不要说对方不爱听的话

人们都想改掉自己的缺点，可是有些缺点无论自己怎么努力都会无济于事，比如身体上的缺陷就是最好的例子。

常有人误以为连对方本人都说了，跟着对方说说其缺点，也没有关系。其实对方本人说倒没什么，可是别人是不能也跟着说的。如果被同龄人说了短处也许说句"彼此彼此"就过去了，可是如果被年轻人说了短处，恐怕就不会那么简单了。即使对方说了自我嘲笑的话，你也不能表示赞同，这样会影响你们之间的感情。个子矮、脱发、大肚子、老花眼、肥胖、年龄、容貌等，这些都是当事人敏感的话题，也是谈话的禁忌。

四、及时夸奖

在发现对方长处或有值得表扬的地方时，要能立即给予夸奖。比如，可以根据情况，抓住时机对客户说"您今天的西服颜色真漂亮"，"主任，您在会议上的发言真精彩，棒极了"，"我也想成为像你这样兢兢业业工作的人"等。

可是，及时夸奖并不等同于阿谀奉承或溜须拍马，因为，一旦别人感觉到你是在溜须拍马，必定对你非常反感。

卡耐基金言

在人际交往中，有一些短语是人们经常使用的，这些对人际交往起着极其重要作用的短语，若能在适当场合适当地使用，就会给我们带来意想不到的良好效果。

13
拓展人际关系要循序渐进

布朗先生参加了一个社交聚会，交换了一大堆名片，握了无数次手，也搞不清楚谁是谁。几天后，他接到一个电话，原来是聚会上见过面，也交换过名片的"朋友"打来的。因为那位"朋友"名片设计特殊，让他印象深刻，所以记住了他。

这位"朋友"给他打电话也没什么特别目的，只是和他东聊西聊，好像双方已经很熟了的样子。

布朗先生不大高兴，因为他和那个人没有业务关系，而且也只见了一次面，那个人就这样打电话来聊天，让他有一种被侵犯的感觉，而且，他也不知和那个人聊什么好。

在现代社会中，这种情形时常会出现，以这位"朋友"来看，他有可能对布朗先生的印象颇佳，欲与之交朋友，所以主动出击。另外也有可能是为了业务利益而先行铺路。但不管基于什么样的动机，他采取的方式犯了人际交往中的忌讳——操之过急。

拓展人际关系是名利场上的必然行为，但在拓展人际关系的过程中，有一些法则还是必须注意的，这样才能达到预期的效果，而不致弄巧成拙。

这个法则就是"一回生，二回半生不熟，三回才全熟"，而不是"一回生，二回熟"。"一回生，二回熟"还太快了些，"一回生，二回半生不熟，三回才全熟"则是渐进的，也是长期的。之所以要"一回生，二回半生不熟，三回才全熟"，是因为以下两点：

一、人都有戒心，这是很自然的反应

"一回生，二回就要熟"，对方对你采取的绝对是关上大门的自卫姿态，甚至认为你居心不良，因而拒绝你的接近。名人、富有或有权势之人，更是如此。

二、每个人都有"自我"

你若"一回生，二回就要熟"，必定会采取积极主动的态度，以求尽快接近对方。也许对方会很快感受到你的热情，而给你热情的回应，可是大部分人都会有被"侵犯"的感觉。因为对方还没准备好和你熟，他只能痛苦地应付你罢了，很可能第三次就拒绝和你碰面了。

在社会上生存，的确需要有人同行，但同行伙伴的获得必须花上一段时间，"一回生，二回半生不熟，三回才全熟"正是最高的指导原则。保持平静、持续的接触，这样子拓展出来的人际关系才是可以信赖的。

卡耐基金言

在社会上生存，的确需要有人同行，但同行伙伴的获得必须花上一段时间，"一回生，二回半生不熟，三回才全熟"正是最高的指导原则。保持平缓、持续的接触，这样拓展出来的人际关系才是可以信赖的。

第四章

掌握沟通秘诀，打破社交障碍

沟通无时不有，无处不在，它是一个人获得良好人际关系的前提条件，也与快乐紧密相关。了解人与人沟通的奥秘，建立心与心沟通的桥梁，就能让你找到共同点、折衷点，使敌人成为朋友，对手成为伙伴，真正达到没有输家的沟通——双赢的沟通，从而打破社交障碍。

01
记住对方的名字

记住一个人的名字，并且轻易地叫出来，对他来说，比任何语言都甜蜜、都重要。

一般人对自己的名字比对地球上其他所有人的名字加起来还要感兴趣。记住别人的名字，而且很轻易就叫出来，等于给了别人一个巧妙而有效的赞美。若是把人家的名字忘掉，或写错了，你就会处于一种非常不利的地位。

有时候要记住一个人的名字真的很难，尤其当它不太好念时。一般人都不愿意去记它，心想：算了，就叫他的小名好了，而且容易记。锡得·李维拜访了一个名字非常难念的顾客，这个顾客叫尼古得玛斯·帕帕都拉斯。别人都只叫他"尼克"。李维告诉我们说："在我拜访他之前，我特别用心地念了几遍他的名字。'早安，尼古得玛斯·帕帕都拉斯先生。'当我用他的全名向他打招呼时，他呆住了。过了几分钟，他都没有答话。最后，眼泪滚下他的双颊，他说：'李维先生，我在这个国家15年了，从没有一个人会试着用我真正的名字来称呼我。'"

安德鲁·卡内基成功的原因何在呢？他被称为钢铁大王，但他自己对钢铁方面的知识所知甚少。他手下有好几百个人，个个都比他了解钢铁。

但是他知道怎样为人处世，这就是他成功的原因。

他小时候，就表现出一定的组织和领导的才能。当他10岁的时候，他发现人们对自己的姓名看得非常重要。他便利用这项发现，去赢得别人的合作。举例说明，他在苏格兰的时候，有一次抓到一只兔子，那是一只母兔。他很快又发现了一整窝的小兔子，但没有东西喂它们。这时，他有一个很妙的想法，他对附近的那些孩子们说："如果你们找到足够的苜蓿和蒲公英，喂饱那些兔子，我就以你们的名字来替那些兔子命名。"

这个方法太灵验了，卡内基一直忘不了。好多年之后，他在商业界利用同样的方法赚了好几百万美元。例如，他希望把钢铁轨道卖给宾夕法尼亚铁路公司，而艾格·汤姆森正担任该公司的董事长。因此，卡内基在匹兹堡建立了一座巨大的钢铁工厂，取名为"艾格·汤姆森钢铁工厂"。

显而易见，当宾夕法尼亚铁路公司需要铁轨的时候，艾格·汤姆森会选择卡内基的，而实际上确实是这样。

安德鲁·卡内基这种记住以及重视朋友和商业人士名字的方式，是他领导才能的秘密之一。他以能够叫出他许多员工的名字为豪，而他很得意地说："当我亲任主管的时候，我的钢铁厂未曾发生过罢工事件。"

记住他人的名字，可以帮我们赢得很好的成功机会，可以说是成本最低的有效投资。所以，年轻人要想与人更好地相处，在社会上赢得一席之地，就要多花些时间和精力去记别人的名字。

卡耐基金言

在交际中最明显、最简单、最能得到别人好感的方法，就是记住别人的名字。在现代社会中，人们越来越希望能够得到他人的尊重与承认。而记住对方的名字，并能轻易地叫出来，就是对对方的一种尊重与认可。

02
别逞口舌之能

第二次世界大战刚结束的某一天晚上，我在伦敦学到一个极有价值的教训。当时我是罗斯·史密斯爵士的私人经纪人。大战期间，史密斯爵士曾任澳洲空军战斗飞行员，在巴勒斯坦工作。他曾以30天之内飞行了半个世界的壮举震惊了全球。澳洲政府颁赠给他5000美元，英皇授予爵位，有一阵子，他是最受关注的人。

有一天晚上，我参加了一个为推崇他而举行的宴会。宴会中，坐在我右边的一位先生讲了一段幽默故事，并引用了一句话，意思是"谋事在人，成事在天"。

那位健谈的先生说他所征引的那句话出自《圣经》。

"这肯定错了，"我很肯定地说，"我知道出处，一点儿疑问也没有。"为了表现自己的优越感，我立刻纠正了那位先生。

那位先生马上反唇相讥："不可能出自莎士比亚，不可能，绝对不可能！"

那位先生坐在我的右边，老朋友法兰克·葛孟在我的左边。法兰克·葛孟研究莎士比亚的著作已有多年，于是两人都同意向他请教。葛孟听了，在桌下踢了我一下，然后说："戴尔，你错了，这位先生是对的，这句话出自《圣经》。"

回家的路上，我对葛孟说："法兰克，你明明知道那句话出自莎士比亚。"

"是的，当然，"葛孟回答，"《哈姆雷特》第五幕第二场。可是亲爱的戴尔，我们是宴会上的客人，我们为什么要证明他错了？那会使他喜欢你吗？为什么不保留他的颜面？他并没问你的意见啊，他不需要你的意见，为什么要和他抬杠？"

大多数人都喜欢自己能言善辩，但是，并不是话越多越好。卡耐基的这个经历说明，说话要讲究场合，不要逞一时口舌之能，否则除了引起冲突和争吵外，不会有其他的好处。

沉默是金，年轻人要想与他人友好相处就要记住这一点——不要逞口舌之能。当然我们说沉默是金，这并不是说人应该闭口不言，而是不要妄言。因为祸从口出，一旦言语不当，就会给自己带来不必要的麻烦，所以还是谨慎些好。

卡耐基金言

大多数人都喜欢自己能言善辩，但是，现实的情况是不讲究场合而逞一时口舌之能，这种做法除了引起冲突和争吵外，不会有其他结果。年轻人要想与他人良好相处，就要记住这一点——不要逞口舌之能。

03
承认对方的重要性

你所遇到的每一个人，都可能会认为他在某些方面比你优秀。因而一个绝对可以赢得他欢心的方法是，以不着痕迹的方法让他明白，他是个重要人物。

鲍勃在一家保险公司做经纪人。他年轻时就凭借其杰出的表现得到了业内人士的认可。有一年，他应邀同其他一些高级经纪人出席全国营销会议，并发表讲话。

在众多的听众之中有一位叫龙尼的人，也是一位具有传奇色彩的经纪人，比鲍勃年长30岁，而且也一直从事保险事业。

可是，就在鲍勃发言的时候，有一件事引起了他的注意，并使他久久不能忘怀。龙尼，这个经验丰富的老经纪人，在鲍勃发表讲话时竟一直在认真地记着笔记。龙尼不仅仅在听鲍勃的讲话，还在认真地学习。

这本来是一件小事，但这位高级经纪人的举动竟出乎意料地使鲍勃受到了莫大鼓舞，让鲍勃感到自己是一个重要的人。

自那天起，龙尼成了鲍勃的良师益友。在鲍勃的心中，龙尼简直就是一位英雄。

人类行为中有一条重要的法则，如果你遵循它，就会为自己带来快乐；如果你违反了它，就会陷入无止境的挫折中。这条法则就是：尊重他人，满足对方的自我成就感。正如杜威教授曾说的："人们最迫切的愿望，就是希望自己能受到重视。"

你希望周围的人喜欢你，你希望自己的观点被采纳，你渴望听到真心的赞美，希望别人重视你……那么让我们自己先来遵守这条法则：你希望别人怎么对待你，你先怎么对待别人。

实际上，每个人都有他的优点，都有值得他人学习的长处，承认对方的重要性，并由衷地赞美对方，就能够为你带来意想不到的收获。

如果你想每天都得到快乐，就绝不能责怪你太太的治家本领，也不能拿她和你母亲作不利的比较；相反，你要经常赞美她把家庭治理得井井有条，而且要公开表示你很幸运，娶到了一个既有内在美又有外在美的女人。只有你先承认她是优秀的，她才会拼命努力，以便达到你所期望的程度。不过不要突然开始这么做，否则她会怀疑的。你可以从今天晚上或明天晚上开始，买一束花或一盒糖，多说些关心的话，多对她温柔地微笑……

如果你想得到快乐，就绝不能指责下属无能。当他工作没有做好时，不要直接批评他，要表扬他做的好的一面，这样反而会激发他的工作热忱……

因此，要想赢得对方的好感，就要在言谈举止中表露出"你认为他很重要"这个信息，让他感觉自己是个受重视的人物。

卡耐基金言

人类行为中有一条重要的法则，如果你遵循它，就能为自己带来快乐；如果你违反了它，就会陷入无止境的挫折中。这条法则就是：尊重他人，满足对方的自我成就感。

04
用表情反映心声

根据某些体育记者的说法，他们最不喜欢采访的对象，就是一些不论赢或输都没有什么特殊表情的选手，因为这样会摸不清他们心中的想法，也不知道他们到底是高兴还是生气。

毫无表情的脸，就好像戴了面罩一样，面对这种情况，心理学称之为"面罩症状"。这种症状在上下关系划分严格的社会中是最容易出现的。此外，在压力较大的工薪阶层中也很常见。

当然，不能因此就说这些人是缺乏感情的冷血动物。事实上，他们可能怀有比普通人还要细腻的感情，甚至有着更丰富的精神生活。

但是，不论你的感受有多么丰富，如果不表现出来，是不会有人发现的；不论你的感受有多敏锐，当别人都处在感动状态中时，只有你一个毫无表情，别人自然会议论你了。

在英国曼彻斯特城英联邦运动会开幕式上的一个小场景就验证了这一切。当时，在传递运动会火炬的尾声部分，英国足球明星大卫·贝克汉姆接过了火炬的最后一棒，并在跑完后，来到一个挂着氧气瓶、身患绝症的5岁小女孩面前，他微笑着亲吻了小女孩的脸，然后与她手拉手走到英国女王伊丽莎白面前，再由小女孩把火炬交给这个国家最高贵的女王。

只见女王接过火炬后，面色严肃，没有亲吻望着她的小女孩，直接走到点火台点燃了开幕式的大火。亲眼目睹这一过程的人都感到十分惊讶，他们纷纷说："在这个时刻，她还没有笑容，她也没有亲吻那个可爱的小女孩。"

第二天，各大报纸、电视台纷纷指责女王在众目睽睽之下，居然"没有笑容"，而且"没有亲吻那个生病的孩子……"

人们对女王的表现十分不满，而这一切都是因为她在一个特别重要的场合，亏欠了大家一个微笑的表情。

一个人感情的表现愈激烈，就愈可表现出其感情之丰富，别人就会觉得他非常具有吸引力。因此，要想提高自我吸引力，打破社交障碍，你就要有意识地锻炼自己的面部表情。

卡耐基金言

高兴时尽情地笑，认真时则有认真的表情，把自己内心的感受真实地表现出来，便是提高自我吸引力的方法之一。

05
正确运用态势语

态势是说话者传情达意的一种重要手段，也是一种沟通"语言"。它包括说话者的姿态、手势、身体动作等。

语言由字、词、句子和标点组成，肢体语言也是一样，它能表现出当事人的感觉或态度。观察敏锐的人不管别人说什么，总能读出对方的肢体语言所表示的意思，并精确解释。

态势作为一种沟通语言，我们在说话中应怎样正确地运用它呢?

一、态势要美观

站着说话时，身体要笔直，挺胸收腹，重心放在两腿之间，双臂自然下垂，这样能使对方感觉到你的有力和潇洒；坐着说话时，上身要保持垂直，可轻靠在椅背上，以自然、舒适、端正为原则，双手可以放在腿上，或抱臂。无论是坐姿还是站姿，在非正式场合可随便一点儿，但在正式场合就应有所讲究。

二、要有明确的目的

我们在说话时，一举手一投足，都要使其有清楚的含意，这样才能更好地发挥态势语的表达和交流作用，才有助于达到说话的最佳效果。常用的态势语言主要有以下几类:

1 点头表示赞成或同意，顿首用来强调所说话的力度，头部上扬表示惊奇或对某一事情突然明了，摇头是否定的信号，摆头表示怀疑，低头含有被压抑或屈从的意味，抬头是一种有意投入的动作。

2. 肩部下垂向后，表明平静且灵敏；上举向前表明焦虑、惊慌；平举下垂表明沉着果断；向上突起表明愤怒或受到恐吓；耸肩表示不知道、无所谓或无可奈何；拍拍肩部表示亲切或庆贺。

3. 竖起大拇指表示赞美，手掌往前摊表示拒绝，紧握拳头表示力量，张开双臂表示欢迎，高举双臂表示胜利，双手在胸前交叉抱住表示自信或防卫。

4. 触摸下巴表示在思考，尤其是在沉思的时候，人们常常会做一个动作——触摸下巴；将拇指放在下巴下面，用食指或中指摩擦嘴唇或者下巴，则表示在作决定；用手支撑着下巴，以避免脑袋垂下去，触碰下巴的动作要比前面触摸下巴的动作都用力一些，则表明对谈话的内容极度厌倦。

此外，用食指或中指支撑在靠近太阳穴的部位，拇指支撑下巴，其他手指蜷在嘴部或鼻部时，也是表达极度厌倦的意思。

5. 挠耳朵表示困惑，尤其当这个动作加上面部出现为难或尴尬的表情时，更能肯定此人正处于困惑状态。

此外，碰触耳朵，如抓挠的动作也能表示一个人正处于焦虑状态。

三、要确切精炼

说话时，我们运用态势语的主要目的是要沟通感情，补充或加强说话语气，帮助对方理解。因此，态势要精炼，不要太"花"，要以少胜多，恰到好处。例如手势动作，要是不间断地频繁使用，或者多次重复使用同一种手势，就有可能丧失它的功效。

四、姿势语与口语要一致

假如你就是说话者，要求听者针对你所说的话发表意见，如果他说不同意你的见解，而且他的非语言信号和所说的话相符，那么他没有说谎；如果他说他很喜欢听你说话，但他所说的和姿势所表达的互相矛盾，那么他就是说谎了。

肢体语言的影响力是口语的5倍，如果两者不一致时，我们应当相信肢体语言。弗洛伊德曾注意到，他的某些女病人口头上说婚姻很快乐时，会无意识地把婚戒脱下又戴上、戴上又脱下。据他了解，这个动作其实是婚姻亮起红灯的预兆。

要正确解读肢体语言，就要观察姿势语与口头语言之间是否一致。

五、注意背景与环境

除了观察肢体语言与口头语言是否一致，还要考虑姿势出现当时的背景环境。例如，严冬时节，一个在公交车站等车而手脚都交叉抱紧、下巴收缩的人，并不是在防卫什么，只是单纯感到寒冷而已。但是如果另一个人摆出同样姿势，而你正坐在他对面，介绍产品或服务项目，那么这个姿势就代表否定或防卫的意义了。因此，所有的姿势都要考虑环境因素。

卡耐基金言

说话时，我们运用态势语的主要目的是要沟通感情，补充或加强说话的语气，以帮助对方理解自己的意思。因此，态势要精炼，不要太"花"，要以少胜多，恰到好处。

06
点到为止

看到对方太嚣张了，想要给对方一点儿教训时，直接说出来可能会伤了和气，不如用别的方式点到为止。

音乐家路易·贝多芬就是用这种方法训诫了他的弟弟。贝多芬的弟弟约翰·贝多芬一向唯利是图，对于自身的修养一点儿也不注重。当他在美国从商发了财买了一块土地后，刻意寄了一张名片给自己的哥哥，上面印着：约翰·贝多芬，土地所有者。音乐家贝多芬看看名片，皱皱眉，立即在这张名片上写下：路易·贝多芬，能力的所有者。然后将这张名片寄给自己的弟弟。

初学者学艺不精没什么关系，但是剽窃别人的思想来当成自己的创作就不可原谅了。对此，如果讲得太明白了可能会吓走这些初学者，不如点到为止，让人有反省的机会。老师教学生，父母教孩子也是如此，有许多话点到为止，他们听得懂就行了，不要把孩子的错误挑明了严厉指责。因为这样只会让孩子成为一个没有自信心、没有健全人格的人。

意大利的著名歌剧作曲家罗西尼有一次倾听一位初学作曲的青年演奏，在演奏时，他不断地将自己的帽子脱了又戴，戴了又脱下来。青年觉得很奇怪，于是问罗西尼："先生，您是不是觉得屋里太热了？"罗西尼不动声色地回答："不，我有一个习惯，那就是一见熟人就要脱帽行礼。在你的曲子里有这么多我的熟人，所以我只好不断地脱帽了。"青年听了，红着脸低下了头。

当心里不愉快时，如果强憋着可能会加重自己精神上的负担，再说，不让对方得到点儿教训，对方可能会永远这样下去。所以动动脑筋想个"骂人不落渣"、一针见血却又能让人接受的方式来处理，这应该是最好的方式。

卡耐基金言

当心里不愉快时，如果强憋着可能会加重自己精神上的负担，再说，不让对方得到点儿教训，对方可能会永远这样下去。所以动动脑筋想个一针见血却又能让人接受的方式来处理，点到为止，这应该是最好的方式。

07
不要硬碰硬

从幼儿到青年的成长过程之中，每个人大概都曾因顶撞父母而被狠狠地教训过。长大之后进入社会，许多人也有受到主管责备愤而离职的经历。经验会说话，它告诉我们，下回再这样惹恼了长辈或长官，最后吃亏的还是自己。

人与人之间也是一样，硬碰硬，结果谁都落不了什么好处，搞不好从此反目成仇，更是不值。自己赢了，看着别人输，心里不见得痛快，还得忍受别人的仇视；自己输了，让人骑到头上，只能骂自己笨。

那要怎么办呢？动动脑筋，想个办法让双方都赢。彼此都是赢家，不伤和气，各取所需，就没有什么过不去的了。

我时常带着自己心爱的小狗，到家附近的森林公园去散步。为了保护游客的安全，这个公园规定：必须为狗戴上口罩，拴上链条，才可以进入公园。

一开始，我按照规定遛狗，可是看到自己的爱犬一副可怜的模样，很不忍心，于是就将口罩和链条取下，让爱犬无拘无束地在公园里玩耍。没想到被一位公园警察看到了，他走了过来，对我说："你没有看到公园门口贴的公告吗？"我争辩道："噢，我的狗是不会咬人的。"警察一听，厉声警告道："法官可不会管你的狗会不会咬人，这次放过你，下次再被我看到了，你自己对法官说去！"

过了几天，我一大清早就带着爱犬，到公园里一处很空旷的地方溜达，看看四下里无人，于是又将狗的口罩和链条给取了下来。说来也巧，上回碰到的那个警察，居然又出现了。

见到他慢慢地向我走来，我心想大事不妙，这下准逃不掉。根据上次的经验，和他争辩只会让他更火大。我想了一下，就摆出一脸惭愧的表情迎了上去。

我表现出很难为情的样子，对警察说："警官，对不起，你才警告过我，我又犯错了，我有罪，你逮捕我吧！"警察愣了一下，笑意马上爬上他原本严肃的脸庞，他很温和地对我说："我知道谁都不忍心看到自己的狗一副可怜兮兮的模样，何况这里也没有什么人，所以你才取下了口罩。"我轻声回答道："但是，这样做是违法的。"警察望了望远处说："这样吧，你让小狗跑到那个小丘后头，让我看不到，这件事就算了。"我谢过警察，带着小狗很快就跑得无影无踪了。

因此，硬碰硬绝不是解决问题的良方，不但于事无补，还可能让事情变得更糟。通过种种"怀柔"手段，巧妙迂回，反而会让一切更顺利。

卡耐基金言

硬碰硬绝不是解决问题的良方，不但于事无补，还可能让事情变得更糟。通过种种"怀柔"手段，巧妙迂回，反而会让一切更顺利。

08
把笑容写在脸上

在这个世界上活着，要想活得幸福、健康、快乐，最好的方法就是笑。笑，是日常生活中的安全阀，它可以减轻或除去有损健康的不良情绪，它让我们怀有与人为善的心，让我们拥有幻想和放松自己，在沉重的压力下得到休息，它也让我们的生命变得趣味盎然……

的确，经常保持愉快的心情，笑口常开，是大有益于身心的。

只要笑出来，你就会多一份觉醒，对这个世界也会感觉更有安全感。每个人的鼻子从某个角度来看多少有些可笑，即使人的脸上没有可笑的东西，在品格、心态或习惯上也有可笑之处。如果承认自己的鼻子可笑，不为它辩解，我们就会笑，世界也会分享我们的笑。

我们都熟悉那个永远是乐呵呵的大肚子弥勒佛，他的身边有这么一副对联：大肚能容，容天下难容之事；笑口常开，笑世上可笑之人。我们应该学学他的乐观精神，在我们遇到不顺心的事或难对付的人时，不妨笑一笑，不要把它看得太严重，不要自寻烦恼，自我折磨。

死亡、离婚、疾病……这些都是令人不快的事，但心胸开阔的人却能微笑面对。开心地笑吧，不要使冰霜结在你的脸上。

是的，真正有益身心的笑，是发自内心的笑。它首先是一种乐观开朗的生活态度，是对人对己的宽容大度，是不计较得失的坦然。笑的修养，也是人品的修养。强笑、装笑、皮笑肉不笑，甚至不怀好意的奸笑，得意忘形的狂笑，溜须拍马的谄笑……这些虽也是笑，却不是我们所需要的。

现代社会竞争激烈，而商品时代所培养出来的商品情结，往往使人只看重金钱和物质，连"笑"也变成了"商品"或推销商品的手段。在这种情况下，现代人变得越来越不会笑了。

"国际幽默大会"曾在瑞士发表过一个声明，说在20世纪50年代，英国人平均每天笑18分钟，而那时正是经济衰退时期。到了90年代，经济发展了，英国人的生活水平也有了很大提高，但他们每天笑的时间却减少到只有6分钟。

卡耐基金言

真正有益身心的笑，是发自内心的笑。它首先是一种乐观开朗的生活态度，是对人对己的宽容大度，是不计较得失的坦然。

09
勇于承认错误

　　主动承认自己的错误，比让别人批评要好得多。画家弗迪南德·沃伦就是采用了这种方法使买画的人由愤怒、埋怨变得宽容大度。

　　"画广告画和为出版社画画要准确、认真，这一点很重要，"费迪南德在训练课堂上回忆自己的经历时这样说，"有些编辑要你按他的意图马上创作一幅画，这难免会使你的作品出错。

　　"与我共事的一位编辑喜欢吹毛求疵，每当他这样做时，我就离开他的办公室躲出去，这倒不是因为对他提出的批评不满，而是对他的这种态度和方法感到气愤。前不久，他要我在短时间内给他创作一幅画，这难免会使你的作品出错。

　　"与我共事的一位编辑喜欢吹毛求疵，每当他这样做时，我就离开他的办公室躲出去，这倒不是因为对他提出的批评不满，而是对他的这种态度和方法感到气愤。前不久，他要我在短时间内给他创作一幅画，我抓紧时间画好。他打电话把我请去。我一进他办公室，就发现他对我怀有敌意，这是我意料之中的事。他让我谈谈为什么这样画，而不那样画。于是我就用学到的方法进行自我批评。我说：'先生，如果这幅画确实像您所说，我画错了，我没有理由为自己辩护，我承认错误。我长期应约为您作画，发生错误是不应该的，我很内疚。'

　　"他立即改口为我开脱：'您说得对，但这不是什么严重错误……'

　　"我打断了他的话：'任何错误都要付出代价的，犯错误自然会让人生气。'他又想说什么，但我没让他说。我有生以来第一次批评自己，但我却对此很满意。'我再仔细些就好了，'我说，'您长期约我作画，有权要求我把画画好，我再重新画一幅。'

"'不，不，'他反对我这样做，'我没有那个意思。'他把我的作品夸赞了一番，表示只是想让我对其做些修改，我的小过失不会对出版社的声誉有什么影响，劝我不必为此担心。我的自我批评使他无法再同我争吵。最后他请我一起用早餐，临分手前他给了我一张支票，并约我再为他画一幅画。

"如果您觉察到他人认为您有不妥之处，或是想指出您的不妥之处时，您就首先自己讲出来，使他无法同您争辩。请相信，他会宽宏大度，不计较您的过错，能原谅您，就像这位编辑待我一样。"

蠢人才会试图为自己的错误辩护。实际上大部分人也正是这样做的。承认自己的错误，会让你比不承认错误的人更能得到他人的好感。

埃尔伯特·哈巴特是位与众不同的作家，他那尖刻的言辞常常引人发怒，可他具有化敌为友的非凡才华。

当气愤的读者写信表示不同意他的观点，并在结尾写上侮辱他的语言时，他通常会这样回信："您的信我已仔细拜读，我告诉您，我本人对自己的观点也不甚满意。昨天写下的东西今天都不一定喜欢。我很高兴了解到您对我所提问题的看法，您如有机会到我们这里来，请顺便到我家来共同探讨这个问题。忠实于您的埃尔伯特。"

所以，年轻人请坚持这样的准则：只要错了，就勇敢承认。

卡耐基金言

蠢人会试图为自己的错误辩护。实际上大部分人也是这样做的。承认自己的错误会让你比不承认错误的人更能得到他人的好感。

10
不断更新改进

一杯新鲜的水，如果静止不动，不久就会变臭。同样，一个经营得很好的企业，经营者如果不时刻进行更好、更新的改进，他的企业也必定会逐渐地衰落。

如果把这句话挂在自己的办公室里，你一定会有所收获——今天我应该在什么地方改进我的工作呢？

每天早晨，我们都应该下定决心：要力求做得更好些，较昨天应有所进步，一切都应安排得比昨天更好。这样做的人，在短短的一年之内，他必定有惊人的成就。

一个想成功的经营者，必须常同外界接触，常同其竞争者接触，借鉴新的、有效的管理方法。

一个成功的零售商，利用了一个星期的时间，去参观、访问国内的知名大商场，由此他得到了一些改良自己商场的办法。在此之后，他便每年到各地"旅行"，每到一个地方都会专门研究当地大规模商场的销售方法和管理方法。他认为，这样的参观和学习是有必要的。否则，墨守成规、不思进取地做下去，必定会走向失败。

这个精明的商人对他的商场经过了几番整改后，他的商场与以前相比大不相同了。以前从未注意到的细节，比如货品的摆设不能吸引顾客，员工工作不相同了。以前从未注意到的细节，比如货品的摆设不能吸引顾客，员工工作不认真等，经过对各地知名商场的参观，这些问题得到了有效解决。

不久以后，他的商场焕然一新，也吸引了更多的顾客。

众所周知，人的身体之所以能保持健康，是因为人体的血液时刻在更新。同样，从事商业的人，应该时常吸收新的理念，获得改进的方法，唯有如此，他的事业才能一天一天地发展起来；那些老是固守在一个环境中不思进取的人，必定会走向失败。

在现实生活中，有许多人，他们认为要改进自己的事业必须是整个的改进。他们不知道改进的唯一秘诀，就是随时随地进行，在小事上求改进，即大处着眼，小处着手。

其实，也只有随时随地求改进，才能不断地进步。

卡耐基金言

一个想成功的经营者，必须常同外界接触，常同其竞争者接触，借鉴新的、有效的管理方法。

第五章

提高说话技巧,
有效说服他人

每个人都有他自认为很得意的一件事,也许这件事在你看来是多么的微不足道,但这件事本身对他而言却是值得纪念的。因此,你想说服一个人时,应尽量找出对方得意的那件事,并在恰当的时机说出来。

01
点明说话的主题

要加深别人认为你很有头脑的印象，重点之一就是使所说的话易于了解。

常用的方法是，谈话之初即先列举几个主题。譬如先说："我今天要说的主题有三点……"然后再针对这三个主题做大致的说明。而事实证明，这个方法非常有效。

为什么要先说出几个主题呢？从大处来说，人是唯一能预测事物发展的动物。对听者来说，如果能先把握住对方要说的主题，那么就可以一边听，一边想象对方大概会说哪些话，而对说话的方向做某种程度的预测。因为有了这种心理准备，所以在听的时候自然就容易了解了。

换句话说，一开始就给听者几个主题，可以让你自由地把话解释至容易理解的程度，这么一来，即使你说的话有些前后颠倒或不甚清楚，也不太会给人留下难懂的印象。因此可以说，这种方法是借助他人的能力，来加强对方觉得自己很有头脑的印象。

把要说的话归纳为三个重点，可使对方感觉你的组织能力很好，也便于对方对谈话内容的理解。每个人对"三"都有种好感，这是因为若只有一点，好像觉得不够分量，两点又不太庄重，而三点却能让人有稳定感，这也是人类普遍的心理。

大部分说话具有说服力的人，都会潜意识地应用这种心理作用。譬如汤姆先生就是这方面的高手，他在战时当过陆军高级参谋，战后回来进入某贸易公司担任副董事长，他是一个有着传奇经历的人。凡是和他交谈过的人，都会惊讶于他讲话的说服力之高。这是因为汤姆先生不论对什么问题都会说"我有三个问题"或"我有三个答案"，而把所有的事都包括在"三"这个数字中。这么一来，问题和答案都经过整理，使听者能把握住说话的内容。

　　和以上所述相反的是，如果用"唯一的答案是……"等方式把谈话浓缩成一点的话，就会给人一种蛮横、不讲理的印象，而两点又会给人不自然之感，只有三点才能把握住人的心理。

　　所以，整理一下自己的想法，把要说的话分为三点，会让人比较容易理解。

卡耐基金言

　　把要说的话归纳为三个重点，可使对方感觉你的组织力很好，也便于对方对谈话内容的理解。每个人对"三"都有种好感，这是因为若只有一点，好像觉得不够分量，两点又不太庄重，而三点却能让人有稳定感，这也是人类普遍的心理。

02
不要直击对方的错误

间接指出别人的错失，要比直接说出口来得温和，且不会引起别人的强烈反感。

我们在说服别人时，常常会犯这样一个错误，就是当发现对方有明显的错误时，会毫不客气地批评对方的："那是错的，任何人都会认为那是错的！"这样一来，对方的自尊心会受到伤害，这时，对方要么突然陷入沉默，要么挑剔你的言词来拒绝你的说服。

因此，为了不触犯对方的自尊心，即使发现了对方的错误，也不要直接指出，而应采取间接的方式，委婉地进行说服。

据说美国政治家富兰克林年轻时非常喜爱辩论，尤其是对于别人的错误更是不能容忍，总是穷追到底。因此，他的看法常常不能被人接受。当他发现了自己的缺点之后，便改以疑问的形式来表达自己的意见，后来他取得了众所周知的成就。

由此可知，不要用"我认为绝对是这样的！"这类口气来威压对方。用"不知道是不是这样？"这种委婉的态度与对方交谈效果会更好。

批评是我们常用的一种手段，但我们有些人批评起来简直让他人无地自容，下不了台阶。其实，这种批评方式不但无法达到让他人改正错误的目的，而且也不利于你建立良好的人际关系。既然如此，为何还要使用这种"残酷"的手段呢？

在生活和工作中，我们不可能不去批评，但要学会巧妙地批评，让他人既意识到他的错误，并尽快改正，同时也理解你善意批评的意图，让他内心对你心存感激。或者批评之前先总结一下他人的优点，然后慢慢地引入缺点。在他人尝到苦味之前，先让他吃点儿甜味，再尝这种苦味时就会好受些。

约翰找了一个就是奉承也无法说漂亮的女士为妻，可是几个月之后，他妻子却变得像"窈窕淑女"一般的美丽，简直是判若两人。

这位女士在结婚之前，不知为什么对自己的容貌有强烈的自卑感，因此很少打扮。当时因为是大战刚结束，物质极端匮乏，人们的穿着都很普通。当然，她也太不讲究了。不，不是不讲究，而是认识出现了偏差，她认定自己不适合打扮。

她有一个非常漂亮的姐姐，这也使她产生了强烈的自卑感。每当有人建议她"你的发型应该……"时，她都怒气冲冲地说："不用你管，反正我怎么打扮也不如姐姐漂亮。"

到底约翰是怎样说服她的太太，使她发生了变化的呢？

据他自己说，当他的太太穿不适合她的衣服时，他什么也不说，但是，当她穿上适合她的衣服时，便夸奖说"真漂亮！"。

慢慢地，她对打扮有了信心，对于容貌所产生的自卑感自然也渐渐消弭得无影无踪了。

不直接说出对方的错误，而是通过间接的方式让对方自己去发现并改正自己的错误。在禁止对方不要做某件事时，不使用直接禁止的语言，而是劝说对方做与之完全相反的事情。

要记住，我们所相处的对象，并不是绝对理性的动物，而是充满了情绪变化、成见、自负和虚荣的动物。

用间接的方式建议，而不是直接批评，不但能维护对方的自尊，而且能使他乐于改正错误，并与你合作。

有一天中午，查理·夏布偶然走进他的一家钢铁厂，撞见几个工人正在吸烟，而在那些工人旁边的墙上，正悬着一面"禁止吸烟"的牌子。夏布是不是指着那面牌子，向那些工人说："你们是不是不识字！"不，没有，夏布绝不会这样做。

他走到那些工人面前，拿出烟盒，给他们每人一只雪茄，然后说道："弟兄们，如果你们能到外面吸烟，我会很感谢你们。"那些工人已知道自己破坏了规定，立即将手中的烟收了起来。可是，让他们意想不到的是，夏布先生不但丝毫没有责备他们，而且还给他们每人一只雪茄。

从那以后，工人们再也不在工厂内吸烟了。

夏布先生的这一做法既间接地指出了工人们的过错，又使工人们觉得自己受到了尊重，并认识到自己犯下的错误，从而加以改正。

这种方式使人们易于改正他们的错误。这种方法维护了人们的自尊，使他们自以为自己很重要，使他们喜欢与你合作，而不是反抗你。

采用间接提醒法，是因为在许多场合下，有些话不便直接说出来，但这个意思又要使对方明白，而采取的一种间接说理的方法。这种不便直言的情形往往是囿于对方的自尊心。

每个人的自尊心都是很敏感的。若要同一个人维持友谊，是绝不可伤害其自尊心的，更不可故意去揭对方不便公开的秘密。所以，使用间接提醒法，就是为了避开那些有可能触及对方自尊心或隐私的方面，而将话题从另一个角度引入。

但运用这种变换角度的方法，要掌握好偏离度，变换了的角度既要能避免直接触及可能伤害对方感情的地方，又要与说明的问题有一定联系，否则，就难以达到使对方明理的目的了。

所以，如果你要帮助对方认识并改正错误，你要说服他人，就应该遵循这一原则：间接地指出他人的错误。

（卡耐基金言）

不直接说出对方的错误，而是通过间接的方式让对方自己去发现并改正自己的错误。在禁止对方做某件事时，不使用直接禁止的语言，而是劝说对方做与之完全相反的事情。

03
给对方说话的机会

有时会出现这样的情况，我们认为合理的事物，对方却不这样认为。例如，人们往往会有"上司总是利用部下"，"推销员不可靠"，或是"××品牌的产品质量都是不好的"等先入之见或偏见，结果使说服工作很难顺利进行。如果不先突破这层障碍，就无法进行说服工作。

现在，我们先来看看在日常的说服工作中，先入之见及偏见是以何种形式表现出来的。

有两位推销床的推销员，其中A推销员是属于能说会道型的，而B推销员则是少言寡语型的。然而，B有时会以让A吃惊的方法成功地进行推销。例如有一次，任何推销员都无法说服的肥料公司的老板，B竟然让他一下子买了6张床。他到底是用什么方法说服这位老板的呢？

原来，这位老板患有严重的耳病，一般推销员发现他听力有困难之后，便放弃了。但是看上去少言寡语的B却不一样，他放弃了口头交谈而改用笔谈。笔谈虽需要耐性和时间，但是却说服了这位老板一次买了6张床。

B以外的其他推销员可能都有"既然是聋子，说了也没用"这种先入之见。而从心理学的观点来看，这位耳聋的老板也会有"要警惕健康人，尤其是推销员……"这种意识。因为耳聋，平日可能会有"我是个聋子，别人不会理我"，或"别人可能会利用我的缺陷来欺骗我"等猜测。也就是说，从心理学的观点来看，很多推销员没有消除这位肥料商人的先入之见和偏见，也没有想到消除的办法。

但是，B推销员在发现对方是耳病患者之后，没有采取通常的推销办法，反而积极地采取了笔谈的特殊方式，这不仅解决了向对方推销的障碍，而且还消除了对方可能持有的偏见或猜测之心。这种办法对于说服那些有先入之见或偏见的人是很有效果的。

与此相关，要说服持有先入之见的人的第二个重要方法，就是像B推销员那样采取特殊的、对方喜爱的交流方式或者在轻松的气氛中，让对方畅所欲言、吐露心声，然后再让对方有个客观的认识。通常，我们往往会以适合自己的方式说服对方，但对于已经有先入之见的人来说，这种交谈方式的效果就不明显。不仅如此，反而会使对方的态度变得生硬。这时应该放弃这种通常的说服方式，只有了解了对方的心理，才有可能消除对方的先入之见，使对方接受你的话。

我们应该学会让别人畅所欲言，虽然别人与自己的生活观有许多不同，但我们可以通过聆听别人的倾诉，了解他人看待问题的方式，弄清楚对方的想法，以及在人生经历中的各种成功与失败。

与滔滔不绝相比，聆听别人的心声、让别人畅所欲言更为重要。

也许你是因不耐烦别人的唠叨，所以不愿倾听。但我却十分乐意当一个好听众，有时甚至连自己的事情都可以先放下不管，而去聆听别人的"牢骚"。而很多人也感受到了我这种贴心的关怀，所以才会在我面前畅所欲言。

现在，人们宁愿自己一个人自言自语，也不愿别人在自己面前倾吐心声。一般人认为听别人说话是被动的，而且在多数情况下，他们所说的又都与自己搭不上边，所以很难耐着性子听下去。由于在自己的潜意识中，别人说的话总显得无关紧要，大多数人听着听着就会显出不耐烦的样子，并且希望对方早一点儿结束谈话。

人们总希望自己不是配角，而是不可或缺的主角。聆听别人说话，岂不是显不出自己高人一等吗？当然，会有这种心理也是很正常的。但为了做到了解对方，进而说服对方，必须把这种心态扭转过来。换句话说，就是要设法使对方说话。其理由如下：

1. 倾听别人说话，会增进你对对方的了解。即使对方刻意隐瞒，也难免在不自觉中透露出许多有用的信息，如此你就可以知道对方心中的想法了。

2. 认真聆听对方的倾诉，会让对方觉得你很尊重他。

3. 明白对方的态度。

4. 你认真的态度会令对方感到欣慰，进而增加对你的信任。当然，对方也会很愿向你敞开心扉。

5. 你能够认真倾听对方的诉说，对方就会对你产生信任和依赖的感觉，其直接结果就是增强你的说服成功率。

6. 对方一旦敞开心扉，就会把他的心事向你诉说，这样你就能得到更多有价值的信息。

7. 取得对方的信任显然是成功说服的关键，先取得对方的信任再切入说服的主要内容，才是正确的步骤。

因此倾听别人说话，远比自己滔滔不绝地说话显得更重要。不过，这并不是要你完全处于被动的角色。因为将心比心，对方同样想知道你在想什么，同样希望了解你的人品与性格，否则他们也会感到不安和无所适从。因此，在与对方进行交流时，要适时地介绍一下自己。在一般的交谈过程中，以"让对方说话占七成，介绍自己占三成"为最佳。总之，你得记住，要想与对方有个愉快的沟通，一定要先对对方有所了解，而了解对方最好的办法就是耐心倾听对方的"唠叨"，试着按此要领做做看，效果一定不错。

卡耐基金言

　　要想与对方有个愉快的沟通，一定要先对对方有所了解，而了解对方最好的办法就是耐心倾听对方的"唠叨"，试着按此要领做做看，效果一定不错。

04
尊重对方的意见

当你的意见与他人的产生分歧时，你是经常自以为是，还是考虑一下他人的想法呢？在日常的生活与工作中，我们有些人往往是选择前者，尤其是那些身居高位者，因为他们更加碍于面子。不尊重他人的意见，一则于己不利，因为如果他人的意见对了，可是你没听取，那你就得不到正确的信息，也无法获得正确的结果；二则伤害他人，因为你不尊重他人的意见，也就伤害了他人的自尊心，给人际关系带来负面影响。何况我们每个人不可能时时正确，事事通晓，何不虚心听人之言呢？

人们可以接受外貌、身高、地位、收入上的差距，却很少能接受智力上的差距。当西奥多·罗斯福进入白宫的时候，他承认如果他的决策能有75%的正确率，那么就达到他预期的最高标准了。像罗斯福这样的杰出人物，最高的希望也只是如此，那么，我们呢？如果你有60%得胜的把握，那你可以到华尔街证券市场一天赚个100万，然后买下一艘游艇，尽情地游乐一番。如果没有这个把握，你又凭什么说别人错了？

不论你用什么方法指责别人——你可以用一个眼神、一种说话的声调、一个手势，就像话语那样明显地告诉别人——你错了，你以为他会同意你吗？绝对不会！因为这样直接打击了他的智慧、判断力和自尊心。这只会激起他的反击，而绝不会使他改变主意。即使你搬出所有柏拉图或康德式的逻辑，也改变不了他的意见，因为你伤害了他的感情。

在与别人沟通的时候，你永远不要这样开场："好！我要如此证明给你看！你这话大错特错！"这无异于向他人表明："我比你聪明，我要让你改变想法。"这种做法实在是太拙劣了，无疑会引起对方的反感。在这种情况下，要想改变对方的观点根本不大可能。所以，为什么要弄巧成拙？为什么要自找麻烦呢？如果你想证明什么，别让任何人知道，而且应不着痕迹，很巧妙地去做。

正如著名诗人波普所说："你在教人的时候，要好像若无其事一样。事情要不知不觉地提出来，好像被人遗忘一样。"

苏格拉底也告诉门徒："我唯一知道的，就是我不知道什么。"

科学家伽利略也说过："你不能教人什么，你只能帮助他们去发现。"

英国19世纪的政治家切斯特菲尔德爵士也一再告诉儿子说："要比别人聪明，但不要让他们知道。"

我们不可能比这些人更聪明，所以从现在开始，最好不要再指出人们有什么错，那要付出代价。如果你认为有些人的话不对——不错，就算你确信他说错了——你最好还是这样讲："啊，慢着，我有另一个想法，不知对不对。假如我错了的话，希望你们帮我纠正，让我们共同来看看这件事。"

有一次，我去访问著名的探险家和科学家史蒂文森。他在北极圈内生活了11年之久，其中6年除了食兽肉和清水之外别无他物。他告诉我他做过的一次实验，于是，我就问他打算从该实验中证明什么。他回答说："科学家永远不会打算证明什么，他只打算发掘事实。"这样的回答令人难忘。

除了自己，谁也阻止不了你。如果你希望自己的思考方式科学化，那就行动吧！

你承认自己也许会弄错，就不会惹上烦恼。那样的话，不但会避免所有争执，而且还可以使对方跟你一样宽容大度；那样的话，还会使对方承认他也可能弄错。而如果你肯定别人弄错了，而且直率地告诉他，结果会如何呢？

有位年轻的律师，他曾在最高法院参加了一个重要案子的辩论。案子牵涉了一大笔钱和一个重要的法律问题。

在辩论中，一位最高法院的法官对他说："海事法追诉的期限是6年，对吗？"这位律师蓦然停住，看了法官半天，然后直率地说："法官先生，海事法没有追诉期限。"

庭内顿时安静下来，我在讲习班上讲述我自己的经验时说："当时，气温似乎一下子降到了冰点。我是对的，法官是错的。我也据实告诉了他，但那样就使他变得友善了吗？没有。但我仍然相信法律站在我这一边。我知道我讲的比过去更精彩。但我并没有尊重他的感受，用讨论的方式据理说明我的观点，而是当众指出一位声望好、学识丰富的人错了，从而引起争端和误会。"

在训练班中，有一个学员就曾用这种方式处理顾客纠纷，他是道奇汽车在蒙大拿州的代理商哈罗·雷恩克。

雷恩克在报告时指出，由于汽车市场的竞争压力，在处理顾客投诉案件时，常常显得冷漠不带感情。这很容易引起愤怒，甚至做不成生意或造成许多不快。他告诉班上的其他学员："后来我想清楚这样于事无补，便改变方法。我转而向顾客这么说，我们公司犯下了不少错误，我实在深以为憾，请把你碰到的情形告诉我。"

"这种方法显然消除了顾客的敌意。情绪一放松，顾客在处理事情的过程中就容易讲道理了。许多顾客对我的谅解态度表示感谢，其中有两个人甚至后来还带了朋友来买车。在竞争激烈的市场上，我们很需要这样的顾客。而我相信尊重顾客意见，对待顾客周到有理，都是赢得竞争的本钱。"

是的，你永远不会因认错而导致麻烦。只有如此才能平息争论，促使对方也能同你一样公正宽大，甚至也承认他或许错了。

没有几个人具有逻辑性的思考，我们多数人都有武断、偏见、嫉妒、固执、恐惧、猜忌和傲慢的缺点。因此，如果你很想指出别人所犯的错误时，请读一读詹姆斯·哈维·罗宾森教授的《下决心的过程》一书中的一段话：

我们有时会在毫无理由的情形下突然改变自己的想法，但是如果有人说我们错了，反而会使我们迁怒对方，更固执己见；如果有人不同意我们的想法，我们反而会全心全意维护我们的想法。显然不是那些想法对我们多么珍贵，而是我们的自尊心受到了威胁……'我的'这个简单的词，是做人处世中最重要的。妥善运用这两个字才是智慧之策。我们不但不喜欢说我的表不准，或我的车太破旧，也讨厌别人纠正我们对火车的知识或亚述王沙冈一世生卒年月的错误……我们愿意继续相信以往惯于相信的事，而如果我们所相信的事遭到了怀疑，我们就会找尽借口为自己的信念辩护。结果怎样呢？多数我们所谓的推理，变成找借口来继续相信我们早已相信的事物。

杰出的心理学家卡尔·罗杰斯在他的《如何做人》一书中写道："当我尝试去了解别人的时候，我发现这真是太有价值了。我这样说，你或许会觉得很奇怪。我们真的有必要这样做吗？我认为这是有必要的。在我们听别人说话的时候，大部分的反应是评估或判断，而不是试着了解这些话。在别人述说某种感觉、态度或信念的时候，我们几乎立刻倾向于判定'说得不错'、'真是好笑'、'这不正常吗'、'这不合道理'、'这不正确'、'这不太好'……我们很少让自己如实地去了解这些话对其他人具有什么样的意义。"

当我们错的时候，也许会对自己承认。而如果对方处理得很巧妙，我们也会对别人承认，甚至以自己的坦率而自豪，但忌讳有人把难以下咽的事实硬塞进我们的食道。

在美国南北战争时期，南方军的罗勃·李将军有一次在总统戴维斯面前，以极为赞赏的语气谈到另一位将军。在场的一位军官大为惊讶，"将军，"他说，"你知道吗？你刚才大为赞扬的那位将军，可是你的死敌呀，他一有机会就会恶毒地攻击你。""是的，"李将军回答说，"但是总统问的是我对他的看法，不是问他对我的看法。"

耶稣2000年以前说过："尽快同意反对你的人。"

在耶稣出生之前两千年，埃及国王阿克图，给予他儿子一些精明的忠告。4000年前的一天下午，阿克图国王在酒宴中说："谦虚一点儿，它可使你予求予取。"换句话说，不要跟你的顾客、丈夫或反对者争辩，别老是指责他们错了，也不要刺激他们，而要运用一点儿技巧，讲究一点儿方法，来和他们沟通。

尊重人家的意见，不去和人家进行无所谓的争辩，处处同意人家的主张，这样的态度，似乎是阿谀人家，有失自己的体面。实际上，这并不是阿谀，因为阿谀是近于欺骗，虽然一时能够获得成功，但终究要归于失败的。

只有尊重对方的意见，你才能和对方有一个良好的沟通。

长岛有一位汽车商，就是用这种方法把一辆旧汽车卖给了一对苏格兰夫妇。在这之前，这位汽车商，把汽车一辆又一辆地推荐给那对苏格兰人看，但他们总是认为汽车有问题，不是嫌这辆不合适，就是嫌那辆在什么地方有了损坏，再不就是嫌价钱太高。当时，这位汽车商正在我的讲习班上听讲，便在班上申请援助。

我建议他，别强迫那些意志不坚定的人买你的汽车，要让他自己来买，你也不必告诉他们要买哪一种牌子的汽车。总之，要让他们觉得你尊重他们的意见，而不是强迫。

几天后，有一位顾客想把他的旧汽车换成一辆新的，那位汽车商就想到了那对苏格兰人，也许他们喜欢这种怀旧风格的汽车。于是他打了个电话给那对苏格兰人，说有个问题想请教他们。

那对苏格兰人接到汽车商的电话后，马上就来了。汽车商对他们说："我知道你们对汽车很内行，你们看看这部怀旧风格的汽车能值多少钱，你告诉我后，我可以在交换新车时，有准确的资料。"

那对苏格兰人听到这些话后，笑容满面，终于有人来请教他们，尊重他们的意见了。于是他们驾着这部车子兜了一圈，回来后说："这部车子，如果你能以300美元买进，那你就捡到便宜了。"

汽车商听后，又问他："如果我以你说的数目买进这部车子，再转手卖给你，你要不要？"他当然要了，因为这正是他的意思、他的估价。

所以这笔生意立刻就成交了。

汽车商经过一次又一次的失败，最终取得了成功。他取得成功的秘诀就是学会了尊重他人的意见。他巧妙地引导那对苏格兰人说出他们的看法，因此，很容易就成交了。所以，如果你要说服别人，就得记住这一重要原则：对别人的意见表示出尊重，千万别生硬地说"你错了"。

卡耐基金言

如果你过于直率地指出别人的错误，再好的意见也不会被人接受，甚至你会因此受到伤害。你剥夺了别人的自尊，也让自己成为讨论中最不受欢迎的一个人。对别人的意见表示出尊重，千万别生硬地说"你错了"。

05
从对方得意的事说起

生活中其实每个人都有自己认为得意的事情，在你看来，这件事情本身也许并没有多大价值，但在他本人看来，这件事却是一件值得终身纪念的事。你如果能预先打听清楚，在有意无意之间，很自然地讲到他得意的事情，只要他对你没有厌恶的情绪；只要他目前没有其他不如意的事情，在情绪正常的情况下，他一定会高兴地听你说的，当然此时说服他就容易得多了。

你在说服他的时候当然要注意技巧，表示敬佩，但不要过分推崇，否则会引起他的不安。关于他的得意事，要慎重提出，从正反两方面阐述，使他认为你是他的知己。到了这种境地，他自然会格外高兴，甚至会亲自向你讲述，这时你应该一面听，一面说几句表示赞赏的话，如此一来，即使他是个孤傲的人，也会变得和蔼可亲。你再利用这个机会，稍稍暗示你的意思，进行试探，作为第二次进攻的基点。当然，你若想一举成功，除非对方与你素有交情，又正逢高兴的时候，而且你的谈吐又是很容易令人愉悦，否则千万不要存此奢望。

不过，对方得意的事情要从哪里去探听呢？你可以试着在你的朋友之中找一下是否有与对方有过交往的人，如果有，向朋友探听当然是最容易的。如能留心报纸上的新闻或其他刊物，平日牢记关于对方的得意事情，到时便可以应用。此外，随时留心交际场合中的谈话，在这种时候谈到对方得意的事情，也是很平常的。但是必须注意，对方得意的事情，是否曾遭到某种"打击"而被大家否定，如有这种情形，千万别再提起，以免引起对方不快。

对方在高兴的时候，你的请求易被接受；在对方不高兴的时候，即使是极平常的请求，也可能会遭到拒绝。比如对方新近做成了一笔生意，你称赞他目光精准，手腕灵活，使得他"眉飞色舞"，乘机稍示来意，就是好机会。

还要注意的是，当你提出请求时：第一，要看时机是否成熟；第二，在说服过程中要不卑不亢。过分显出哀求的神情，反而会引发对方藐视你的心理。尽管你的心里十分着急，但说话和表情还是要大方自然一些，并且要说出为对方着想的理由来，而不应是只为你自己打算。

卡耐基金言

生活中其实每个人都有自己认为得意的事情，在你看来，这件事情本身也许并没有多大价值，但在他本人看来，这件事却是一件值得终身纪念的事。如果你能在适当的时机向对方不着痕迹地表达出来，那么说服对方就会容易得多了。

06
以亲切友善的态度软化对方

林肯曾说过："当一个人心中充满怨恨时，你不可能说服他依照你的想法行事。那些喜欢骂人的父母、爱挑剔的老板、喋喋不休的妻子……他们都该了解这个道理。你不能强迫别人同意你的意见，但却可以用引导的方式，温和而友善地使别人屈服。"

曾经有一句格言："一滴蜜汁比一加仑胆汁能捕到更多的苍蝇。"因此，如果你想说服一个人，首先要让他认为你是他的朋友，然后再用亲切友善的方式进行说服。

小时候，我在密苏里州西北部的一个乡下学校上学的时候，有一天我读到一则有关太阳和风的寓言。风向太阳吹嘘道："我来证明我比你更厉害，看到那个穿大衣的老头了吗？我相信我能比你更快速地使他脱掉大衣。"

于是太阳躲在云后，风就开始吹起来，愈吹愈大，但是风吹得愈急，老人把身上的大衣裹得愈紧。

终于，风停了下来，放弃了。然后太阳从云后出来，开始以它的温暖照着老人。不久，老人开始擦汗，并脱掉大衣。于是太阳对风说："温和与友善总是要比愤怒和暴力更强更有力。"

古老的寓言依旧有着现代意义，太阳的温和使人们乐意脱去外衣，风的寒冷反而使人把衣服裹得更紧来取暖。同样的道理，亲切、友善的态度，更能使一个人摈弃成见、抛下私我而接受你，这是人性的自然流露。

卡耐基金言

　　当一个人心中充满怨恨时，你不可能说服他依照你的想法行事。那些喜欢骂人的父母、爱挑剔的老板、喋喋不休的妻子……他们都该了解这个道理。你不能强迫别人同意你的意见，但却可以用引导的方式，温和而友善地使对方屈服。

07
利用权威和角色说服对方

在说服别人的时候，利用"权威"来说话，这就是权威说服法。有些推销人员在推销保险的时候，喜欢用这种方法。他们可能会说："你们的经理也买了我们的保险。"这时，大家会说："噢，我们的经理那么精明能干，他都买了你们的保险，看来你们的保险不错，买吧。"这就是权威心理的作用。

有的时候没有这种权威人士给你作宣传，该怎么办呢？用数字，用统计资料。因为数字是不会骗人的：这家工厂用了我们的机器后，产量增加了百分之二十，那个工厂用了我们的计算机后，效率提高了百分之五十。那么你把这些数字拿给客户看，客户很容易就接受了。有的时候，统计数字还太少，产品刚刚上市，还没有那么多客户的时候，还有一种方法，就是用之前买了我们的产品觉得满意的顾客写来的信函。这种做法对顾客也起着一定的影响作用。

"让你换成我，你该怎么办？"这种说服法利用了"角色扮演"使对方有互换立场的模拟感觉，借此模拟感觉而达到说服对方的目的。

美国人际关系专家吉普逊认为，他的好友之一某陆军上将之所以有今日的成就，完全得力于他有着超人的说服技巧。

我的好友从小就憧憬着军旅生涯，1929年美国经济恐慌，几乎人人被生活逼得走投无路，年轻人都一窝蜂地挤入各兵种的军事学校。我的好友特别钟情于西点军校，可是有限的名额早就被有办法人的子弟占据了。他只是个平凡的公民，但他鼓起勇气，一一拜访地方上有头有脸的人物，不怕碰钉子，勇敢地毛遂自荐："我是个优秀青年，身体也很棒，我平生最大的愿望，是进入西点军校，报效国家，如果您的孩子和我有着一样的处境，请问您会怎么办呢？"

没想到，这些有办法的人物，经过他这么一说，百分之九十都给了他一份推荐书，有的人更积极地为他打电话，拜托国会议员。终于，他成了西点军校的学生。

任何人对自己的事，总是怀有很大的兴趣和关切。这位年轻人如果不以"如果您的孩子和我一样"这样的话来说服他人，他恐怕难有今日的成就。

卡耐基金言

人们愿意听从专家的意见。如果在说服对方之前，你可以通过提前展露个人信息，确立自己的专业权威形象，那么在接下来说服对方时，你所说的话便会得到应有的尊敬。

08
送人一个好名声，让他去保全

莎士比亚说："如果你没有某种美德，就假定你有。"

我的朋友琴德太太，住在纽约白利斯德路，她刚雇了一个女佣，并让女佣下个星期一来工作。随后，琴德太太打电话给这个女佣以前的女主人，那位女主人称这个女佣并不好。

当这个女佣来上班的时候，琴德太太说："莱莉，前天我打电话给你以前的那个女主人。她说你诚实可靠，会做菜，会照顾孩子，不过她说你平时很随便，从不将屋子打扫干净。我想她说的是没有根据的，你穿得很整洁，这是谁都可以看出来的，我可以打赌，你收拾的房间，一定同你的人一样整洁干净。我相信，我们一定会相处得很好。"

后来，她们果然相处得非常好。莱莉要顾全她的名誉，所以琴德太太所讲的，她真的做到了。她把屋子收拾得干干净净，她宁愿自己多费些时间，也不愿意破坏琴德太太对她的好印象。

是的，如果你想改正一个人某方面的缺点，就要"假定"对方有你所期望的美德。琴德太太正是按照莎士比亚说的那样去做的。她假定女佣是一个爱干净的女人，一定会将房间收拾干净，给了女佣一个美好的名誉。而女佣为了保全自己的名誉，为了不辜负琴德太太对她的希望，所以尽力去做好每一件事。由此可知，送人一个好名声会让你收到意想不到的效果。

华克伦是包德温铁路机车工厂的总经理，他说过这样的话："一般人，如果你得到他的敬重，并且对他的某种能力表示敬重的话，那么他就会愿意接受你的指导。"

雷布兰克在她的《我和马克林的生活》一书中，曾叙述一个比利时女佣的惊人改变。

她这样写道：

隔壁饭店里有个女佣，每天给我送饭菜，她的名字叫"洗碗的玛莉"。因为她开始工作时，是厨房里的一个助手。她那副长相真古怪：一对斗鸡眼，两条弯弯的腿，身上瘦得没有四两肉，神情也是无精打采、迷迷糊糊的。

有一天，当她端着一盘面送给我时，我坦白地对她说："玛莉，你不知道你身上有什么宝藏吗？"玛莉平时似乎有约束自己感情的能力，生怕会招来什么灾祸。听了我的话，她不敢做出一点欢喜的样子。她把面放到桌上后，叹了口气，说："太太，我是从来不会相信的。"

她说这话时没有怀疑，也没有提出更多的问题，只是回到厨房后，才反复思索我所说的话，并深信这不是我在开她的玩笑。从那天起，她自己渐渐地考虑起来我说的那句话了，她谦卑的心理，也起了一种神奇的变化。她相信自己是看不见的暗室之宝。

于是，她开始注意修饰她的面部和身体，结果，她那原本枯萎了的青春，渐渐洋溢出青春般的气息来。

两个月后，当我要离开那个地方时，她突然告诉我，她就要跟厨师的侄儿结婚了，就要去做人家的太太了！最后，她向我道谢。没想到，我只用了这样简短的一句话，就改变了她的人生。

雷布兰克只是给自卑的"洗碗的玛莉"一个美好的名誉而已，但这个名誉却对玛莉产生了神奇的效果。这让雷布兰克感到意外，也让我们感到不可思议。但事实就是，给他人一个好名声就是能取得这样神奇的效果。

下面的故事也说明了同样的道理：

哈伯德将军是一位受人欢迎的美国将军，他曾经告诉吕士纳说，在他看来，在法国的200万美国兵，是他所接触过的最合乎理想、最整洁的队伍。

这是不是过分的赞许？或许是的。可是让我们看看吕士纳是如何应用它的。

吕士纳说："我从未忘记把哈伯德将军所说的话告诉士兵们。我并没有怀疑这话的真实性，即使它并不真实，那些士兵们在知道了哈伯德将军的评价后，他们也会努力去达到那个标准。"

有这样一句古语："如果不给一条狗取个好听的名字，那不如把它吊死算了。"

几乎包括了富人、穷人、乞丐、盗贼在内的每一个人都愿意竭尽所能，保护别人赠予他的美誉。

一个监狱狱长说："如果你必须去对付一个盗贼、骗子，我想，只有一个办法可以制伏他，那就是对待他如同对待一个体面的绅士一样。你认为他是一个规规矩矩的人，他会感到受宠若惊，他会很骄傲地认为有人信任他。"

所以，如果你要影响一个人的行为，而不引起他的反感，就记住这项规则：给人一个美名，并让他去保全。

卡耐基金言

"假定"对方有你所期望的美德，给他一个美好的名誉，他就会尽力去做，不愿意让你感到失望。

09
尽量少让对方说"不"

　　一个人的思维是有惯性的，当你朝某一个方向思考问题时，你就会倾向于一直考虑下去，这就是为什么有些人一旦沉醉于某些消极的想法之后，就难以自拔的道理。在人际交往中，我们应懂得并运用这一原理。

　　与人讨论某一问题时，不要一开始就将双方的分歧摆出来，而应先讨论一些你们具有共识的东西，让对方不断说"是"。然后，你再提出你们存在的分歧，这时对方也会习惯性地说"是"。

　　让对方在一开始就说"是，是的"。并尽量让对方没有机会说"不"。根据奥佛斯屈教授的说法，"不"的反应是最难克服的障碍。当你说了一个"不"字之后，你那本性的自尊就会迫使你继续坚持下去。虽然以后，你也许发现这样的回答有待考虑。但是，你的自尊阻碍了你做出理性的决定。一旦说了"不"，你就发觉自己很难再说"是"了。所以，能否让对方一开始就朝着肯定的方向做出反应，很大程度上决定了你们谈判的结果。

　　"是"的反应其实是一种很简单的技巧，却为大多数人所忽略。懂得说话技巧的人，会在一开始就得到许多"是"的答复。这可以引导对方进入肯定的方向，就像撞球一样，原先你打的是一个方向，只要稍有偏差，等球碰回来的时候，就完全与你期待的方向相反了。

　　詹姆斯·艾伯森是格林威治储蓄银行的一名出纳，他就是采用这种办法挽回了一位差点儿失去的顾客。

"有个年轻人走进来要开个户头，"艾伯森先生说道，"我递给他几份表格让他填写，但他断然拒绝填写这些资料。

"在我没有学习人际关系课程以前，我一定会告诉这个客户，假如他拒绝向银行提供一份完整的个人资料，我们是很难给他开户的。"艾伯森说，"但今天早上，我突然想，最好不要谈及银行需要什么，而是顾客需要什么。所以我决定一开始就先诱使他回答'是，是的'。于是，我先同意他的观点，告诉他，那些他所拒绝填写的资料，其实并不是非写不可。"

"但是，假如你遇到意外时，是不是愿意银行把钱转给你所指定的亲人呢？"艾伯森问道。

"是的，当然愿意。"年轻人回答道。

"那么，你是不是认为应该把这位亲人的名字告诉我们，以便我们届时可以依照你的意思处理，而不致出错或拖延？"

"是的。"年轻人回答着。

……

年轻人的态度已经缓和下来，因为他知道这些资料并非仅为银行而留，而是为了他个人的利益。所以，最后他不仅填写了所有资料，而且在我的建议下，还开了一个信托账户，指定他母亲为法定受益人。当然，他也回答了所有与他母亲有关的资料。

被称为"雅典之虻"的苏格拉底，是人类历史上最伟大的哲学家之一。他所做的事，历史上只有少数人能够办到，因为他改变了人类的思考方式。在2000多年后的今天，大家仍尊称他为最有智慧的说服者。

他有什么秘诀吗？他指出别人的错处吗？当然不是。他的方法现在被称为"苏格拉底法"，也就是我们所提到的"是"反应技巧。他问对方同意的问题，然后渐渐引导至他设定的方向。他继续不断地问，你继续不断地回答"是"，等到你察觉到时，你已肯定他的观点了。

有一次，哈里森去拜访一家新客户，准备说服他们再购买几台新式电动机。不料，他刚进门便听到："哈里森，你又来推销你那些破烂了！我们再也不会买你那些东西了！"总工程师恼怒地说。

原来总工程师昨天到车间去检查，用手摸了一下前不久哈里森推销给他们的电机，感到很烫手，便断定电机质量太差。

哈里森考虑了一下，知道硬碰硬肯定不行。于是他说："好吧，我完全同意你的立场，假如电机发热过高，别说买新的，就是已经买了的也得退货，你说是吗？"

"是的。"

"当然，任何电机工作时都会发热，只是不应超过国家规定的标准，你说是吗？"

"是的。"

"按国家标准，电机的温度可比室内温度高出42℃，是这样的吧？"

"是的，但是你们的电机温度太高了，昨天差点儿把我的手烫伤。"

"请稍等一下，请问你们车间里的温度是多少？"

"大约24℃。"

"好极了，车间是24℃，加上42℃，共计66℃。请问，如果你把手放进66℃的水里会不会被烫伤呢？"

"那……那是完全可能的。"

"那么，请你以后千万不要去摸电机了。不过，对于我们产品的质量，你们完全可以放心，绝对没有问题。"结果，哈里森又做成了一笔买卖。

所以，如果你要说服他人，就要记住说服的原则：设法使对方说"是"。

卡耐基金言

　　"是"的反应其实是一种很简单的技巧，却为大多数人所忽略。懂得说话技巧的人，会在一开始就得到许多"是"的答复。假如可能的话，最好让对方没有机会说"不"。

10
站在对方的立场上

有些时候，我们很难用一个简单的对与错来衡量某件事情，如果我们考虑问题的角度不一样，其结果也会不一样。因此，当我们面对某一问题时，如果仅仅从自己的角度去考虑，往往就会失之偏颇，甚至会伤害到他人。凡事换一个角度想想，原本棘手的问题可能就变得容易解决了。

记住，许多人在做错事的时候，自己并不认为自己做错了。所以，别去责怪这些人，只有傻子才会这么去做。

一个人会有独特的想法或做法，总有其特别的理由。把这个理由找出来，便可以了解他为什么要这么做。甚至，这理由还可以帮你了解此人的性格。因此，你要努力站在他人的立场去看问题。

在准备说服对方前，先询问自己："假如我是他，我会怎么想？我会怎么做？"这么一来，不但可以节省时间，也会减少许多障碍。

澳洲的伊丽莎白·诺瓦格用分期付款的方式买了一辆汽车，但现在的情况是她没有钱还款。她在训练班的报告中说道："某个礼拜五，我接到一个十分不客气的电话，是处理我分期付款账号的人打来的。他告诉我，假如我不能在星期一早上付清122美元的欠款，他就要采取进一步的行动了。我实在没有办法在周末筹到那笔钱，所以，星期一早上电话铃响的时候，我早有心理准备。我不准备向他抱怨或诉苦，相反，我试着站在他的角度看待这件事。首先，我真诚地向他道歉，由于我时常不能如期付款，想必给他增添了许多麻烦。听我这么一说，他的语气马上改变了。他表示，我还不是最麻烦的顾客。有好几位顾客才真使他头痛，他举了好几个例子，比如有些顾客如何无礼，又如何会撒谎、耍赖等。"

我一直没有开口，只是静静地听他把所有不愉快的事情倾诉出来。最后，不等我提出意见，他就先表示我可以不用马上付清欠款，只要在月底以前先缴20美元就行，然后等方便的时候再慢慢付清。

也许你会质疑："站在对方的立场思考说来容易，实际要做的时候却很难。"没错，站在对方的立场来看待问题确实不容易，但却不是不可能的。许多口才不错的人都能做到这一点。因为若不如此，成功说服的希望是很小的。为达目的，说服高手们会不厌其烦、努力地从他人的角度来设想，并且乐此不疲。然而，他们也并非一开始就能做得很好，而是从一次次的失败中吸取经验教训，不断训练，从而逐渐养成了这种习惯。

你可以从以下几个方面来实践：

首先，说服他人，要为对方着想。如果你心中有如此自觉，那么，你已有成功的把握了。但能够做到这一点的人却没有几个。在说服对方时，很多人会忘记这个最基本的东西。因此，无论你学会多少技巧也无法顺利说服对方，这就好比在不甚稳固的地基上，设计建造外观精美的房屋，可是房子随时可能会倾倒。所以当你准备开始说服某人时，务必事先确认此次行动会让对方受益。成功地说服，是建立在为对方利益着想的基础上，这一点千万不可忘记。

其次，在你企图说服他人前，必须明白你究竟希望对方做出怎样的行动。试着直接表明你真正的想法，如此一来，你的劝说究竟是利己，还是在为对方着想，答案不言而明。在此阶段请先要求自己做到坦白自己内心真正的想法。

最后，要避免将自己的意志强加于人。一般而言，之所以会造成将自己的意志强加给对方的情况，是因为没有事先设想到对方会有哪些反应。请在说服前先假设自己是那位被说服的对象，自己面对这样的劝说会作何回答？

要完全避免将自己的意志强加到别人身上，你得事先做好充分的调查，其具体步骤如下：

1. 已设定的说服目标，换作自己，自己是否能够接受？

2. 若不能接受，能够接受的程度是多少？

3. 自己是否能够接受自己常用的说服方式？

4. 听到什么样的说服内容，自己才肯付诸行动？

要想说服别人，就请记住一个重要原则：从对方的角度去看问题。

卡耐基金言

有些时候，我们很难用一个简单的对与错来衡量某件事情，如果我们考虑问题的角度不一样，其结果也会不一样。因此，在说服别人时，我们要学会站在对方的立场上看问题。

第六章

避开工作误区，
收获职场成功

如果一个人把自己的生活分成
"工作"与"娱乐"两部分的话，
那么他无异是在跟自己过不去。在
这种心态下，你是不可能在工作上
有所成就的，换一个角度去看待你
的工作，更新你的事业观，你就能
享受到工作给你带来的乐趣，热爱
工作是一种选择。

01
更新你的事业观，让工作成为快乐的源泉

关于工作，我想告诉你：请安心于平凡的工作，并试着从中找到快乐，这是愉快工作的第一步。

然而，在职场中，把自己所从事的工作当作乐趣的人并不是太多，尤其是那些在大公司工作的白领、金领等，他们拥有渊博的知识，受过专业的训练，朝九晚五地穿行在写字楼里，有着一份令人羡慕的工作，拿着一份不菲的薪水，但是他们大多不快乐。

当你选择了一个工作时，就该爱你所选择的工作，不要轻言变动。如果你一开始就觉得工作压力越来越大，工作中情绪越来越差，感受不到工作带来的乐趣，没有喜悦的满足感，就说明有些事情不对劲了。如果我们不能从心理上调整自己，即使换一万份工作，情况也不会有所改观。

所以，每个人都应该学会热爱自己所从事的工作，并凭借对工作的热爱去发掘自己内心蕴藏的活力、热情和巨大的创造力。

艾丽在大学里学的是中文，目前所从事的工作也与文字有关，大概属于IT业中的"文字工作者"。她每天要处理大量的文件和资料，每到这时，她都会为自己泡一杯清茶，用5分钟时间静气凝神，而后集中精力来处理这些工作，在最短的时间内结束战斗。同时她也喜欢当上司批阅完她的文件时，那满意而赞赏的目光。

因此，不要把工作看成是一种谋生的手段，而应把工作当成一种乐趣，这样你才能投入到工作中，甚至为它痴迷。这时所有的困难都会变

得轻松起来，因为工作已经成为一种享受了。国外一家报纸曾举办了一次有奖征答活动，题目是"在这个世界上谁最快乐"。主办方从数以万计的答案中评选出的四个最佳答案是：作品刚完成，边吹着口哨边欣赏的艺术家；正在筑沙堡的儿童；忙碌了一天，为婴儿洗澡的妈妈；千辛万苦后，终于挽救了患者生命的医生。

看来，工作着的人才是最快乐的。确切地说应该是把工作当做人生乐趣的人才是最快乐的。而从另一个角度来说，不快乐的人，往往是那些不会从工作中寻找乐趣的人。

人们常常错误地认为只要准时上班、不迟到、不早退就是完成工作了，就可以心安理得地去领自己的那份工资了。这种心态会让人越来越排斥工作，因此，年轻人要用一种新的目光来看待自己的工作，从中找到新的兴奋点，从而点燃工作的激情。

工作在现代人的生活中的分量愈来愈重，甚至成为衡量一个人成功与否的重要准则。不管你为哪家公司、哪个老板工作，最好的方法就是把工作当成自己人生的乐趣。

人可以通过工作来学习，可以通过工作来获取经验、知识和信心，也可以通过工作来获取人生的乐趣。你对工作投入的热情越高，精力越多，工作效率就越高。当你抱有这样的工作态度时，上班就不再是一件苦差事，工作就变成一种乐趣。

卡耐基金言

人可以通过工作来学习；可以通过工作来获取经验、知识和信心；也可以通过工作来获取人生的乐趣。你对工作投入的热情越高，精力越多，你的工作效率就会越高。当你保持这种工作态度时，上班就变成一种乐趣了。

02
在工作中学会思考

你要在工作中学会思考。因为善于思考的人才能有好的发展前景，而只为赚取工资而工作的人永远得不到重用，也不会有很大的成就。

人们习惯性地认为"老黄牛"式的员工就是好员工，但事实上，"努力"工作的人并不一定会受到上司的赏识。即使你付出了200%的努力，如果没有给企业带来实际的效益，要想得到老板的赏识也是不太可能的。在这个以效益为先、靠业绩说话的时代，努力工作固然重要，但更重要的是要学会思考。

在东海岸有一家著名的毛皮公司，这家公司的工作人员中有三兄弟。有一天，他们的父亲要求见总经理，原因是他不明白为何三兄弟的薪水不同？大儿子杰斯的周薪是350美元，二儿子杰菲的周薪是250美元，三儿子杰克的周薪是200美元。

总经理默默地听三兄弟的父亲说完，然后说："我现在叫他们三人做相同的事，你只要看他们的表现，就知道答案了。"总经理先把杰克叫来，吩咐说："现在请你去调查停泊在港边的C船上的毛皮数量、价格和品质，你都要详细地记录下来，并尽快给我答复。"杰克将工作内容抄下来后就离开了。5分钟后，杰克回来了，向总经理汇报情况。杰克认为总经理命令他要尽快，所以他就利用电话询问，完成了他的任务。

总经理再把杰菲叫来，并吩咐他做同一件事情。

杰菲在1小时后，回到总经理办公室。气喘吁吁地说他是坐公车往返的，并且将C船上的货物数量、品质等详细地报告出来了。

总经理再把杰斯找来，先把杰菲报告的内容告诉他，然后吩咐他再去详细调查。杰斯说可能要花点儿时间，然后走了。

3小时后，杰斯回到公司。

杰斯首先重复报告了杰菲的报告内容，说他已按照总经理的要求将任务完成，为了方便总经理和货主订契约，他已请货主明天早上十点到公司来一趟。

父亲在暗地里看了三兄弟的工作表现后，若有所思地说："从他们三人身上我找到了最满意的答案——工作中要学会思考。"

同样是在工作，有些人只懂勤勤恳恳，却难有所成；而有些人善于思考，在同样的条件下能将工作做到最完美。

在知识经济时代，仅仅有埋头苦干的精神已经远远不够了。我们不仅要努力工作，更要学会聪明地工作。

所以，年轻人要记住，工作并不是简单、机械的作业，职场是思考力的较量场，只有充分利用自己的智慧，多思考才能把工作做好。

卡耐基金言

在知识经济时代，仅仅有埋头苦干的精神已经远远不够了。我们不仅要努力工作，更要学会聪明地工作。年轻人要记住，工作并不是简单、机械的作业，它需要你有自己的思考，只有多思考，才能把工作做好。

03
主动去做老板没有交代的事

在工作中你也许会遇到这样的情况，看着自己的上司整天忙个不停，但是你却没有事情做。这个时候你要想到自己的清闲未必是一件好事，不是上司没有发现你的才能，对你不够信任，就是在考察你积极主动做事情的能力。

主动去做老板没有交代的事情，不仅仅能打发自己无聊的时光，还可以发挥自己的潜质，让自己在职场上出类拔萃。

著名企业家奥·丹尼尔在他那篇著名的《员工的终极期望》中这样写道：

亲爱的员工，我们之所以聘用你，是因为你能满足我们一些紧迫的需求。如果没有你也能顺利满足我们的要求，我们就不必费这个劲了。但是，我们深信需要有一个拥有你那样的技能和经验的人，并且认为你正是帮助我们实现目标的最佳人选。于是，我们给了你这个职位，而你欣然接受了。谢谢！

在你任职期间，你会被要求做许多事情：一般性的职责，特别的任务，团队和个人项目……你会有很多机会超越他人，显示你的优秀，并向我们证明当初聘用你的决定是多么明智。

然而，有一项最重要的职责，或许你的上司永远都会对你秘而不宣，但你自己要始终牢牢地记在心里。那就是企业对你的终极期望——永远做非常需要做的事，而不必等待别人要求你去做。

这个被奥·丹尼尔称为终极期望的理念蕴涵着这样一个重要前提：企业中每个人都很重要。作为企业的一分子，你绝对不需要任何人的许可，就可以把工作做得漂亮出色。无论你在哪里工作，无论你的老板是谁，管理阶层都期望你能始终运用个人的最佳判断和努力，为公司的发展而把需要做的事情做好。

尽管这听起来有点儿奇怪，但事实是，每一个老板要招的人，基本上是同一种类型，即那些不等老板吩咐就可以出色地主动完成任务的人。当然，不同老板的需求也有所不同，正如他们所招聘的员工的技能各不相同。

但是，从根本上说，他们要找的是同一种人。那些能沉浸在工作中，并独立自主地把事情做好的员工，无论他们的背景、经验、技能如何，都将成为老板最需要的人，也将获得老板更多的赏识。

对于年轻人，只有主动去完成老板没有交代的事情，并把这些事做好，你才能提升自己在老板心目中的位置，才会被调到更高的职位，获得更大的发展空间。在做好老板没有交代的事情的同时，把工作中的时间变得充实而有价值，不但能免除你的精神负担，还能让自己得到认可，年轻人何乐而不为呢？

卡耐基金言

那些能沉浸在工作中，并独立自主地把事情做好的员工，无论他们的背景如何，都将成为老板最需要和最喜欢的人，并会获得老板更多的奖赏。因此，年轻人一定要学会主动去完成老板没有交代的事情。

04
克服不良工作习惯

人并非生来就具有某些恶习和不良习惯，那些恶习和不良习惯是后天慢慢养成的。其中，有些习惯虽然不好，但它们可能无碍大事，不会对我们产生直接的危害，而有些则是我们获得成功的大敌。对于后者，我们应该努力改正，并坚决摒弃，否则，这些恶习会让我们一事无成。

在工作中，我们应努力克服以下几种不良习惯：

一、忌办公桌上乱七八糟

当你的办公桌上乱七八糟，堆满了待复信件、报告和备忘录时，就会导致你慌乱、紧张、忧虑和烦恼。更为严重的是，一个时常担忧万事待办却无暇办理的人，不仅会感到紧张劳累，而且还会得高血压、心脏病和胃溃疡等疾病。

宾州大学药剂研究教授约翰·斯脱克博士在"美国药剂协会"宣读过一份报告——《机能性神经衰弱所并发的器官疾病——病人的心理状态需要什么》，这份报告共列举了11种情形，其中第一项为：强迫性履行义务的感觉，没完没了的一大堆待办事项。

联邦最高法院前院长查理·伊文凡说："人不会因为过度劳累而死，却会因放荡和忧烦而死。"不错，放荡会消耗人的精力，而忧烦——因为这些人不曾把工作做完——确实为害最甚。

二、忌做事不分轻重缓急

遍布全美的都市服务公司创始人亨利·杜赫提说："人有两种能力

是千金难求的无价之宝，一是思考能力，二是分清事情的轻重缓急并能妥当处理的能力。

白手起家的查理·鲁克曼经过12年的努力后，被提升为派索公司总裁，年薪10万，另有上百万的其他收入。他把他的成功归功于杜赫提谈到的两种能力，他说："就记忆所及，我每天早晨5点起床，因为这一时刻我的思考力最好。这时，我把当天要做的事按轻重缓急做好安排。"

全美最成功的保险推销员之一——弗兰克·贝特格，每天早晨还不到5点钟，便把当天要做的事安排好了。他在前一天晚上定下第二天要做的保险数额，如果第二天没有完成，便加到第三天，以后依此推算。

长期的经验告诉我们，没有人能永远按照事情的轻重程度去做事。但按部就班地做事，总比想到什么就做什么要好得多。

假使萧伯纳没有为自己定下严格的规定，坚持每天写出5页稿子的文字，他可能永远只是个银行出纳员。他度过了9年心碎的日子，9年总共才赚了30美元的稿费，平均每天才一美分。由于他一直把写作当成最重要的事去做，终于成了世界著名的作家。就连漂流到荒岛上的鲁宾逊，也不忘每天定下一个作息表呢。

三、忌将问题搁置一旁，而不是马上解决或做出决定

赫威尔是我以前的学生，后来，他成了美国钢铁公司董事会的董事之一。他告诉我说，每一次董事会，总有许多问题被提出来讨论，但大多数问题无法当场解决，以致大家不得不把一大堆报告带回家研究。

后来，赫威尔说服董事长做出一个规定：一次只提一个问题，直到解决为止，绝不拖延。表决之前或许需要研究其他资料，但为了让问题真正得以解决，除非前一个问题得到处置，否则不讨论第二个问题。这种办法果然奏效，备忘录上有待处理的事项解决了，进度表上也不再排满预定处理的进度，大家不必再抱一大堆资料回家，也不用被尚未解决

的问题弄得焦虑不安。

这不仅是美国钢铁公司董事会的好方法，也是你我适用的有效原则。

四、忌不会组织、授权与督导

在日常工作中，许多人常因不懂得授权他人，而提早进入失败的坟墓。这些人事必躬亲，结果被那些烦琐细节所淹没，以致他们常常感到匆忙、忧烦、急躁和紧张。

虽然学会授权给别人是非常困难的，但身为主管还是得学习如何委派他人，否则永远也避免不了疲于奔命。

一个大企业的高级主管，如果不懂得组织、授权与督导，通常会在五六十岁即死于心脏疾病，这是长期紧张、忧烦的结果。

所以，为了使你不至于过度劳累与忧烦，你就应该从现在开始便养成良好的工作习惯：

1.把你的桌面清理干净，只保留与目前工作有关的物品；

2.按照事情的轻重程度去做；

3.当你碰上问题，要马上解决，或做出决定，不要搁置一旁；

4.学习如何组织、授权与督导。

所以，如果你想获得平安快乐，请养成良好的工作习惯。

卡耐基金言

某些恶习和不良习惯并非与生俱来的，对我们来讲，有些习惯虽然不好，但可能无碍大事，不会造成严重的危害，而有些不良习惯则是我们成功路上的绊脚石。对于后者，年轻人应该努力改正，并坚决摒弃，否则，这些恶习会影响我们终生。

05
勇于承担责任

任何一个愚蠢的人，都会尽力为自己的过错进行辩护；而一个勇于承认自己错误的人，不仅会出类拔萃，也会得到他人的爱戴。

毕克德的那次冲锋战，是美国历史上最光荣、最生动的一次战斗。毕克德是李将军的部下，他那赭色的头发，留得很长，几乎长及肩背，像拿破仑在意大利战役中一样，他每天在战场上都忙着写他的情书。

在那个令人难忘的七月的一个下午，他得意地骑着马，奔向联军阵线。他那英武的姿态，赢得所有士兵的喝彩，并都追随着他向前挺进。北方联军阵线上的军队，远远朝毕克德那边看去，看到这样的队伍，他们也不禁发出了一阵赞美声。

毕克德带领的军队，快速地往前推进，经过果园、农田、草地，横过山峡。突然，敌人的炮火朝他们猛烈地袭来，可是他们依然勇敢地向前推进。突然间，埋伏在山脊石墙隐僻处的联军，从后面蜂拥而出，向毕克德的军队开火，山顶顿时变成了火海。在几分钟内，毕克德带领的5000大军，几乎有4/5都倒了下去。

毕克德带着残余的军队，冲过石墙，用刀尖挑起军帽，大呼一声："弟兄们，杀啊！"

军队的士气顿时大增，他们越过石墙，与联军短兵相见。一阵肉搏战后，他们终于把南军的战旗竖立在了那座山顶上。战旗飘扬在山顶，虽然时间很短暂，却是南方盟军战绩中的最高纪录。

毕克德在这场战役中，虽然获得了人们的赞誉，但是南军失败了，李将军失败了。

李将军遭到沉重的打击，他怀着悲痛、懊丧的心情向南方同盟政府的总统戴维斯提出辞呈，请另派年轻力强的人来带军打仗。

如果李将军把毕克德的惨败，归罪到别人身上，他可以找出几十个借口：有些带兵师长不尽职，不能及时协助步兵进攻，这有不是，那有不对……总之，他可以找出很多的理由来。

可是李将军没有责备别人。当毕克德带领残军回来时，李将军只身单骑去迎接他们，并令人敬畏地自责道："这都是我的过失，这次战役的失败，我应该负全部的责任。"

在历史的名将中，很少有这种敢于承认自己的错误的将军。

如果我们对了，我们可以巧妙婉转地让别人赞同我们的观点；可是，当我们错了的时候，我们要快速、坦诚地承认我们的错误。运用这种方法，不但能获得他人的谅解，而且还能获得他人的称赞。

别忘了有那样一句古语："用争夺的方法，你永远不会满足；但用让步的方法，你可以得到比你所期望的还多。"

所以，如果你要获得人们对你的称赞，使人信服你，那么你该记住：如果你错了，就要迅速、郑重地承担起责任。

卡耐基金言

成功的人大都是大胆、勇敢的人。他们的字典上没有"推脱"这两个字，他们面对错误时，也都会勇敢地承认。

06
尽职尽责才问心无愧

100多年前，美西战争即将爆发，为了争取战场上的主动权，美国当时的总统麦金莱急需一名合适的送信人，把信送给古巴的加西亚将军。军事情报局推荐了安德鲁·罗文。罗文接到这封信以后，一言不发地孤身一个人出发了。整个送信的过程是艰难而又危险的，罗文中尉凭借自己的勇敢和忠诚，历经千辛万苦，冲出敌人的包围圈，最终把信送给了加西亚将军——一个掌握着军事行动决定性力量的人。

罗文中尉最终赢得了成功，而使他完成任务的最重要的东西并不是他的军事才能，而是他在执行任务过程中的认真与努力。

如今，人们记得这个故事并不仅仅是一个名字，更重要的是罗文已经成为一种象征——能够主动做好工作的象征。这样的人就是老板能够委以重任的人，能够"把信送给加西亚"的人。

在日常工作和生活中，如果你养成了尽职尽责的好习惯，那就无异于为将来的成功埋下了一粒饱满的种子，一旦机会出现，这粒种子就会在我们的人生土壤中破土而出，茁壮成长，最终成长为一棵参天大树。

要始终坚信，只要你承担了自己应该承担的所有责任，那么你就有足够的理由获得幸福和成功。

现实中，很多人不仅没有养成尽职尽责的好习惯，还放任了自己的思想和行为，最终走向了失败。

父亲留给阿庆一家公司，大学刚刚毕业他就成为这家公司的总经理。他需要每天处理很多事务，这显然与他所追求的生活方式截然相反，于是他把公司的大小事务都交给下属去应付，自己则敷衍了事地签署一些文件。

结果公司效益很快出现滑坡，而且公司的财务也出现了严重问题，最后他不得不卖掉公司。

可见，如果不懂得尽职尽责，一个人就很难有所成就。

当我们养成了尽职尽责的习惯之后，无论从事任何工作我们都能从中发现工作的乐趣。而在责任心的驱使下，我们的工作能力和工作效率也会得到大幅度的提高，从而距离成功与幸福也愈来愈近。

卡耐基金言

要始终坚信，养成了尽职尽责的习惯之后，无论从事任何工作我们都能从中发现工作的乐趣。且在责任心的驱使下，我们的工作能力和工作效率也会得到大幅度的提高，那么我们就有足够的理由获得幸福和成功。

07
做出更好的"全脑进度表"

如果你对未来毫无打算，你会真的一无所有。

做进度表是管理时间的基本原则。我们都知道怎么进行时间管理：

1. 列出待完成的工作。

2. 区分工作的轻重缓急。

3. 执行进度表。

这样做没有错，但通常在一天之中，你可能只能做完表上15项中的前4项（有时连1项都做不完）。那么从第5项到第15项怎么办呢？拖延到第二天再做也可以，但有时一项工作没有及时完成，会影响整个计划。再说，如果你在表上不断加入新的工作项目并为工作重新编号，就会让你的工作出现混乱，而且缺乏系统性。

为什么很多人使用时间管理系统，却仍然觉得完成工作遥不可及呢？为什么很多人常在事情发生后才把它们填上进度表？为什么很多人做进度表都是虎头蛇尾？答案很简单：因为进度表不合乎我们工作的习惯，没有弹性，难以灵活运用。

记得有一次，我在做一个建筑工作室的脑力规划时，长堤希尔顿的人事主任杰丝·史都华给了我一个灵感。当时，史都华提议用脑力规划做进度表，我觉得值得一试。事实证明，效果太好了。后来我才知道，很多脑力规划者都在使用这种技巧做时间管理，而汤尼·布桑和麦克·吉柏已经用了15年了。

唯一的"遗憾"是，自从用了这个办法，我工作得更辛苦了。因为我在同样的时间内完成的任务更多了。是的，我在进度表上加了更多的东西。

以脑力规划做出进度表，可促使你身体力行。

安排一周的进度，最理想的时机是星期日傍晚。用大约20分钟将所有的规划图整理好，星期一早晨到来时，你已胸有成竹。每天结束前，你只需利用5到10分钟来修正规划图，就能让第二天的工作一目了然。以下是基本观念：

1. 最好用大型纸张（大型电脑纸）及几种色笔。

2. 在纸的中央画一个框，写下"待完成"，标出日期。

3. 考虑你的主要工作项目。例如厂务经理可能要考虑设备、产能、安全、管理、人事，而业务员则可能有说明会、追踪、报价及人事等活动。

4. 在纸的最顶端写下目标，提醒自己，因为它将指挥你整个星期的活动。

5. 每一个项目用不同颜色的线条，连到中心的框框中，并在该项目上写下标题。

6. 在各分类项目引申出来的线条上，用同样的颜色，写出待办事项。使用关键字，每项工作只用两三个字来描述。

写出所有的工作项目后，逐一检讨，并将必须在隔日完成的工作用黄笔标出来。再看一遍所标出的项目，并以数字标出优先顺序。用不同的颜色圈出号码以利于辨认：

1. 在左上角用黄笔做记号，并用黑笔在顶端写出预定完成的日期。

2. 当你完成一件工作时，用不同颜色的笔在规划图上将其划掉。

3. 计划隔天的进度时，只需再标出更多工作号码。你可以在一天之中或检讨流程时，随时增减修改。

4. 如果你打了很多电话，没打通的号码也可以列入第二天的进度表中。在表上标出日期并注明"留话"，提醒你打过电话，对方正在等回电。

5. 最后，你的星期进度表会为你保留完整的活动记录。

你可以有一个组织完善的结构图，令你立即知道自己身在何处，应该做什么。不需破坏进度表，就能轻易加入新的工作项目。

你可以加入电话号码、约会时间等，使这份图表成为实用的工具。这是你自己的图表，你不用担心一团乱，或别人看不看得懂。

因为这种进度表有弹性，而且使用简便，因此比标准的进度表更有效率。

卡耐基金言

如果你对未来毫无打算，你会真的一无所有。以脑力规划做出进度表，可促使你身体力行。

08

多付出一点点儿

多付出一点点儿是一种经过几个简单步骤之后便可付诸实施的原则。实际上，它是一种你必须好好培养的心态，你应使它变为成就每一件事的必要因素。

如果你愿意提供超过所得的服务时，迟早会得到回报。你所播下的每一粒种子都必将会发芽并带来丰收。

你一生中所得到的最好的奖赏，就是你以正确心态而提供的高品质服务，为你自己带来的奖赏。

巴恩斯是一位意志坚定，但却没有什么资源的人。他决定要和当代一位最伟大的发明家爱迪生合作。但是当他来到爱迪生的办公室时，他不修边幅的仪表，惹得职员们一阵嘲笑，尤其当他表明他将成为爱迪生的合伙人时，大家笑得更厉害了。爱迪生从来就没有什么合伙人，但巴恩斯的坚持为他赢得了面试的机会，最终巴恩斯在爱迪生那儿得到一份打杂的工作。

爱迪生对他的坚毅精神有着深刻的印象，但这还不足以使爱迪生接受他作为合伙人。巴恩斯在爱迪生那儿做了数年的设备清洁和修理工作，直到有一天他听到销售人员在嘲笑一件最新的发明——口授留声机。

他们认为这个东西一定卖不出去，人们为什么不用秘书而要用机器呢？

这时巴恩斯却站出来说道："我可以把它卖出去！"于是他便得到

了这份销售口授留声机的工作。

巴恩斯以他做杂工攒下的薪水，花了一个月时间跑遍了整个纽约城。一个月之后他卖了7部机器。当他抱着全美销售计划回到爱迪生的办公室时，爱迪生便接受他成为口授留声机的合伙人，这也是爱迪生唯一的合伙人。

爱迪生有数千位员工为他工作，到底巴恩斯对爱迪生有什么重要性呢？原因就在于巴恩斯愿意展露他对爱迪生发明的东西的信心，并将此信心付诸实施。同时巴恩斯在完成任务的过程中，也没有要求过多的经费。

巴恩斯所提供的服务已超过他作为杂工的薪水程度，他是爱迪生所有员工中唯一有这种表现的人，也是唯一从这种表现中获得利益的人。

为了帮助你时时不忘多付出一点点儿，我设计了一个非常简单的公式：

$Q_{1}+Q_{2}+MA=C$

Q_{1}：表示服务品质（Quality）

Q_{2}：表示服务量（Quantity）

MA：表示提供服务的心态（MentalAttitude）

C：表示你的报酬（Compensation）

这里所谓的"报酬"，是指所有进入你生命的东西：金钱、欢乐、人际关系的和谐、精神上的启发、信心、开放的心胸、耐性，或其他任何你认为值得追求的东西。

卡耐基金言

多付出一点点儿是一种心态，是一个人走向成功的必要因素。如果你愿意提供超过所得的服务时，迟早会得到回报。你所播下的每一粒种子都必将会发芽并带来丰收。

09
用心对待在职的每一天

　　在职场中，老板们最欣赏那些能用心对待在职的每一天的人。从来没有什么时候，老板像今天这样青睐能用心对待在职的每一天的员工，并给予他们如此多的机会。各行各业，人类活动的每一个领域，无不在呼唤能自主做好手中工作、用心对待在职的每一天的员工。能够用心对待在职的每一天的人和凡事得过且过的人之间，最根本的区别在于，前者懂得为自己的行为结果负责，这种工作态度常能打动"铁石心肠"的老板。而后者在工作中却常抱有这样一些想法：

　　"我今天终于完成了我的工作。"

　　"速度要快，质量其次，差不多就行了。"

　　"现在的工作只是跳板，我不需要认真对待。"

　　"我的工作能够得到他人的帮助就好了。"

　　一个人一旦被这些想法所控制，不管他的工作条件多么好，交付给他的工作多么简单，他也很难全心全意投入工作，圆满地做好自己的工作。对这种员工，老板会时刻准备辞掉他。

　　在这个充满诱惑的时代，人人都渴望成功。几乎所有人都梦想一觉醒来就变成世界首富。如果说在物质匮乏的时代，阻碍人们走向成功的首要因素是人们没有梦想、不敢梦想的话，那么，现在阻碍人们成长和成功的却是这些不切实际的梦想。

　　浮躁的工作态度使人们难以沉下心来做好每一天的工作。他们认为现在的工作太平凡乏味，根本不值得自己投入精力去做，对待工作敷衍了事，能应付就应付，能推诿就推诿。整日不是抱怨上司不识"千里马"，就是为自己的"怀才不遇"愤愤不平，牢骚满腹。

心态浮躁的人常常看不起现在的工作，认为凭他们的能力应该承担更重要的职责，享受更高的待遇。这些人整日忙于抱怨，没有时间和精力认认真真地做好现在的工作，以致工作常常出现问题，使得上司不敢把重要的工作委托给他们。

心态浮躁的人将希望完全寄托在"伯乐"身上，他们认为之所以在这家公司遭受挫折，原因就在于没有"伯乐"发现自己。这家公司没有"伯乐"，如果继续在这家公司待下去，那么自己的"卓越"才能肯定会被埋没，唯有离开这家公司，进入有"伯乐"的公司，自己才有出头之日。正是抱着这种寻找"伯乐"的想法，他们不断跳槽，希望以此改变自己蹉跎的职业轨迹。可如此跳来跳去，不但没有越跳越高，实现自己的远大梦想，相反，却因为能力不足和经验缺乏而蹉跎了整个人生。

麦克是一家快速消费品公司的员工，他已经在这家公司工作两年了。工作条件虽不算很好，但能学到一些东西。他每天按时上班，按部就班地工作，倒也乐得轻松自在。

一次他参加同学聚会，发现大家都发展得不错，都比自己要好一点儿。于是，他开始对自己的现状不满意了，考虑要向老板要求加薪，否则就找机会跳槽。终于有一天，他找到了一个机会向老板提出了加薪的要求。老板只是笑笑，没有理会他。从那以后，麦克再也打不起精神工作了，他开始敷衍工作。

一个月后，老板把他的工作转交给了其他员工去做，大有"清理门户"的意思。因为麦克也早就不想在这里"委屈"自己了，便递交了辞呈。让他没想到的是，接下来的几个月里，他并没有找到更好的工作，不是条件差，就是薪水更低。他只能怀着懊悔的心情找了个不如以前的工作来做。

正如麦克一样，许多整天想要跳槽的人，工作反而愈换愈差，因为他们根本无暇在自己的专业领域里积累经验，使自己的实力更上一层楼。反倒是那些平常不以跳槽为念、全心全意工作的人，往往能够大展宏图。

由此可见，浮躁不但对企业有害，更会危害到自身。成功者的经验告诉我们，不管你的能力有多强，你都必须从最基础的工作做起，用心对待在职的每一天。职场永远不会有一步登天的事情发生，任何人要想脱颖而出，唯一的机会就是把现在的工作做好，在普通平凡的工作中创造奇迹。

用心对待在职的每一天，踏踏实实做好现在的工作，做一名优秀的员工，才能逐渐提升自己的能力，增长自己的学识，从而获得职业发展的良机。

卡耐基金言

职场永远不会有一步登天的事情发生，任何人要想脱颖而出，唯一的机会就是把现在的工作做好，在普通平凡的工作中创造奇迹。

10
多一些感恩，少一些抱怨

　　职场中的你可以像海绵一样吸取别人的经验，但你千万不要忘记，职场不是免费的义务补习班，没有人理所当然地要教导你如何完成工作。如果你对领导、同事常怀一颗感恩图报的心，那么，请相信吧，你的工作会更愉快、更顺利。但是，很遗憾，职场上的很多年轻人却忽视了这一点：

　　"这份工作简直糟透了，我像待在监狱里一样，上帝啊，解救我吧！"

　　"我能有这么大的成就，完全是我自己的功劳，和别人一点儿关系没有！"

　　"感激公司，不是开玩笑吧？我和公司只是简单的雇佣关系，凭什么感激！"

　　如果一个人抱着这样的心态去工作，让不满甚至憎恨始终占据着他的内心，那么他离被解雇之日也就不远了。

　　森恩是一位心理医生，他记得自己刚踏入这个行业的时候，还是个满怀抱负的年轻人。然而两年后，他发生了根本性的改变，昔日的雄心壮志烟消云散了，他甚至比前来咨询的患者还要愤世嫉俗。他对现状强烈不满，觉得他的收入与付出不成比例，他在专业方面的训练并没有得到上级的高度重视，而且他向上级递交的升职报告一直没得到答复。

　　"再做下去还有什么意思？从早到晚都在听别人发牢骚，脑袋都快爆炸了，恨不得找个地方躲起来。政府的各种规定更是火上浇油，比如说，患者究竟要治疗到什么地步，居然是一群外行在制订标准，他们对心理咨询一窍不通，然而我还不得不遵循他们的标准去工作。"

森恩和同事发的牢骚，多次飞进了顶头上司的耳朵里。本打算在下半年的集体大会上通报森恩升为副主治医师，然而就是因为森恩的怨天尤人、满腹牢骚的工作态度让上司改变了主意。

当森恩得知他没能晋升的原因时，他已经变成一名典型的"工作倦怠"者，不仅不喜欢自己的工作，看到自己的上司简直就想咬一口。不久后，森恩以自杀的方式离开了他的病人和他的工作，结束了他的生命。

森恩的满腹牢骚不仅阻碍了他的晋升，还把他的生命给搭上了。虽然上述这个例子比较极端，但有一点是非常肯定的，那就是没有人愿意与抱怨不已的人为伍。

美国独立企业联盟主席杰克·弗雷斯从13岁起就开始在他父母的加油站工作。弗雷斯想学修车，但他父亲让他在前台接待顾客。当有汽车开进来时，弗雷斯必须在车子停稳前就站到车前，然后认认真真地去检查蓄电池、传动带、胶皮管和水箱。

弗雷斯注意到，如果他干得好的话，顾客大多还会再来。于是弗雷斯总是多干一些，帮助顾客擦去车身、挡风玻璃和车灯上的污渍。有一段时间，每周都有一位老太太开着她的车来清洗和打蜡。这个车的车内踏板凹陷得很深，很难打扫，而且这位老太太极难打交道。每次弗雷斯给她把车清洗好后，她都要再仔细检查一遍，然后让弗雷斯重新打扫，直到清除掉每一缕棉绒和灰尘，她才满意。

终于有一次，弗雷斯忍无可忍，不愿意再侍候她了。但他的父亲告诫他说："孩子，记住，这就是你的工作！不管顾客说什么或做什么，你都要记住做好你的工作，并以应有的礼貌去对待顾客。"

父亲的话让弗雷斯深受震动，许多年以后他仍不能忘记。弗雷斯说："正是在加油站的工作使我学到了严格的职业道德和应该如何对待顾客，这些知识在我以后的职业生涯中起到了非常重要的作用。"

感恩不是简单的报恩，它是一种责任、自立、自尊和追求一种阳光人生的精神境界。面对人生中各种各样的不顺心事，你要保持感恩的态度，因为唯有经历挫折才能使你不断地成长。

卡耐基金言

懂得感恩的人，为人处世是主动积极、乐观进取、敬业乐群的，他的未来也一定是不可限量的。感恩是一种处世哲学，是一种生活智慧，更是获得幸福人生的一种为人处事的态度。

11
激发竞争欲望，勇于面对挑战

查尔斯·施考伯有一个工厂，厂里的工人总是完不成生产指标，于是厂工就来求助施考伯。"怎么回事？"施考伯问，"你很能干啊，怎么手下的工人完不成指标呢？"

那位厂长答道："我也不知道是怎么了，无论我怎么说，他们就是不愿完成任务。"施考伯听了厂长的话，决定亲自去车间看看。

一天，白班上完，刚到上夜班的时间，施考伯来到车间，要了一支粉笔，然后转身问离他最近的工人："你们今天制造了几个机器？"

"6个。"那个工人回答。

施考伯默默地在黑板上写了一个大大的"6"字，就离开了。上夜班的工人到了，看到了黑板上的"6"字，就问："这是什么意思？"先到的工人告诉他们说，白天老板来了，他问了白班的产量，知道是生产了6部机器后，就在黑板上写上了这个"6"字。

施考伯第二天早上来到车间时，看到黑板上的"6"被擦掉了，换上了一个大大的"7"字。白班工人来上班时，也看到黑板上的"7"字。他们知道夜班一定比白班干得快。但他们也不服输，要和夜班比试一下，于是都努力地干活。下班前，他们在黑板上写下了大大的"10"字。就这样，这个车间的情况从此好了起来。

厂长不能办到的事，而施考伯却成功地做到了。这是为什么呢？其实，原因很简单，我们先听听施考伯是怎么说的。

　　施考伯说："要想把事情做好，就必须激起竞争欲望。这种竞争不是勾心斗角，而是一种取胜的愿望。"是的，施考伯正是激起了工人之间的竞争意识，让他们不断地挑战自我、超越自我，进而才生产出了更多的产品。这就是施考伯成功的秘诀。

　　西奥多·罗斯福曾是骑兵队的一员，刚从古巴回到美国，就被推荐为纽约州的州长候选人。反对者们知道他不是纽约州的合法居民，就制造舆论反对他，罗斯福慌了，想退出竞选。这时，托马斯·科力尔·普拉特使用了激将法，他对罗斯福大声地说："在圣恩山时你是个英雄，难道现在你只是个懦夫吗？"

　　罗斯福在这一激之下，接受了挑战，勇敢地留了下来。后来，他成功地当选为美国总统。这不仅改变了他的一生，而且也影响了美国的历史进程。

　　迎接挑战和挑衅，这是激励人奋勇前进的一个非常有效的方法。如果没有挑战，罗斯福就不可能当上美国总统。

　　查尔斯·施考伯和普拉特都很明白挑战的巨大力量，爱尔·史密斯也知道。

　　爱尔·史密斯在当纽约州州长时，也曾用过这种方法。那时纽约有个新新监狱，当时关于这个监狱的丑闻和谣言不断，况且没有人愿意去那里当狱长。所以史密斯急需一位有能力的人来管理这座监狱，于是他找到了新汉普顿的路易斯。

　　"去管理新新监狱如何？"当他见到路易斯时他说，"那里需要一位有管理经验的人。"

　　路易斯很犯难，他明白新新监狱很危险。虽说是去当狱长，但弄不好要"吃不了兜着走"的。那些狱长一换再换，其中有一任只干了三个星期。他在考虑他的大好前程，那里是否值得他去冒险？

史密斯见他在犹豫，于是往椅背上一靠，笑着说："年轻人，你害怕。我也知道那不是一个太平的地方，但那里的确需要一位大人物才能镇得住。"

面对史密斯的挑战，路易斯反而被激起想当大人物的欲望来。所以他去了，并且住了下来，再也没走。

后来，他写了一本书——《在新新的两年里》，卖出了几十万册，并在电台播出。他在新新里生活的故事，后来被改编成了多部电影。他对罪犯"人性化"的做法，引发了许多监狱进行改革。

哈卫·贝尔斯坦是火石轮胎及橡胶公司的创始人。他说："我看出来了，光靠加薪是留不住好员工的。我认为是竞争……"是的，只有竞争才能激起人们的工作欲望，进而实现自我价值。

卡耐基金言

每个成功人士都喜欢的东西是：竞争和展现自我的机会，实现自我价值。

第七章

开发自身潜能，
不断取得胜利

成功心理学认为，在外部条件既定的前提下，一个人能否成功，关键在于他能否准确识别并全力发挥其自身的优势——天赋和性格。只要能识别和接受自身的天赋和性格，再辅以必要的知识和技能，持续不断地开发和利用这些天赋和性格，并坚持下去，就有望获得成功。

01
正确地认识自我

"自我实现"（selfconcept）即"自我观"，是决定人们各自行为方式的重要因素。每一个人，无论是聪明或愚蠢，贤良或奸诈，他的表现，都是与其当时的"自我观"相符的。没有人会去做一件在当时他认为与自己的身份、年龄、性别、能力以及他本身任何一方面不相宜的事情。就像穿衣服，你会选择和你的年龄、职业相称的服装，讲话时会选择和自己身份相称的词句，甚至外出吃饭也会选择与自己的社会地位、经济能力相称的场所……总而言之，每个人都会依照他的自我观点，来决定哪些事可以做，哪些事不可以做，或是该怎样去做好一件事情。因此，别人也就能够根据他通常所表现的行为，对他有所了解和认识。

如果某一个人觉得自己各方面的印象都和自己的实际情况颇为接近，也就是说，他有着比较正确的"自我观"，那么他所表现的行为，自然会很恰当。一般情况下，人们在自我认识的过程中，总是或多或少存在着一定的误差。一个人之所以不易建立正确的"自我观"，往往是由于许多方面的品质不能直接衡量，而间接得来的又不十分可靠的缘故。此外，另一个很重要的因素就是，人们在进一步认识自我的同时，是否能够接受自己，悦纳自己。

著名的爱尔兰戏剧家王尔德曾经说过："那些自称了解自己的人，都是肤浅的人。"这的确是无可争辩的事实，因为对每个人来说，要想完全了解自己，并不是一件容易的事情。正像有些时候，我们面对镜子里的自己却发出疑问："这是我吗？"

人的一些复杂品质，是目前还没有办法用工具可以直接度量的。于是人们就得经常利用间接的方式来获得。而通常最普遍的方式，就是人们利用实际的工作成绩，利用自己与别人相比较的结果，把自己同某个理想的标准相比较，或是根据别人对自己的态度等来进行推断。

一、在比较中认识自我

想要了解自己，与别人相比较，是一种最简便有效的方法。每当我们需要反躬自问"我在某方面的情况怎样"时，就很自然地使用这种方法，去判定自己的位置与形象。

我们除了要不时地和四周的人相比较之外，还会经常与某些理想的标准相比较。从父母、教师以及各种传播渠道那里，我们获得了大量的知识与价值观念，并由此融合而形成了若干的理想与模范标准。我们知道了很多名人或成功者的事迹，并被教导要以他们为榜样。也就是说，把他们作为比较的对象，以自己能否达到跟他们同样的标准作为成功或失败的衡量尺度。这种现象在我们的日常生活当中屡见不鲜。

与别人相比较虽然是简便常用的方法，但还称不上是十分理想的方法。只要我们仔细地观察一下，就不难发现它的缺点。首先应该指出的，就是人们很难在真正公平的情况下，互相比较。通常人们会认为同在一个班级的学生，由同一位教师教导，用同样的题目考试，计分标准也没有差别，应该可以算是公平的了。但是如果我们再认真地分析一下，每一个班级里的学生，他们在身体健康、智力水平、家庭环境、个人经历等各个方面都存在差异，有的甚至差别还很大，因而学习成绩必将有所差异。那么这时互相比较的结果，是否完全合理呢？

再说和理想的标准相比较的方法，也是被经常采用的，而且极富教育意义。历史上的许多圣哲、贤能、英雄、学者……都是足以为后世所效法，并奉为典范的。不过一般人不会注意到，那些伟人贤哲最值得后人效法的，乃是他们立身的准则、处世的态度、认真治学及治事的精神，不屈于困难或逆境的勇气等。这些大家都可以学，也是应当学习的。至于先贤们的丰功伟业，在某一方面的卓越成就，那自然是历史上的重要事实，不过却不一定是每个人必须与之相齐的。

二、从人际态度中反馈自我

一个人总是需要跟别人交往、共处的。因而别人对你的态度，相当于一面镜子，用以观测到自身的一些情况。比如某人若是被父母所钟爱；被师长所重视；被朋友所尊重和喜爱；大家都乐于和他（她）交往，愿意和他（她）一道工作或游戏，那就表示他（她）一定具备某些令人喜悦的品质。如果他（她）经常被大家推举承担某项工作，或是经常成为周围人们求教的对象，则表明他（她）具备某些才能，或是在某些方面超越了其他的人。

反之，如果一个人不被周围的人所重视和喜爱，甚至大家对他（她）有厌恶感，不喜欢与他（她）一起工作或参与其他活动，这虽不足以说明此人满身缺点，但通常情况下，他（她）应当会感到不安，应该自我反省一下了。

我们因为看不见自己的面貌，就得照镜子。同样，我们无法准确地衡量自己的人格品质和行为，就得通过别人对我们的态度和反应来获得些印象。一般说来，当对方与自己的关系愈密切时，对方的态度对自己也愈有影响力。

由别人的态度所反映出来的自我印象，有时也难免被恶意歪曲或夸张。由于对方的偏见或是缺乏了解，使其赞美或批评，常常与当事者本身的情况不相符。如果单纯据此来建立自我印象，自然是不适宜的。

当然，这个缺点还是可以弥补的。有缺陷的镜子终究不占多数，如果能多用几面镜子，总是可以看清自己的。同样，有成见的人毕竟是有限的，如果我们能跟更多的人交往，看看多数人对自己的评价和态度，一般情况下，应该是有助于自我了解的。

三、用实际工作成果来检验自我

除了根据别人对自己的态度，以及与别人相比较的结果之外，我们还可以凭借自身实际工作的成果来评定自己。由于这种方法有比较客观的事实作为依据，所以在通常的情况下，因此而建立的自我印象也是比较正确的。这里所指的工作是广义的，并不局限于课业或生产性的行为。由于每个人所具有的才能互不相同，如果只是看他们在少数项目上的成就，往往不能全面地衡量一个人的能力与作用。很多时候，一部分人的某些才能会因得不到施展的机会而被淹没，而这，不管对于他们个人而言还是对于整个团队而言，都是一个极大的遗憾。

此外，年轻人要想正确地认识自我，还要远离狭隘。事实证明，一个人的气量和他的知识修养有密切的关系。知识多了，立足点就会高，眼界也会变得开阔，此时，就会对一些"身外之物"拿得起、放得下、丢得开，就会"大肚能容，容天下能容之物"。

当然，满腹经纶、气量狭隘的人也有的是，但这并不意味着知识有害于修养，而只能说明这些人言行不一致。

培根说："读书使人明智。"经常读书对于开阔一个人的胸怀确实很有益处。

卡耐基金言

对每个人来说，要想完全了解自己，并不是一件容易的事情。要想正确地认识自我，最好综合以下三种方法：在与别人相比较中认识自我，从人际态度中反馈自我，用实际工作成果来检验自我。

02
储备丰富的知识

知识，对于我们来说，是一种粮食。这种粮食一旦枯竭，我们将全盘皆输。如果没有必备的知识，我们只会从一条歧途走向另一条歧途。

知识，是人开展工作和安排生活的基本条件。没有相应的知识，工作不会成功，生活不会美满。

"知识就是力量，知识就是生产力"，只有具备一定的知识，我们才会有内涵，才会对很多问题有深入的甚至是独到的见解。没有知识的人，他的生活必然是空虚寂寞的，因为他的精神世界是荒芜的。

知识具有明显的针对性，普通人学知识是为了个人技术、业务水平的提高，有的甚至是单纯地为了谋生。领导者和管理者掌握知识是为了更好地协调和管理。

知识，可以分为基本知识、专业知识和相关知识三类。它们共同构成人类知识这一庞大的体系。

一、基本知识

即人类生活、工作应当掌握的基本的知识体系。不掌握这些知识，就无法为人格的形成积累最起码的常识。

二、专业知识

即你所从事的职业必须掌握的专门知识，又分为岗位知识和行业知识两个方面。没有专业知识，你就很难胜任你的工作。

三、相关知识

即与你从事的职位有关的一些常识。没有相关知识的积累，你就无法在现在的职位上取得很大的成就。

知识是人格形成的先决条件。但是，健康的心理状态也是形成良好人格的重要因素之一。著名心理学家迈逊博·塔门说："心理知识，是指一个人为人处事的内在的思想方式或外在的行为方式。它表现在性格、气质等诸多方面。这与先天有关，也与后天的知识形成有关。"

我在芝加哥的一次公开课程上，再一次阐发了"健康心理状态"的内涵："健康的心理状态，是说一个人想问题或处理问题的方法和表现出来的行动要基本正常，没有太大的心理偏差。"

这方面的素质，虽与先天的遗传有关，但是后天的培养可能更重要。这是因为，我们在日常生活中，经常会遇到各种各样的压力和困扰：工作不称心、经济条件不好、健康欠佳、爱情失败、好心却未得到好报等。

我们的人格，也许永远处在一种积极向上的氛围之中，但它需要知识，需要健康心理的支撑。

如果我们可以把人生比作一棵树的话，那么这棵树的成长需要阳光、水分、空气和养料，而知识就是这棵树最好的养料。没有了养料的供给，树不会茁壮成长，结出的果实也不会可口，更重要的是在暴风雨来临之际，这棵树未必能够经受住风雨的考验。

知识是养料，而人格则是我们心间开出的最美的花。

卡耐基金言

如果把人生比作一棵树，那么知识就是最好的养料。没有养料的供给，树不会茁壮成长，结出的果实也不会可口，更重要的是在暴风雨来临之际，这棵树未必能够经受住风雨的考验。

03
养成良好的习惯

古时候，一个年轻人听说遥远的海边有一块点金石，这块点金石外表看起来与普通的石头无异，唯一的区别是它比其他的石头温度高，拿在手里能明显感觉到它的热度。

于是，年轻人不远万里，来到海边寻找传说中的石头。可是，当他来到海边时，他看到了无数的碎石块不规则地堆在沙滩上。为了把已经检查过的和没有检查过的石块区分开来，年轻人开始将石块一块一块地捡起来，检查一下，如果不是就扔到海里。年复一年，日复一日，他每天都重复地做着同样一件事——捡起石块，然后扔到海里。

终于有一天，他找到了传说中的点金石，但是他的手却不听使唤，习惯性地将点金石扔到了大海里。

习惯，是会跟随我们一生的。好的习惯会让我们受益匪浅，而坏习惯则会影响我们的一生。

而好习惯的养成，也需要我们对事物有一定的洞察力，做事要用心，这样才不会留有遗憾。

养成一个习惯，如果不用科学的方法，而仅凭一时的意志，那只会使你感觉到累而生厌。习惯有赖于科学方法的支持。

习惯性的生活会使你感到有十足的精力和生活的空间。习惯成自然，在你的生活习惯中，你会使自己的性格、兴趣、爱好、理想都得到体现。每个人的习惯当然也是不尽相同的，因为我们都有自己的生活方式。

你如果要把某种行为养成习惯，而那种行为对你而言又是如此的陌生，那么请你记住："多做几次就好！"习惯的养成，只是动作的积累，脑神经指令的重复。这种行为你做得越多，脑神经所受的刺激就越深，你的反应也会更加熟练，这时，习惯便会属于你了。

不过，习惯有时也会成为你生活的"暴君"。生活方式的不同，自然要求有不同的生活习惯与之相适应。倘若二者发生了深刻的矛盾，我们便说这种习惯是一种"坏习惯"，是与我们的习惯本旨相违背的。在这个时候，我们需要把它摒弃，用另外一种更健康、更有序、更有效的习惯来取而代之。

卡耐基金言

习惯有时就是适应，更多的是适应那些不可避免的事实。既然它们已经是这样了，就不可能是那样。我们要做的就是把它们当做一种不可避免的情况来接受，并努力地去适应它们，那么我们终将主宰我们自己的幸福和快乐。

04
选择明确的目标

如果一艘轮船在大海中失去了方向舵，而在海上打转，那么即使把燃料用完，也到达不了岸边。

一个人若是没有明确的目标，以及实现目标的明确计划，不管他如何努力，都会像是一艘失去方向的轮船。辛勤的工作和一颗善良的心，尚不足以使一个人获得成功，因为，如果一个人并未在他心中确定一个明确的目标，那么，他又怎能知道他距目标还有多远呢？

在海岸以西21英里的卡塔林纳岛上，一个34岁的女人跃入太平洋中向加州海岸游去。她叫费罗伦丝·查德威克，这一次如果成功了，她就是第一个游过卡塔林纳海峡的妇女。

那天早晨雾很大，海水冻得她身体发麻，她几乎看不到护送她的船只。时间一分一秒地过去了，成千上万的人在电视前看着这一切。有几次，鲨鱼偷偷地靠近她，被护送的人开枪吓跑了。她继续向对岸游，在以往这类渡海游泳中，她的最大问题不是疲劳，而是刺骨的寒冷。

15小时之后，她又累又冷。她知道自己不能再游了，就叫人拉她上船。教练在另一条船上告诉她海岸很近了，叫她不要放弃。但她朝加州海岸望去，除了浓雾什么也看不到。

人们把她拉上船，过了好大一会儿，她的身子才暖和起来，这时她开始懊悔了，她对记者说："说实在的，我不是为自己找借口，如果当时我能看见陆地，也许我就能坚持下来。"

人们拉她上船的地点，离加州海岸只有半英里！后来她说，令她放弃坚持下去的不是疲劳，也不是寒冷，而是她在浓雾中看不到目标。查德威克小姐一生中就只有这一次没有坚持到底。

两个月之后，她成功地游过了这个海峡。她不但成为第一位游过卡塔林纳海峡的女性，而且她所用的时间比男子的纪录还快了大约两个小时。

一个人的行为总是与他意志中的最主要思想互相配合，这已是大家公认的一项心理学原则了。

特意深植在脑海中并维持不变的任何明确的目标，在下定决心将它实现之前，这个目标将渗透到整个潜意识里，并自动地影响到身体的外在行动直至实现。

在心理学上有一种方法，你可以利用它把你明确的主要目标深深地印在潜意识中，这个方法就是所谓的"自我暗示"，也就是你一再向自己提出暗示。这等于是某种程度的自我催眠，但不要因为如此就对它产生恐惧。拿破仑就是借助这个方法，使自己从出身低微的科西嘉穷人，最终变成法国的君主的；林肯也是借助这个方法，跨越了一道鸿沟，走出肯塔基山区的一栋小木屋，最终成为美国总统的。

只要你能确定你所努力追求的目标，并相信它将为你带来永久的幸福，你就用不着害怕这种"自我暗示"的方法。但一定要先弄清楚，你的明确目标是建设性的，它的获得不会给任何人带来痛苦。然后，你就可以按照你了解的程度运用这项方法，以便迅速达到目标。

也许，你可以把潜意识比作是一块磁铁，当它被赋予功用，在彻底与任何明确目标发生关系之后，它就会吸引那些为达到这项目标所必备的条件。

一个人若是没有明确的目标，以及实现这个目标的明确计划，那么不管他如何努力，都是难以成功的。

05
捕捉人生机遇

　　一个人若是想成功，需要的因素很多，而机遇便是其中必不可少的一项。有的人可能会抱怨，机遇这种事很大程度上靠的是运气，运气若是不好，我们除了唏嘘感慨又有什么办法呢？其实不然，这种想法是消极的，也是推脱责任的一个借口。正所谓机遇只眷顾有准备的头脑，机遇是可遇也可求的，只是要看我们能为它做出什么样的努力，能够奋斗到什么地步。相信此刻大家一定迫不及待地想知道怎样才能捕捉人生机遇。其实，只要有心，捕捉机遇并不难。

　　一、锤炼自我，发现机遇

　　人生机遇形成的客观条件主要有社会背景、家庭环境、学业和职业环境三个因素。这些客观条件虽然不容忽视，但人的主观能动性对于人生机遇的捕捉却起着关键作用。当人生机遇降临时，之所以有的人能慧眼识珠，有的人却视而不见；有的人能及时抓住，有的人却无能为力，其根源就在于人的主观条件存在着差异。

　　以X射线的发现为例，其实在伦琴发现X射线之前，曾有一位英国科学家和两位美国科学家接触到了X射线，但这些科学家都以为是实验中的失误造成的，因而与这一伟大发现失之交臂。

　　有一天，伦琴正在做阴极射线实验。为了阻止紫外线、可见光的影响，并且又不使管内的可见光泄露出去，伦琴用黑色的厚纸板把放电管严严密密地封好，当他在暗室里接通高压电源时，意外地发现1米以外涂有亚铂氰化钡的荧光屏发出了光，一断开电源，荧光屏上的光即刻消失。伦琴意识到一定有某种不可见的射线自阴极发出，由于这种射线具有神秘特性，他称之为"X射线"。于是他深入研究，才使X射线能够为人类所用。

捕捉人生机遇的主观条件主要包括两方面：学识和方法。

学识即知识和见识。学识具有累积性的特点，它既是形成人生机遇的主观条件，又带有准备的性质。所谓有准备的头脑是指一种思想准备，它包括两方面：一是知识积累的准备，这里所说的知识，不光指书本知识，而且还包括从社会实践中获得的实际工作能力，知识积累方面的准备是发现、识别、捕捉乃至利用人生机遇的基础；二是生活见识方面的积累，这里所说的见识，实际上就是审时度势，驾驭环境，对自己人生目标做出最佳选择的能力，注意生活见识的积累有利于发现、识别和截获机遇。

捕捉人生机遇的方法主要有：

1.思维方式的辩证性

这种思维方式既是发散的，又是收敛的；既善于吸收各种有益的思想观念，又保持自身思想观念的独立性。它是开放性和独立性相统一的思维模式。思维方式辩证性的机遇效应是，当人生道路上突发某些意外事情时，能充分运用联想、移植等方法辐射出去，设想可能发生的种种结果，以便用于实现人生目标。

2.目标方式的可塑性

这是指目标方式可以根据事物的变化进行调整。因为事物总是处在不断地变化中，人们只有增强应变能力，随着社会的发展变化对自己的学习、工作和生活目标进行相应的调整，才能创造人生的价值。如果人们面对多变的世界，只有某一目标，就会丧失人生良机。

3.交往方式的开放性

这是指扩大交往的范围，增大交往的频率。因为机遇在封闭的状态下不易碰见，只有在开放的人际交往中才有可能被发现和捕捉。

4. 心理素质的协调性

这种协调性表现为强烈的好奇心、求知欲、敏锐的观察力和准确的判断力。只有具备协调性素质，才有可能及时、准确地抓住人生机遇，努力发展自己。

5. 意志品质的坚定性

机遇不仅垂青有准备的头脑，而且期待人们对它的执着追求。对人生有执着追求的人之所以能幸获机遇，是因为他们在人生实践中有热情、毅力和坚定的意志。

二、珍惜时间，捕捉机遇

谈到成功的经验，美国百货业巨子约翰·甘布士说："不要放弃任何一个，哪怕只有万分之一的可能的机会。"西班牙作家塞万提斯则认为："取道'等一等'之路，常走入'永不'之室。"在追求事业的旅程中，有时稍一疏忽，就地观望，裹足不前，就有可能与机遇失之交臂。

机遇真是一个美丽而性情古怪的天使，她突然降临在你的身边，如果你稍不留意，她就会翩然离去，不管你如何悲苦叹息，她也无动于衷，不再复返。有的人在时机失去后才顿足扼腕，那只能说明他是个十足的倒霉鬼。而有的人却懂得机遇是稍纵即逝的，因而能及时把握住它，那么，他的一生也会因此而改变。

机遇，来去匆匆，瞬息而过。古谚语说得好："机会老人先给你送上他的头发，如果你一下没有抓住，再抓就会撞到他的秃头了。"不失时机地、准确地把握机遇，对步入成才之路的青年至关重要。握住机遇的关键是要思维敏捷、及时捕捉，莫让它轻易溜走，以致一失"机"成千古恨。

英国诗人布莱克的一首诗中，写出了时机"即时"的特性：

如果在时机成熟前强趁时机，

你无疑将洒下悔恨的泪滴；

如果一旦错过成熟的时机，

无尽的痛苦将使你终生哭泣。

正因为机遇是稍纵即逝的火花，一旦失去，再想拥有它就不容易了。因此，对于一个人、一个单位而言，决策的时机就显得至关重要。

然而，当机遇确实从你鼻子底下溜走时，光埋怨自责，乃至消极沉沦是不行的。重要的是，要认识到机会是不断会有的，错过了一次机会，追悔惋惜无济于事，倒不如让心平静下来，积聚力量去等待、捕捉新的机会。昨天的机会虽永远逝去，但新的机会、新的希望仍会不断地出现在你的面前。要知道，春天失去了还有夏天，太阳落下了还有月亮。只要始终不放弃努力，机遇终会向你招手。

三、增强胆识，驾驭机遇

许多人之所以没有获得成功，其实并非是个人的能力和才干稍逊一筹，而是在于缺乏把握机遇、驾驭机遇的敏锐和胆识。

成功者，除了基础积累以外，相当重要的是，当机遇如蒙面人般地与他擦身而过时，他能一眼识别，并紧紧抓住，利用机遇拓展自己。

把握机遇需要胆识。有胆量就可获取并把握一些若隐若现的、稍纵即逝的机会。有见识的，就能在跋涉途中纵横捭阖、所向披靡。

成功的人生，必须把握住时机和火候。即对何时冲锋，何时退却；何时说话，何时沉默；何时拥有，何时放弃；何时抗争，何时妥协，都有很好的把握。

要乐于舍弃那些浮华、耀眼、同自己的目标相违背，却极具表面诱惑力的东西。成才道上，胆量和见识，缺一不可。

眼力不同的人，对同一事物的判断会迥然相异。

有这样一个例子：

　　有两家皮鞋公司，各派了一名推销员到太平洋的某个岛屿去开辟市场。这两名推销员上岛后，都于次日给自己的公司发回了一份电报。其中一个推销员的电文是："这座岛上没有人穿鞋子，我明天搭乘第一班飞机回去。"而另一名推销员却在电报中说："好极了，这个岛上没有一个人穿鞋子，我将驻在此地大力推销。"

　　特有的悟性，使第二个推销员看到了希望，并帮助他拓开了新市场。

　　在机遇面前，你应该做一个强者，而不应该做机遇的奴仆。

　　古希腊哲学家苏格拉底曾断言："最有希望获得成功的人，并不是才华最出众的人，而是那些最善于利用每一个时机去发掘开拓的人。"

　　我们和机遇结伴而行，但机遇往往与我们擦肩而过。抓住机遇的，一举成功；放弃机遇的，悔恨终生。机遇在某种意义上来说，将决定着我们事业的成败。

　　在我们的一生中，机遇可以说是随时存在的。由于机遇转瞬即逝，没抓住它，就永远失去了。若抓住了一次，就可能给人生带来转机。机遇能不能变成你的现实利益，则要看你是不是具有发现它的头脑、捕捉它的目光、抓住它的胆魄和利用它的实力。从寻找到发现、抓获、利用它，是个厚积薄发的过程。只有长期追求、苦心积累，才能真正有所发现、有所收获。

　　机遇每个人都会遇到，但你不要以为机遇像一个到你家做客的客人，在你的门前敲着门，等待你开门把它迎接进来，恰恰相反，机遇是无声无息的，假如你没有训练有素的手，也许你永远都抓不住它。

卡耐基金言

　　机遇能不能变成你的现实利益，要看你是不是具有发现它的头脑、捕捉它的目光、抓住它的胆魄和利用它的实力。最有希望的成功者，并不是才华最出众的人，而是那些最善于利用每一个时机去发掘开拓的人。

06
开发自身潜能

对任何人来说，认识自我都是极其重要的。因为认识自我，就能让你意识到并开发你的潜能，从而使你获得成功。所谓的成功，也正是提高素质、自我实现的一个过程。

从"认识自我"这个命题上讲，一个人明白不明白自己就是一座金矿，知道不知道自身有着巨大的潜能可以开发，这是自信意识和自卑心理的根本区别。

无数事实和许多专家的研究成果告诉我们，每个人身上都有巨大的潜能还没有被开发出来。哈佛大学著名教授詹姆斯曾经这样说道："和我们所应该取得的成就相比，我们只是处于半醒的状态。现在我们只利用了我们身心资源的很小一部分。从广义上来说，人类现在还只是生活在自身潜能远远没得到开发的狭小天地中，人类具有各种潜力，但它们并不曾被很好地开发和利用。"

有些人觉得自己不够聪明，常常为自己的脑子不够使而感到焦虑。其实，这个担心是多余的，大脑接受、储存和综合各种信息的潜能是极其巨大的。在这个领域，美国和其他国家的许多心理学家进行了大量的研究和试验，其成果对于人们重新认识自我很有启示。

人的大脑是由成百上千亿个细胞组成的，具有极大的贮存量，可以在每秒钟内接受十来个信息。一个信息单位叫做比特，大约相当于一个单词。人脑的容量有一百万亿个比特，这还是较为保守的估计。这一百万亿个比特，究竟有多大呢？它可以装下全世界所有图书馆的藏书内容。何况人类还有潜意识，有许多难以用语言表达的微妙感觉和印象。实际上，普通一个人能够表达出的信息量只是巨大的冰山露出海面的一角。

现代科学研究表明，像爱因斯坦那样伟大的科学家，也只用了他的大脑智力的三分之一而已，而一般人则更少，绝大部分脑细胞仍处于"待业"状态。而且人脑不同于机器，使用久了会有磨损，而是越用越好用，就像有人学外语，一旦掌握了一两门外语，再学第三门和第四门就会容易许多。

可以把人的大脑看成是一个电子计算机，因为人脑和计算机一样，都能够接收、储存和运控大量的信息，但人脑的功能却比现在任何计算机强大得多。美国加利福尼亚州的一个大脑研究所的一些专家认为，人的大脑功能实际上是无限的。那么是什么因素阻碍着我们充分利用大脑如此巨大的潜能呢？关键就是我们还没有学会给自己编排解决一系列问题的程序，也就是我们迫切需要发展积极的心理态度。如果我们把大脑的构造比作计算机，那么心态和意识就是输入的程序。

开发自己的潜能，精神力量方面也是至关重要的。

人们在控制自己的情感和与人交流思想感情方面也有巨大的潜能可以开发、利用。这种潜能可以从人们对自主神经系统的新的理解中显示出来。因为人的言谈举止、交际水平和心律、血压、消化器官运动以及脑电波都可以受到精神力量的控制和影响。

比如，有的人不幸患了不治之症，离黄泉路不远了，可一旦他心态积极和精神振作起来，决心与病魔斗争，该干什么就专心致志地干什么，最后也许能创造奇迹。

正因为这类事例在世界各国都有，并有案可查，科学家们于是预言：总有一天，我们会发现人体有能力使自身再生。这不是指医学手段的新发展——在人体内更换各种零件，而是指精神力量的巨大作用。

在精神潜力方面，我们着重讲一讲"生命在于脑运动"这个话题。

"生命在于运动"，这是众所周知的至理名言。然而现代科学研究的新发展认为"生命在于脑运动"，因为人的机体衰老首先是从大脑开始的。

研究表明，每个人长到10岁以后，每十年大约有百分之十的控制高级思维的神经细胞萎缩、死亡，但这不要紧，如果坚持脑运动和脑营养的供应，则每天又都有新的细胞产生，而且新生的细胞比死亡的细胞还要多。

日本科学家曾经对200名20岁到80岁的健康人进行跟踪调查。他们发现60岁经常用脑的人，思维仍然像30岁的年轻人那样敏捷；而那些30岁不愿动脑的人，思维极其迟钝，恍若人到暮年。

美国科学家做了另一项实验，把73位平均年龄在81岁的老人分成3组：自觉勤于思考组、思维迟钝组、受人监督组。取得的结果是：自觉勤于思考组中老人的血压、记忆力和寿命都达到最佳指标。3年以后，勤于思考组的老人都还健在，思维迟钝组的老人死亡12.5%，而受人监督组中有37.5%的老人已经死亡。

由此可见，勤于思考和追求事业是人们健康长寿的奥秘所在。这一点有许多事实可以说明，如英国剧作家、社会活动家萧伯纳享年94岁，晚年仍有剧作问世；伟大的发明家爱迪生坚持用脑到84岁，发明成果1100多项；法国的一位女钢琴家，104岁还能登台演奏；著名黑人作家杜波依斯在87岁时写作的《黑色的火焰》，轰动了世界……

一个人只要相信并开发自己的巨大潜能，就会具有超群的智慧和强大的精神力量。只有这样，才会获得成功。

人人都有巨大的潜能，人人都能走向成功。当你感受到生活中有一股力量驱使你飞翔时，你是绝不应该爬行的！

卡耐基金言

一个人只要相信并开发自己的巨大潜能，就会具有超群的智慧和强大的精神力量。因此，一个人一旦认识到自己的潜能和优势，那就不会只是羡慕别人，总是感到自己不如别人了。

07
独立思考，说出自己的见解

一切从怀疑开始，成功也要从怀疑开始。有了怀疑，才有世间万物的进步；有了怀疑，我们才能突破现状、超越前人；有了怀疑，我们才有追求成功的动力。可见，学会怀疑，我们才能获得成功。

琴纳是一位长期生活在英国乡村的医生，对民间的疾苦有着深刻的认识。当时，英国的一些地方发生了天花，夺去了许多儿童的生命。琴纳眼看着那些活泼可爱的儿童在染上天花后，因没有特效药而不治而亡，内心十分痛苦。

有一天，琴纳到一个奶牛场，发现一位挤奶的女工尽管经常护理天花病人，却从没有得过天花。这令琴纳很疑惑，因为天花的传染性很强，究竟是什么原因让挤奶女工得以幸免呢？琴纳隐约感到这其中隐藏着什么。经过仔细询问后得知，她幼时得过牛瘟病。这个发现使琴纳联想到了一个问题，可能感染过牛瘟病的人，对天花具有免疫力。

想到这一点后，琴纳感觉自己已经找到了解决问题的突破口，于是马上采取行动，大胆地试验。他先在一些动物身上种牛痘，效果十分理想。为了让成千上万的儿童不再受天花之灾，他顶住一切压力，在当时仅有一岁半的儿子身上接种了牛痘。接种后，儿子反应正常。但是，为了弄清楚儿子是否已经产生了免疫力，还要给儿子接种天花病毒。如果儿子身上还没有产生免疫力，那么，他的儿子也许就会被天花夺去生命。

为了千千万万的儿童能够摆脱天花，琴纳豁出去了，把天花病毒接种到自己儿子的身上，结果他的儿子安然无恙，没有感染上天花，琴纳的实验终于成功了。

从此，接种牛痘防治天花之风从英国迅速传播到世界各地。

人们总是羡慕发明创造者，实际上，我们身边就有许多成功的机会，就看你善不善于捕捉它了。

古人云："学者先要会疑。可疑而不疑者，不曾学，学则必疑。"西方哲学家狄德罗曾经说过："怀疑是走向哲学的第一步。"当我们能够提出自己的疑问，提出自己的质疑时，就说明我们对这个问题有了自己独立的思考，在此基础上，才能够找到新的方法，从而以最快的速度解决问题。

作为新世纪、新时代的年轻人，我们应该最大限度地鼓励自己和他人大胆地提出疑问，并敢于否定权威性的观点，敢于说出自己的独到见解。这样，你才能牢牢地抓住机遇，收获成功的果实。

卡耐基金言

捕捉成功的机遇，取得意想不到的成果，往往取决于我们有没有捕捉问题的敏锐头脑，有没有善于从司空见惯的现象中发现问题、捕捉疑点的慧眼，有没有在权威下过"结论"、做过"论断"的所谓"真理"面前敢于质疑的勇气。

08
渴望成功，斗志昂扬

潜意识不敢相信的东西，勉强当作目标的话，很难真正实现。可是人人都有愈压抑愈想那样做的倾向，譬如有的人会无论如何都有"试试看看"、"买来看看"这种无法压抑的冲动，这就叫渴望。人在渴望时，热情正燃烧，所以用那种渴望来设定目标也是很好的事。当然，只有渴望而没有斗志还是不行的。既然对某种事情燃起热情，就应该有向它挑战的欲望才行。

渴望而且有斗志时，也就是欲望极旺的时候，信念自然强大。所以，多多少少和自己实力不相称的事，也可以拿来当作目标。

因为人在面对巨大的压力时，有时会产生难以估量的力量，会为了摆脱压力而拼命地挣扎，这种不肯认输的热情会涌现出来，从而创造奇迹。对于那些在过去被认为什么事都无法做成的人，突然做出了某种了不起的事，就是因为这个缘故。不管什么难关，只要有热情和欲望，都是可以突破的。

这种突破可分为被周围环境逼迫而拼命挣扎，和自动地去追求自己设定超过实力以上的目标这两种情况。

一个薪水很低的职员想拥有一个豪华的家，就是属于后者。照他目前的收入，不要说全部，就连每个月的分期付款他都难以缴纳，可是他仍然借钱维持生活。受到这种逼迫，他就必须拼命地去赚钱，而且要比别人花费更多的努力，结果往往会让人大跌眼镜。

人生就是这样，能使自己飞黄腾达的机会很多，但是处在逆境中的时候也很多。只要不放弃对成功的渴望，把自己逼迫到逆境，有时反而会收获更大的光辉和荣耀。

卡耐基金言

人在面对巨大的压力时，有时会产生难以估量的力量，会为了摆脱压力而拼命地挣扎，这种不肯认输的热情会涌现出来，从而创造奇迹。

09
接受新观念的挑战

在进行成功学规律的研究时，我发现，并非所有的人都希望获得对生命有重要影响的各种重要事实。实际上只有极少数人愿意聆听并接受这些新的事实。

阿拉斯加的"驯鹿之王"卡尔·罗曼，告诉了我一个令人不胜感慨的真实故事。故事是这样的：

多年前，有一位住在格陵兰的爱斯基摩人受雇于一支美国的北极探险队。在探险结束之后，为了酬谢他的忠诚服务，他被带到纽约做一次短暂的旅游。看到纽约市的繁华壮观景象，他心中充满惊讶和赞叹。回到家乡后，他向那个渔村的人述说高耸入云的大楼，以及满街移动的房子，人们住在里面，随着它到处移动。他又说到巨大的桥梁，五颜六色的灯光，以及其他令人叹为观止的景物。

他的族人们冷淡地看着他，然后一个个走开了。从此以后，全村人为他取了一个"说谎者"的绰号，他一直背负着这个"羞耻"的绰号，直到进入坟墓。在他生前，大家只知道他叫"说谎者"，他的真实姓名已经完全被大家遗忘了。

后来，著名的探险家拉斯姆嘉从格陵兰到阿拉斯加去探险，又带了一个名叫米泰克的格陵兰爱斯基摩人同行。此后，米泰克也去了哥本哈根和纽约，他看到了一生中从未见过的许多惊人的景象。后来他回到格陵兰时，想到了那个"说谎者"的悲剧，决定学得聪明些，不将看到的真相说出来。他转而说些令他的族人们能接受的故事，因此保全了自己的名声。

他对他的族人们讲，他和拉斯姆嘉博士怎样把皮船靠在一条大河（即哈得逊河）的河岸，他们如何在每天早晨把船划出去打猎，以及到处都是的野鸭子、天鹅和海豹，他们玩得非常的开心。

在族人的心目中，米泰克是个很诚实的人，村里人对他十分尊敬。

真理传播之路向来十分崎岖：苏格拉底被迫喝下致命的毒药，耶稣基督被钉在十字架上，圣史蒂芬被石头砸死，布鲁诺被活活烧死，伽利略被吓得收回他的天体运行理论……人类将永远在历史中追忆这条充满悲剧的道路。

每一个人都应该试着从自己熟知的世界以外，去吸收新的观念，并且应该毫不犹豫地这样做。

思想如果不去不断地追求新观念，它就会变得萎缩、迟钝、偏狭和封闭。农村人应经常到城市去，这样他的思想将获得补充，并拥有更多的勇气和更大的热忱；城里的人们应该经常到乡下去，看看那些与城市日常生活完全不同的新景象，使自己的思想得以保持新鲜和活力。每隔一段时间，人们都需要改变自己的心理空间，就如同必须改变食物的种类和花样一样，这两种改变都是极其重要的。在经过了日常生活之外的新观念的洗礼之后，人们的思想将会变得更机警，更具弹性，更能迅速且正确地完成各项工作。

卡耐基金言

每一个人都应该试着从自己熟知的世界以外，去吸收新的观念，并且应该毫不犹豫地这样做。

10
模仿成功人士

　　有人认为自己的形象需要改变，有些人则认为不需要，或许你完全不知道自己该如何改变，以及该做出什么样的改变。

　　在决定是否要进行改变之前，必须先观察、了解成功人士的言行。在你的工作环境或是在其他场合遇到的人中，有些人或在对工作的态度上，或在对你及同事的应酬上给你留下深刻印象，他们会使你感到十分愉快，对你们之间的任何交易或任何会面都会有不虚此行的感受，而你也会不管交易或碰面是否有具体成果，都会认为他们亲切、值得信赖。你不妨问问自己，这些人的待人接物让你感到羡慕吗？或者，你也可以问问自己下列问题，看看自己能否效仿他们：

　　1. 他们拥有你十分羡慕的人格魅力吗？

　　2. 他们的服饰吸引你吗？

　　3. 他的言行举止给你留下深刻的印象了吗？

　　4. 他们是如何让你对他们产生信心的？

　　5. 他们的工作态度如何？

　　6. 他们有哪些资格与能力？

　　7. 他们与什么样的人为友？

　　8. 他们如何消遣自己的休闲时光？

　　当然，不同的人会有不同的人格特质，但是你会发现，他们多少都具备如下的共同点：

1. 服饰永远是那么的干净、整洁及清爽，鞋子永远光亮如新。

2. 个人卫生习惯良好，发型永远整洁、清爽。

3. 说话直截了当，不拐弯抹角。

4. 诚实，值得信任。

5. 守时。

6. 专心聆听别人谈话，不随意插嘴。

7. 工作充满热忱，不但会按时完成，而且会以较高的标准完成。

8. 以他们自己的一套方式行事。

不管你处于什么样的工作环境，接触些什么样的人，诚实可靠、注重服饰整洁以及工作热忱都应该是每个人应注意的部分。

现在，你应该已经知道别人是哪些地方吸引你了，不过，这还不够，你还要知道他们是如何让这些地方具有吸引力的。就拿服饰穿着为例来说吧，你或许会注意到一些在这方面值得学习和羡慕的人，他们的服饰都十分整齐、干净清爽。此外，你还会对他们有如下印象：

1. 头发永远修剪得恰到好处，且整洁异常，领子上永远都不会有头屑。

2. 个人卫生良好，指甲修剪得整整齐齐，无论何时，看上去都像刚刚洗过澡一样。

3. 衣服既不古怪，也不过时，每天都换新的衬衣，衣饰永远搭配得恰到好处。

4. 至少拥有两副眼镜或两套不同的镜框。

一旦你注意到这些成功人士的共同特点后，你就可以模仿这些特质了。而当你自己拥有这些特质时，距离成功也就不远了。

　　在决定是否要进行改变之前，必须先观察、了解成功人士的言行，然后适度去模仿他们。

11
学会有效安排时间

英国诗人波浦说："秩序是造物者的第一法则。"

在我们处理事物时，应按事情的轻重缓急去处理。

美国的时间问题研究专家阿兰·拉肯，在时间调度方面有很多珍贵的经验。在制订计划前，他把要处理的事情进行分类：最重要的定为A类，次要的定为B类，再次要的定为C类。并将每天的工作也按重要程度分成三类，着力于A类工作，不为C类工作耗费过多时间。如果长期坚持下去，你就有可能在半年中完成需要几年才能完成的事。

这位时间专家在运筹时间上，讲究科学、实效，他给自己总结了61条省时的经验，很有参照价值。

现着重介绍几种：

一、珍惜每一分钟

把所有的时间都当作有用的时间，努力从每一分钟中得到满足，但并不一定要干什么事情。尽量去喜欢自己正在干的一切事情，永远做乐观主义者，相信自己会成功。从不把时间浪费在为失败而后悔上，也从不把时间浪费在懊悔没有去做哪件事上。时时提醒自己：要干重要的事情总是会有足够的时间的。

如果认为某件事情是重要的，就想法找时间去干。先干重要的事，而且要尽量干得更机智而非干得更辛苦。特别要努力干A类事，而不是B类和C类事。对大的项目，要从收益最大的部分开始，而后会常常发现没有必要再做其余的部分。

要使自己有足够的时间投身重要的工作。

二、"有限"的时间内做"有限"的事

每天都有一张当天要做哪些事的清单，并将它们按重要性程度进行排列，然后尽可能一有时间就去干最重要的工作。在每月事先安排的工作计划中，应使自己除了能为"烫手"的项目留出额外的时间外，还能使工作有所变化并保持平衡。

养成好习惯，按着"任务清单"的顺序干，绝不跳过困难的工作。为自己，也为别人都定下工作的最后期限。

三、每天都努力找出一种新的节约时间的方法

读书用跳读的方法，搜索书中的要点；口袋里放上些卡片，以便随时作些简短的笔记和记录下头脑中的一些想法；养成长时间地聚精会神地干一件事情的能力，在同一时间内只集中精力干一件事；将精力集中投入在具有最好的长期效益的项目上；平时保持桌面的整洁，以便工作；把最重要的文件放在桌子的正中央，使所有的物品都各得其所，这样就把找东西的时间减少到最低限度了。不时地问自己："此刻，什么是我利用时间的最佳方式？"

四、永远放弃"等候时间"

检查自己的旧习惯，看看是否有需要杜绝或加以改进的地方。如果不得不等什么，就把它当做"时间的礼物"，用它来休憩，或去做一些本来不会去做的事情。

当问自己"如果我不干这件事，会发生什么可怕的事情吗？"时，得到的答案若是否定的，就不要去干。

注意尽量不去浪费别人的时间。

当完成了重要的工作时，让自己休息一下，作为对自己的特别奖赏。

卡耐基金言

在制订计划前，把要处理的事情进行分类：最重要的定为A类，次要的定为B类，再次要的定为C类。并将每天的工作也按重要程度分成三类，着力于A类工作，不为C类工作耗费过多时间。如果长期坚持下去，就有可能在半年内能干完几年的事。

12
勇敢面对挫折，挖掘自身潜能

　　挫折是命运对人们的考验，只有矢志进取，面对挫折不退却、不烦恼，投入全部的精力向着目标前进，才能经受住考验，取得成功，这也是成功的真谛。

　　福特，这位美国汽车工业的巨子曾经说过："我更愿意聘用那些有失败经历的人，没有遭受过失败和挫折考验的人，我从来不敢委以大任。"人一生中成功与失败交织，正确与错误相伴，每个人为了生存下去，必须经受严酷竞争的考验，稍有不慎，就可能被淘汰出局。成功与失败虽然有着天壤之别，但它们又是如此紧密地联系在一起，转换只在眨眼间，没有永远的失败者，也没有永远的成功者。

　　纵观人类的发明史，从错误和失败中走向成功的人比比皆是。比如爱迪生在知道了上万种不能用来制造灯丝的材料后制成了灯泡。所以当我们出了差错，或者遭受了某种损失后，意志坚强者会从中吸取教训，想办法补救，以扭转不利局面。而那些经不起挫折考验的人会自怨自艾、沮丧、不知所措，从而丧失成功的机会。

　　有一位哲人说得很正确："成功是没有平坦的道路可走的，只有勇于面对现实、不怕失败的人，才能到达胜利的彼岸。"在实践中，把失败转化为成功，往往只需要一个想法和与之相配合的行动。

　　心理学家戈尔曼写的《人类的情商》一书畅销全世界。戈尔曼在书中分析了构成情感智慧的五个因素，其中一个因素就是对生活的信念，即在遭遇失败的打击时不灰心、不懈气，始终保持乐观的情绪。在失败时不悲观，不认为失败会陪伴自己一生，你要坚信一切都是可以改变的，而且相信凭借自己的力量就可以改变这一切。

人生会因为轰轰烈烈地与不幸战斗而变得丰富多彩，不幸会挖掘出蕴藏在你身体内的潜能。这种潜能一直潜伏在人体内，只有到必要时才会爆发出来，为你所用。

对于那些整天叫嚷着"为什么会发生在我身上"的人来说，我们只能给他们一个答案——为什么不能呢？人生在世，每个人都必然要经历一些苦难，就像人生要经历许多喜怒哀乐一样。

但是，生活会让你明白：在经历苦难考验的时候，人与人之间都是平等的。不管你是帝王将相，还是平民百姓，面对苦难、伤痛、失落所承受的折磨都是一样的。一个意志坚强的人，本身就有着强大的创造力，他们不会等着别人帮助，等着别人拉扯一把，等着别人施舍钱财，或是等着好运的降临。他们会抛弃身边的任何一根拐杖，破釜沉舟，依靠自己，赢得最后的胜利。

卡耐基金言

挫折是命运对人们的考验，埋怨、沮丧、愤怒都无济于事。遭遇失败的打击时不灰心、不懈气，人生会因为轰轰烈烈地与不幸战斗而变得丰富多彩，不幸会挖掘出蕴藏在你身体内的潜能。

13
努力奋斗直到成功

在世界上，没有别的东西可以替代坚忍。教育不能替代，父辈的遗产和有权者的垂青也不能替代，而命运则更不能替代。

秉性坚忍，是成大事、立大业者的特质。这些人获得巨大的成功，也许没有其他卓越品质的辅助，但肯定少不了坚忍的特质。从事苦力者不厌恶劳动，终日劳碌者不觉疲倦，生活困难者不感到沮丧，原因都是由于这些人具有坚忍的品质。

依靠坚忍而终获成功的年轻人，比以金钱为资本获得成功的人要多得多。人类历史上那些成功者的故事都足以说明：坚忍是走向成功的必备品质。

克雷吉夫人说过："美国人成功的秘诀，就是不怕失败。他们在事业上竭尽全力，毫不顾及失败。即使失败也会卷土重来，并立下比以前更大的决心，努力奋斗直至成功。"

有些人遭遇了一次失败，便把它看成"滑铁卢"，从此失去了勇气，一蹶不振。可是，在刚强坚毅者的眼里，却没有所谓的"滑铁卢"。那些一心要得胜、立志要成功的人即使失败，也不以一时失败为最后的结局，他们还会继续奋斗，在每次遭到失败后再重新站起，比以前更有决心、更努力，不达目的誓不罢休。

有这样一种人，他们不论做什么都全力以赴，他们总是有着明确的目标，在每次失败后，他们可以笑容可掬地站起来，然后下更大的决心向前迈进。在他们的词汇里面，也找不到"不能"和"不可能"这些字眼，任何困难、阻碍都不足以使他们跌倒，任何灾祸、不幸都不足以使他们灰心。

没有坚忍品质的人，不敢抓住机会，不敢冒险，一遇困难，便会自动退缩，一旦获得小小成就，便感到满足。

许多人做事有始无终，在开始做事时充满热忱，但因缺乏坚忍与毅力，不待做完便半途而废。要考察一个人做事能否成功，要看他有无恒心，能否善始善终。持之以恒是人人应有的美德，也是完成工作的必备要素。一些人和他人合作完成一件事时，起先是共同努力，可是到了中途便感到困难，于是多数人就选择了退出，只有少数人还在坚持，最终这些坚持下来的人获得了成功。

机遇往往垂青那些具有坚忍品质的人，因为具有这种品质的人才能克服一切艰难困苦，到达成功的彼岸。

卡耐基金言

机遇往往垂青那些具有坚忍品质的人，因为具有这种品质的人才能克服一切艰难困苦，到达成功的彼岸。

美好的人生

[美]戴尔·卡耐基◎著　申文平◎译

CS 中南出版传媒集团
民主与建设出版社

前言

戴尔·卡耐基（Dale Carnegie，1888～1955），美国著名的心理学家和人际关系学家，人类伟大的心灵导师，被誉为"成人教育之父"，著名演讲家、作家，公共演说与个性发展心理学领域先驱。他一生从事过教师、推销员和演员等职业，积累了丰富的人生经验。

卡耐基利用大量普通人通过不断努力取得成功的故事，并用演讲和著作的形式唤起无数陷入迷惘者的斗志，激励他们取得成功，达到自己的人生目标。卡耐基以超人的智慧、严谨的思维，在道德、精神和行为准则上指导千万读者，改变自己的生活，开创崭新的人生。

"一个人的成功，只有15%归于他的专业知识，还有85%归于他表达思想、领导他人及唤起他人热情的能力。"只要你不断反复研读本书，它必将助你获取成功所必备的那85%的能力。这就是卡耐基人际关系方面的魅力。

沟通是人们在工作和生活中每时每刻需要面对的，但什么是沟通？可能很少有人进行过认真、深入的思考。我们有理由推测，善于运用沟通的技巧，并能够进行有效沟通的人可能更少。事实上，许多很有才能的人，由于沟通环节存在问题而无法充分发挥自己的能力；一件本来很好的事情由于沟通环节出现问题导致结果适得其反……因此，如何进行有效的沟通，对于提高工作效率，甚至是增加人生的幸福感都非常重要！

所谓有效的沟通，是通过听、说、读、写等载体，通过演讲、会见、对话、讨论、信件等方式将思维准确、恰当地表达出来，以便能使对方接受。现在，常见的主流商业管理课程，如EMBA、MBA及其他各类企业培训等都已经将"有效沟通"作为管理者必备的一项素质要求包含在内。

这是因为，一个团队如果不能有效地进行沟通，就不能很好地协作。而实际上，沟通是一件非常难的事。例如，有业绩考核指标的销售员在一起进行沟通时，一些业绩好的销售人员为了保证自己的地位，极有可能不会把自己行之有效的方法全盘说出来；中层领导认为经理说得或者做得并不对，但出于人事关系的考虑，他可能不会说出来，等等。

日常生活中的沟通也存在这样那样的问题。沟通交流都需要人们克服畏惧、建立自信，这是实现更有效说话的前提。这样，人们才能够最大限度地发挥自己的潜在能力，赢得别人的喜欢，获得成功。但是大部分人都存在畏惧心理，很难自信地表达自己的想法。

本书将关注有效沟通，教您如何建立自信来提高自己的表达能力，如何通过有效的演讲增强自己的信心和扩大自己的影响力，是一本由内而外，真正让您脱胎换骨的书。它将是您步入快乐的生活，迈向成功的职业生涯的垫脚石。

CONTENTS 目录

第一章　重视与陌生人的交往

01　与陌生人说话 / 003

02　注意交往的尺度 / 005

03　给人良好的第一印象 / 007

04　记住他人的名字 / 010

05　给对方一种谦和的感觉 / 014

第二章　赞扬的魔力

01　慎对恭维 / 019

02　多些赞扬，少些指责 / 022

03　暗示的力量 / 025

04　给他一个美名 / 027

05　多用礼貌用语 / 030

第三章　多想想别人

01　站在对方的角度看问题 / 037

02　知道对方需要什么 / 041

03　对他人感兴趣 / 044

04　多考虑别人的感受 / 047

05 正视不公平 / 050

06 自尊并尊重他人 / 054

第四章 让他觉得想法是自己的

01 让他说出你的观点 / 059

02 让他觉得想法是自己的 / 061

03 巧妙地改变别人的想法 / 064

第五章 巧妙地表达自己的观点

01 间接地传达自己的观点 / 069

02 多用建议少用命令 / 071

03 委婉地表达自己的观点 / 073

04 换一种方式做事 / 076

第六章 承认自己也有错

01 承认"我也许不对" / 081

02 批评别人前先想想自己 / 085

03 人人都有可能出错 / 088

第七章　批评的艺术

01　懂得如何保住别人的面子 / 093

02　替他人想一想 / 098

03　多一些宽容，少一些责备 / 101

04　委婉地批评 / 105

05　不妨采用迂回之术 / 107

第八章　正视别人的批评

01　承认自己的错误 / 113

02　善于自我批评 / 116

03　没有人会踢一只死狗 / 118

第九章　永远不要与人发生正面冲突

01　绝不正面反对别人的意见 / 123

02　运用技巧保持自己的风度 / 125

03　学会克制愤怒 / 128

04　争论没有赢家 / 131

第十章　竞争与合作

01　善用竞争 / 137

02　耐心成就大事 / 140

03　竞争与协作 / 142

04　知足与进取 / 146

第十一章　会说话，赢得好人缘

01　谈话前要做好充分准备 / 153

02　以肯定来开始谈话 / 155

03　改变说话的语气 / 159

04　学会倾听别人的心声 / 161

05　让对方多说 / 166

第十二章　善待别人也是善待自己

01　善待所有的人 / 171

02　温和友善胜于愤怒与咆哮 / 174

03　多付出关心与温暖 / 177

04　用真诚开启紧闭的大门 / 180

05　微笑会改变一切不愉快 / 184

第十三章　帮助别人，而不奢望感恩

01　幸福源于付出 / 191

02　付出不需回报 / 195

03　不要指望别人的报答 / 198

04　给朋友分等 / 200

第十四章　关爱你的仇人

01　不要把时间浪费在怨恨别人上 / 207

02　不要对任何人抱有敌意和怨恨 / 210

03　爱你的仇人就是爱你自己 / 212

第一章

重视与陌生人的交往

如果你想让别人喜欢你，或者培养真正的友谊，或是帮助别人又帮助自己，就要重视与你所遇见的每一个人的交往，并且对别人表现出诚挚的关切。

01
与陌生人说话

精短的语句，如"对不住，麻烦你了，""费心，你可否……"
"谢谢你"——像这样的平常客气的话听上去就像每天在沉闷辛苦的
生活齿轮上浇油润滑——而同时，这些都是我们优良品格的标志。

——卡耐基《人性的弱点》

心理学家威廉·詹姆斯说："人类本性上最深的企图之一是期望
被钦佩、赞美、尊重。"渴望受人喜欢、受人尊敬，成为每个人喜爱
结交的人，是我们内心中的一种基本愿望。

对人诚恳、正直，你自然会变成一个讨人喜欢、令人愉悦的人。
你要乐于适应一切个人之间的往返关系，即使你是一个"很难弄"的
人，甚或你的天性害羞，见人畏缩。更进一步，你也许就是一个很不
善于社交的人，还是一样会有人喜欢接近你。

一个人如果只关心自己，他很难成为一个被人喜欢的人。要成为一
个令人敬重的人，必须将你的注意力从自己的身上转移到别人身上去。

如果你过度地关心自己，就没有时间及精力去关心别人。别人想
获得你的关心，却无法从你这里得到，当然也不会去注意你。

如果你希望别人喜欢你、敬重你，你必须先学会去爱别人。要真
正地去关心别人、爱别人，激励他们展现最好的一面。那样，正如不
求报酬做善事终会有所回报一样，别人也会加倍地关心你、爱护你。

最好的朋友是能将你内心中最好的潜质引导出来的人。你必须透过表面现象，看清一个人的真貌。如果你帮助他，使他达到内心所期望的境界，你当然可以赢得他的敬重和信赖。如果在一个艰难的处境中，你能对一个人表现出你的理解和耐心，则不只是那个人，其他的人也同样会对你非常敬重。

一个人的行动和语言一样能表明思想，行动有时甚至比语言更明白、更直接。我们大都只是听人说话，而没有注意到行动也是一种语言，因此使人与人之间的沟通受到阻碍。

当我们去参加一个规模较大的宴会的时候，大家都会有一种不约而同的想法，就是最好避免和陌生的人同席，因为和熟人同席就有说有笑，和陌生人在一起就失去乐趣了。其实，这种想法正是逃避学习人际交往的意识在作祟，正如走进网球场而不想练球一样可笑。

也许你认为自己不打算在社交上大出风头，只是脚踏实地自己干自己的，没有什么必要去认识太多的朋友。我们可以看到马克·吐温也不是一个靠社交出风头的人，他的主要事业只是埋头著作，他只需要天才和更多的幽默感。然而，任何人都承认，马克·吐温是一个朋友最多、与朋友相处得最好的人。

这也正如他自己所讲，一个人，唯有可以和一个跟自己毫无利害关系的人都相处得十分有趣味，那才是真正的快乐。

我们不但要习惯与陌生人打交道，而且要乐于与他们交往，朋友就是这样慢慢认识的。

02
注意交往的尺度

　　应酬是我们日常生活中一件很头痛的事，尤其是和陌生人接触，更会令人产生心理上的抵抗。而我们又必须学会应酬，并在其中寻找人生的乐趣。

——卡耐基《人性的弱点》

　　我们每天的日常生活方式，从理论上说，无论如何也说不上是合理的。有许多事情，由于长期的习惯和惰性，变成不合理。但不要企图把这些不合理的习惯打破，不然在应酬上，就会遭遇到对方"心理上的抵抗"。所谓"心理上的抵抗"，是指对方认为你不近人情。如果对方有这种感觉，你的应酬效果就会大大降低。关于这些不合理的日常生活习惯和方式，我们可以列举出太多的例子。最平常的小事，是日常见面时的礼貌。比如我们与友人见面，分明并无失礼之处，但一定要谦逊地说"失礼"；分明是别人邀请你去，但临行时总会说声"打扰"；你去某公司任职，分明不是某人介绍的，但他问起你时，你会说是托他的面子才进的公司……

　　但如果你不说这种不合理的话，别人就会认为你太不近人情了。不过，假如你到了欧洲或某些其他地方，你按照上面的方式讲这种礼貌话，就不合适了。

　　在日本，公共汽车售票员向每个下车的乘客说："多谢您！"对上车乘客说："对不起，让您等了很久。"而在美国就不是这样。

所以，这种情况不是合理不合理的问题，是因为每个地方的风俗习惯不同而需要注意。

对于陌生的人，我们应找个人介绍。以人寿保险经纪人为例，他们去找新的主顾，现在都已采用"托人介绍"的方式。因为有人介绍，就绝不会吃闭门羹。当然，替你写介绍信的人，一定是在对方心目中很有地位的。

和陌生人首次见面，最好用介绍人做初次见面的话题。

应酬时间的长短问题，在一种适当的应酬上，有很重要的价值。当然，我们要从应酬的本质、目的和种类去加以判定，不可一概而论。

如果事情不是一说即合，或需要辩论的，可能花上一两个小时也说不定。但是一种不变的原则，就是我们应该尽量缩短应酬时间，要提防自己和对方产生"疲劳感"。因为时间这种东西，有物理方面和心理方面的区别。当你和一位知己朋友谈了一小时，而他一看手表，啊呀，12点了，快没有公共汽车了，末班船也快开了……这样的应酬，会使人感觉到，虽然物理的时间已过1个小时，心理上却只有20分钟的感觉。有些人参加应酬，对于物理时间满不在乎，却很重视心理上的时间。那就是说，当他对于这场应酬感兴趣时，他不计较究竟花了多少时间；否则，心理上就有度日如年之感。

毕竟我们人类是被物理时间控制着来生活的，所以最好还是不要浪费时间。这样既方便了自己，也方便了别人，更要紧的是使应酬本身有效。

在潘多拉的盒子被打开并落到人间后，人间便有了仇恨与邪恶。人际交往开始以利益为目的，从那一刻起，也就产生了交际的艺术。

03

给人良好的第一印象

一个人的"第一印象"是非常重要的，别人对你，或你对别人都是一样。

——卡耐基《人性的弱点》

别人对你的认识是从第一印象开始的，这种第一印象一旦形成，将很难改变。

研究表明，当一个人见到另一个人时，第一印象往往是在前3秒确定的，而且是在没有任何语言交流的前3秒，因为别人已从你的形象气质窥见了你的基本特征。

在应酬中，如果第一印象不好，想要挽回，就要做很大的努力，所以，一定要特别注意第一印象。

第一印象是非常重要的，因为你不可能再有第二次机会了。一个人的外貌对于他本身有很大的影响，穿着得体就会给人以良好的印象，它等于是在告诉大家："这是一个重要的人物，聪明、成功、可靠。大家可以尊敬、仰慕、信赖他。他自重，我们也尊重他。"

要给人以良好的第一印象，首先要注意服装。

有人会有异议：服装哪会成为问题？应酬的内容最重要。

而现实并不像我们想的那样简单。你看见一个成年人穿了一条牛仔裤，你可能会有轻佻的印象；你看某人穿的长裤裤管正中没有一条线，也会觉得有些不舒服。留意服装的意思并不是要你穿上最流行的、最时髦的衣服，只是你的穿着要让人觉得有整齐、清洁之感。至于衣服是新、是旧，质料是好、是坏，都不成问题。

美国有许多家大公司对所属雇员的装扮都有"规格"，所谓规格自然不是指一定要穿得怎么好看或指定衣料，而是"观感"的"水准"。

专家们所著的书中，提出应酬前的仪表应注意以下几点：

鞋擦过了没有？

裤管有没有线？

衬衫的扣子全部扣好了没有？

剃了胡子没有？

梳好头发没有？

衣服的皱纹是否注意到？

不只在美国如此，其实在世界上任何地方都一样。泰国有一家保险公司的外勤人员向公司报告，当他们向农民进行劝说工作时，穿得整齐的人员业绩相对较高，可见农民们本身虽然穿得不好，但对穿得整齐的人，总是较有信赖感的。

我们进行应酬时，应该重视一下现实。要推己及人，不然便会遭受一些不必要的失败。

有一次，贝特格在一次技术交流会上结识了一位经理，该经理对贝特格公司的产品颇感兴趣，于是两人约定了时间准备仔细商谈一下。在前往公司的那一天，卜起了大雨，于是贝特格就穿上了防雨的旧西装和雨鞋出门。

贝特格来到那家公司以后便递出了名片，要求和经理面谈，然而他等了将近一个小时才见到那位经理。贝特格简单地说明了来意，没想到那位经理却冷淡地说："我知道，你跟负责这事的人谈吧，我已经跟他提过了，你等会儿再过去吧。"

这种遭遇对贝特格来说还是第一次，在回家的路上，他反省着："是哪个地方做错了呢？今天所讲的内容应该是跟平常一样有足够的魅力能够吸引客户的呀？怎么会这样呢？"他百思不得其解。

然而，当他经过一家商店的广告橱窗时，看到自己的身影后恍然大悟，立刻明白自己失败的原因了。平常贝特格都穿得很干净、潇洒且神采奕奕，而今天穿着旧西装、雨鞋，看着就像落魄的流浪汉，更别提推销了。

别人对你的第一印象，往往都是从服饰和仪表上得来的，因为衣着往往可以表现一个人的身份和个性。办事情顺利与否，第一印象至关重要，不讲究仪表就是给自己打了折扣，自己给自己设置了成功的障碍，不讲究仪表就是人为地给要办的事情增加了难度。

当然，给人良好的印象不仅仅要靠外在的仪表，更要靠内在的素质。内容是最根本的东西，外表仅仅是包装。

04
记住他人的名字

> 每个人都以自己的名字为荣，为了让人们能够记住他们的名字，他们可以不惜任何代价。几个世纪以来，贵族和富人们常资助一些艺术家、音乐家和作家，为的就是在他们创造的作品中留下一个名字。
>
> ——卡耐基《人性的弱点》

一个人的名字对他来说，是所有语言中最甜蜜、最重要的声音。我们记住了对方的名字，并叫出来，是对他最大的赞美。

有时候要记住一个人的名字真难，尤其当它不太好念时。一般人都不愿意去记它，心想：算了！就叫他的昵称好了，而且容易记。锡得·李维拜访了一个名字非常难念的顾客。他叫尼古得玛斯·帕帕都拉斯，别人都只叫他"尼古"。李维在拜访他之前，特别用心地念了几遍他的名字。当李维用全名称呼他，向尼古得玛斯·帕帕都拉斯先生问候早安的时候，他呆住了。过了几分钟，他都没有答话。最后，眼泪滚下他的双颊，他激动地告诉李维，他在这个国家十五年了，从没有一个人会试着用真正的名字来称呼他。

卡内基被称为钢铁大王，但他自己对钢铁的制造懂得很少。他手下有好几百个人，都比他了解钢铁。

但是卡内基知道怎样为人处世，这就是他做大企业的原因。小时候，他就表现出非凡的组织才华和卓越的领导天才。当他10岁的时候，他就发现人们对自己的姓名看得惊人的重要。他利用这项发现，去赢得别人的合作。比如，他孩提时代在苏格兰的时候，有一次抓到一只兔子，那是一只母兔。他很快发现了一整窝的小兔子，但没有东西喂它们。可是他有一个很妙的想法，他对附近那些孩子们说，如果他们找到足够的苜蓿和蒲公英，喂饱那些兔子，他就以他们的名字来替那些兔子命名。

许多年以后，他在商业界利用同样的人性弱点，赚了上百万元。例如，他希望把钢铁轨道卖给宾夕法尼亚铁路公司，而艾格·汤姆森正是担任该公司的董事长。因此，卡内基在匹兹堡建立了一座巨大的钢铁工厂，取名为"艾格·汤姆森钢铁工厂"。

卡内基这种记住及重视他朋友和商业人士名字的方式，是他成功的秘诀之一，他以能够叫出他的许多员工的名字为傲。他很得意地说，当他亲任主管的时候，他的钢铁厂从未发生过罢工事件。

人际往来常常是频繁而短暂的。若能在这短暂的见面中，记住对方的名字，对方就会有一种被重视的感觉。这一点，对人际关系绝对有很大的积极作用。

记住别人的名字并运用它的重要性，并不是国王或公司经理的特权，它对我们每一个人都是如此。

肯恩·诺丁罕，是印度通用汽车厂的一名雇员，他通常在公司的餐厅吃午餐。他发觉在柜台后工作的那位女士总是愁眉苦脸。她做三明治已经做了快两个小时了，他对她而言，又是另一个三明治。他说了所要的东西，她在小秤上称了片火腿，然后给了他几片莴苣，几片马铃薯片。

隔一天，他又去排队了。同样的人，同样的脸，不同的是，他看到了她的名牌。他笑着叫她"尤尼丝"，然后告诉她要什么。她真的忘了什么称不称的，她给了他一堆火腿、三片莴苣和一大堆马铃薯片，多得快要掉出盘子来了。

我们应该注意一个名字里所能包含的奇迹，并且要了解名字是完全属于与我们交往的这个人，没有人能够取代。名字能使人出众，它能使他在许多人中显得独立。我们所做的要求和我们要传递的信息，只要我们从名字这里着手，就会显得特别重要。不管是员工还是总经理，在我们与别人交往时，名字会显示它神奇的作用。

试想，当你叫出对方的名字，他会多么受宠若惊。当然他的快乐就更不用说了。

多数人不记得别人的名字，只因为不肯花必要的时间和精力去专心地、重复地、无声地把名字根植在他们的心中。他们为自己找出借口：因为总是太忙了。

德州商业银行的董事长班顿拉夫相信，公司愈大就愈冷酷。他认为唯一能使它温暖一点的办法，就是记住人的名字。他说，假如有个经理告诉他，无法记住别人的名字，就等于在说，他无法记住一个很重要的工作，而且是在流沙上做着他的工作。

加州的凯伦·柯希，是一位环球航空公司的空服员。她经常练习去记住机舱里旅客的名字，并在为他们服务时称呼他们。这使得她备受赞许，有直接告诉她的，也有跟公司说的。有位旅客曾写信给航空公司说他好久没有搭乘环球航空的飞机了，但从现在起，一定要环球航空的飞机他才会搭乘。因为他觉得航空公司好像是专属化了，这对他来讲有很重要的意义。

派德斯基每次乘车时，都使那位普尔门列车上的黑人大厨觉得自己很重要，因为他总是称呼他"古柏先生"。有15次，派德斯基旅行美国，在各地热烈的听众面前表演，每一次他都占着一节私人车厢，在音乐会之后，那位大厨就替他准备好夜宵。在所有的那些岁月中，派德斯基从来没有以美国的传统方式称呼他为"乔治"，派德斯基总是以他那古老的正式方式，称呼他"古柏先生"，使古柏先生很高兴。

人们对自己的名字很骄傲，不惜以任何代价使他们的名字永垂不朽。即使盛气凌人、脾气暴躁的RT.巴南，也曾因为没有子嗣继承巴南这个姓氏而感到失望，愿意给他外孙子CH.西礼两万五千美元，如果后者愿意自称巴南·西礼的话。

几个世纪以来，贵族和企业家都资助着艺术家、音乐家和作家，以求他们的作品中能够留下自己的名字。

图书馆和博物馆最有价值的收藏品，都来自于那些特别担心他们的名字会从历史上消失的人。纽约公共图书馆拥有亚斯都氏和李诸克斯氏的藏书；大都会博物馆保存了班吉明·亚特曼和JP.摩根的名字；几乎每一座教堂，都装上了彩色玻璃窗，以纪念捐赠者的名字。

绝对不能为记不住别人的名字找借口，比如"记性不好"或是"太忙了"。这些借口不是记不住名字的理由，而是在逃避现实。

05
给对方一种谦和的感觉

> 傲慢和自大会使别人对你抱有成见，并且排斥你；而谦和的态度，温和的语言，会使别人乐于接受你，这样你就更容易赢得朋友。
>
> ——卡耐基《人性的优点》

商务交往是一种比较复杂的关系，人的心理也很微妙。每个人都希望得到自尊，每个人也都希望得到别人的尊重，如果对对方采取一种谦和的态度，对方就会有一种被尊重的感觉。

谦和的人之所以受人喜爱，就是因为他们能认识到自己的不足，同时重视别人的存在，时时处处尊重别人，体贴别人，由此很容易使人与人之间的隔膜和疑心冰消雪释。

在好莱坞红极一时的爱丝德·威廉丝，以体形优美出名。她演了《出水芙蓉》这一影片之后，成为拍游泳镜头影片中最受欢迎的女明星。

她有丈夫也有儿女，这是许多人都知道的。但是，影片公司却认为被人知道没什么，但绝不能被人看见。他们向爱丝德建议，为了保持票房价值，最好避免和丈夫或儿女在公共场合出现。

但是有一次，她带了儿女在机场被记者发现了。记者们认为镜头难得，便请爱丝德和她儿女合拍一张，以便于刊登。

如果你是她，你怎样应付？你也许会说："不要拍呀，拍了我的票房价值要减低！"或者："我的公司说过不要我和儿女一起拍照刊出。"甚至大发脾气："你们拍我抢镜头了！"

可爱丝德的方法是：请大家到候机室坐下来，然后把记者们当作来送机的朋友。她说这次是带孩子们去上学，如果刊出这些小孩子的照片，对他们未来的心理以及在学校里的前途似乎不大好。不知道大家意见如何？

结果，记者们同意了她的看法，只拍了她一个人的照片。

某公司的一个办公室主任说话很啰嗦。办公室主任掌管着整个办公室职员休假的审批权，职员要休假没有他签字是不可以的。于是这位办公室主任"充分"地利用了这一权利，每当有职员找他批假条时，他就做出一副居高临下的神态，嗯嗯啊啊地问这问那，那派头跟法官审犯人差不多，每一次都至少要"审"上半个钟头才能把他的大名签到职员们的休假条上。职员们对此既讨厌又无奈，私下里对这位主任非常愤恨，称他为"碎嘴蟹"，可见职员与主任之间的对立情绪。

罗西曾经在一个报社干过编辑，他们当时的主编保罗·福塞尔50多岁。每天一到报社，罗西都能见到保罗·福塞尔带着一脸的微笑，并且和每一位编辑、记者乃至勤杂工打招呼。如果有什么问题向他汇报或请教，保罗·福塞尔也总是微笑着，身体微微前倾，认真地听完你的话，然后以感激的口吻说："辛苦了！"或者以商量的口吻说："你看是不是这样……"所以罗西说他每次从保罗·福塞尔的主编室出来，心里都是暖暖的，哪怕是有些建议没有被采纳，也会从保罗·福塞尔那儿得到一句让人心暖的话："这个主意不错，只是还不成熟，让我们一起再酝酿酝酿。"遇到这样的领导，你还有什么好说的。

生活中，像"碎嘴蟹"办公室主任这样的人并不在少数，而且几乎在很多场合都能够碰到。所以在日常应酬中，无论你的谈话对象是谁，都应该给对方一种谦和的感觉，而不要露出一副逼人之态。一位哲学家曾经说过："尊重别人是抬高自己的最佳途径。"的确是一语道破了天机。

很明显，如果让你在"碎嘴蟹"和保罗·福塞尔之间选择一个领导的话，你肯定会毫不犹豫地选择保罗·福塞尔，而且相信所有人都会有相同的选择。因为谦和会给人亲切感，从而赢得人心。如果像"碎嘴蟹"那样，一味地咄咄逼人，一味地耍派头，唯恐别人不知道他"身居要职"，那么最终只能使所有人都讨厌他。

做人境界之高低，往往体现在处理矛盾的不同方法上，有人善于化解矛盾，有人善于激化矛盾。前者自然高妙，后者自然笨拙。同样一句话，可以使人笑逐颜开，也可以使人剑眉倒竖。之所以会产生不同的结果，完全取决于说话者的不同态度。友好的姿态、谦和的语气会让你赢得人心。

第二章

赞扬的魔力

大多数人天生就渴望赞美。一句赞扬的话，就像魔棒在他的心灵上点击而闪出的耀眼火花。

01

慎对恭维

赞扬与恭维如同一对双生子，往往难以辨别，而我们仍能发现它们的不同。它们一个是真诚的，另一个不是真诚的；一个出自内心，另一个出自牙缝；一个为天下人所喜欢，另一个为天下人所不齿。

——卡耐基《人性的弱点》

在墨西哥城的查普特培克宫，有一尊奥布里冈将军的半身像。在那座半身像之下，刻着奥布里冈将军的哲学智慧之语：别担心攻击你的那些敌人，要担心恭维你的那些朋友。

美国迪斯尼公司创办者沃尔特在给妻子写的一封信中说："这个行业没有机智，没有应变能力，没有专业培训是不容易显露头脚的。有些一肚子诡计的人，看起来很可爱，往往由于没经验，反而容易上当。之所以我没有像羊入狼群，是因为我庆幸我请教了一个人。我很乐观，自信……我认为很值得让人放心的是鲍维斯。"

然而，欺骗沃尔特的人，不是别人，正是他非常信任的那个鲍维斯。鲍维斯说，卡通影片录音方面，他拥有一组称为"电影声"的独立录音系统。据说只需要一两位音效人员和五六件乐器即可。沃尔特的信任，使一笔又一笔的钱流进了鲍维斯的口袋，最后鲍维斯对沃尔特假惺惺地说："我特别想帮助你。你的米老鼠也可用来推销我需要的电影声。比大公司给你的钱还要多，我可以帮你做到。我可以负担卖到每一个州的放映卡通片的权利的一切费用，包括推销员的开销。给我十分之一的毛利就行了。这是摄制卡通片的钱，我先借给你。"

一个月过去了，但一直没有支票汇过来，满怀希望的沃尔特派人去了一趟纽约，还是没有拿到，这时的沃尔特才恍然大悟：鲍维斯是个大骗子。

曾为墨西哥革命英雄维拉做顾问的更塞·雷辛被沃尔特请去当法律顾问。1930年1月，沃尔特请他去纽约找鲍维斯谈判，鲍维斯说，他并不重视米老鼠，米老鼠的成功不过是无意的，他只负责推销电影声，他希望续约在一年后顺利进行。沃尔特提出不付清旧账，免谈续约。鲍维斯说他能让对方续约，随后，他拿出一封由乌比和鲍维斯签约，并由他每星期给乌比300美元摄制新卡通片集的电报给沃尔特看。

与他一起辛苦创业的乌比也会背叛他！这怎么可能？沃尔特一下子像被推下深渊，呆呆地愣在那里。他没有想到，这是自己喜欢恭维而种下的恶果。

生活中，恭维无处不在地围绕着人们，甚至维多利亚女皇也被恭维所动。德莱里承认，他在女皇面前常常使用恭维这一法宝，引用他自己的话就是"厚颜无耻地恭维"。但是，德莱里是所有统治过大英帝国的人中最老练、最技巧、最有办法的人之一。在他那一行中，不能不称他是一名天才。

当然，对他人有效的方法，不见得对我们有效。恭维对你害多于益，恭维是假的，就像假钞一样。如果你要使用，最后总会惹上麻烦。

英王乔治五世，在他白金汉宫书房的墙上，贴着一幅六句格言，其中有一句是：教我如何不奉承也不接受廉价的赞美。恭维只是廉价的赞美，是对另一个人说出正好是他对自己的想法。然而不论你使用什么语言，你所说的还是对你自己的写照。

如果只要恭维就能够达到目的，大家就会争相恭维起来，那我们就都是做人处世的专家了。

当我们没有思考一些确定的问题时，通常会把我们时间的95%用来想着我们自己。现在，如果我们停止不想自己一会儿，开始想想别人的好处，我们就不会诉诸那些廉价的、还没有说出来就知道是虚情假意的恭维了。

过分的赞扬近于阿谀奉承，而对赞扬的吝啬就显得太过清高。适当的赞扬，会让人欢心地感受到你的友善。

02
多些赞扬，少些指责

你要得到别人的赞同，你要得到别人对你的承认，你要得到你在你的小世界中重要的感觉，你不要听卑贱不诚的谄媚，你渴求真诚的欣赏。你要你的朋友及同人，像斯瓦伯所说的，"诚于嘉许，宽于称道。"我们都愿意那样。

——卡耐基《人性的弱点》

用赞扬来代替批评，是著名的心理学家史京勒心理学的基本内容，史京勒通过动物实验证明：由于表现好而受到奖赏的动物，它们在被训练时进步最快，耐力也更持久；由于表现不好而受到处罚的动物，那么它们的速度或持久力都比较差。研究结果表明：这个原则同样适用于人。我们用批评的方式并不能改变他人，反而经常会适得其反。

发现他人出现错误，我们通常会做的一件事就是批评他，以使之改正。而事实上，与批评相比，鼓励和赞扬更容易使人改正错误，又更容易让对方接受。

汤姆已经40岁了，但他十分想再学习一下舞蹈，于是，他请来了一位老师。课程一开始他就像20岁的时候一样跳，而老师却告诉他，跳的全都不对，必须将一切忘掉，重新开始。这使汤姆很灰心，便把那位老师辞掉了。

第二位老师就很会讲话，她说汤姆的姿势或许有点旧式，但基本功还是不错的，并且使他相信，不必费时就可以学会几种新舞步。她不断地称赞汤姆做得优秀，以减少他的错误。她赞扬汤姆有天生的韵律感，说他是一位天生的跳舞专家。这给予了汤姆很多希望，并使他不断进步。

其实，汤姆知道自己根本跳得就不好。而老师的赞扬，让他十分开心，也十分愿意继续学下去。

威廉在一个邻近的街区新开了一家名叫"健康"的药店，而帕克·巴洛——一位经验丰富和声望极高的药店主，对此感到非常气愤。他指责威廉卖假药，并且毫无配药方的经验。

威廉受到攻击后，很是气愤，准备为此事向法院起诉。他去请教一个律师，这位律师劝告他说："别把这件事闹得满城风雨了，你不妨试试表示善意的办法。"

第二天，当顾客们又向他述说帕克的攻击时，威廉说："我想一定是在什么事上产生了误会。帕克是这个城里最好的药店主之一，他在任何时候都乐意给急诊病人配药。他这种对病人关心的态度给我们大家树立了榜样。我们这个地方正在发展之中，有足够的余地可供我们两家做生意。我是以帕克医生的药店作为自己榜样的。"

当帕克听到这些赞扬的话后，自觉惭愧，便急不可耐地去见威廉，并向他介绍了自己的一些经验，同时提出了一些有益的劝告。

后来，这两家药店的生意都非常好。由此可见，善意的赞美比批评更能征服人心。

大量的事实证明，当批评减少而鼓励和夸奖增加时，人所做的好事会增加，而比较不好的事会因受忽视而萎缩。

赞扬就像浇在玫瑰上的水，最终将会开出让人心动的花朵。赞扬别人其实并不费力，也许只是需要几秒钟，便能满足人们内心的强烈需求。

赞扬在领导与下属的关系中也尤为重要。一句赞扬可以让下属拼命地干，并且十分努力。但一句批评，就有可能使他站到你的对立面。

罗斯是一家印刷厂的厂主，有一次，他收到一份印得非常糟的印刷品，这是一名新工人干的活。新工人刚上班没多长时间，因为动作慢，怕完不成任务，所以慌慌张张地，没有注意产品的质量，只注意数量，印出的产品大多都不合格。车间的主管因此总是狠狠地训斥他工作不认真，说如果都像他那样做，工厂的次品就要堆积成山了，大家都只能回家了。

罗斯知道这件事后，找到了那名新工人，告诉他，昨天看到他的工作成果，印得不错。并赞扬他干劲十足，每天都能生产那么多的产品。要是每一名工人都像他这样有激情，工厂就会少很多对手了。最后罗斯希望他好好地干下去。

罗斯没有一句批评他的话，他的表扬激励了这名新工人。果然，后来他干得非常出色。

我们每个人都希望得到别人的赞扬，同时也害怕别人的指责。所以，我们应将心比心地为他人着想，多些赞扬，少些指责。

03
暗示的力量

赞扬和鼓励都是一种暗示。一些赞扬的暗示性语言或行动，能使人在低落与彷徨的时候重新获得勇气。

——卡耐基《人性的弱点》

暗示能使人把面粉当作药剂而治好病，也可能使人把蜂蜜当作毒液而丧了命，这就是它的神奇作用。

有一次，英国诗人罗杰斯在一家饭馆里吃饭，他认为他背对着的窗户没有关，有很多冷风从外面吹进来，因此担心自己有可能感冒。果然，饭后回家他即开始出现感冒症状。但事实上，他背后的窗户并不是没有关，也没有什么冷风吹进来，导致他感冒的真正原因完全是他的心理作用，他认为有冷风吹袭自己的后背，所以暗示自己会患感冒，结果就真的发生了。

暗示是一种心理现象，是人们接受某种信息，并对其进行感知、推理、判断、论证等的过程。而这些信息可能来自于自己对事物的主观认识，也可能来自于别人对自己的某些行为的反应，但归根结底都是自己思考的结果。是自己对信息加工之后它才发挥了作用。

我们也许都很羡慕明星们的美丽与非凡气质，其实这些往往来自于众星捧月的暗示。

我们有理由相信，每个人都可以成为明星。

一位美国心理学家做过一个实验，他在某一所中学挑了一个班，并向校长说这个实验可以让他看到一个奇迹。

班上有一名女生叫珍妮，她相貌平平，一点也不引人注意。心理学家找了个机会，把全班除了珍妮以外的所有人召集起来，他告诉大家，从今往后，所有人都要把珍妮当作全班最漂亮、最迷人的女孩儿，三个月后，就会收到意想不到的效果。

于是，从那天起，同学们改变了对珍妮的态度，这令珍妮受宠若惊。男生们把漂亮女生撇在一边，而向珍妮大献殷勤；女生们时常羡慕地望着她。老师们也改变了对她的态度，上课时，总是叫她回答问题，答对了便会得到夸奖。珍妮像坠入梦境一般，她不明白自己怎么会由一个灰姑娘一下子变成了白雪公主。

一个礼拜过去了，大家仍然这样众星捧月般对待她。她开始注意起自己的形象了，她眉头舒展开了，胸脯挺起来了，心情也渐渐开朗了，还经常与朋友一起尽情玩乐。

两个月后，全班同学惊奇地发现，珍妮真的改变了。容貌虽然不是美丽绝伦，却也楚楚动人，微笑常常挂在脸上。后来，选班长的时候，大家也一致选她。

实验的开始，大家都是逢场作戏。而这种赞美的暗示，却真的改变了珍妮，大家也都真心实意地喜欢她了。

逢场作戏的鼓励中，却暗示了一种赞扬。这种赞扬别人并不拒绝接受，于是，我们也不应再拒绝赞扬了。

04
给他一个美名

我们通常都希望别人能遵照自己的意愿去做某件工作，但是，要让别人乐意照着你的意愿去做，你就必须让他明白，他对你有多么重要。这样，他便会觉得这件事对他也有多么重要。

——卡耐基《人性的弱点》

回顾1915年，当时的美国人心绪不安。因为一年多以来，欧洲国家间的互相屠杀，在人类血腥的纪录上从未有如此惨烈的状况，还会有和平吗？没有人知道，但当时的美国总统威尔逊决心一试。他派了一个私人和平使者去和欧洲的列强会谈。

国务卿威廉·吉尼·拜扬是和平的拥护者，很想去做这件事。他认为这是个推荐自己并使自己的名字永垂不朽的机会，但威尔逊指派了另一个人——他的挚友兼顾问克罗尼尔·艾德华·豪斯。这件事对克罗尼尔来说非常棘手，他不知如何告诉拜扬这个不受欢迎的消息，并且不冒犯他。

拜扬知道克罗尼尔是驻欧和平使者之后，非常失望。因为在这之前，拜扬早就计划着自己去做这件事。

但克罗尼尔找到了一种很好的表达方式。他对拜扬说，总统认为，派官方人员去不妥。假如拜扬去的话，会引起很多人的注意，人们会奇怪为什么派他去。

这是一个很有意思的暗示。克罗尼尔其实是告诉拜扬，他太重要了，担当这个任务太显眼，拜扬对此解释就没什么话可说了。

克罗尼尔精于处世之道，他遵从了人际关系中一项很重要的法则：让别人乐意做你所建议的事。

一句简单的赞扬，从我们口中说出也许并不算什么，但对于被赞扬者来说，可能具有非同一般的意义。

给他一个权威的称号，用赞美给予他尊严，他就会成为你的观点的坚决拥护者。

假如你要在领导方法上超越自我，希望改变其他人的态度和举止时，不妨试一试给他人一个美名，让他为此而努力奋斗。

布鲁克林的一位四年级老师鲁丝·霍普金斯太太看过班上的学生名册后，在学期的第一天，对新学期的兴奋和快乐中却染上忧虑的色彩：今年，在她班上有一个全校最顽皮的"坏孩子"——汤姆。汤姆三年级的老师，不断地向同事或校长抱怨，只要有任何人愿意听，就会不停地说汤姆的坏事。他不只是做恶作剧而已，跟男生打架，逗女生，对老师无礼，在班上扰乱秩序，而且情况好像愈来愈糟。他唯一能让人放心的是，能很快地学会学校的功课，而且非常熟练。

霍普金斯太太决定立刻面对"汤姆问题"。当她见到她的新学生时，她说罗丝穿的衣服很漂亮，爱丽丝画画很不错。当她念到汤姆时，她直视着汤姆，告诉他，他是个天生的领导人才，今年要靠他帮老师把这个班级变成四年级最好的一班。在开始几天她一直强调这点，夸奖汤姆所做的一切，并评论说他的行为代表着他是一位很好的学生。

有了值得奋斗的美名，即使一个9岁大的男孩也不会令人失望，而他真的做到了这些。

头衔单独存在时，并没有什么意义，而将它送给一个需要它的人，就会对那个人产生决定性的作用。一切改变了，他会为此而奋斗。

　　韩特·舒密特的商店里有位雇员经常在食品店忘了把价格牌摆在各种物品前面，这使得顾客经常搞不清价格，频频抱怨这件事。提醒她，劝告她，跟她谈都没起什么作用。最后，舒密特先生把她请进办公室，跟她谈了请她负责全店的标价牌事宜，这马上使得她的态度完全改变。从那时起，她就非常负责地做她的价格牌监督了。

　　这样做也许有人会认为幼稚，而且这也是人们批评拿破仑的话。当他定制了荣誉勋章，颁发了15000个给他的部下，又把18个将军升为"法国元帅"，以及称他的军队为"无敌陆军"的时候，有人批评拿破仑用"玩具"捉弄摆布饱受战争洗礼的老兵，而拿破仑答道："人就是被玩具所统领的。"

　　这个"赋予名号头衔"的政策，能为拿破仑所用，当然也能为你所用。例如，恩尼斯特·杰安特住在纽约史卡斯达尔，她因一群男孩踏过她的草地，损毁了她的草地而烦恼。她尝试过斥责、哄骗，但都没用。于是她试着给那群孩子中最坏的一个起名号，给他一个权威感。她命他做她的"探长"，由他负责驱逐所有入侵草地者，这就解决了她的问题。她的"探长"在后院燃起了一堆火，烧了一块烙铁，并威胁其他的孩子，别踏进草地，否则他就要给他烙上一个记号。

　　对于很多虚荣的人，也许可以放弃利益，但名声往往不容易放弃。所以，一个美名的作用，往往多于物质上的鼓励。

05
多用礼貌用语

如果我们要法式炸薯片时，女侍者却拿马铃薯给我们，让我们说："对不起，又要麻烦你了，我更喜欢吃法式炸薯片。"她会回答"一点不麻烦"，并非常愿意为你更换，因为你对她表示了尊重，她会还你以尊重。

——卡耐基《人性的弱点》

在人际交往中，使用礼貌用语是最基本的态度，也是最重要的态度。一个人即使具有人类的一切美德，即使他非常优秀，如果他不懂得与人交往时使用礼貌用语，他就不可能获得成功。因为没有任何人愿意与一个不讲礼貌、没有教养的人交往。

有位商店老板，在接待应聘者杰森时，本来是准备聘请杰森的。在面试临近结束的时候，老板表示对事情的发展感到满意，并将于今后几天内与杰森会面。然而，杰森说："难道现在你不能告诉我，是否能得到这份工作吗？因为过几天我就要外出旅游去了。"老板说："噢，你不是告诉我，一得到通知就马上开始工作吗？"杰森说："你最好别指望我能坐下来等你几天的电话。"老板说："好吧，那我只能说，如果我们需要你，就会与你联系的。"然而，这位老板始终没有给杰森打电话。这是杰森缺乏礼貌语言的必然结果。

有位名叫亚诺·本奈的小说家曾说："日常生活中大部分的摩擦

冲突都起因于恼人的声音、语调以及不良的谈吐习惯。"此话说得颇有道理。其实，只要我们仔细观察身边的人就会发现，谈吐的缺陷可能导致个人事业的不幸或损害所服务机构的荣誉与利益，可能导致父子不和、夫妻离异乃至人际关系的紧张恶化。一个人是否善于使用礼貌用语，决定企业是否愿意聘请他工作、与之交往，或是否愿意投他信任的一票并与之发生商业关系。

平常说话有许多口头"敬语"，我们可以用来表示对人尊重之意。"请问"有如下说法：借问、动问、敢问、请教、借光、指教、见教、讨教、赐教等；"打扰"有如下词汇：劳驾、劳神、费心、烦劳、麻烦、辛苦、难为、费神、偏劳等委婉的用词。如果我们在语言交际中记得使用这些词汇，相互间定可形成亲切友好的气氛，减少许多可以避免的摩擦和口角。

与他人相见时，互道一声"你好"，这再容易不过。可别小瞧这声问候，它传递了丰厚的信息，表示尊重、亲切和友情，显示你懂礼貌，有教养，有风度。

美国人说话爱说"请"，说话、写信、打电报都用，如请坐、请讲、请转告，传闻美国人打电报时，宁可多付电报费，也绝不省掉"请"，因此，美国电话总局每年从"请"字上就可多收入一千万美元。美国人情愿花钱买"请"字，我们与人相处，说个"请"字，既不费力，又不花钱，何乐而不为？

英国人说话少不了"对不起"这句话，凡是请人帮助之事，他们总开口说声对不起：对不起，我要下车了；对不起，请给我一杯水；对不起，占用了您的时间。英国警察对违章司机就地处理时，先要说声"对不起，先生，您的车速超过规定"。两车相撞，大家先彼此说声对不起。在这样的气氛下，双方的自尊心同时获得满足，争吵自然不会发生。

成功人士说话非常注意用礼貌语言，如：你好、请、谢谢、对不起、打搅了、欢迎光临、请指教、久仰大名、失陪了、请多包涵、望赐教、请发表高见、承蒙关照、谢谢、拜托您了，等等。礼貌用语，令人心情愉悦，满面春风。

"谢谢你，亲爱的，期盼你再次光临。"百货商店的老板布拉·伦迪对眼前这个穿着破烂的小女孩说道，她刚刚在店里买了一根灯芯。小女孩走出店门前转身看了他一眼，露出了惊喜的表情。结果，造成了一段经典的广告，为布拉·伦迪赢得了无数的客户，使他成为一个拥有50家连锁超市、身家上千万的富翁。

礼貌用语不是想说就能说得好的，要注意以下几点：

首先，要说真话，发自内心地说。"言必信，行必果"，这是沟通时收到良好谈话效果的重要前提。只要肯尊重对方，高度地给予信任和肯定，任何人都会乐于将其优点表现得淋漓尽致。如果你希望某人懂得自尊自爱，你就该率先表现出你对他的信任和尊重。

其次，要切合当时的情境。运用语言进行信息传递、情感交流，离不开一定的时间、地点和场合，要使这种传递活动获得好的效果，语言运用不仅要符合特定的时代背景和此时此地的具体情景，还要恰当地利用说话时机，把握时间因素，力求切情切境，入情入理。

再次，明确目的。无论是与他人拉家常、叙友情，或是进行学术报告、演讲、谈判，采访乃至解说、寒暄、拜访、提问等，都是为了实现信息传递，沟通情感，增进了解，阐明观点等特定的交际目的而进行的。当与他人说话时，需要针对交际对象的特点和语言环境做出必要的调整，还要根据语言交流的主题，选择和使用恰当的语言，做到有的放矢，取得缓解气氛、增进友情的作用。

大文豪托尔斯泰说得好："就是在最好的、最友善的、最单纯的人际关系中，称赞和赞许也是必要的，正如润滑油对轮子是必要的，可以使轮子转得快。"利用心理上的相悦性，要想获得良好的人际关系，就要学会不失时机地赞美别人。

第三章

多想想别人

让我们用理解代替责备，设身处地地为他们想想，为什么他们会这样做，这样做比批评更加有益。而且这样，就会使我们产生同情、容忍、仁慈之心。

01
站在对方的角度看问题

　　探查别人的观点，并且在他心里引起对某项事物迫切渴望的需要，并不是指要操纵这个人，使他做只对你有利而对他不利的某件事，而是两方面都应该在这种状况下有所收获。

——卡耐基《人性的弱点》

　　在劝说别人做些什么事情时，开口之前，先停下来问，自己如何使他心甘情愿地做这件事呢？

　　讲师罗杰曾向华盛顿某家饭店租用大舞厅，每一季度用20个晚上，举办一系列的讲座。

　　在某一季开始的时候，他突然接到通知，说他必须付出几乎比以前高出3倍的租金。而得到这个通知的时候，入场券已经印好发出去了，而且所有的通告都已经公布了。

　　罗杰当然不想付这笔增加的租金，可是跟饭店的人谈论这件事，是没有什么用的，他们只对他们所要的东西——金钱感兴趣。因此，几天之后，他去见饭店的经理。

　　罗杰先表示，收到通知有点吃惊，接着又说这根本不怪他。如果换作是自己，也可能会发出一封类似的信。作为饭店的经理，有责任尽可能地使收入增加。如果不这样做，将会丢掉现在的职位。

　　然后，罗杰取出一张信纸，在中间画一条线，一边写着"利"，另一边写着"弊"。

他在"利"这边的下面写下这些字：舞厅空下来。接着分析把舞厅租给别人开舞会或开大会的好处。这是一个很大的好处，因为这类活动，比租给人家当讲课场地能增加不少收入。如果舞厅被占用20个晚上来讲课，对饭店当然是一笔不小的损失。

但有一点，这些课程吸引了不少受过教育、修养高的人士到饭店来。这对饭店是一个很好的宣传。

因为即使花费5000美元在报上登广告，也无法像这些课程能吸引这么多的人来这家饭店。这对一家饭店来讲，十分有价值。

罗杰一面说，一面把这些分析写在纸上，然后把纸递给饭店的经理，并回到办公室等待经理的决定。但是他知道自己已经胜利了。

第二天，罗杰收到一封信，通知他租金只涨50%，而不是300%。

我们可以看到，罗杰没有说一句他所要的，就得到这个减租的结果。他一直都是谈论对方所要的，以及他们如何能得到他们所要的。

假设他做出平常一般人所做的，怒气冲冲地冲到经理办公室去责问这件事，那么情形会怎样呢？一场争论就会如火如荼地展开。

而谁都明白争论会带来什么后果。甚至即使罗杰能够使那位经理相信自己的决定是错误的，他的自尊心也会使他很难屈服和让步。

可以换个角度看问题，比如站在他人的立场上看。有时，我们会看到自己从前的可笑，更多的时候，我们会了解别人的看法，从而使事情得以顺利解决。

麦克对他的小儿子十分担心，因为他体重不足，又不好好进食。麦克一开始采取的是一般人的方式——呵责和唠叨：母亲要你吃这个，吃那个；父亲要你长得又高又大。

孩子会理会父母的这些要求吗？显然是不能的，就像你对地上的石头一样地不理会。

任何具有常识的人，都不会期望一个3岁的小孩对30岁的父亲的观点有什么反应，但这正是麦克所期望的。麦克最后才看出了这点，于是他开始反问自己，孩子需要什么，并开始想怎样把自己的需要变成孩子的需要。

当他开始往这方面想时，事情就容易了。他的孩子有一部三轮脚踏车，他喜欢在家门口的人行道上骑来骑去。他家附近住着一个比他大的孩子，常把他拉下来，将脚踏车抢去骑。

当然，这个小男孩就哭叫着跑回去告诉母亲，母亲就会立刻出来，把那个大孩子拉下来，把自己的小孩再抱上脚踏车。这种事情几乎每天都在发生。

这个孩子要的是什么？即使你不是福尔摩斯，也知道这个问题的答案。他的自尊、他的愤怒、他渴望得到自己是重要人物的感觉。所有他最强烈的情感，驱使他采取报复，把那个大孩子的鼻子打扁。而当他父亲告诉他说，有一天他可以把那个较大的孩子打得落花流水，如果他肯吃母亲让他吃的食物——一旦他父亲向他保证这点，他就不再有偏食的毛病。麦克的小儿子开始愿意吃菠菜、泡白菜、咸鲭鱼及任何东西，以便快点长大，把那个时常羞辱他的小霸王痛揍一顿。

人的一生可以不断认识到许多东西，比如逐渐以别人的观点来思考，以别人的观点来看事情。

汤姆5岁了，可是还有尿床的坏习惯，而家里人都没办法对付他。

他一般跟他的祖母同睡。每天早上，他的祖母醒来，就会摸摸床单，然后告诉他昨晚他干的好事。而他无论如何也不承认，有时还会说那是祖母干的。

责问他，打他，一再地说他母亲不要他尿床，这一切都无法使床铺保持干爽。因此，他的父母就一直在为怎样才能使汤姆停止尿床而发愁。

后来父母明白了首先要知道汤姆想要的是什么。

第一，他想跟爸爸一样穿着睡衣，而不要像祖母一样穿着睡袍。祖母受够了夜间的骚扰，因此，如果他不尿床，很乐意为他买一件睡衣。

第二，他想要有一张自己的床。

母亲带他到百货公司，对店员小姐眨眨眼。

店员小姐使用能使孩子觉得自己重要的语气问，能拿些什么东西给他看看呢。

汤姆站在那儿，说他要为自己买一张床。

当店员小姐把一张他母亲希望他买的床给他看了之后，她对店员小姐眨眨眼，于是汤姆就在她们的劝说下，买下了它。

床在第二天被送来了。那天晚上父亲回到家时，汤姆就跑到门口叫他父亲到楼上来，看看他为自己买的床。

汤姆遵守了他的诺言，再也没有尿湿这张床，因为事关他的自尊心。这是他的床，他自己买回来的。而他现在穿着睡衣，像个小大人，他希望自己的举动像个大人，他办到了。

对别人的言行不以为然，实际上也是缺乏主见的表现。独到的见解不是抛弃别人的观点，而是在了解别人的观点中发现新的东西。

02
知道对方需要什么

对别人不感兴趣的人，生活中遭遇的困难最大，对别人造成的损害也最大。所有人类的失败，都在这些人身上发生。

——卡耐基《人性的弱点》

亨利每年夏天都到缅因州钓鱼。他个人非常喜欢用草莓和乳脂作饵料，但他奇怪地发现，鱼儿比较喜欢小虫。因此，每次去钓鱼，他不想自己所要的，想的是鱼儿所要的。亨利的钓钩上不装草莓和乳脂，他在鱼儿面前垂下一只小虫或蚱蜢。

我们在人际交往中，也应该有这样的常识，李罗·乔治就从中得到了不少启发。常常有人问他，当所有那些战时的领导人物，比如威尔森、欧兰多、克里门索，被踢开和遗忘时，他为何仍然能掌握大权。他回答说，如果他的出人头地有任何理由，可能是因为他早已知道：要钓上鱼，饵必须适合鱼。

为什么要谈论他人所要的呢？这是孩子气的荒谬想法。当然，你感兴趣的是你所要的，你永远对自己所要的感兴趣，但别人并不对你所要的感兴趣。

埃里克这个曾一贫如洗的小孩，开始工作的时候每小时的工资是2分钱，后来却有能力向慈善机构捐赠36500万美元。他很早就学到，能影响别人的唯一方法，是按对方所要的来做。他只上过四年学，但是他学到了如何对待别人。

比如说，他的嫂嫂，为她那两个小孩担忧得生起病来。

她的两个孩子就读于耶鲁大学，为自己的事，忙得没空写信回家，一点也不理会他们母亲写的焦急信件。

于是埃里克提议打赌100美元，他不必要求回信，就可以获得回信。有人跟他打赌，他便写了一封闲聊的信给他的侄儿，信后附带地说，他随信各送给他们5美元。

但是，他并没有把钱附在信内。

而回信终于来了，因为他们没有得到所期望的5美元。

当你知道了一个人需要什么，你就牵住了他的鼻子。

不假思索地打断对方的话题，不仅会引起对方的反感，而且还会失去得到真诚情谊的机会。多听别人的意见，就会了解他的需求。

罗得岛州瓦魏克市的麦克·威德是壳牌石油公司的一名地区推销员。麦克希望成为他所属区域里业绩第一的地区推销员，但是有一处加油站却使他的努力受到影响。这处加油站的经理是一位老人，而这里的卫生状况实在让人难以接受。麦克想尽办法仍不能使这名老人保持这处加油站的清洁，因此汽油销售量大为降低。

不论麦克怎样请求改进加油站的清洁，这位老人就是不理会。经过多次劝导和诚恳地谈话都没有效果之后，麦克决定邀请这位经理去看看他地区内最新的一处壳牌加油站。

这位老经理对新加油站的设施印象深刻。后来，当麦克再一次去看他的时候，他的加油站已经焕然一新，十分干净，因此销售量逐渐增加，从而使麦克实现了成为区域内业绩第一的目标。他过去的谈话和讨论都没有收到效果，但是他引起了那位经理内心迫切渴望的需要，以及邀请那位经理去参观了现代加油站之后，他达到了他的目的。而这一切，使得老经理和麦克都得到了好处。

有些人却始终不明白这个道理。一位著名鼻喉科专家开了一家诊所，他在检查病人的扁桃腺之前，就问患者从事哪一行。专家对病人的扁桃腺大小不感兴趣，他感兴趣的是病人钱包的大小。他主要关心的，并非他该如何治疗，而是他能从病人那里得到多少钱。结果他什么也不能得到。病人常常会因此走出他的诊所，并蔑视他没有人格。

我们迫切渴望别人能了解自己的观点，于是在交往中疯狂地表现，并占据了许多时间。别人的观点无法表达，对你的表现就会开始厌烦。因此，我们要知道他人需要什么，要学会对他人的观点感兴趣。

03
对他人感兴趣

> 不自私而愿意帮助别人的人，自己也会有很大的收获。一个能从别人的观点来看事情，能了解别人心灵活动的人，永远不必为自己的前途担心。
>
> ——卡耐基《人性的弱点》

著名的古罗马诗人贺拉斯说："要想让别人对我们感兴趣，我们就必须先对别人感兴趣。"每个人都希望受到别人的关注和重视，都希望别人对自己感兴趣。如果我们表现出对他人感兴趣，那么我们就会被他人喜欢，受到他人的关注。对他人感兴趣，就要对他人说的话、做的事、他人的喜好等一切都感兴趣，真诚地关注他，尊重他，将他放在重要的位置，让他觉得自己受到重视。

对他人感兴趣，其实就是一种态度，一种积极友好的态度，一种正确的人际交往的态度。事实上，这也是一种交往的技巧，一种获得良好的人际关系的感情投资。这个技巧无论在何时何地，无论是任何人都可以使用，并且很容易做到，它虽然简单却非常有效。

有一次，著名杂志主编柯里尔到纽约大学给学生讲授短篇小说的写作理论。在课堂上，他说，每天他都要看许多篇风格各异的稿件，但每篇稿件只要看上几段，就可以知道文章的作者是否喜欢读者，如果作者不喜欢读者，那么读者也一定不会喜欢他的文章。在讲授快要结束的时候，他语重心长地总结道："虽然我说的这些不是小说的创作理论，但如果你想成为一名成功的小说家，你就必须喜欢读者，对读者感兴趣。"

其实这个道理在人际交往中也同样适用。

态度是相互的，你对别人感兴趣、重视别人，别人也会对你感兴趣，关注你，重视你。这不仅是人际交往的法则，也是获得成功的捷径。

詹姆斯·亚当森是纽约超级座椅公司的董事长，当他得知著名的乔治·伊斯曼为了纪念母亲，要建造伊斯曼音乐学校和尔伯恩剧院时，他很想得到这两座建筑物座椅的订单。然而，伊斯曼只答应和他会晤五分钟。

"我从未见过这样漂亮的办公室。如果我有一间这样的办公室，我也一定会埋头工作的。"亚当森是这样开始谈话的。他又用手摸摸一块镶板，说道："这不是英国橡木吗？条纹跟意大利的稍有不同。"

"是的，"伊斯曼回答，"这是一位对木材特别有研究的朋友替我选的。"

接着，伊斯曼就带他参观整个办公室，兴致勃勃地介绍那些比例、色彩和手艺。

一小时过去了，两小时过去了，他们愉快的谈话还在继续。最后，亚当森终于从伊斯曼那里得到了满足。这是自然的，因为亚当森给了伊斯曼满足。

几乎所有成功者，所有人际关系的高手，都是因为他们先对他人感兴趣、喜欢别人，才最终获得了别人的支持和帮助。

伊利亚是哈佛大学最成功的校长之一，他很有亲和力，广受师生们的支持和爱戴。有一次，一名贫困生到校长室去领取学校的救助贷款，伊利亚亲自将装有100美元的信封交给他。"听说你在寝室里自己做饭，"那名学生正要出门的时候，伊利亚叫住了他，"如果你觉得自己做饭还不错的话，就继续坚持吧。我觉得这样很好，既经济又实惠，吃起来还很美味，我在大学的时候也自己做饭吃……你做过土豆炖牛肉吗？如果炖得很熟很烂的话非常好吃，还很有营养，我过去经常做。"

从不对别人感兴趣的人，其生活必然面临重大困难，同时他的态度会严重地伤害别人，他无法与任何人建立良好的关系。正是这种人，让人们之间的关系不和谐，让人们有了许多失败的经历。

对他人感兴趣，可以拉近你们之间的距离，建立良好的人际关系，是获得好人缘的有效办法。

04
多考虑别人的感受

如果成功有任何秘诀的话，就是了解对方的观点，并且从他的角度和你的角度来看事情的那种才能。

——卡耐基《人性的弱点》

称量别人，先揣度自己，将他人放在第一位，而将自己放在第二位。也就是说，无论做什么事情，都要先考虑到别人的感受。

在一次电视台的综艺节目中，主持人向嘉宾提出了这样一个问题："电梯里常常会有一面大镜子，你们认为这镜子是干什么用的呢？"

有的嘉宾回答："用来检查一下自己的着装仪表。"

还有的说："用来扩大视觉空间，增加透气感。"

也有的回答："用来看看后面有没有跟进了不怀好意的人。"

在一再启发而仍不能说出正确答案时，主持人终于说出了非常简单的道理："电梯里的空间有限，肢残人进入电梯后往往为了看清楼层显示灯而不得不艰难转身。正是为了解决这一问题，才会在里面安装一面大镜子。"

嘉宾们都显得很尴尬，其中有一位就抱怨说："我们怎能想到这一点呢？"

是呀，我们考虑问题时常会海阔天空，但不幸的是，无论思路如何开阔，我们往往还是从自己出发的。

处处考虑别人的感受，处处替别人着想，是一种高尚的品格。谁能有这样的品格，谁就会赢得别人的尊敬，赢得更多的机会。

人称"经营之神"的日本著名企业家松下幸之助有一次在一家餐厅招待客人，一行六个人都点了牛排。等六个人都吃完主餐，松下让助理去请烹调牛排的主厨过来，他还特别强调："不要找经理，就找主厨。"

助理注意到，松下只吃了一半的牛排，心想一会儿的场面可能会很尴尬。

主厨来时很紧张，因为他知道找自己的客人来头很大。

"先生，您好！我是这家餐厅的主厨，您找我是不是牛排有什么问题？"主厨紧张地问。

"不，牛排真的很好吃，你烹调牛排的技术很娴熟，"松下说，"但是我只能吃一半。原因不在于厨艺，因为我已80岁了，胃口大不如前。"

主厨与其他的五位用餐者困惑得面面相觑。

松下接着说："我想当面和你谈，是因为我担心，当你看到只吃了一半的牛排被送回厨房时，心里会难过。"

大家终于明白了怎么一回事。

客人在旁边听见松下如此说，更佩服松下的品格，并更喜欢与他做生意了。

做事多想想别人，也许在无意中就会有一种美丽的收获。就像我们坐火车去某一个地方，如果只想着目的地，而对沿路的风景不屑一顾，那么这趟旅行便少了很多乐趣。而我们的人生就像是一趟旅行，旅行中我们会遇到很多人，多为别人想想，那么一路上我们就会多一段美丽的友情。

曾经有一座高山上住着一位高僧，每天这个高僧都要挑着两只桶到山下打水，以浇山上的菜园。时日久了，有一只桶便破了，开裂了一道缝，直到桶的腰际。从山上到山下的路崎岖不平，每次在山下小溪边灌满桶，但是到山上就只剩下半桶了。有的路人看到了觉得很疑惑，就问那位高僧为何不把桶修一下再挑水呢？高僧笑了笑，指着山路一边的许多不知名的野花说："如果不是这样，路边怎么会有这么多赏心悦目的花呢？我挑水浇的是菜园，也是这路边的美丽啊！"路人听了，看看山路上，开着花的那边真是那只漏桶的那边。

05
正视不公平

多年前我就已经明白，我不能够阻止别人对我的批评或非议，但有一件事情却是我能做的，而且更为重要：我可以决定自己是否受到这些不公正批评的影响。当然，我并不是建议你对任何批评都不理不睬，而是说不要理会那些有失公允的批评。

——卡耐基《人性的优点》

天天听到这样的抱怨：这太不公平了！可惜的是我们每一个人都不能成为生活的法官。在现实生活中过多地沉醉于那些公平的思考已经使我们中的好多人背上了沉重的"渴望平等"的包袱，从而完全演变成一种对生活和自己的苛刻。

有的人总是抱怨自己与别人干的工作一样多，但工资奖金却比别人拿的少。有的人总是认为那些明星的收入太高，时时抱怨生活的不公平，并由此对这个社会失去了希望。他们想在生活的每一个角落寻求公平的落脚点，并总是把自己放在一个刚正不阿的法官的地位上裁断这世间各种不公平的事情，并痛心疾首地大声呼唤着"公平！公平！"

强求公正是一种自寻烦恼、过于注重外部环境的表现，也是一种逃避现实责任的好借口。在寻求公平的人的眼中，好像一个真正有意义的人生就是这么永远保持对公平的执着和追求。可是不公道的现象总是存在的，我们不能因为没有绝对公平的起跑线、绝对公平的竞争机会，就宣布退出人生的角逐和比赛。我们可以抗议，可以去争取，但更要在逆境中保持良好的心态，在生存中不断提高自身的实力，在精神上不为这种现象所压垮，然后努力使这个世界看起来公平一点。

在这个世界上，绝对的公平是不存在的，但得失恩怨之间其实是有一种规律、法则在其中运行的。天行有常，从一个较长的时间系统里去看，公平是存在的，就如同马克思对价值规律的表述一样：价格是价值的表现形式，价格围绕价值上下波动；从长期来看，价格与价值肯定是一致的。

这段话同样适用于社会公平原理，从长期来看，社会肯定是公平的，但我们不可能任何时候、任何地点、任何事情都强求绝对公平，就如同你不能要求价格每时每刻都与价值相等同一样。

爱默生说："一味愚蠢地强求始终公平，是心胸狭窄者的弊病之一。"因为我们不可能对人生投"弃权"票，所以就必须在努力争取的同时，学会宽容，才能正视不公平的现象。

当然，真正遭遇到不公平时我们仍然会心存不快，这时唱主角的就应是属于你的一份轻松平和的心态，它是化解种种不快的至尊法宝。

熟悉这首歌吗？"放轻松，放轻松，其实每个人都会心痛……洒脱不会永远出现在你的天空……"

这是一首一学就会的旋律轻松的歌曲，但若问"放轻松的意义何在"和"怎样放轻松"时，你是否能够轻轻松松地说明白其中的道理？在生活节奏日趋加快的今天，倍感压力的现代人多渴望自己能够在紧张忙碌的学习、工作中松弛身心，减轻压力！而事实上却没有多少人能够如愿以偿。大多数人依然为生活所累，终日劳心费力、疲惫不堪。人们想松弛身心而做不到，因为他们没有深入思考应该怎样放松自己。

如果问及同事或朋友对"松弛身心"的含义的理解时，你得到的答案多半会同你的不谋而合，他们会下类似的定义："松弛身心是人们想象中将来某一天（开始）要做的事情，比如你可以在假期里满足你的愿望，到时候你可以看到海边的落日余晖，躺在吊床上看书，蓝蓝的天、暖暖的风；当你有钱后，你就可以放弃所有的工作，那时可选择的余地就更大了，住别墅、开车逛街或外出旅游……"可见，人们对如何松弛身心的看法都非常实际，遗憾的是有些片面。想想看，在繁忙的工作生活中，你能有几天假期把自己挂在吊床上吹风，尽情地放松自己？而等到有钱时，你有钱的标准是什么？人贪婪的本性也许会让你等到精力不允许你去补偿自己年富力强时放弃的缤纷色彩。也就是说，等到假期或是有钱后才想到该放松放松自己，意味着人们在其生活中的大部分时间里，心甘情愿地承受着匆忙紧张和焦躁不安的压力。而十分令人痛心的是，这大部分的时间又正是每一个人生命中最有价值的部分！生活不是紧急事件，我们每一天都应该调整好自我状态，在学习、工作之余努力放松自己，在点滴生活中发现美的闪光点，不可以让疲惫、无聊、等待的感觉浪费生命。

能否做到从每天紧张繁忙的学习、工作中挤时间给自己一点放松的闲暇，不但要看一个人的心理素质如何，更要找到一种事半功倍的方法。因此不管时间有多紧迫、任务有多重，只要感觉到工作效率开始下降、精力不再集中时，就要及时抽出时间调整，暂停工作并能及时转入放松状态。事实上，许多人在考试临近时是绝不肯每天分出一小时的时间来读散文、逛街或看电视的，他们总认为："现在一刻也不能放松！等熬过了这一阵子，再去睡个一天一夜！"其实，每天有规律地做到张弛有度，我们不仅浪费不了时间，而且还可以节约时间。最好不要忘记，那种期待到了将来的某一时刻才开始放松自己的计划是不可取的！如果你现在需要放松，你就现在开始放松自己。平和轻松的心态有助于激发潜能，最大可能地提高你的工作效率。只要时常保持一种平和轻松的心理，你就能在不知不觉中走向成功。要知道，创造力源于轻松和谐的思维；紧张忙乱的情绪只能给我们的事情添乱。有位成功作家向别人介绍经验时说："当我感到紧张、压力大的时候，我就不会浪费时间试图写哪怕一个字；但等我恢复了轻松平和的状态后，我笔下的文章就源源不断地产生了。"我们不妨向他学习。

要使生活真的做到"放轻松"，你就必须训练自己自如应对生活琐事的能力。生活由一出出戏剧组成，喜剧、悲剧、闹剧等不可避免地轮流上演，你必须具备化悲为喜的能力、严防乐极生悲的意识，才能随时保持一份轻松平和的心态，凭着这份稳健的自信去闯荡人生旅途的风浪。

处变不惊的人格魅力来自于积极的自我暗示——一种对生活充满了宽容、仁爱的心态。它始终使你能够正确选择对待生活的态度。有了这种积极的自我意识，你就可以学会如何去正确思考人生，就可以在不公平的社会里保持一颗轻松平和的心，并能够结合实际环境创造出新的生活方式。实践中，你自主的选择必将赋予你一个更加轻松愉悦的自我。

06
自尊并尊重他人

一些微不足道的屈辱或虚荣心无法得到满足，结果造成世界上半数的伤心事。

——卡耐基《人性的优点》

不向任何人卑躬屈膝，不容许别人歧视、侮辱是"尊严"不变的内涵。只有自尊，才能受到别人的尊重。自尊心在平时需要培养，在特殊的情况下则需要捍卫。

霍克住在贫民区里，他的家庭状况也就可想而知了，为了省下家里取暖的钱给自己交学费，他必须到附近的铁路去拾煤渣。霍克的行为受到了贫民区里其他孩子家长的称赞，那些家长也拿他为榜样教育自己的孩子要向他学习，自食其力。但霍克却因此遭到那些孩子的嫉恨。

有一伙孩子常埋伏在霍克从铁路回家的路上，袭击他，以此报复。他们常把他的煤渣撒遍街上，使他回家时受到责备，他只能默默地流泪。这样，霍克总是或多或少地生活在恐惧和自卑的状态中。

终于有一天，老师看到霍克脸上的伤，问起原因，霍克哭着说了经过。老师问道："你觉得自己错了吗？"霍克马上坚定地回答："不，我没有错。"老师又说："那么，这种事情必须结束。霍克，你有力气拾煤渣就应该有力气反击他们，记住：要为你坚持的东西而勇敢。"

第二天，在霍克拾完煤渣往回走的路上，看见三个人影在一个房子的后面飞奔。他最初的想法是转身跑开，但很快他记起了老师的话，于是他把煤桶握得更紧，一直大步向前走去，犹如他是一个凯旋的英雄。

接下来便是一场恶战，三个男孩一起冲向霍克。霍克丢开铁桶，勇敢地迎上去，拼尽全力挥动双拳进行抵抗，使得这三个恃强凌弱的孩子大吃一惊。霍克用右拳猛击到一个孩子的鼻子上，左拳又猛击他的腹部，这个孩子便转身溜走了。这使得霍克精神一振，更加奋勇地反抗另外两个孩子对他进行的拳打脚踢。他用腿绊倒了一个孩子，再冲上去用膝部猛击他，而且发疯似的连击他的腹部和下颚。现在只剩下一个孩子了，他是领袖，他突然袭击霍克的头部。霍克站稳脚跟，把他拖到一边，毫不畏惧地对他怒目而视，在霍克的目光下，那个孩子一点一点地向后退，然后飞快地溜跑了。霍克从煤桶里抓起一块煤投向那个退却者，这也许是在表示他正义的愤慨。

直到这时，霍克才知道他这一次的流血和伤痛是最值得的，因为他克服了恐惧。他知道帮他赢得胜利的不是他的拳头，而是他渴望捍卫自尊的心。从那一刻起，他坚定他要"为坚持的东西而勇敢"，他要改变他的世界。

自尊就是个人的尊严，是每个人都应该具有的。但并不是每个人都要像霍克那样用拳头和石头来捍卫它。真正懂得维护自尊的人也能给别人应有的尊重，从而赢得更多人的尊重，甚至可能改变一个人的整个生活。

有这样一个关于尊严的真实故事：某日富商闲来无事，就到大街上散步，刚走出不远，他看到前面有一个衣衫褴褛的铅笔推销员正满脸堆笑地向他走来，眼神里充满了渴望。富商见此，怜悯之情油然而生，毫不犹豫地将一元钱丢进推销员的怀中，就缓步走开了。他以为他这样做能听到一句感谢的话，回头看时正遇上推销员那毫不领情的眼神，他才忽然觉得这样做不妥，就连忙返回，很抱歉地对推销员解释说："对不起，我刚才忘了拿笔，希望你不要介意。"说着便从笔筒里取出几支铅笔，最后又说："我们都是商人，都不能做赔钱的买卖。你有东西要卖，而且上面有标价，我照价付给了你钱，我也要拿走我买的东西。"

这件事富商并没有放在心上，他只是觉得对任何人都应该尊重，不管他自己是否需要。

几个月过后，富商出席一个商业活动，作为公众人物，许多人都与他寒暄。快到中午用餐时，他身边的人不那么多了，这时一位穿着整齐的年轻人迎上前来，用充满感激的目光注视着他。富商感到很纳闷，但一时也想不起来这人是谁，此时年轻人说话了："您早就不记得我了吧？我也是才知道您的名字，但不管您是一个名人还是一个普通人，我永远忘不了您。我是数月前那个铅笔推销员，当时您的举动给了我足够的尊严。在此之前，我一直觉得自己像个乞丐，一个推销铅笔的乞丐，不配得到任何人的尊重。因为很多的人都只给我钱，并没有拿走一件商品，他们都认为我是一个乞讨者，直到您走过来并告诉我，说我是一个商人为止。您虽然拿走了一元钱的商品，却为我重新找到了尊严。您的话使我重新树立了自信，我立志要成为一个真正的商人，今天我做到了。谢谢您！"

没想到简简单单的一句话，竟使得一个处境窘迫的人重新树立了自信心，并且通过自己的努力终于取得了可喜的成绩。

一个人应该拥有自尊，但他更应该给别人以同自己一样的尊敬之情。只要一个人的内心是和善的，心灵是美好的，他一定是一个懂得自尊并尊重他人的人。

第四章

让他觉得想法是自己的

提出建议，然后让他自己去想出结论，他会获得自尊心的满足。因为没有人喜欢被强迫遵照命令行事，人们宁愿觉得想法是自己的，一切出于自愿。

01
让他说出你的观点

在天才的每一项创作和发明之中，我们都看到了我们过去放弃的想法；这些想法再呈现在我们面前的时候，就显得相当的伟大。

——卡耐基《人性的弱点》

德华·豪斯上校，在威尔逊总统执政期间，在国内及国际事务上有极大的影响力。威尔逊对豪斯上校的秘密咨询及意见的依赖程度，远超过对自己内阁的依赖。

豪斯上校利用什么方法来影响总统的呢？

豪斯说，认识总统之后他发现，要改变总统看法的最佳办法，就是把这种新观念很自然地建立在他的脑海中，使他发生兴趣——使他自己经常想到它。第一次这种方法奏效，纯粹是一个意外。有一次豪斯到白宫拜访总统，催促他执行一项政策，而他显然对这项政策不表赞成。但几天以后，在餐桌上，豪斯惊讶地听见总统把他的建议当作他自己的建议说出来。豪斯没有打断他说这不是你的主意，而是我的。他不愿追求荣誉，他只要成果，所以他让威尔逊继续认为那是他自己的想法。豪斯甚至更进一步，他使威尔逊获得这些建议的公开荣誉。

我们每天所要接触的人，就像威尔逊一样，都具有人性的弱点。因此，让我们学会使用豪斯的技巧吧。

几年以前，一个在新布仑兹维克的人，在一位名叫格尔的顾客身上应用了这项技巧，从而使格尔照顾了他的生意。那时，格尔计划到新布仑兹维克去钓鱼及划独木舟，于是写信给观光局，向他们索取资料。格尔立刻就收到了各个露营区及乡道所寄来的无数信件、小册子以及宣传单，被弄得头昏脑涨无所适从，不知道选哪一个好。有家营区的主人做了一件很聪明的事，把他曾经服务过的几个纽约人的姓名和电话号码寄给格尔，并请他打电话给他们，让格尔自己去发现他究竟有什么好条件。

格尔很惊讶地发现，名单上竟有他所认识的一个人。于是打电话给他，询问他的看法，然后格尔立刻打电话把抵达的日期通知了那家营区。

其他人想向格尔强迫推销，但另外一个人却让格尔把自己推销出去，自然就获得了成功。

谁都希望改变别人的思想，而同时又希望不被他人的观点左右，于是我们在矛盾中与人谨慎地接触。其实，影响他人最好的办法就是让他说出你的观点。

02

让他觉得想法是自己的

如果你想影响他人，让他人接受你的思想方式，最好的办法就是让他人觉得这个想法是他自己的。

——卡耐基《人性的弱点》

一位X光机器制造商，把他的设备卖给了布鲁克林一家最大的医院。那家医院正在扩建，准备成立全美国最好的X光科。怀特负责X光科，整天受到推销员的包围。他们一味地歌颂、赞美他们自己的机器设备。

然而，有一位名叫希尔的制造商，他却更具技巧，他比其他人更懂得对付人性的弱点。

希尔写信告诉怀特医生，说自己所在的工厂最近完成了一套新型的X光设备的生产任务。这套设备的第一部分刚刚运到办公室来，它并非十全十美，所以需要改进。

因此，他邀请怀特能抽空来看看它，并提出自己的宝贵意见，使它能改进得对这一行业有更多的帮助。并说他可以在指定的任何时候，派车子接送。

怀特收到那封信感觉很惊讶，又觉得受到很大的恭维。以前从没有任何一位X光制造商向他请教，这使他觉得自己很重要。那个星期，他每天晚上都很忙，他还是推掉了一个晚餐约会，以便去看看那套设备。结果，他看得越仔细，越发觉自己十分喜欢它。

没有人试图把它推销给怀特，但怀特觉得，为医院买下那套设备，完全是自己的主意，因为其优越的品质，于是就把它订购下来。希尔获得了成功。

让别人觉得办法或想法是他（她）想出来的，不只可以运用于商场和政坛上，也同样可以运用于家庭生活之中。俄克拉荷马州吐萨市的保罗·戴维斯的家庭就是这样。

他们准备享受一次最有意思的观光旅行。保罗以前早就梦想着要去看看诸如盖蒂斯堡的内战战场、费城的独立厅等历史古迹，以及美国的首都，法吉谷、詹姆斯台以及威廉士堡保留下来的殖民时代的村庄，也列在他想造访的名单上。

在三月里，他的夫人南茜提到她有一个夏天度假计划，包括游览西部各州，以及看看新墨西哥、亚利桑那州、加州以及内华达州的观光胜地。她想去这些地方游玩已经有好几年了。但是很明显，大家不能既照保罗的想法又照南茜的计划去旅行。

而他们的女儿安妮刚刚在初中读完了美国历史，对于在美国发生的各种事件都极感兴趣。父亲便问她是否愿意在度假的时候，去看看她在课本上读到的那些地方，她说她非常喜欢。

两天以后，他们一家人围坐在餐桌旁。南茜宣布说，如果大家都同意，在夏天度假的时候将去东部各州。她还说这趟旅行不但对安妮很有意义，对大家来说，也是一件令人兴奋的事。

当我们有了一个巧妙的主意时，为何不让对方自己说出来，而不使对方认为是我们想到的？如此，他就会认为是他自己的主意，他会很喜欢。

达曼是位电话技师，他无法使他3岁的女儿吃早餐。平常那套责骂、请求、诱哄的方式都没有用，因此他和妻子就反问自己其中的原因，并想办法让她吃早餐。

这个小女孩喜欢模仿她母亲，喜欢感到自己已经长大成人。因此，有一天早晨，他们把她放在一张椅子上，让她做早餐。正在这紧要的一刻，做父亲的走进厨房，而她正在搅动早餐食物，她兴奋地告诉她爸爸说自己做了早餐。

这天早上，她在没有任何诱哄之下，吃了两碗麦片，因为她对麦片产生兴趣了。她得到了一种重要人物的感觉，她发现做早餐是一种自我表现的方法。

这正如威廉·温特尔所说：自我表现是人类天性中最主要的因素。

我们应当时刻关心他人，尤其是当人遇到挫折的时候。只有这样，你才可以得到别人的尊敬，成为他们真正的朋友。

每个人对于自己脑海中的想法，比别人提出的更有信心。提出建议，然后让他自己去想出结论，才是更明智的做法！

费城的亚夫·塞咨先生，突然发现他必须对一群沮丧、散漫的汽车推销员灌输热忱。他召开了一次销售会议，鼓励他们，并希望他们对他提出各种要求。他会在员工们说话的同时，把他们的想法写在黑板上。然后，他说，他会把大家要求的这些，全部给大家。现在他要大家告诉他，他有权利得到的东西，这就是：忠厚、诚实、进取、团结，每天热诚地工作八小时。会议在新的气氛、新的启示中结束。自此以后，销售量上升得十分可观。

塞咨先生说，这等于做了一次道义上的交易。只要每个人各自遵守条约，向他们探询他们的希望和愿望，就等于在他们手臂上打了他们最需要的一针。

快乐与人分享，就会多一份快乐；痛苦与人分担，就会少一份痛苦。我们需要与人沟通。

03
巧妙地改变别人的想法

当我们有一个很好的想法时，也不要急于去证明它的正确性。如果可以低调地将它融入别人的观点中并提出来，收到的效果要好于急切的争论。

——卡耐基《人性的弱点》

改变别人的想法最大的一个障碍就是攻克对方的心理防线，消除对方由于对你的诚意表示怀疑而产生的戒备。否则，这道防线将像一堵墙，使你说的话说不到他的心里去，甚至使他产生反感。

北卡罗来纳州王山市的凯塞琳·亚尔佛德是一家纺纱工厂的工业工程督导，她很会处理一些敏感的问题。

她的一部分职责是设计及保持各种激励员工的办法和标准，以使作业员能够生产出更多的纱线，从而使他们能赚到更多的钱。在只生产两三种不同纱线的时候，所用的办法还很不错，但是最近公司扩大产品项目和生产量，以便生产12种以上不同种类的纱线，原来的办法便不能以作业员的工作量而给了他们合理的报酬，因此也就不能激励他们增加生产量。凯塞琳已经设计出一个新的办法，能够根据每一个作业员在任何一段时间里所生产出来纱线的等级，给予他适当的报酬。设计出这套新办法之后，她参加了一个会议，决心要向厂里的高级职员证明这个办法是正确的。凯塞琳说他们过去用的办法是错误的，并指出他们不能给予作业员公平待遇的地方，以及她为他们所准备的解决办法。但是，这却导致了严重的失败。她只是忙于为新办法辩护，而没有留下余地，让他们能够不失面子地承认老办法上的错误，于是这个建议也就胎死腹中了。

后来，凯塞琳认真思考了其中的原因，并请求再次召开一次会议。而在这一次会议之中，她请其他人说出问题到底出在什么地方。然后讨论每一要点，并请他们说出最好的解决办法。在适当的时候，她以低调的建议引导他们按照自己的意思把办法提出来。等到会议结束的时候，实际上也就等于是自己的办法提出来了，而他们也热烈地接受这个办法。

凯塞琳成功地提出了她的建议。这成功并不是来自于她急切的争辩，而是在于她将这些想法巧妙地变成了别人的想法。

原一平有这样一位客户，不管怎么说，他就是只愿意投保一份小额的保险，而不愿意投保一份大额保险。于是原一平就给他讲了这样一个故事：

在很久很久以前，有三个旅行者在沙漠之中行走，忽然之间，从上空传来了这样的声音："停下来吧，走下你们的骆驼，在地上拾起一些石块，然后继续走你们的旅程。"

三个人虽然很疑惑，但仍照着指示去做，那声音继续说："在天亮的时候，你们三个人，既会高兴，又会后悔。"在天亮时，他们把手伸进口袋取出石块，发现那些石块已经变成钻石了，他们真是又高兴又后悔，高兴的是石头变成钻石，后悔的是没有多拿一点。

人寿保险就是这样，当您和您的家人在需要它的时候，您家人会既高兴义后悔，高兴的是买了保险，后悔的是没有多买一点保险。

最后问："先生，您要选择做哪一种人呢？"

客户当然选择买更大额的保险了。

在与人的交流中，如果你能洞悉他的内心，巧妙地刺激对方的隐衷，使他内心的想法完全暴露出来，那么你就能采取巧妙的方法来让他自己改变其想法。

社会是一个共同体，在这个共同体中，每一个人都不可能孤立。作为生活在社会中的人，应当时刻对自己周围的人们表现出的热情。

第五章

巧妙地表达自己的观点

如果你认为有些人的话不对——不错，就算你确定他说错了——你最好还是这样讲："啊，是这样的，我有另外一个想法，但也许不对。假如我错了的话，希望你们帮我纠正。让我们共同来讨论一下这件事。"这样，你就能赢得别人的谅解。

01
间接地传达自己的观点

对那些对直接的批评会非常愤怒的人，间接地让他们去面对自己的错误，会有非常神奇的效果。

——卡耐基《人性的弱点》

罗得岛温沙克的玛姬·杰各太太使一群懒惰的建筑工人，在帮她加盖房子之后把周围清理得非常干净。

最初几天，杰各太太下班回家之后，发现满院子都是锯木屑子。她没有去跟工人们抗议，因为他们的工程做得很好。等工人走了之后，她和孩子们把这些碎木块捡起来，并整整齐齐地堆放在屋角。次日早晨，她把领班叫到旁边告诉他，她很高兴昨天晚上草地上这么干净，又没有冒犯到邻居。从那天起，工人每天都把木屑捡起来并堆好放在一边，领班也每天都来看看草地的状况。

在后备军人和正规军训练人员之间，最大的不同就是理发。后备军人认为他们是老百姓，因此非常痛恨把他们的头发剪短。

美国陆军第五百四十二分校的士官长哈雷·凯塞，当他带了一群后备军官时，他要求自己解决这个问题。跟以前正规军的士官长一样，他可以向他的部队吼几声或威胁他们，但他不想直接说他要说的话。

他对他们讲，作为领导者，必须为追随你的人做榜样。应该了解军队对理发的规定，还说他自己今天也要去理发，虽然他的头发比某些人的头发要短得多了。他让大家对着镜子看看，如果要做个榜样，是不是需要理发了，他会为大家安排时间到营区理发部理发。

结果是可以预料的，有几个人自愿到镜子前看了看，然后下午就开始按规定理发。次晨，凯塞士官长讲评时说，他已经可以看到，在队伍中有些人已具备了领导者的气质。

正如我们所了解的，坚持己见，虽然能让你觉得自己的立场很坚定，但唯独得不到别人的认可。间接地让人接受我们的观点，往往好过对别人不同观点的直接批评。

02
多用建议少用命令

用请教或建议的方法让别人完成一件事，会比用命令收到的效果
更好。

——卡耐基《人性的弱点》

许多人都希望别人能接受自己的提议，按照自己所希望的方式去
做出某些行为。但是，他们却忘了，他人也有自己的想法，也想按照自
己的主观意愿去做事，而不是盲目地接受别人的指令和命令。很多时
候，即使自己做错了，人们也不希望别人直接批评自己，或说三道四。

把自己的想法转换成一个问题，请别人来回答，让自己想说的话
从对方的嘴里说出来，既能达到自己的目的，又能让对方觉得自己受
到重视，从而更加认可和支持你。

在南非的约翰内斯堡有一家小工厂，有一次，经理迈克收到了一
张非常大的订单。虽然他觉得按照往常的生产能力，不可能在规定日
期内完成这个订单，但他还是接受了。

他并没有催工人们为了这张订单赶紧干活，只是把大家叫到一
起，开了一个小会。他告诉他们实际情况，并说明了完成这个订单对
工厂和工人们的意义。然后，提出了这样一些问题：

我们需要用什么样的办法来完成这张订单？

有谁可以提出其他的办法？

我们的工作时间和工作程序怎样分配才能更趋于合理？

......

工人们都觉得这是自己的事情，对接受这个订单予以肯定，还提出了许多建议。最终，他们如期完成了订单。

迈克正是巧妙地利用了工人们的心理，每个人都愿意做自己的事情，迈克"请教"工人们他们"自己的事情"应该怎样做。实际上，这样做便不露痕迹地下达了命令。

使用提建议的方式表达自己的想法，是一种柔和迂回的做法，更容易让别人接受。在人际交往中，这是一种非常有效的方法，不但能达到让别人接受你的想法的目的，还会增进你们之间的感情，使你们双方建立融洽的关系。

生活中有很多复杂的人，他们会做戏，能哭能笑，让你无法感受他的真情实感，于是我们开始了谨慎的交际。

03
委婉地表达自己的观点

> 用"建议",而不用下"命令",不但能维持对方的自尊,而且能使对方乐意改正错误,并与你合作。
>
> ——卡耐基《人性的弱点》

离杰克家不远的地方有一个森林公园,他经常到那去散步、骑马。他非常热爱大自然,喜欢这种野外的环境。

公园的一角立着一块公告牌,上面写着:凡引发火灾者将重罚或拘禁。目的是提醒人们注意防火。然而,由于这块公告牌的位置较为偏僻,到公园里玩耍的孩子们很少看到。他们经常到公园里野炊,但野炊后常常忘了将火种完全熄灭,因而经常引发局部火灾,造成很多灌木都被烧毁。负责公园安全巡逻的是一位骑士,但他不尽职责,导致火灾时有发生。于是杰克就当起了义务的巡逻员,一有空闲就到公园里去提醒人们注意防火。

有一次,他看见一群孩子又在一棵大树下野炊,就走过去对他们说自己是公园的巡逻员,警告他们不要在此野炊,否则引发火灾将会受到重罚甚至拘禁。他还吓唬孩子们,要将他们送到警察局接受处理。结果孩子们表面服从了,但当杰克离开后,他们又重新将火生起来,并且生得更大更旺,这样火灾还是不可避免地频繁发生。

后来,杰克参加了卡耐基先生的人际关系培训班。他终于认识到自己的这种做法是不科学的，不但不能解决问题，还会激化孩子们的反感情绪，于是他决定换一种方式去跟孩子们说。

当他再次遇到孩子们在公园里野炊的时候，他非常亲切地对他们说："小朋友，你们玩得很开心吧？准备做什么饭呀？当我还是一个孩子的时候也喜欢和其他小朋友一起出去野炊，这的确很有意思。但你们也知道，公园里树木很多，生火是很危险的。我知道你们是好孩子，不会引发火灾，但别的孩子就不同了，他们看见你们生火，他们也会这么做，但他们回家之前常常不把火扑灭，结果就会引发火灾，烧毁树木，这样公园以后就不好玩了。并且他们还可能受到警察的处罚，甚至被拘禁。因此你们生火一定要注意安全，尽量在空地上生，走的时候别忘记把火扑灭，用土盖住灰烬，这样就不会引起火灾，你们也能玩得更开心，是不是？"

他的这一番话让孩子们非常惊讶，原来的"凶叔叔"现在怎么变得这么亲切了？他们非常高兴，表示以后一定不会在树下生火了，并且走的时候一定会把火全部扑灭，甚至还邀请杰克与他们一起野炊。

美国最著名的传记作家伊达·塔贝尔小姐在为欧文·扬写传记的时候，访问了与扬先生在同一间办公室工作了三年的一个人。这人宣称，在那段时间内，他从未听见过欧文·扬向任何人下过一次直接的命令。他总是建议，而不是命令。例如，欧文·扬从来不说"做这个或做那个"，或是"不要做这个，不要做那个"。他总是说，"你可以考虑这个"，或"你认为，这样做可以吗？"他在口授一封信之后，经常说，"你认为这封信如何？"

在检查某位助手所写的信时，他总是建议"也许把这句话改成这样，会比较好一点"。他总是给人自己动手的机会，他从不告诉他的助手如何做事，他让他们自己去做，让他们从自己的错误中学习成功的经验。

这种方法，使人们易于改正他的错误，而且维护了人们的自尊，使他感到自己很重要，使他希望与你合作，而不反抗你。

无论在商业、工作、学习或是生活等各种场合，我们都应当宽宏大量，与人为善，设身处地地为他人着想，这样才能赢得别人的尊重。顾及他人的情绪，才能赢得更多的友谊。

04
换一种方式做事

> 如果一个人的心里对你已经满怀恶意和冲突，你搬出各家各派的
> 逻辑学，也没法使他信服。
>
> ——卡耐基《人性的弱点》

挑剔的父母、盛气凌人的上司和丈夫以及唠叨的太太们都要了解，人们不喜欢改变自己的看法，他们不可能被强迫或被威胁而同意你我的观点，但他们会愿意接受我们和蔼而友善的开导。批评所引起的愤恨，常常会降低员工、家人以及朋友的士气和情感，而所指责的状况仍然没有获得改善。

俄克拉荷马州恩尼德市的佳顿是一家工程公司的安全协调员。他的职责之一是监督在工地工作的员工戴上安全帽。

以前他一碰到没有戴安全帽的人，就官腔官调地告诉他们，必须遵守公司的规定。员工虽然接受了他的建议，却满肚子不高兴，常常在他离开以后，又把安全帽拿下来。

后来，他决定采取另一种方式。下一次他发现有人不戴安全帽的时候，他就问他们是不是安全帽戴起来不舒服，或者有什么不适合的地方。然后他用令人愉快的声调提醒他们，戴安全帽的目的是在保护他们不受到伤害，所以建议他们工作的时候一定要戴安全帽。结果是遵守规定戴安全帽的人越来越多，而且没有造成愤恨或

情绪上的不满。

你所拥有的财富是你付出的心血和艰辛的劳动换来的。同样，你所拥有的良好的人际关系也是你付出真诚与友善换来的。懂得珍惜财富，也应懂得珍惜情谊。

得克萨斯州一所职业中学的学生违章停车挡住了学校的校门，使其他车辆无法正常出入。一位教师跑进教室，态度凶悍地喊道："是谁将车停在了校门口堵塞交通？"一位学生站出来说是自己，那位老师又吼道："你马上把车挪走，否则我就派人将车拖走！"说完转身就走了。

这位老师的态度引起了全班同学的反感，甚至愤怒。从那天起，全班同学都对这位老师怀有怨言。在做一些事情的时候，总是带着反抗情绪，结果给这位老师的工作增添了不少麻烦。

其实，这是生活中一件很普通的事，这位老师完全可以换一种表达方式。他可以问大家："哪位同学把车停在学校门口了，麻烦移开一下，校门口来往的车辆比较多，这样很容易造成拥堵。以后尽量把车停在校园里，既安全，又避免了不必要的麻烦。"这样，同学们一定会非常乐意接受，而那位违章停车的同学甚至还会为自己的不当行为深感愧疚。

指正错误的方式有很多种，但温和的方式总比强硬的方式好。如果你想与别人建立良好的关系，想赢得别人的合作，就要了解对方的需求、愿望和想法。然后通过适当的方式，使你的观点变成对方的观点，让对方自愿做出某些行为，而不是被你要求，甚至强迫着去做。

第六章

承认自己也有错

任何愚蠢的人都会试图为自己的错误进行辩护，而且多数愚蠢的人都会这样去做。

01
承认"我也许不对"

只有先深入到自己的内心，先发现自己身上存在的缺点，然后再指出他人的错误和不足，才能使别人心悦诚服地接受。

——卡耐基《人性的优点》

不论你用什么方式指责别人，如用一个眼神，一种说话的声调，一个手势，等等，你以为他会同意你的观点吗？绝不会！因为你直接打击了他的智慧、判断力、荣耀和自尊心。这反而会使他想着反击你，绝不会使他改变主意。即使你搬出柏拉图或康德所有的逻辑，也改变不了他的己见，因为你伤了他的感情。与人交谈时，永远不要这样开场："好，我证明给你看。"

这句话大错特错，这等于是说自己比他更聪明。要告诉他一些事，使他改变看法。那是一种挑战，那样会起战争，在你尚未开始之前，对方已经准备迎战了。即使在最温和的情况下，要改变别人的主意也不是一件容易的事情，为什么要采取更激烈的方式使其更不容易呢？

为什么要增加你自己的困难呢？如果你要证明什么，不要让任何人看出来。这就需要运用技巧，使对方察觉不出来。必须用若无其事的方式教导别人，提醒他不知道的事情好像是他忘记的。

400多年以前，意大利天文学家伽利略说：你不可能教会一个人任何事情，你只能帮助他自己学会这件事情。

19世纪英国政治家查士德·裴尔爵士对他的儿子所说的是：如果可能，要比别人聪明，却不要告诉人家你比他聪明。

苏格拉底在雅典一再地告诫门徒：我只知道一件事，就是我一无所知。

我们不能奢望比苏格拉底更高明，因此我们不要再告诉别人他们错了。应该慎重地看待别人的错误，这么做会大有收获。

如果有人说了一句你认为错误的话，你如果先肯定：是这样的！再提出另有一种想法，但也许不对。不过自己也常常会弄错，如果弄错了，自己很愿意被纠正过来，然后再具体来看看问题所在。

用这种句子"我也许不对，我常常会弄错，我们来看看问题的所在"。确实会得到神奇的效果。

无论什么场合，没有人会反对你说："我也许不对，我们来看看问题所在。"哈尔德是道奇汽车在蒙塔纳州比林斯的代理商，他就运用了这个办法。他说销售汽车这个行业压力很大，因此他在处理顾客的抱怨时，常常冷酷无情。于是造成了许多冲突，使生意减少，还产生了种种不愉快。

当了解这种情形并没有好处后，他就尝试另一种方法。他会承认自己确实犯了不少错误，这个办法的确能够使顾客解除武装。而等到顾客气消了之后，他通常就会再讲道理，事情就容易解决了。很多顾客还因为他这种谅解的态度而向他致谢，其中两位还介绍他们的朋友来买新车子。在这种竞争激烈的商场上，代理商需要更多的这一类顾客。哈尔德相信对顾客的所有意见表示尊重，并且以灵活礼貌的方式加以处理，就会有助于胜利。

你承认自己也许会弄错，就绝不会惹上麻烦。这样做，不但会避免不必要的争执，而且可以使对方跟你一样的宽宏大度，承认他也可能弄错。

如果你肯定弄错了，并率直地告诉他，结果会如何？

施先生是一位年轻的纽约律师，在最高法庭内参加一个重要案子的辩论，案子牵涉了一大笔钱和一项重要的法律问题。

在辩论中，一位最高法院的法官对施先生说海事法追诉期限是六年。施先生停顿住，看了法官一眼，然后率直地告诉这位法官，海事法没有追诉期限。

庭内顿时静默下来，气温似乎一下就降到冰点。施先生是对的，法官是错的，施先生也据实地告诉了他。施先生仍然相信法律站在自己这一边，他也知道他讲得比过去都精彩，但因为没有使用外交辞令。这样，他便铸成大错：当着众人指出一位声望卓著、学识丰富的人错了。

没有几个人具有逻辑性的思考。我们多数人都犯有武断、偏见的毛病；我们多数人都具有固执、嫉妒、恐惧和傲慢的缺点。

主动承认自己的错误，是一种高尚的美德，也是化解矛盾的重要手段，我们又何乐而不为呢？

当错误产生时，要正确对待。这样不仅有益于人生，更可以化解人与人之间因错误而产生的矛盾。告诉别人，你也可能不对，他们会理解，更会接受。

即使是要改正子女的错误，也必须先承认自己的错误，然后共同改正，才能真正起到长辈的榜样作用。

克劳伦斯因看到他15岁的儿子正在试着抽烟，十分懊恼。然而许多次的劝阻都是徒劳，因为克劳伦斯夫妇都是烟民，他们一直以来都没有给儿子做出很好的榜样。尽管他用了各种方法劝儿子戒烟，警告他抽烟的害处，但并没有收到很好的效果。

后来，克劳伦斯决定与儿子进行一次谈话，这次谈话。他改变了从前的方法，也没有再讲到从前所说的那些危害。他只是告诉儿子他如何迷上抽烟和此后的影响。他对儿子讲，他在15岁开始抽烟，而尼古丁战胜了他，使他现在几乎不可能不抽了，并提醒儿子，他现在咳嗽得厉害。

那次谈话不仅使克劳伦斯的儿子停止了对吸烟的尝试，而且，在家人的帮助下，克劳伦斯自己也成功地戒了烟。

一个人最不了解自己，往往只能看到自己的所有和别人的所缺。发现自己的缺点与发现自己的优点同样重要。

02
批评别人前先想想自己

如果你能确信自己的判断有55%是对的，便可以到华尔街去发财。如果你不能确定自己的判断是否有55%是对的，又怎么能指责别人常常犯错呢？

——卡耐基《人性的弱点》

谁也没有权利去做或说任何事以贬抑一个人的自尊，伤害别人的自尊是一种罪行。人很容易在对人和待己上采取不同的标准，所以在批评别人之前要先想想自己，看看自己是否有错误，否则你就没有资格去批评别人。

约瑟芬离开堪萨斯市的老家，到纽约担任秘书的工作时，已年满19岁。高中毕业已经3年，但做事经验几乎等于零。现在，她已是西半球最完美的秘书之一。而她的成功与她的第一个老板有着密不可分的关系。

在刚刚开始工作的时候，她的身上还存在许多不足。一天，她的老板——一位年纪很大的企业家，正想开始批评她，但马上又对自己说：等一等，你的年纪比约瑟芬大了一倍，你的生活经验几乎是她的一万倍。你怎么可能希望她有与你一样的观点？你的判断力，你的冲劲——虽然这些都是很平凡的。还有，你19岁时又在干什么呢？还记得你那些愚蠢的错误和举动吗？

诚实而公正地把这些事情仔细想过一遍之后，这位老板获得结论，约瑟芬19岁时的行为比他当年好多了，而且他很惭愧地承认，他并没有经常称赞约瑟芬。

从那次以后，当他想指出约瑟芬的错误时，总是告诉自己：约瑟芬犯了错误，但上帝知道，他自己所犯的许多错误比她更糟糕。人当然不能天生就万事精通，成功只有从经验中才能获得，而且约瑟芬比自己年轻时强多了。自己曾做过那么多的愚蠢傻事，所以他根本不想批评她或任何人。约瑟芬也很愿意接受老板的批评，并且，从此以后他们建立了良好的关系。

人非圣贤，孰能无过？有道德修养的人不在于不犯错误，而在于有过能改，不再犯同样的错误。与人相处的时候，不求全责备；检查约束自己的时候，也许还不如别人。要求别人怎么做的时候，应该首先问一下自己能否做到。推己及人，严于律己，宽以待人，才能团结别人，共同做好工作。一味地苛求别人，就什么事情都做不好。

乔治·罗纳在维也纳当了多年律师，但是在第二次世界大战期间，他逃到瑞典，一文不名，很需要找份工作。因为他能说并能写好几国文字，所以希望能够在一家进出口公司找到一份秘书工作。绝大多数公司都回信告诉他，因为正在打仗，他们不需要这一类的人。

不过有一个人在给乔治·罗纳的回信上说："你对我生意的了解完全错误。你既蠢又笨，我根本不需要任何替我写信的秘书。即使我需要，也不会请你，因为你甚至连瑞典文也写不好，信里全是错字。"

乔治·罗纳刚开始看到这封信的时候很是生气。于是他决定写一封信，想进行反驳，责骂这个人的无知与无理，目的是想使那个人大发脾气。但接着他就停下来对自己说："等一等，我怎么知道这个人说的是不是对的？我学过瑞典文，可是它并不是我的母语，也许我确实犯了很多我并不知道的错误。如果是这样的话，那么我想要得到一份工作，就必须再努力学习。这个人可能帮了我一个大忙，虽然他本意并非如此。他用这种难听的话来表达他的意见，并不表示我就不亏欠他，所以应该写封信给他，在信上感谢他一番。"

于是乔治·罗纳撕掉了他刚刚写好的那封骂人的信，另外写了一封信说："你这样不嫌麻烦地写信给我实在是太好了，尤其是你并不需要一个替你写信的秘书。对于我把贵公司的业务弄错的事我觉得非常抱歉，我之所以写信给你，是因为我向别人打听，而别人介绍说你是这一行的领导人物。我并不知道我的信上有很多文法上的错误，我觉得很惭愧，也很难过。我打算更努力地去学习瑞典文，以改正我的错误，谢谢你帮助我走上改进之路。"

没几天，乔治·罗纳就收到那个人的回信，请罗纳去见他。

罗纳去了，而且得到了一份工作。

每一件事情的发生都是有原因的，当你认为别人是错误的时候，或许只是你自己在用一种错误的眼光看待别人。谦虚一点，每个人都会犯错误，不要时常抱着批评别人的心态，多认识一下自己的错误。当你认真考虑别人的行事方法时，你也许会学到许多处理事情更好的方法。

实事求是是一种非常难能可贵的品质。但是，与人谈话的语言也要合理地表达，这样更容易让人接受。

03
人人都有可能出错

假使我们是对的，别人绝对是错的，我们也会因让别人丢脸而毁了他的自我。谁也没有权利去做或说任何事以贬抑一个人的自尊，伤害人的自尊是一种罪行。

——卡耐基《人性的弱点》

轻易地责怪别人，只能令对方感到厌烦而疏远你。这样，也会使你自身的人格魅力受到损害。

做过教师的人都会有这样一个经验，就是千万不要随便责怪孩子。因为孩子处于特殊的年龄阶段，心理上比较叛逆，只能从正面教育。如果轻易责怪他，他就会跟你对着干，反而更不利于对他的教育。

其实，对于成年人来讲也是如此。亨利是一家公司的总裁，他也批评员工，但从不轻易责怪他们。而且，他的批评非常具有艺术性。

有一回，亨利的秘书在处理一项文件的时候出现了一些错误，但亨利并没有责怪她，而是用了一种非常温和的方法处理了这件事。他告诉秘书，她处理的不算十分正确，此外，还有更好的处理方式。然后，又把正确的方式讲了一遍。秘书的脸一下子就红了，但心里却如释重负。她自己也没有想到，亨利居然没有责怪她。

人人都有可能出错，而对一个人的批评是正确的，有时也是必要的，但批评应该讲究策略与方法。责怪是批评的最拙劣的方式，这会让人在情绪上很难接受。有一位文艺批评家讲，批评也是一种艺术。我们在批评的时候，应当讲究这种艺术的方式，千万不要随意责怪别人。

有一对年轻情侣，他们在一起相处时间不长，对各自的性格也不十分了解，但是他们却很相爱。这位女孩家庭条件很好，从小娇生惯养，难免有些大小姐脾气，她总是喜欢自作主张，根本不在乎男朋友的感受，而且还不容男朋友反驳。这样的情况已经发生了很多次，每次都弄得男孩很尴尬，又没法辩解。

按理说，男孩应该很生气，至少应该指出女孩的错误，但是男孩并没有这样做，而是宽容了女孩的行为。每次发生这样的事男孩总是主动承担责任，并向女孩说声对不起，希望她能原谅。女孩的数次无理之后，发现男孩并没有生气还主动承担责任，意识到了自己的错误，在一次矛盾中，女孩在男孩的宽容下居然主动承认了自己的错误，觉得是自己不对。矛盾化解了，两人也更加恩爱了。

正是男孩容忍女孩错误的宽广胸襟，让两人的爱情得到了升华。

人人都有犯错的时候，所以，无论对于任何人，都应该有一颗宽容的心，能够容忍别人的错误。要避免自己成为一个心胸狭窄的人，那样的人肯定不受欢迎，也交不到朋友。

第七章

批评的艺术

给别人留面子，这是多么重要啊！我们中很少有人能静心地想想这个问题！我们随意踩蹋别人的感情，为所欲为，纠错恐吓，当着别人的面批评孩子或员工，毫不顾虑对别人自尊的伤害！然而，几分钟的思考，一两句体恤的话，一点对对方态度的真实了解，对于缓和这种刺痛，真的很有帮助！

01

懂得如何保住别人的面子

有时即使我们是对的，别人是错的，如果让他过于丢面子的话，只能会让事情变得更糟。

——卡耐基《人性的弱点》

人经常会把自己的面子看得比什么都重要，即使他明明知道自己错了，但在众人面前也要"死扛"面子，其实，这就是人的自尊心使然。所以，不论什么场合，不要与别人据理力争，哪怕你有一万个理由可以证明你是对的，也不要不顾一切地批驳对方，非要让对手心服口服，那样，他会感觉自尊受到伤害。人人都爱面子，你给他面子就等于是给了他一份厚礼。

几年以前，通用电器公司面临一项需要慎重处理的工作：免除查尔斯·史坦恩梅兹担任的某一部门的主管职务。史坦恩梅兹在电器方面有超常的天赋，但担任计算部门主管时却遭到彻底的失败。不过，公司却不敢冒犯他，公司绝对少不了他——而他又十分敏感。于是他们给了他一个新头衔，让他担任"通用电器公司顾问工程师"——工作还是和以前一样，只是换了一个新头衔——并让其他人担任部门主管。

对于这一调动，史坦恩梅兹十分高兴。

通用电器公司的高级人员也很高兴。他们已温和地调动了这位最暴躁的大牌明星职员的工作，而且他们的做法并没有引起一场大风暴，因为他们让他保住了面子。

保住别人的面子，这是非常重要的问题，而我们中却很少有人想到或做到这一点。我们残酷地抹杀他人的感觉，又自以为是；我们在其他人面前批评一位小孩或员工，找差错，发出威胁，甚至不去考虑是否伤害到别人的自尊。然而，一两分钟的思考，一两句体谅的话，对他人的态度能够宽容的了解，都可以减少对别人的伤害。

一个事业有成的人，绝不可能性格孤僻，杜绝与人沟通和交流。交往中的一切必须依赖人与人之间的互相沟通与交流。

假如我们是对的，别人绝对是错的，我们也会因为让别人丢脸而毁了他的自我。传奇性的法国飞行先锋和作家安托安娜·德·圣苏荷依写过："我没有权利去做或说任何事以贬抑一个人的自尊。重要的并不是我觉得他怎么样，而是他觉得他自己如何，伤害他人的自尊是一种罪行。"

世界上任何一位真正伟大的人，绝不浪费时间满足于他个人的胜利。举一个例子来说明：

1922年，土耳其在经过几世纪的敌对之后，终于决定把希腊人逐出土耳其领土。

穆斯塔法·凯墨尔，对他的士兵发表了一篇拿破仑式的演说，他说："你们的目的地是地中海。"于是现代史上最惨烈的一场战争终于展开了。最后土耳其获胜；而当希腊两位将领——的黎科皮斯和迪欧尼斯前往凯墨尔总部投降时，土耳其人对他们击败的敌人加以辱骂。

但凯墨尔丝毫没有显出胜利的骄傲。

"请坐，两位先生，"他握住他们的手说，"你们一定走累了。"然后，在讨论了投降的细节之后，他安慰他们失败的痛苦。他以军人对军人的口气说："战争这种东西，最佳的人有时也会打败仗。"

当一个人已经做出一定的许诺——宣布一种坚定的立场或观点后，由于自尊的缘故，便很难改变自己的立场或观点，此时你若想说服他，就必须顾全他的面子，为对方铺台阶，如说一些对对方有利的话。

"在那种情况下，任何人都想不到。"

"当然，我理解你为什么会这样想，因为当时你并不清楚事情的经过。"

"最初，我也这样想的，但后来我了解到全部情况，我就知道自己错了。"

一家百货公司的一位顾客，要求退回一件外衣。她已经把衣服带回家并且穿过了，只是她丈夫不喜欢。她解释说"绝没穿过"，并要求退换。

售货员检查了外衣，发现有明显干洗过的痕迹。但是，直截了当地向顾客说明这一点，顾客是绝不会轻易承认的，因为她已经说过"绝没穿过"，而且精心地伪装过。这样，双方可能会发生争执。于是，机敏的售货员说："我很想知道是否你们家的某位成员把这件衣服错送到干洗店去。我记得不久前我也发生过一件同样的事情。我把一件刚买的衣服和其他衣服堆在一起，结果我丈夫没注意，把那件新衣服和一大堆脏衣服一股脑儿塞进了洗衣机。我怀疑你是否也会遇到这种事情——因为这件衣服的确看得出已经被洗过的痕迹。不信的话。你可以跟其他衣服比一比。"

顾客看了看证据——知道无可辩驳，而售货员又已经为她的错误准备好了借口，给了她一个台阶下。于是，她顺水推舟，乖乖地收起衣服走了。

这应该是每个说服者都懂得的——让人们保全他们自己的面子。

一旦发现他人出现错误，我们很多人往往首先想到的就是如何批评，使之改正。事实上，与批评相比，鼓励似乎更容易使人改正错误，并且更易让对方去做你所期望的事情。所以，当他人出现错误时，你首先应该考虑一下，是否非得批评不可，应该怎样批评？如果可能的话，要尽量采取鼓励的方式，这样一方面可以达到让对方知错改错的目的，同时也不影响你们之间的关系。

你要是跟你的孩子、伴侣、雇员说他或她做某件事显得很笨，很没有天分，那你就做错了，这等于毁了他所有求进步的心。但如果你用相反的方法，宽宏地鼓励他，使事情看起来很容易做到，让他知道，你对他做这件事的能力有信心，他的才能还没有完全发挥，这样他就会练习到黎明，以求自我超越。

那么，到底怎样才能创造亲密的合作关系呢？那就是向你的同事表示尊重与同情，并肯定他们个人的价值。

大部分成功的人都通过实践证实，要维护他人的自尊，绝非一两次的表态可以奏效，它是由许多次日常接触所形成的一种过程。

弗雷德·薛佛在纽约人寿保险公司工作，寿险是个与纺织完全不同的行业，不过他知道有些原则是完全一致的。在保险业中，对业务员的日常关切是最重要的。因为在保险业里，业务人员就等于是公司本身。业务员如果业绩不佳，不久就连公司都将无立足之地，事情就是如此直截了当。

多年前，薛佛曾任职于一家国际保险公司麦卡比公司。当公司迁入　座新大楼后，跟以前不同的是这栋大楼中还有几家其他的公司。薛佛希望在搬迁之后，原来所维持的重要的个人接触并不因迁移而遭到疏忽。所以，他到新大楼上班的第一天，第一件事就是走到安全人员台前。薛佛回忆当时的情景："当时有十来位安全人员，我请他们都围拢来，结果发现他们除了知道我们公司的名称之外，连我们从事保险业都不清楚。于是我对他们说："各位！我们在底特律市有几位很重要的业务代表，如果你们发现来的人是业务代表，我们一定得给予最隆重的欢迎，我是说尽量让他觉得备受重视，如此便得劳驾你们亲自送他上七楼找到他所要会见的人，也请你们一定要配合帮忙。'后来我听到一些业务代表谈起他们来到这栋大楼所受到的礼遇，他们都感到很高兴。"

所有的这些小动作加起来就是一个很重要的整体结果，那就是：人们会对自己觉得很满意。员工只要相信公司关心他们、了解他们的需要、维护他们的自尊，就会以努力工作达成公司目标作为回应。

每一个人都有着他的自尊心，如果你对他所说的话能够表示同意，这就是尊重他的意见，他在无形中把自己抬高了，而这抬高他的人便是你，自然他对你是十分高兴的，他愿意和你做朋友。反过来，你不能对他表示同意，这显然是你站在和他敌对的地位，你是他的敌人而不是友人，他能不和你为难吗？所以在说话的时候，这一点是我们应该加以注意的。你想做成什么事，一定要让别人保住面子。

02
替他人想一想

> 如果你想改变人们的看法，而不伤害感情或引起憎恨，那么就请试着诚实地从他人的观点来看事情。
>
> ——卡耐基《人性的弱点》

有时候，一句神奇的话语，就可以阻止争执，除去不良的感觉，创造良好的意志，并能使别人注意倾听。

如果你也想拥有这样的才能，请这样开始：我一点也不怪你有这种感觉，如果我是你，毫无疑问的，我的想法也会跟你的一样。

这样的一段话，会使脾气最坏的老顽固软化下来，而且你说这话时，要有百分之百的诚意。因为如果你真的是那个人，当然你的感觉就会完全和他一样。

这就好像，你不是响尾蛇的唯一原因是你的父母并不是响尾蛇。你不去亲吻一只牛，也不认为蛇是神圣的唯一原因，是因为你并不出生在恒河河岸的印度家庭里。

一位心理学家找来了两个10岁的孩子，安迪是一家公司老板的独生子，而汤姆则是一个贫穷工人的孩子，并且在家里的3个孩子当中，他是最大的一个。

心理学家拿出一幅画，画上是一只小白兔坐在餐桌旁边哭，餐桌上放着一个盘子，兔妈妈则板着面孔站在一旁。心理学家让两个孩子根据自己的想法，解释画面的意思。

汤姆先说："小兔子可能没有吃饱，但家里已经没有食物了，兔妈妈也很难过。""不是这样的，"安迪接着说，"小兔子不是没有吃饱，而是已经吃饱不想再吃了，但它妈妈还要它吃，所以它很不高兴。"

同样的一幅画，但在两个家庭背景和生活经历完全不同的孩子眼里，居然存在如此大的差别。猛然看来你会感到非常惊讶，但认真地想一下，也在情理之中。每个人都有自己的生活背景与成长经历，因此观念和习惯是不相同的。同一件事从不同的角度看，会有不同的认识，这就是所谓的"仁者见仁，智者见智"。当然，这并不是说谁对谁错，而是因为角度不同，所以结论也就有所差别。在人际交往中，这个道理同样适用。

美国著名心理学家吉拉德·奈伦在其《与人交往》一书中这样写道："在你与别人交往的过程中，假如能十分关注对方的言行和感受，尝试着站到对方的位置去考虑问题，便可赢得对方的合作。所以，你应该先听对方表明他的想法和需求，然后再采取适当的方式发表自己的意见。"

有人问平权运动者马丁·路德·金，为何如此崇拜美国当时官阶最高的黑人军官丹尼尔·詹姆士将军，金博士的回答是，他判断别人是根据他们的原则来判断，不是根据他自己的原则。

同样的，在美国南北战争的时候，罗伯特·李将军有一次在南部联邦总统杰弗逊·戴维斯面前，以极为赞誉的语气谈到他属下的一位军官。在场的另一位军官大为惊讶，因为李将军刚才大为赞扬的那位军官，可是李将军的死敌，这个人一有机会就会恶毒地攻击李将军。而李将军则认为，总统问的是自己对他的看法，不是问那位军官对自己的看法。

在个人问题变得极为严重的时候，从别人的观点来看事情，也可以减缓紧张的气氛。人们往往愿意站在自己的立场上思考问题，如果我们意识到这一点，并同他人站在一起，那么，人与人之间的关系就不会那么紧张了。

澳大利亚南威尔斯的朱迪过了六个星期还没有付出买汽车的分期付款。一个星期五，负责朱迪买车子分期付款账户的一名男子打电话给她，不客气地说，如果在星期一早晨朱迪还没有缴出122元钱，他们公司就会采取进一步行动。而朱迪没有办法在周末筹到钱，因此在星期一一大早接到他的电话时，朱迪听到的就没有什么好话了。但是她并没有发脾气，她以他的观点来看这件事情。她真诚地抱歉，给汽车公司带来了很多的麻烦，而且由于这并不是她第一次过期未付款，她认为她一定是令他最头痛的顾客。但公司的那个人举出好几个例子，说明好些顾客有时候极为不讲理，有的时候满口谎言，更常有的是躲避他，根本不跟他见面。这时，朱迪就一句话不说，让他吐出心里的不快。然后根本不需要她请求，他说就算不能立刻付出所欠的款额也没有关系。如果她在月底先付给他20元，然后在方便的时候再把剩下的欠款付给他，也没有问题。

也许有一天，当你请求某个人把烟熄掉，或请求他买你的产品，或请他捐出50元给红十字会之前，为什么不先闭上眼睛，试着从别人的观点仔细想一想整件事呢？这并不需要你花费很多时间，而且这能使你结交到朋友，得到更好的结果——减少摩擦和困难。

人与人之间的关系没有必要那么紧张，当然，也没有必要去排斥他人的观点。立场不同，观点也会各异。

如果你能真诚地替他人想一想，多替他人考虑，不仅能为自己减少很多不必要的麻烦，避免某些矛盾的发生，而且还能不断地发展和完善自己的人际关系，加快自身的前进脚步。

03
多一些宽容，少一些责备

　　无用而令人心痛的批评是婚姻幸福的阻碍。不要时时处处批评对方，这样不但无法让他(她)改变，反而还会伤害彼此的感情。如果对方确实有错，就请委婉地提出，真诚地帮助，以情感人，他(她)一定会在意你的付出。

——卡耐基《人性的弱点》

　　人非圣贤，孰能无过。我们不能去要求他人没有缺点，不犯错误，要学会原谅他人的错误。交往贵在真诚，容忍他人的错误是一种美德，你能真诚地容忍他人的错误，他人自然也会真诚地容忍你可能犯的错误。

　　即使是令人生畏的铁腕政治家，在生活中，也是十分注重家庭和睦的。因为这才是他们铁腕力量的坚强后盾。

　　格莱斯特是英国著名的政治家，曾任尊贵的首相，他与爱妻共同幸福生活了59年。虽然他在公众面前形象可畏，但他在家中从未批评过人。

　　早晨，他下楼用餐时，看到家人还在睡觉，就用一种温柔的方式表示责备。他提高嗓门使屋中充满了神秘的声音，提醒家人，全英国最忙的人正在一个早晨独自守候。他既体恤家人，又极富外交手段，并且尽力避免家庭中的责备。

凯瑟琳曾统治世界上一个最大的帝国，她拥有对数百万国民的生杀之权。她是一个残忍的暴君，发动毫无正义的战争，还曾将10个仇人判了死刑。但是，在家里她却十分温和，如果厨师将肉烤焦，她不会责备，而是微笑着吃下去。

没有人愿意受到别人的责备，尤其是不怀好意的责骂，这种无端的责骂只会引起对方的反感。同样，当你责备对方时，对方一定会变本加厉地回报你，双方你来我往，很可能演变为激烈的冲突，从而造成无法收拾的局面。

只有心胸宽阔、豁达友善的人，才能容忍别人的缺点和错误，才能与不同性格、不同层次的人建立良好的关系，才能得到别人的信任、支持和帮助。

"我从未遇见过一个我不喜欢的人。"威尔·罗吉士说。这位幽默大师能说出这么一句话，大概是因为很少有不喜欢他的人。罗吉士年轻时有过这样一件事，可为凭证。

1898年冬天，罗吉士继承了一个牧场。有一天，他养的一头牛，因冲破附近农家的篱笆去啃食嫩玉米，被农夫杀死了。按照牧场规矩，农夫应该通知罗吉士，说明原因。但农夫没这样做。罗吉士知道了这件事情后，非常生气，便叫一名佣工陪他骑马去和农夫论理。

他们在半路上遇到寒流，人、马身上都挂满冰霜，两人差点冻僵了，抵达木屋的时候，农夫不在家。农夫的妻子热情地邀请两位客人进去烤火，等她丈夫回来。罗吉士在烤火时，看见那女人消瘦憔悴，也发现5个躲在桌椅后面对他窥探的孩子们都瘦得像猴儿。

农夫回来了，妻子告诉他罗吉士和佣工是冒着狂风严寒来的。罗吉士刚要开口跟农夫理论，忽然决定不说了。他伸出了手，农夫不晓得罗吉士的来意，便和他握手，留他们吃晚饭。"二位只好吃些豆子，"他抱歉地说，"因为刚刚在宰牛，忽然起了风，没能宰好。"盛情难却，两人便留下了。

在吃饭的时候，佣工一直等待罗吉士开口讲杀牛的事，但是罗吉士只跟这家人说说笑笑。而几个孩子一听说从明天起几个星期都有牛肉吃，便高兴得眼睛发亮。

饭后，朔风仍在怒号，主人夫妇一定要两位客人住下。两人于是又在那里过夜。因为农夫的热情招待，罗吉士居然跟他成了朋友。

第二天早上，两人喝了黑咖啡，吃了热豆子和面包，肚子饱饱地上路了。罗吉士与农夫约定下次再来拜访他，罗吉士对此行的来意依然闭口不提。佣工很疑惑地问："我还以为你为了那头牛大兴问罪之师呢。"

罗吉士半晌不作声，然后回答："我本来有这个念头，但是我后来又盘算了一下。你知道吗，我实际上并未白白失掉一头牛。我换到了一点人情味。世界上的牛何止千万，人情味却稀罕。"

一个人冒犯你或许会有某种值得同情的原因，罗吉士面对善良的农夫和他的妻子，彻底原谅了他们。在牛与人情味之间，罗吉士更珍视后者。

美国前总统林肯在组建自己的内阁时，为了实现优势互补，他任用了具有不同性格的官员：有勇敢果断、屡立战功的史太顿，有作风严谨、一丝不苟的修法华，有沉着冷静、善于思考的萨斯，还有坚定不移、不甘人后的康迈伦。如果换了别人，也许会全部选择自己容易驾驭的人。再者，如果没有林肯的宽容大度，如果不是林肯善于从中斡旋、舍己从人，那么这些人很可能各自为政。

有这样一个故事：有一次，柏林空军俱乐部设宴招待有名的空战英雄乌戴特将军，一名年轻的士兵被派去为将军斟酒。由于过于紧张，年轻的士兵不小心将酒洒到将军光秃秃的头上。那位士兵顿时吓得不知所措，僵直地立正，准备接受将军的责罚。人们也都被士兵的行为怔住了，一时间鸦雀无声。但是，乌戴特将军并没有勃然大怒，甚至没有表现出任何不高兴，他拿起手边的餐巾抹了抹头，然后幽默地说："老弟，你以为这种疗法很有效么？如果真有效，我倒要谢谢你。"在场的人都被他这句话给逗笑了，紧张的气氛一扫而光。

越是有作为的人，越是宽容友善；越是无所作为的人，越是心胸狭隘、斤斤计较。也正因如此，前者会越走越顺，而后者则越走越艰难。

容忍别人的缺点是尊重别人，同时，你将赢得别人的尊重。相反，轻易就责怪别人，只能招致厌恶。面对别人的缺点，要多一份容忍与理解。

04
委婉地批评

当面指责别人，只会造成对方顽强的反抗；而巧妙地暗示对方注意自己的错误，则会受到爱戴。

——卡耐基《人性的弱点》

不该轻易地责怪任何人，轻易责怪别人是缺乏涵养的表现。一个深受别人尊敬的人，从来不会这样做。

安娜·马佐尼小姐是一位食品包装的市场行销专家，她的第一份工作是一项新产品的市场测试。她第一次工作，当结果回来时，她可真惨了。更糟的是，在下次开会提出这次计划的报告之前，她没有时间去跟她的老板讨论。

轮到她报告时，她真是怕得发抖。虽然她尽了全力不使自己精神崩溃，而且告诫自己绝不能哭，不能让那些以为女人太情绪化而无法担任行政业务的人找到借口。她的报告很简短，只说工作中发生了一个错误。但在下次会议前，会重新再研究。

她坐下后，心想老板定会批评她一顿。

但是，老板却说谢谢她的工作，并强调在一个新计划中犯错并不是很稀奇的。而且他有信心，第二次的普查会更确实，对公司更有意义。

散会后，安娜思想纷乱，她下定决心，绝不再一次让老板失望。

安娜果真没有让老板失望，并且从这件事情上获得了巨大的信心，工作中也取得了十分优异的成果。

有时，一个诚挚的祝福，一句贴心的话语，就能使濒临绝境的人从此看到一线希望，使两个本来要断交的人握手言欢。

查乐斯·史考伯有一次经过他的一家钢铁厂，当时是中午。他看到几个工人正在抽烟，而在他们头顶上正好有一个大招牌，上面写着"禁止吸烟"。史考伯没有指着那块牌子责问："你们不识字吗？"他的做法是：他朝那些人走过去，递给每人一根雪茄，并建议他们到外面去抽，工人们立刻知道自己违反了公司规定。他对这事未说一句话，反而给他们每人一件小礼物，并使他们自己得到了尊重。

约翰·华纳梅克也使用了同一技巧。华纳梅克每天都到他在费城的大商店巡视一遍。有一次他看见一名女顾客站在柜台前等待，没有人对她稍加注意。那些售货员呢？他们在柜台远处的另一头挤成一堆，又说又笑。华纳梅克不说一句话，他默默地钻到柜台后面，亲自招呼那位女顾客，然后把货品交给售货员包装，接着他就走开了。

这样的暗示，使售货员真正明白了自己的错误，并认真改正，但并没有使售货员们受到伤害。

一个人若锋芒毕露，不仅容易伤害别人，更容易给自己带来不必要的麻烦。我们不妨把锋芒暂时隐藏，和谐地与人相处。

05
不妨采用迂回之术

千万不要这样开场："我要证明给你看。"这样做太糟糕了，这
等于是向他人表明："我比你聪明，我要使你改变看法。"

——卡耐基《人性的弱点》

如果道路艰难，就要学会绕道而行。人际交往也同样如此，如果
对方难以应付，就要多一些耐心和友善，软化他强硬的态度。

纽约电话公司曾遇到过一位十分难缠的顾客。他说他不会交电话
费，因为他根本没有打多少电话，而电话公司却让他上交非常高的话
费。他甚至还辱骂公司的代表，并威胁说要把电话线连根拔掉，还扬
言要去法院告状。

电话公司被搞得没有办法。后来，派去一位调解员去处理这件事。

调解员找到了这位顾客，顾客一听是电话公司派来的，立刻暴跳
如雷，又开始了他激烈的指责。调解员一直微笑着静静地听他在那发
脾气，有时还会说句"是的"，以表示同意。他也没有向顾客表明来
意，只是等顾客发完火，说几句客气话就离开了。

第二次去，顾客的气还没消，又是一顿指责，调解员态度如故。
这样，去了几次，每一次，他都以一副同情的神情耐心倾听。顾客的
态度一次比一次好，调解员的做法显然起了作用。

又有一次，顾客居然开始发表他所想到的解决问题的办法。于

是，调解员就微笑着询问顾客。顾客马上提出建立一个"电话用户协会"。调解员立刻表示赞同，并让顾客在协会成立的时候通知他。

调解员再次去的时候，"电话用户协会"已经成立。调解员立即要求加入，他的要求马上得到了顾客的许可，调解员顺利地加入了此协会。尽管这个协会形同虚设，因为只有那位顾客和调解员两个人。

这次，调解员开门见山地提出自己的目的。而顾客的态度也不再那么强硬，答应将他所欠的话费一次付清，同时撤回对电话公司的控告。

调解员顺利地完成了任务。

开门见山，也许可以把事情讲得明白而透彻，却不容易触发人们的认同感，不太容易使人接受。其实这也正如行路，总会在转弯处发现风景。

在批评之后再予以称赞，这种迂回之术收到的效果往往会令人意想不到。

1909年，布洛亲王当时是德国的总理大臣，而德国皇帝则是威廉二世——德国的最后一位皇帝，他傲慢而自大——他建立了一支陆军和一支海军，并夸口可征服全世界。

接着，一件令人惊异的事情发生了。这位德国皇帝说了一些狂言和一些令人难以置信的话，震撼了整个欧洲大陆，引起了全世界各地一连串的风潮。更为糟糕的是，这位德国皇帝竟然公开这些愚蠢自大、荒谬无理的话。他在英国作客时，就这么说，同时允许伦敦的报纸刊登他所说的话。例如，他宣称，他是和英国友好的唯一德国人；他说，他建立一支海军对抗日本的威胁；他说，他独自一人挽救了英国，使英国免于臣服俄国和法国之下；他说，由于他的策划，使得英国罗伯特爵士得以在南非打败波尔人等。

在一百多年的和平时期中，从没有一位欧洲君主说过如此令人惊异的话。整个欧洲大陆立即愤怒起来，英国尤其愤怒，德国政治家惊恐万分。在这种狼狈的情况下，德国皇帝自己也慌了，并向身为德国总理大臣的布洛亲王建议，由他来承担一切的责难，希望布洛亲王宣布这全是他的责任，是他建议君王说出这些令人难以相信的话的。

对于这件事，布洛亲王直言几乎不可能，因为全德国和英国，没有人会相信他会建议皇帝说出这些话。

布洛话一说出口，皇帝就大为恼火，以为布洛在说他是一个蠢人，责备他只会做些愚蠢至极的事。

布洛尊敬地告诉皇帝他并不是这个意思，接着，就开始了他的赞扬。他说皇帝在许多方面都十分优秀，而且最重要的是在自然科学方面。在解释晴雨计，或是无线电报，或是伦琴射线的时候，所有人都会注意倾听，内心十分佩服。还说自己在这些方面觉得十分惭愧，对自然科学的每一门皆茫然无知，对物理学或化学毫无概念，甚至连解释最简单的自然现象的能力也没有。布洛又一转话题说，为了补偿这方面的缺点，他认真学习了某些历史知识，以及一些可能在政治上，特别是外交上有帮助的学识。

皇帝脸上露出微笑。布洛亲王赞扬他，并使自己显得谦卑，这已值得皇帝原谅一切。他热诚地告诉布洛亲王，两人互补长短，就可闻名于世。因此应该团结在一起。

他和布洛亲王握手后，他十分激动地握紧双拳说，如果任何人对他说布洛亲工的坏话，就会一拳头打在他的鼻子上。

如果只是说几句贬抑自己而赞扬对方的话，就能使一位傲慢孤僻的德国皇帝变成一位忠实的友人，那你就可想象得到，在我们日常事务中，谦卑和赞扬对你我的帮助将有多大。

如果运用得当，他们在做人处世中将可制造真正的奇迹。

别梦想着走那条最直、最近的路，不妨转几个弯，避开那些烦人的荆棘。与人谈话也是如此。

第八章

正视别人的批评

愚蠢的人受到一点点的批评就会发脾气，聪明的人却急于从这些责备他们、反对他们和在路上阻碍他们的人那里，学到更多的经验。

01
承认自己的错误

你要是知道有某人想要或准备责备你，就自己先把对方要责备你的话说出来，那他就拿你没有办法了。在这种情况下，十之八九他会以宽大、谅解的态度对待你，忽视你的错误。

——卡耐基《人性的弱点》

每个人都不是圣人，都不可避免地会做一些蠢事。有一位名人曾说过："我经常责怪别人，不过随着年龄的增长，我最后发现应该责怪的只有自己。"很多人会随着岁月的流逝，渐渐地认清了这一点。拿破仑被放逐到圣赫勒拿岛时说："我的失败完全是咎由自取，不能怪罪别人。我的最大的敌人其实是我自己，这也是造成我今天不幸命运的根本原因。"

平凡的人往往因为他人的批评而愤怒，智慧的人却会从中受益。诗人惠特曼曾说："别以为你只能向喜欢你、仰慕你、赞同你的人学习，从反对你、批评你的人那儿，你可能会得到更多的教益。"

费丁南·华伦，一位商业艺术家，他使用这个技巧，赢得了一位暴躁易怒的艺术品主顾的好印象。主顾认为精确、一丝不苟，是绘制商业广告和出版物的最重要因素。

工作中，有些艺术编辑要求他们立刻完成所交代下来的任务。在这种情形下，难免会发生一些小错误。其中一位艺术品主顾总是喜欢从鸡蛋里挑骨头。华伦离开他的办公室时，总觉得心里不舒服，不是因为他的批评，而是因为他批评的方法。华伦刚刚交了一件很急的完稿给他，没过多久就又接到电话让他立刻到办公室去，说是出了问题。当华伦到他办公室之后，正如当初所料——麻烦来了。组长满怀敌意，终于有了挑剔的机会。在他恶意地责备华伦一顿之后，华伦便开始了自我批评，说自己一定不可原谅，工作这么多年，本应该知道怎么画的。而组长听到这些，却转变了态度，开始了对他的辩护，说这并不是一个十分严重的错误。然后又开始赞扬他的作品，告诉他只需要稍微修改一点就行了。又说一个小错不会花他公司多少钱，毕竟，这只是小节，不值得担心。

华伦急切地批评自己，使他怒气全消。结果他们共进了晚餐，分手之前组长开给他一张支票，又交代他另一件工作。

一个人有勇气承认自己的错误，也可以获得某种程度的满足感。这不仅可以消除罪恶感和自我维护的气氛，而且有助于解决这项错误所制造的问题。

新墨西哥州阿布库克公司的哈威，错误地给一位请病假的员工发了全薪。在他发现这项错误之后，就告诉这位员工，必须纠正这项错误，他要在下次薪水支票中减去多付的薪水金额。

这位员工说这样做会给他带来严重的财务问题，因此请求分期扣回他多领的薪水。但这样做，哈威必须先获得他的上级的批准，他知道这样做一定会使老板大为不满。在他考虑如何以更好的方式来处理这种状况的时候，他知道这一切混乱都是他自己的错误，因此必须向老板承认。

哈威走进老板的办公室，告诉老板自己犯了一个错误，然后把整个情形告诉了他。老板大发脾气地说这应该是人事部门的错误，但哈威重复地说这是自己的错误；老板又大声地指责会计部门的疏忽，哈威又解释说这是自己的错误；老板又责怪哈威办公室的另外两个同事，但是哈威一再地说这是自己的错误。最后老板看着他，让他把问题解决掉。哈威把错误改正过来了，没有给任何人带来麻烦。自己也觉得很不错，因为能够处理一个紧张的状况，并且有勇气不寻找借口。自那以后，老板就更加看重他了。

被别人批评如果不能逃避，那么就只有欣然接受，并坦然面对。接受别人的批评，也是自己成长的一种需要。

要明白，听到别人谈论自己的缺点时急于辩护，并不能给你带来什么好处。你不妨聪明一点，也更谦虚一点，我们可以大方地说："如果让他知道我其他缺点，恐怕他还要批评得更厉害呢！"

一位推销员，为了改善自己的工作，主动要求人家给他批评。他在刚开始为高露洁推销香皂时，接的订单很少，担心自己会失业，但他确信产品或价格都没有问题，所以问题一定是出在自己身上。他推销失败，会在街上边走边想究竟什么地方做得不对，是表达没有说服力？还是热情不够？有时他会重返回去，问那位商家："我不是回来卖给你香皂的，我希望能得到你的意见与指正。请你告诉我，我刚才什么地方做错了？你的经验比我丰富，事业又成功。请给我点指正，直言无妨，请不必保留，我会非常感谢。"这位推销员的态度，为他赢得了许多珍贵的忠告。后来，他升任高露洁公司总裁，这位推销员就是李特先生。

英国《泰晤士报》总编哈罗德·埃文斯曾经说过这样一段话："如果我千方百计地为某次失败寻找各种各样的解释，如果我觉得失败是有害的，我就会失去这种责任心。一旦失去了这种责任心，我就无法取信于人，甚至无法取信于自己。"

正如埃文斯所说，人人都应该怀有一种责任心，无论是对自己还是对他人。这种责任心驱使你勇于承认自己的错误，而不是千方百计地找借口掩盖错误。一旦力图找借口掩盖错误，就将失去周围所有人的信任，那时将会被孤立，被世界遗弃。

02
善于自我批评

我们应该欢迎一些批评，因为我们甚至不能希望我们做的事有四分之三正确的机会。

——卡耐基《人性的弱点》

有一次，爱德华·史丹顿称林肯是"一个笨蛋"。史丹顿之所以生气，是因为林肯干涉了史丹顿的业务。由于为了要取悦一个很自私的政客，林肯签发了一项命令，调动了某些军队。

史丹顿不仅拒绝执行林肯的命令，而且大骂林肯签发这种命令是笨蛋的行为。然而当林肯听到史丹顿说的话之后，他很平静地说如果史丹顿说自己是个笨蛋，那自己一定就是个笨蛋，因为他几乎从来没有出过错，还说要亲自过去看一看。

林肯果然去见了史丹顿，他知道自己签发了错误的命令，于是收回了成命。只要是诚意的批评，是以知识为根据而有建设性的批评，林肯都非常欢迎。

艾尔伯特·赫柏德说，每个人每一天至少有5分钟是一个很蠢的大笨蛋。所谓智慧就是一个人如何不超过这5分钟的限制。

愚钝的人受到一点点的批评就会发起脾气来，聪明的人却急于从这些责备他们、反对他们和在路上阻碍他们的人那里，学到更多的经验。美国著名诗人惠特曼这样说："难道你的一切只是从那些羡慕你、对你好、常站在你身边的人那里得来的吗？从那些反对你、指责你或站在路上挡着你的人那里，你学来的岂不是更多？"

不要等着我们的敌人来批评我们或我们的工作，我们要在这一点上胜过他们。我们要做自己最严格的批评者，我们要在敌人能有机会说什么以前就找出我们所有的弱点加以改正，这正是达尔文所做的。获得这样的认识，他花了15年时间。事情是这样的：当达尔文完成他那本不朽巨著《进化论》的手稿时，他了解出版这本对生物的创造有革命性见解的书，会动摇整个知识界和宗教界，所以他做了他自己的批评者。他花了15年的时间来检查他的资料，研究他的理论，批评他的结论。这是为批评所做的充分准备。

接受批评有时是一种必要，我们会在别人的批评中不断地提高自己。接受它，心态也应是平和的。

03
没有人会踢一只死狗

> 如果你被人踢了，或者被别人恶意中伤，那么请记住，人们之所以这样做是因为这样能使他们有一种自以为重要的感觉。而这通常意味着你已经有所成就，值得别人关注。许多人在骂那些教育程度比他们高，或者在各方面比他们取得更多成就的人时，会有一种满足感。
>
> ——卡耐基《人性的优点》

有时候，一些指责是由于你的优秀而产生的，这出于他人的嫉妒，这对我们也是一种考验，并且是人生中最重要的一类考验，考验我们的态度是否正确、心智是否坚强。并且，这还是重要的学习和完善自我的机会，我们会因此而获得成长。所以我们要理智地对待。

1929年，美国发生了一件震动全国教育界的大事，美国各地的学者都赶到芝加哥看热闹。在几年之前，有个名叫罗伯特·郝金斯的年轻人，半工半读地从耶鲁大学毕业，做过作家、伐木工人、家庭教师和售货员。现在，只经过了8年，他就被任命为全美国第四富有的大学——芝加哥大学的校长。刚30岁！真叫人难以相信。老一辈的教育人士都大摇其头，人们的批评就像山崩落石一样一齐打在这位"神童"的头上，说他这样，说他那样。说他太年轻了，经验不够，说他的教育观念很不成熟，甚至各大报纸也参加了攻击。

在罗伯特·郝金斯就任的那一天，有一个朋友告诉他的父亲说，早上看见报上的社论攻击罗伯特，真的很吓人。

郝金斯的父亲回答说，话虽说得很凶，可是请记住，从来没有人会踢一只死了的狗。

确实，这只狗越重要，踢它的人越能够感到满足。后来成为英国爱德华八世的温莎王子(即温莎公爵)，他的屁股也被人狠狠地踢过，当时他在帝文夏的达特莫斯学院读书。

这个学院相当于美国安那波里斯的海军军官学校。温莎王子那时候才14岁，有一天，一位海军军官发现他在哭，就问他有什么事情。他起先不肯说，后来终于说了真话，他被学校的学生踢了。指挥官把所有的学生召集起来，向他们解释王子并没有告状，可是他想知道这些人为什么要这样虐待温莎王子。

支吾了半天之后，这些学生终于承认说，等他们自己将来成了皇家海军的指挥官或舰长的时候，他们希望能够告诉人家，他们曾经踢过国王的屁股。

所以，你要是被人家踢了，或被别人恶意批评的话，请记住，他们之所以做这种事情，是因为这事能使那些人有一种自以为重要的感觉。这通常也就表示着你已经有所成就，而且值得别人注意。很多人在骂那些教育程度比他们高，或者在各方面比他们成功得多的人的时候，都会有一种满足的快感。

一次，威尔生接到一个女人的来信，痛骂创建救世军的威廉·布慈将军，因为他曾经在广播节目里赞扬布慈将军，所以这个女人写信给他，说布慈将军侵占了她募来救济穷人的800万美元捐款。这种指责当然非常荒谬，可是这个女人并不是想发现事情的真相，只是想打倒一个比她高的人，使自己得到满足。威尔生把她那封无聊的信丢进了废纸篓里，同时感谢上帝，好在没有娶她做妻子。从她那封信里，看不出布慈将军是什么样的人，可是却对她非常清楚了。

多年前，叔本华曾说过：庸俗的人在伟人的错误和愚行中，得到很大的快感。

大概很少有人会认为耶鲁大学的校长是一个庸俗的人，可是有一位担任过耶鲁大学校长的提摩太·道特，却显然以能够责骂一个竞选美国总统的人为乐。这位耶鲁大学的校长警告：

如果这个人当选了总统，我们就会看见妻子和女儿，成为合法卖淫的牺牲者。我们会大受羞辱，受到严重的损害。我们的自尊和德行都会消失殆尽，使人神共愤。

这几句话听来好像是在骂希特勒，不是的，这些话是在骂汤玛斯·杰弗逊。就是那个写独立宣言、创立民主政体的不朽的杰弗逊。

乔治·华盛顿也曾经被人家骂做"伪君子""大骗子"和"只比谋杀犯好一点点的人"。有张报纸上的漫画画着他站在断头台上，那把大刀正准备把他的头砍下来。在他骑马从街上走过的时候，一大群人围着他又叫又骂。

可是这些都是很久很久以前的事了，也许从那时候开始，人性已经有所改进。

不要因为别人的一些不愉快的话语产生挫败感。勇敢地接受它，并与那些人成为好朋友，你将终身受益。

第九章

永远不要与人
发生正面冲突

你能否从争论中得胜？不能，因为如果你争论失败，你是失败了；如果你得胜，你还是失败了。为什么？假定你胜过对方，将他的理由攻击得满是漏洞，并证明他简直是神经错乱，那又能怎么样？你觉得很好，但他会怎么想？他会觉得他自己智力低弱，自尊心受伤害，他还会反感你的胜利。

01
绝不正面反对别人的意见

为什么一定要证明他是错的呢？那能使他喜欢你吗？为什么不给他留足面子？他没有征求你的意见，你为什么一定要跟他争辩？记住，永远都要避免与人发生正面冲突。

——卡耐基《人性的弱点》

富兰克林是美国历史上最能干、最和善、最圆滑的外交家，而他年轻的时候却十分暴躁。

有一次，一位教友会的老朋友把他叫到一旁，尖刻地训斥了他一顿。

在那位老朋友看来，他真是无可救药，他已经打击了每一位和他意见不同的人。他的意见变得太珍贵了，使得没有人承受得起。他的朋友发觉，如果富兰克林不在场，大家会自在得多。他知道的太多了，没有人能再教他什么，也没有人打算告诉他些什么，因为那样会吃力不讨好，又弄得不愉快。因此他不可能再吸收新知识了，而他的旧知识又很有限。

富兰克林接受了那次惨痛的训斥。当时，他已经够成熟、够明智，以至于能领悟也能发觉他的正面冲突使社交失败的命运，他立即改掉傲慢、粗野的习性。他立下了一条规矩，绝不正面反对别人的意见，也不准自己太武断。他甚至不准许自己在文字或语言上措辞太肯定。他不说"当然""无疑"等，而改用"我想""我假设"或"我想象"，一件事该这样或那样，或者"目前在我看来是如此"。当别人陈述一件他不以为然的事时，他绝不立刻驳斥他，或立即指出他的错误。他会在回答的时候，表示在某些条件和情况下，他的意见没有错，但在目前这件事上，看来好像稍有不同等。他很快就领会到改变态度的收获，凡是他参与的谈话，气氛都融洽得多了。他以谦虚的态度来表达自己的意见，不但容易被接受，而且减少了一些冲突。他发现自己出现错误时，也没有什么难堪的场面，而他碰巧是对的时候，更能使对方不固执己见而赞同他。

他承认，在一开始采用这套方法时，确实觉得和他的本性相冲突。但久而久之，就愈变愈容易，成为习惯了。也许五十年以来，几乎没人听他讲过一些什么太武断的话。他在正直品性支持下的这个习惯，是他在提出新法案或修改旧条文时，能得到同胞重视，并且在成为民众协会的一员后，能具有相当影响力的重要原因。因为他并不善于辞令，更谈不上雄辩，遣词用字也很迟疑，还会说错话。但一般说来，他的意见还是得到了广泛的支持。

偏见如同一道无形的鸿沟，横亘在人与人之间。要与人和谐相处，必须穿过鸿沟，消除偏见。

02
运用技巧保持自己的风度

指责别人只是剥夺了别人的自尊，并且使自己成为不受欢迎的人。如果你率直地指出某一个人不对，不但得不到好的效果，而且还会造成很大的损害。

——卡耐基《人性的弱点》

克洛里是纽泰勒木材公司的推销员。他承认，多年来，他总是明白地指出那些脾气大的木材检验人员的错误。他虽然赢得了辩论，可是一点好处也没有。因为那些检验员和棒球裁判一样，一旦判决下去，绝不肯更改。

克洛里看出，他虽在口舌上获胜，却使公司损失了成千上万的金钱。因此，他决定改变技巧，不再与人争辩了。

有一天早上，他办公室的电话响了，一位焦躁愤怒的主顾，在电话那头抱怨运去的一车木材完全不合乎他们的规格，他的公司已经下令车子停止卸货，请木材公司立刻安排把木材搬回去。在木材卸下大约1/4之后，他们的木材检验员报告说，55%不合规格。在这种情况下，他们拒绝接受。

克洛里立刻动身到对方的工厂去。途中，一直在寻找一个解决问题的最佳办法。通常，在那种情形下，他会以他的工作经验和知识，引用木材等级规则，来说服那儿的检验员，那批木材超出了水准。然而，他决定换一种方法来解决问题。

他到了工厂，发现购料主任和检验员都闷闷不乐，一副等着抬杠吵架的姿态。克洛里走到卸货的卡车前，要求他们继续卸货，看看情形如何。他又请检验员继续把不合规格的木料挑出来，把合格的放到另一堆。

事情进行了一会儿，客户才知道，原来他的检查太严格，而且也把检验规则弄拧了。那批木料是白松，虽然那位检验员对硬木的知识很丰富，但检验白松却不够格，经验也不多。白松碰巧是克洛里最内行的，但他并没有对检验员评定白松等级的方式提出反对意见。他继续观看，慢慢地开始问某些木料不合标准的理由何在，一点也没有暗示客户检查错了。克洛里认真地请教他，希望以后送货时，能确实满足他们公司的要求。

克洛里以一种非常友好而合作的语气请教客户，并且坚持要他把不满意的部分挑出来，使客户高兴起来，于是他们之间的剑拔弩张的情绪开始松弛消散了。偶尔克洛里小心地提问几句，让客户自己觉得有些不能接受的木料可能是合乎规格的，也使他觉得他的价格只能要求这种货色。但是，克洛里非常小心，不让他认为自己有意为难他。

渐渐地，客户的整个态度改变了。最后他坦白承认，他对白松木的经验不多，并且问克洛里一些从车上搬下来的白松板的问题。

克洛里对他解释为什么那些松板都合乎检验规格。如果他认为不合格，仍可以不收货。弄清楚了问题，错误是在客户自己没有指明他们所需要的等级。

最后的结果是，在克洛里走了之后，客户重新把卸下的木料检验一遍，全部接收了，于是克洛里的公司收到了一张全额支票。

运用一点小技巧，并尽量制止自己指出别人的错误，就可以使公司在实质上减少一大笔现金的损失。而所获得的良好关系，则非金钱所能衡量。

许多文学大师就非常懂得在别人的攻击和恶语相向时，保持风度的必要性。有一次诗人歌德的作品，被某一位无知的德国批评家进行了尖锐的指责，歌德当然不能示弱，于是也进行了反批评。结果使这位批评家对此耿耿于怀。

一天，歌德在公园里散步。这条小路很窄，只能通过一个人。恰巧，那位批评家迎面走来。批评家冲歌德嚷道："我向来没有给傻瓜让路的习惯。"歌德不慌不忙地让到一旁，笑容可掬地说："而我恰恰相反。"这个无知的批评家像斗败的公鸡一样，红着脸匆匆走了。

无独有偶，有一天，一位年轻的学者去访问诗人海因里希·海涅。不知出于什么心理他想污蔑一下海涅。他明知道海涅是犹太人，便这样说道："你知道我为什么喜欢塔希提岛吗？"海涅说："不知道为什么，你说吧。"学者说："在那个岛上呀，既没有犹太人，也没有驴子！"海涅十分冷静地回答说："不过这种状态是可以改变的——要是我们一起到塔希提岛上去，那时的情形将会怎样呢？"这个学者顿时语塞无言，十分尴尬。

两位大师的谈吐很有技巧，既保持了自己的风度，又在无形之中反驳了攻击者，这就是一种含蓄。

宽容是一首动听的歌，同样也可以给歌者带来好心情。只有怀着一颗宽容的心，运用技巧恰当地处理问题，才能轻松、愉快地与人相处。

03
学会克制愤怒

当有人愤怒地挥舞着拳头表示不满或是出言不逊的时候，我们何不以平和的态度去平息它呢？虽然这需要高度的自制力，但总比最终的感情破裂要划得来。

——卡耐基《人性的弱点》

威尔逊总统说："如果你握着一双拳头来见我，我想，我的拳头会握得比你更紧。如果我们坐下来好好商量，看看彼此意见相异的原因是什么。我们就会发觉，彼此的距离并没有那么大，相异的观点也并不多，而且看法一致的观点反而很多。你也会发觉，只要我们有彼此沟通的耐心、诚意和愿望，我们就能沟通。"

处险而不惊，遇变而不怒。如果你不能及时控制并调整自己的情绪来适应办事的需要，那么在复杂的群体和环境中就没法办事。

你是否会动辄勃然大怒？你可能会认为发怒是生活的一部分，可你是否知道这种情绪根本就无济于事？也许，你会为自己的暴躁脾气辩护说："人嘛，总会发火、生气的。"

尽管如此，愤怒这一习惯行为可能你自己也不喜欢，更别说别人了。

纽约自由街的麦哈尼，专门经销石油业者使用的特殊工具，他接受了长岛一位重要主顾的一批订单。蓝图呈上去，得到了批准，工具开始制造了。接着，一件不幸的事情发生了，那位买主和朋友们谈起这件事，他们都警告他，说他犯了一个大错，他被骗了，一切都错了。太宽了，太短了，太这个，太那个。他的朋友们把他说得发了火，他打了一个电话给麦哈尼先生，发誓绝不接受已经开始制造的那一批器材。

麦哈尼立刻到长岛去见那位主顾，一走进他的办公室，他立刻跳起来，朝麦哈尼一个箭步走过来。他激动得很，一面说一面挥舞着拳头。

他指责那批器材是如何不合标准，结束的时候他问麦哈尼现在要怎么办。麦哈尼则非常心平气和地告诉他，愿意照他的任何意思去办。然后，麦哈尼又强调花钱买东西的人当然应该得到合用的东西，可是总得有人负责才行，并请客户提供一幅正确的制造蓝图。虽然旧案已经花了2000块钱，但麦哈尼答应负担这笔损失。同时，他又提醒客户，如果按照客户的做法，必须由客户负起这个责任，但如果放手让他们按照原定计划进行则可向客户保证绝对负责。这样，这位主顾平静下来了，照计划进行。结果没有错，于是答应订两批相似的货。

当那位主顾侮辱麦哈尼，在他面前挥舞着拳头，说他外行的时候，是麦哈尼高度的自制力使他克制了愤怒，而没有去争论以维护自己，但结果很值得。如果开始争辩起来，很可能要打一场官司，感情破裂，损失一笔钱，失去一位重要的主顾。这一切使麦哈尼深信，愤怒是解决不了任何问题的。

面对争执，我们要表现出一种淡定和从容，没有什么好计较与争执的。理亏的人，即使声音再大也不代表他是对的。当下次发生争执时，多用理智和成熟的态度去面对，但必须掌握一个原则——不与气盛之人争是非，否则就会两败俱伤。学会克制愤怒，自己就会多一分快乐，多一分平安。

《你的误区》的作者韦恩·戴埃说："你应对自己的情感负责。你的情感是随思想而产生的，那么，只要你愿意，便可以改变对任何事物的看法。首先，你应该想想：精神不快、情绪低沉或悲观痛苦到底有什么好处？而后，你可以认真分析导致这些消极情感的各种思想。"

在法国有这样一则故事：阿兰·马尔蒂是法国西南小城塔布的一名警察，一天晚上他身着便装来到市中心的一间烟草店门前。他准备到店里买包香烟。这时店门外一个叫埃里克的流浪汉向他讨烟抽。马尔蒂说他正要去买烟。埃里克认为马尔蒂买了烟后会给他一支。

当马尔蒂出来时，喝了不少酒的那个流浪汉缠着他要烟。马尔蒂不给，于是两人发生了口角。随着互相谩骂和嘲讽的升级，两人情绪逐渐激动。马尔蒂掏出了警官证和手铐，说："如果你不放老实点，我就给你一些颜色看。"埃里克反唇相讥："你这个混蛋警察，看你能把我怎么样？"在言语的刺激下，二人扭打成一团。旁边的人赶紧将两人分开，劝他们不要为一支香烟而发那么大火。

被劝开后的流浪汉骂骂咧咧地向附近一条小路走去，他边走边喊："臭警察，有本事你来抓我呀！"失去理智、愤怒不已的马尔蒂拔出枪，冲过去，朝埃里克连开4枪，埃里克倒在了血泊中……

法庭以"故意杀人罪"对马尔蒂作出判决，他将服刑30年。

一个人死了，一个人坐了牢，起因是一支香烟，罪魁祸首是愤怒的激动情绪。

要真正做到遇事不怒，需要在平时加强自我道德修养，培养良好的性格，保持乐观向上的精神等，这样才能够防"怒"于未然。

与其说是因为爱别人而表示平和且谦逊，不如说是为了尊敬自己。懂得尊重他人，才能得到他人的尊重。

应当牢记的处世之道是，不论在与人交往过程中发生了什么不如意的事，都不要轻易发作，一旦你发作出来，无论对人对己，都不会有好结果，所以要学会克制自己的愤怒！也许这对绝大多数人来说并不是那么容易，却有必要这样做，因为这是你处世成功的必要心理基础。

04
争论没有赢家

避免辩论同避免毒蛇及地震一样。十次中有九次，辩论结束之后，每个参加辩论的人，都比以前更坚信他是绝对正确的。

——卡耐基《人性的弱点》

这个世界上总是有那些喋喋不休的人，他们感觉好像所有的人都在跟他们作对，他们总是无休止地与人争论。但是你会发现，真正聪明的人是根本不会理会这些人，只有那些性急的人，才会上当与之争论，使得自己的格调也随之降低，变得与这些喋喋不休的人一样没品位。

世界上只有一种方法能从争论中得到最大的利益——那就是停止争论。你永远不能从争论中取得胜利。如果你争论失败了，那你当然是失败了；如果你得胜了，你还是失败的。因为，就算你将他驳得体无完肤、一无是处那又怎样？你使他觉得脆弱无助，你伤害了他的自尊，他不会心悦诚服地承认你的胜利。所以，在争论中永远没有赢家。

充满智慧的富兰克林经常说："如果你辩论争强，你或许有时获得胜利，但这种胜利是得不偿失的，因为你永远无法得到对方的好感。"

所得税顾问华生，为了一笔关键性的9000块钱，跟一位政府的税务稽核员争论了一小时。华生解释说这9000块钱事实上是应收账款中的呆账，不可能收回来，所以，不该征收所得税。那位稽核员却坚持非征不可。

这位稽核员非常冷酷、傲慢，而且顽固，任何事情和理由都没有用……他们越争执，稽核员越顽固。所以，华生决定不再同他理论，开始改变话题吹捧他几句。

华生说这件事比起其他那些需要处理的重要而困难的事情，实在是不足挂齿的小事。他本人也研究过税务问题，但那是书上的死知识，而不像稽核员的知识全是来自实践工作的经验。有时自己真想有份像他这样的工作，那样他就会学到更多。华生说得很认真。

稽核员听了这些话，脸色逐渐变得和善。他在椅子上伸直身子，谈论起他的工作。他告诉华生，他发现过许多税务上的鬼花样。他的口气慢慢地友善起来，接着又谈起他的孩子。临告别的时候，他说要再研究研究华生的问题，过几天会通知他结果。

三天后，税务稽核员打电话到华生的办公室，通知他这笔所得税决定不征了。这位税务稽核员表现了人性中最常见的弱点，他要的是一种重要人物的感觉。华生越和他争论，他越要高声强调职务上的权威。但一旦对方承认了他的权威，争论自然偃旗息鼓，有了扩张自我的机会，他就变成一位富于宽容和有同情心的人了。

每个人面对同一问题，会有不同的想法。每个人都想按自己的意志去解决，这是每个人的自尊心所决定的，往往根深蒂固，不易改变。争论于事无补，只能白白耗费时间和精力。

一个人除了自己要做到优秀以外，还要努力给他人一种好感，赢得他人的信赖与帮助，这样才会有更多的人喜欢与你交往。

争论给双方带来的只有心理上的浮躁，而没有丝毫的快乐。争论双方都会受到伤害，而且大多数的争论都只能使双方比以前更加坚信自己是绝对正确的。

美国总统威尔逊执政时的财政部长威廉·麦肯锡，他将多年政治生涯获得的经验，归结为一句话："靠争论不可能使无知的人服气。"

拿破仑的管家康斯坦常与拿破仑的妻子约瑟芬打台球。在他所著的《拿破仑私生活回忆录》中说："我虽然球技比她好，但我总是让她赢我，这样她会非常高兴。"我们要从康斯坦那里学到一个教训。我们要使我们的客户、朋友、丈夫、妻子在偶然发生的不影响大局的讨论上胜过我们。

在一次宴会上，约瑟夫同他的朋友们有说有笑。他右边的一位先生讲了一个故事，在结尾的时候引用了一句话，并特意提到是《圣经》上说到的。

约瑟夫一听就知道错了，因为前些天他在翻阅莎士比亚作品的时候见到过这句话。于是，他立即纠正那位先生说，这句话出自莎士比亚的书。

那位先生也立刻反驳，说自己前两天特意翻过《圣经》的那一段。还说敢打赌自己说的是正确的，如果不信，还可以把那一段背出来让大家听听。

约瑟夫的左边坐着一位研究莎士比亚的专家维克多。约瑟夫想，他一定会帮助他赢得这场争论的。于是，他转向维克多，让他说说是不是莎士比亚说的这句话。其他人也都知道维克多对莎士比亚作品很熟悉，都让他讲个明白。

维克多盯着约瑟夫，说他搞错了，莎士比亚的著作上没有这句话，那位先生是正确的，这句话出自《圣经》。随即，约瑟夫感到维克多在桌下踢了自己一脚。他虽然不大明白，但出于礼貌，还是向右边那位先生道了歉。

　　宴会后，约瑟夫满腹疑问地埋怨维克多没有帮他说话。维克多一听笑了，他说他知道这句话出自《李尔王》第二幕第一场，然而参加宴会的那位客人也是一位有名的学者，为什么非要当众证明他是错的呢？

　　要想在工作、生活中做到不与人争论，就要做好以下两点：

　　首先，要保持自己的冷静，千万不可急躁。在生活中，遇到不公平的待遇，不去斤斤计较，并做到谦虚谨慎，这样就能与他人建立起良好的人际关系。

　　其次，可以采取"等距离外交"的办法。特别是在一些人事关系比较复杂的单位里，不妨置身于各种矛盾的外围，除了在工作上认真负责，积极配合同事完成各种工作任务之外，要回避一些他人之间的个人矛盾纠纷。因为卷入任何个人之间争执的"小圈子"，对自己有害无益，对工作和生活也都毫无意义。

　　人人都有渴望被尊重的需求，因此尊重对方，满足他的被尊重感，他们就找不到轻侮你的理由。尊重是信任的开始。

第十章

竞争与合作

这世界到处充满了机会，聪明的人懂得互相合作而不是彼此竞争，结果使自己和对方都获得最大利益。

01
善用竞争

> 一个人独立地在社会中生活，是不可能的。人与人之间的合作与竞争是我们社会生存和发展的动力。我们必须认识到这一点的重要性，并接受先人们的一些很有价值的观点。
>
> ——卡耐基《人性的弱点》

哈维·怀尔史东——伟大的火石轮胎及橡胶公司的创始人。他认为，只是用薪水是留不住好员工的，工作本身的竞争才是最好的办法。

佛瑞德瑞克·侯兹柏——伟大的行为科学家，也同意这种说法。他深入研究了好几千名从工厂作业员到高级经理的人员的工作态度，他所发现的激励工作的最大因素并不是钞票、良好的工作环境、福利，真正激励人们工作的主要因素之一是工作本身。如果工作令人兴奋和有趣，负责工作的人就会渴望去做，而且努力把工作做好。

这就是所有的成功人士所喜爱的：竞争和自我表现的机会，证明他自己的价值，渴望超越别人，渴望有一种重要的感觉。

所以，如果你想使人们包括那些有精神、有勇气的人接受你的想法，请向他们提出挑战。

下面的分析将更有助于你理解合作与竞争。

人们需要合作，这里有两个方面的原因。首先，从客观方面说，人生的生存状态，就是以群体的方式实现的，绝对孤立的个体不可能实现人生价值。因为，人自身生存所需要的物质资料和精神资料，不可能完全由个人的活动来取得和满足。个人的体力、智力有限，所以必须在群体的活动和交往中得到发展。而且个人在生活中所遇到的困难、危机，也不可能完全靠自己的力量得到解决，必须得到他人或集体的协助、支持才能解决。所以，人必须相互依存、相互联系才能生存。人是作为关系而存在的，这是人生的现实状态。

其次，从主观方面说，人之为人是能够意识到群体的关系的。因此，应当在理智和情感上，自觉地、主动地去适应和促成必要的、有益的群体关系。所谓"合群"，正是强调在认识客观存在的群体关系的基础上，自觉地、主动地去维护或促进群体的正常关系，使人生得到健康、顺利的发展。

客观方面所揭示的是人生的现实状态，主观方面所要求的就是"应该"。这就是说，人生不仅是群体的，而且应该是自觉地去过群体生活，应该能够合群且善于合群。人只有能合群、善于合群，才能积极维护和促进群体的生存和发展，同时也才能使个体更好地自立。这就是个人只有在群体中才能得到发展的道理。

人生的自立与合群，蕴含着积极的竞争与协作。竞争与协作，都是人生进取与事业成功的机制。

积极的竞争，也可以称作良性的竞争，是人类生长、完善和社会发展的普遍现象。不过在专制的、强制的社会制度和环境中，这种竞争机制得不到正常的、良性的发展，常常酿成嫉妒、诡计，甚至厮杀。而在比较自由、民主的制度和环境中，竞争能够得到正常的、良性的发展，在社会生活中普遍发生作用。其实，竞争最早是在英国普遍发展的，也是与竞赛作同义理解的，而且作这种理解的就是讲出"人对人是狼"的霍布斯。在他看来，竞争者为取得成功，奋力自强，以图与对方相匹敌或超过对方，就谓之竞赛。但这种竞赛如果加进自私的目的和手段，就会变为互相敌对和损人利己的争斗。由此，他提出保证个人生存权利的契约论和自然法，以约束个人的为所欲为。这就要求有为达到利己目的的履行契约的协作。

19世纪的英国空想社会主义者威廉·汤普逊，曾经从功利主义观点出发对历史上的竞争做过比较分析。他首先肯定谋求利益的动机，对劳动者来说是一时也不可缺少的推动力。

要充分发挥这种推动力的作用，就要使劳动者有条件发挥自己的能力。也就是说，要使劳动者得到自己的劳动成果，并因努力劳动而得到奖励。如果用强迫劳动和专制统治的办法压抑劳动者，那么无论在经济上还是在道德上，都将是对社会的危害和损失。因此，他肯定个人竞争制度比起强制制度与非自愿制度来，具有更多的优越性。但是，由于资本主义私有制中的利己主义支配，使竞争成为一种贪得无厌、损人利己、损公益私的手段，因此他试图寻求一种既能保持竞争的优越性，又能避免竞争所带来的弊端的制度。按照他的理想，实行这种竞争加合作的制度，就能实现个人利益与社会整体利益的结合。他的思想具有永久的魅力。

竞争是一条永恒的生存法则。人与人之间的关系最多的就是竞争，而合作则是在竞争中另外派生出的一种人际关系，但它却更引人关注。

02
耐心成就大事

要使人对你感兴趣，先激发那人的兴趣。问别人喜欢回答的问题，鼓励他谈论他自己及他的成就。

——卡耐基《人性的弱点》

有不少人是世界上著名的谈判高手，他们谈判成功的诀窍之一就是具有很强的耐心，对许多问题绝不会立即作答。

有一次，日本一家航空公司就引进法国飞机的问题与法国的飞机制造厂商进行谈判。为了让日方了解产品的性能，法国方面做了大量的准备工作，各种资料一应俱全。谈判一开始，急于求成的法方代表口若悬河，滔滔不绝地进行讲解，翻译忙得满头大汗。日本人埋头做笔记，仔细聆听，一言不发。法方最后问日本人的意见，日本代表有礼貌地告诉法方他们不明白。法方代表十分焦急，再次询问，得到的答案还是"一切都不明白"。法方代表看到一切都要前功尽弃、付之东流了，沮丧地问日方的要求，日方提出让法方把全部资料再重新解释一遍。法方不得已，又重复一遍。这样反复几次的结果是日方把价格压到了最低点。日方抓住法方代表急于达成协议的弱点，以"不明白"为借口，施以拖延战术，迫使对方主动地把价格压下来了。

一项谈判往往需要通过长时间的努力才能达成。除了需要用谈判技巧外，还有更深一层的原因，就是用任何公平可行的时间去理解它，适应其中必然包含的新事物、新概念。当我们摒弃旧有的东西接受新鲜事物时，会有很大阻力，所以要最后接受新鲜事物，必须给别人充足的时间让他们去理解，这就需要有耐心。

没有耐心是办不成事的，更不用说办大事。在谈判中，具有耐心，善于使用拖延战术，将使你在谈判之中占据主动，然后在适当时机答应对方一项条件，则更容易达成协议。此外，我们还应该明白，了解自己，也了解别人，我们才能友好地与他人相处在一起，才能清楚地认识自身在谈判过程中面临的形势。

这实质上就是前人所说的"审时度势"。无论是在正式谈判的准备阶段，还是在谈判的实际过程当中；无论谈判是片刻见分晓，还是旷日持久；也无论谈判的内容是简单明了还是变幻莫测，作为一个谈判者都必须明确自己处在哪个位置，优势还是劣势，并且都到什么程度。

为此，必须学会从各个不同的层次、各种不同的角度来考察涉及谈判的全部内容和相关要素。

有些人无论与什么人相处，无论在什么样的环境中，都能表现得游刃有余。其原因就在于他能从别人的言行中捕捉到他们内心的变化。

03
竞争与协作

　　竞争是生物界和人类社会的一个普遍规律。积极的、良性的竞争是应当肯定的。

——卡耐基《人性的弱点》

　　所谓竞争，就是充分发挥自己的才能，追求成功，并力求超过他人，成为先进者，这种竞争就是自立、自强。在正当的目的、手段和方式下的竞争，能使每个人的智慧、才能和人格得到充分的发展和表现，从而大大提高人生的效率，实现理想目标。因此，只有在竞争中自立、自强的个体所组成的群体，才能有整体的活力和创造力；没有竞争的个体所组成的群体，是缺乏生命力和创造力的。因此，竞争是群体发展和富有创造力的根本机制。

　　但是，个人的竞争性要能够正常发挥，同时必须发展群体意识，积极与他人协作、互助。竞争本身是智慧、才能的比赛，同时也是品德、人格的比赛。在竞争中，竞争者一方面要不怕强者，不怕嫉妒，敢于争强，力求争先；另一方面，又需要善于同他人协作、互助，增长群体情感和合作精神。事实上，竞争本身就需要互助、信息交流、友谊鼓励和支持、情绪安慰及紧张后的娱乐。在交际和协作中，得到知识，增长经验，提高取得成功的能力。正是竞争激发着人们强烈的协作愿望和行动。

2003年12月，美国的Real Networks公司向美国联邦法院提起诉讼，指控微软滥用了在Windows上的垄断地位，限制PC厂商预装其他媒体播放软件，并且无论Windows用户是否愿意，都强迫他们使用绑定的媒体播放器软件。Real Networks要求获得10亿美元的赔偿。

然而就在官司还没有结束的情况下，Real Networks公司的首席执行官格拉塞却致电比尔·盖茨，希望得到微软的技术支持，以使自己的音乐文件能够在网络和便携设备上播放。所有的人都认为比尔·盖茨一定会拒绝他。但出人意料的是，比尔·盖茨对他的提议表示欢迎。他通过微软的发言人表示，如果对方真的想要整合软件的话，他将很有兴趣合作。

2005年10月，微软与Real Networks公司达成了一份价值7.61亿美元的法律和解协议。根据协议，微软同意把Real Networks公司的Rhapsody服务包括进微软的MSN搜索、MSN信息以及MSN音乐服务中，并且使之成为Windows Media Player的一个可选服务。

自20世纪80年代起，苹果和微软就一直处于敌对状态，为争夺个人计算机这一新兴市场的控制权展开了激烈的竞争。到了90年代中期，微软公司明显占据了领先优势，占领了约90%的市场份额，而苹果公司则举步维艰。但让所有人大跌眼镜的是，1997年，微软向苹果公司投资了1.5亿美元，把它从倒闭的边缘拉了回来。2000年，微软为苹果推出Office2001。自此，微软与苹果真正实现双赢，合作伙伴关系进入了一个新时代。

其实，个体的竞争也必须以促进群体的协作为条件。如果竞争妨害群体的协作，削弱或破坏群体的发展，这样的竞争不但不能促进个体完善、社会发展，而且必然成为社会腐败、个体堕落的因素。

这种又竞争又协作的人生状态能否真正实现？理想的模式固然难

说，但在经验中，类似的典型还是存在的。比如上面列举的例子，另外，日本人的工作方式，就是个体与群体并重、竞争与协作结合的。一个典型的日本人，不仅具有强烈的成就动机和竞争取胜的精神，而且同时又非常注重集体意识，善于合作与协调。

这就是日本人的自我表现与自我克制统一的性格。历史学家埃德温·赖肖尔赞扬日本人无疑比多数西方人具有更多的集体倾向，而且在互助合作的团体生活中形成了这方面的高超技巧。但是，他又强调指出，日本人具有浓厚的个人意识，在把个人从属于集体的同时，在其他方面仍然保持着强烈的个性意识，顽强地表现自己，积极奋斗，干劲十足。

据说，日本人流行一句话：一个中国人可以干得过一个日本人，但三个中国人却干不过三个日本人。这话显然是说中国人有个人竞争和成功的能力，但是不善于集体协作，去发挥协作和整体的力量。这话有点偏颇，但也有道理。

与人合作要讲究艺术，主要是时机要适当。在别人有能力、也愿意的时候，不失时机地提出合作，是令双方都十分愉快的事。

汤姆逊是一位演员，刚刚在电视上崭露头角。他英俊潇洒，很有天赋，演技也很好，开始时扮演小配角，现在已成为主要角色演员。从职业上看，他需要有人为他包装和宣传以扩大名声。因此他需要一个公共关系公司为他在各种报纸杂志上刊登他的照片和有关他的文章，增加他的知名度。

不过，要建立这样的公司，汤姆逊拿不出那么多钱来。偶然一次机会，他遇上了爱莎。爱莎曾经在一家大的公共关系公司工作了好多年，她不仅熟悉业务，而且也有较好的人缘。几个月前，她自己开办了一家公关公司，希望最终能够打入公共娱乐领域。到目前为止，一些比较出名的演员、歌星、夜总会的表演者都不愿同她合作，她的生意主要还只是靠一些小买卖和零售商店。当汤姆逊把他的想法告诉爱莎后，与爱莎一拍即合，他俩联合干了起来。

汤姆逊成为爱莎的代理人，而她则为他提供出头露面所需要的经费。他们的合作达到了最佳境界。汤姆逊是一名英俊的演员，并正在时下的电视剧中出现，爱莎便让一些较有影响的报纸和杂志把眼睛盯在他身上。这样一来，她自己也变得出名了，并很快为一些有名望的人提供了社交娱乐服务，他们付给她很高的报酬。而汤姆逊不仅不必为自己的知名度花大笔的钱，而且随着名声的增长，也使自己在业务活动中处于一种更有利的地位。

通过爱莎和汤姆逊的相互协作，弥补了个人能力的不足，完成了一个人无法完成的事业。

可见，协作的确是一件快乐的事情，有些事情人们只有相互协作才能做成。所以说，协作可以获得双赢的结果。

04
知足与进取

一个民族最危险的是墨守成规，不敢改革；一个人最糟糕的是知足常乐，不求进取。要树立起竞争观念，就必须破除知足常乐的旧观念。

——卡耐基《人性的弱点》

所谓"知足常乐"，就是满足自己的眼前所得，保持自己的安乐。这种处世态度，并不只是指日常生活不奢求，而是一种保守主义、利己主义的人生哲学。中国有一位哲学家老子宣传"无为而治"，提倡"知足""知止""无欲""不争"。他认为，人生在世如能满足自己的所得，如此不争，不但可以保持内心的清静和愉快，而且还可以免遭屈辱和灾祸，即所谓"知足不辱，知止不殆""祸莫大于不知足"。只有知足知止，无欲不争，才能长乐久安。显然，这是一种保守的、消极的人生哲学。

世界上第一辆四轮汽车是福特发明的，在其他汽车公司崛起之前，世界上最受欢迎的汽车是福特的T型车。这种汽车色彩单一，除了黑色还是黑色，样式也比较古板，但在流水线大批量生产模式下，其成本较低，而且耐用，迎合了当时世界各国消费者的需求，畅销期长达20年。也许正是因为这种畅销，让福特的经营者们误认为"现状"可以一成不变，福特王朝可以永远做汽车业的老大，进而忽视了世界一直都在前进的现实。

20世纪20年代，经济进一步发展了，美国人的收入增加了，汽车不再仅仅是代步的工具，人们更乐意把它当作地位和身份的象征。显然，色彩单一、样式单一的T型车，已经无法满足人们的这种需求了。然而，福特公司经营者对这种变化视而不见，福特本人还固执地说："不管消费者需要什么，福特公司生产的汽车永远都是黑色的！"

　　前进中的世界，终于使保持"现状"的福特落后了。跟上时代发展的，是顺应消费者需求的通用汽车以及后来的日本丰田和本田等。

　　首先，知足者的知足，不论是夜郎自大还是甘居中游，都是形而上学的表现。它不仅违背事物发展的规律性，而且也不符合人自身进步的内在要求。事物是不断变化、发展的，人生也必须要有所发现、有所创造，永不知足地积极进取，自强不息。在学习、劳动和工作中，永不满足已有的成绩，总是看到不足，以成绩为起点，向着更高的目标积极进取，就会不断取得新的成就。在日新月异的进步中得到安乐和幸福，生活的经验证明，"乐"不在于"知足"，而在于"不知足"。

　　知足者常忧，不知足者常乐，这才是人生的逻辑。

　　其次，"知足常乐"这种处世哲学的背后，隐藏的是狭隘的利己主义打算。它所追求的快乐，是个人"知足"之乐。这样的知足一旦得不到，就会产生对生活的不满、嫉妒，甚至对人生的失望。因为这种追求所满足的只是一个"自我"，如果这个"自我"不能满足，那么仅有的一点得意和快乐就会转化为痛苦。

　　当然，指出"知足常乐"的人生哲学的狭隘和片面，并不是说任何情况下都不能讲知足。知足还是不知足，要看具体情况。在一定意义上，"知足"也可以使我们今昔对比，更加珍惜今天的进步和幸福，防止因物质享乐、欲望的不知足而贪婪和堕落。但是，绝不能离开自强、进步谈知足。对于"不知足"也要做具体分析，并不是任何"不知足"都是可取的。那种好高骛远、贪得无厌的不知足，同消极的自私的"知足"一样，也会破坏正常的、积极的竞争和协作。

美国某个小镇上的一位已过了耄耋之年的老人曾经非常自豪地说："我是这个小镇上最富有的人。"

不久，这句话传到了镇上的税务稽查人员的耳朵里。稽查员的职业敏感使他们在第一时间登门拜访这位老人，他们开门见山地问："我们听说，您自称是最富有的人，是吗？"

那位老人毫不犹豫地点了点头："是的，我想是这样。"

稽查员一听，便从公文包里拿出笔和登记簿，继续问道："既然如此，您能具体说一说您所拥有的财富吗？"

老人兴奋地说道："当然可以了，我最大的财富就是我健康的身体，你别看我已经90多岁了，但我能吃能走，还能做点力气活呢，我不用光临医院，就是在变相地省钱和赚钱。"

稽查员有些吃惊，仍然耐心地问："那么您还有其他的财富吗？"

"当然，我还有一个贤惠温柔的妻子，"老人一脸幸福地说着，"我们生活在一起将近60年了，另外，我还有好几个很孝顺的子孙，他们都很健康，也很能干，这也是我的财富。"

稽查员再次耐着性子继续问："还有吗？"

"我还是个堂堂正正的国民，享有宝贵的公民权，这也是不容否认的财富。还有，我有一群好朋友，还有……"

稽查员有点忍耐不住了，单刀直入地问："我们最想知道的是，你有没有银行存款、有价证券或是固定资产？"

老人十分干脆地回答："这些完全没有。"

稽查员又问："您确定没有吗？"

老人诚恳的回答：“我发誓，肯定没有。除了刚才我说的那些财富，其他的我什么也没有。”

稽查员收起登记簿，肃然起敬地说：“确实如你所言，您是我们这个镇上最富有的人。而且，您的财富谁也拿不走，连政府也不能收取您的财产税。”

在人生过程中，正确地对待竞争，必须注意同他人的联合和协作。在联合与协作的过程中，既要有争先的勇气，又要注意把个人的作用同群体的力量结合起来。要竞争，就必须克服自卑心理、嫉妒心理；要在竞争中取胜，要克服轻慢心理，要看到竞争者之间的差别不是绝对的，而是相对的，在一定条件下是可以转化的；既不要大意，也不要惧怕强手而却步；要有不畏强手，绝不示弱的精神和拼劲。当然，不示弱，也要根据实际对比力量，不能盲目自信，盲目轻视对手，以至于做出毫无把握的竞争。人生的积极竞争，是在共同幸福、进步前提下的友好竞争。这种竞争本质上是一种竞赛，既要有求胜、成功的强烈愿望，又要搞好协作、协调，以正当的手段和方式进行竞争，以利于共同进步和共同事业的发展。

世间的人，没有一个是完美的。即使你是一个技艺超群、综合能力超强的人，也并非就掌握了生活当中、工作当中的所有知识。当遇到困难时，与别人合作就是必然的了。

第十一章

会说话，赢得好人缘

人人都喜欢听赞美的话，在你表示赞美的时候，要确实百分之百的真诚。如果没有诚意的话，可能偶尔会骗过一两个人，却骗不了大部分的人，你最终还是会失去别人对你的信任。

01
谈话前要做好充分准备

无论什么时候，在罗斯福接受访问的前一夜，他都会晚点睡来阅读他的客人所感兴趣的东西。因为罗斯福同所有的领袖一样，知道通到人心的大路就是跟对方谈论他最以为宝贵的事情。

——卡耐基《人性的弱点》

美国有一个人寿保险商，就靠他的"准备"工作，成为寿险之"王"。他的秘诀是：当他去劝服一个客人之前，先了解他究竟有没有买了别家的人寿保险，如果在别家已有人寿保险，再去劝他多买自己公司的，这件事成功的希望已减去一半。

碰着这种情形，他就不再提人寿保险的事，而是可能提到另外一种保险，例如意外保险之类。而许多人寿保险商，会攻击客人所购的别的人寿保险，然后推荐自己的公司。

一家书报社派员上门推销。一次，推销员去一家客户那里，客户本来已长期订阅了甲杂志，他还让人订一本乙杂志，客人很痛快地就回绝了，因为没有同时订两本杂志的必要。这话一经讲出，气氛已很不愉快，再要介绍另外一种杂志时，已经来不及了。有许多事情，心理上本来可以稍加准备的。有了准备，一切都好办得多，可惜一般人都漠视这种应有的准备，放过了成功的大好机会。

甚至在电话交往中也有这种情形，预先准备好别人说"是"或

"否"时你应该如何应对，就可以避免太多不必要的不愉快了。

与人谈话时，由"非特定话题"转入"正题"是一件相当困难的事。有许多人喜欢说一大堆题外话，然后说，言归正传，今天来找你是为了某件事；或者，今天来访，其实是为了某件事。这样转入正题，表面看来似乎直截了当，但这样会使得刚才你说的所有题外话完全失去效果，因为对方的脑子，已把你的谈话一分为二。如果你说话有这种习惯，不懂"转题"的技巧，倒不如开门见山，一见面就讲正题可能会好得多。

吉米是一名洗衣机推销员，一次他去拜访朋友，目的当然是推销洗衣机。如果他首先和别人说了一大通题外话，然后说，今天拜访无其他目的，实在是想推销洗衣机，他多半要失败的。但他一开头便谈论近来天久不雨，水库干，停水，然后说，这几天热得很，天天要换衬衫，每天单是洗衣服就大伤脑筋，由此转入推销洗衣机，真有天衣无缝之妙。即使对方发现了这条"缝"，也不会觉得不舒服的。

有些场合是需要声明"闲话少说，言归正传"的。比如对方已知你来意，或者彼此已约定此次要谈些什么，来一个正式宣布，可以使对方的情绪拉紧，把精神集中一下，来谈你们之间要谈的事情。

发言时不能不假思索脱口而出，一定要经过大脑过滤，并且要让人感到信服，从而愿意接受你的意见。同时，不管对方说什么，也一定要用心去听。

02
以肯定来开始谈话

懂得说话的人都在一开始就得到一些"是的"反应，接着就把听众心理导入肯定方向。就好像打撞球的运动，从一个方向打击，它就偏向一方；要使它能够反弹回来，必须花更大的力量。

——卡耐基《人性的弱点》

世界著名推销大师托德·邓肯在推销时，总爱向客户问一些需要肯定回答的问题。他发现这种方法很管用，当他问过五六个问题，并且客户都做了肯定的回答，再继续问其他关于购买方面的知识，客户仍然会点头，这个惯性一直保持到成交。

以肯定来开始的谈话方式，使得纽约市格林威治储蓄银行的职员詹姆斯·艾伯森挽回了一名主顾。

那个人进来要开一个户头，艾伯森先生就给他一些平常的表格让他填。有些问题他心甘情愿地回答了，但有些他则根本拒绝回答。

若是前些年，艾伯森一定会对那个人说：如果他拒绝对银行透露那些资料，就不让他开户头。当然，像那种断然的方法，会使他觉得痛快。因为他表现出了谁是老板，也表现出了银行的规矩不容破坏。但那种态度，当然不能让一个进来开户头的人有一种受欢迎和受重视的感觉。

所以这次，艾伯森决定采取一点实用的普通常识。决定不谈论银行所要的，而谈论对方所要的。最重要的，他决意在一开始就使他说"是，是"。因此艾伯森对他说，他拒绝透露的那些资料，并不是绝对必要的。然后，艾伯森又继续说，请不要介意把最亲近的亲属名字告诉银行，这是一种很好的方法，万一你出意外了，银行就能正确并不耽搁地实现你的愿望。

那位年轻人的态度软化下来。当他发现银行需要那些资料是为了他的时候，改变了态度。在离开银行之前，那位年轻人不只告诉他所有关于他自己的资料，而且还在艾伯森的建议下，开了一个信托户头，指定他母亲为受益人，而且很乐意地回答了所有关于他母亲的资料。

还有这样一个故事：

有一次，大推销员金克拉因违反交通规则被罚款30美元。他拿着罚款单去交罚款，当他把钱交到那位处理罚款通知单的小姐手中时，顿时产生了一个念头：如果我能巧妙地抓住这个机会与她搭上话，也许能够把自己损失的钱捞回来；即使买卖不成，对自己也没有什么损失。

于是，他对小姐很有礼貌地说："我可以向你打听两件事吗？"

小姐微笑地说："请说吧！"

金克拉问道："想必你现在还是单身一人吧？我想你大概也有些积蓄了吧？"

小姐不解地点点头，说："嗯，是啊！"

金克拉神秘地说："有一件东西非常好，你以后一定用得上。如果你看了喜欢它的话，愿意每天省下25美元把它买下吗？"

"嗯，我愿意。"小姐又给出了肯定的回答。

"那件东西就放在我的汽车的后备厢里。那可是件非常漂亮的东西，而且是很难买到的。你不但现在需要，而且在将来的生活中也会经常用得到它。为了让你尽快看看那件东西，我能否耽误你5分钟的时间？"

"嗯，我想看看。"小姐再次给出了肯定的答复。

"那么，请稍等一下。"

金克拉连忙跑到汽车旁，将一套锅的样品拿了出来。然后又进行了示范演示，问小姐；"请问你是否需要订货？"

小姐的态度有些犹豫，刚好旁边有一位比她大10岁左右的已婚妇女，小姐便问她："请问如果您是我，您会怎么做？"

没等那位妇女回答，金克拉插嘴道："如果您站在这位小姐的立场上考虑问题，您将怎么做？其实，您是已经结了婚的人了，结婚以后您所负担的费用会随着家庭人口的增加而增加，我想这些您是完全明白的。请您想想，如果您在结婚之前，能有一个得到一套漂亮的锅的机会，您会怎么办？"

那位妇女果断地说："如果是我的话，我会毫不犹豫地将它买下来。"

金克拉转过头问那位小姐："这应该也是你想要做的吧？"

小姐微笑着回答说："嗯，是啊。"

于是，金克拉成功地得到了一份订货合同。签完合同，他又问那位已婚妇女说："虽然十年前您没有遇到这样的机会，可是总不能让您和您的家人以后也不使用这样的锅吧？"

"嗯，那倒是。"已婚妇女回答道。

金克拉说："估计您也想买套锅吧？"

已婚妇女说："是啊。"

就这样，金克拉又轻松地攻下了另一位客户。他之所以在短短的几分钟时间内能得到两份订单，关键在于他能巧妙地同对方用肯定来开始谈话。

　　用肯定来开始谈话。若一开始就让他说"是，是"，就会使人忘掉曾经的争执或不愉快的事情，而乐意去做我们所建议的事。

　　一切使人喜悦的艺术之中，说话的艺术占第一位。只有通过它，被习惯钝化的感官才能获得新的乐趣。

03
改变说话的语气

> 在你表现出你认为别人的观念和感觉与你自己的观念和感觉一样
> 重要的时候，谈话才会有融洽的气氛。
>
> ——卡耐基《人性的弱点》

人都有一种自重感，都爱面子。有一些人明知道自己错了，也要强争三分理，尤其是在他们认为自己正确、其实并不正确的时候，更会坚持不让。还有一些人，自高自大，或者戒备心理很强，听不进去别人的意见。要说服这样一些人，就要学会改变说话的语气。

在开始谈话的时候，要让对方提出谈话的目的或方向。如果你是听者，你要以你所要听到的是什么来管制你所说的话。如果对方是听者，你接受他的观念将会鼓励他打开心胸来接受你的观念。

小王是做推销家用电器工作的。这一次他推销的是公司的新产品，就是可以快速把洗涤的衣服弄干的机器。

当他上门对一位太太进行推销时，在他讲解产品说明后，看到客户还没有购买的意思，于是他就改变了自己的说话语气。

"太太，您什么时候洗衣服啊？"

"下班之后，或在早上很早的时候。"

"哦！那真辛苦，您把衣服晾在外面吗？"

"因为怕下雨，只好都晾在家里面。"

"衣服晾在家里，像这几天阴雨绵绵，一天能干吗？"

"嗯，像现在这个季节，最少也要两天才干得了哦！"

此时，小王利用她抱怨的心态，进一步加强攻势：

"其实，只要您使用我们公司这种机器，保证30分钟衣服就可以干了。以后，无论您利用什么时间洗衣服，用不了多久就可以穿上干爽的衣服了。"

最终，小王的推销成功了。

在与人交谈中，把对方的话题和看法先承接下来，这样能够缓解对方的对立情绪，使他愿意听取你的意见。当他对你消除戒备心理时，你再话锋一转，改变原来的话题，进入你要与之交谈的主题，这样对方比较乐意接受。

表现出你的诚意吧，不过首先你必须让对方认为，你同意他的观点。迎着这样的诚意，谈话就可以顺利进行了。

04
学会倾听别人的心声

静听是我们对别人的一种最高的恭维。一个成功的商业会谈的秘诀是什么？曾任哈佛大学校长的查尔斯·爱略特说："成功的商业交往，没有什么秘密可言……用心关注跟你讲话的人极为重要。没有别的东西像这个那样使人如此开心。"

——卡耐基《演讲的艺术》

人们往往对自己的事感兴趣，喜欢自我表现。一旦有人专心聆听自己的讲话时，就会感到自己被重视。

再也没有比拥有一个忠实的听众更令人愉快的事情了。对于倾听者来说，在人际交往中，多听少说，善于倾听别人的谈话是一种很高雅的素养，并能通过倾听了解对方的心理，从而更好地与之交往。因为认真倾听别人的讲话，表现了对说话者的尊重，人们往往会把忠实的听众视作完全可以信赖的知己。

保险推销大师弗兰克在推销的时候，善于做别人的听众。有一次，他打电话给费城牛奶公司的总裁。因为那个总裁以前跟弗兰克做过一笔小生意，而且很成功。由于对弗兰克的印象很好，所以很愿意见到弗兰克。弗兰克刚在他面前坐下，他说："弗兰克，说说你的巡回讲演吧，一定很精彩吧？"

"完全可以，"弗兰克肯定地说，"不过我更想知道您的近况。

您现在忙什么呢？生意还顺利吧？"

"托上帝的福，还可以。"接着，总裁便和弗兰克谈起了他的生意。并渐渐地由生意谈到家庭，在谈及家庭的时候，总裁向弗兰克谈起了前一天晚上与妻子和朋友们玩一种新的纸牌游戏时的情形。弗兰克以前从没听说过这种游戏，因此也十分感兴趣。总裁谈纸牌游戏谈得很起劲儿，到最后弗兰克也没有谈他巡回讲演的事。

后来，当弗兰克起身告辞的时候，总裁忽然叫住他说："弗兰克，我们公司打算为工厂管理人员投保，你说28000美元够不够？"

在与客户交往的过程中，一定要谈论客户喜欢的、感兴趣的事情，真心地询问客户的近况和家庭情况，并在交谈中甘做一名听众，最后你会发现客户会主动和你做生意。

做一个耐心的倾听者，是口才的一项重要条件。因为一个能够静坐聆听别人的意见的人必定是一个富有思想和具有谦虚柔和性格的人，这种人也许在人群中不显山不露水，但最终他一定能够赢得别人的尊重。因为虚心，他为众人所喜悦；因为思想，他为众人所尊重。

韦伯从欧洲旅游回到美国后，在一次晚宴上结识了一位女士。这位女士知道韦伯刚从欧洲回来，便说自己从小就梦想着去欧洲旅行，现在都未能如愿。在后来的交流中，韦伯意识到她是一个很健谈的人。他知道，如果让这样一个人很久的听别人讲许多风景优美的地方，一定如同受罪，心中还憋着一口气，并且还会不时地打断自己的谈话。因为她对别人的谈话根本没有兴趣。事实上，这位女士只是想从别人的谈话中找到契机以开始自己的话题。

韦伯曾听朋友说，这位女士刚从阿根廷回来。阿根廷景色秀丽的大草原是最吸引人的地方，她一定深有感触。于是，他便说自己喜欢打猎，还说欧洲的山太多了，如果能有机会在大草原上打猎应该是十分惬意的事。

那位女士一听到大草原，就立刻打断了韦伯的话，兴奋地告诉他，她刚从阿根廷回来。韦伯当时耐心地听着，那位女士后来就开始了她滔滔不绝的话题，一直讲到晚会结束还意犹未尽。

后来，宴会的主人告诉韦伯，那位女士说她与韦伯相处得很融洽，自己非常喜欢和他在一起。事实上，韦伯只说了几句话。

其实，那位女士并不想从别人那里听到些什么，她仅仅是需要一双认真聆听的耳朵，她只想倾诉。而韦伯正好懂得这一点。

倾听是一种最佳的沟通技巧，也是礼貌和诚挚的表现。倾听使谈话双方更加融洽与信任，心灵的距离被缩短了。

倾听，意味着要有足够的好奇心，去强迫自己对别人感兴趣。如果你认为生活像剧院，自己就站在舞台上，而别人只是观众，自己正在将表演的角色发挥得淋漓尽致，而别人也都注视着自己。如果你有这样的想法和习惯，那你会变得自高自大，以自我为中心，也永远学不会倾听，永远无法了解他人。

怎样才能做一个良好的倾听者呢？首先是要有"诚意"。别人和你说话的时候，你的眼睛要注视着他，不管对你说话的人的地位比你高还是比你低，学会注视，一是表示你在意他的谈话，二是表明你有足够的勇气和信心正视别人。其次是别人对你说话的时候，你绝对不可以同时做着一些不必要的工作，这是不礼貌的，而且当人家问你一些问题的时候，你会因为无言以对而尴尬。

当然，倾听并不是说你要坐在那里一言不发，讲话要一句一句地讲，一段一段地讲，只讲不听，只听不讲，都不算谈话。我们所追求的口才，不只是讲的问题，还有听的问题。会说话的人，同时也是会听话的人。会说话的人在说话的时候，绝不只是自己一味地说。他在未说之前，在说的时候，说了之后，都有一件事情使他非常关心的，那就是他的话在对方看来是怎样的，也就是自己说的内容在听众心理引起怎样的反映。

一切口才的最终结果，就是自己的话在听者头脑中所产生的印象和效应——使听者明白自己的话，相信自己的话，照自己的话去做。

滔滔不绝、口若悬河、一大套一大套地讲个没完没了，并不是真正的好口才，口才很好的人不一定要讲很多，精妙之处在于他只讲了三言两语就使人佩服得五体投地，因为他了解别人的心情，知道别人要听什么。

倾听别人说话时，偶尔插上一两句恰到好处的话或不明白时提出一个问句是非常必要的，说明你对他的谈话非常留心，也可以把谈话引向深入。

如果你不同意他的观点，你或许会很想打断他。但不要那样，因为那样做很危险。当他有许多话急着说出来的时候，他是不会理你的。因此你要耐心地听着，抱着一种开放的心胸，要做得诚恳，让他充分地说出他的看法。

突然打断别人的讲话，就像一支非常流畅的乐曲被中途断开，从此失去了连贯的味道和演奏者的好心情。

在日常交流中需要始终关注交谈对象的反应，这既可以成功地表达自己的观点、要求和态度，也可以通过这样的交谈而收获友谊。对于对方的话语，例如提问，即使不能给予正确的回答，也不要一语带过，或者轻描淡写地笼统回答，更不要答非所问。对别人的抱怨，更要耐心地倾听。

有一位汽车推销员，经朋友介绍去拜访一位曾经买过他们公司汽车的客户，一见面，他照例先递上名片，然后说："我是大众汽车推销员，我姓……"

他还没有报出自己的姓名，就被客户以十分严厉的口吻打断，并开始抱怨当初他买车时的种种不悦，其中包括报价不实、内装及配备不对、交车等待过久、服务态度不佳……总之讲了一大堆，结果这位新推销员被他吓得一句话也不敢说了，只是静静地在一旁听着。

终于，等到他把之前所有的怨气一股脑儿地倾吐完，稍微喘息一下时，才发觉这个推销员并没有向自己推销过汽车，便有一点不好意思地问他说："年轻人，你贵姓呀，现在有没有好一点的汽车，拿份目录来看看吧！"三十分钟过后，这个推销员欢天喜地地吹着口哨离开了，因为他手上握着两辆汽车的订单。

05
让对方多说

如果你要别人同意你的观点，必须遵循的规则是：使对方多多说话。

——卡耐基《人性的弱点》

试着去了解别人，让对方多说话，清楚他看待事情的观点，就能创造生活奇迹，使你得到友谊，减少摩擦和困难。

艾尼是纽约市中区人事局最得人缘的工作介绍顾问，但是过去的情形并不是这样。在她初到人事局的头几个月中，在同事之中连一个朋友都没有。因为那时每天她都使劲地吹嘘她自己，比如在工作介绍方面的成绩，她新开的存款户头，以及她所做的每一件事情。

她认为自己工作做得不错，并且为之自豪，但是同事们不但不分享她的成就，而且极不高兴。艾尼渴望这些人能够喜欢她，真的很希望他们成为她的朋友。后来，她开始少谈自己而多听同事说话。他们也有很多事情要吹嘘，他们把自己的成就告诉艾尼，比听别人吹嘘更令他们兴奋。现在当她与他们在一起闲聊的时候，别人就把他们的欢乐告诉她，与她分享，而只在他们问及的时候才说一下自己的成就。

德国人有一句谚语，大意是这样的：最纯粹的快乐，是我们从那些我们的羡慕者的不幸中所得到的那种恶意的快乐，或者，换句话说，最纯粹的快乐，是我们从别人的麻烦中所得到的快乐。

是的，你的一些朋友，从你的麻烦中得到的快乐，极可能比从你的胜利中得到的快乐大得多。

　　因此，我们对于自己的成就要轻描淡写。谦虚，永远会受到别人的欢迎。

　　我们应该谦虚，因为你我都没什么了不起。我们都会去世，百年之后就被忘得一干二净了。生命的短促不容忍我们在别人面前大谈成就，相反我们要鼓励他们谈谈他们自己才对。

　　西格曼要算是近代最伟大的倾听大师了。他是一位十分专注于听人讲话的人，他拥有别人所不具有的特殊气质，并能用心灵洞察事情。他的目光谦逊、温和，声音低柔，非常专注地听别人说话——即使别人说得不好，还是一样认真地倾听。

　　只谈论自己的人，所想到的也只有自己。而只想到自己的人，是不可救药的未受教育者。人们会认为他没有受过教育，不论他读过多少年的书。

　　请记住，跟你谈话的人，对他自己、他的需求和他的问题，更感兴趣千百倍。他对自己颈部的疼痛，比对非洲发生40次地震更为关注。当你下次开始跟别人交谈的时候，别忘了这点。

　　韦恩是罗宾见到的最受欢迎的人士之一。他总能受到邀请，经常有人请他参加聚会、共进午餐、担任客座发言人、打高尔夫球或网球等。

　　一天晚上，罗宾碰巧到一个朋友家参加一次小型社交活动。他发现韦恩和一个漂亮女士生在一个角落里。出于好奇，罗宾远远地注意了一段时间。罗宾发现那位年轻女士一直在说，而韦恩好像一句话也没说。他只是有时笑一笑，点一点头，仅此而已。几小时后，他们起身，谢过男女主人，走了。

　　第二天，罗宾见到韦恩时禁不住问道：

"昨天晚上我在斯旺森家看见你和一个最迷人的女孩在一起，她好像完全被你吸引住了。你是怎样吸引她的注意力的？"

"很简单，"韦恩说，"斯旺森太太把乔安介绍给我，我只对她说'你的皮肤晒得真漂亮，在冬季也这么漂亮，是怎么做的？你去哪儿了呢？阿卡普尔科还是夏威夷？'

"'夏威夷，'她说，'夏威夷永远都风景如画。'

"'你能把一切都告诉我吗？'我说。

"'当然。'她回答。我们就找了个安静的角落，接下去的两个小时她一直在谈夏威夷。

"今天早晨乔安打电话给我，说她很喜欢我陪她。她说很想再见到我，因为我是最有意思的谈伴。但说实话，我整个晚上没说几句话。"

看出韦恩受欢迎的秘诀了吗？很简单，韦恩只是让乔安谈自己。他对每个人都这样——对他人说："请告诉我这一切。"这足以让一般人激动好几个小时。人们喜欢韦恩就是因为他注意他们。

假如你也想让大家都喜欢，那么就尊重别人，让对方认为自己是个重要的人物，满足他的成就感，而最好的办法就是谈论他感兴趣的话题。千万不要喋喋不休地谈自己，而要让对方谈他的兴趣、他的事业、他的高尔夫积分、他的成功、他的孩子、他的爱好和他的旅行等。

让他人谈自己，一心一意地倾听，要有耐心，要抱有一种开阔的心胸，还要表现出你的真诚，那么无论走到哪里，你都会大受欢迎。

因此，如果你想要别人喜欢你，请从现在开始，做一个好的听众，鼓励他人谈论他们自己。

自以为是、目空一切的我们常常不愿去听清别人在说什么，无知与偏见就这样产生了。耐着性子多听一些，就会了解对方的内心感受，信任很容易就会产生。

第十二章

善待别人
也是善待自己

用温和、友善、赞赏、宽容的态度对待别人，不要对别人斤斤计较，要知道，你怎样对待别人，别人就会怎样对待你。你善待别人，也会使自己享受快乐和安宁。

01
善待所有的人

种因就会得果。能够记住这点的人就不会跟任何人生气，不会跟任何人争吵，不会辱骂别人、责怪别人、触犯别人、憎恨别人。

——卡耐基《人性的弱点》

善待他人是有修养的表现，而有修养的人一定会是别人愿意交往的对象。在善待他人的过程中你无形地投入了感情，当然别人对你的善意肯定会铭记于心，在以后的交往中自然也会用真诚和善意来对待你。

在美国历史上，恐怕再没有谁受到的责难、怨恨和陷害比林肯多了。林肯却从来不以他自己的好恶来批判别人。如果有什么任务要做，他也会想到他的敌人可以做得很好。如果一个以前曾经羞辱过他的人，或者是对他个人有不敬的人，却是某个位置的最佳人选，林肯还是会让他去担任那个职务，就像他会派他的朋友去做这件事一样。而且，他也从来没有因为某人是他的敌人，或者因为他不喜欢某个人，而解除那个人的职务。很多被林肯委任而居于高位的人，以前都曾批评或是羞辱过他，比如麦克里兰、爱德华、史丹顿和蔡斯。但林肯相信"没有人会因为他做了什么而被歌颂，或者因为他做了什么或没有做什么而被废黜。因为所有的人都受条件、情况、环境、教育、生活习惯和遗传的影响，使他们成为现在这个样子，将来也永远是这个样子"。

加州的安妮一家就拥有这样平静的心态。在安妮很小的时候，她的家人每天晚上都会从《圣经》里面摘出章句或诗句来复习，然后跪下来一齐念"家庭祈祷文"。她现在仿佛还听见，在加州一栋孤寂的农庄里，她的父亲复习着耶稣基督的那些话："爱你们的仇敌，善待恨你们的人；诅咒你的，要为他祝福；凌辱你的，要为他祷告。"

安妮的父亲做到了这些，也使其内心得到一般人所无法追求的平静。

平和是情绪的最佳状态。无论从事什么职业，与什么人相处，这都非常重要。静中有着无限的妙趣。

有这样一个故事：

一个穷苦的小男孩，身着单薄的衣衫被冻得瑟瑟发抖，他为了攒学费不得不每天上街推销商品。一天傍晚，劳累了一整天的他感到十分饥饿，但摸遍全身，却只有一角钱，怎么办呢？他决定向下一户人家讨口饭吃。当一位美丽的女孩打开房门的时候，这个小男孩却有点不知所措了，他没有要饭，只乞求给他一口水喝。这位女孩看到他很饥饿的样子，就拿了一大杯牛奶给他。之后，小男孩问这需要多少钱，小女孩回答说，妈妈教育我要对人施以爱，不必收一分钱。小男孩十分感激地说："请接受我由衷的祝福吧！"说完男孩离开了这户人家。此时，他不仅感到自己浑身是劲，也感到自己将有美好的未来。他放弃了退学的念头，要把书继续念下去，一定要取得好成绩。

转瞬间数年过去了，有一位美丽的女孩得了重病，她被转到大城市，著名的医生凯利参与了医治方案的制订。当他从病历上看到那女孩的来历时，若有所思，就又转身去了病房。凯利医生一眼就认出床上躺着的病人就是那位曾帮助过他的恩人。他回到自己的办公室，决心一定要竭尽所能治好女孩的病。后来，经过他严格而精心的治疗，这个女孩竟然奇迹般地康复了。

凯利医生要求把医药费通知单送到他那里，在通知单的旁边，他签了字。当医药费通知单送到这位特殊的病人手中时，她不敢看，因为她确信，治病的费用将会花去她的全部家当。最后，她还是鼓起勇气，翻开了医药费通知单，旁边的那行小字引起了她的注意："医药费——一满杯牛奶。霍华德·凯利医生。"原来是他——数年前的小男孩。

不要处处与人交恶，善待他人就是善待自己。善意地对待别人，能较好地推动人们相互之间的理解与合作，很多事情就能顺理成章地完成，很多从前解决不了的问题也会迎刃而解。

02
温和友善胜于愤怒与咆哮

温和、友善、赞赏的态度对于改变一个人的心意，往往比咆哮和猛烈地攻击更为奏效。因为在友善中，你可以发现，任何事情都没有想象的那么难以应付。

——卡耐基《人性的弱点》

对于商业界来讲，对罢工者表示出友善的态度是必要的。怀特汽车的一个工厂有200多名员工，他们因要求加薪而罢工。总裁罗伯·布莱克没有因此而采取动怒、责难、恐吓或发表霸道讲话的做法，反而在报纸上登出一则广告，称赞罢工者"用和平的方法放下工具"。他又发现罢工监察员无事可做，便买来许多棒球和手套让他们在空地上打棒球，还租下一个保龄球场，以供那些喜欢保龄球的人娱乐。

终于，这些举动感动了工人们。罢工者找来了扫把、铲子和垃圾车，把工厂附近因罢工留下的纸屑、烟头等垃圾扫除干净。罢工的问题就这样轻易地解决了。

假如人心不平，对你印象恶劣，你就是用尽所有基督理论也很难使他们信服于你。

有时候，一些难以应付的人或事，会在友善与赞赏中变得温和起来。

斯特先生是个工程师，他要求房东减低房租，但房东是个铁面无情的人，很难说动。于是，他便给房东写了一封信，告诉他，等租约一到，他就搬出去。而事实上，他并不想搬家，只是想降低房租。其他房客都试过，但都没有成功。他们还告诉斯特先生，说房东很难对付，要特别小心。

房东收到信后，去找了斯特先生。斯特和房东热诚地交谈，没有提房租高的事，只告诉他自己十分喜欢这间房子，然后继续恭维他很会管理这里。再告诉他，如果不是付不起房租，他很愿意再多住一年。

房东从未遇到过这样的房客，一时不知该如何是好。房东说，他的房客们总是抱怨。他收到过许多房客的来信，其中还有人在信中侮辱他。他说，像斯特这样的房客，真让他松口气。

后来，斯特先生没有要求，房东便自动将房租减少了一些。并且还问他，房子是否需要装修。

温和、友善和赞赏的态度更能让人改变心意，这是咆哮和猛烈攻击所难以奏效的。

美国波士顿郊区曾发生过这样一件事，证明了这个真理。

那些年，波士顿的报纸上充斥着堕胎专家和庸医的广告，表面上是给人治病，实际上却是用恐吓的方式，类似"你将失去性能力"等可怕的词句，欺骗无辜的受害者。他们害死了许多人，却很少被定罪。他们只要缴点罚款或利用政治关系，就可以逃脱责任。

这种情况太严重了，激起了波士顿很多善良民众的义愤。传教士拍着讲台痛斥报纸，祈求上帝能终止这种广告。公民团体、商界人士、妇女团体、教会、青年社团等，一致公开指责，大声疾呼。然而，一切都无济于事。议会掀起争论，要使这种无耻的广告不合法，但是在集团利益和政治的影响力之下，各种努力都毫无成效。

华尔医师是波士顿基督联盟的善良民众委员会主席，他的委员会用尽了一切方法，也都失败了。这场抵抗医学界败类的斗争，似乎没有什么成功的希望。

有一天晚上，华尔医师尝试了波士顿显然还没有人试过的一个办法，为了让报社自动停止刊登那种江湖郎中的广告，他给《波士顿先锋报》的发行人写了一封信，表示他多么仰慕该报：新闻真实，社论尤其精彩，是一份完美的家庭报纸，他经常看该报。华尔医师还表示，以他的看法，它是新英格兰地区最好的报纸，也是全美国最优秀的报纸之一。"然而，"华尔医师说道，"我的一位朋友告诉我，有一天晚上，他的女儿听他高声朗读贵报上有关堕胎专家的广告，并问他那是什么意思。老实说，他很尴尬，他不知道该怎么回答。贵报深入波士顿众多家庭，既然这种场面发生在我的朋友家里，在别的家庭也难免会发生。如果你也有女儿，你愿意让她看到这种广告吗？如果她看到了，还要你解释，你该怎么回答呢？"

"很遗憾，像贵报这么优秀的报纸——其他方面几乎是十全十美的——却有这种广告，使得一些父母不敢让家里的女儿阅读。可能其他成千上万的订户都和我有同感吧！"华尔医师最后写道。

两天以后，《波士顿先锋报》的发行人给华尔医师回了一封信。

亲爱的先生：

十一日致本报编辑部来函收纳，至为感激。贵函的正言，促使我实现本人自接掌本职后，一直有心于此，但未能痛下决心的一件事。

从下周一起，本人将促使《波士顿先锋报》摒弃一切可能招致非议的广告。暂时不能完全剔除的广告，也将谨慎编撰，不使它们造成不良影响。

03
多付出关心与温暖

要表示你的关切，这跟其他人际关系一样，必须是诚挚的。这不仅使得付出关切的人有些成果，接收这种关切的人也是一样。它是条双向道，当事双方都会受益。

——卡耐基《人性的弱点》

关心别人是一条双方都受益的双向道。它不但可以消除沮丧、恐惧与孤寂，而且在许多时候可以创造更多的价值。

有一位名叫马丁的纽约人说，一位护士给他的关切深深地影响了他的一生。在他10岁那年的感恩节，他正因社会福利制度而住在一家市立医院，预定明天就要动一次大手术。他知道，以后几个月都是一些限制和痛苦了。他父亲已去世，现在，他和母亲住在一个小公寓里，靠社会福利金维生。那天母亲刚好不能来看他。

他感到自己完全被寂寞、失望、恐惧的感觉所压倒。他也知道妈妈正在家里为他担心，而且也是孤零零的一个人，没有人陪她吃饭，甚至没钱吃一顿感恩节晚餐。

他把头埋进了枕头下面，暗自哭泣，但全身都因痛苦而颤抖着。

一位年轻的实习护士听到他的哭声，就过来看看他。她把枕头从他头上拿开，拭去了他的眼泪。她跟马丁说她也非常寂寞，因为她必须在这天工作而无法跟家人在一起。她又问马丁是否愿意和她共进晚餐。她拿了两盘东西进来：有火鸡片、马铃薯、草莓酱和冰淇淋甜点。她跟马丁聊天并试着消除他的恐惧。虽然她本应4点就下班的，可她一直陪他到将近11点才走。

他说10岁以前，过了许多的感恩节，但对这个感恩节他永远不会忘记。他还记得那沮丧、恐惧、孤寂的感觉，突然一个陌生人的温情使那些感觉全部消失了。

本杰明·富兰克林说："一个人种下什么，就会收获什么。"关心他人的人终将得到回报，因为关心的行为是相互的，只要你付出你的关心与温暖，别人也会以同样的方式来关爱你。若想赢得他人的尊重，就必须从关心他人做起，这是最起码的条件。

一天傍晚，失业快半年的技工杰克驾车回家。途经没有人烟的旷野时，天开始黑下来，还飘起了小雪。突然，他发现路旁有一个老太太的车出了毛病，正焦急地在路上张望，企求别人的帮助。于是，杰克将车开到老太太的奔驰车前，走下车来。

虽然杰克面带微笑，但老太太还是有些担心。他知道老太太是怎么想的，只有寒冷和害怕才会让人那样。

"我是来帮助你的，老夫人，你为什么不到车里暖和暖和呢？"杰克说罢便爬到车下面，找了个地方安上千斤顶。结果，杰克弄得浑身脏兮兮的，还弄伤了手。当他拧紧最后一个螺母时，老太太摇下车窗，开始和杰克聊天。她说她从圣路易斯来，只是路过这儿，对杰克的帮助感激不尽。杰克只是笑了笑，并帮她关上后备厢。

车修好了，老太太问该付多少钱，出多少钱她都愿意。杰克却没有想到钱，杰克说："如果你真想答谢我，就请在下次遇到需要帮助的人时，也给予他帮助，并且想起我。"

杰克看着老太太发动汽车上路了。天气寒冷且令人抑郁，但杰克在回家的路上却很高兴，开着车消失在暮色中。

当老太太沿着这条路行了几英里，看到一家小咖啡馆时。她想进去吃点东西，驱驱寒气，再继续赶路回家。

这时，一位女侍者走过来，给了她一条干净的毛巾来擦干她湿漉漉的头发。老太太注意到女侍者已有近八个月的身孕，但她的服务态度并没有因为过度的劳累而有所改变。

老太太吃完饭，拿出100美元付账，女侍者拿着这100美元去找零钱，而老太太却悄悄出了门。当女侍者拿着零钱回来，正奇怪老太太去哪儿时，她注意到餐巾上有字，上面写着："你不欠我什么，我曾经跟你一样，有人曾经帮助我，就像我现在帮助你一样，如果你真想回报我，就请不要让关爱之链在你这儿中断。"

晚上，当这个女侍者下班回到家，躺在床上，她还在想着那钱和老太太写的话，老太太怎么知道她和丈夫那么需要这笔钱呢？孩子下个月就要出生了，生活会很艰难，丈夫又失业了，她知道她的丈夫是多么焦急。当杰克疲惫地回到家躺在她旁边时，她给了杰克一个温柔的吻，并将今天的遭遇跟他叙述了一遍。杰克听后，一股暖流在他的心底里荡漾。

如果你想赢得人心，首先要让他们相信，你是最真诚的朋友。

04
用真诚开启紧闭的大门

对别人显示你的兴趣，并对他表示关切，不但可以让你交到许多朋友，而且在许多时候可以创造更多的价值。

——卡耐基《人性的弱点》

如果一家银行的每一个人都十分有礼、热心，在排了长时间的队之后，有位职员亲切地跟你打招呼，这肯定会令人感到愉快。

查尔斯·华特尔，在纽约市一家大银行工作，奉命写一篇有关某一公司的机密报告。他知道某一个人拥有他非常需要的资料。于是，华特尔决定去见那个人，他是一家大工业公司的董事长。当华特尔被迎进董事长的办公室时，一个年轻人从门边探头出来告诉董事长，他这天没有什么邮票可给他。董事长对华特尔解释，说他正在为他12岁的儿子收集邮票。

华特尔说明他的来意，开始提出问题。董事长的说法含糊、概括、模棱两可。他不想把心里的话说出来，无论华特尔怎样好言相劝都没有效果。这次见面的时间很短，也没有实际效果。

华特尔有些不知怎么办才好，但他很快想起那位董事长对他说的话——邮票，12岁的儿子……也想起银行的国外部门搜集邮票的事——华特尔再一次去找他，并传话进去，有一些邮票要送给他的孩子。结果董事长满脸带着笑意，客气得很。他不停地抚弄着那些邮票。他们花了一个小时谈论邮票，看他儿子的照片，然后又花了一个多小时，把华特尔所想要知道的资料全都告诉他，然后叫他的下属进来，问他们一些问题。他还打电话给他的一些同行，把一些事实、数字、报告和信件，全部如实地讲了出来。

如果这个世界缺乏真诚，我们的脸上就仿佛蒙上了一个面具，也无法看清每一个人的真面目。

真诚是做人的根本，那些取得巨大成功的人都有一个共同的特征，那就是为人真诚。如果你是一个真诚的人，人们就会了解你、相信你。不论在什么情况下，他都知道你说的是实话，都乐意同你接近，因此你也容易获得好的人缘。如果你存有防备心、猜疑心，不能敞开自己的胸怀讲实话、真话，总是遮遮掩掩，吞吞吐吐，这样是无法搞好人际关系的。

詹姆斯作为一个新手，在进入汽车销售行的第一年就登上公司的推销亚军宝座，令许多人都羡慕不已。同事纷纷向他祝贺，讨教经验似的问："你是如何取得这么好的销售业绩？你真棒！"但詹姆斯一时也说不出个所以然来，这也成为一个问题，困扰了他好几天。

直到有一天，詹姆斯坐在车上，忽然想起来了：真傻，问问客户不就清楚了吗！他扬了扬手中的签约单，笑着对自己说："好，现在就开始！"

今天的客户乔治先生是一家地产公司的老板，是詹姆斯以前的一个客户介绍过来的，算上今天这次，这是他们的第三次见面。詹姆斯觉得乔治先生很直爽，向他问这个问题应该不会太失礼。

在乔治先生家中，双方签完约，合上合同文本，詹姆斯又很有耐心地向乔治先生重复了一遍公司的售后服务和乔治先生作为车主所享有的权益。然后，才很有礼貌地问："乔治先生，我有一个私人问题想问一下您，可以吗？"

乔治先生看了一眼詹姆斯，从沙发上坐直身子，说道："当然可以！"

"是这样的，我想问您，您为什么会和我签约？当然，我的意思是说，其他公司好的推销员很多，您为什么会选择我？"第一次问这种问题，詹姆斯觉得有点不好意思，略带歉意地望着乔治先生。

乔治先生爽朗地笑了起来，很高兴地说："年轻人，我果然没有看错人。"乔治先生接着说："你是我的朋友介绍的，他也在你这儿买过车，你该记得的。当时他就告诉我：'这小伙子很诚实，我信得过他。'我听了有点不以为然，你别介意，但我确实是如此想的。推销员我见多了，还不都是油嘴滑舌，把自己的产品吹得天花乱坠吗？但第一次见面，你言简意赅地向我介绍了几款车，便静静地听我讲述要求。我们交谈时你双目注视着我，给我留下深刻的印象，的确，像我朋友所说的，你与别的推销员不同，你很真诚。

"第二次见面时，你全力向我推荐了这款车。其实这款车我早就注意过了，我也听了不下6个推销员向我介绍这款车，但你又一次打动了我。应该说，这款车的性能、价位、车型设计等都比较符合我的要求，正在我犹豫之际，你又主动跟我说：'这款车许多客人初看都很喜欢，但买的人不算太多，因为这款车最主要的缺点就是发动机声响太大，许多人受不了它的噪音，如果对这一点你不是很在意的话，其他如价格、性能等符合你的愿望，买下来还是很合算的。'

"你还记得我试过车后说的话吗？我说：'你特意提出噪音的问题，我原以为大得惊人呢，其实这点噪音对我来讲不成问题，我还可以接受，因为我以前的那款车声音比这还大，我看这不错。其他的推销员都是光讲好处，像这种缺点都设法隐瞒起来，你把缺点明白地讲出，我反而放心了。'你看，我们就这么成交了！"

　　从乔治先生家里出来，詹姆斯既高兴又激动，脸涨得都有点红了，今天这种方式真不错，很有实效！詹姆斯觉得，这对自己不仅是一种肯定和鼓励，而且还增进了他与乔治先生的交情，刚才出门之前，乔治先生还很热情地邀请他在家共进晚餐呢，这个朋友是交定了！

　　比尔说过这样一段话："对商业道德的认真思索，会使人从中受益。那种认为人就应该通过剥夺他人的利益来增加自己的利益的观念是不诚实的想法，我们的社会需要的是正直诚实的商人。"往往你待人真诚，会使很多人帮助你并赞美你，真诚的付出，其实你也不损失什么，这样你在社会中才是强者。

05
微笑会改变一切不愉快

> 行为胜于言论，微笑就是在对别人说："我喜欢你，你让我感觉快乐，我喜欢见到你。"
>
> ——卡耐基《人性的弱点》

世界上的每一个人，都在追求幸福。有一个可以得到幸福的可靠方法，就是以控制你的思想来得到。幸福并不是依靠外在的情况，而是依靠内在的情况。决定你幸福或不幸福的，不在于你有什么，或你是谁，或你在什么地方，或你正在做什么，而是你怎么想。比如，两个人也许在同一个地方做同样的事，双方也许拥有等量的金钱和声望——但其中之一也许很难过，另一个也许很快乐，因为两个人的想法不同。

在酷热不毛的热带地区，那些可怜的农奴用他们原始的农具耕作着，在他们身上我们看到了许多快乐的脸孔。而这些快乐的脸孔却无异于我们在纽约、芝加哥、洛杉矶的冷气办公室里所看到过的。

莎士比亚说，没有什么事，是好的或坏的，但思想却使其中有所不同。

如果你不喜欢微笑，怎么办？有两种方法：

第一，强迫你自己微笑。如果你是单独一个人，强迫你自己吹口哨或哼一曲，表现出你似乎已经很快乐，这就容易使你快乐了。下面是已故的哈佛大学教授威廉·詹姆斯的说法：行动似乎是跟随在感觉后面，但实际上行动和感觉是并肩而行的。行动是在意志的直接控制下，而我们能够间接地控制不在意志直接控制下的感觉。

不妨细读艾勃·哈巴德这段贤明的忠告：每回你出门的时候，把下巴缩进来，头抬得高高的，肺部充满空气，沐浴在阳光中，微笑着招呼你的朋友们，每一次握手都使出力量。不要担心被误解，不要浪费一分钟去想你的敌人。试着在心里肯定你所喜欢做的是什么；在清楚的方向之下，你会径直地达到目标。心里想着你所喜欢做的伟大而美好的事情，当岁月流逝的时候，你会发现自己掌握了实现你的希望所需要的机会，正如珊瑚虫从潮水中汲取所需要的物质一样。在心中想象着那个你希望成为的有办法的、诚恳的、有用的人，而你心中的思想，每一个小时都会把你转化为那个特殊的人。思想是至高无上的。

第二，保持一种正确的人生观——一种勇敢的、坦白的、愉快的态度。思想正确，就等于是创造。一切的事物，都来自于希望，而每一个诚恳的祈祷，都会实现。我们心里想什么，就会变成什么。

古代的中国人，真是聪明绝顶——对世界上的事物看得很透彻。他们有一则格言，我们都应该把它别在帽子里。那则格言说：一个没有微笑面孔的人，不能做生意（和气生财）。

你的笑容就是你的好意的信使，你的笑容能照亮所有看到它的人。对那些整天都看着皱眉头、愁容满面而视若无睹的人来说，你的笑容就像穿过乌云的太阳。尤其对那些受到上司、客户、老师、父母或子女的压力的人，一个笑容能帮助他们了解一切都是有希望的，也就是世界是充满欢乐的。

说到做生意，佛兰克·尔文·弗莱奇，在他为欧本·海默和卡林公司制作的一则广告中，对我们提供了一点实用的哲学，这是对微笑的赞美：

微笑在圣诞节的价值在于，它不花什么，但创造了很多成果。

它丰盛了那些接受的人，而又不会使那些给予的人贫瘠。

它产生在一刹那之间，但有时给人一种永远的记忆。

没有人富得不需要它，也没有人穷得不会因为它而富裕起来。

它在家中创造了快乐，在商业界建立了好感，而且是朋友间的口令。

它是疲倦者的休息，沮丧者的白天，悲伤者的阳光，又是大自然的最佳良药。但它却无处可买，无处可求，无处可借，无处可偷，因为在你把它给予别人之前，没有什么实用的价值。

而假如在圣诞节最后一分钟的匆忙购物中，我们的店员累得无法给你一个微笑时，我们能请你留下一个微笑吗？

因为不能给予微笑的人，最需要微笑了！因此，如果你要别人喜欢你的微笑，请记住，常常微笑。

亲切而温和的表情，比一套高贵、华丽的衣服更加能够显示出个人魅力。

笑的影响是很大的，即使它本身无法看到。

俄亥俄州辛辛那提一家电脑公司的经理，为一个很难填补的缺额找到了一位适当的人选。

经理为了替公司找到一个电脑博士几乎伤透脑筋。最后找到一个非常好的人选，刚要从普渡大学毕业。通过几次电话交谈，经理知道还有几家公司也希望他去，而且都比这家公司大而且有名。大学生之所以选择这家公司，是因为其他公司的经理在电话里是冷冰冰的，商业味很重，那使人觉得好像只是另一次生意上的往来而已。但这位经理的声音，听起来似乎真的希望他能够成为公司的一员。根据美国一家最大的橡胶公司的一名董事长的观察，一个人除非对自己的事业很感兴趣，否则将很难成功。这位实业界的领袖，对那句单靠十年寒窗就可成名的古语，并不具有多大的信心。许多人成功了，因为他们创业的时候满怀兴致。后来，这些人变成工作的奴隶，无聊起来了。他们一点兴致也没有，人生失败了。不真诚的狞笑骗不了任何人。我们知道那种笑是机械式的，是最让人讨厌的。而我们所需要的是一种真正的微笑，一种令人心情温暖的微笑，一种发自内心的微笑，这样的微笑才能在市场上卖得好价钱。密西根大学的心理学家詹姆士·麦克奈尔教授谈到他对笑的看法时说：有笑容的人在管理、教导、推销上较会有功效，更可以培养快乐的下一代。笑容比皱眉更能传达你的心意。这就是在教学上要以鼓励代替处罚的原因所在了。一个纽约大百货公司的人事经理说，他宁愿雇用一名有可爱笑容而没有念完中学的女孩，也不愿雇用一个摆着扑克面孔的哲学博士。

微笑是宽容，微笑是接纳，微笑是心灵的沟通。在熙熙攘攘的人群中，繁忙的人们虽然近在咫尺，心灵之间却有一条无法跨越的鸿沟，满面春风的微笑则是跨越鸿沟的一座桥梁。

微笑的价值在于，它不需花费什么，但创造了很多的成果。笑容能照亮所有看到它的人，像穿过乌云的太阳，带给人们温暖。

宴会上，格林太太——一个获得遗产的妇人，急于留给每一个人一个良好的印象。她浪费了好多金钱在黑貂皮大衣、钻石和珍珠上面。但是，她对自己的面孔，却没下什么功夫。她的表情呆板、言语尖酸、自私，她没有发现每一个男人所看重的是：一个女人面孔的表情，比她身上所穿的衣服更重要。

查尔斯·史考伯说，他的微笑价值100万美元。他可能只是轻描淡写而已，因为史考伯的性格、魅力，以及那使别人喜欢的才能，几乎全是他取得卓越成功的原因。他的性格中，令人喜欢的一个重要因素是他那动人的微笑。

有一天下午，莫尔跟莫里斯·雪佛莱在一起。莫尔感到失望，雪佛莱闷闷不乐，沉默寡言，跟莫尔所期望的完全不同。直到他微笑的时候，莫尔的观感才改变，就好像是太阳冲破了云层。如果不是因为微笑，莫里斯·雪佛莱可能仍然是巴黎的一位家具制造者，跟他的父兄一样。

行动比言语更具有力量，而微笑所表示的是我喜欢你，你使我快乐，我很高兴见到你。

这就是为什么狗这么受人们欢迎的原因。它们多么高兴见到我们。因此，我们也就高兴见到它们。

一个婴儿的微笑也有相同的效果。

你是否在医院的候诊室待过，看着四周的病人和他们沉郁的脸？有一天，兽医史蒂芬的候诊室里挤满了顾客，许多宠物在准备注射疫苗。没有人在聊天，也许每一个人都想着一件以上该做的事情，而不是坐在那儿浪费时间。大约有六七个顾客在等着，之后又有一位女顾客进来了，带着她九个月大的孩子和一只小猫。幸运的是，她就坐在一位先生旁边，而这位先生已等得不耐烦了。可是他发觉，那孩子正抬着头注视着他，并对他无邪地笑着。这位先生当然也对那个孩子笑了笑。然后他就跟这位女顾客聊起她的孩子和他的孙子来了。一会儿，整个候诊室的人都聊了起来，整个气氛就从乏味、僵硬变成了一种愉快。

如果你要别人喜欢你，或是培养真正的友情，就请真诚地微笑。

无论你有多高超的交际艺术，如果缺少了微笑，就像一朵即将枯萎的玫瑰，黯然失色。

第十三章

帮助别人，
而不奢望感恩

要想自己快乐，首先要给别人送去快乐。发自内心地帮助别人、付出爱心的同时，自己获得的更多，又何必指望别人一定要感恩于你呢？

01
幸福源于付出

　　为别人做好事不是一种责任，而是一种幸福，因为这能增加你自己的健康和快乐。多为别人着想，不仅能使你不再为自己忧虑，也能帮助你结交很多的朋友。

——卡耐基《人性的弱点》

　　20世纪美国最杰出的无神论者——西多·德莱特，他把所有的宗教都看成是神话。人生只是一个傻瓜说出的故事，没有任何意义，但是他却遵循着他眼中的"傻瓜"——耶稣所讲的一个道理——帮助他人。德莱特说，如果每个人想在漫长的人生中享受快乐，就不能只想到自己，而应为他人着想。

　　西雅图的卢勃博士已很多年没下床走一步了，但西雅图一家报社的记者斯尔特·郭斯却高度评价他是一个最无私的人。

　　一个常年卧床的人是怎样化解自己的烦恼，成了一个无私的人的呢？答案就是，他一直遵循着"为他人服务"的信念，并努力去实践它。

　　他收集了全国各地瘫痪病人的通讯地址，给他们发出了一封封充满鼓励、洋溢着关心的信件，激励他们勇敢地与病魔做斗争。他把这些病人联合起来，组成了一个瘫痪者联谊俱乐部，让大家相互写信鼓励。

他每年要在床上发出1400封信，给许多的病人带来了快乐和笑声。

卢勃博士与其他瘫痪在床的病人最大的不同之处在于，他深切地体会到真正的快乐，是在帮助他人的过程中获得的。萧伯纳说过，一个以自我为中心的人，一天到晚都在抱怨别人不能使他开心。只有乐于助人，为他人带来笑声，那么你才能真正地快乐。

琳娜太太喜欢写小说，然而她写的任何一部小说都没有她自己的故事精彩。

故事发生在"珍珠港事件"当天的早晨。琳娜太太患心脏病已经一年多了，这一年多来，她每天都要在床上躺22小时。在这一年中，她所走过的最长的一段路，就是在女佣的搀扶下从卧室走到花园里去晒太阳。

琳娜太太当时以为这一辈子就这样完了，如果不是那些日本人来炸珍珠港，她也不可能重新开始新的生活。

日本偷袭珍珠港时，有一颗炸弹就扔在了她家花园里，炸弹的震波把琳娜太太从床上震得掉在了地上。军方的卡车到基地附近把战士们的妻儿接到学校中，他们打电话通知那些家中有多余房间的人，要求他们收容这些人。他们知道琳娜太太床边也有一个电话，于是请求她帮他们记录所有的资料。于是琳娜太太仔细地记下了那些海军的妻儿都被送到了什么地方，然后红十字会让那些士兵打电话给她，向她询问他们家人的情况。

很快琳娜太太知道了丈夫平安的消息，于是她尽量想法安慰那些不知道她们的丈夫是否已阵亡的太太们，也安慰那些寡妇们——好多太太已知道失去了丈夫。刚开始的时候，她是躺在床上做这一切的，不知不觉中，她坐了起来。最后，她忙得忘记了自己，下床坐到了桌边。从那以后，她除了每天像正常人一样在床上睡8个小时以外，其余的时间她都是在地上度过的。

如果不是那场战争，琳娜太太后半生都将会在床上度过。珍珠港事件是美国历史上的一大悲剧，但对于她个人来说，却是一件好事，它改变了她后半生的生活，让她发现了她所拥有的力量。它使琳娜太太把注意力转移到其他人身上，去关心他人。这也给了她一个生活下去的重要理由，她再也没有时间去想自己，或是为自己担忧。

那些求助于心理医生的人们，如果都能像琳娜太太那样做，去关心别人，1/3的人都能自己治愈自己。这是著名的心理学家卡尔·莱克说的。他还说，在他的病人之中，大约有1/3的人在生理上都找不到任何病因，他们只是因生活空虚，找不到生活的意义所在。

威廉·贝恩太太在纽约市中心开了一所秘书培训学校，她用这种方法，在让人不敢相信的时间内治好了她的忧郁症。

五年前的圣诞节时，贝恩太太沉陷在自怜与悲伤中。在长时间的快乐婚姻生活之后，她的丈夫离开了人世。在圣诞节来临时，满世界的快乐气氛让她更加悲伤。贝恩太太从小到现在还没有一个人单独过圣诞节。有很多朋友都来邀请她和他们一起过圣诞，她怕自己会触景伤情，破坏了节日的气氛，便一一回绝了他们。时间越临近，贝恩太太的伤感情绪越浓。圣诞节那天，她一个人在下午三点钟离开了办公室，漫无目的地在大街上闲逛，希望自己的心情能变得好一些。街上挤满了欢乐的人群，这让贝恩太太不自觉地想起那些快乐的往事。她心头十分茫然，实在不敢回到那空荡荡的、没有人气的家中。就这样走了一个多钟头，她发现自己走到了一个公共汽车站前。顺着人群，她上了车。不知过了多长时间，只听乘务员在耳边提醒她，该下车了。她根本不知道到了哪儿，四周很安静。这时，附近一座教堂里传来了优美的乐声，她循声走了过去，静静地坐在教友席上。教堂里灯火辉煌，圣诞树装饰得美轮美奂，不知不觉中，贝恩太太就睡着了。

醒来时，贝恩太太一时忘了身在何方，开始有点害怕。这时，她看见面前有两个小孩，显然他们是来看圣诞树的。其中一个小孩还以为她是圣诞老人带来的。贝恩太太突然醒来，把他们两个也吓了一跳。她冲他们笑了笑，他们的衣服很破旧。贝恩太太问他们的父母在哪儿？他们说自己没有父母了。这两个小孤儿的情况比她糟糕多了，她不禁为自己的忧虑和悲伤感到惭愧。她带着两个小孤儿到附近的商店买了一些小礼物送给他们。这时候，她发现自己的悲痛伤感一下子都没有了。这两个小孤儿让她几个月来第一次忘掉了自己。她要感谢上帝，让她的童年充满了欢乐，她得到了父母无私的爱与关怀。这两个孤儿带给她的远比她带给他们的更多。

这次的经历让她明白，要想让自己快乐，首先要给别人送去快乐。快乐是能够传染的，在付出的同时也有收获。因为帮助别人、付出自己的爱，她克服了悲伤与痛苦，她感觉自己就像是变了一个人，从那以后一直都是如此。

"不行春风，难得春雨。"生命的绿需要德行的沐浴，坚韧的浇灌，挚爱的孕育。心诚，爱纯，心便会永远绿色长青！把自己的爱心、真心、纯心交付给别人，生命的天堂才会焕发光彩。

02
付出不需回报

"理想的人"以施惠于人为乐，却会因别人施惠于己而感到羞愧。因为能表现仁慈就是高人一等，而接受别人的恩惠，却是低人一等。如果我们想得到快乐，我们就不要去想感恩或忘恩，而是要享受施恩的快乐。

——卡耐基《人性的弱点》

人人都希望付出最少的代价，获得最大限度的回报，而人类的天性却是容易忘记感恩。其实，施恩本身已经有着极大的快乐，为什么还要奢求感激呢？

既然要付出，就要单纯地付出，不要图回报。别人的感激与表扬并不是你最需要的，你真正得到的有意义的回报是你无私奉献的热情。只要你有了这种热情，你的生活就更加美好、更加惬意起来。在你付出的时候，你的心情坦然了，你就能体会到付出的乐趣。这是一种和你的生活密切相关的处事方式，它不仅会带给你快乐，而且做起来也是轻而易举的。

一个住在纽约的女人，她常常因为孤独而不停地埋怨，她的亲戚们也没有一个人愿意亲近她。如果有人去拜访她，她就会连续几个钟头不停诉说她做的各种好事。

她帮助过的侄女们出于责任感偶尔会来看看她。因为她们知道必须坐在那儿好几个小时，听她拐弯抹角地骂人，还得听她那没完没了的埋怨和自怜的叹息，都很害怕来看她。后来这个女人无法威逼利诱她的侄女再来看她的时候，她便搬出她的"法宝"——心脏病发作。

关于这是真是假，医生说她有一个"很神经的心脏"，才会发生心脏亢进症。而医生们一点办法也没有，她的问题完全是情感上的。

这个女人所真正需要的是爱和关注，也就是她所认为的"感恩图报"。因为在她看来，她去要求别人的那些，都是她该得的，所以她永远也不可能得到这种感恩和爱。

世界上像这样的人不知有多少。这些人都因为"别人的忘恩"、孤独和被人忽视而生病。他们希望有人爱他们，可是世界上唯一能够被爱的办法，就是不再去要求，而开始付出，并且不希望回报。

我们也可以用比尔家的故事来对比一下。

比尔家一直很穷，债台高筑，但他的父母每年总是尽量想办法送点钱到孤儿院去。那是设在爱荷华州的一座基督教孤儿院。

他的父亲和母亲从来没有到那里去看过，或许也没有人为他们所捐的钱谢过他们。虽然偶尔会有几封感谢信，可是他们所得到的报酬却非常丰富，因为他们得到帮助孤儿的乐趣，而并不希望或等着别人来感激。

比尔离家之后，每年的圣诞节总会寄一张支票给父母，让他们买一点比较奢侈的东西。可是他们很少这样做，当他每个圣诞节前几天回到家里的时候，父亲就会告诉他又买了一些煤和杂货送给镇上一些可怜的人——那些有一大堆孩子却没有钱去买食物和柴火的人。他们送这些礼物时也得到很多的快乐——就是只有付出，而不希望得到任何回报的快乐。

实际上，一个真正有智慧、内心充满平和宁静的人，是不会刻意去期待他人的回报的。你的付出也可以使你在情感上得到同等程度的愉悦，你感觉上的回报就是你意识到你做出了这些付出。

如果你感到替别人做了什么而得不到任何回报，那么导致你心里不平衡的根本原因是隐藏在你内心的互惠主义，它干扰你内心的平静，它使你老是在想：我想要什么，我需要什么，我应当索取什么。如果付出就想要得到回报，也许好事就会变成坏事。

有一个美国青年，曾从深井中救出一个小女孩，得到女孩父母的深深感激和众人的钦佩。不幸的是，从此以后，无论他走到哪里都希望人们知道他的这一善行。随着岁月的流逝，人们渐渐淡忘了，但他却念念不忘，越来越无法忍受人们如此对待他这样一个救人英雄，最后不得不选择了自杀。

在你对他人付出的时候，如果你刻意去期待他人的回报，那么在他人看来，你的付出只是你换取他人回报的"筹码"，这样就显得不够真诚，反而无法实现你打造良好人际关系网的初衷。

人生的价值在于你付出了多少，而不是得到多少。付出是一种幸福，为什么还要奢求得到他人的感激呢？

03
不要指望别人的报答

> 每个人都希望付出最少的代价获得最大限度的回报，而现实情况往往是付出了未必得到回报。人类的天性是容易忘记感激别人，因此，如果我们施一点点恩惠都希望别人感激，那一定是使我们大为头痛的事。
>
> ——卡耐基《人性的弱点》

在德克萨斯州有一个正为某事而愤怒的商人，而令他愤怒的那件事却发生在11个月以前，可是他的火气还是大得不得了，简直无法谈及那件事。他发给34位员工一共1万美元的年终奖金，但没有一个人感谢他。他一直在后悔，并且觉得应该一毛钱都不给他们。

愤怒的人心里都充满了怨恨。他实在令人同情，他大概有60岁了。根据人寿保险公司的计算方法，平均来说，他已经活到了现在的年龄到80岁之间差距的2/3还要多，所以这位先生——就算他有很好的运气——也许还有14~15年可活，而他却浪费了几乎一年的时间，来埋怨怀恨一件早已过去的事情。

他不该沉湎在怨恨和自怜中，他该问问自己：为什么没有人感激他？也许他平常付给员工的薪水很低，而派给他们的工作却太多；也许他们认为年终奖金不是一份礼物，而是他们付出劳动赚来的；也许他平常对人太挑剔，太不亲切，所以没有人敢或者愿意来谢谢他；也许他们觉得他之所以付年终奖金，是因为大部分的收益得拿去付税。

从另一方面来说，也许那些员工很自私、很没礼貌。而不管怎样，我们都不知道真相如何。感谢是良好教养的成果，在一般人中很难找到。

这个人希望别人对他感恩，正犯了一般人的共有缺点，可以说是完全不懂人性。

如果你救了一个人的命，你是不是希望他感谢你呢？可能会。可是山姆·里博维兹在任法官之前是一个有名的刑事律师，曾经救过78个人的命，使他们不必坐上电椅。而这些人中有多少个会感谢山姆·里博维兹，顶多送他一张圣诞卡。

至于钱的问题，这就更没希望了。查尔斯·舒万博曾经说过，有一次他救了一个挪用银行公款的出纳员。那个人把公款花在股票市场上，舒万博用自己的钱救了那个人，让他不至于受罚。而那位出纳员只是在很短的一段时间内感激过他，然后他就转过身来辱骂和批评舒万博——这个让他免于坐牢的人。

要是你给一位亲戚100万美元，你会不会希望他感激你呢？安祖就做过这样的事。可是如果安祖能够从坟墓里复活，他一定会吃惊地发现那位亲戚正在咒骂他。因为他将36500万美元捐给公共慈善机构，只给了这位亲戚区区的100万美元。

事情就是这样，那个亲戚在他有生之日恐怕不会有什么改变。那个统治过罗马帝国的聪明的马可·奥勒留有一次在日记里写着："我今天要去见那些多嘴的人——那些自私、以自我为中心、丝毫不知感激的人。可是我既不吃惊，也不难过，因为我无法想象一个没有这种人的世界。"

这话很有道理，要是你到处怨恨别人对你不知感激，那么该怪谁呢？是该怪人性如此，还是该怪我们对人性不了解呢？让我们试着不要指望别人报答，那么如果我们偶然得到别人的感激，就会是一种意外的惊喜；如果我们得不到，也不会为这点难过。

04
给朋友分等

朋友会给你一些主意，好主意能对前因后果反复琢磨，并产生合乎逻辑、具有建设性的计划；而坏主意只能让人紧张，甚至精神崩溃。

——卡耐基《人性的优点》

两个朋友一起旅行，途中突然遇到一头大熊，其中一位立刻迅速地爬上大树，躲进了树枝里。另一位眼见自己要遭到袭击，便立刻躺倒在地。

当大熊走过来用鼻子在他的全身上下又蹭又闻时，他屏住呼吸，尽量假装死了。熊很快就离他而去。据说，熊从来不吃死人。

熊走远后，树上的那个人下来，问他的朋友熊在他耳边说了些什么。"它给了我这样的忠告，"那个人回答说，"永远不要与那些当危险来临时就离你而去的朋友一起同行。"

常有人说："千金易得，知己难求。"或慨叹："相识满天下，知己无一人。"不错，知己难得。但倘若每个朋友都是知己，可能又很单调，未必能令我们感到满足。不是每个人都会对我们推心置腹，我们也不能期望每个朋友都愿与我们坦诚相待，耐心地听我们发牢骚。友谊的多彩，就在于它不单有知己深交或泛泛之交，而是在此二者之间存在了多种深浅不同的层次。做人有无"心机"，也在于我们是否懂得分辨和接纳不同层次的朋友，对他们有合适的期望，同时了解增进与维系各种情谊的方法。

1. 知己

是我们人生中绝难找到的极少数朋友，他们可以诚意地接纳我们的优点，也会接纳我们的缺点，处处忠诚地为我们着想。他们像面镜子，能给予我们劝勉和鼓励；又像影子，永远对我们信任、支持，是维持我们精神健康的支柱。

不过，对于知己，我们也有义务不断地付出，同样舍己地为他的益处着想。去接纳、支持、聆听和帮助，是知己的责任。但是切记不要滥用知己的权利——知心朋友不等于"黏身"朋友，更不能要求对方完全同意自己、迁就自己。

2. 死党

他们多是一些来往密切、与自己的生活圈子很接近的朋友，彼此有相同的思想，相同的遭遇，故而很容易谈得来，在行动上有默契地成为一伙儿，组成小圈子活动。"死党"是我们日常生活的好伙伴，可驱除孤单感，增加自信心，为生活加添色彩和热闹，是有需要时最好的支柱。

但若要整个"死党"能相处愉快，就需要大家彼此迁就，不执意独行，有合群的性格，才能发挥联合的力量。"死党"有事求助我们，就该不吝啬地挺身给予援手，常加鼓励。不过，可不要单单陶醉在这个"小圈子"里，完全排斥外界朋友，否则，可能会失去很多宝贵的友谊，更不要持着后盾和势力而互相纵容。

3. 老友

他们是与我们很熟悉、相识多年的老朋友，如旧同学、一起长大的玩伴等。虽然大家见面的机会未必很多，但基于彼此熟悉、了解，每次相逢都能天南地北地亲切交谈，成为一段畅快的经历。他们不是知己，有困难时未必会想到他们；大家的性格也未必接近，不过友谊倒是耐久而隽永，值得我们去珍惜和主动自然地表示关系。不要因为来往少而让友谊止于寒暄、敷衍的地步。

4. 来往密切的朋友

因为活动圈子相同，可能会交到一些接触密切的朋友，如上司、同事、老师、同学等。他们很熟悉我们的生活小节，却未必是那些互相了解，可倾诉心事的人。

对于这些朋友，虽然大家每日共事共学，但不能对他们要求太高，因为彼此都没有什么承诺和默契。但起码相处应不忘礼貌，言行一致，真诚，工作上给予人方便，都是我们该遵守的，因为他们正是最能看透我们言行、工作能力和态度的人。不要老摆出外交式的笑容和虚假态度，更需小心因日常利害冲突而产生摩擦。

5. 单方面投入的朋友

有些人可能对我们很着迷和信任，常把心事向我们倾诉，但我们却没有那种共通的推心置腹的感觉。也有些时候，我们对某人特别崇拜倾慕，而对方却未必有热烈的反应，这种不平衡的关系多产生于一些不同位置的朋友之间，如老师与学生，班长与同学，偶像与"迷"等，不过有时普通朋友间也有这种不平衡现象。

当受人仰慕的时候，可不要轻看和玩弄别人的友情，或表示讨厌和高傲的态度，该尽力去助人成长，给予中肯意见，鼓励他发展独立精神，认识其他朋友。

当我们倾慕别人的时候，也不要成为他人的累赘，过分倚赖。而应该积极从他人身上学习长处。切记，不要盲目崇拜，胡乱抛掷感情。

6. 普通朋友

这类朋友占了朋友圈子的大部分。他们可以和我们东拉西扯，谈些无关痛痒的话题，不过交情上是谁也不欠谁，不会叫大家牵肠挂肚。

虽说是普通朋友，也可成为游乐时的好玩伴。有难事，也可向有专门知识的个别朋友请教。这些来自不同背景的朋友能充实我们的知识，令我们感受到"相识遍天下"的温暖感觉。

这类朋友，只要我们肯扩张生活圈子。自然不会缺乏。

7. 泛泛之交

大家的友谊仅止于认识的阶段，是点头之交，连普通话题也未必有机会聊。大家若能做到见面时打打招呼，保持礼貌距离，已是很不错的了。千万别对人随便过分信任，否则会误交朋友，后悔就迟了。

"有了朋友，生命才显示出全部的价值。智慧、友爱，这是照亮我们黑夜的唯一光亮。"其实，一个人的成功，除了时、运、命和自身的努力之外，还离不开众多朋友的支持和帮助。

要把朋友分等级其实并不容易，因为人都有主观的好恶，有时会把一个赤诚之心的人当成一肚子坏水的人，也会把凶狠的狼看成友善的狗，甚至在旁人点醒时还不能发现自己的错误，非等到被朋友害了才大梦初醒。所以，要十分客观地将朋友分等级是十分困难的，但是，只要你在心理上有分等级的准备，交朋友就会比较冷静客观，就可以在关键时用得上，并且把伤害减到最低。

给朋友分等，对心地纯真、感情丰富的人很困难，他们只会一味付出，不善识人。而且把朋友分等级，他也会觉得有罪恶感。

不过，任何事情都要经过学习，慢慢培养这种习惯，等到了一定年纪，自然热情冷却，不用人提醒，也会把朋友分等级了。

给朋友分等级，也可以分为"可深交级"和"不可深交级"。

可深交的，你可以和他分享你的一切；不可深交的，维持基本的礼貌就可以了。这就好比客人来到你家，真正的客人请进客厅，推销员之类的在门口应付就行了。

另外，也要根据对方的特性，调整和他们交往的方式。但有一个前提必须记住，不管对方智慧多高或多有钱，一定要是个"好人"才可深交，也就是说，对方和你做朋友的动机必须是纯正的，不过人常被对方的身份和背景所迷惑，结果把坏人当好人，这是很多人都无法避免的错误。

第十四章

关爱你的仇人

爱能使人学会爱，恨却不能止恨，生命有限，何必让有限的生命被恨充满呢？

01
不要把时间浪费在怨恨别人上

我们要遵守那金科玉律，你希望别人怎样待你，你就要怎样待别人。怎么样？从什么时候什么地方开始？答案是：不论什么时候，不论什么地方。

——卡耐基《人性的弱点》

一个著名的心理学家曾经说："你关注什么，你内在的创造力就会把你塑造成什么。"如果我们放任自己去关注那些阴暗的事情，让怨恨充斥我们的灵魂，那么我们自身也将变得阴暗，将不会再有时间去关照一些积极美好的事物。

在1918年，密西西比州松树林里一场极富戏剧性的事情，差点引发了一次火刑。劳伦斯·琼斯——一个黑人讲师，差点被烧死。现在那所学校可算是全国皆知了。早在第一次世界大战期间，一般人的感情很容易冲动的时候，密西西比州中部流传着一种谣言，说德国人正在唆使黑人起来叛变。那个要被他们烧死的劳伦斯·琼斯就是黑人，有人控告他激起族人的叛变。一大群白人一直在教堂的外面，他们听见劳伦斯·琼斯对他的听众大声地叫着："生命，就是一场战斗！每一个黑人都要穿上他的盔甲，以战斗来求生存和成功。"

这些年轻的白人趁夜冲出去，纠集了一大伙暴徒，回到教堂里来，拿一条绳子捆住了这个传教士，把他拖到一里以外，让他站在一大堆干柴上面，并燃亮了火柴，准备一面用火烧他，一面把他吊死。这时候，有一个人提议在烧死他以前，让这个喜欢多嘴的人说话。劳伦斯·琼斯站在柴堆上，脖子上套着绳圈，为他的生命和理想发表了一篇演说。他在1907年毕业于爱德华大学，他那纯良的性格和学问，以及他在音乐方面的才能，使得所有的教师和学生都很喜欢他。毕业以后，他拒绝了一个旅馆留给他的职位，也拒绝了一个有钱人愿意资助他继续学音乐的计划。

因为他怀有非常高的理想，当他阅读布克尔·华盛顿传记的时候，就决心献身于教育工作，去教育他那一族里贫穷而没有受过教育的人。所以他回到南方最贫瘠的一带——密西西比州杰克镇以南25里的小地方，把他的表当了1.65元后，就在树林里用树桩当桌子，开始了他的露天学校。劳伦斯·琼斯告诉那些愤怒的、等着要烧他的人，他所做的各种奋斗——教育那些没有上过学的男孩子和女孩子，训练他们做好农夫、机匠、厨子、家庭主妇。他谈到一些白人曾经协助他建立这所学校，那些白人送给他土地、木材、猪、牛和钱，帮助他继续他的教育工作。

劳伦斯·琼斯的态度非常诚恳，也令人感动。他丝毫不为自己哀求，只希望别人了解他的理想。那一群暴民开始软化了。最后，人群中有一个曾经参加过南北战争的老兵相信了他说的话，因为他认得那些琼斯提起的白人。大家明白了，他是在做一件好事，应该帮助他而不该烧死他。那位老兵拿下他的帽子，在人群里传来传去，从那些预备把这位教育家烧死的人群里，募集到52.4元钱，交给了琼斯。

后来有人问劳伦斯·琼斯，他会不会恨那些把他拖出来准备吊死和烧死他的人？他回答说：他忙着实现他的理想，没有时间去怨恨别人——他在专心地做一些超过他能力以外的大事，没有时间去跟人家吵架。他说，他没有时间可以后悔，也没有哪一个人能强迫他到恨那个人的地步。

平静与祥和可以使我们做一些从前认为做不到的事情，例如消除愤怒，原谅所有的人。而后你会发现，其实那些争执是无关紧要的。

小杰克感到特别的痛苦，因为，他是一个不受宠的孩子。

他哥哥是父母亲最疼爱的孩子，尤其是父亲，常常毫无保留地流露出对哥哥的偏爱，经常在亲友面前夸耀他，并以他为傲。无可否认，哥哥的确很优秀，不论是学业成绩或运动方面，他都经常取得优异成绩，更是校内的风云人物。

而小杰克则是一个平凡的孩子，父亲从来不曾过问他的任何活动。甚至有一次，他无意中听到父亲说，小杰克是属于妈妈的孩子，小杰克听后感到极度的失望，甚至开始憎恨哥哥，是他将自己的那份父爱夺走的。

被怨恨包围的小杰克变得越来越不快乐，变得更漫不经心，甚至开始逃起学来。

与其怨恨，不如设法自我充实以及让自己更加坚强起来，更爱自己。以接受和宽宏的心态去面对所有的事情。

不要怀有怨恨之心，也一定不要把时间浪费在消极的情绪和事物上，怨恨只会让人陷入痛苦的边缘。学会感激世界上的一切事物，越来越多的美好的事物将出现在我们的眼前。

02
不要对任何人抱有敌意和怨恨

> 我们也许不能像圣人般去爱我们的仇人，可是为了我们自己的健康
> 和快乐，我们至少要原谅他们，忘记他们。这样做实在是很聪明的事。
>
> ——卡耐基《人性的弱点》

前纽约州州长威廉·盖诺被一份内幕小报攻击得体无完肤之后，又被一个疯子打了一枪，几乎送命。当他躺在医院为生命挣扎的时候，他仍然每天晚上都原谅所有的事情和所有的人。这样做是不是太理想主义了呢？是不是太轻松了呢？如果答案肯定，就让我们来看看那位伟大的德国哲学家，也就是"悲观论"的提出者叔本华的理论。他认为生命就是一种毫无价值而又痛苦的冒险，当他走过的时候好像全身都散发着痛苦，而他认为如果可能，不应该对任何人有怨恨的心理。

伯纳·巴鲁曾经做过六位总统的顾问：威尔逊、哈定、柯立芝、胡佛、罗斯福和杜鲁门。他不会因为他的敌人攻击他而难过，没有一个人能够羞辱或者干扰他，他不让他们这样做。

也没有人能够羞辱或困扰你和我——除非我们让他这样做。棍子和石头也许能打断骨头，可是言语永远也不能伤人。

加拿大杰斯帕国家公园里，有一座可算是西方最美丽的山。这座山以伊笛丝·卡薇尔的名字命名，纪念她在1915年10月12日像圣人一

样慷慨赴死。

卡薇尔是被德军行刑队枪毙的一名护士。因为她在比利时的家里收容和看护了很多受伤的法国、英国士兵，还协助他们逃到荷兰。在十月的一天早晨，一位英国教士走进她的牢房里，为她做临终祈祷的时候，伊笛丝·卡薇尔说了两句后来刻在纪念碑上的不朽的话语：我知道只是爱国还不够，我一定不能对任何人有敌意和怨恨。四年之后，她的遗体转送到英国，在西敏斯大教堂举行了安葬大典。

停止报复最好的办法就是不要像敌视你的人一样。有风度的人是不会在乎别人的敌意的，相反，他们希望用自己的品德化解他人的敌意，这样的人才是最受人尊敬的人，这样的人才会有最多的朋友，最少的敌人。

所谓的"仇人"在你的臆想中影响着你的生活。换个角度，以爱来关怀，化解的正是你心中的怨恨。

03
爱你的仇人就是爱你自己

耶稣所谓"爱你的仇人",不只是一种道德上的教训,而且是在宣扬一种20世纪的医学。这是我们怎样避免高血压、心脏病、胃溃疡和许多其他疾病的良方。

——卡耐基《人性的弱点》

一位名人曾经说过:"憎恨别人就像为了逮住一只老鼠而不惜烧毁你自己的房子,但老鼠一定逮不到。"这句话说得的确很有道理,对待反对你的人,我们需要的不是相对应的仇恨,而是需要用高尚的品德来化解双方的仇恨。因为以牙还牙的人无异于引火烧身,只会把自己烧焦。

如果一个人的头脑被那些令人不满的仇恨情绪所占据,就会逐渐失去快乐的能力,并开始习惯于注意那些消极、琐碎甚至卑鄙的事情,无形之中,我们的思想也会渐渐充斥着这样的一些事情。这种情绪越聚越多,于是,消极、琐碎甚至卑鄙的事情就会在我们的身边聚集,而且越来越多。

当耶稣基督说,我们应该原谅我们的仇人"77次"的时候,他也是在教我们怎样生活。

在为人处世中,做人要有容人的雅量,容忍别人对你的敌对行为,容忍别人对你犯下的错误,这样对你自己也是有好处的,你们很可能就会因此化敌为友。

米奇最近得了严重的心脏病，医生命令他躺在床上，不论发生任何事情都不能生气。人们都知道，心脏衰弱的人，一发脾气就可能送掉性命。

在华盛顿州，有一个饭馆老板就是因为患有心脏病而又生气死去的。几年前，在华盛顿州史泼坎城，68岁的威廉·传坎伯开了一家小餐馆，因为他的厨子一定要用茶碟喝咖啡，而使他活活气死。当时威廉非常生气，抓起一把左轮枪去追那个厨子，结果因为心脏病发作而倒地死去，当时手里紧紧抓着那把枪。验尸官的报告宣称：他因为愤怒而引起心脏病发作。

当耶稣说"爱你的仇人"的时候，他也是在告诉我们：怎么样改进我们的容貌。有这样一些女人，她们的脸因为怨恨而有皱纹，因为悔恨而变了形，表情僵硬。不管怎样美容，对她容貌的改进，也不及让她心里充满了宽容、温柔和爱所能改进的一半。

杰克是一位布商，最近由于一位对手的竞争陷入困境。

对方在他的经销区域内定期走访印染厂与客户，告诉他们杰克的公司不可靠，他的布质量不好，尺码不足，生意也面临即将停业的境地。杰克知道这件事后，非常愤怒，想找个机会报复一下这个家伙。

有一天，杰克听了一位牧师在讲道，主题是要施恩给那些故意跟你为难的人。杰克告诉牧师，就在上个星期五，他的竞争者使他失去了一份30万匹布的订单，但是，牧师却教他要包容对手，化敌为友，而且他举了很多例子来证明自己的理论。

当天下午，杰克在安排下周的日程表时，发现住在华盛顿的一位顾客正要为员工定制新工作服而需要一批布。可是这位顾客所指定的布料不是杰克的公司所能制造供应的，却与杰克的竞争对手出售的产品很相似。同时杰克也确信那位满嘴胡言的竞争者完全不知道有这笔生意的机会。

这使杰克感到为难，如果遵从牧师的忠告，他觉得自己应该告诉对手这笔生意的机会，并且祝他好运。但是如果按照自己的本意，他只希望对手永远没有生意。

杰克内心挣扎了一段时间，最后，他还是听从了牧师的劝导，于是杰克拿起电话打给竞争者。

杰克很有礼貌地直接告诉他有关华盛顿的那笔生意机会，爱乱说话的对手难堪得一句话都说不出来，他很感激杰克的帮忙。杰克又答应打电话给那位住在华盛顿的客户，推荐由对手来承揽这笔订单。

后来，杰克得到非常惊喜的结果，对手不但停止散布有关他的谣言，甚至还把自己无法处理的一些生意转给杰克做。现在，他们已经成了好朋友。

怨恨的心理，甚至会毁了我们的胃口。正如《圣经》所说：怀着爱心吃菜，也会比怀着怨恨吃牛肉好得多。

要是我们的仇家知道我们对他的怨恨使我们筋疲力尽，使我们疲倦而紧张不安，使我们的面容受到伤害，使我们得心脏病，甚至可能使我们短命的时候，他们一定会大为开心。

即使我们不能爱我们的仇人，至少我们要爱我们自己。我们要使仇人不能控制我们的快乐、我们的健康和我们的容貌。

沟通的艺术

[美]戴尔·卡耐基◎著　申文平◎译

中南出版传媒集团
民主与建设出版社

前言

　　从来没有哪一个时代的人们像今天这样重视"成功"，"成功"成为这个时代被使用最频繁的字眼。那么，什么是成功？成功指成就功业或达到预期的结果。成功当有两个方面的含义：一是个人的价值得到社会的认可，并赋予个人相应的酬谢，如金钱、房屋、地位、尊重等；二是自己承认自己的价值，从而充满自信，并得到幸福感、成就感。成功的含义是丰富的，可惜，很多人过于强调前一种含义，而忽略了后一种含义。而只有造福于社会，获得社会的认可，赢得他人的尊重，才称得上是真正的成功。

　　事实上，成功是一种积极的心态，是每个人实现自己的理想后自然而然地产生的一种自信和满足的心态。

　　成功学的历史很短，只有700多年。这门学科以社会中各种成功现象为研究对象，从中发现规律，并指导人们走上成功之路。当然，成功没有捷径，但是，有了成功学的指导，有志于成功的人士可以少走弯路。这也是自成功学诞生700多年来一直受到人们关注的原因。

　　戴尔·卡耐基（Dale Carnegie，1888—1955），美国著名的心理学家和人际关系学家，20世纪最伟大的人生导师。他一生从事过教师、推销员和演员等职业，这些职业对他以后的事业都有很大的影响。

哈佛大学著名心理学家与哲学家威廉·詹姆斯教授说："与我们应取得的成就相比，我们只不过是半醒着，我们只利用了身心资源的一部分。卡耐基因为帮助职业男女开发他们蕴藏的潜能，在成人教育中开创了一种风靡全球的运动。"

卡耐基一生中写了《演讲的艺术》《人性的克辉》《人性的弱点》《人性的优点》《美好的人生》《伟大的人物》《快乐的人生》等多部著作。这些著作是卡耐基成人教育实践的结晶，他的思想影响了世界上无数人的生命历程。

现代社会，良好的口才、融洽的人际关系、积极的心态是人们获得事业成功和生活幸福的重要因素，而口才又决定着一个人生活和事业的方方面面，我们时时刻刻都离不开口才。好口才可以帮助你变劣势为优势，给你的生活和事业带来意想不到的好处。一个具有出类拔萃的口才的人，就拥有优秀人生的基础，所以，口才的训练在一个人的一生中是至关重要的。

卡耐基的口才培训，融合了演讲术、推销术、心理学、商业谈判等各种技巧和经验，他不是教给我们刻板的教条，不需要我们装腔作势，歇斯底里，他告诉我们只要克服恐惧，建立自信，顺乎自然地发挥自己的潜能，就能拥有卓越的口才。我们一定能从一代大师的著作中获得启发和帮助。

CONTENTS 目录

第一章 恐惧是演讲的死对头 / 001

第二章 时刻不忘自己的目标 / 009

第三章 相信自己一定会成功 / 015

第四章 用真诚赢得信心 / 023

第五章 获得听众的赞同 / 029

第六章 把你的热忱传递给听众 / 035

第七章 以友善的态度开始 / 043

第八章 无须通篇背诵 / 049

第九章 消除拘谨、紧张的心态 / 055

第十章 不要模仿他人 / 061

第十一章 良好的演讲态度 / 067

第十二章 让你的演说更加自然 / 075

第十三章 改变你的语言表达习惯 / 085

第十四章 丰富你的词汇 / 097

第十五章 充分的休息让你的精神更加饱满 / 109

第十六章 不要忽略了你的衣着和态度 / 113

第十七章　别让演讲场所的环境干扰你 / 119

第十八章　保持良好的姿势 / 125

第十九章　介绍演讲者、颁奖和领奖 / 133

第二十章　充分动用自己学习的演讲技巧 / 147

第二十一章　借自嘲摆脱窘境 / 161

第二十二章　周全的准备 / 167

第二十三章　赋予演讲生命力 / 175

第二十四章　设计一个独特的开场白 / 183

第二十五章　增强语言感染力的技巧 / 195

第二十六章　合理运用幽默的力量 / 201

第二十七章　完美的结尾 / 207

第一章

恐惧是演讲的死对头

即使登台的恐惧一发不可收拾，思想滞塞、言语不畅、肌肉痉挛无法控制，严重影响你说话的能力，你也没有必要绝望。这些症状在初学者中很常见，只要你多下功夫，就会发现这种恐惧很快就会减少到最低的程度，这时，它就是一种助力，而不是一种阻力了。

——卡耐基《演讲的艺术》

没有任何人是天生的大众演说家。在古希腊、古罗马时代，当众演讲是一门精致的艺术，必须谨遵修辞法和优雅的演说方式。一个出色的演讲家往往也是一位杰出的政治家，比如西塞罗、德摩斯梯尼、恺撒，等等。随着时代的发展，现在的演讲，从某种意义上讲，其实就是一种扩大了的交谈。

　　那种充满激情的演讲方式固然可以振奋人心，但随着人们交往的扩大，演讲已经不再局限于讲坛上。事实上，与人共进晚餐，看电视，听收音机，各种各样的交谈方式，都可以归纳到口才上。

　　当众演讲不是一门封闭的艺术，并不像许多教科书要我们相信的那样，只有经过多年努力地美化声音，及与修辞学的奥秘奋战之后才能成功。

　　但是，很多人对演讲充满了恐惧。美国一位年轻的议员在向一位年老的有经验的议员请教时说："我在演说之前心里老是'扑通扑通'地直跳，这是不是异常？"年老的议员回答："那是因为你对于你要说的话进行着认真的考虑，这是必然的。即使你到了我这个年龄，也难免会出现这样的情况。"

　　据说，美国有位播音员，起初每次临播音的时候，都要先到浴室洗个澡，否则就不能镇定自若。如果碰到外出进行现场直播，他就不得不提前到达目的地，并在直播现场寻找浴室。

　　这说明，对演讲的恐惧不是个别现象，每个人都会因为当众演说而产生恐惧的心理。

　　戴尔·卡耐基经过多年的调查得出一个统计数据：有

80%~90%的学生，对上台说话感到困扰，而已经步入社会的成年人，则100%地恐惧公开发表演说。幽默大师和演讲家马克·吐温在描述自己最初演讲的心理感受时说："嘴里像是塞满了棉花，脉搏跳得像是在争夺赛跑奖杯。"古罗马时期伟大的演讲家西塞罗也说："演说一开始，我就感到面色苍白，四肢和整个心灵都在颤抖。"类似的体验林肯和丘吉尔也有。林肯说他在演说时，"也有一种畏惧、惶恐和忙乱"。丘吉尔说他在演讲时，"心窝里似乎塞着一个几寸厚的冰疙瘩"。英国首相狄斯瑞黎甚至公开承认："我宁愿带一支骑兵冲锋陷阵，也不愿首次去国会上发表演说。"

可见，恐惧心慌是初登讲台者的普遍心理，即使世界一流的演说家也未能幸免。但我们必须战胜它，正如罗斯福总统所言："我们唯一要害怕的，就是害怕本身。"

成功学大师卡耐基曾讲述过一个真实的例子。

家庭医生克狄斯大夫有一次前往佛罗里达州度假。度假地离著名的巨人棒球队的训练场地不远。克狄斯大夫是一位铁杆球迷，他经常去看他们练习，渐渐地他就和球员们成了好朋友。一天，他被邀请参加球队的一个宴会。吃饭前，宴会的主持人请他就棒球运动员的健康状况谈一谈自己的想法。

克狄斯是专门研究卫生保健的，他行医已30多年。对主持人提出的这个问题，他根本不用任何准备就可以侃侃而谈。可是，让他当着众人的面发表谈话，这还是第一次。当听到主持人提到他的名字时，他的心跳就加速了，他简直不知所措。他努力想使自己镇静下来，可无济于事，他的心脏仿佛就要跳出胸膛。这时参加宴会的人都在鼓掌，全都注视着他。怎么办？再三思虑之后，他摇摇头，表示拒绝。但却引来了更热烈的掌声，听众也自发地呼喊起来。

克狄斯心里清楚，在这种极其沮丧的情绪支配下，自己一旦站起来演讲，肯定会失败，更可怕的是可能连五六个完整的句子都讲不出来。他只好站起来，背对着朋友，默默地走了出去。

自此之后，克狄斯便参加了卡耐基口才培训班，经过一个月的培训和他自己的刻苦努力之后，他的恐惧感渐渐消失了。后来，他成为演讲名家，并到各地演讲，传授他的健康经验。为此，他还结交到了许多朋友。

既然人人都有恐惧心理，那么怎样战胜这种心理呢？

第一，要弄清楚为什么会恐惧。几乎所有的演讲者都有过怯场，都有过相同的恐惧心理：一切会正常无误吗？我会不会漏词？听众会喜欢我的主题吗？有恐惧心理是人体器官正常动作的一种先兆。当一个人处于大庭广众之下，或见到意想不到的陌生面孔后，五官感受到了，随后便作出反应，明显的症状便是脸红心跳、语无伦次、词不达意，等等。如果此刻演讲者想："我该说什么啊？"他的头脑里就会一片空白，就会因慌张而说不出话。如果他当时想："假如别人遇到这么大的场面，说不定还不如我呢！"那他心里可能就会慢慢踏实起来，很快恢复镇定。

第二，有些人在演讲的时候恐惧，是因为他太在意自己。这样的人总担心自己根底浅，一旦面对大众讲话，自己的短处就暴露了，觉着不说话更稳妥些。可是，现代社会是高度社会化的，一个人总免不了要和社会接触，与他人接触，而语言是最重要最普遍的交往工具。不习惯语言交流的人慢慢也许就会被遗忘了。不如做这样的设想："尽管我有一些缺点，但我也有更多的优点，我为什么不通过在大众面前的讲话把我的优点展现出来呢？"如果你能这么想，恐惧便会离你而去了。

第三，有些人不愿意演讲，是因为他不知道怎样组织内容。有的人总觉得自己掌握的东西不少，可就是不知道从哪儿开始说起，不知道怎么把自己要说的东西好好地串联起来，在有限的时间里更好地把自己展现给他人。如果是这样，那就比较好办了，你只需提前多做些准备就够了。演讲大师林肯总统曾指出："即使是有实力的人，若缺乏周全的准备，也无法做到有系统、有条理的演说。"对那些经验不足和实力欠缺的人来说更是如此。而经过充分的准备，可以确保演讲的成功，还会使演讲者本人增加自信心。自信当然是战胜一切恐惧的最好武器。

第四，陌生环境造成心理恐惧。当我们置身于不熟悉的环境和气氛中，站在不经常站的讲台上，以少有的角度、距离和方式，面对众多的人，紧张的感觉是不可避免的。这时，演讲者会不由自主地产生"孤独感"和"危机感"，甚至会想："我怎么会在这里，我要干什么？"于是，大脑一片空白。

第五，消极心理作祟。日本学者多湖辉在《奇妙的自我心理暗示》一书中说："人因悲伤而哭泣，但往往因哭泣而悲伤。世界上有许多被不安、自卑感所苦恼的人，他们总以为自己对任何事情都无能为力，这显然是陷入了副作用的自我暗示的陷阱中。"怯场的深层原因是一些削弱自信心的消极心理暗示在作怪。如担心自己知识不够、经验不足，听众评价自己的演讲浅薄、荒唐；怕演讲中出现意外，自己不能应付自如；看到前面的演讲者从容不迫、滔滔不绝时，更加心虚和胆怯；估计自己形象欠佳，可能无法取悦听众等。消极心理暗示，使人保守地评估自我，对自己的体面和虚荣采取过分的防护态度。

第六，来自听众的压力。人聚成众，众则有势，势则生威。即使听众对演讲者不构成任何危险和威胁，也会令演讲者承受一种无形的心理压力，使其不适而生惶恐。假如演讲者确信听众比自己更了解演讲的主题，或者对自己抱着不友好的态度，就更易形成直接的心理压力，从而使演讲者产生迅速逃避的意向："赶快讲完算了。"

当众演讲应该是现代人必备的一种技能，如果你是一个不善言辞的人，人家对你可能并没有太高的期望值，那你就更不应该紧张了。而见识广博、经验丰富的演说家，常常因为大家对他寄予的厚望而身负压力，并且心情更加紧张，只不过他们掩饰得好，别人没有看出来罢了。

当然，最终能不能克服恐惧，还是像卡耐基告诉我们的那样："要克服当众说话时那种天翻地覆的恐惧感，最好的方法是以获取成功的经验做后援。"

第二章

时刻不忘自己的目标

当众演讲的训练，是帮助你培养自信的好方法。因为你一旦发现自己站在公众面前仍然能够伶牙俐齿、条理清晰地对着他们说话，那么，你在和别人交谈时，必定会更有信心和勇气。

——卡耐基《演讲的艺术》

法国哲学家萨特曾说，他所掌握的口才的技巧带给他莫大的快乐，这也正是他之所以能取得成功的原因。

曾任美国国家现金注册公司理事会会长、联合国教科文组织主席的艾林在《演讲季刊》中写了一篇题为《演讲与领导在事业上的关系》的文章。他在文中指出，在从事商业这行的历史中，有不少人是借着讲坛上的杰出表现而得到器重的。许多年以前，有位青年，当时是堪萨斯州一处小分行的主管，在做了一场十分精彩的演讲之后，成为公司的副总裁，后来又成为国家现金注册公司的总裁。

能从容不迫地站起来面对听众侃侃而谈，这样的好口才会使人的前途无可限量。美国汉弗公司的总裁亨利·伯莱斯通认为："和人们进行有效的交谈，并赢得合作，是每一个正在努力追求上进的人所必须具备的一种能力。"

想一想，当你充满自信地站起来与听众共同分享自己的思想和感受时，是多么的满足和舒畅。其实，用语言的力量影响全场听众的那种愉悦感，是其他任何事物都无法比拟的。它能带给人们一种力量和强劲感。有人曾经这样说过，发表演讲的最初两分钟即使挨鞭子也无法开口，但到临结束前的两分钟，宁可吃枪子儿也不愿意停下来。

现在就请闭上眼睛想象一下：面对着很多的听众，充满自信地迈步走上讲台，听听你开场后全场的鸦雀无声，感觉一下你的听众的全神贯注，感受一下你离开讲台时掌声的热烈，并微笑着接受大家对你的赞赏。

练习好口才，其好处不仅仅是可以做正式的公开演讲。事实上，即使一个人一辈子都不需要正式的公开演讲，但接受这种训练的好处仍然是多方面的。例如，当众演讲的训练，是帮助人们培养自信的方法。

因为如果一旦发现自己能够站起来，口齿伶俐、头头是道地对着人群说话，那么在和别人交谈时，一定会更有信心和勇气。

大西洋城的外科医师兼美国医药学会的前会长大卫·奥默博士，曾为当众演讲的好处开列了如下处方：

为了能够让别人走进你的脑海和心灵，一定要培养一种能力。试着面对单独的人或者在众多人面前清晰地表达自己的思想和理念。当你通过这样的努力而不断进步时，便会发现，自己正在塑造一种崭新的形象，这种形象会让周围的人大吃一惊。

从这个处方中，你会得到双倍的好处。当你开始对人讲话时，你的自信心也会随之增强，而性格也会越来越温柔和美好，这将意味着你的情绪已渐入佳境。身体自然也会跟着好起来。在这样一个竞争如此激烈的年代，无论男女老少，都需要当众讲话。他十分清楚讲话给健康带来的好处。只要有机会便对几个人或更多的人说话，这样就会越说越好，同时也会感到神清气爽，感觉自己完美无缺。这些都是训练之前体会不到的。这是一种畅快、美妙的感觉，没有任何药物能给你这样的感觉。

集中全力，时刻不忘自信与谈笑风生的说话能力对你有多重要：想想因此而结交朋友，在社交上对你的重要性；想想自己服务人群、社会、教堂的能力将会大增；想想它在你事业上将会产生的影响。简言之，它会为你未来的发展而铺路。哈佛大学最杰出的心理学教授威廉·詹姆斯曾写过六句话，这六句话很可能会对你的一生产生深远的影响。这六句话是阿里巴巴勇敢的开门口诀："几乎无论任何课程，只要你对它满怀热忱，就可确保无事。倘使你对某项结果足够关心，你自然一定会达成。如果你希望做好，你就会做好。假若期望致富，你便会致富。若是你想博学，你就会博学。只有那样，你才会真正地期盼这些事情而心无旁骛，便不会费许多心神再去胡思乱想许多不相干的杂事。"

因此，想象自己成功地做着目前自己所害怕做的，全心全意地想着自己能够当众说话，并获得接纳时会有怎样的好心情。牢记威廉·詹姆斯的话："倘使你对某项结果足够关心，你自然一定会达成。"

要取得演讲的成功，就要学习以自我为主的技巧，不要心里老想着要依赖什么。依赖演讲稿和别人都不能使自己成功。所有的胜利都是自己努力的结果，只要你对自己负责，对自己充满信心和热忱。因为无论是谁，心中都会有一些热忱，这种热忱实际上是一种可贵的能量，用你的火焰去点燃别人内心热忱的火种，那么你就完成了一次成功的演讲。

第三章

相信自己一定会成功

从今天开始，你一定要积极地思考，自己的这番努力一定会换来成功的，你一定要对自己在众人面前说话的努力结果持轻松乐观的态度。要在每个词句、每项行动上烙下决心的印记，全力培养自己的这种能力。

—— 卡耐基《演讲的艺术》

过度的紧张有害无益，而适度的紧张不仅无害，反而有益。心理学家斯皮曼说得好："不是要消除紧张，而是要消除慌乱。"戴尔·卡耐基也说过："少许的恐惧是有利的，可以加强临场感和说服力。"心理学研究证明：人们的紧张水平与活动效率呈"U"形曲线关系。这就是说，过低或过高的紧张都不利于活动，只有在适度的紧张状态下才会有好的效果。我们经常采取考试、评比、检查、竞赛等手段促进活动，其目的也在于促使人们产生紧张感，产生"活化效应"。适度的紧张会促使人体内肾上腺素的大量分泌，不仅能增加体力，也能大大促进人们的思维活动、注意能力、记忆能力等，"急中生智"与"急中生力"就是例证。适度的紧张还能激励人们认真地、审慎地对待活动，而不至于盲目自信、草率从事。

当众演讲并不像我们想象的那样不容易。试想一下，当你从容不迫地站在讲台上，充满自信地面对听众，当你说出第一句话时，全场安静无声，人们都在全神贯注地倾听你生动的演讲；在你演讲结束时，听众给你的雷鸣般的掌声和欢呼声；会议结束时，听众热情地围过来对你大加赞美，你会是怎样的兴奋和激动啊。

从现在开始，就培养自己的这种能力吧，当然，首先要相信自己一定能成功。接下去，就是要训练自己的能力。

在演讲中，人们最注重的就是自我形象，成功的演讲必须要向自己的怯场心理挑战，不轻易放弃每一个锻炼的机会。英国现代剧作家和评论家乔治·萧伯纳，也是一位出色的演讲家。有人问萧伯纳，他是如何做到铿锵有力地当众演说的。他回答说：

"我是用自己学会溜冰的方法来做的——我固执地让自己一个劲儿地出丑，直到我习以为常。"萧伯纳年轻时，是伦敦最胆小的人之一，他常常是在外面徘徊20分钟或更多时间，才有勇气去敲别人的门。他承认："很少有人像我这样因为单纯的胆小而痛苦，或极度地为它感到羞耻。"

后来，他无意间用了最好、最快、最有把握的方法来克服自己的羞怯、胆小和恐惧。他决心把自己的弱点变成最有利的资产。他加入了一个辩论学会。伦敦一有公众讨论的聚会，他就会参加。萧伯纳全心投入社会运动，为该运动四处演讲。借此，他熟悉了各种场合下的情景，取得了实际经验，也消除了人人都会有的紧张恐惧感。结果，他成为20世纪上半叶最自信、最出色的演说家之一。

西方有句格言："诗人是先天的，演说家是后天的。"既然是后天的，当然就要训练。

第一，先将条理安排好。

准备演讲有没有一个正确的方法呢？有，而且很简单。首先，你可以根据你的经历和感悟，总结出一些经验，然后汇总由此得来的领悟和思索。确定你的主题，然后加以思想的延伸，条理清晰地罗列出来。很多年前，查尔斯·雷努·勃朗博士在耶鲁大学做演讲时说："将主题深思熟虑，直至立意饱满，面面俱到，然后把这些想法以短语的形式记录下来……再依照你的条理，将这些片断写在纸上，这样整体大意明确而不纷杂，演讲时就可以很容易地把它们串联起来，而不致遗漏。"听起来不难吧？当然！它只需要花费你一点专注和思考就能完成。

第二，把听众当做朋友或客人。

跟亲密的朋友说话，相信谁都不会担心怯场。那么假如你在走上讲坛之前，把你面对的听众当成朋友或客人，你的紧张感就会消失了。据说日本有一位滑稽演员，每次上场前，会在自己手心上写一个"客"字，就是把观众当客人，这样就不会担心了，表演就会成功。

第三，脑子里经常浮现成功的情景。

想象别人的成功情景，你就会深受感动，你可以想象"我成功了""听众都在全神贯注地听我演讲，一定是我的演讲吸引了他们""看他们那么热烈地鼓掌，我真感动"……这些积极的暗示一定会给你以成功的信心。

第四，给自己打气。

不要想"这下我又要失败了""我腿都哆嗦了""我的题目没有刚才那位的好，听众肯定不喜欢"……这些负面的暗示只会把你引向糟糕的境地。要知道除非怀有某种远大的目标，并觉得自己在为此奉献生命，否则任何一位演说者都会对自己的主题产生怀疑。他会问自己，题目是否合适，听众是否会感兴趣等。很可能一气之下便把题目改了。这种时候，消极思想很有可能完全摧毁你的自信心，你应该为自己做一番精神激励，告诉自己，我的演讲很适合自己，因为那是我的经验，是我对生命的看法，我比听众中任何一位都更有资格来做这番特别的演讲。这样积极的暗示会对你的成功起到意想不到的激励作用。

第五，要训练自己说话的胆量。

很多人，别说在大庭广众之下做一番演讲，就是在一个陌生人面前都很难开口。不是他们不想说，而是不敢说。怎么办？要抓住一切机会，训练自己。要不断树立自己说话的信心，增强说话的魅力，真正做到既不盲目自信，也不妄自菲薄，既不焦躁狂傲，也不低三下四。

对我们每个人来说，说话的机会比比皆是，你不妨参加一些组织，从事那些需要讲话的职务。在公众聚会里站起身，使自己出个头，即使只是附议也好。开会时，千万别默不作声。尽量多说话！积极踊跃地参加各种聚会。你只要向自己的周围望望便会发现，所有的商业、社交、政治、实业，甚至社区里的活动都要向前迈步、开口说话。除非你说话，不停地说，否则你永远不会知道自己会有怎样的进步。

第六，在朋友面前预讲，是个很不错的方法。

演讲内容准备好了以后，你是否应该预讲一次呢？最有效的办法，就是在同事或朋友碰面时，把你打算演讲的主题表述出来。你可以在进餐时，装作无意地说起一个话题："乔，你知道吗？有一天我遇到了一件奇妙的事……"乔也许对你的故事很有兴趣，你要注意观察，看他有什么回应和感受，也许能带给你新的非常有价值的启发。虽然他并不知道你在练习演讲，但他可能觉得谈话很有意义。著名的历史学家爱兰·尼文思曾经给作家们提出相似的建议："把你的构思给感兴趣的朋友详细说说，能够帮助你拓宽思路，拾遗补阙，还能帮你决定最为适宜的叙事方式。"

第七，运用积极的心理暗示。

运用积极的心理暗示，即尽量避免种种使人沮丧的因素，一上台只把注意力集中在眼前的动机和效果上，至于过后人们怎样评价，在演讲过程中是可以不加考虑的。正如华盛顿所说："我只知道眼前的听众，而我说的词，正是眼前的听众说的。"与此同时，利用内部语言不断地进行自慰、排解和鼓励，如：

"别人能行，我也能行。"

"别人能讲好，我可以讲得更好。"

"我准备得很充分，我一定能讲好。"

"我就是所谈问题的专家和权威，只有我最有资格发言。"

"讲得好坏没有关系，只要我按照准备的讲下去就是胜利。"

"听众是不会注意我讲的每句话的。"

"听众常常分心，他们爱想自己的事情。"

少做"我不如你"的自我否定。日本人甚至主张"把听众当傻瓜"。古希腊演讲巨匠德莫西尼在取得成功之前屡遭失败，朋友为其总结教训时说："你败于怯场。现在看来，你要设法越过心理障碍。我想，可以助你达到此目的的办法只能是：你应该在讲台上目中无人，权且把你的听众都当作驴！"虽然他这种说法不文雅，却让德莫西尼产生了积极的心理暗示，使其跨过心理障碍，最终取得了成功。

第四章

用真诚赢得信心

当你把想要表达的意愿发自内心地、真诚地表达出来时，演讲才更具说服力。我们首先要让自己有信心，才可能尽力说服他人。

——卡耐基《演讲的艺术》

一场成功的演讲源于真诚。只要你捧出一颗恳切至诚之心、一颗火热滚烫之心，怎能不使人感动？怎能不动人心弦？

成功的演讲者知道怎样用真挚的情感竭诚地叩击人们的心扉，使人们振奋、激动、感化。对真善美的热情讴歌，对假恶丑的有力鞭笞，让喜怒哀乐溢于言表，使黑白褒贬泾渭分明，用自己的心去弹拨他人的心弦，用自己的灵魂去感动他人的灵魂，你的演讲就是成功的。

在演讲上，美国总统林肯为我们树立了极好的榜样。他告诉我们："我展开并赢得一场议论的方法，是先找到一个共同的赞同点。"这正是一场成功的演讲的秘诀之一。

一次，一群男女发现自己置身于风暴通道上。其实，倒不是真正的风暴，但多少可以这样比喻了。清楚一点说，这风暴是个名叫毛里斯·高柏莱的人。他们这样描述：

我们围坐在芝加哥一张午餐桌旁。我们早听说这个人的大名，说他是个雷霆万钧的演讲者。他起立讲话时，人人都目不转睛地望着他。他安详地开始讲话——是个整洁、文雅的中年人——他感谢我们的邀请。他说他想谈一件严肃的事，如果打扰了我们，请我们原谅。

接着，他像龙卷风一样吹袭过来。他前倾着身子，双眼牢牢地盯住我们。他并未提高声音，但我却似乎觉得它像一只铜锣轰然爆裂。"往你四周瞧瞧，"他说，"彼此瞧一瞧。你们知不知道，现在坐在这房间里的人，有多少将死于癌症？55岁以上的人4人中就有一个。4人中就有一个！"他停下来，但脸上散发着光辉。"这是平常但严酷的事实，不过不会长久这样下去，"他说，"我们可以想出办法，寻求进步的癌症治疗方法，研究它们发生的原因。"他神情凝重地看着我们，眼光绕着桌子逐一移动。"你们愿意协助努力吧？"在我们的脑海中，这里除了"愿意！"之外，还会有别的回答吗？"愿意！"我想事后我发现别人跟我一样。一分钟不到，毛里斯·高柏莱就赢得了我们的心。他已经把我们每个人都拉进他的话题里，让我们站在他那一边，投入为人类谋求幸福的运动中。不论何时何地，获得赞同，是每个讲演者的目标。高柏莱先生有非常充足的理由让我们有这样的反应。他和他的兄弟拿桑，赤手空拳建起了一个连锁性百货事业，年收入超过一亿美元。历经长年艰辛之后，他们终于获得了神话般的成功，不料拿桑却在短短的时间里，因癌症辞世。这之后，毛里斯特意安排，让高柏莱基金会捐出第一个100万，给芝加哥大学进行癌症研究，并把自己的时间——他已从商场退休——致力于提醒大众对抗癌工作的关切。这些事实加上高柏莱的个性，赢得了我们的心。

真诚、关切、热情——这是火一样热烈的决心，让他在几分钟的时间，把他长年累月献给这个伟大目标的所有因素横扫过我们，让我们对讲演者的感情感同身受并完全接纳。

古罗马雄辩家昆提连把演讲者描述为"一个精于讲话的好人"，他指的是真诚和个性。本书已经说过和将要说的一切，没有一个能取代这个必要的条件。皮尔朋特·摩根说,信心是获取信任的最好方法,同时也是获得听众信心的最好方法。

亚历山大·伍科德说:"一个人说话时流露的真诚会令他的声音有着不同凡响的感染力,这一点是虚伪的人所做不到的。"

真诚是一场演讲成功的必要前提。如果不是发自内心的真诚,就等于欺人、愚人,若轻信他人不实之词,可能会耽误大事。林肯总统正是用自己的真诚赢得了美国人民的支持,最终领导美国人民取得了南北战争的胜利。他曾说:"一滴蜂蜜比一加仑胆汁能吸引更多的苍蝇。人也是如此,如果你想赢得人心,首先让他相信你是最真诚的朋友。那样,就像有一滴蜂蜜吸引住他的心,也就是一条坦然大道,通往他的理性彼岸。"

1858年,林肯在一次竞选辩论中说:"你能在所有的时候欺瞒某些人,也能在某些时候欺瞒所有的人,但不能在所有的时候欺瞒所有的人。"让我们记住林肯的格言,并贯穿于我们的演讲中。要相信,真诚是我们能给予听众的最好的态度,我们也将因此获得听众对我们的热情回报。

第五章

获得听众的赞同

把你真实、明确的事例和感受
讲述给他们听，当他们赞同你所说
的这一切时，你的观点自然也就成
为他们的观点。

——卡耐基《演讲的艺术》

沃尔特·迪尔·史科曾是西北大学的校长，他曾指出："任何概念、建议或者结论，除非听从认为它们都是真实的，才能进入脑海，一旦受到阻碍，那思想中必然已存有与其相反的理念。"也就是说，要让听众赞同你，就要让听众和你的想法达成一致。哈利·奥弗斯崔教授曾在纽约高级中学针对社会研究问题演讲作过深刻的心理剖析：

熟练的演讲家，会从一开始就获得听众的赞同。他巧妙地通过心理方法让听众一步一步跟着他前进，就像撞球游戏一样，当你将它推往一个方向，如果要让它变换一点角度，就需付出较大的力量，要是想把它推到完全相反的方向，那需要的力度更要加倍。

当一个人发自内心地说"不"的时候，那意味着他不仅仅是发出一两个单调的音节，而是将整个身体——神经、肌肉、器官全部收紧密闭，呈现拒绝接受的状态。此时他身体的外在也会发生微妙的变化，有时比较明显，表明了他的抗拒之心。反过来说，要是一个人发自内心地说"是"，那他的身体就会呈现积极、开放、接纳的状态。因此，我们要设法在一开始就获得更多的"是"，这样听众的注意力就会更多地投放在演讲上，并更容易赞同你最后的结论。

得到"是"的肯定，实在是一个很简单的技巧，但大多数人对此不以为然，在他们看来，为了显示自己的重要性，一开始就应该米取对抗的态度。所以，当激进党和保守党人士一起开会时，不一会儿，会场的气氛就变得紧张了。为什么会这样，他们难道只是觉得好玩吗？如果仅仅是这样也许可以原谅他们。如果他们是想达成什么目标，那这么做就太愚蠢了。

无论是学生、顾客、孩子、丈夫或妻子，如果在一开始就令对方说了"不"字，再想把这斩钉截铁地否定给扭转过来，那恐怕就要借助魔法的力量了。

如何从一开始就赢得听众的"赞同态度"？非常简单。"我在一场论战中得胜的方法，"林肯说，"首先是找到一个令对方赞同的观点。"林肯发现对奴隶制的存废问题争论非常激烈。《明镜》报曾经这样报道林肯的一场演讲："在演讲一开始的半个小时里，他说的每个词都是反对者赞同的。他以此为基础，一点点引导他们，不知不觉中，反对者们已全数进入了他的围栏里。"

一开始演讲者就表明自己的态度，只会引起听众的逆反心理，把他们放在"对立面"上，他们绝不会按照你希望的去改变他们的观点。当你自负地说"我要证明我是正确的！"的时候，听众的抗拒之心都在发出无声的呼喊："别得意得太早！"

先从听众都认可的事情谈起，然后再提出问题，引起他们的思考和兴趣。这难道不是对你最有利的方法吗？在与他们一起探寻的过程中，把你真实明确的事例和感受讲述给他们听，当他们赞同你所说的这一切时，你的观点自然也就成为他们的观点。最好的争论方法，看起来就像是一场说明一样。

在每一场辩论中，无论观点分歧有多大，在争论时，总能在演讲者和他面对的每一位听众之间找到共同的意见。

1960年2月3日，当时的南非政府还在奉行种族隔离政策，英国首相哈罗德·麦克米伦来到南非国会两院发表演讲，主题是关于英国不存在种族歧视。他没有一开始就指出完全对应的观点，而是赞扬南非的经济成就以及对全世界的重要贡献。然后，他低调地提出有分歧的观点，但他清晰地表明，相信无论何种观点都是出自内心真诚的信念。他的言辞坚定，态度始终温和，他说："作为一位英国公民，我想说我们始终对南非予以关注和支持。请诸位对我所言不要过于介意，我们正努力让所有自由人在我们国家的土地上，都享有平等的权利，这是我们坚持的信念。在支持和帮助诸位的同时，我们也不能违背自己的信念。我想，抛开信念的分歧不谈，我们应该永远是朋友，我们共同承认一个事实，那就是，在今天的世界上，我们之间仍有分歧。"

面对这样诚挚的演讲，即使分歧再大的对立者，也会相信演说者所持的公正之心。

你可以试想一下，麦克米伦首相一开场就直指双方政治观点的分歧，而不找出彼此承认的共同点，将会造成什么样的局面？詹姆士·哈维·罗宾逊教授在其《思想的酝酿》一书中，解析了人的这种心理：

有时我们会发现，我们自己常常在不知不觉中改变了想法。但要是有人说我们的想法是错误的，我们就会感到愤怒，并且立马抱定自己的想法决不撒手。我们对信仰形成的过程并无察觉，但一旦遇到有人怀疑或否定我们的信仰，我们反而会狂热地坚持自己的信仰。很可能，与其说我们在乎信仰本身，不如说我们太在乎自己宝贵的自尊……"我"字虽小，却构筑了人类事物中最重要的是非，看清这一点并以之为思考前提，才是智者所为。不论是我的晚饭、我的爱犬、我的家庭、我的信仰，还是我的祖国、我信奉的上帝，都是一样的。我们反感别人指责我们手表时间不准，或是我们的汽车太破，也讨厌别人指责我们的火星论，或者说我们的声调总是怪怪的……我们持续地相信自己已经接受的事实或者理念。一旦被直截了当地指出我们是错误的，我们内心激起的愤恨就会让我们坚定地找出一切理由抗拒。其结果是，我们就会用一大堆话来巩固自己原来的信念。

第六章

把你的热忱
传递给听众

高明的演讲者热切地希望听众能够感觉到他所感觉的东西，同意他的观点，做他以为他们该做的事，分享他的快乐，分担他的苦闷。以听众为中心，而不是以自我为中心。他明白自己演讲的成败不由他来决定，而是由听众的脑袋和心决定。

——卡耐基《演讲的艺术》

无论是政治家、军事家、社会活动家，没有哪一位成功人士不重视发挥自身的演讲技巧。革命导师列宁不仅是一位非凡的政治家、理论家，也是一位热忱的演讲家。斯大林赞扬列宁具有非凡的说服力，简短通俗的词句，没有半点矫揉造作的色彩。我们一再提及的林肯总统也是这样一位成功的政治家，当然也是成功的演讲家。

　　如果演讲者能用感性的语言介绍自己的观念，并把自己的热忱传递给听众，通常这样是不会引起对立看法的。所谓的"热忱传递"指的就是这一点。这种热忱会把一切否定和对方的观念统统都赶走。假如你志在说服听众，要记住，鼓励大家的情绪要比引发思考有用得多。情绪要比冷静的思维更具威力。要想把群众的情绪鼓动起来，演讲者必须把自己的热情传递给听众。不管他的内容虚构也好，蹩脚也好，也不管他的声音与手势运用得是否恰当，如果他不够真诚，一切都是虚有其表。如果你想给听众留下一个好的印象，你必须先给他人一个好形象。你的精神会通过眼睛发出光芒，通过声音传递热情，每一个动作都是在展示自己的魅力，每次你要说服对方的时候，你的所有表现都会影响到对方的态度。假如你提不起精神，你的听众也不会有什么精神；假如你的态度不严谨或不宽容，你的听众也会如此。亨利·华德·比彻说过："假如教徒在听道的时候睡着了，只有一件事情可以做——马上敲传道人一棒。"

　　哥伦比亚大学曾举办过一次演讲比赛。当天一共有三个裁判。参加比赛的大学生约有六七名，他们每个人都受过良好的训练，并且准备在当天好好表现一番。遗憾的是，他们所有的精力都用在了赢取那面奖牌上，没有人注意去说服听众。

他们选择的题目显然并非个人兴趣所在，而是基于演讲技巧的发挥。因此，每一个演讲只不过是演说艺术的操练而已。

只有一位来自祖鲁的王子是个例外。他演讲的题目是《非洲对现代文明的贡献》。他所讲的每个字都充满强烈的情感，而不仅仅是展示演讲技术。他所讲的都是生活中的事实，完全发自内心的信念和热忱，他成了祖鲁人民的代表，在为自己的土地发言。由于他的智慧、高尚的品格和善意，他向我们传达了那块土地上的人民的希望，并期待我们的了解。

裁判把奖牌颁给了他。虽然他的演讲技巧比不上其他人，但由于他的演讲充满了真诚，燃烧着熊熊的火焰。这样一比较，其他人的演讲看起来只不过是煤气炉微弱的火苗而已。

诺曼·文森特·皮尔博士这样说过："每个人都希望得到他人的爱和尊重。每个人的内心深处都有一份价值意识，他们希望被重视，希望维护自己的尊严。如果你伤害了这些特质，你就永远失去了这个人。因此，假如你用自己的爱和尊重对待一个人，他不但能借此更加茁壮，也会还你以爱和尊重。"

皮尔博士讲过这样一件真实的事：

有一次，我同一位娱乐界人士一同参加一个节目。我与这位娱乐界人士相交并不深，但自从参加那次节目之后，我知道他颇难相处，也知道原因何在。那天，我一直安静地坐在他旁边，等待上台演讲。"你很紧张，是吧？"他问道。"是啊！"我回答，"每次我要站起来演讲的前几分钟，都会有点紧张。我一向尊重每一位听众，也尽量不让他们失望，因此不免就会紧张。难道你不会吗？""没什么好紧张的。"他回答，"听众很容易爱上各种东西。他们只不过是一群笨蛋！""我不同意你的说法。"我说，"他们是你至高无上的裁判。我尊重他们每一个人。"

后来，皮尔博士听说这人的名气逐渐衰退。他知道，那是由于此人的态度所致。

1995年11月4日，以色列外交家拉宾做了一场演讲，表达了他对和平的真心实意地渴求：

首先，请允许我说，对今天的场面，我深为感动。我要感谢在这儿的每一个人。今天，你们从四处赶来，表明你们反对暴力，支持和平的立场。我本人，还有我的朋友西蒙·佩雷斯，有幸领导这个政府，决心给和平一个机会。和平将能解决以色列面临的大部分问题。

我曾在军中服役27年。我战斗了这么多年，是因为没有和平的机会。但是我相信，现在有了一个机会，一个极好的和平的机会。为了今天所有来到这儿的人，也为了许许多多今天没能来到这儿的人，我们必须抓住这个机会。

我始终相信，大多数的人民是希望和平的，并且甘为和平而蒙受风险。今天，你们来到这儿，表明你们是真诚地希望和平，反对暴力。还有许多没能来到这儿的人，他们也是同样的立场。暴力会侵蚀以色列民主的基础，它必须受到谴责，遭到孤立，暴力不是以色列国的道路。在民主制度中，可以有不同意见，但最后的决定必须通过民主投票，就像1992年的选举那样。那次选举，授权给我们去做目前正在做的事，并且要继续做下去。

此刻，来自与我们和睦相处的邻国——埃及、约旦、摩洛哥的代表们正和我们站在一起，以后也将继续和我们站在一起。为此，我感到自豪。是他们，给我们开通了引向和平的道路。我要感谢埃及总统、约旦国王和摩洛哥国王，感谢他们在通向和平的征途中和我们一起前进。然而，更重要的是，本届政府成立以来的三年多时间里，以色列的人民证明了，和平是可能达到的，和平为更繁荣的经济和更美好的社会打开了大门。和平不仅仅是一个普通的祈祷，它是所有祈祷中最重要的一个，它还是犹太人民的渴望，对于和平的真诚的渴望。

然而和平也有敌人，他们正试图伤害我们，以破坏和平进程。我坦率地说，在巴勒斯坦人中间，我们也找到了和平伙伴，那就是巴勒斯坦解放组织。他们曾是我们的敌人，但现在已停止实施恐怖主义。没有和平伙伴，就没有和平。为了解决以色列—阿拉伯冲突中最复杂、最长久、感情色彩最强烈的一个，即巴勒斯坦—以色列冲突，我们将要求他们为和平作出他们的贡献，就像我们将作出我们的贡献一样。

这是一条充满艰难和痛苦的道路，在以色列面前，没有一条道路是没有痛苦的。但和平的道路总比战争的道路要好些。作为过去的军人，今天的国防部部长，我向你们说这些话。我目睹过以色列军队战士们家庭的痛苦。为了他们，为了我们的儿女们，就我的情形而言，是为了我们的孙儿辈们，我希望本届政府能利用一切机会，竭尽所有可能，以促成全面的和平。即使与叙利亚，和平也是可能达成的。

今天这个集会，必须向以色列人民，向全世界的犹太人，向阿拉伯世界的各国人民，也就是向整个世界，传达一个信息：以色列人民希望和平，以色列人民支持和平！谢谢各位！

好莱坞的电影擅长煽情，一些文学作品也含有大量的煽情情节，对于演讲而言，恰到好处的煽情，煽起听众的激情，并与听众进行心与心的交流，也是成功的关键。拉宾的这篇演讲就做到了这一点。他的演讲不仅能与以色列人民进行心灵的交流，还在以色列人民高涨的渴求和平的激情上，再加了一把火，所以，尽管拉宾的演讲中没有华丽的辞藻和过多的演讲技巧，但却有震撼人心的强大力量。

俄国诗人马雅可夫斯基说过，语言是人的力量的统帅。如果说眼睛是心灵的窗户，语言则是心灵的阳光。热情的语言会使迷惘者清醒，沉沦者振作，徘徊者坚定，观望者行动，先进者更加奋进。一个满腔热忱投入演讲的人必将得到听众的热情回应。

第七章

以友善的态度开始

说服别人，或想让别人对你的话留下印象的最好方法就是：把你的观念植入他们的心灵，不要让对方产生敌对情绪。能做到这样的人，在演讲时一定能发挥自己最大的力量去影响别人。

——卡耐基《演讲的艺术》

一位无神论者要威廉·佩里承认，宇宙中并不存在什么超自然现象。佩里一语不发地取出随身佩戴的挂表，打开盒面，然后说道："假如我告诉你，这些杠杆、齿轮和弹簧都是自己形成的，而且自己聚合在一起，开始很有规律地运作，你是不是以为我疯了？那些星球，它们中的每一颗都在自己的轨道上运行——卫星和行星环绕着恒星运行，每天的速度超过了一百万英里。每一颗恒星都有一群环绕着它的星群，自成一个星系，就好像我们这个太阳系一样。它们如此有规律地转动，并不互相碰撞，不互相妨碍，更不会走出轨道。一切是那么安静、有序。你比较相信这是一种偶然的存在，还是有一种超自然力使它们这样呢？"

试想一下，假如佩里先生一开始便以反驳的态度对待这位无神论者，如："什么，没有神？别蠢得像头驴一样。你根本不知道自己在胡说些什么。"你想结果会如何？毫无疑问，一场唇枪舌剑将像狂风暴雨一样袭来。那位无神论者会像一头暴怒的狮子一样，用恶毒的话回敬佩里先生，尽力维护自己的主张。为什么呢？因为就如同奥维奇教授所指出的：那是"他的"主张。他宝贵的、绝对必要的自尊受到了伤害，他的尊严濒临危机了，所以他要反抗。

自尊在人的自然天性中是如此极富爆炸性。所以，假如我们能使这个特质与我们合作，不是比让它与我们为敌要好得多吗？但要我们怎么做呢？就像佩里教授所说的，向你的对手显示，你的意见和他信仰的某些观念很类似，他便不会拒绝你的意见了。这个方法一般不会引起对方产生对立的情绪和意见。

佩里教授洞察人类心灵。大多数人缺乏这种敏感性，以致很难进入对方充满防卫的心底。人通常都有个错误观念，以为要进入那个根据地，就必须发动正面的攻击，猛烈摧毁那块基地。但结果怎样呢？对方会开始产生敌意，心灵也开始关闭封锁起来。然后，穿着铠甲的武士抽出长剑——一场言语之战就开始了，双方都不免伤痕累累。结果通常是两败俱伤，谁也说服不了谁。

我的方法并不是什么新的发现，古代的圣保罗就已经用了这个方法。他在马斯山向雅典人发表的那篇永垂不朽的演讲，便很熟练、很巧妙地运用了这个方法。保罗是个受过完整教育的人，改信基督教之后，他在演讲方面的才能对他传教有很大的帮助。一天，他来到雅典，那时，雅典已经由鼎盛时期开始走向衰落。《圣经》上描述这时的情形是这样的："雅典人和住在那里的异乡人都不喜欢别的，只喜欢说说或听听新近发生的消息。"

没有收音机，没有通信设备，没有传播新闻的渠道，那些雅典人每天下午不得不奔走到各地打听消息。这时，保罗来了，这里有一些新鲜事。他们围着保罗，既新鲜又好奇，便把他带到阿罗巴古去。他们对保罗说："你讲的这些我们也可以知道吗？你把一些奇怪的事告诉了我们，我们想知道这些事是什么意思。"

换句话说，他们是在邀请保罗发表演讲，保罗当然很愿意。事实上，这正是他来到这里的目的。于是，他站在一块木板或是石头上面，像许多优秀的大演说家一样，刚开始还有点紧张，他搓了搓手，清了清喉咙，然后开始演讲。

因为保罗并不十分同意那些雅典人邀请他上台演讲的理由，

"新道……奇怪的事……"那是错误的,他必须把这些观念纠正过来。这是一块能接受不同意见的土地,但保罗仍不愿把自己的信仰描述成一种奇怪的、异质的事物。他要把自己的信仰和他们原有的信仰结合起来,这样就能更好地消除敌对情绪,让对方接受自己。但要怎么做呢?他想了一会儿,忽然灵光一闪,便开始了这篇不朽的演讲:"众位雅典人哪,我看你们对神很是敬畏。"

有些是这样转译的:"你们都非常虔诚。"我认为这样说比较好,也更加恰当。这些雅典人参拜许多神祇,而且非常虔诚,他们自己也都以此为荣。保罗称赞他们,他们听了更是非常欢喜,跟保罗也更亲近了。这正是有力演说艺术的重要法则之一。保罗又说:"因为我经过这里的时候,看到你们所参拜的一座神坛上面写着:给未知之神。"

这证明了雅典人非常虔敬,任何一位他们所不认识的神祇也不会疏忽,并将一座祭坛献给未知之神。这就像某些综合保险囊括了所有可能的保险一样。保罗提到那座祭坛,表示他的赞美并非阿谀之辞,而是通过观察得到的结论。

接着,保罗便十分巧妙地引人正题:"你们所不认识而敬拜的神,我现在告诉你们……"

"新道……奇怪的事?"一点也不。保罗仅仅解释了关于他们误解的上帝的真实,便把自己的信仰与雅典人的原有信仰连接起来,你看这种方法实在太巧妙了。

保罗又提到救赎和耶稣复活的事,也引用了一些古希腊的诗句,演讲圆满结束了。当然有人不免会说些嘲弄的话,但也有不少人说："我们还要听你再讲一些这样的故事。"

说服别人，或想让别人对你的话留下印象的最好方法就是：把你的观念植入他们的心灵，不要让对方产生敌对情绪。能做到这样的人，在演讲时一定能发挥自己最大的力量去影响别人。

几乎每天你都得面对一些和你持有不同意见的人，并且就某些话题与人们产生争论。你是不是想尽力去说服这些人，让他们同意你的看法？无论是在家里、办公地点或其他社交场合都如此？你使用的方法，是否还有改进的必要？要怎么开始？是用林肯模式还是麦克米伦模式？如果真这么用心，你就真是兼具外交手腕和敏锐判断能力的可贵人才了。

请记住伍德罗·威尔逊总统的话："假如你对我说：'让我们坐下来讨论讨论。如果我们意见不同，不同在哪里，问题症结在哪里？'我们就会发现，其实我们只有少部分观点不同，大部分观点还是一致的。只要彼此耐心、坦诚，我们便一定能沟通。"

第八章

无须通篇背诵

> 许多演讲者为了保证演讲时说
> 得头头是道，就事先写好演讲稿，
> 然后通篇背诵下来。这种方式并不
> 可取，不但浪费时间，也容易使演
> 讲变得枯燥无趣。
>
> ——卡耐基《演讲的艺术》

只有演讲的渴望当然不足以成功地发言。拥有卓越口才的人一定会在发言内容方面也做到有备无患。演讲是需要责任感的，更需要付出心血，即使是闲谈也不应该信口开河。林肯的著名演说《在葛底斯堡国家烈士公墓落成典礼上的演说》一共只有十句话，但他却整整准备了两个星期，甚至在马背上时也不忘构思这次演说的内容，直到演讲前的最后一分钟。

缺乏准备的发言一定会让人陷入被动，出现难堪的局面。有了充分而周全的准备，即使稍有紧张，也很快就会克服。你的发言几乎可以说是十拿九稳了。充分而周全的准备可以确保你和听者都不会疑惑你到底想说什么，这会逐渐强化你自己的自信心。

假如你想培养自信，为什么不去做好那些在你演讲时能给你安全感的准备呢？使徒约翰说："完全的爱，会置恐惧于度外。"完全的准备也可以做到这样。丹尼尔·韦伯斯特曾说，他如果没有准备就出现在听众面前，跟没有穿衣服的感觉是一样的。

当然，"充分的准备"并不意味着你要通篇背诵演讲稿。H.V.卡特伯恩是美国著名的新闻评论家，在他还是哈佛大学的学生时，曾经参加过一次演讲比赛。赛前，他选择了一篇名为《绅士们，陛下》的文章，并一字一句地把全文背了下来，还练习预演了几百次。

可到了正式比赛时，他一登上台，只说出："绅士们，陛下……"就一个字也想不起来了，脑子里空荡荡的。他眼前一片漆黑，幸好还能保持镇定，于是，他干脆把那个故事用自己的语言讲述出来。最后，他惊讶地听到，自己居然获得了第一名。从那天起，他再也没有背诵过一次演讲稿，他从事广播行业时也是如此，只在纸上写一些摘要，然后对着听众娓娓道来。

一个人如果在他演讲前先写好演讲稿，再反复背诵，浪费时间和精力不说，也很容易把演讲搞砸。每个人平时讲话都很自然，不会费心地琢磨，话语随着思想的流动而自然说出。

英国首相温斯顿·丘吉尔也从中得到过教训，那时他还年轻，一直是先写好演讲稿再把它背下来。有一天，他在英国国会作演讲，正背着讲稿，突然忘记了下一句词，他重复了上一句，可大脑依然一片空白。他难堪极了，满脸通红，沉默地坐回到位置上。从那以后，温斯顿·丘吉尔再没有试图背诵过演讲稿，而他写的演讲稿总是能打动人心，特别是在第二次世界大战时，他的那些演讲给予了英国人民战胜敌人、渡过难关的决心。

即便我们一个字一个字地背诵了很多遍，当我们面对听众时，也难免会遗漏一些，就算通篇一字不落，我们的演讲听起来也会很机械、不自然。为什么？因为你是在背诵讲稿，是出于记忆，而非发自你的内心。平日里，我们和人聊天，总是想到什么就说些什么，不会刻意地注意修辞、造句。为什么到了演讲的时候，不能这么做呢？

要是你还执意要写演讲稿并背诵记忆，那就有可能落得和范斯·布希内一样的境地。

范斯毕业于巴黎波欧艺术学院，后来成为位列世界最大保险公司之一的衡平人寿的副总裁。在他刚加入衡平公司两个年头时，因为他巨大的成功而受到重视，因此那一年，在弗吉尼亚召开的两千人"全美衡平人寿代表大会"上，特意安排他作20分钟的演讲。

范斯非常激动，他感觉那是对他的鼓励。可惜的是，他采取了写好演讲稿背诵的方式，对着镜子练习了不下40次，就连语气停顿、手势和表情都精心排练好，直到他自己觉得非常满意为止。

可是，终于要站到演讲台上时，突然之间，他被恐惧牢牢控制住了，只说了一句话："我是这样计划……"他的头脑一片空白。惊慌的他情不自禁地后退了两步，可是脑子里还是一片空白，他又后退了两步，如此三番。讲台有4英尺高，没有围栏，和后面的墙距离5英尺，就在他第四次后退时，一脚踩空，掉到了讲台和墙之间的空当里。听众们一阵哄堂大笑，甚至有一个人笑得太厉害，从椅子上摔了下来。衡平公司的老员工们一直对此事念念不忘。更搞笑的是，还有人认为这是公司为助兴有意安排的娱乐节目。

这件事的主角范斯·布希内认为那是他这辈子最丢脸的时刻。他感到没办法再面对公司同仁，就递交了辞职信。

后来在上司的安抚和鼓励下，范斯·布希内重新树立了自信，多年后，他竟成了公司里最擅言辞的人。他再也没有背过演讲稿。他的经验足以让你引以为鉴。

有很多人喜欢背诵讲稿，但事实上，当他们抛开演讲稿之后，演讲反而更生动、更有趣。这样的演讲，或许会遗漏一两点东西，但是更加入性化，更具吸引力。

亚伯拉罕·林肯曾说："我无法欣赏一板一眼、乏味至极的演讲，我喜欢像在和蜜蜂搏斗一样的演讲者。"林肯说他最喜欢听自由、流畅的演讲。但是，如果你心里总是想着你演讲稿的下一句，又怎能让你的演讲表现得自然、激昂、有动感呢？

第九章

消除拘谨、紧张的心态

你突然发现的这种自由，正像一只小鸟从拘禁的笼子里出来展翅高飞。你知道人们为什么会蜂拥着上剧院、上电影院吗？因为在那里他们可以看到人们毫不拘谨地表演，在那里可以看到人们坦白地展露真情。

——卡耐基《演讲的艺术》

有的人在跟老朋友聊天的时候往往兴致勃勃，而一旦碰到陌生人，或者让他发表一场演讲时，就会顿时不知所措，不知怎么开口了。这是因为我们和老友之间已经建立了相当程度的感情，彼此熟知各自对事物的看法，已经相互习惯了，在一起才会觉得无拘无束、无障碍。但是让我们发表演讲，情况就不一样了。

　　应该怎样改变这种状况，除了要重视你的听众、关心他们的兴趣所在、做认真周全的准备外，还要有意地进行这方面的训练。

　　戴尔·卡耐基认为："只要遵循正确的方法，做到周全的准备，任何人都能成为出色的演讲家。反之，不论年龄多大及经验多么老到，若没有适当的准备，任何人都会在演讲中出窘。"多少年来，"他们一无所知"成了演讲界的一句名言。尽管这只是一种假设，却从一个侧面说明了有准备的优势。听众不可能"一无所知"，但对于演讲的主题、题材不熟悉，更没有经过广泛收集、反复比较、深入钻研、精心提炼，即使是专家，由于事先无准备，也应该比演讲者逊色。从这个角度讲，假设听众一无所知是可行的，它能有效增强演讲者的自信心。因此，在时间许可的情况下，演讲者要尽可能写出讲稿、提纲或打好腹稿，设法进行试讲，不断完善演讲内容和演讲技巧；了解可能影响演讲的某些外部情况，如环境地点、听众水平等，并考虑相应的对策。

　　我们知道，使我们与外面的世界发生接触的方式有四种，而且只有四种，人们正是以这四种接触方式来对我们加以评量、进行归类的。它们是：我们做了些什么，我们看起来是什么样子，我们说了些什么，以及我们怎么说。那么，我们该怎么说呢？

　　1912年，也就是"泰坦尼克号"油轮在北大西洋冰海沉没的那一年，卡耐基就开始开设当众演讲的课程。

　　在刚开始教演说课程时，卡耐基曾花费很多时间在发声练习上。主要是教导学生们利用共振，训练他们增大音量，并使尾音更加轻快活泼。但是，不久他就发现教导成年人如何在鼻窦中发音，以及如何形成"透亮"的母音，根本就是徒劳的。这项训练，对那些花三四年时间来改进声音表达技巧的人而言，确实是一种非常好的方法。然而卡耐基更清楚自己的学生也只有将就使用自己天生的发音装置了。他还发现，假使把先前用以协助学生练习"横膈膜式呼吸"的时间和精力用在更重要的目标上——帮助他们从怎样都不敢放手去做的自我抑制中解脱出来，将会达到十分明显且恒久的惊人效果。于是，卡耐基就这样去做了。

　　在卡耐基的课程里有几门课，目的是解除成人的拘谨和紧张。他请求学员们从害羞的龟壳里出来，自己见识一下这个世界。只要他们愿意走出来，这个世界会热情地欢迎他们。像法国马绍尔·福熙元帅谈论战争的艺术时说的："概念极为简单，但不幸的是，执行起来很复杂、很困难。"最大的绊脚石，当然是拘谨紧张，不仅是身体上的，还有心理上的。它随着年龄的增长而变得更牢固。

　　要想在听众面前保持自然，的确不容易，这需要反复练习才能达到，演员们最能体会这点。不过，当你还是孩子时，比如4岁时吧，你也许可以登上讲台，伶俐地讲话。可是等到24岁时，或45岁时，会怎样？你还能有4岁时那种不知不觉的自然吗？有这可能，但多半变得拘谨、矜持而又呆板，并且像只乌龟，很快缩回壳里去了。

成人发表演讲的重点，主要是排除障碍，做到本能的反应。

不知有多少次，卡耐基在他们的演讲过程中打断他们，请他们"讲得像个人"。不知有多少个夜晚，他设法训练学生说话自然些，弄得自己回家时精神和神经都疲惫不堪。

卡耐基要求学生们表演对话里某些部分，有些人非常惊慌地发现，自己像个傻子，而另一些人表现出的表演能力却令人惊叹不已。所以，一旦你能在人群面前安然随意，就不会再退缩，不论是在上级还是在普通人面前，都能以正常的方式来表达自己的意见。

消除拘谨、紧张的情绪，还要求我们不要太在意自己，不要过于追求完美，要知道不完美有时也是一种魅力，会让听众感觉离你更近一些，而不是把你当做高高在上的圣人。

第十章

不要模仿他人

任何智力正常、能自我控制的人，都能够发表令人接受有时还很精彩的演讲。但你要相信你是独一无二的，不要模仿别人而失去自己的个性。

——卡耐基《演讲的艺术》

我们都很羡慕有些演讲家，他们能把表演融入演讲中，毫无负担地表达自己，毫无畏惧地使用独特的、个人化的、富于幻想的方式说出他们要对听众说的话。

第一次世界大战结束后，卡耐基在伦敦遇到罗斯·史密斯爵士和凯恩·史密斯爵士两兄弟。他们刚完成从伦敦到澳洲的首次飞行，获得澳洲政府颁发的5万元奖金。他们在大英帝国引起很大的轰动，国王给他们颁赐爵位。

胡利上尉是位著名的风景摄影家，和他们两兄弟一块儿飞行过一段路程，摄制了一些影像。卡耐基帮助他们做了一场以画面解说为主的旅游演讲，并指导他们怎样表达。他们在伦敦的"爱乐厅"每日演讲两场，早晚每人一场，他们描述他们并肩飞过的半个世界，发表几乎相同的演讲，可是每一场听起来都不一样。

成功的演讲除了词句外，还有别的重要因素。那就是表达词句的特有个性——演讲时的态度。说什么和怎么说不是一回事。

一次公开的演奏会上，当著名钢琴家帕德列夫斯基弹奏肖邦的一首玛祖卡舞曲时，一位年轻小姐拿着曲谱在看。她感到很困惑：

帕德列夫斯基的手指敲击的音符，跟她弹奏同一舞曲时敲击的完全一样。然而她的表现很普通，而帕德列夫斯基却很吸引人，美得难以形容。她其实不知道其中的关键并不在于音符，而是弹奏的方式。帕德列夫斯基在弹奏时加进去的感觉、艺术才能以及个性，构成了凡人与天才之间的差别。

同样，在俄国大画家布鲁洛夫修改一个学生的习作时，学生惊奇地看着改变了的图画，大叫："为什么！你才动了那么一小点儿，可是它整个儿都不一样了！"布鲁洛夫说："艺术就开始于那一小点儿啊。"

演讲与绘画，与帕德列夫斯基的演奏都是一样的！

同样的道理，也适用于人们的说话态度。英国国会里有句老话，"一切听凭演讲的方式而定，而不是根据事情而定"。这是很久以前昆提加说的，那时英格兰还是罗马的殖民地。

"所有的福特轿车完全相同。"亨利·福特这样说。但是，没有两个人是完全相同的。每一个新生命，都是太阳底下的一件新事物——之前没有和他相同的东西，之后也绝不会有。年轻人应该培养这种观念，应该寻求独特的个性，让自己与众不同，并发掘自己的价值。社会和学校可能企图改造你，他们习惯把人们放入同一个模式，但你不要让个性的火花消失，这是你的重要、唯一而且真实的凭证。

无疑，这样的话对演讲者来说是正确的。这个世界上，没有另外一个人是和你相同的。几十亿人都有两个眼睛、一个鼻子和一张嘴，但没有一个人是跟你完全相同的，也没有一个人有和你相同的思想及想法。很少有人能够像你一样自然地谈话和表达自己的意见。这就是你独特的个性特点。作为一名演讲者，这就是你最宝贵的财产。抓住它，珍惜它，发挥它，这点火花将让你的演讲产生力量与真诚。"这是你个性的唯一而且真实的凭证"。拜托你，千万别试图把自己装进模子里，失去自己的个性。

洛吉爵士的演讲与众不同，因为他是与众不同的人物。他的说话态度是他的特点之一，和他的胡子、秃头是他的独特商标一样。但如果他想模仿洛依德·乔治，他看起来就会让人感觉虚假，就会失败。

美国有史以来最著名的一场辩论发生在1858年伊利诺大草原上的一个城镇中。辩论双方是道格拉斯参议员和林肯。林肯个子高，动作笨拙，道格拉斯稍矮，举止优雅。这两个人外表迥然相异，个性、思想和立场也完全不一样。

道格拉斯是上流社会人士，林肯却有"劈柴者"的绰号，他往往穿着短袜就走到大门口去接见民众。道格拉斯十分优雅，林肯则有些笨拙；道格拉斯完全没有幽默感，林肯则是有史以来最伟大的故事家；道格拉斯难得一笑，林肯经常引用事实及例子作为说明；道格拉斯骄傲而且自大，林肯谦逊而且宽宏大量；道格拉斯说起话来好像狂风暴雨，林肯则比较平静，表现从容不迫。

一样是声名卓著的演讲家，都具有无比的勇气与良好的感性。但如果其中某个人企图模仿对方，就一定会输得很惨。他们每一个人都把自己独特的才能发挥到极致，因而显得与众不同，更具说服力。

"发挥自己的长处"，说起来很容易，但做起来不容易。福熙元帅说战术"概念极为简单，不幸的是，执行起来却很复杂、很困难"，这是一样的道理。

第十一章

良好的演讲态度

演讲时的态度是演讲中一个重要的组成部分，"你的态度，比你说了些什么更加重要"。

——卡耐基《演讲的艺术》

在大学校园里举办的演讲比赛中，那些获胜的演讲者并不一定是因为演讲的内容特别好，而是因为良好的演讲态度，使得他原本简单普通的题材发挥出了惊人的效果。

英国政治家埃德蒙·拜柯写的演讲稿，无论是结构、逻辑还是文理都是世人学习的典范之作，直到现在，世界上的不少大专院校还将他的演讲稿作为学习的样本。

遗憾的是，埃德蒙·拜柯却没有将自己的讲稿完美地表达出来的能力，他是一位失败的演讲者，以至于被起了个绰号，叫做英国下议院的"晚餐铃"。因为但凡他站起来发言，别的议员不是聊天、打牌，就是睡觉，要不然就干脆互相邀约，三五成群地走出会场，一起去吃晚餐了。

从埃德蒙·拜柯身上，我们可以看到，演讲态度无疑是演讲成败的关键所在。

第一，与你的听众交谈。

在瑞士阿尔卑斯山的穆伦休假地，一位著名的英国小说家进行了一场演讲，她的演讲题目是"小说的前景"。她一开始就告诉听众，题目是由主办方指定的。可能正因为如此，她对这次演讲没什么兴趣，只是写了一点笔记拿来读。她漫不经心地看看笔记，抬头望着天花板，或是别的什么地方，唯一不看的就是正在听她演讲的听众们。她的神情茫然缥缈，言语空洞无趣——她把她的听众带到了枯燥无味的太虚之中。

这算不上是一场演讲，那么枯燥，不如说是小说家自己的"呓语"更为贴切，没有沟通和交流的演讲欠缺了演讲的重要条件，听众丝毫不能从她的演讲中获取一点她心灵或思想的信息。这样的演讲更适于在空无一人的沙漠中进行，反正她看上去也像是在对着空气说话，而不是一群活生生的人。

第二，正确、良好的态度。

如今，传统演讲技巧已经不符合时代的需求，不论是十几个人的商业聚餐，还是上千人的大型会议，听众都希望演说者能够像平常说话那样说出自己的看法和观点，而他的演讲态度，也要和平日里和朋友聊天一样亲切自然。态度要和平日里一样，不过演讲者要使出更大的气力，以便让在场的所有人都可以听到。就好像安置在建筑物上方的塑像必须要按比例做得很大，当人们站在地上向上看时，才会感觉塑像和真人大小无异。

马克·吐温有一次在内华达州的一个矿上发表演讲，在结束之后，有一位老矿工走过来问他："你平时说话也是这种声调吗？"听众想要的就是这个——"你平时说话的声调"，只需提高一些就可以。

勤加练习是达到这种效果的唯一方式。当你在练习时，发觉自己说话有些造作，就立即停下来，默默提醒自己："这样说是不对的！要自然！再自然一些！"你也可以从听众里面挑出一个对象——或是坐在最后排的人，或者是那个看上去心不在焉的人，想象自己正在和他聊天，他问了一个问题，只有你知道答案，并且解释给他听。他站起来和你交谈，而你此时也是站着交谈。这样的想象，会让你的演讲逐渐变得自然平实，就保持这样的态度一直说下去吧。

你可以在演讲中提出问题，并且作出解答。比如，在你的演讲中间，你可以说："各位是不是在想：我这样说的依据是什么？我先对此说明一下……"接着，你就回答自己提出的这个问题。这样一来，演讲就不再是你一个人在说话的局面，而更像是和老朋友们愉快地聊天、探讨问题。

　　第三，谈别人感兴趣的东西。

　　许多人只谈论自己感到有兴趣的事情，而这些事情却让其他人感到无聊透顶。所以他无法成为一名讲话好手。你可以反过来做：引导他人谈论他的兴趣、他的事业、他的高尔夫成绩、他的成就——或者，如果对方是位母亲的话，谈谈她的孩子们。专心聆听他人的谈话，你会带给他人很多乐趣。那么，你将被认为是一位很好的谈话好手——即使他并没有这么讲。

　　来自费城的哈罗德·杜怀特，在上学时举行的宴会上进行了一场非常成功的演讲。他依次谈到围坐在餐桌旁的每个人。说刚开始的时候，自己是怎样的不会讲话，而现在他进步多了。回忆起同学们所做过的演讲，讨论过的题目，他夸张地模仿其中一些人，逗得大家开怀大笑。拥有这样的素材，是不可能使他失败的，是谈话很理想的题材。杜怀特先生真是通晓人的天性，不会有别的题目更能使大家感兴趣了。

　　约翰·西德达曾主持过杂志《有趣人物》的一个专栏。他认为人都是自私的，他们只对他们自己感兴趣。他们并不十分关心政府是否应该把铁路收归国有，但他们却希望知道如何获得晋升，如何得到更多的薪水，如何保持健康，如何保护牙齿，如何洗澡，如何在夏天时保持凉爽，如何找工作，如何应付员工，如何买房子，如何增强记忆力，如何避免文法错误，等等。人们总是对别人的生平故事感兴趣，如何在房地产事业上赚取上百万美元，一些著名的银行家及大公司的总裁们是如何从低层奋斗到有权有利的地位的也是人们非常乐意听到的。

西德达刚当上总编辑时，杂志的销路很小，是一本失败的杂志。西德达立即按照他自己的构想开展工作。结果怎么样？杂志的销售量急速上升，达到20万份、30万份、40万份、50万份。因为它的内容是一般民众需要阅读的，没多久，杂志的月销售量就达到了100万份，但销量并没有就此停住，而是持续不断地上升。西德达满足了读者们的自私兴趣，也就获得了杂志的成功。

假如你在做演讲，你要想到你的演讲是不是对听众有用——只要能对他们有用，演讲就有成功的指望。演讲者如果不考虑听众而以自我为中心的话，便会很快使听众烦躁不安。他们会局促不安、表现腻烦，不时抬起手看手表，并且渴望离开。

第四，多说"你"少说"我"。

要想使听众的注意力保持在巅峰状态，要用代名词"你"，而不要用"他们"。这种方式可以使听众保持一种自我感知的状态。演说者巧妙地把"你"这个字，连同听众带进了自己演讲的话题之中，会使听众的注意力既热情又不中断。不过有些时候，使用代名词"你"也是很危险的，它不会在听众和演讲者之间建立桥梁，而是造成分裂。在我们似乎以行家居高临下的口吻对听众讲话或对他们说教时，这种情形便会发生。这种情况下，最好说"我们"，而不要说"你"。

当你对听众发表完一场演讲，如果听众认为你曾受过演讲的专业训练，这并非是一场成功的演讲。一场成功的演讲应该是轻松、自然、没有演讲的痕迹，令听众一点也看不出你居然受过"正式"的演讲培训。就像一扇窗户，它本身没有光芒，只是阳光透了进来。演讲者也应如此，声音开放而且态度自然，他希望听众因他的态度而更深地认识他的观点，但对他的态度不必过多关注。

发自内心的真诚和热情能够帮助你提升自我意识，让你的心灵摆脱束缚，变得自然而不扭捏，你的言谈举止也必然变得自然生动起来。这就要求你一定要全心全意地投入演讲。

第十二章

让你的演说更加自然

在面对听众时，你就要全心全意投入演讲之中，发挥你的全部能力，你会表现得比书本里所教授的更加有感染力。

——卡耐基《演讲的艺术》

演说要自然，就是使你的演讲更为清楚，也更为生动。不要这样说："呀，这些你不说我也会明白，不就是让我强制性地按你所说的去做吗？"不是的，事实并非如此。如果强迫你自己这样去做，那你将会像木头一样僵硬不堪，更会像机器人一样毫无表情。

事实上，这些东西也没什么神秘的，当你与人交谈时，你实际上已经使用过这些原则中的绝大部分，而且你也许还一点也没有察觉到你曾使用过它们，就如同你将晚餐进食的食物消化掉那般自然。这正是你使用这些原则所要采用的方法，并且也是唯一的方法。在演说方面，要想达到这种境界，事实上也别无他法，唯有练习，别无他途。怎样练习呢？

第一，对要点不断地重复，将不重要的部分跳过去。

在日常谈话中，我们应将一些重要的字加强语气，对其他的字则匆匆跳过去。对整个句子的处理也是这个办法，这样就能将那些重要的字词句凸显出来。这种处理办法其实极为普通，也毫无特殊之处。只要稍微留意一下，你便能发现，你四周的人在谈话时就是这样做的。你自己可能昨天也是这样表达的，而且过去你已上百次甚至上千次地这样做过。毫无疑问，你明天还将会这样继续下去。

下面是拿破仑的一段话，请大声朗读，加引号的词读重一点，其他的词则迅速念过去。感觉一下，效果如何？

我只要是决定去从事的工作都能"成功"，因为我已"下定决心"。我从不"犹豫不决"，因此我能超越世界上其他的人。

当然，这并不是朗读这段话的唯一方法，换一位演说者也许会念得跟你不一样。如何强调语气，并没有一定的成规，需视情况而定。

以热情的态度大声念念下面这首小诗，试着使诗中的含义明确表达出来，并且要具有说服力。看看你自己是否会对那些重要的词句加以强调，同时将一些不重要的词句快速念过去。

如果你认为你已被打败，不错。

如果你认为你未被打败，你就不会失败。

如果你希望胜利，却又认为胜不了，

可以肯定，你一定不会取得胜利。

在生活中并不一定是强壮或速度快的人获胜，最后获胜的一定是那些自认为自己一定能获胜的人。

在一个人的个性中，也许没有比坚定的决心更为重要的了。

一个小男孩若想将来成为一位伟大的人物，或是打算日后出人头地，必须下定决心：不仅要排除成百上千道障碍，而且要在历经上千次的挫折与失败之后，仍能坚信自己必胜无疑。

第二，让你的声音听起来更加有力。

在我们与听众交流思想时，需要运用到我们的声音和身体的多个部分。我们会抬高声音，改变语速和腔调，还会皱眉头、挥手、耸肩。这样可以完善演讲的效果，我们的情绪和精神状态的变化会直接影响到声音的变化。这也是我们一再强调要充满热诚地熟悉自己感兴趣的题目，并与观众热切交流的缘故。

大部分人随着年龄的增长，都不复童年的天真和率直。我们的思想和声音不知不觉地变得刻板而保守。我们很少用肢体语言表达情感，我们的言语之间日益缺少活力，我们的声调也不再随着情绪上扬或下落。在用词上如果稍不留意，我们的演讲就会变得散乱和疏忽大意。又是自然这个词，在本书中它已经出现了许多次。所谓的自然，就是请你将自己的想法用完全属于你自己的思想表达出来。当然，这并不意味着你不需要注重修辞，不需要增加词汇量，不需要丰富自己的想象。这是任何一位出色的演讲家都不会放弃的进一步的修炼。

你可以利用录音机测评一下自己声音的音量、语调和语速，或者求助于朋友。要是能够得到专业人士的指点，那效果会更好。不过，这些都是你在面对听众之前的自我练习。相比较而言，演讲时的技巧和态度更为重要，在面对听众时，你就要全心全意地投入演讲之中，发挥你的全部能力，你会表现得比书本里所教授的更加有感染力。

第三，改变你的声调。

当我们在与人交谈时，声音往往从高到低，并且这种高高低低的状态会不断重复下去，就像大海的表面一般起伏不定。这是为什么呢？恐怕没有人知道，而且也没有人对此表示关心。但这种方式令人感觉愉快，而且也是一种很自然的方式。我们永远不必去学习，就会这样表达。我们从孩提时代起就已经会这样起伏着说话了，我们用不着去追求，就这样不知不觉地学会了。但是，一旦要我们站起来面对观众，我们的声音却一刹那间变得枯燥、平淡而且单调乏味，就如同内华达州的沙漠一般。你若发现自己正以一种单调的声音——通常是又高又尖的声音——发言时，不妨停下来歇一会儿，对自己说："我现在说话的样子就像木头雕成的印第安人。对台下的这些人说话要有人情味，要自然一点。"

已经到了如此窘迫的情境还对自己说这些话是否会有任何帮助呢？可能有一点。至少稍微停顿一下，会对你有所帮助。但你平时必须多加练习，以研究出自己的解决之道。

你可以将你挑选出的任何句子或单词突出出来，就让它们像你门前院子里那棵青绿的月桂树那般突出。你只要在说到这些突出的句子时突然提高或降低声调，就可以达到这个目标。纽约布鲁克林著名的公理教会牧师卡德曼博士就经常这样做，奥利佛·罗吉爵士、布里安及罗斯福等人也经常这样做。几乎每一位著名的演说家都会这么做——这是演说中一条千古不变的法则。

下面列出三段名人语录，你可以试着念一遍，但在念到引号内的字时，要把声音降得特别低。看看效果如何？

我只有一项长处，那就是"永不绝望"。（福熙元帅语）

教育的最大目标并不在于知识，而是"行动"。（斯宾塞语）

我已活了86岁，我曾亲眼看到，人们登上成功之巅，这些人达几百人之多，他们获得成功的重要因素很多，"但最重要的就是信心"。（吉本斯主教语）

第四，变化说话的速度。

小孩子说话的时候，或者是我们平常与人交谈时，总是不停地变换我们说话的速度。这种方式令人听了很愉快，很自然，不会令人有奇怪的感觉，而且具有强调的作用。事实上，这正是把某项要点很突出地强调出来的最好方法。

沃特·史蒂文斯在他那本由密苏里历史学会发行的《记者眼中的林肯》一书中告诉我们，以上所说的这种方法也就是林肯在强调某一要点时最喜欢用的方法之一：

他会以很快的速度说出几个字，当来到他希望强调的那个单词或句子时，他会让他的声音拖长，并一字一句说得很重，然后就像闪电一般，迅速把句子说完……对于他所要强调的单词或句子，他会把时间尽量拖长，说这一句话的时间几乎和他在说其余五六句不重要句子的时间一样长。

再试试下面一个实验：很快说出3000万美元，口气要显得平淡，这样让人听起来就像这只是一笔数目很小的钱。接着，再说一遍3万美元，速度要慢，而且要充满沉重的感觉，仿佛你对这笔金额庞大的钱感到印象极为深刻一般。这样听起来，是不是觉得3万美元反而比3000万美元更多呢？

第五，在要点前后停顿一下。

林肯经常在谈话途中停顿一下。当他说到一项他认为的重点，而且也希望他的听众在脑海中留下极为深刻的印象时，他会倾身向前，直接对视着对方的眼睛，足足达一分钟之久，但却一句话也不说。这种突如其来的沉默，具有与突然而来的嘈杂声相同的效果。即，它能够吸引人们的注意力。这样做，会使得每个人提高注意力，变得警觉起来，并注意倾听对方下一句将说些什么。例如，在林肯与道格拉斯那场著名的辩论快接近尾声之际，所有迹象都表明他已失败，他为此而感到很沮丧，那种痛苦的神态侵蚀着他，这反倒为他的演说词增添了不少悲壮感人的气氛。在他的最后一次演说中，他突然停顿下来，默默站了一分钟，望着他面前那些半是朋友半是旁观者的群众的脸孔，他那深陷下去的忧郁的眼睛跟平常一样，似乎满含着未曾流下来的眼泪。他把自己的双手紧紧并在一起，仿佛它们已太疲累了，无法应付这场无助的战斗，然后，他以他那独特的单调声音说道："朋友们，无论是道格拉斯法官还是我自己被选入美国参议院，那是无关紧要的，一点关系也没有；但是我们今天向你提出的这个重大的问题才是最重要的，远胜过任何个人的利益和任何人的政治前途。朋友们，"说到这儿，他又停了下来，听众们屏息以待，唯恐漏掉一个字，"即使在道格拉斯法官和我自己的那根可怜、脆弱、无用的舌头已经安息在坟墓中时，这个问题仍将继续存在、呼吸及燃烧。"

替他写传记的一位作者指出："这些简单的话，以及他当时的演说态度，深深打动了每个人的内心。"林肯在说完他所要强调的话之后，经常会停顿一下。他以保持沉默的方式来增强这些话的力量，同时也使它们的含义进入了听者的内心，对对方产生巨大影响。

奥利佛·罗吉爵士在演说当中会经常停顿下来，这种时候一般被放在一些重要的段落前后。有时，一个句子可能被停顿三四次，而且他在这样做时往往表现得很自然，不易被人察觉。没有人会注意到这一点，除非有人在专门分析罗吉爵士的演说技巧。

大诗人吉卜林说："你的沉默，道出了你的心声。"在说话中聪明地运用沉默，可使沉默发挥最大的功用。它是一种强而有力的工具。它太重要了，你切不可忽视。然而，初学演说者却往往将其忽略了。

下面这一段话是从荷曼的《生动活泼的谈话》一书中摘录出来的，已经注明了应在哪儿停顿。当然这并不是说，所标的这些地方是演说者应该停顿的唯一地方，或者说是停顿的最佳地方。这只能说是停顿的方式之一。应该在什么地方停顿，并不是一成不变的，应该视其意义、气氛及感觉来确定。你今天演说时在某一个地方停顿了，但当你明天再作相同的演说时，可能就要在另一个地方停顿了。

先把下面这段话大声念一遍，不要停顿。然后再念一遍，在注明的地方停顿一下。看一看，停顿到底有什么效果呢？

销售是一场战斗！（停顿，让"战斗"这个念头深入听众脑海中）只有战斗者才能获胜。（停顿，让这一点深入听众脑海中）我们也许不喜欢这种情况，但我们既无力创造它们，也无法改变它们。（停顿）当你踏入销售界时，要鼓起你的勇气。（停顿）如果你不这样做，（停顿，把悬疑的气氛拉长一秒钟）每一次你出击时，都将被三振出局，除了一连串的零蛋，什么分数也得不到。

（停顿）对投手心存恐惧的打击者，永远到不了三垒。（停顿，让你的说词深入听众心中）这一点要切切记住。（停住，让它更深入一层）能够把球击得老远，甚至让球飞过网子，造成全垒打的人，通常是这样子的球员；他在踏上打击位置时，（停顿，且把悬疑的时间拉长一点，使大家聚精会神地聆听你将如何介绍这位杰出的打手）心中已坚强地下定了决心。

把下面几段名人语录大声有力地读一遍。注意你会在什么地方自然地停顿。

美国的大沙漠并不位于爱荷华、新墨西哥或亚利桑那，而是位于普通人的帽子底下。美国大沙漠是一种心理上的大沙漠，而不是实质的大沙漠。

——J.S.克诺斯

世界上没有治疗百病的万灵药，只有广告略微接近。

——福士威尔教授

我必须对两个人特别好——上帝和加菲尔德。我此生必须与加菲尔德共同生活，死后则和上帝在一起。

——唐姆斯·加菲尔德

一个人自然的日常谈话，需要进行改善的地方很多。因此，先使你的日常谈话达到完美自然的境界，然后把这个方法带到讲台上去，你就成功了。

第十三章

改变你的语言表达习惯

从书本中学习！它就是取得成功的秘诀。一个人要想增加及扩大自己的文字存储量，他就必须经常让自己的头脑接受文学的洗礼。

——卡耐基《演讲的艺术》

世界上全新的事物很少，最伟大的演讲者，也要借助阅读的灵感和来自书本的资料。要扩大文字储量，必须让自己的头脑常常接受文字的洗礼。

一位又穷又没有工作的英国人，走在费城的街道上找工作。他走进大商人保罗·吉彭斯的办公室，要求和吉彭斯先生见面。吉彭斯先生用不信任的眼光看着这位陌生人。他衣衫褴褛，衣袖底部全磨光了，全身上下到处透着寒酸气。吉彭斯先生一半出于好奇，一半出于同情，答应接见他。吉彭斯只打算听对方说几秒钟，但随即几秒钟却变成几分钟，几分钟又变成一个小时，而谈话依旧进行。谈话结束后，吉彭斯先生打电话给费城的大资本家之一的狄龙出版公司的经理罗兰·泰勒先生，邀请他和这位陌生人共进午餐，然后罗兰·泰勒先生为他安排了一个很好的工作。

这个外表穷困潦倒的男子，怎么能在这样短的时间影响了如此重要的两位人物？

秘诀其实就一句话：他的英语表达能力。事实上，这个人是牛津大学的毕业生，到美国从事一项商业活动不幸失败，他被困在美国，有家难归。他在美国既没有钱，也没有朋友。英语是他的母语，所以他说得准确又漂亮，听他说话的人立即忘掉了他那双沾满泥土的皮鞋，褴褛的外衣，和那不修边幅的脸孔。他的辞藻立即成为他进入上流社会的护照。

这名男子的故事虽然有点不寻常，但它说明了一个真理：我们的言谈，随时会被别人当成评价我们的依据。我们说的话，显示我们的修养程度，它能让听者知道我们是怎样的出身，它们是教育和文化的证明。

我们和这个世界只以四种方式接触。旁人是根据四件事情来评估我们，并把我们进行分类的：我们做什么，我们看起来什么样子，我们说些什么，我们怎么说。

然而，很多人稀里糊涂地过了一生，离开学校后，不知道要努力增加自己的词汇，不去掌握各种字义，不能准确而肯定地说话。他习惯了使用那些已在街头和办公室过度使用的、意义虚幻的词句，就难怪他的谈话缺乏明确性和个性特点了，也难怪他经常发音错误、弄错文法了。有很多大学毕业生满口市井流氓的口头禅——连大学毕业生也犯这种错误，我们怎能期望那些因经济能力不足而缩短了教育时间的人甚至没有受到过教育的人不这样呢？

有一次，卡耐基来到罗马的古竞技场参观。一位来自英国殖民地的游客向他走来。他先自我介绍一番，然后大谈在这个"永恒之城"的游历经验。不到3分钟，"Youwas""Idone"就纷纷脱口而出。那天早晨出门时，他特意擦亮了皮鞋，穿上一尘不染的漂亮衣服，企图维护自己的自尊，可是他忘了装饰他的词汇，以便能够说出优美的句子。他向女士搭讪时，如果未脱下帽子，他会感到很惭愧；但却不会惭愧——他甚至连想都没有想到——他弄错了文法，冒犯了别人的耳朵。他的话，整个儿把自己暴露出来，等待旁人的评断和分类。他的英语表达能力真的很可怜，就像在不断地向这个世界宣告，他是一个多么没有修养的人。

艾略特博士在哈佛大学担任校长有三分之一个世纪后宣称："我认为，在淑女或绅士的教育中，只有一门课是必修的，就是能准确、优雅地使用他的本国语言。"这是一句意义深远的声明，值得我们深思。

但是，你也许会问：我们如何才能同语言发生亲密的关系？我们如何以美丽而且正确的方式把它们说出来？卡耐基先生告诉我们，我们所要使用的方法没有任何神秘之处，也没有任何障眼法。这个方法是个公开的秘密。林肯就是使用这个方法获得了惊人的成就。除了林肯之外，还没有其他任何一位美国人曾经把语言编织得如此美丽，也没有人像他那样说出如此具有无与伦比的音乐节奏的短句："怨恨无人，博爱众生。"

从林肯的身世来看，他可没有如此高贵，他的父亲只是位懒惰、不识字的木匠，他的母亲也只是一位没有特殊学识及技能的平凡女子，难道是因为他特别受上苍垂爱，赋予了他善用语言的天赋？我们没有证据支持这种推论。当他当选国会议员后，他曾在华府的官方纪录中用一个形容词"不完全"来描述他所受的教育。在他的一生当中，受学校教育的时间不超过12个月。那么，谁是他的良师呢？有的，他们是肯塔基森林内的萨加林·伯尼和卡里伯·哈吉尔，印第安纳州鸽子河沿岸的亚吉尔·都赛和安德鲁·克诺福，他们都是一些巡回的小学教师。他们从一个拓荒者的屯垦区流浪到另一个屯垦区，只要当地的拓荒者愿意以火腿及玉米来交换他们教导小孩子们读、写、算，他们就留下来。当然，林肯也只从他们身上获得了很少的帮助及启蒙，他的日常处境对他的帮助也不多。

此外，他在伊利诺伊州第八司法区所结识的那些农夫、商人、律师及诉讼当事人，也都没有特殊或神奇的语言才能。好在林肯并没有把他的时间全部浪费在这些才能与他相等或比他低的同伴身上——你必须记住这一重大事实。相反，他和当时一些头脑最好的人物——跨时代的最著名歌手、诗人——结成了好朋友。他是怎样与这些并不同处一个时代的人结交的呢？看了下面的故事，你就明白了。

他可以把伯恩斯、拜伦、布朗宁的诗集整本整本地背诵出来。他还曾写过一篇评论伯恩斯的演讲稿。他在办公室里放了一本拜伦的诗集，另外还准备了一本放在家里。办公室的那一本，由于经常翻阅，只要一拿起来，就会自动摊开在《唐璜》那一页。当他入主白宫之后，内战的悲剧性负担消磨了他的精力，在他的脸上刻下了深深的皱纹。尽管如此，他仍然经常抽空拿一本英国诗人胡德的诗集躺在床上翻阅。有时候他会在深夜醒来，随手翻开这本诗集，当他凑巧看到使他得到特别启示或令他感到高兴的一些诗，他会立刻起床，身上仅穿着睡衣，脚穿拖鞋，悄悄找到他的秘书，甚至把他的秘书从床上叫醒，把一首一首的诗念给他听。在白宫时，他也会抽空复习他早已背熟了的莎士比亚名著，还常常批评一些演员对莎剧的念法，并提出自己对这部名著的独特见解。他曾写信给莎剧名演员哈吉特说："我已经读过莎士比亚的某些剧本了。我阅读的次数可能和任何一个非专业性的读者差不多一样多。《李尔王》《理查三世》《亨利八世》《哈姆雷特》，特别是《麦克白》，我认为，没有一个剧本比得上《麦克白》，真是写得太好了！"

林肯热爱诗句。他不仅在私底下背诵及朗诵，还公开背诵及朗诵，甚至还试着去写诗。他曾在他妹妹的婚礼上朗诵过他自己写的一首长诗。在他的中年时期，他就曾把自己的作品写满了整本笔记簿。当他对这些创作还不是信心十足时，甚至连他最好的朋友也不允许去翻阅。

罗宾森在他的著作《林肯的文学修养》一书中写道："这位自学成才的伟人，用真正的文化素材把自己的思想包裹起来。他可以被称为天才或才子。他的成长过程，同爱默顿教授描述的文艺复兴运动领导者之一伊拉斯谟的教育情形一样。尽管他已离开学校，但他仍以唯一的一种教育方法来教育自己，并获得成功。这个方法就是永不停止地研究与练习。"

林肯是一名举止笨拙的拓荒者，年轻的时候经常在印第安纳州鸽子河的农场里剥玉米叶子及杀猪，以赚取一天三角一分钱的微薄工资。但就是这样一个貌不惊人的人，后来却在葛底斯堡发表了人类有史以来最精彩的一篇演说。当时曾有17万大军在葛底斯堡进行一场大战，大约7000人阵亡。著名演说家索姆奈在林肯死后不久曾说过，当这次战斗的记忆自人们脑海中消失之后，林肯的演说仍然活生生地印在人们的脑海深处。而且即便这次战斗再度被人们回忆起来，最主要的原因还是因为人们想到了林肯的这次演说。我们有谁能够否认索姆奈这段预言的正确性呢？

著名政治家爱维莱特也曾在葛底斯堡一口气演讲了两个小时。他所说的话早已被人们遗忘，而林肯的演说却不到两分钟，有位摄影师企图拍下他发表演说时的照片，但等这位摄影师架起他那架老式的照相机对准焦距时，林肯已经结束了演说。

林肯在葛底斯堡的演说全文已被刻印在一块永不腐朽的铜板上，陈列于牛津大学的图书馆，作为英语文字的典范。研习演说的每一位后生，都应该把它背下来：

八十七年前，我们的祖先在这块大陆上创立了一个新的国家，它孕育于自由之中。他们主张人人生而平等，并为此而献身。

现在，我们正从事一场伟大的内战，这是一场考验这个国家或者任何一个像我们这样孕育于自由并奉行其主张的国家是否能长久存在的战争。我们聚集在这个伟大的战场上，将这个战场上的一块土地奉献给那些在此地为了这个国家的生存而牺牲了自己生命的人，作为他们的安息地，我们这样做是完全应该和正确的。

可是，从更广阔的意义上说，我们并不能奉献——不能圣化——更不能神化这片土地。因为那些在此地奋战过的勇士们，不论是还活着的或是已死去的，已经使这块土地神圣了，远非我们微薄的力量所能予以增减的。世人将不大会注意，更不会长久记住我们在这里所说的话，然而，他们将永远不会忘记这些勇士们在这里所做的事。相反的，我们活着的人，应该献身于勇士们未竟的工作，那些曾在此地战斗过的人们已经把这项工作英勇地向前推进了。我们应该献身于留在我们面前的伟大任务——我们要从那些勇于牺牲的战士身上汲取更多的奉献精神——我们要在这里下定决心使那些死去的人不致白白牺牲——我们要使我们的祖国在上帝的护佑下，获得自由的新生——我们要使这个民有、民治、民享的政府永世长存。

一般认为，这篇演说稿结尾的那个不朽的句子是由林肯独创出来的。真的是由他自己想出来的吗？事实上，林肯的律师合伙人贺恩登在葛底斯堡演说的几年前，就曾送过一本巴克尔的演说全集给林肯。林肯读完了全书，并且记下了书中的这句话："民主就是直接自治，由全民治理，它属于全体人民，并由全体人民分享。"不过巴克尔的这句话也有可能是从韦伯斯特那里借用来的，因为韦氏在巴克尔讲这句话的4年之前就曾在一封给海尼的复函中说过："民主政府是为人民而设立的，它由人民组成，并对人民负责。"如果进一步追根溯源的话，韦伯斯特则可能是从门罗总统那里借用来的，因为据考证，门罗总统早在韦氏讲此话的三分之一世纪之前就发表过相同的看法。那么门罗总统又该感谢谁呢？在门罗出生的500年前，英国宗教改革家威克利夫就已在《圣经》的英译本前言中说："这本《圣经》是为民有、民治、民享的政府所翻译的。"远在威克利夫之前，在耶稣基督诞生的400多年前，克莱温在向古雅典的市民发表演说时，也曾谈及一位统治者应用"民有、民治及民享"的制度来治国。至于克莱温究竟是从哪位祖先那儿获得的这个观念，那就无从考究了。

　　在这个世界上，真正货真价实的所谓全新的事物实在是太少了。纵使是最伟大的演说家，也要借助阅读的灵感及得自书本的资料。

　　从书本中学习！它就是取得成功的秘诀。一个人要想增加及扩大自己的文字存储量，他就必须经常让自己的头脑接受文学的洗礼。约翰·布莱特说："我一进入图书馆，就会感到一阵悲哀，因为自己的生命太短暂了，我根本不可能充分享受呈现在我面前的如此丰盛的美餐。"布莱特15岁时离开学校，到一家棉花工厂工作，从此就再也没有机会上学了。令世人惊奇的是，他却成为他那个时代最耀眼的演说家。他以善于运用英语文字而闻名。他对那些著名诗人的长篇诗句反复阅读，潜心研究，还详细地做笔记，并能将其中的一些精彩句子倒背如流。这些诗人包括拜伦、弥尔顿、华兹华斯、惠特曼、莎士比亚、雪莱等。他每年都要把弥尔顿的《失乐园》从头到尾看一遍，以增加他的词汇及文学素养。

英国演讲家福克斯通过大声朗诵莎士比亚来改进他的风格。格雷史东把自己的书房称为"和平殿堂"，有15000册藏书，他承认因为阅读圣奥古斯丁、巴特勒主教、但丁、亚里士多德和荷马等人的作品而获益匪浅，荷马的希腊史诗《伊利亚特》和《奥德赛》使他很着迷，他写下了六本评论荷马史诗和他的时代背景的书。

英国著名政治家、演讲家皮特年轻的时候，经常阅读一两页希腊文或拉丁文作品，然后翻译成英文。他十年如一日，每天这样做，结果"他获得了无人能比的能力：在不需事前思考的情况下，就能把自己的思想化成最精简、最佳排列的语言"。

古希腊著名演讲家、政治家德摩斯梯尼抄写了历史学家修昔底德的历史著作八次，希望能学会这位历史学家的华丽高贵又感人的措辞。结果两千年后，威尔逊总统为了改进自己的演讲风格，就特别去研究德摩斯梯尼的作品。英国著名演讲家阿斯奎斯发现，阅读大哲学家伯克莱主教的著作，是对自己最好的训练。

英国桂冠诗人但尼生每天都研究《圣经》，大文豪托尔斯泰把《新约福音》读了又读，最后竟然能背诵下来。罗斯金的母亲每天逼他背诵《圣经》的章节，又规定每年要把整本《圣经》大声地朗读一遍，"每个音节，一词一句，从创世纪到启示录"一点也不能少。所以，罗斯金把自己的文学成就归功于这些严格的训练。

RIS被公认是英国文字中最受人喜爱的姓名缩写，因为它代表了苏格兰著名作家史蒂文森，他可以算是作家中的作家。他是怎样获得让他闻名于世的迷人风格的呢？他这样讲述他的故事：

每当我读到特别让我感到愉快的一本书或一篇文章的时候——这书或文章很恰当地讲述了一件事，提出了某种印象，或者它们含有显而易见的力量，或者在风格上表现出愉快的特征——我一定要马上坐下来，模仿这些特点。第一次不会成功，一般都这样；我就再试一次。常常连续几次都不会成功，但至少从失败的尝试里，我对文章的韵律、各部分的和谐与构造等方面，有了练习的机会。

我用这种勤奋的方法模仿过海斯利特、兰姆、华兹华斯、布朗爵士、迪福、霍桑及蒙田。不管喜不喜欢，这就是学习写作的方法。不管我有没有从中获得收获，这就是我的方法。大诗人济慈也是用这种方法学习，而在英国文学上再也没有比济慈更优美的诗人了。这种模仿方法最重要的一点是：模仿的对象，总有你无法完全模仿的特点。去试试看，一定会失败的。而"失败是成功之母"的确是一句古老又十分准确的格言。

我们举出很多成功人物的例子，这个秘诀已经完全公开。林肯在给一位渴望成为名律师的年轻人的信上说："成功的秘诀就是拿起书本，仔细阅读及研究。工作、工作、工作才是最重要的。"

你可以从班尼特的《如何充分利用一天的二十四小时》开始。这本书和洗冷水浴一样对你会有很大的刺激。它告诉你很多你感兴趣的事情——你自己。它向你显示，你每天浪费了多少时间，又该怎样制止这种浪费，怎样利用你省下的时间。这本书只有103页，可以在一周之内轻松地看完。每天从书上撕下20页，放在你的口袋中。然后把每天早上看报的时间缩短成10分钟，而不是习惯性地一看就是20或30分钟。

杰弗逊总统写道："我已经放弃了阅报的习惯，而是改为阅读古罗马历史学家塔西佗和古希腊史学家修昔底德的著作。我发现，在做了这一调整以后我自己也变得快乐多了。"如果你也学学杰斐逊的做法，把阅报的时间至少缩短一半，几周之后，你也将发现你自己比以前更快乐、更聪明了。你相信吗？你难道不愿意如此尝试一个月，并把你由此省下来的时间用来阅读更有持久价值的一本好书？你在等待电梯、巴士、送餐、约会的时候，何不取出你随身携带的那20页来看看呢？

你在读完这20页之后，把它们放回书本中，再撕下另外的20页。当你以这种方式读完全书之后，用一根橡皮筋套住封面，以避免那些脱落的书页四处散落。以这种方式来肢解及拆开一本书，岂不是比把它原封不动地摆在你书房的书架上毫无用处更好吗？

第十四章

丰富你的词汇

逐渐地，不知不觉地，但必然地，你的辞藻将会开始变得美丽而优雅。慢慢地，从你身上将开始反映出你这些精神伙伴的荣耀、美丽及高贵气质。德国大文豪歌德说："告诉我，你读了些什么书，我将可以说出你是哪种人。"

——卡耐基《演讲的艺术》

当你读完《如何充分利用一天的二十四小时》以后，你可能会对同一位作者的另一部著作产生兴趣。那就试试《人类机器》。这本书将会帮助你学会如何更圆熟地与他人打交道，也将协助你将自己潜藏着的镇静与泰然自若的优点发掘出来。

我们在此推荐这些书，不仅是推荐它们的内容，也推荐它们的表达方式，因为它们一定能增加及改进你的词汇。

另外几本有帮助的书也一并介绍如下：弗兰克·诺里斯的《章鱼》和《桃核》，这是美国有史以来最好的两本小说。前者叙述发生在加利福尼亚的动乱与人类悲剧；后者描述芝加哥交易所股票市场经纪人的明争暗斗。托马斯·哈代的《苔丝》，这是写得最美的一本小说。希里斯的《人的社会价值》，以及威廉·詹姆斯教授的《与教师一席谈》，是两本值得一读的好书。法国名作家摩路瓦的《小精灵，雪莱的一生》，拜伦的《哈洛德的心路历程》以及史蒂文森的《骑驴行》，这些书也都应该列入你的书单中。

请爱默生每天与你做伴。你可以先阅读他那篇评论《自恃》的著名论文。让他在你耳边轻声念出像下面这些如行云流水般的句子：

说出隐藏在你内心深处的信念，它应该是世界性的；因为最内部的通常会成为最外部的——我们最初的思想经由最后审判的喇叭声传回我们身上。思想的声音对每个人都是很熟悉的，我们认为，摩西、柏拉图和弥尔顿等人的最大功绩就是，他们不受制于书籍及传统，他们不仅说出人们所说的，也说出他们所想的。每个人都该学会侦测及注意自内部闪现过他脑海的光芒，而不必去注意所谓贤者及智者的开导。然而，他却不知不觉地放弃了他的思想，因为那是他的思想。在每一位天才的作品中，我们往往会发现被我们遗弃的思想，他们带着某种疏远的高贵气质又回到我们眼前来。伟大的艺术作品不会对我们构成比这更有影响的教训。它们教导我们，以良好脾气的不妥协态度忠于自然地出现在我们脑中的印象，而不是像我们大多数时间那样，将来自我们脑海深处的声音置于一旁。否则，明天就有一位陌生人以良好的感性，正确说出我们所想的一切，同时，我们随时要被迫羞辱性地从别人那儿去获知我们自己的意见。

每个人的教育过程中，总有一段时间他会发现，嫉妒是无知的行为；模仿是自杀；不管是好是坏，他必须自己承担；虽然这个世界慈悲为怀，但每个人必须辛勤耕种分配给他的那块土地，才能获得粮食。存在于他身上的那股力量，是自然界的新事物。除了他自己之外，没有人知道他能够干什么，而他自己也要亲自尝试过之后才会知道。

但我们把最好的作者留在最后。他们是谁呢？有人请亨利·欧文爵士提供一份书单，列出他认为最好的100本书，他回答说："面对这100本好书，我只会专心去研究其中的两本——圣经和莎士比亚。"亨利爵士说得对，你必须到英国文学的这两个伟大的源泉取水喝。要经常去喝，而且要尽量多喝。把晚报丢到一边去，说道："莎士比亚，到这儿来，今晚和我谈谈罗密欧和他的朱丽叶，谈谈麦克白以及他的野心。"

如果你这样做，你会得到什么回报呢？逐渐地，不知不觉地，但必然地，你的辞藻将会开始变得美丽而优雅。慢慢地，从你身上将开始反映出你这些精神伙伴的荣耀、美丽及高贵气质。德国大文豪歌德说："告诉我，你读了些什么书，我将可以说出你是哪种人。"

我上面所建议的这项阅读计划，只需要花费很少的意志力，而且只需利用谨慎节省下来的少数时间……你只需每本花上5美元，就可买到爱默生论文集及莎士比亚剧本集的普及版。

马克·吐温如何发展出他对语言文字的灵巧而熟练的运用能力的呢？他年轻时，曾搭乘驿马车，一路从密苏里州旅行到内华达州。旅程缓慢，且相当痛苦，必须同时携带供乘客及马匹食用的食物——有时候甚至还要准备饮水。超重可能代表了安全与灾祸之间的差别，行李是按每盎司的重量收费的，然而，马克·吐温却随身带了一本厚厚的《韦氏辞典大全》。这本大辞典伴随他翻山越岭，横渡荒凉的沙漠，走过土匪及印第安人出没的一片广袤土地。他希望使自己成为文字的主人，凭着独特的勇气及常识，他努力从事达成这项目标所必须做的工作。

皮特和查特罕爵士都把辞典读了两遍，包括每一页、每一个词。白朗宁每天翻阅辞典，替林肯写传记的尼可莱和海伊从辞典里面获得很多的乐趣和启示，他们说，林肯常常"坐在黄昏的阳光下"，"翻阅着辞典，直到他看不清字迹为止"。

　　这些例子并不特殊。每一位杰出的作家及演讲家都有过相同的经验。

　　威尔逊总统的英文造诣很高。他的一些作品——对德宣战宣言的部分——在文学史上也有一席之地。他说他学会运用文字的方法是：

　　我的父亲绝对不允许家中的任何人使用不准确的字句。任何一个小孩子说溜了嘴，必须立即更正，任何生词得立即解释清楚。他鼓励我们每一个人把生词应用在日常的谈话中，以便把它牢牢记住。

　　纽约一位演讲家，以句子结构严谨、文辞简洁优美得到很高的评价。他最近的一次谈话，透露了他准确、有力地使用文字的秘诀。每当他在谈话或阅读时发现不熟悉的词，就立刻把它抄在备忘录上。然后在晚上就寝之前先翻翻辞典，彻底弄清楚那个生词的意思。如果白天没有碰到任何生词，就阅读一两页费纳德的《同义词、反义词和介词》，研究每一个词的准确意义，日后当做最好的同义词使用。一天一个新词——这就是他的座右铭。这也表示，一年他至少增加365个额外的表达工具。这些新词全记在一个小笔记本上，有空闲的时候就取出来复习。他发现一个新词使用三次后，就会成为他的词汇里永恒的一分子。

　　使用辞典不仅是为了了解某个词的准确意义，也是为了找出它的来源。在英文辞典里，每个单词的历史和来源，通常都列在定义后的括号内。可不要认为这些每天都在说的单词只是一些枯燥、冷漠的声音，其实它们充满了色彩，有着浪漫的生命。比如说"打电话给杂货店，叫他们送些糖来"。即使是这样平淡的两个句子，我们仍然使用了许多从不同文字借用的词。

"telephone"（打电话）是由两个希腊字组成的，"tele"的意思是"远方的"，而"phone"意味着"声音"。gmcei（杂货商）是从法文里一个历史悠久的词grossier借用过来的，而法文又是从拉丁文gross-arius演变而来，意思是指零售和批发商人。sugar（糖）来自法文，法文又源于西班牙语。西班牙语又从阿拉伯文借用，阿拉伯文又脱胎于波斯文，波斯文里的这个词shaker是梵文carkara一词的演变，意思是"糖果"。

再如，你可能在某家公司上班或是自己有了一家公司。公司company源于法文的一个古字companion（伙伴），而companion由corn（与）和pani（面包）两个词组成。你的伙伴companion就是和你共享面包的人，一家公司company就是由一群想共同赚取面包的伙伴组成的。你的薪水salary指你用来买盐salt的钱——古罗马士兵可以领到买盐的一些津贴，后来有一天一位士兵把他的整个收人称为salarium（买盐钱），成为一个广为流传的俚语词，最后却又成为一个非常受尊敬的英语单词。你现在手中拿着一本书book，这个词的真正意思是指一种树木beech（山毛榉）。因为很久以前，盎格鲁·撒克逊人都把他们的字刻在山毛榉树干上，或是刻在用山毛榉木做成的桌面上。放在你口袋中的dollar（美元），实际上的意义是valley（山谷）。因为最早的钱币是6世纪在圣卓亚齐姆的山谷中铸造的。

再看janitor（看门人）和January（1月）这两个词，都借用意大利西部古国伊楚里亚的一名铁匠的姓氏。这位铁匠住在罗马，专门制造一种特殊的门的锁和门闩。他死后被奉为异教徒的神，有两张脸孔，能同时看到两个方向，代表了门的开启与关闭。因此，介于一年的结束和另一年开始之间的那个月份，就被叫做January或是Janus（这位铁匠的姓氏）。当我们谈到January（1月）或janitor（看门人）时，我们等于是在纪念一位铁匠。他活在耶稣诞生的1000年前，娶了一位名叫Jane的妻子。

同样，一年里的第7个月份July（7月），是根据古罗马的Julius Caesar（恺撒大帝）命名的。奥古斯都大帝为了不让恺撒专美于前，就把下一个月份命名为August（8月）。而且在当时的8月份只有30天，奥古斯都大帝不甘心以他的姓氏为名的月份竟然比以恺撒为名的月份少了一天，他就从2月抽出一天，加入8月里。这种自负心理的痕迹很明显地呈现在你的日历上。真的，你将发现，每个单词都有着这样迷人的历史。

试着从大词典里寻找这些单词的来源：Atlas（地图册）、Boycott（联合抵制）、Cereal（谷类食品）、Colossal（巨大的）、Concord（和谐）、Curfew（宵禁）、Education（教育）、Finance（财政）、Lunatic（疯人）、Panic-stricken（惊慌失措）、Palace（皇宫）、Pecuniary（金钱）、Sandwich（三明治）、Tantalize（逗引）。找出它们背后的故事，这将让它们更加多姿多彩，更加有趣。你会更觉得有滋味和乐趣使用它们。

试着正确说出你的意思，表达你思想中最微妙的部分，这不见得是容易办得到的，即使是有经验的作家也不一定办得到。

美国著名的女作家芳妮·赫斯特曾经说过，她有时候把写好的句子一改再改，通常要改50次到100次。她说，有一次她还特地计算了一下，发现一个句子竟被她改写了104次之多。另一位著名女作家沃伦坦诚地说，为了从一篇即将在各报纸联合刊登的短篇小说中删去一到两个句子，有时甚至要花掉整整一个下午的时间。

美国政治家莫里斯曾经述说过美国著名作家戴维斯为了找出最合用的词是如何辛勤地工作的：

他写的小说中的每一个词，都是他从他所能想到的无数单词中精挑细选出来的。他所选用的词，都是依据他一丝不苟的判断，且都必须是最能经得起考验的词。每个词，每个句子，每一段落，每一页，甚至整篇小说，都是写了一遍又一遍。他采用的是一种"淘汰"的原则。如果他希望描述一辆汽车转弯驶入某院大门，他首先要作冗长而详细的叙述，任何细节都不放过。然后，他开始——删除他痛苦思索出来的这些细节。每做一次删除，他都要问问自己：

"我所要描述的情景是否仍然存在？"如果答案是否定的，他就把刚刚删除的那个细节又放回原处，然后，试着去删除其他的细节，如此一一删除下去。在经过如此千辛万苦的努力工作之后，最后呈现在读者面前的就是那些简洁而明澈的片断。正是有了这一过程做铺垫，他的小说与爱情故事才会一直受到读者的喜爱。

　　我们大多数人，都没有花如此多的时间也没有如此尽力去辛勤地寻找那些合意的字眼。我们之所以在此举出这些例子，是要向你表明，成功的作家是十分重视用正确的语言来表达自己的思想的。我们同时期望，这样做能够使学习演说的学员们对语言及文字的运用更感兴趣。当然，一个演说者不应该在演说途中停顿下来，支支吾吾地，以求找出他渴望表达的意义的正确语言。不过，他应该每天练习，以对自己的意思做最正确的表达，一直到这些语言能够很自然顺畅地从头脑中涌出为止。要想成为一个成功的演说家，你是应该这样做的，但你这样做了吗？没有，你并没有这样做。

　　大文豪弥尔顿在他的作品中共使用了8000个单词，莎士比亚作品使用的词汇达15000个。一本标准的辞典词汇为45万个。但根据估计，一般人只要认识2000个词，在讲话时就足以运用自如了。一般人通常只懂得一些动词，以及把它们串联起来的一些连接词，再加上一些名词，以及一些被已经滥用了的形容词。一般人在精神方面也相当懒散，或是太过专心于事业，因此无暇学习如何将意念做最正确的表达。其结果怎样呢？且让我举个例子吧。我曾经在科罗拉多的大峡谷边度过终生难忘的几天。有一天下午，我听见一位女士竟以一个相同的形容词来形容一只狗、一段管弦乐曲和一位男士的脾气以及大峡谷本身，那就是，他们全都很"漂亮"。

那么，她到底用的是哪一个形容词呢？因为英国语言学家罗杰在"beautiful"（漂亮）下面列出了许多的同义字。你能猜得出她所使用的到底应该是其中的哪一个吗？

同时，一定要避免使用老掉牙的表达方式。你不仅要努力做正确的表达，也要尽量使自己的表达具有新鲜感与创意。要有勇气把你对事情的看法说出来，因为"事情本身就是上帝"。例如，在《圣经》记载的诺亚大洪水之后不久，一些最富创意的人首先使用了这个比喻："冷得像条黄瓜。"这个比喻真是太好了，因为它极具新鲜感。即使是在后来的贝尔夏加的著名盛宴上，这个比喻仍可保有它的原始新鲜感，并值得在一场宴会后的演说中使用。但是到了今天，我们这些以拥有创造力而自负的人，如果还在重复使用这个比喻，你难道不感到羞愧吗？

下面是12句用于表示寒冷的比喻。它们岂不跟那个陈腐的"黄瓜"比喻具有同样的效果，不仅更新鲜，也更能为人所接受吗？

冷得像青蛙。

冷得像清晨的热水袋。

冷得像坟墓。

冷得像格陵兰的冰山。

冷得像泥土。

冷得像乌龟。

冷得像飘雪。

冷得像盐巴。

冷得像蚯蚓。

冷得像黎明。

冷得像秋雨。

趁你现在还有这份兴致，可以想想你自己的比喻，用以表达寒冷的感觉。要有与众不同的勇气，并把它们写在下面。

女作家凯瑟琳·诺利斯曾就如何才能发展出自己独特的风格做了如下的回答："阅读古典散文与诗集，并严厉地删除你的作品中无意义的词句及陈腐的比喻。"

一位杂志编辑每当发现投来的稿子中有两三处陈腐的比喻时，他就立即把稿子退还给作者，以免浪费时间去看它。在他的心目中，一个没有表达创意的作家，将无法表现任何有创意的思想。

第十五章

充分的休息
让你的精神
更加饱满

在做一场重要的演讲前,尽量吃得简单,要是条件允许,最好小憩片刻。你的身体、大脑和思想都需要休息一会儿来恢复状态。

——卡耐基《演讲的艺术》

风格和个性是演讲成败与否的关键因素。想要获取听众的信任，你必须保持自然和热诚。

卡耐基技术研究所曾经作过一次智力测验，测验对象是100位著名的商业人士。研究所根据这次测验得出的结果向社会宣布：影响事业成功的诸多因素中，个性的重要性远大于智商。

这无疑是一项重大的发现，对于商界人士，有着极为重要的意义。不仅如此，它对于任何职业的人士而言，都具有重大的意义。而对于演讲者来说，同样是一个非常重要的好消息。

个性在演讲中的重要性，恐怕只比预先准备要少一点。就如埃波特·胡帕德所说："在演讲过程中，获取听众信任的不是演讲者的语言，而是他的态度。"个性究竟是什么呢？仿佛你看得到，却又不能十分肯定，有些模糊但似乎又很清楚。大概就如同紫罗兰的香气那般令人无法分析。个性是一个人作为个体的综合：包括生理、心理、精神状态，还有遗传、爱好、修养、经历、体会、锻炼等所有与个体有关的情况。其复杂程度几乎可与爱因斯坦的相对论相比，也只有极少部分的人可以明白。

对个性塑造起重要作用的是环境和遗传因素，个性是很难再改变的，我们可以用一些方法使个性加强，变得更有魅力、也更吸引人。我们要尽可能地利用自己独一无二的资源。

首先，充分的休息，是保证你的个性发挥充分的一个必要条件。试想一下，一位神色疲倦的演讲者会让听众有何感想？人们最常犯的错误就是：把准备工作和计划的事情都拖到最后一分钟，不得不做的时候才急忙完成它。请你切记，一定不要这样做，因为这样会对健康造成负面影响，大脑也会过度疲劳，会减弱你的活力和能量，让你的思想变得迟钝。

要是你下午将做一个重要的演讲，那午餐尽量吃得简单，你可以小憩片刻。你的身体、大脑和思想都需要休息一会儿来恢复状态。

姬尔拉婷·法拉有一个习惯，常常会令新结识的朋友感到不解，因为她会在大家谈兴正浓的时候，早早地道晚安，然后留下自己的丈夫和朋友们继续谈天说地，自己去睡觉。她的这种习惯源自她对自己艺术工作的充分了解。

发表重要的演讲之前，还要注意不要吃得太饱，学学那些圣徒，稍稍吃上一点。每周日下午5点，亨利·毕丘往往只吃一些饼干，喝点牛奶，不再吃其他任何东西。

墨芭夫人说："如果准备在晚上演唱，我就不吃午餐，只在下午5点时吃一点儿鸡肉，或鱼肉，或甜面包，一个苹果和一杯水。所以每次从歌剧院或音乐厅回家后，都发现自己饿得不行了。"

墨芭夫人和毕丘的做法很明智。经验告诉我们，当你吞下饭前的酒和汤，以及牛排、炸薯片和沙拉、蔬菜、甜点，然后要站上一个小时，你不但不能达到身体的最佳状态，也不能让演讲得到尽情地发挥，原因是本来应该输送到脑里的血液，全集中到了胃部去同牛排及炸薯片战斗去了。著名音乐家帕德列夫斯基说得对，他说，他若在演奏会之前随心所欲地大吃一顿，那么他身上的兽性将会占据上风，甚至还会渗进他的指尖，而使他的演奏遭到破坏及变得呆板。

所以，演讲之前，一定不要大吃一顿，弄得肚子鼓鼓的，喘气都费劲，就更别提进行一场成功的演讲了。

第十六章

不要忽略了
你的衣着和态度

得体的衣服会使他们增加信心，提高他们的自尊心。他们发现，当他们的外表显得很自信时，他们的思想也比较容易顺畅，他们的表达也更容易取得成功。这就是衣装对穿着者本人所产生的影响。

——卡耐基《演讲的艺术》

衣着是演讲者给听众的第一印象，包括头饰、面饰、服饰等身体外表的装饰打扮，演讲是一门综合艺术，既要求有激情，还要求有美的声音、美的结构和美的内容，也要求有美的仪表，如此才能给听众留下美的视觉享受。适度地讲究仪容仪表，既能增强演讲者的信心，也有助于取得听众心理上的认同。

　　有一次，一位担任大学校长的心理学家向一大群人发出问卷，向他们询问，衣服对他们产生什么影响。结果，被询问者几乎一致表示，当他们穿戴整齐、全身上下一尘不染时，他们能清楚地知道自己穿得很整齐，而且也可以感觉得到，这表明衣服会对他们产生某种影响。这种影响虽然很难解释，但十分明确，十分真实。得体的衣服会使他们增加信心，提高他们的自尊心。他们发现，当他们的外表显得很自信时，他们的思想也比较容易顺畅，他们的表达也更容易取得成功。这就是衣装对穿着者本人所产生的影响。

　　演讲者的衣着会对听众产生什么影响呢？你可能已经注意到了，如果演讲者是位不修边幅的男士，穿着宽宽松松的裤子、变形的外衣和鞋子，自来水笔和铅笔露在胸前口袋外面，一张报纸、一只烟斗或一罐烟草把西装的外侧塞得凸了出来；如果演讲者是一位女士，带着一个样子丑陋的大手提包，衬裙还露在外面，听众对这样的一位演讲者根本就没有信心，就如同演讲者对自己的外表也没有信心一般。看了他或她那个乱糟糟的样子，听众岂不是也认为，这位演讲者的头脑一定也是乱七八糟的，就如同他那头蓬乱的头发、未经擦拭的皮鞋，或是胀得鼓鼓的手提包一样。

当罗伯特·李将军代表他的军队前往阿波麦托克斯镇投降时，他穿着一套整整齐齐的制服，腰边还佩戴着一柄很珍贵的长剑。与他形成鲜明对照的是，受降的格兰特却未穿外套，也未佩剑，只穿着士兵的衬衫和长裤。格兰特后来在他的回忆录中写道："相较之下，我一定是个十分怪异的对象，而对方则是一名衣着漂亮的男士，身高6英尺，服饰整齐。"没能在这个历史性场合穿上合适得体的服饰，这也成为格兰特将军一生中最大的遗憾之一。

美国农业部曾在其实验农场上养了几百箱的蜜蜂。每一个蜂巢都被装上一面很大的放大镜，只要按下按钮，蜂巢内部就会被电灯照得通明。这样，在任何时候，不论是白天或夜晚，这些蜜蜂的一举一动都能被很细密地观察到。演说者的情况也与此类似。他也像被安置在放大镜下，被聚光灯所照射，所有的眼睛都在看着他。在众目睽睽之下，他个人外表有哪怕是最微小的不调和之处，立刻会像科罗拉多的帕克山峰那般醒目。

演讲者的打扮不在于华贵和时尚，而在于大方和得体，自然而协调。具体说来，头饰要简单庄重、雅而不俗，切忌披头散发，蓬头垢面，仓促上阵。面饰以清秀、淡雅、自然、和谐为主，切忌浓妆艳抹。服饰应端庄大方，与演讲者的年龄、身份、容貌、身材乃至演讲的内容、环境、气氛协调，切忌雍容华贵、矫揉造作。

演讲者要情绪饱满，言辞恳切，要有说服力，要有时代感，要知识渊博而态度和蔼、真诚，而且要面带微笑。

卡耐基先生曾替《美国杂志》撰写过一篇关于纽约一位银行家的生平故事。这位银行家认为自己成功的最重要因素，在于他那迷人的微笑。乍听之下，这种说法可能显得有点儿夸张，但这是千真万确的。其他的人——可能有几十个甚至几百个，可能拥有更丰富的经验，而且也具备更为优越的财经判断力，但这位银行家却不同，他拥有他们所没有的一种额外资产：最随和的个性。在这种个性中，他那温暖、受人欢迎的微笑，则是其中最大的特色之一。这种微笑能使他立即赢取别人的信心，使他立刻获得别人的好感。只要是与他有过一面之交的人，都愿意看到他获得成功，而且都十分乐意对他表示支持。

中国有句成语叫"和气生财"。在观众面前展露笑容，岂不是与在柜台后面的笑容一样受人欢迎吗？有位学生参加了由布鲁克林商会主办的演讲训练班。当他出现在观众面前时，全身都散发出一股气息，仿佛在向台下的人表明他很高兴能来到这儿，他很喜欢他即将进行的演说工作。他总是面带微笑，而且显得十分乐意地面对着他的听众。他的这种情绪很快感染了台下的每一位听众，人们立即觉得他十分亲切，而他也大受欢迎。

与之形成鲜明对照的是，有一些演讲者以一种冷漠、造作的姿态走上讲台，以一种很不情愿的神态来发表这次演说。等到演讲完了，好像完成一个苦差事似的，谢天谢地的。我们这些当观众的，也会很快被他的这种情绪所感染，会十分沉重地听完他的演讲。

奥佛·斯特里特教授在《有影响力的人类行为》一书中写道：

喜欢产生喜欢，如果我们对我们的听众有兴趣，听众也会对我们产生兴趣，如果我们不喜欢台下的听众，他们不管在外表或内心，也会对我们表示厌恶。如果我们表现得很胆怯而且慌乱，他们也会对我们缺乏信心。如果我们表现得很无赖，而且大吹其牛，听众们也会表现出自我保护性的自大。经常地，我们甚至尚未开口说话，听众就已评定我们的好或坏了。因此，我有充分的理由指出，我们必须事先确信我们的态度一定会引起听众的热烈反应。

第十七章

别让演讲场所的环境干扰你

当一个人置身于一大群听众之间时，他会不由自主地随着大众的气氛时而开怀大笑时而热烈鼓掌。但当他处于分散的人群中时，由于气氛太冷清，他会对之无动于衷。

——卡耐基《演讲的艺术》

首先要保持空气的新鲜。演讲过程中，氧气是很重要的东西。不管是怎样动人的演讲，或者音乐厅里怎样嘹亮的女高音，都无法让身在恶劣空气中的听众保持清醒。如果你是演讲者之一，在开始演讲之前，不妨请听众们站起来休息两分钟，同时把窗户全部打开。

　　詹姆斯·庞德少校曾在美国和加拿大各地旅行，担任亨利·毕丘的经理。当时这位著名的布鲁克林传道师正受到大家的欢迎。庞德经常在信徒到来之前，去察看毕丘要传道的地点，认真检查灯光、座位、温度和通风情况。庞德是个退伍陆军军官，他很喜欢运用权威，大吼大叫。如果传道场所太热，空气不流通，而他又打不开窗子，他会拿起《圣经》，一下子把窗户玻璃砸得粉碎。他深信，"对于一位传道者来说，除了上帝的恩典，最好的东西就是氧气"。

　　灯光是影响演讲成功与否的另一要素。除非你要在听众面前表演招灵术，否则就应尽可能让房里光线充足。要在一个像热水瓶里一样昏暗的房间里激起听众的热烈情绪，那简直是像要去驯服野鹌鹑那样困难。

　　如果你看过著名制片商比拉斯科有关舞台的著作，你就会发现，一般的演讲者对于灯光的重要性，简直没有一丝一毫的观念。

　　让灯光照在你的脸上，人们希望能看清楚你。应该让你脸上任何一点微妙的变化都能够清楚地呈现在观众面前，这是自我表现的一部分，也是最真实的一部分。这种呈现有时比你的言语更能表达你自己。如果你站在灯光的正下方，那你的脸部会产生阴影；如果你让灯光从你的后脑勺照过来，你的脸也一定掩藏在阴影中。所以在你演讲之前，先要找一个有最好光线的地点，难道这不是一种很明智的做法吗？也不要躲在桌子后面，听众同样希望看到演讲者的全身。他们甚至会从座位上探出头来，把你的整个人看个清楚。好心的主持人一定会替你预备一张桌子、一个水壶和一个杯子。但是你不能要水壶或杯子，不能要那些放在讲台上的毫无用处又难看的废物。如果你的喉咙很干，那就找一点儿盐含在嘴里，或尝一点柠檬，这会让你的唾液流出来，而且比尼亚加拉瀑布还多。

百老汇大道上的各种品牌的汽车展览室都布置得十分漂亮、整洁、干净、赏心悦目。法国巴黎名牌香水和珠宝店的办公室，也是那么高雅豪华。为什么要这样子？因为这些都是高级的商品，顾客看到这些展览室布置得如此美丽之后，会对这些产品更为尊敬，更有信心，也更羡慕。

相同的理由，一名演讲者也应该有赏心悦目的背景。理想的布置应该是完全没有什么家具，演讲者的后面也不能有任何足以吸引听众注意力的东西，两边也不能有——也就是说，除了一幅深蓝色的天鹅绒幕布，你什么东西都不要。

但是，一般演讲者的背后常常都有些什么东西呢？地图、图表，也许还有一堆积满灰尘的椅子。这是什么效果？一种粗俗、凌乱、很不和谐的气氛。你一定要把没用的东西全部清除掉。

亨利·毕丘说："演讲中最重要的东西是人！"

如果你是演讲者，一定要很突出地表现出来，要像少女峰白雪覆盖的峰顶与瑞士的蔚蓝天空相互辉映那样突出。

有一次，加拿大总理在安大略省的兰登市演讲。他演讲的时候，有一个工人拿着一根长木棒从这个窗户走到另一个窗户，一一调整窗子。结果听众几乎一时忘记了台上的演讲者，专心致志地看着那位工人，仿佛他正在表演什么魔术似的。

不管是听众或观众，他们都无法抵抗——或者说，他们不愿意抵抗——望向移动物体的诱惑。演讲者只要能够记住这一真理，那么他就能让自己避免一些困扰和不必要的烦恼。

第一，他应该克制自己，不去玩弄自己的手指、拨动衣服或是做些会削减听众对他的注意力的一些紧张的小动作。一位很有名的纽约演讲家在演讲时，用手玩弄讲台上的桌布，结果听众们全都专心地望着他的手，足足有半小时。

第二，如果可能的话，演讲者应该把听众的座位做适当的安排，使他们不会看到迟到的听众进来，如此可以防止他们分散注意力。

第三，演讲者不应该安排贵宾坐在讲台上。雷蒙·罗宾斯曾在布鲁克林发表一系列的演讲，他邀请卡耐基和另外几位贵宾一起坐在讲台上。卡耐基拒绝了，理由是这样做对演讲者没有任何的好处。事实真的是这样，在第一天晚上，卡耐基就注意到有好几位贵宾移动身子，把一条腿放到另一条大腿上，然后又放下来，等等；他们只要有任何人稍微移动一下，听众就会把目光从演讲者身上移到这位贵宾身上。第二天，卡耐基把这种情形告诉了罗宾斯先生。在后来的几个晚上，他就很聪明地单独一个人站在台上了。

　　有的演讲者不允许舞台上放置红色的鲜花，因为会吸引太多的注意力。那么，演讲者又怎么能允许在他演讲时让另一个动个不停的人面对观众坐着？不应该这样做，只要他稍微聪明一点的话。

第十八章

保持良好的姿势

要是一个人全神贯注于要说的话，以至于达到忘我的境界，那他的言谈举止最自然不过，他的言语和姿势不会遭到任何质疑。

——卡耐基《演讲的艺术》

演讲者不要坐着面对听众，如果必须坐下，那就注意自己的姿势。想一想，你是否看到过许多人东张西望，想要找到一把空椅子，那模样就像是一只猎狗在寻找可以躺倒睡大觉的地方，当他们找到椅子时，就赶紧冲上前去，把自己像丢沙包一样重重地坐下去。

正确的做法是：先用脚接触到椅子，然后从头到肩到臀部都保持直立，然后缓慢地坐下去。

我们知道一些小动作会分散听众的注意力，让听众感觉你缺乏自制力。不能帮助你演讲的动作都会分散听众的注意力，因此，你演讲时的最佳姿势就是安静地站立着，挺直你的身体，让听众感觉你自信而又自然。

在你开始演讲之前，不要像个业余演讲家那样，急匆匆地就开口说。你应该深吸一口气，气定神闲地凝视你的听众，大约一分钟的时间就可以，即使听众原本有些躁动，这时间也足以让他们安静下来。

每天你都要做的练习之一，就是挺起你的胸膛，不要等站在听众面前才想起来。只要你平日里养成习惯，就会自然地在听众面前挺直胸膛。

卢瑟·克里克在《效率生活》里写道："能始终让自己保持最佳姿态的人，10个里面未必有1个……要让脖颈紧贴后衣领。"他还建议人们每天练习："缓慢却用力地吸气，此时脖颈一定要紧贴住衣领，即使你的动作有些夸张，那也没关系。这样做的目的是让你的背部能够挺直，也会让前胸看上去更厚实。"

至于你的双手，不用刻意地安置它们，就让它们在身体侧面自然下垂，这样的姿态既不引人注目，也不会遭到批评，而且，在你想要做手势时，随时可以自然地抬起。如果你特别紧张，并且觉得把手放在背后或是插进口袋里或者按着讲台的桌面会舒缓你的紧张，那也没什么关系。很多著名的演讲家也有一些特别的姿态，有一些人就很喜欢把手插在口袋里，布莱安如此，德普也是如此，就连罗斯福总统也是如此。你这样做了，天也不会塌下来，明天的太阳照常会升起。所以你不必太担心这个问题，只要你准备充分，投入全部的热诚来面对听众，手和脚摆放在什么位置不会是他们最关心的问题。

卡耐基先生所上的第一堂演讲课，是由中西部一所学院的院长亲自讲授的。在他的记忆中，这一堂课谈到的主题就是姿势问题。遗憾的是，卡耐基认为这堂课不仅毫无用处，而且观念错误，绝对有害。这位院长强调，应该让手臂松弛地下垂于身体两侧，手掌心向后，手指半弯曲，拇指与大腿接触。他还训练他的学员要以优雅的曲线举起手臂，手腕以古典方式转一圈，然后先把食指伸开，接着是中指、小指。等到这场具有美学及装饰性的训导进行完毕后，还要求学员的手臂再循着同样优雅但不自然的曲线放下来，还要再度贴住大腿外侧。整个表演极其呆板，而且十分造作，完全不合情理，也非常不真实。十分可笑的是，在他内心深处还觉得他所教的这一套是别处学不到的。

然而，他没有教他的学员应创造出一套独特的动作；也没有鼓励大家培养起做出手势的感觉；没有要大家在这样做的过程中注入生命的活力，使它显得自然；也没有要求大家放松心情，学会自动自发，突破保守的外壳，像一个正常人一样谈话及行动。整个表演令人感到十分遗憾，就像一架打字机一样，也像隔年的鸟窝一样毫无生气，更像电视闹剧那般荒唐不堪。

如此荒谬的言论居然到了20世纪还在被教授，这实在令人难以相信。有一本有关演讲姿势的书——整本书的内容都在企图使人成为机械。它居然告诉读者，在讲到这个句子时该做出什么手势，讲到那个句子时又该做出什么手势，哪种情形要用一只手，哪种情形要用双手，哪种情形要把手举高，哪一种要举到中等高度，哪一种要放低，如何把这根手指弯起来，以及怎样弯起那根手指。有一次，有20个同学站在一班同学的面前，同时念着从这本书中摘录出来的相同句子，并在完全相同的句子上做出完全相同的手势，这一场景使人感到非常荒谬可笑、造作、浪费时间、机械化且有害于健康。这种机械化的演讲观念已使许多人对演讲教学产生了极为恶劣的印象。马萨诸塞州一所规模很大的学院的院长最近说，他的学校不开班教授演讲，因为他一直没有看到任何一种实用而且能教学生合情合理发表演讲的教学方法。

有关演讲姿势的所有著作，并不能使人们真正地掌握。你要想学会有用的姿势，只能自己去揣摩，从自己的内心，从自己的思想，从你自己对这方面的兴趣中去培养。唯一有价值的手势就是你天生就会的那一种。一盎司的本能比一吨的规则更有价值。

手势与晚宴服这种可以随意穿上或脱下的东西完全不同。后者只是一个人内在本能的一种外在表现，如同亲吻、腹痛、大笑及晕船一般。

而一个人的手势，就如同他的牙刷，应该是专属于他个人使用的东西。而且，就如人人性格各异一般，只要他们顺其自然，每个人的手势也应该各不相同。

不应该把两个特点各异的人训练成手势完全相同的人。你们可以想象，如果个子修长、动作笨拙、思想缓慢的林肯，和说话很快、个性急躁而且温文尔雅的道格拉斯使用完全相同的手势，那将是多么荒谬！

曾经和林肯共同执行法律业务并且替他撰写传记的贺恩登说：

"林肯打手势的次数，没有他用脑袋做姿势多，他经常用力地甩动头部。当他想强调他的观点时，这种动作尤其有意义。有时候这个动作会猛然顿住，仿佛把火花飞溅到易燃物上。他从来不像其他的演讲者那样猛挥手势，像要把空气和空间切成碎片。他从来不用舞台效果的举动……随着演讲程序的进行，他的动作会越来越自由而且自在，最后臻于完美。他非常自然，而且带有强烈的个性，因此显得高贵、尊严。他看不起虚荣、炫耀、造作与虚伪……当他把见解散播在听众的脑海中时，他右手的瘦长手指包含了一个极有意义而又特别强调的世界。有时候，为了表示喜悦与欢乐，他会高举双手，大约呈50度角，手掌向上，仿佛渴望拥抱那种精神。如果他要表现出厌恶，例如谴责奴隶制度，他会高举双臂，握紧双拳，在空中挥舞，表现出真正的憎恶。这是他最有效果的手势之一，表现出一种最生动的坚定决心，显示他决心把他痛恨的东西拉下来，丢在灰烬中践踏。他总是站得很规矩，两脚的脚尖在同一条线上，绝不会把某只脚放在另一只脚之前。他绝不会扶住或靠在任何东西上，在整个演讲过程中，他的姿势和态度只有少许的变化。他绝不会狂喊乱叫，也不会在讲台上来回走动。为了使他的双臂能够轻松一点，他有时会用左手抓住外衣的衣领，拇指向上，剩下右手自由地作出各种手势。"

著名雕塑家圣高登斯把他这种姿态雕成一座雕像，立在芝加哥的林肯公园。

这就是林肯的方法。罗斯福则比林肯更有活力、更激昂、更积极。他的脸孔因为充满感觉而显得生气蓬勃。他握紧拳头，整个身体成为他表达感情的工具。政治家布莱安经常伸出一只手，手掌张开。葛雷史东经常用掌拍桌子，或是用脚踩地板，发出很大的声响。罗斯伯利习惯高举右臂，然后使上无比巨大的力量猛然往下一拉。不过这些动作先要演讲者的思想和信念有相当的力量才行，才能使演讲者的姿势强而有力，而且自然。

自然——有活力——它们是行动的极好表现。英国政治家柏克的手势非常的笨拙不自然。英国演讲家皮特，用手在空中乱划，像个笨拙的小丑。亨利·尔文爵士跛脚，行动怪异。马考雷爵士在讲台上的行为，也令人不敢恭维。巴尼尔也一样。已故的库松爵士在剑桥大学说："答案显然是，伟大的演讲家有他们自己独特的手势，虽然伟大的演讲家一定要有漂亮的外形及优雅的姿态，但如果演讲者凑巧生得很丑，行动又笨拙，那也没有太大的关系。"

吉普西·史密斯是一位著名的传道士，他的演讲曾经使几千人信奉耶稣，他也使用手势，而且用得很多，但不致让人感到有任何不自然。这才是最理想的方式。只要你练习运用这些原则，你会发现，你也是用这样的方式来作出你的手势。无论采用何种姿势，完全决定于演讲者的气质，决定于他准备的情形，他的热诚，他的个性，演讲者的主题、听众以及会场的情况。

不过，也有一些建议，可能也有点用处。不要重复使用一种手势，那会让人产生枯燥、单调的感觉。不要使用肘部做短而急的动作。由肩部发出的动作在讲台上看起来要好得多。手势不要结束得太快。如果你用食指强调你的想法，一定要在整个句子中维持那个手势。一般人都会忽略这一点，这是很普通也很严重的错误。它会削弱你所强调的力度，一些不重要的事情反而变得仿佛很重要了，真正的要点却显得不重要。

当你在听众面前进行演讲时，只使用那些自然发生的手势。但当你练习时，如果必要的话，强迫自己做出手势。在强迫你自己这样做时，会显得如此清醒而刺激，不久，你的手势就会自然而然地流露出来。合上书本，你是无法从书上学会手势的。当你演讲时，你的冲动和欲望才是最值得信任的，比任何教授所能告诉你的任何指示都更有价值。

请你一定记住：要是一个人全神贯注于要说的话，以至于达到忘我的境界，那他的言谈举止最自然不过，他的言语和手势不会遭到任何质疑。要是你不相信，你可以走到某个人面前，出其不意一拳把他打翻在地，你马上就会听到，他在站起身后对你说的话，那是一段表达方式近乎完美的流畅话语。

第十九章

介绍演讲者、颁奖和领奖

无论是介绍演讲者，还是发表颁奖辞、答谢辞，都要精心碓备，都要倾注你的真心和热情，过度的赞誉不可取，随意贬低也是不合适的。

——卡耐基《演讲的艺术》

当你被邀请当众讲话时，你可以推荐别人为自己做一个开场白，以对演讲作一个说明，或者说些活跃气氛的话。也许你是某个民间组织的节目主持人，或者是一个妇女俱乐部的议员，你的任务是介绍一下本次会议的主讲人，或是你期盼着要在当地的俱乐部上发表演讲，或是在自己的销售小组、工会聚会或政治组织里发表自己的意见。

约翰·马森·布朗是一名作家兼演说家。他活泼生动的演说在全国各地赢得了无数听众。一天晚上，他在同即将把他介绍给听众的那个人讲话。

"不用担心你的演讲，"那个人对布朗说，"放轻松，我从来不相信演讲还需要准备！准备有什么用，准备会破坏整个演说的美感，也坏了兴致。这种场合，我只是等着站起来的一瞬间让灵感来找我，我这样做，还从来没出现过什么闪失！"

这些殷切的话使布朗相信他会对自己做一番很好的介绍，以有利于自己演讲时的气氛。但是谁料，这个人站起来之后的讲话却完全出乎意料，布朗在他的一本书里回忆说：

各位先生，请安静下来听我说好吗？今晚有个坏消息要告诉大家，我们本想请艾萨克·F.马克松先生为我们演讲，遗憾的是，他病了，不能前来。（鼓掌）接着我们又想请参议员柏莱特基来为各位演讲，可是他太忙了。（鼓掌）最后我们只好请堪萨斯城的洛伊德·葛罗根博士前来给各位讲话，也不成。所以，我们只好由约翰·马森·布朗来替代。（鸦雀无声）

布朗先生回想起这场几近陷入灾祸的演讲时，只说了这样一句："至少我的这位朋友，那位大灵感家，总算说对了我的名字。"

当然，你看得出，那个确信自己的灵感可以解决一切的人，就算他原本有意这样做，也不会比他现在搞得更糟了。他的介绍有违他对他要介绍的演说人的职责，也有愧于他对听众要尽的职责。其实他的职责并不多，但却很重要。令人惊讶的是，许多节目主持人都不明白这一点。

一、介绍辞

介绍辞具有与交际介绍一样的作用。它使演说人和听众相会在一起，为他们塑造友好的气氛，并在他们之间建立起沟通的桥梁。也许有人说，作为介绍人，"你不必说什么话，你只需介绍演讲人即可。"如果这样认为的话，你可就把事情看得太简单了。没有哪一种因素会比介绍辞对演讲造成的人为破坏更大了。一些人的介绍辞之所以会对演讲造成如此大的伤害，可能就是因为许多准备与做介绍辞的主持人太忽视了它的功效的缘故。

"介绍辞"——从其词义来讲，它是由两个拉丁文词素，即"intro"（至内部）与"duce"（引领）构成的。意思是，引导我们深入内部，使我们想要听听有关它的更深的讨论。同时，它也应该引领我们前去见识演讲者的内在事实，去见识能显示他足够胜任探讨这一特别题目的事实。换句话说，介绍辞应能把题目"推销"给听众，亦应将演讲人"推销"给听众，而且应尽可能在最短时间内把这些事情做完、做好。

这就是介绍辞所应该达到的效果。可是所有人都做到了吗？

没有，百分之八九十的人没有做到。多数人的介绍辞都既拙劣又软弱空洞，简直让人不可原谅。若是你在为演讲人做介绍时，要明白自己责任的重大，并用正确的方式去做，他一定很快就会成为大家争相邀请的典礼嘉宾或主持人了。

以下是一些建议，可帮你准备一套结构完备的介绍辞。

第一，精心准备每一句话。

介绍辞通常都很短，大约在一分钟以内，很难表达。但你也要精心地准备每一句话。首先要做的是了解情况。主要是三个方面：演讲人的姓名、个人资料以及演讲主题。通常也可以加上第四个方面，那就是怎样介绍主题，能让听众特别感兴趣。

要知道事前必须对演讲主题核对正确，并且对演讲者怎样进行阐述有个大致了解。这样才能避免在介绍中出差错，甚至被演讲者提出：介绍的内容有违演讲者的本意。介绍人的职责就是正确地介绍演讲者和演讲主题，并向听众介绍主题的价值所在。例如，你可以直接找演讲者取得相关材料，或者从其他人那里得知，但必须在正式介绍前向演讲者本人求证。

也许你最需要准备的介绍辞是演讲者的相关资料。如果演讲者是世界知名人士，你可以查阅《名人录》之类的书籍；如果演讲者是地方上的官员或名人，你可以询问有关部门；如果方便，也可以去拜访他的家人或朋友。一般来说，和演讲者关系较近的人都会乐于提供准确的信息给你。

准备介绍辞时，要注意语言的简洁流畅。比如，你已经介绍说此人是博士，就不必再提他的学士、硕士学位。在介绍对方时，也只需说出他最近担任或者曾经担任的最高职务。要把对方最突出的成就作为重点来介绍，其他成就可略为带过或不必提及。

有一次，一位著名演讲家介绍爱尔兰诗人W.B.叶芝，当时叶芝准备朗诵自己的诗篇，而且3年前，就获得了文学界的最高奖——诺贝尔文学奖。在场的听众大概有十分之九的人都不清楚诺贝尔奖的重要意义，那么，这应该是介绍辞中的重点才对。可是这位演讲家是怎么做的呢？

他一个字也没提，直接就去谈希腊神话和传统诗歌了，全然不顾自己介绍的主角是诗人叶芝。

还有一点尤为重要，那就是演讲者的姓名，你要反复确认，并且练习正确的发音。约翰·马森·布朗回忆说，自己曾被介绍为约翰·布朗·马森，以及约翰·史密斯·马瑟。加拿大的幽默文学家史蒂芬·理科克，写过一篇幽默短文《我们今晚在此相会》，里面提到了一次主持人对他的介绍：

我们所有人都热切地期盼着李·罗特先生的到来，我们早已拜读过他的大作，对他已像老朋友那般熟悉。我想告诉李·罗特先生，毫不夸张地说，本城的民众对他早已耳熟能详。现在，我非常荣幸地为大家介绍——尊敬的李·罗特先生。

介绍辞必须准确无误，在此基础上，还要尽量明确生动，以使得听众集中注意力并对演讲者充满兴趣。大多数主持人没有事前准备，在介绍时往往使用模糊而套路化的语句：

这位演讲者闻名天下，是公认的……他从遥远的……赶来，是……方面的专家，我相信大家一定非常期待他对……问题的独特看法。现在，我非常荣幸地向诸位介绍……让我看一看，嗯，对了，正是……布兰克先生。

实际上，你只需花上一点点时间去准备，就不会发生这样难堪的情形。

第二，"题目——重点——讲者"三部曲。

对大多数介绍者而言，按照"题目——重点——讲者"去做准备，可以帮助你成功地完成大部分介绍辞。

"题目"指的是说出演讲的正确主题，然后有针对性地稍加介绍。

"重点"就是介绍辞中的重要部分，这里要注重引起听众对演讲的兴趣。

"讲者"就是指演讲者。介绍演讲者的杰出成就，特别是和他所做演讲的主题有密切关系的资历。之后，准确清楚地告诉听众演讲者的姓名。

以这三步为基础，再充分发挥你出色的口才。

这里有一个例子，介绍辞不要被削减得索然无味。纽约市有位编辑荷姆·森，他曾将纽约电话公司主管乔治·维博姆介绍给许多新闻记者，这就是一次完美地将三部曲融会贯通的介绍：

演讲者的题目是《电话为你服务》。

在我看来，世界上有无数奇妙的事情，比如爱情，比如赌徒难以割舍的赌瘾，再比如，在打电话时遇到的意想不到的事情。

为什么给你转错了号码？为什么你从纽约给芝加哥打电话，却比从家里打到隔了一座山的地方还要快捷？这位演讲者可以告诉你为什么，他还能告诉你所有和电话相关的事情。他这20年的工作内容，就是将关于电话的所有问题整理总结，让更多的人了解电话行业。他因为工作勤勉，而获升为电话公司主管。

他今天想要对我们说的是，他的电话公司对我们提供的服务。要是各位对电话服务非常满意，那就把他看做是为我们提供便利的人，要是你对电话服务有些不满，那就请他对此解释和辩护。

各位女士们、先生们，今天演讲的嘉宾就是纽约电话公司的主管——乔治·维博姆先生！

荷姆·森巧妙地让听众联想到电话，他所提出的问题，引发了听众的好奇心，接着，他表明了演讲的主要内容以及听众可能提出的问题。

我相信，荷姆·森并没有将介绍辞预先写好并背诵下来，因为整体介绍辞如讲话那般流畅自然。介绍辞也是一种演讲，当然也要遵循我们在前面提到的准则：不要通篇背诵。

一位会议主持人在介绍柯妮莉雅·奥蒂斯·史金纳的时候，突然忘记了预先备好的介绍辞，在深深吸气之后，他灵光一闪，介绍说：

"由于博德将军演讲要价太高，因此我们今晚请的是柯妮莉雅·奥蒂斯·史金纳。"最简单的介绍方式莫过于直接说出演讲者的名字，或者说："接下来，我要介绍的是——"然后说出他的姓名。

一些主持人的介绍辞太长，听众难免有些不耐烦，有的介绍人把自己当做重要主角，在演讲者和听众面前拼命表现自己的想法和口才。有的主持人随便扯出些粗俗的小笑话，还自以为很幽默，还有一些介绍人过于吹捧或贬低演讲者的身份或职业。当你发表介绍辞时，应注意避免犯这些错误。

这是另一个例子，埃格.L.施纳蒂在介绍著名科普学者杰罗德·温特时，既运用了三部曲的原则，又显露出自己的个性风格：

演讲者的题目听起来很严肃，叫做《今日世界的科学》。这使我想起一个故事，有一位心理有问题的人坚持说自己肚子里面有一只猫，医生一直不能扭转他的想法，就想了一个主意，说为他做手术把猫取出来。给他打了麻药后，医生并没有做手术，而是找来了一只黑猫，在他醒来后，告诉他这就是他肚子里的猫，没想到他却反对说："医生，你一定弄错了，我肚子里的那只猫是灰色的。"

同样的是现在的科学研究。你本来打算找到一只叫做U-235的猫，可是，却找到了一群叫做U-233或者别的名字的猫。我们逐一战胜了它们，就好像对付芝加哥的寒冬那样成功。古代那位精通炼金术被称为第一位核能科学家的先生，曾经向上帝祈祷再给他一天的时间，让他探知宇宙的奥秘。可是，我们今日的科学家，却完成了宇宙间不可完成的奥秘。

今天我们请到的演讲者，是一位对现代科学的发展和前景有深刻认识的人。他曾做过芝加哥大学的化学教授，宾夕法尼亚州立大学的校长，先后在俄亥俄州和哥伦比亚的巴德尔工业研究院担任院长。他还是政府特聘的科学家，同时还是一位著名编辑、作家。他出生于爱荷华州的戴温勃地区，在哈佛大学获得学位，曾在军工厂工作过，还走遍了欧洲各地。

这位演讲者编写了许多专业学科的教科书，在他担任纽约"世界博览会"科技部负责人时，出版发行了他最有名的一本著作——《未来世界的科学》。他还是《时代》《生活》《财富》和《局势》等著名杂志的特邀科学顾问。也正因如此，人们常常会读到他撰写的科技文章。他在1945年，广岛被原子弹轰炸的10天之后，就写出了《原子时代》一书。在此我借用演讲者本人经常说的一句话："最好的终究会来到"。自豪地向大家介绍这位极受欢迎的学者——《科学画报》的编辑主任，杰罗德·温特博士。

对演讲者适当地夸赞，会引发听众的关注和尊敬之情。但你要谨记过犹不及的道理，过分的赞誉和炫耀之词不但令听众萌生反感，更会令演讲者本人陷入尴尬之中。

汤姆·克林斯以演讲幽默而著称，他曾对《主持人手册》的作者赫伯·普洛西奥说起自己的感触："在演讲者想达到幽默有趣的效果时，千万不要一开始就对听众们信誓旦旦地保证，一定会让他们笑破肚皮，那这次演讲一定彻底玩完。要是主持人在介绍时大肆吹嘘你是什么威尔·罗杰斯第二时，那你干脆直接回家得了，因为你已经把自己给毁了。"

过度的赞誉不可取，但也不可随意贬低演讲者的身份。史蒂芬·理科克就有过这样别扭的经历，一位主持人这样介绍他：

这场演讲是本年度冬季系列的第一场。诸位大概都知道，之前的几场演讲反响都不太好，我们实际上非常困难，几乎负债才勉强完成上一系列的演讲安排。因此，今年我们重新排定了计划，尝试邀请价格较为便宜的演讲家。现在，我给大家介绍今晚的演讲者理科克先生。

理科克无奈地说："如果是你，在站到台上面对听众时，身上贴着'价格便宜'的售卖标签，不知你会作何感想？"

第三，保持高度的热情。

介绍演讲者时，态度和介绍辞同样重要。你应该尽量友善，不用表现得自己有多高兴，只要在介绍时表现出真心的愉快就可以了。若能逐步酝酿，在即将结束、达到高潮的时候宣布演讲人的名字，听众的期待也就随之增加，并报以更热烈的掌声。听众的这种友好表示，也有助于刺激演讲人全力以赴。

当你宣布演讲者的姓名时，最好记住这些技巧——"稍停""分隔"和"力量"。"稍停"的意思是，在说出演讲人的名字之前给出一小会儿的沉默，直到听众的期待达到极限；"分隔"的意思是，在名字和姓氏之间稍停以示分开。让听众对演讲人的姓名有清楚的印象；"力量"的意思是，最后报出名字的时候应该说得高亢有力。

还有一件事要提出警告：当你宣布演讲者的名字时，请你不要转身面向他，该注视听众，直到最后一个音节说出后，再转向演讲人。因为如果转身面向演讲者，只为演讲者一个人宣布他自己的名字，留给听众的则是一片茫然。

第四，真心诚意。

务必要真诚，不可予以贬抑的评论或鄙俗的幽默。不认真的介绍常会被听众误解，要真心诚意，因为你当时所处的社交情况，需要最高度的技巧和策略。你可能与演讲人非常熟识，但听众可不一定，你的一些言语虽然没有恶意，却可能引来误解。

第五，要用礼貌用语。

在人际沟通中必须遵循礼貌、合作的交际原则。介绍语要文雅、有礼，切忌随便、粗俗。例如，"我给各位介绍一下：这小子是我的铁哥们儿，开小车的，我们管他叫'黑蛋'。"这段介绍中"小子""铁哥们儿""开小车的""黑蛋"这类词语显然与社交场合格格不入，太粗俗、不文雅，又把绰号当大名来介绍更显随便、不严肃。此外，介绍语常用一些敬辞、客套话、赞美语作为其表述语，在实践中应规范使用。如"我非常荣幸地向各位介绍×××""我们有幸请来了大名鼎鼎的×××""能聆听他的讲话我们感到由衷的高兴"等。这些介绍语中的"荣幸""有幸""由衷"等都是敬辞，"大名鼎鼎""请"是客套语。这类典雅的语言再加之优雅得体的体态语就更显魅力了。介绍时一般起立，面带微笑，伸出一手，掌心向上，边说边示意。

二、颁奖辞

"我们已经证实，人类心灵最诚挚的渴望是要求认可，要求荣誉。"作家玛格丽特·威尔森表达了所有人的共同感受。我们都想一生与人和睦相处，受人称赞，别人的推荐，哪怕仅是一个字，更别说在正式场合里接受人家颁奖，这能使我们的精神神奇地亢奋起来。

网球明星爱尔西亚·吉布森，就把这份"人类心灵的渴望"极其恰当地用在了自传的书名里。她称它为"我要做重要人物"。

颁奖辞是对接受者再次确认，他真是"重要人物"，他的某项努力已经成功，他应该得到赞誉，我们聚在这里为的就是给他这份荣耀。我们的颁奖辞应该简短，但却应经过仔细思考，对经常接受荣誉的人来说，这或许意义不大，可是对那些没那么幸运的人来说，却可能终生记忆鲜明。

因此，我们在介绍这样的荣誉时，应慎选词语。这里有一套灵验的公式：

第一，说明为什么颁奖。是因为长时间的服务，或比赛获胜，还是因为某一重要成就。说明这个即可。

第二，讲述得奖人的生活和事迹，这是听众感兴趣的事。

第三，讲述这个奖多么应该颁给领奖人。

第四，恭贺获奖人，并转达大家对他前途的衷心祝福。

这场小小的演讲中，没有什么比真诚更重要了，不用细说，人人也都了解这一点。所以，如果是你为获奖者颁奖，你就已经像那位获奖者一样荣耀了，因为你的朋友们知道，将这份需要心思与头脑的任务托付给你，你是不会去犯某些演讲家所犯的那些夸大其词的过失的。

像这样的一个时刻，最容易犯言过其实地夸大某人的优点的错误了。如果确实值得颁奖，就应该实说，不必添油加醋。胡吹乱捧地折磨获奖者，更说服不了心里明镜似的听众。

我们也应该避免夸大奖品本身的重要性，不要强调它的价值，而应该强调赠奖人的友善心境。

答谢辞应该比颁奖辞更短，当然，那不该是我们背下来的东西，不过心理先有准备比较好。假如事前预知自己要领奖，那么听了人家的颁奖辞，应不至于茫然无措、无以应答了。

只是含糊地说些"感谢各位""一生中最重要的日子"或者"我曾经历的最美好的事情"等，不能算好。这和颁奖辞一样，有夸张的嫌疑。"最大的日子"和"最美好的事情"，涵盖太广，中庸温和的语调更适合表达自己的感激之情。建议你试一下：

第一，对听众说"谢谢各位"时，要真心诚意。

第二，把功劳给那些曾帮助过你的人——你的同事、你的雇主、朋友或家人。

第三，叙说奖品或奖状对你的意义。若是包着的，就打开它，展示一下。告诉听众奖品多么美丽，你将如何使用它。

第四，再度真诚地表示感激，然后结束。

第二十章

充分动用自己学习的演讲技巧

想想那种自恃、自信和闲适的神态都是属于你的,想想那种吸引注意、震动情感与说服别人去行动的胜利家,你会发现,自我表达能力的提高给你的自信心以及对你的整个人生带来多么惊人的变化。

——卡耐基《演讲的艺术》

洛克菲勒曾经说过："想在商业领域获得成功，第一要诀就是耐心与信心。"演讲和有效与人交流也是如此。

有很多人有意识地充分动用自己学习演讲的技巧，结果发生了惊人的变化。推销员们说自己的销售业绩大大提高了，经理们则表示公司业务蒸蒸日上，主管们的管理协调能力强大多了……

在《今日语言》杂志上，N.理查·狄勒曾这样写道："说话、说话的形态、说话的次数以及说话的气氛……是商业沟通系统中的生命血脉。"

R.弗莱德·康纳德，通用汽车公司戴尔·卡耐基课程培训的负责人，在同一本杂志中也曾经这样写道："我们之所以保持如此高的热情在公司从事语言训练，原因在于，我们了解每位管理者或多或少都可算得上是一名老师。从招聘一名员工开始，经过初期的训练，再经过正规的任务分配和工作调整，管理者需要不断地解释、描述、申斥、说明、指示、批评，和上级以及自己部门中的每个人讨论无数的事情。"

思想的组织和表达、正确的遣词造句、演讲时的热情和赤诚，这些都能保证思想在最后的阶段得到完美的表达。这需要语言表达技巧的应用。

即使你从来没有计划做一场公开演讲，但你会发现这些技巧，可以应用于日常生活中。

如果对自己每天所说的话进行分析，你会惊讶地发现，自己的日常说话与本书中讨论的正式沟通之间十分相似。

在当众说话时，我们心里应该想着四种说话目的中的 一种，即究竟是要提供消息、取悦听众、说服听众赞同自己的观点，还是游说他们采取某种行动。在公开演讲时，应该努力使目的变得清楚分明，无论是在演讲的内容还是演讲的态度方面。

日常生活中讲话时，这些目的常常游移不定，一日数易，彼此相互融合。刚才也许是与朋友纵情闲聊，突然间鼓起三寸不烂之舌，竭力推销某项产品，过了几秒钟，话题又转到劝告孩子要将零用钱存到银行里去了。这种情形十分普遍，如果把演讲中的技巧应用到日常生活中，就能更有效地说明自己的意图，成功地说服和激励他人，充分达到自己的目的。

第一，在日常生活中加以运用。

不妨在演讲时加入一些细节，这样可使意念生动形象地展现在眼前。这种技巧不仅在当众演讲时很有效，而且在日常交流中也十分重要。想一想自己熟知的那些幽默家，他们是不是都具备有效使用形象语言的本领？是不是在谈话过程中加入了许多五彩缤纷、富有戏剧性的细节呢？

在培养说话技巧以前，必须要有充分的自信心，自信心能给你一种安全感，使你勇于和他人相处，并在非正式的社交场合自由地发表自己的看法。一旦你对表达自己的思想充满了激情，即使在很小的场合，也会努力搜寻自己的经验作为谈资。这样一来，奇迹就发生了——视野变得更加开阔，并且对自己的生命有了新的一层意义。

家庭主妇们的兴趣往往局限于狭小的天地里，她们一旦在小的社交圈子里用上了谈话的技巧之后，往往会兴奋地汇报自己的新体验。"我发现自己重新获得了信心，它使我有足够的勇气在社交场合站起来发言。"哈特太太在辛辛那提演讲训练班里这样对同学说，"我开始对时事产生了浓厚的兴趣，不再对参加聚会胆怯。我的许多人生体验都成为谈话的材料。我发现自己开始对许多新的社会活动产生了浓厚的兴趣。"

哈特太太的体验对于一位从事语言和交流训练的教育家而言已司空见惯。"学习"和"运用所学"的动力一旦受到刺激，就会开始一连串的行动与交互作用，使人的个性变得活泼开朗起来，并且进入一种良性循环。如同哈特太太所言，只要将本书里的一项原则付诸实施，就能给人带来莫大的充实感。

我们中大多数人都不是授业解惑的老师，但是却时时刻刻要用言语来表达自己的思想，譬如父母教训子女，园艺师教授他人修剪玫瑰的新方法，观光客们就最佳的旅行路线彼此交换意见，等等。在种种说话的场合，人们需要清晰、连贯地思考，需要强劲有力的表达方式，需要一些表达技巧。

第二，将谈话的技巧运用到工作中。

在工作中，我们也无时无刻不需要沟通。不论你是销售员、经理、营业员、组织领导人、牧师、医生、护士、教师、律师、会计师还是工程师等，都需要将所处专业范畴的知识解释给他人，并予以指导。而上司拿来衡量我们是否有能力的标准之一，就是我们能否做出清楚、明确的解说。多做以"说明、解释"为目标的演讲练习，可以锻炼你的灵敏度和反应能力。

第三，主动在人前说话。

你还应该主动找寻可以当众说话的机会，怎样做呢？比如参加一个俱乐部，做一名积极活跃的会员，每当有活动时，不要躲在一边只是观望，多参与活动或是做些协助工作。这或许就需要不停地和别人打交道，提出要求或者沟通想法。如果当活动的主持人，你可能就有机会接触邀请的嘉宾，也许就要准备在活动中说一番介绍辞呢。

就从现在开始，参照我们所提出的建议，多做20分钟到30分钟的演讲练习。让俱乐部里的伙伴们知道你想要演讲。一些志愿者基金会会找志愿者为他们做宣传工作，而且他们也会传授你一些演讲的技巧，这也会对你有一定的帮助。有不少著名的演讲家就是这样磨炼出来的，还有一些取得了惊人的成绩。

第四，坚持不懈就一定能获得成功。

不论我们学习任何新事物，法语、高尔夫球或者是说话的技巧，都不会一帆风顺地进步下去，总是有些起伏，就像波浪一样，不太稳定，可能会在一段时间内停滞不前，甚至还会下滑，甚至把已经掌握的东西也忘得一干二净。心理学家对于这种停滞或衰退的现象早有说法，称之为"学习曲线上的高原区"。有些培训班的学员，会在所谓的高原区一待就好几个星期，不管怎样使劲努力，还是不能向前进。一些意志不坚定的人就此放弃了，顽强的人却坚持下来。令他们惊奇的是，不过转眼之间，找不到任何原因，他们可以前进了，而且速度惊人，就如同飞机一下腾空飞起，自己在演讲时变得自然，有张力，且信心十足。

我们曾经说过，一开始面对听众时，你难免会紧张甚至害怕，就连公开演出无数次的大师们都不能完全摆脱这样的情绪。

帕德烈夫斯基每次坐到钢琴前，都会下意识地摆弄袖扣，等他把双手放到琴键上开始演奏时，他的紧张和不安就犹如夏天灿烂阳光中消散的迷雾，再也看不到一丝痕迹。

你可以从中得到启示，如果你坚持不懈，很快也就会抛开一切不安和紧张。恐惧心理也就留在了演讲初期，当说完开场白后，你的自信和勇气就会催促你轻松而愉快地讲下去。

有一次，一位希望学习法律的年轻人写信向林肯求教。林肯回答他说："如果你已下定决心想成为一名律师，事情已成功了一半……但你要时刻记住，相信自己必胜的决心，比任何事情都重要。"

林肯是过来人，深深知道这个道理。他一生受过的正规教育，总共不超过一年时间。至于书本，林肯有一次说，他曾步行到50里以外去借书读，在他的小木屋里，柴火总是燃烧到天亮，他通常是就着火光来勤奋读书的。小木屋的木头间有裂缝，林肯常常将书塞在那里，清晨天一亮，就一骨碌从树叶床上爬起来，揉着眼睛，取出书开始狼吞虎咽地读起来。

有时候，林肯会走上二三十里路去听人演讲，回到家里，他就到处练习演讲——在田间，在树林里，在杂货店聚集的人群前，他加入新沙龙和春田镇的辩论学会，讨论当时的种种时政问题。但是他却在女性面前表现得很害羞，当他追求玛丽·陶德时，总是坐在走廊上一句话也不说，静静地看着她一个人表演。然而就是这个人，穷读不休，勤练不辍，努力将自己塑造成一名演讲家，进而与当时最杰出的雄辩家道格拉斯参议员大开辩论，一决雌雄，也就是这个人，在葛底斯堡，在第二次总统就职演讲中将他的演讲发挥到了极致。

想想自己曾经历过的种种艰难挫折和令人心酸的奋斗历程，与林肯相比，不过是九牛一毛，但林肯却说："如果你已下定决心想成为一名律师，事情已成功了一半……"

白宫总统办公室墙上悬挂着一幅林肯的画像。"每当我要做出决定时……"西奥多·罗斯福总统说，"尤其是那些复杂的一时难以处理的事情，譬如一些利益相冲突的事情，我会抬头看着林肯，假想他在相同的情况之下会采取什么行动。这听来也许很荒唐，但却是千真万确的，这样做使我的问题变得容易解决多了。"

为什么不试试罗斯福的方法呢？如果你消沉沮丧，想放弃成为一名成功的演讲者的努力，为什么不问问自己，他在这样的情形下会怎么办？你是知道他会怎么做的。在竞选参议院席位败于史蒂芬·道格拉斯之手以后，他依然殷切地告诫自己的拥护者们，不可以"在一百次挫折之后即告放弃"。

第五，满怀希望等待收获。

我多么希望你能每天清晨在早餐桌上打开这本书，直到你把威廉·詹姆斯教授的这番话牢记在心：

愿青年人不要为自己学习的结果忧虑，不论它的界线在哪里。如果他在每一个工作日的每一个小时都忠实地忙碌着，就大可把最终的结果留给自己去处理。他可以信心十足地期待着某一个美好的清晨醒来后，发现自己已经是当代一个很有才能的人，

不论他选择追求的是什么。

现在，有著名的詹姆斯教授做后盾，我要告诉你，只要你不断地、聪明地练习下去，你也可以满怀信心地希望，一个美好的清晨醒来时，发现自己已经是城里或社区里出类拔萃的演说家了。

不管这话听起来多么不真实，它却是一条正确的法则。当然，例外是有的。如果一个人的心性与个性极度自卑，加上没有题材可谈论，自然不能妄想自己有朝一日会成为当今的丹尼尔·韦伯斯特。但是一般来说，这个断言是正确的。

有一次，前新泽西州州长斯多克参加卡耐基口才培训班的一个结业晚宴。他发表感言说，他当晚听到的演说，跟他在华盛顿的参、众两院听到的演讲一样好。这些"演说"者，在数月前还是一些舌头打结、害怕听众的商人。他们可是新泽西的商人，可不是古代的西塞罗，他们的身影在美国任何城市中都能见到。可是在一个美好的清晨醒来后，他们发现自己已经跻身为城里的大演说家的行列，有的甚至已经在全美国闻名！

数以千计的人们都曾竭尽全力想获得自信，能够在众人面前说话。那些成功的人中，只有几个是天才，大部分人都是在自己家乡小镇随处可见的普通商人，只是他们愿意坚持。倒是有些人，可能会气馁，可能因为过分专注于赚钱结果碌碌无为。虽然是寻常人士，只要有胆量、有目标，走到路的尽头时，往往也爬到了峰顶。

这是合乎人性与自然的。不论在商业还是在其他行业，这种事情随时都在发生，老约翰.D.洛克菲勒曾说，商业成功的第一要诀是耐心与了解，一定会有收获。它同样也是演讲能够成功的必要条件之一。

演讲大师卡耐基曾讲了这样一件事：

几个夏天以前，我在奥地利境内的阿尔卑斯山区里，攀登一处叫韦尔德·凯瑟的山峰。《贝德克旅行指南》里说，攀登该峰非常困难，业余爬山者需要有向导引路。我和朋友两人没雇向导，而我们是业余登山运动员没错。因此有人问我们，我们是否相信能成功？"当然！"我们回答。

"你们为什么这样认为呢？"他问。

"有的人没请向导也成功了。"我说，"因此即使没有向导指引也可以登上峰顶的，而且我做事的时候，从不想到失败。"

这是做任何事情都应该抱有的正确心态，从演说到征服珠穆朗玛峰，无一不是如此。

你成功的程度跟你演讲前所做的努力有莫大的关系。不妨假想自己以绝对的控制力向别人讲话。

这是你能力之内很容易做到的事。相信自己会成功，坚定地相信，这样你就会为了成功不惜一切地努力。

美国内战时期，海军上将都庞列举了一大串有理有据的理由来为自己辩解没能率领战舰开入查尔斯港的原因。法拉格上将专注地听他讲述。"可是还有一个理由你还没有提到。"他说。

"什么理由？"都庞上将问。

他回答说："你不相信自己能够做得到。"

第六，充满热情。

爱默生这样写道："无热诚即无伟大。"这是一张通往成功的地图。威廉·莱昂·费尔应该是耶鲁大学有史以来教书的教授中，最受尊敬和欢迎的一位了。他在《教书热》里说道："对我来说，教书比艺术或其他职业更有吸引力。它是一种狂热。我就爱教书，就像画家爱画，歌手爱唱，诗人爱写一样。早晨起床之前，我总是热烈快活地想着我的每一位学生。"

老师对自己的职业充满热情，对面前的工作满腔兴奋，他能成功，又有什么可奇怪的。费尔教授之所以能对学生产生巨大影响力，大半是因为他在教学里加入了关爱、赤诚与热情。

如果能将热情加入有效演讲的学习中，你会发现所有的障碍全都消失不见了。这是一项挑战，要你集中所有心智和力量，放在与自己同类的弟兄有效沟通的目标上。想想那种自恃、自信和闲适的神态都是属于你的，想想那种吸引注意、震动情感与说服群众去行动的胜利感，你会发现，自我表达的能力也能培养其他方面的能力，因为有效说话训练是一条阳光大道，能增强通往各行各业与各种生活必需的自信心。

在卡耐基课程的教学手册里，有这样一段话：

当学生们发现自己能够抓住听众的注意，得到老师的赞美与同学们的掌声⸺当他们能够做到这些时，他们就已经培养了一种力量，培养了勇气并学会了沉思，这是他们从未经历过的。结果怎么样？他们开始去从事并且完成更多自己以前想都不敢想的事情。他们发现自己渴望在众人面前讲话，他们成为商业和各行业与社区活动里的最活跃的人，最后更成了领导人物。

清晰、有力、强劲的表达，正是社会中领导人的标记之一。这种表达支配着领导人。不管是私人访问，还是公开宣告，只要你能善用一些演讲的技巧，就一定能使你在家庭、教会团体、民间组织、公司和政府机关中谈笑自如、踌躇满志。

第七，训练记忆力。

著名的心理学教授卡尔·希休曾说："因为人们没有掌握正确的记忆法则，因此大部分人只使用了人类实际记忆能力的10%，另外90%都被荒废了。"假如你也是大部分人中的一员，你一定正被社交和事业上的难题所困扰。进行一些有益的训练，你会大获裨益。

可以令人类增强记忆的天然法则并不烦琐，可简单地划分为三部分：加深印象，不断重复，善于联想。无论何种记忆方式都是以此为基础演变而来。

要对你准备记忆的事物留下深刻的印象，首要是专注于此。几是见过罗斯福的人都对他超强的记忆力非常惊讶。他对事物的印象仿佛是烙刻在铁板上一样，即便是在极度混乱复杂的环境里，他也能集中注意力，这是他通过长期顽强的训练才得来的。

1912年，芝加哥党派大会期间，大批群众涌向罗斯福下榻的国会饭店。人们在饭店前的街道上挥舞着国旗，齐声高呼："我们需要泰迪（罗斯福）！我们需要泰迪！"不断有政界人士前来拜访他，不断要召开临时会议和参加活动，纷杂混乱的环境让所有人心慌意乱。可罗斯福依然从容淡定地坐在房间里，阅读古希腊历史学家希罗多德的著作。

罗斯福在巴西野外旅行时，每天傍晚抵达营地后，都会找一棵大树，在树下干爽的地方摆上小椅子，开始阅读随身携带的《罗马帝国兴衰录》，作者是英国历史学家吉本。用不了几分钟，他就沉浸到书的内容中了，营地的各种声音、哗啦啦的雨声以及雨林动物的声响对他而言，似乎都不复存在。

亨利·华德·彼裘曾说："认真努力的一个小时，远胜过糊里糊涂的漫长岁月。"哪怕你只有5分钟的时间集中精神，其作用也远胜于心不在焉的几天。年收入在百万美元的贝泰钢铁公司老板基尼·格瑞斯表示："对我一生帮助最大，也是我会坚持不渝执行的经验就是，每天都集中精力做好当前的工作。"

第二十一章

借自嘲摆脱窘境

当令人难堪的事实已经发生，运用自嘲，能使你的自尊心通过自我排解的方式受到保护，并且还能体现出你大度的胸怀。

——卡耐基《演讲的艺术》

邦斯太太时常参加一个家庭主妇的聚会活动，参加聚会的是整个街区的形形色色的主妇，大家在聚会上交流各自的持家之道。不知出于何种原因，詹姆斯太太总是给邦斯太太难堪。

这一次，詹姆斯太太竟当着众人的面大声说："大家知道吗，邦斯太太从不害怕灰尘，灰尘是她的生活伴侣。我去她家做客时几乎灰尘过敏了……"

虽然邦斯太太确实并非一位勤劳的主妇，但是情况也绝不像詹姆斯太太说的那么糟糕。况且，对于这样的当众评价，没有人会不感到恼火。不过邦斯太太压住了怒火，微笑着说道："是啊，说不定我真的是世界上最糟糕的主妇呢。我每年要报警一次，为的是让警察进来取指纹以便帮我打扫一下灰尘。"在场的主妇们听了她的话都哈哈大笑。

邦斯太太的这句话带给听者这样的感觉：詹姆斯太太的话不过是开玩笑而已，并且这真的很有趣。实际情况不会是那么糟糕的。

主妇们都觉得邦斯太太是个"很有趣"的人，认为她是值得交往的人。有些人还希望到她家里做客，因为她们觉得她可不是那种对人刻薄的人，在她家里一定轻松而自在。

邦斯太太用自嘲化解了同伴的嘲讽，也给别人留下了好印象。

无论是工作还是生活，都难免会遇到一些令人尴尬的事情，这就需要你有随机应变的本领。那么，如何做到机智应变呢？你不妨采用自嘲的方式。因为自嘲在交谈中具有特殊的表达功能和使用价值。

自嘲，即自我嘲弄。然而，醉翁之意不在酒，自嘲表面上是嘲弄自己，而背后的潜台词却别有韵味。

在与人交谈时，当对方有意无意地触犯了你，使你处于尴尬境地时，借助自嘲摆脱窘境，是你恰当的一种选择。

适当地运用自嘲，还能使你的自尊心通过自我排解的方式得到保护，同时还能体现出你大度的胸怀。

当别人有求于你时，你想拒绝，又不想伤害对方，可以运用自嘲的方式，既能表达自己的拒绝意图，又能使对方乐于接受。

有一次，美国一家报纸的编辑部为了制造声势，邀请林肯出席他们报纸的编辑大会。但是林肯觉得自己不适合出席这次会议，因为身份不符。

于是林肯采取了自嘲的方式，他给报纸编辑部的人讲了这样一件事情：有一次，他在树林中遇到了一个骑马的妇女。他停下来让路，可是她也停了下来，目不转睛地盯着他的面孔看。

那位妇女说："我现在才相信林肯是我见到过的最丑的人。"

林肯对她说："你说对了，说得对极了，但是又能有什么办法呢？"那位妇女说："当然你生来就是这副丑相是没有办法改变的，但你还是可以待在家里不要出来嘛！"

大家听完了之后，不禁哑然失笑，同时也领会了林肯讲话的意图。在演讲中，假如遇到了意外情况，不妨采取自嘲的方式缓解一下紧张尴尬的气氛。但是自嘲要避免采取玩世不恭的态度，更不能贬低自己。积极的自嘲，包含着自嘲者强烈的自尊、自爱。自嘲是所采取的一种貌似消极、实为积极的促使交谈向好的方向转化的手段。

自嘲就是"自我开炮"，被称为幽默的最高境界，就是讲述关于你自己的笑话，你讲述关于你自己的笑话，听者不会反对，恰到好处地表达还会拉近你与听者之间的距离。

　　戏剧大师卓别林说："要得到真正的笑声，你必须学会忍受痛苦并把它玩弄于股掌之间。"当然，自嘲并不需要你忍受痛苦，而是反映你快乐的心境和你的自信心。自如地使用自嘲的方式，需要你有广博的知识，豁达、乐观、超脱、调侃的心态和胸怀。可想而知，自以为是、斤斤计较、尖酸刻薄的人是难以运用这个技巧的。

　　在演讲里，用诙谐的语言巧妙地表达自己的观点，使听众感到亲切，缩短与听众间的距离是每个演讲者追求的目标。为了实现这个目标，小小地自嘲一番，既不失自己的尊严和体面，又赢得了听者的好感，何乐而不为呢？

第二十二章

周全的准备

一个头脑清醒的人，不会毫无计划地建造房屋，这是人人都懂的道理。当一个人对演讲毫无准备甚至不清楚自己要谈什么主题的时候，他怎么能够进行成功的演讲呢？

——卡耐基《演讲的艺术》

没有什么人是真正不能拥有卓越口才的，也没有什么人是真正不善于当众说话的。然而，确实有许多人无法在众人的面前顺利开口，原因其实只是他们内心的恐惧。事实上，即使是职业演说家也不可能彻底克服当众演讲的恐惧感，说话前充分而周全的准备是获得当众说话自信最有力的保障。对于成竹在胸的演讲者来说，没有什么是值得害怕的。

1912年以来，因为职业需要，卡耐基先生每年都要对5000多次演讲进行评鉴。这些演讲者使他认识到：只有准备充分的演讲者才能有完全的自信。试着想想，如果一个人上战场带的是不能用的武器，身上没有半点儿弹药，还谈什么攻克恐惧的堡垒呢？

要想拥有出色的演讲，事先必须有充分的准备。只有准备充分的演讲者才有完全的自信，才能获得成功。

林肯说："即使年纪一大把，经验一大堆，如果无话可说，也免不了要为此难为情。"

丹尼尔·韦伯德也说："如果没有准备就出现在听众面前，这和裸体没什么两样。"

在演讲之前，必须做好周全的准备。许多演讲的计划与安排，所花费的时间，并不会比煮一碗爱尔兰炖菜多。

拿破仑说："战争艺术是门科学，未经计划、思考，休想成功。"这句话，值得漆成鲜红的一尺高的大字，悬挂在地球上所有演讲课的课堂门口。

初学演讲的人，很少想到去计划。事先的计划需要时间和思索，更需要有坚强的毅力。用大脑思考问题是一个痛苦的过程。发明大王爱迪生在他工厂的大墙上，抄下了雷洛特爵士的一段名言："成功之道，只有用心思考，才是捷径。"

可是，没有经验的人，经常依赖的是他自己所谓的灵感，结果发现"误入歧途，并且路上充满诱惑与陷阱"。

已故的洛斯克利弗爵士曾说，法国哲学家帕斯卡说过的一句话对他的成功最有影响，这句话是："预先计划就能领先。"正是这句话，帮助他从一个周薪微薄的小职员做起，一路努力而成为大英帝国最富有、最具影响力的报业老板。帕斯卡的这句话，完全可以放在我们的书桌上，成为我们的座右铭。

当你准备演讲的时候，你要预先计划好演讲方式。这时听众的头脑还是空白一片，你的每一个字都能给他们留下深刻的印象。因为在演讲过后，就没有任何事情来左右听众了，所以一定要预先计划给听众留下什么样的印象。

所以说，准备演讲，就是把"你的"思想、"你的"念头、"你的"想法、"你的"原动力集合在一起。

如果你真正地拥有这些思想和原动力，白天它们总在你的脑海中，夜晚它们又会出现在你的睡梦中。你生命里时时刻刻都在感受着新的事物，收集着新的经验。准备就是回忆，选择思考最吸引你注意力的事物，然后加以修饰，使他们成为一个统一的整体，这个整体就是你思想的精华。这个准备并不是很困难，只要你对某一特定目标稍予专心、注意及思考即可。你可以遵循以下这些步骤去准备演讲，获得听众热切的注意。

第一，限制题材。

演讲题目选好以后，接着就要确定自己题目所包含的范围，并且做到不越雷池一步；不要企图去讲一个包罗万象的话题，那是徒劳无益的。大部分的演讲之所以失败，都是由于范围涵盖太多的内容和论点，以至无法抓住观众的注意力而失败。因为人的注意力不可能一直跟随一连串单调的事实。倘若你的演讲听起来像世界年鉴，那你根本就不可能长久地抓住听众的注意力。

演讲往往都规定时间。在短短的不超过5分钟的演讲时间里，你只能期望说明一两点而已。即使是30分钟的时间，要想讲完包含4个或4个以上重要概念的内容，成功的人也很难做到。

第二，发展预备力。

做浮光掠影、只做表面文章的演说，要比深力挖掘事实容易得多。

只是如果选择容易的路，听众便仅能获得很少的印象，甚至全无印象。题目缩小之后，下一步问自己一些问题，加深对自己的了解，使自己准备充分，而能以权威的口吻来讲述自己选择的题目：

"我为何相信这个？在现实生活中，我何时见过这一点并证实无误？我确实想要证明什么？它到底是怎样发生的呢？"

像这一类的题目所需要的回答，可以提供给你预备力。这种力量能使人们正襟危坐，分外留意。

一个高明的外科医生可以在10分钟之内教会一个普通人取出盲肠，可要教会他应对差错的方法，却需要花4年的时间。

演讲也是如此。必须周密准备，以应付各种变化。如：你可能要重复前一位演讲者的观点，而不得不改变自己的观点的重心，或在演讲后的讨论时间里，要针对更多听众关注的问题做出回答。

你若能尽快地选好题目，就能获得预备力。千万别拖至演讲前的一两天。如果很早确定好题目，你的下意识便能为你发挥作用。如每天工作后的零星时间里（驾车、等候公车、乘地铁等其他时间）你便可以深入探究题材，使要传达给听众的思想精炼化。

第三，尽量使用描述性的语言。

古希腊思想家亚里士多德曾称古传记为"懦弱思想的避难所"，真是一针见血地指明了人们写古传记常用许多意思不明确的概括性语言的方法。现代传记的写法则要举出具体的事实，语句要清晰、自然、明白。

老式传记的作者说，乔·杜伊有"穷苦但诚实的父母"。新式传记则说，乔·杜伊的父亲穷得买不起鞋套，所以下雪天只能用麻布袋把鞋子包起来，以保持鞋子的干燥和暖和。但是，尽管如此贫穷，他也从不在牛奶中加水，也不曾把生病的马当好马出售。试比较一下这两种说法，哪一种好呢？

几年前，有两人同时参加了纽约的一个口才培训班。一个是街区的一名流动小摊贩，他年轻时曾在英国海军待过，性格豪爽并且粗鲁。一个是一位哲学博士，任大学教授，温文儒雅。可令人奇怪的是，在训练过程中，那位大学教授的演讲，却远远比不上这位流动摊贩的演讲更能吸引人。这是因为，这位流动摊贩一开口，就立即抓住问题的核心，内容很明确，而且具体、实在。再加上他那充沛的男子汉活力，以及新奇的词句，使他的演讲十分吸引人。而那位大学教授，正好相反。他用精美的词汇发言，台风温文儒雅，讲话条理清楚，但他唯一缺少了演讲的一个重要因素：具体化。他的讲话太不明确，太过空洞了，所以就不吸引人。

只有具体而且生动的语言，才具备吸引别人的能力。如，我们说马丁有时"既倔强又顽皮"。但如果我们说，马丁承认"他的老师经常打他的手心，有时在一个上午要打上50次之多"，这样是不是更有趣，更好？"既倔强又顽皮"这样的字眼很难吸引听众的注意力，但如果说打了多少下，听起来就具体多了。

路道夫·佛烈其在《畅达的写信艺术》一书中写道："只有故事才能真正畅达可读。"他接着以《读者文摘》和《时代》杂志为例印证他的观点。他分析指出在这两份雄踞畅销排行榜首位的杂志里，所有的文章都是纯粹的记叙，文章里都写满了奇闻轶事。演讲也一样，必须具有驾驭听众注意力的力量。没有人可以否认这一点。

如果你在演讲中总是谈观念问题，很可能令听众感到厌烦。如果你谈论的是人的问题，那么绝对可以吸引听众的注意力。

没有人会喜欢听人说教，要记住，要吸引听众的注意力，一定要让他们感到愉快和有趣。同时也要记住，世上最有趣的事情之一，莫过于精练雅致、妙语生辉的名人轶事。所以，请告诉他们你所认识的几个人的故事，告诉他们为何其中一个会成功，而另一个则失败，他们会很高兴去听。同时，他们或许还能因此而影响一生。

　　诺曼·温瑟·彼尔牧师的布道，曾经通过收音机和电视机让无数人接受。他说自己在演讲中最爱举例子，以此来证明自己的观点。《演讲季刊》的编辑采访他时，他说使用真实的事例，是他所知道的最好的方法。这样不但能使观点清楚有趣，而且更具说服力。他为了证明一个论点，通常同时使用好几个事例。

　　演讲中加入富含人情味的故事，能引人入胜。演讲者应叙述少数重点，然后以具体的事例为引证。这样建构演讲的方法，一定会吸引听众的注意。

　　当我们在演讲时，如果只注意自己能够得到多少注目，能不能享受热烈的掌声，那你永远不会是一个成功的演讲者。因为，演讲的真正目的，并不是让演讲者感到有成就感，而是让所有的听众觉得自己受益良多。

第二十三章

赋予演讲生命力

生命力、活力、热情是讲演者
必须具备的条件。听众的情绪完全受
讲演者左右。

——卡耐基《演讲的艺术》

有位波士顿的律师，条件得天独厚，仪表出众，说话畅达，但是他讲演完之后，人们都说："好个精明的家伙。"因为他给人一种虚浮的表面印象。在他满口华丽的辞藻后面，仿佛没有一点真情。而一个保险公司的职员扎伊尔品，个子很小，毫不起眼，说话不时地停下来思索接下来该说什么，可是当他说话时，没有人会怀疑他不是出于真心。

要想做精彩的讲演，维系听众的注意力，就要把你的热情和活力加入讲演中。

听众的情绪是演讲者自身情绪的反射，想让听众充满激情，首先要点燃自己对题目的狂热。

对自己的题目要有深切的感受，这一点很重要。除非对自己所选择的题目怀着特别偏爱的情感，否则就不要期望听众会相信你那一套话。道理很明显，如果你对选择的题目有实际接触与经验，对它充满热情，像某种嗜好或消遣的追求等，或者你对题目曾做过深思或有过深切的体会因而满心热诚，那么就不愁讲演时会不热心了。

马丁·路德·金（1929—1968）是著名的美国民权运动领袖，1964年度诺贝尔和平奖获得者，有金牧师之称。金在成为民权运动积极分子之前，是黑人社区必有的浸礼会的牧师。为了为黑人谋求平等，金发动了美国的民权运动。

1963年，为了使世界人民关注美国种族隔离问题，金会同其他民权运动领袖组织发起了历史性的"向首都华盛顿进军"的运动，在这次斗争中，金发表了他著名的演说《我有一个梦想》。

这篇演讲寄托着这位民权运动领袖的美好期待，他在自己的演讲中也倾注了极大的热情：

我有一个梦想：有一天，甚至连密西西比州一个非正义和压迫的热浪逼人的荒漠之洲，也会改造成为自由和公正的青青绿洲。

我有一个梦想：有一天，我的四个孩子将生活在一个不是以他们的肤色，而是以品格的优劣作为评判标准的国家里。

今天，我有一个梦想！

我有一个梦想，有一天，亚拉巴马州会有所改变——尽管该州州长现在仍滔滔不绝地说什么要对联邦法令提出异议和拒绝执行——在那里，黑人儿童能够和白人儿童像兄弟姐妹一样地携手并行。

今天，我有一个梦想！

我有一个梦想，有一天，每一个峡谷将升高，每一座山丘和高峰被削低，曲折的道路化为坦途，曲径成通衢，"上帝的光华重现，普天下生灵将同时看到"。

这是我们的希望。这是我将带回南方去的信念。

有了这个信念，我们就能从绝望之山开采出希望之石。

有了这个信念，我们就能把这个国家的嘈杂刺耳的争吵声，变为充满手足之情的悦耳交响曲。

有了这个信念，我们就能一同工作，一同祈祷，一同斗争，一同入狱，一同维护自由。因为我们知道，终有一天我们会获得自由。

我相信终会有一天，上帝的所有孩子都能以新的含义高唱这首歌：

我的祖国，可爱的自由之邦，我为您歌唱。您是我先辈逝去的地方，您是早期移民的骄傲，让自由之声，响彻每一座山冈。

如果美国要成为一个伟大的国家，这个梦想必须实现。

让自由之声在新罕布什尔州的巍峨高峰响彻吧！

让自由之声在纽约州的巍巍群山响彻吧！

让自由之声在宾夕法尼亚州的阿拉格尼高峰响彻吧！

让自由之声在科罗拉多州冰雪皑皑的洛基山响彻吧！

让自由之声在加利福尼亚州的婀娜群峰响彻吧！

不，不仅如此；

让自由之声在佐治亚州的石峰上响彻吧！

让自由之声在田纳西州的每一道山丘响彻吧！

让自由之声在密西西比州的一座座山峰、一个个土丘响彻吧！

让自由之声响彻每一个山冈！

当我们让自由之声响起时，当我们让自由之声响彻每一个村庄、每一个州和每一个城镇时，我们就能加速这一天的到来。那时，上帝的所有孩子，黑人和白人，犹太教徒和非犹太教徒，耶稣教徒和天主教徒，将手挽手同唱那首古老的黑人圣歌：

终于自由了！终于自由了！

感谢全能的上帝，我们终于自由了！

几十年过去了，马丁·路德·金的这篇不朽演讲仍在耳边回响，让人们仿佛听到一个伟大灵魂的呐喊。

在华盛顿的训练班里有一位叫夫林的先生，刚参加训练时，他从一家报社所发行的一本小册子里仓促而肤浅地搜集了一些关于美国首都的资料，然后演讲。他虽然在华盛顿住了许多年，但却不能举出一件亲身经历来证明自己喜欢这个地方。所以，他的演讲听起来枯燥、无序、生硬，他讲得很痛苦，大家听得也很难过。

两周后，发生了一件事。夫林先生的新车停放在街上，有人开车将它撞得粉碎，并且逃逸无踪，他当时非常生气。但这件事是他的亲身经历，当他说起这辆被撞得面目全非的汽车时，讲得真真切切，滔滔不绝，怒火冲天，就像维苏威火山喷发一样。两周前，同学们听他的演讲时还觉得烦躁无聊，在椅子上坐立不安，现在却给了他热烈的掌声。

如果题目选对了，那么演讲时定能成功。例如谈自己的信念这一类的题目。你对自己的生活一定有一些强烈的信仰，所以你不必四处去找材料。它们就在你的意识表层，你时常会想到它们。

在美国的一档电视节目中曾播出了立法委员就死刑而进行的听证会。当时有许多人被召出席，对这个被人争论不止的问题提出正反两方面的意见。其中一个证人是洛杉矶警员，他有11位警察同事，都在与罪犯的搏斗中牺牲，他对这个问题已思考了很多，他产生了立法需要死刑的强烈愿望。他饱含真情，从心底相信自己有万分的理由。历来雄辩都来自于讲演者的信念和感觉，真诚建立在信仰之上，而信仰则出于内心对自己所要说的事的热爱，出于头脑的冷静思考。

对于自己认为很好的题目，除了要想方设法地多了解一些之外，还应该重视自己对题目的感觉，倾注自己的热心。不要抑制自己真诚的情感，也不要在自己真实感人的热情上加个闭气闸。让听众看看，你对自己谈论的题目有多热心，如此，他们的注意力才会紧跟着你。

演讲者总是在捕捉听众的意愿，听众也总是在满足自己的需求。如果演讲者感觉到每个听众都在思考你的问题，那么就说明你的演讲讲得不错。"为什么我会关心这个演说？"在每位听众的心中都会提出这样的问题。一位成功的演讲者应该总是在寻找这样的关注点去影响听众的思想："我能够满足这些听众的哪些需求呢？"

假如你想把自己在路上遇到大堵车，而你又急着去参加一个谈判会的故事告诉听众，你不要以一个旁观者的态度来讲述。这件事发生在你身上，因此你一定会有某种感受，这种感受会使你的讲述更明确，表达更有效果。第三人称的讲述，是不会给听众留下什么印象的。你越是详细清楚地描述当时的情景，或是反映出当时的感受，你便越能生动逼真地表达自己。

我们去看话剧、电影的原因之一，就是想要看到或听到感情的真实表露。有时我们很害怕当众吐露自己的感情。因此，去看话剧、电影，以满足这种感情流露的需要。

当你走上台去要对听众演讲时，应该是满心期盼的神态，而不是像个要登上绞刑架的人。轻快跳跃的脚步也许大部分是装出来的，但是却可以为你制造奇迹，并令听众觉得你有自己非常热切地想要谈的事情。

那么，在开始讲话之前，深深呼吸一下，不要靠着讲桌，头抬高，下颌扬起。你要告诉听众一些有价值的事情，因此你全身每一个部分都应该清楚无误地让他们知道这一点。

就像威廉·詹姆斯所说的，就算是表现得好像是这样也行。如果能把声音传遍整个大厅，这样的音效定会让你信心倍增。杜那特和爱林洛·瑞尔特把这些描述成"预热我们的反应"。他们在《有效记忆的技巧》一书中，指出罗斯福总统"活泼愉快地度过了一生，带着活力、冲撞和热情，这些是他的标记。他总是对每一件事都兴味浓厚，浑然忘我，或者他装得很像这个样子"。正如威廉·詹姆斯所说的那句哲言："表现热烈，你便会感到热烈。"不要奢望所有的听众对你演讲的话题都会表现出同样的热情，演讲者必须尽力去激发他们的兴趣。无论你认为自己已经付出多少努力，你的激情都是远远不够的，你必须不断地提升听众的热情。事实上，所有人都是潜在的怀疑论者，你的任务就是打消他们的疑虑。因为你无法说出涉及话题的每一点细节，所以你必须说出听众想知道的那一部分。

演讲从来都不是一个人的事情，选择一个独具匠心的主题，周全地准备，倾注你的热情，激发听者对你演讲的欲望，使演讲顺利地进行下去，这是一场演讲是否成功的关键因素。

第二十四章

设计一个独特的开场白

演讲者站到听众面前，很自然地就会引起听众对他的注意，然而要想持续这份注意力，演讲者在第一个句子中就要说出某些吸引听众兴趣的话来，不是第二句、第三句。记住，是第一句。

——卡耐基《演讲的艺术》

我们常听到有的演讲者一上台就向听众表示抱歉："我不是一名演讲者……本来我不准备演讲……我没有什么可说的。"

如果在演讲中这样开始，是绝对不行的，吉卜林所写的一首诗的第一句就是："再继续下去，真的毫无用处。"对于那些一开始就表示道歉的演讲者，听众抱着的正是这种心情。假如事前真没做准备，听众中的一些人，不用演讲者加以指点，很快就会发觉。可是还有一些人是不可能发现的，又何必去提醒他们，引起他们的注意呢？因为这样说，就等于是在向他们暗示，你认为他们不值得让你去准备，而且你可以用在火炉边偶然听到的一些资料就足以满足他们的听欲了，你一旦道歉，这无异是在侮辱他们。所以，你演讲中的第一个句子就要引起听众的好奇，而后他们就会对你产生兴趣并加以注意。

有位演讲者在发表演讲时，一开始就问：

"你们知道吗？在今天这个高度文明的世界，还有17个国家存在着奴隶。"

他的话不仅引起了听众的好奇，甚至是让他们大吃一惊：

"奴隶？在今天？17个国家？简直令人难以置信。在什么地方？是哪些国家？"

要知道听众是不喜欢听道歉的。他们聚集在一起，想要听的是新的消息和有意义的建议，只有这样才能激起听众的兴趣。

任何形式的演讲，开头总是关键。在演讲开始后的几分钟或者几秒钟内，听众通常会决定是否接受演讲，是否听下去。有趣的是，准备演讲从来不是从开头入手，而是应当先确立演讲的目的，然后围绕目的收集材料，并将材料加以组织整理，最后要做的才是着手准备开头。只有这样，才能更好地选择正确而恰当的开头方式。

大凡具有演讲常识和经验的人都这么做，他们总会想出一段能够吸引人注意的开场白，立即抓住听众的注意力。

在威尔逊总统就德国潜艇战做最后通牒的这种大问题，向美国国会发表演讲的时候，他仅用了短短的二十几个字宣布主题，立刻就把听众的注意力集中到了这个问题上。他说：两国的外交关系已经发生了一些情况，他认为，他有责任向各位坦诚相告。

全美国收银机公司的销售经理，也用了同样的方式向他手下的销售人员发表演讲。他的引言只有充满活力和推动力的三个句子，谁都能听懂："争取到订单的各位，你们是让我们的工厂烟囱不断冒烟的大功臣。我们的烟囱在已经过去的两个月中，所冒出的黑烟不够多，所以无法把大片天空染黑。现在，酷热的夏季已经过去，生意已开始复苏，我要向各位提出一项简短而又迫切的要求：'我们要更多的黑烟。'"

史兹卫伯在纽约费城协会发表演讲时，他的第二句话就立即抓住了问题的核心：

"现在，在美国人的脑海中，最重要的问题是：日前的经济衰败意味着什么？前途又将如何？就我个人而言，我是一名乐观主义者……"

有位演讲者使用了这样一个令人震惊的事实：

"我们的一位议员先生，最近在一次议会上发言，他要求通过一项法律，禁止把离任何学校一公里以内的蝌蚪变成青蛙。"

你一定会捧腹大笑。他是不是在说笑话？真有这回事吗？是的。因此，这位演讲者继续解释下去，他的听众也饶有兴趣地听下去。

《星期六晚邮》杂志上有一篇文章，题目是《论歹徒》。它一开篇即说：

"歹徒是否有组织？从某一规则看来，他们确实有组织。为什么呢？……"

这位作者仅用短短的几句话就点出了他的主旨。他先向你透露其中的一部分内容，并设法引起你的好奇心，然后让你急迫地想知道歹徒究竟是怎样组织起来的。这是一种令人十分赞赏的手法。

每个有志学习演讲的人，都应向这位作者学习，学习他这种开篇就立即抓住读者兴趣的技巧，从中学会准备演讲开场白的技巧。你即使埋头研究一大本演讲稿全集，效果也胜不过它。

演讲开头成败的关键在于能否吸引并集中听众的注意力。演讲时获取听众注意力的方式随题材、听众和场景的不同而改变。一般可以运用事例、轶闻、经历、反诘、引言、幽默等手段达到目的。

迈克鲁是一家重要刊物的创始人。他曾说过："一篇好的杂志文章，就是一连串的惊吓。这些文章把我们从睡梦中惊醒，让我们屏住呼吸，抓住了我们的注意力。"

巴尔狄·摩蒂巴兰丁演讲《广播的奇妙》时，他是这样开始的：

"各位是否知道，无线电可以把一只苍蝇在纽约的一个玻璃窗上行走的微细声音，从美国传播到中非，而且还能把这种微细声音扩大成像尼亚加拉大瀑布一样惊人的声响？"

保罗·基朋斯是费城乐观者俱乐部的前任会长。他在演讲《罪恶》这个题目时，说出了这段让人瞠目结舌的话：

"有人说，美国是人类文明中犯罪最严重的国度，这种说法虽然令人震惊，但却是事实。俄亥俄州克利弗莱的谋杀案是伦敦的6倍。按人口比例计算，它的抢劫犯人数是伦敦的170倍。每年在圣路易市遭人杀害的人数，比英格兰和威尔士的总和还要多。纽约一个市的年谋杀案就超过法国、德国、意大利三个国家的总和。

"这里还有一个更让人悲哀的事实，那就是罪犯没有得到应有的惩罚。你如果谋杀了一个人，而你会被判死刑的可能性不到1%。

"我相信，在座的各位都是追求和平的善良公民，而你们死于癌症的几率，却是你枪杀一个人而被绞死的几率的10倍。"

由于基朋斯在言语之间流露出了无比的热诚和力量，所以这段开场白是十分成功的。但是，也有其他人在讲犯罪问题时，用相似的例子作为开场白，结果却显得很平淡。原因就是他们说出来的只不过是一些空言空语。他们的结构技巧无懈可击，但他们的精神却几乎是零。他们的态度破坏和削弱了他们所说的一切。

纽约哈里·琼斯公司的总裁哈里·琼斯先生，在演讲《犯罪情势》时，用了下面几句话作为开场白：

"美国最高法院前任首席法官塔夫特宣称：'我们对刑法的管理，是对文明的一种耻辱。'"

这个开场白有两点高明之处：一是这是一段令人感到震惊的开场白；二是它是从一位司法权威那里引用来的一段惊人的宣称。

我们一定要避开过分戏剧化和过分耍噱头的开头的危险。曾经有个人为了引起听众的注意，用对空放了一枪来展开演讲。结果是虽然获得了注意，但却把听众的耳膜震破了。

开场白就好像与人促膝而谈那样，平易近人。有个方法，可以有效地了解你的开场白是否真像你平日的谈话，那就是在餐桌上试讲。倘若你的方式不够平和，那你就上不了餐桌，那么，对听众来说恐怕就不亲近了。

作为演讲者，不管你准备了多少演讲内容，最初的30秒都是最重要的。不要小看这短短的开场白，他将决定此后你所说的每一句话的命运。听众将根据你给他们留下的第一印象来决定是否耐心聆听你的演讲。因此你必须把握好自己的开篇，事先反复练习。作为你与听众的第一眼接触，你的双眼应该远离笔记，认真地注视台下的听众。因为此时你最需要拉近与听众的距离，建立自信。只有当你确信所有听众都在饶有兴致地聆听你的演讲时，你才可以确信自己已经迈出了成功的第一步。

不同的人每天都在谈论不同的话题，谈论各种各样的事情，没有人喜欢听那些空洞的理论。如果你总是谈论观念本身，一定会让人感到厌烦；但当你的谈论涉及人的问题时，无疑会吸引人们的注意力。

杰克先生是纽约一个口才培训班的学员，他总觉得要引起自己的兴趣或激发听众的兴趣很难。有一天晚上，老师建议他利用"人性故事"来演讲，结果他获得了满堂的喝彩。下面就是他讲的有关他的两个同学的故事：

他大学里有两个同学，一个小心谨慎、斤斤计较。比如他买衬衫，一定要分别在城里的不同店里买，并制表显示哪一件衬衫耐烫、耐穿。通过这种方法可以显示他每一块钱的投资能获得的最大效用。这个同学从工学院毕业后自视清高，不甘心从基层干起。结果三年后同学聚会，他仍旧在画他的衬衫洗熨表，仍旧在期待着好职位的降临，可他什么也没有等到。20多年过去了，那人仍满腹怨恨和不满地在一个小职位上干着。

然后他又讲了另一个同学的故事：这个同学，他极易与人相处，大家都喜欢他。虽然他雄心万丈，有志成就大事业，但他却踏踏实实地从绘图员开始做起。不过，他总在寻找机会。当他知道纽约世界博览会正处在计划阶段急需工程人才时，便辞去费城的职务，搬往纽约。他跟人合伙，立即做起了承包工程的业务。他承揽了电话公司的许多业务，最后他也因此而被博览会高薪聘请。现在这个同学已经超越了当初对自己的期望。

这位演讲者在讲述中充满了许多有趣而有人情味的细节，他讲得妙趣横生，上面所选的只是这位演讲者所讲的一个简单概述，他就这样不停地说着。他平时连三分钟演讲的内容也找不到，而这次他却足足讲了十几分钟。因为他讲得太精彩了，听众似乎觉得太短了，意犹未尽。

这个事例，可以给每个人以感悟。本身很平淡的演讲，如果其中能包括张扬人性的有趣故事，那它也能引人入胜。演讲者应只提出少量的重点，然后就用具体的事例来证明，就一定能引起听众的注意。

如果可能的话，这些故事应谈及奋斗以及经奋斗而获得胜利的过程。每个人都对奋斗感兴趣。

人们都喜欢看两个男人为追求同一个女人而大打出手。你不妨去读一读任何一篇小说，或者去看任何一场电影，我相信你一定会看到当所有的障碍都消除，男主角拉着女主角的手时，观众们就开始伸手去拿他们的外衣和帽子。5分钟后，清扫工就一边打扫影院，一边喋喋不休了。

几乎所有的小说和杂志都是以这种方式为基础。那些作者，总是尽一切可能地让读者先喜欢故事中的男女主角，让他们去追求梦想，但又让这梦想显得似乎无法得到，然后再描述男主角或女主角经过怎样的奋斗而终于获得了成功。这类故事都是最激动人心的，也是最能吸引人的。演讲也一样，不妨设计一些细节，让听众跟着你的感觉走，你就抓住了听众的注意力。

属于任何人的真实生活都是很有趣的。假如某个人把他经历的挣扎和奋斗讲出来，毫无疑问，定会引起人们的兴趣。

人情趣味材料最丰富的源泉正是自己生活的背景。有些人踌躇着不敢讲出自己的经验，是因为他觉得在公开场合，不该谈论自己。听众固然讨厌听那种满怀敌意、狂妄自大地对自己大加谈论的话，但演讲者亲身经历的故事才是抓住听众注意力的最有效、最可靠的方法，千万不要忽视。

开场白是你给听众献上的开胃甜点，但不是要你一定做到十全十美。这仅是试探、激发听众兴趣并向下一步骤推进的铺垫阶段。如果你一开始就没有抓住听众的兴趣，接下来的时间你将非常尴尬，也许再用30分钟的时间也无法弥补听众对你的信心，因为人们的兴奋点不会持续很久。

我们经常见到，应该获得听众兴趣的开头，往往成了演讲中最枯燥的部分。比如说这样一个演讲："要信赖上帝，并且相信自己的能力……"这样的开头就像开水煮白菜，说教意味太重。接着他说："1981年我的母亲守寡，有三个孩子要养育，但却身无分文……"这第二句话就渐渐有意思了。演讲人为什么不在第一句就叙述寡母领着三个嗷嗷待哺的幼儿奋斗求生的事呢？

罗素·凯威尔的著名演讲《怎样寻找机会》，进行了6000多次，收入多达百万美元。他的这篇著名的演讲是这样开头的：

"1870年，我们到底格里斯河游历。途中我们在巴格达雇了一名向导，请他带领我们参观波斯波利斯·尼尼维和巴比伦的名胜古迹。"

他就是用了这么一段故事，来做他的开场白，这种方式最能吸引听众。这样的开场白几乎万无一失。它向前推进，听众紧随其后，想要知道即将发生的事情。

即使是缺乏经验的演讲者，只要能运用这种讲故事的技巧，那么照样也能成功地制造出一个精彩的开场白引起听众的注意力。

出色的口才高手总是在开篇便一鸣惊人，他们会立即抓住听众的心。你必须从登上讲台的那一刻起就吸引住听众的注意力。否则的话，你将不能顺利传递你的信息，无法保持听众对你演讲话题的兴趣，最终丧失你在讲话中的主导地位——这一切都是阻碍讲话成功的障碍。

爱伯特·胡巴德说："这个世界上要把财富和荣耀同时奖给一件事物，那就是进取精神。什么是进取精神呢？就是在没有人告诉你如何做的情况下，做出最准确的行动。"

这是一段讨论《商业成就》的开场白，它包含了几个特点。第一句话就引起了听众的好奇，接着我们会忍不住想："到底要把财富和荣耀奖励给谁呢？请快点告诉我们，或许我不同意你的观点，但无论如何，请告诉我们你的见解吧。"所以这第二个句子立即把我们带入了问题的核心。第三句是一问句，是在邀请听众与其一起思考，而听众一向都是愿意行动的。第四句则说出了

"进取精神"的含义。

作者在说完这段开场白后，接着讲了一个极富人情味的故事，来证明"进取精神"。因此，这篇文章，从它的结构来说，的确称得上佳作。

那么，在演讲之中，我们不妨也来试一试这种方法。

从本质上说，听众的自我意识都是很强的，他们只是在感到能从演讲中有所收获时才专心去听演讲。演讲的开头应当回答听众心中的"我为什么要听？"这个问题。有时候，听众可能会对演讲者的动机发出疑问，或是与演讲者持相反的观点。在诸如此类的场合——特别是想改变听众的观点或行为时——要使演讲成功就需要建立或是提高听众对演讲者的信任感。

第二十五章

增强语言感染力的技巧

在辩论或交谈中有很多高超的语言技巧，优秀的演讲者都善于利用一些技巧，来增加语言的感染力，其中，引用熟语、运用数字、去掉赘语是人们善于运用的三种技巧，巧妙地加以运用能收到意想不到的奇妙效果。

——卡耐基《演讲的艺术》

在辩论或交谈中有很多高超的语言技巧，优秀的演说者都善于利用一些技巧，来增加语言的感染力。引用熟语、运用数字、去掉赘语是人们善于运用的三种技巧，巧妙地加以运用能收到意想不到的奇妙效果。熟语包括成语、俗语、谚语、歇后语等，在辩论中或交谈中巧妙地运用，能大大增加语言的感染力。

我们来看一看两位总统是如何运用熟语的。

1988年5月，美国和苏联两个国家的领导人举行会谈。在欢迎仪式上，戈尔巴乔夫说："总统先生，听说你很喜欢俄罗斯谚语，我想在你收集的谚语里再补充一条，那就是'百闻不如一见'。"在场的人都知道戈尔巴乔夫指的，当然是宣称他们在削减战略武器上有行动了。

当然，里根总统也不示弱，他彬彬有礼地回敬道："是足月分娩，不是匆忙催生。"

里根的谚语形象地说明了美国政府不急于和苏联达成削减战略武器等大宗父易的既定政策。

两国领导人经过紧张磋商，在某些问题上还存在分歧，都表示要继续对话。戈尔巴乔夫担心美国言而无信，于是便在谈话中用谚语加以提醒："言必信，行必果。"那时里根也送给戈尔巴乔夫一句谚语："三圣齐努力，森林就茂密。"

在演讲中，运用熟语以增加语言的表现力是一种有效的办法，但是常言道：美味不可多用。

熟语就好比是调味品，必须用得准确，恰到好处，才能起到"调味"的作用。用得多了，就会流于肤浅和滑稽，令人生厌。

数字在言谈中也具有很大的威力。在一般人眼里，数字是枯燥乏味的。其实不然，数字本身具有一种非凡的力量，如果能够巧妙地加以利用，照样能发挥出意想不到的作用。

几十年前，美国纽约的一位女议员贝拉·伯朱格曾进行过一次呼吁男女平等的演讲。她的演讲极具说服力，其中有一段是这样的：

"一个月前，我在国会倾听总统对全国发表讲话，在座的有700多人。我听到总统在说：'这里聚集了美国政府的全体成员，有众议员、参议员，还有最高法院的成员和内阁成员。'我环顾四周发现，在700多名政府要员中只有17人是女性；在435名众议员中只有11人是女性；100名参议员中只有1个女性；内阁成员中没有女性；最高法院中也没有女性。"

贝拉·伯朱格的话简练而精确，极具说服性，因为她懂得数字的威力。不管你是谁，也不管你是否同意她的观点，在这几个确凿的数字面前，你不得不承认在生活中的确存在着性别歧视。

可见，对比性的数字显然比无比较的罗列数字，具有更大的说服力。我们在言辞中应善于将有关数字对比性地表述出来。

赘语是演讲中最忌讳的。那些已经成为有些人演讲习惯的赘语，实际上在最初的时候只是思维过程和紧张心理的反映。当然听者并不知道演讲者心理多么紧张，他们也看不到演讲者内心的焦虑，他们只会对那些赘语厌烦，并且对演讲者的实际能力产生怀疑甚至低估。那些赘语，正像有人说的那样："第一次用花来比喻女人是最聪明的，第二次再使用的人是最愚蠢的。"

威利向他的上司说明他调整办公室人员的想法："我……呃……认为……也许把乔治……呃……调到其他部门去……呃……会更……好……呃……因为我们这里……呃……不再需要他了。"

威利把"呃"字挂在嘴边，一件用简单的话语就可以表达的事，被他这些赘语给弄得支离破碎，听者也会很不舒服，也许上司对他在其他方面的能力也产生怀疑了，也许希望他也能离自己远点呢。

演讲时，有节奏的停顿是必要的，甚至可以用短暂的沉默吸引听众的注意力，加强说服的效果。然而，有损于语言能力的赘语，只会使你演讲的吸引力大打折扣。

一定要注意：诸如"你知道吗""事实上""……的话""我觉得""我相信""坦率地说""老实说""然后"等，这些词在一段话中反复出现，纯粹是令人生厌的废话。既然是废话，不如干脆不用。

第二十六章

合理运用幽默的力量

幽默是一个人最应该掌握的工具，尤其是在演讲中，可以显示一个人的聪明智慧以及随机应变的能力。幽默既不是毫无意义的插科打诨，也不是没有分寸的卖关子、耍嘴皮。幽默要在入情入理之中，引人发笑，给人启迪。

——卡耐基《演讲的艺术》

在发表演讲这个极为困难的领域里，没有什么比引起听众发笑更为困难、更为难得的事情了。每一位演讲者在演讲时总幻想着马克·吐温的精彩幽默能降临到自己的身上。为了使自己的演讲表现得好笑，他可能会以一个幽默的故事来开头。然而，他的本性是严肃的，古板得犹如教科书。因此，他的笑话多半不会生效，这种临时改变的态度，会使他的演讲产生一种沉闷的气氛。这正好印证了哈姆雷特的不朽名言："不新鲜的，老套的，平淡而且毫无益处。"

假如一个演员在一群花钱入场观看表演的观众面前，这样失败过几次，观众一定会打开汽水，而且大叫"下台去！"在演讲中，或许一般听众都极富同情心，所以，他们出于纯粹的慈悲心肠，通常都会尽量发出笑声。但同时，在他们的内心深处，定会为这个"幽默"演讲者的失败而大加怜悯。他们本身也觉得极不舒服。

林肯早年在伊利诺伊州第八司法区的酒店讲了许多故事，当时人们甚至要赶几里远的路去听。人们整晚都听他讲故事，却丝毫也不觉得累。据当时在场的一些听众说，他的故事有时令人兴奋得高声大叫，从椅子上跳下来。

这里有一个林肯曾说过的笑话，他每次说完后，听众总会哈哈大笑。我们不妨来看一看：

"有位迟归的旅行者，走在伊利诺伊草原的泥泞路上，他急着要赶回家夫，但不幸的是遇上了暴风雨。夜色漆黑如墨，倾盆大雨犹如天堂的水坝泄洪，雷声怒吼，就像炮弹爆炸，闪电击倒了路旁的好几棵大树。最后，在传来一阵这位可怜的旅客一生中从未听见过的可怕的雷声后，他立刻跪倒在地，喘着气说：'万能的上帝，倘若对你来说没有什么差别的话，请你少给我一点雷声，多给我一点闪电吧！'"

也许你就是那种具有难能可贵的幽默感的幸运儿。假如真是这样，那你一定要尽全力去培养它。无论你到什么地方演讲，一定会因此而大受欢迎。但倘若你的才能是在别的方面，那你不必故作幽默。

每一个仔细研究过林肯等人的演讲的人，都会意外地发现，他们很少会在开场白里加入幽默笑话。著名演讲家卡德尔说："我从来不会单纯地为了幽默而说出好笑的故事。"他所说的幽默故事，一定有其观点，对人有所启示。幽默就像蛋糕表面的糖霜，它只是蛋糕层与层之间的巧克力，而不是蛋糕本身。

美国当代著名的幽默演讲家古利兰有个规矩：绝不会在演讲的最初3分钟里说笑话。既然他已经证实这个规矩很有效，那么很多人都不会反对的。如此说来，是不是开场白就一定要十分庄重而且极度严肃呢？也不是。假如你办得到的话，也许能博得听众一笑。你可以说说跟演讲场合有关的事，或是就其他演讲者的观点说几句，极力夸大一些不对头的地方。这种笑话，比一般有关丈母娘和山羊的陈旧笑话更有效几十倍。其实制造欢乐、融洽气氛的最简单有效的方法，就是拿自己开玩笑。叙述自己所遭遇的一些尴尬而荒谬的情景，这才是幽默的真实本质。

杰克·班尼是在广播中最早作弄自己的笑星之一。他把自己当笑柄，取笑自己的吝啬、自己的年龄和自己的小提琴技术。他亦庄亦谐，妙语连珠，使收听率居高不下。

听众对竭尽巧思、不骄矜自负，而又能幽默风趣，不讳言自己的欠缺和失败的人，自然会敞开心扉。相反，制造吹牛皮的形象，或无所不知的专家形象，听众当然要排斥他。

著名作家吉卜林在向英国一个政治团体发表演讲时，在开场白中讲了一个笑话，结果引得听众捧腹大笑。下面就是他讲的那个笑话，让我们看看他是怎样聪明地引人发笑的。

各位女士们、先生们：

我年轻时，曾在印度当记者，专门替一家报社报道犯罪新闻。因为这项工作使我认识了许多骗子，所以我认为这是一项很有趣的工作。有时，在我报道了他们以后，我就到监狱去看望这些正在服刑的老朋友。我记得有一个人，他是因为谋杀而被判无期徒刑的。他是一个聪明、说话温和而有条理的家伙，他自称要把他的生活教训告诉我。他说，以他为例，一个人一旦做了不诚实的事，就很难自拔，只有一件接一件地不诚实地做下去。到最后他发现，必须把某个人除掉，才能恢复自己的正直。目前，我们的内阁正是如此。

他讲述的是自身的一些经验，而不是一些陈旧的逸闻往事，并且好像开玩笑一样强调了其中不对劲儿的地方，自然就收到了意想不到的效果。

幽默是一种一触即发的事，跟个人的特点和性格有很大的关系。在发表演讲的这个极为困难的领域里，还有什么比引起听众发笑更困难、更为难得的呢？记住，故事本身并没有太大差别，听众所感兴趣的是说故事者的叙述方式。

英国作家哈里兹特说："幽默是说话的调味品，而不是食品。"所以，使用幽默的表达方式一定要分清场合、对象。法国文学家德哥勃拉评论说："幽默是比宇宙力更麻烦的问题，是文艺批评上的不规则的多边形！永远没有人能够分析一个幽默作家的心理，这种心理使人捉摸不定，好比生物学家追赶的蝴蝶，当你刚以为捉住了它的时候，它却逃走了。"

尽管幽默是这样不可捉摸，但是在演讲中加入恰到好处的幽默却可以收到意想不到的效果。

幽默不仅反映出一个人随和的个性，还显示了一个人的聪明智慧以及随机应变的能力。但需要注意的是，幽默既不是毫无意义的插科打诨，也不是没有分寸的卖关子、耍嘴皮。幽默要在入情入理之中，引人发笑，给人启迪，这需要一定的素质和修养。幽默是引人发笑的，但这并不是幽默的目的，真正的目的在于使人们在笑声中得到深刻的哲理，发现一些有价值的东西，从而得到启迪。那些古今有名的大演讲家几乎都是"笑的哲人"，正如英国大戏剧家莎士比亚所说的那样："幽默风趣是智慧的闪光。"

第二十七章

完美的结尾

你可曾知道，在演说中，有哪些部分最能显示出你是一个缺乏经验的新手，还是一名演说专家？是一个笨拙的演讲者，还是一个极有技巧的演讲者？我告诉你，那就是开头和结尾。

——卡耐基《演讲的艺术》

一场演讲必须有个好结尾。要想给听众留下鲜明的印象，必须使演讲的内容合情合理地推进，一直到得出正确的结论。

你可曾知道，在演说中，有哪些部分最能显示出你是一个缺乏经验的新手，还是一名演说专家？是一个笨拙的演讲者，还是一个极有技巧的演讲者？我告诉你，那就是开头和结尾。戏院里有一句跟演员有关系的老话，那句话是这样表述的："从他出场及下台的情形，就可知道他是不是一个好演员。"

开始与结束！对任何一种活动来说，它们都几乎是最不容易纯熟地表现的部分。例如，在一个社交场合，优雅地进入会场，以及优雅地退席，不就是最需要技巧的一种表现吗？在一次正式的会谈中，最困难的工作，不就是一开始就赢得对方的信任，以及成功地结束会谈吗？

结尾是一场演说中最具战略性的部分。当一个演说者退席后，他最后所说的几句话，将仍在听众耳边回响，这些话将在听众心目中保持最长久的记忆。不过，一般初学演说的人，很少会注意到这一点的重要性。他们的结尾经常令人感到失望。

他们最常犯的错误是什么呢？让我们来研究一下，以便找到补救之道。

第一，结尾时说："关于这个问题，我大概只能说这么多了。因此，我想，我该结束我的演讲了。"

这类讲演者常常释放一阵烟雾，心虚地说句"感谢各位"，就想以此来遮掩和结束自己不太令人满意的演讲。事实上，这样草草了事算不得是什么结尾。这绝对是一个错误。这会向听众暴露出你是一个生手。这几乎是不可原谅的。如果你该讲的话都说完了，为什么不就此结束你的演说，立即坐下来，而不要再说些"我说完了"之类的废话呢！你一定要这样做，这样反倒给听众留下了袅袅余音，他们自然能从你的停顿中判断你已讲完了一切要讲的。

第二，不知如何结尾。

有一些演说者，在说完了他应该说的每一句话后，却不知道如何结束。乔斯·比利斯建议人们捉牛时，要抓住尾巴，而不要抓角，因为这样才容易得手。但这儿提到的演说者却是从正面去抓牛的。他十分希望与这头牛分开，但不管他如何努力，他就是无法与牛分开而逃到篱笆或树上去。因此，他最后只能在原地打转儿，把自己说过的话说了又说，在听众心目中只能留下一个坏的印象。

如何改进呢？那就是，结尾必须要事先计划好。不是吗？如果你在面对听众之后才试着琢磨你的结束语，那就太晚了，因为此时你正承受着演说中的重大压力与紧张情绪，而且你的思想又必须专注于你所说的内容，你想想，这种"临时抱佛脚"的做法不是很愚笨吗？因此，如果你能在事前心平气和而又安静地谋划你的结尾，岂不是聪明得多了？

初学者必须十分明确地知道他在结尾时要表现什么。他应该把结尾的一段预先练习几遍，当然他不必每一次都重复使用相同的词句，但要把自己的思想明确地用词句表现出来。

如果是即席演说，你在演说进行当中必须不断地更改很多材料，必须删减掉某些段落，以便能灵活应对事先未曾预料到的情形，这也有助于你与听众的反应合拍。因此，聪明的做法就是事先准备好两三种结束语。如果其中一种不合适，另一种也许就能用得上。

第三，急言快语地结束。

有些演说者无法顺利到达结尾。他们在演讲进行中，就开始急言快语，不着边际，仿佛汽油快用完时，引擎就会砰砰作响、频频停火一般。在绝望地往前做了几番冲刺之后，它们就已完全静止下来，抛锚了。当然，他们需要做更充分的准备工作，进行更多的练习，也就是说，要给油箱里注入更多的汽油。

许多新手的演讲往往结束得太过突然。他们的结束方式往往不够平顺，缺乏修饰。确切地说，他们没有结尾，他们在演讲途中突然且急骤地停止了。这种方式会令人感到不愉快，这也显示演说者是个十足的外行。这就仿佛在一次社交性的谈话中，对方突然停止说话，猛然冲出房间，而未曾向房间里的人有礼貌地道声再见一样。

就是林肯这样杰出的演说者，在他第一次就职演说的原稿中也犯了同样的错误。在发表这场演说的当口，形势非常紧张，冲突与仇恨的乌云正在头上盘旋。几周之后，血腥与毁灭的暴风雨——美国南北战争立即在美国各地爆发。林肯本来想以下面这段话作为他向南部人民发表的就职演说的结束语：

各位心存不满的同胞们，内战这个重大问题将如何解决，就掌握在各位手中，而不是在我的手里。政府不会责骂你们。你们各位若不当侵略者，就不会遭遇冲突。你们没有与生俱来的毁灭政府的誓言，但我却有一个最严肃的誓言，要我去维护、保护及为这个政府而战。你们可以避开对这个政府的攻击，但我却不能逃避保护它的责任。是和平还是大动干戈？这个庄严的问题掌握在各位身上，而不是在我身上。

林肯把这份演讲稿拿给国务卿过目。国务卿很正确地指出，这段结尾太过直率，太过鲁莽，太具刺激性。所以，国务卿试着修改这段结尾词，并且写了两个结尾供他选择。林肯接受了其中的一种，并在稍加修改之后，用来代替原来讲稿的最后三句话。这么一来，他的第一次就职演说就不像原稿那样具有刺激性及鲁莽的感觉，而是表达了更强的友善，也展现了他的纯美境界及如诗的辩才：

我痛恨发生冲突。我们不是敌人，而是朋友。我们绝对不要成为敌人。强烈的情感也许会造成紧张情势，但绝对不可破坏我们之间的情感和友谊。记忆中的神秘情绪，从每一个战死疆场及爱国志士的坟墓延伸到这块广袤土地上的每一颗活生生的心及每一个家庭，将会增加合众国的团结之声。到了那时候，我们将会，也必然会，以我们更佳的天性来对待这个国家。

一个初学演讲的人如何才能找到对演说结尾部分的正确感

觉？要根据机械式的规则吗？

不！不是的。它就跟文化一样，这种东西太微妙了。它必须是属于一种感觉的东西，也就是说，它几乎是一种直觉。除非一个演说者能够"感觉"得到如何才能表现得和谐而又极为熟练，否则你自己又怎能盼望做到这一点呢？

不过，这种"感觉"是可以培养的，这种经验也是可以总结出来的。你可以去研究一些成名演说家的方法。下面就是一个例子，这是当年威尔士亲王在多伦多帝国俱乐部发表演说的结束语：

> 各位，我很担心。我已经脱离了对自己的克制，我已对我自己谈得太多了。但我想要告诉各位，你们是我在加拿大演讲以来人数最多的一群听众。我必须要说明，我对我自己的地位的感觉，以及我对与这种地位同时而来的责任的看法——只能向各位保证，将随时恪尽这些重大的责任，并尽量不辜负各位对我的信任。

即使是一名"瞎眼"的听众，也会"感觉"到这就是结束语。它不像一条未系好的绳子那般在半空中摆荡，它也不会显得零零散散而未加整修。它已修剪得好好的了，它已经整理妥当，这预示着：应该结束了。

在国际联盟第六次大会召开之后的那个星期天，著名的霍斯狄克博士在日内瓦的圣皮耶瑞大教堂发表演说。他选择的题目是《拿剑者，终将死于剑下》。下面是他这次演讲词的结尾部分。你会感觉到，他所表现的是如此美丽、高贵而又富有力量：

我们不能把耶稣基督与战争混为一谈——这是问题的关键所在。这也是我们今天所面临的挑战，而且应该激发起基督的良心。战争是人类所蒙受的最大及最具破坏性的社会罪恶！这绝对是残忍无比的行为！就其整体方法及效果而言，它代表了耶稣所不曾说过的每一件事，也不曾代表耶稣说过的任何事。它非常明显地否认了关于上帝与人类的每一项基督教义，甚至远超过地球上所有无神论者所能想象的程度。如果能看到基督教会宣称它将为我们这个时代最重大的道德问题负责任，并看到它有如在我们父辈时代所提出的明确的道德标准，以对抗目前我们这一时代的异教邪说，拒绝让良心受制于一些好战的国家，将上帝的国度置于民族主义之上，并呼吁这个世界追求和平，这不是极有价值的吗？

此时此地，身为一个美国人，置身于这个高耸着自由女神像的屋顶下，我不能代表我的政府发言，但我愿以美国人及基督徒的双重身份，代表我的几百万名同胞发言，祝福你们完成了一项伟大的任务，即让我们信任你们的伟大任务。我们为它祈祷！如果无法完成，我们将深感遗憾。我们已经过了多方面的努力，大家的目的是一致的——即追求一个和平的世界。再也没有比这更好的目标值得我们去奋斗了。舍此目标，人类将面临有史以来最为可怕的灾祸。就如同物理学上的万有引力定律，在道德领域中的上帝法则没有种族与国家的界限："掌剑者，终必死于剑下。"

但是，如果没有了林肯第二次就职演说结尾部分的那种庄严的语气以及如钢琴般优美的旋律，那么，我们所选录的演说结尾就不能算是完整的。牛津大学已故的前任校长库松伯爵就曾经宣称，林肯的这段结束辞"可以名列人类的荣耀及珍藏……是人类雄辩口才最纯净的黄金，不，应该算是近乎神圣的口才"。且听：

我们很高兴地盼望，我们诚挚地祈祷，这场战争的大灾祸将很快就会成为过去。然而，如果上帝的旨意是要使这场战争持续到将250年来由那些无报酬的奴隶所积聚的财富完全耗尽，持续到受皮鞭鞭打而流出的每一滴血都要用由刀剑所伤而流出的血来赔偿，那么，我们也必须说出3000年前相同的那句话："上帝的裁判是真实而公正的。"

不对任何人怀有敌意；对所有人都心存慈悲，坚守正义的阵营，上帝指引我们看见正义，让我们努力完成我们目前正在进行的任务；治疗这个国家的创伤；照顾为国捐躯的战士们，照顾他们的寡妇及孤儿尽我们的一切责任，以达成在我们之间的一项公正及永久的和平，并推广至全世界。

这是由凡人口中所曾发表过的一段最美妙的结尾……在演讲文学的领域中，除了这篇演讲稿之外，你还能从哪篇讲稿中找到比这更具人性、更充满爱意、更充满同情心的文字？

威廉·巴顿在《亚伯拉罕·林肯的一生》一书中说："葛底斯堡演讲已经十分高贵了，但这篇演讲却提升到了更高一层的地位……这是亚伯拉罕最伟大的一篇演讲，它把他的智慧及精神力量发挥到了最高境界。""它就像是一首圣诗，"卡尔·舒尔兹写道，"从来没有一位美国总统向美国人民说过这样的话。美国也从来没有一位能在内心深处找出这样感人话语的总统。"

但是，你并不会以总统的身份在华府发表演说，也不会以总理的身份在渥太华或堪培拉发表演讲。也许，你的问题只是，如何在一群社会工作人员面前结束一次简单的谈话。你应该怎么办呢？

美国著名的口才和演讲学专家多罗茜·利兹女士总结出了以下典范式的语言总结要素：

第一，不要说"总之……"或者"因此，总的来说……"，等等。

听者在听到这样的总结预报时，往往精神会立即松懈下来，并且先于说话者做好结束的准备。应该选择能重新唤起听者对你讲话的注意力和耐性的语言。例如，你可以说"核心的问题，也就是最能使你们受益的问题就是……"，也可以说"我建议大家……"，有了这样的提醒，听者一定会特别重视你接下来将为他们提供的信息，他们会十分注意你最后所说的每一句话。

第二，可以以一种环形的方式设计你的讲话，也就是我们通常所说的首尾照应。

很多人在说话时容易犯有始无终的毛病，常常陈述了一大堆理论、事实、例证后什么也不曾总结。一定要在谈话的结束时总结你的观点，除非谈话本身就是漫无边际的闲聊。实际上，即使在只有5分钟的简短谈话中，一般的说话者也会不知不觉地使谈话范围不断扩大，以至于结束时，听者对于他的主要论点究竟在何处仍感到有点困惑。用简短的几句话重新点题，可以有效地收拢听者散乱的思绪。

第三，用有力的总结激励自己和听众。

说话的结尾要用激昂高亢的声音，情绪应该饱满而丰富，使听众对你的陈述和观点都留下一个深刻的记忆。一个好的总结可以是一句激动人心的宣言，或者一个诙谐幽默的笑话，或者一个鼓舞人心的号召，或者是引经据典地高度总结使思想得到升华。有些时候，当谈话即将结束时，向听者提出采取行动的要求的时机也已经成熟了，此时就可以开口提出要求。例如，可以要求听者去参加捐助、选举、签名、购买、抵制或任何你想要他们去做的事。而有些时候，结束谈话的语言可以是一句简洁而真诚的赞扬。

第四，为自己话语的结尾准备多个总结。

有些讲话者在结尾时可能会说"没有问题了吗？那么我的讲话就到这里了"。其实这并非是一个好的结束语，假如是不得已而为之，那么就最好事先准备好多个总结，一定要在回答提问结束后再次讲出一个有力的总结。

无论你使用何种口才技巧，一定要尽量使你的结束语能够持久地保留在听者的记忆中，并能对他们的个人生活发挥作用，而这才能称为一场成功的演讲。

语言的突破

[美]戴尔·卡耐基◎著　申文平◎译

中南出版传媒集团
民主与建设出版社

前言

　　从来没有哪一个时代的人们像今天这样如此地重视"成功"，"成功"成为这个时代被使用最频繁的字眼之一。那么，什么是成功？成功当指成就功业或达到预期的结果。成功当有两个方面的含义：一是个人的价值得到社会的承认，并被赋予相应的酬谢，如金钱、房屋、地位、尊重等；二是自己承认自己的价值，从而充满自信，并得到幸福感、成就感。成功的含义是丰富的，可惜，在这个时代，很多人过于强调前一种含义，而忽略了后一种意义。而只有造福于社会，获得社会的承认，赢得他人的尊重，才称得上是真正的成功。

　　事实上，成功是一种积极的心态，是每个人实现自己的理想后，自然而然地产生的一种自信和满足心态。

　　戴尔·卡耐基(DaleCarnegie，1888—1955)，美国著名的心理学家和人际关系学家，20世纪最伟大的人生导师。他一生从事过教师、推销员和演员等职业，这些职业对他以后的事业都有很大的影响。

　　卡耐基认为，一个人的成功有15%是由于他的技术专长，而85%是靠良好的人际关系和为人处世的能力。经过多年的研究考察，他最终总结出一套独特的融演讲、推销、为人处世、智能开发于一体的成人教育方式。这种方式得到人们的认可，并且不断完善。他开创的"人际关系训练班"遍布世界各地，对数以百万计的人产生了深远的影响。其中不仅有社会名流、军政要员，甚至还包括几位美国总统。

　　《语言的突破》是根据卡耐基的培训材料整理而成的，是卡耐基的重要著作，他教给人们怎样克服恐惧，建立自信，使人们能够顺其自然地发挥自己潜在的能力，能在各种场合发表恰当的见解，表达观点，赢得人们的赞誉。在卡耐基看来，良好的口才、融洽的人际关系、积极的心态是取得事业成功和人生幸福的重要因素。一个有口才的人，具有卓越演讲才能的人能够鹤立鸡群，提前迎来人生和事业的成功。一个人只要有充分的信心，心中有一股热切的意念，就一定能在大众面前作成功的演讲。要取得语言的突破，最重要的就是克服恐惧，建立自信。

其实，不仅是演讲，做别的事情也一样，只要你克服恐惧，用足够的信心去做，就一定会成功，不是吗？也许这也是卡耐基教给我们的更深层的人生哲学。

CONTENTS 目录

第一章　怎样才能实现成功的演讲

01　人人都渴望成为演讲家 / 003

02　学习他人的经验 / 005

03　时刻不忘自己将要达成的目标 / 012

04　把握每一次练习演讲的机会 / 016

第二章　增强自信心是实现成功演讲的前提

01　人人都有恐惧的心理 / 021

02　无须通篇背诵 / 026

03　给自己成功的暗示 / 029

04　表现得信心十足 / 032

第三章　成功演讲并不难

01　从切身体会谈起更容易引起共鸣 / 037

02　对自己的主题真情流露并充满热情 / 043

03　让听众产生共鸣 / 047

第四章　做好演讲前的准备工作

01　给演讲划定一个范围 / 051

02　多做积累，有备无患 / 053

03　尽量使用描述和例证 / 057

04　多用具体、耳熟能详的字眼 / 068

第五章　为你的演讲赋予生命力

01　生命力是演讲的灵魂 / 077

02　选择自己熟悉的主题 / 079

03　让情景重现 / 084

04　尽量轻松、热烈 / 086

第六章　与听众一起感受自己的演讲

01　依听众的兴趣演讲 / 091

02　诚心诚意地赞赏听众 / 096

03　与听众融为一体 / 099

04　让听众参与你的演讲 / 103

第七章　简短的演讲激起良好的回应

01　一个简单的"魔术公式" / 107

02　以自己生活中的事例来说明 / 114

03　指出问题的关键，直接向听众提出请求 / 119

04　给出理由和听众付诸行动的好处 / 121

第八章　向听众说明情况的演讲

01　清楚地陈述和表达 / 125

02　依次说出自己的要点 / 127

03　用大家熟悉的观念阐述新的观念 / 129

04　运用视觉效果 / 133

第九章　即席演讲的方法

01　练习即席演讲 / 139

02　随时做好发表即席演讲的心理准备 / 143

03　马上举出事例 / 145

04　充满情感和力量 / 146

05　适宜的原则 / 147

06　即席演讲不等于即席乱讲 / 149

第十章　如何准备长篇演讲

01　周全的准备是必需的 ／ 153

02　有吸引力的开场白 ／ 155

03　避免受到不利的注意 ／ 169

04　支持主要观点 ／ 174

第十一章　结尾一定要迎来高潮

01　总结你的观点 ／ 181

02　请求采取行动 ／ 183

03　简洁而真诚的赞扬 ／ 185

04　幽默的结尾 ／ 186

05　以一首名人的诗句结束 ／ 188

06　意犹未尽的高潮 ／ 191

第十二章　增强记忆的天然法则

01　记忆法则之一：加深印象 ／ 197

02　记忆法则之二：重复 ／ 204

03　记忆法则之三：联想 ／ 207

第一章

怎样才能实现
成功的演讲

当众开口，思维敏捷，口若悬河，是使他人心悦诚服的能力，更是一种演讲的艺术。世上没有天生的演讲家，首先自己要有信心，相信自己一定行。

01
人人都渴望成为演讲家

从1912年起，也就是"泰坦尼克号"邮轮在北大西洋冰海沉没的那一年，我就开始设班教授当众演讲的课程。

我演讲课程的第一堂课是示范表演，我先请一些学员上台讲一讲自己来上课的原因，以及自己期望从这种训练中学到些什么。他们当然是人各一词，众说纷纭，但令人诧异的是，大多数人的原因和基本需求却如出一辙："面对众人讲话时，我就会浑身不自在，总是担心自己说错话，这使我不能集中精力思考，不能清晰地表达自己的想法，甚至都不知道自己究竟在说些什么。我希望通过在这里的学习能增强自信，能随心所欲地思考问题，有逻辑地归纳自己的思想，并能泰然自若地当众站起来演讲，在商场或社交场合侃侃而谈，思路清晰又令人信服。"

这番话你听起来是不是很耳熟？你是不是也曾有过这种感觉？你是否也曾希望自己口若悬河、侃侃而谈、令人信服？即使花再多的钱也愿意。现在你正打开此书，说明你也同样希望获得成功演讲的能力。

我知道你想说什么，如果你有跟我说话的机会，我想你一定会问："卡耐基先生，你真的认为我能培养出自信，面对众人口齿流利、条理清晰地和他们讲话吗？"

我花费几乎一生的时间帮助人们建立自信、克服恐惧，在参加培训的学员中，很多人的身上都发生了奇迹。那些故事足以让我写很多书。因此，对于你的提问，我的回答是，如果你按照书里的建议去做，勤加练习，你一定就能做得到。

为什么当你站在众人面前时就不能像你坐着时那样，可以清楚地思考？为什么你一站在公众面前讲话，就浑身发抖、声音发颤？当然，你已经意识到，只要通过指导和练习，你就可以逐步改善面对听众时的恐惧感，从而变得泰然镇定、自信、健谈。

本书不是普通的教科书，书中没有罗列一条条教你说话的规则，也没有教你如何发音、断句，而是我毕生训练人们能有效说话取得的经验的总结。

如果你依照书中的建议，在任何需要说话的时候牢记并运用，你就会成为你想要成为的那种人。

大师金言

恐惧本身是这世上最令人恐惧的，要想成功地在大众面前演讲，首先一定要克服恐惧，做别的事也是同样的道理。

02
学习他人的经验

　　善于言辞、谈吐自如，无疑对每个人的事业与生活都有很大的益处；能言善辩、口若悬河的演说家更是令人艳羡，让人崇拜。但是，在现实中，毕竟不是每个人都拥有高超的语言技巧，口若悬河的演说才能，我们周围也确实不乏不善说话、沉默寡言之人，虽然他们真的很有能力很有思想。

　　没有哪个人天生就是大众演说家。在历史的某个时期，当众演讲曾经被视为一门高雅的艺术，人们说话时必须注意修辞、讲究语法，并用一种优雅的演说方式进行演说。比如古希腊、古罗马那些伟大的演讲家——西塞罗、德摩斯梯尼、梭伦等。在这种情况下，要想做个天生的大众演说家更是困难了。现在，我们把演说看成是一种更加广泛的交谈，过去那种风格夸张、声音洪亮的演说方式已一去不复返了。当我们与人一起共进晚餐，在教堂做礼拜，或观看电视、听收音机时，我们都喜欢听到他人率直的真言，并且喜欢那些能够引发思考和讨论的话题，而不喜欢演讲者只是一味地说教。

　　尽管学校的课本使我们相信，演讲是一个只有少数人能掌握的艺术，只有经过多年的语音语法的训练，才能掌握这个奥秘。但我的教学生涯几乎全部是在向人们证明一点：当众说话其实很容易，只要遵循一些简单而重要的规则就可以了。

　　1912年，我在纽约市第125街的青年基督协会开始从事教学工作

时，对此，我和学生们一样无知懵懂。我早期的教育训练方法，和自
己在密苏里州的华伦堡上大学时接受的教育方式大同小异。但很快我
就发现这样做是错误的。我竟然把那些商界人士当成大学一年级新生
来教育了。我发现韦伯斯特、柏克匹特及欧康内尔的演讲理论毫无用
处，让我的学生一味地模仿，对他们来说毫无裨益。我的学生需要的
是在商务会议中有足够的勇气站起来，并向参加会议的人作一番明确
的、连贯的报告。于是，我将教科书全部丢掉，站在讲台上，用一些
简单的概念，和学员们一起探讨，直到他们的报告词达意尽、深入人
心为止。这种方法果然奏效，以至于他们毕业后希望再回来，希望能
学到更多的东西。

　　我希望大家能有机会到我家里或办公室看看世界各地的学员寄
来的感谢信。这些信有的来自商界领袖，他们的大名，我们在《纽约
时报》和《华尔街日报》能时常看见，也有来自州长、国会议员、大
学校长和娱乐圈的明星，当然更多的则是来自家庭主妇、牧师、教
师，和一些普通的青年男女。还有一些公司的主管、技术人员、工会
会员、大学生和职业女性等，所有这些人都觉得自己需要足够的自信
心，需要有在公开场合中表达自己思想的能力，以便让人接纳自己。
那些取得一定成效的人，实现自己目标的人心怀感激，特意写信给我
表示谢意。

　　就在我写下这段话的时候，想起一件对我影响深远的事情。很多
年前，费城 位很有名气的商人D. W. 亨特，他也是我教过的数以千
计的人中的一位。刚加入我的培训班不久，一天中午，他邀请我共进
午餐，吃饭时，他诚恳地问我："卡耐基先生，我常常收到一些演讲
的邀请，我尽量都推辞掉了。可现在我被选为大学董事会主席，以后
必须主持会议。您看我这个老头子，还能不能学会演讲？"

我告诉他以往班上和他有类似职务学员的经历，并且承诺，只要他足够努力，我一定会帮他达到目标。

　　大约3年之后，他再次邀请我共进午餐，同一地点，同一张餐桌，我们回忆起往昔的对话。我问他现在是否已经做到，他露出自信的笑容，还拿出一本红色的备忘录，上面满满当当地排着他未来几个月的演讲安排。

　　他说："能够站在讲台上演讲，享受演讲带给我的快乐，是我一生中最高兴和满意的事。"

　　这还不是全部，D. W. 亨特还自豪地炫耀道，在英国首相出访美国的时候，费城教会邀请这位极少来美国的首相在宗教集会上说几句话，向会场所有在场的人郑重地介绍这位英国首相的不是别人，正是D. W. 亨特先生。

　　就在3年前，还是这位D. W. 亨特先生，正惴惴不安地怀疑自己是不是能够在大众面前流利地表达自己。

　　他的演讲技巧取得了如此神速的进步是否超出寻常？不！类似亨特先生这样成功的事例成千上万。

　　再举一个例子，几年前，布鲁克林的一位医生——我们姑且称之为寇蒂斯大夫，前往佛罗里达州度寒假，其度假地距离著名的棒球队——巨人队训练场不远。作为一名热心球迷，他经常去看他们打球，渐渐地他就和球员成了好朋友。

　　有一天，他被邀请参加一次球队宴会，在侍者送上咖啡和点心之后，一些著名的客人被请上台讲话。在没有任何事先心理准备的情况下，他听见宴会主持人说："今晚有一位医学界的朋友在场，我们欢迎寇蒂斯大夫上台给我们谈谈棒球队员的健康问题。"

　　对这个问题他是否有充分的准备呢？当然有。他可以算得上世界上对这个问题准备最充分的人——他是研究卫生保健的，已行医30多年。他可以坐在椅子上与周围的人侃侃而谈，甚至谈上一个晚上。但是，如果让他站起来，面对一群人讲着同样的问题，却是另一回事。他心跳加速，吓得不知所措。他努力试图冷静下来，然而心脏仿佛就要停止跳动。他一生从未作过公开演讲，面对众人，脑海中的种种思想仿佛都长着翅膀飞走了。

该如何面对呢？参加宴会的人都在鼓掌，全部注视着他。他摇摇头，表示谢绝，却引来了更热烈的掌声。"寇蒂斯大夫！说几句吧！"听众的呼声越来越大。

在这种极其沮丧的情绪支配下，他知道自己一旦站起来演讲一定会失败，甚至可能连五六个完整的句子都讲不出来。他站起来转过身背对着自己的朋友，默默地走了出去，深深陷入难堪和耻辱的心理之中。

一回到布鲁克林，他做的第一件事就是报名参加我的演讲训练课程——他再也不愿意陷入哑口无言的困境中了。

类似他这样的学生，是老师最乐意碰到的，因为他有迫切的需要，渴望提高自己当众演讲的能力。这种愿望是如此坚定，使他毫无怨言地刻苦练习，不遗漏任何一课。

努力带来的进步令他自己都感到惊讶，结果大大超出了他的希望。上完第一阶段的课程，他紧张的情绪就消失了，信心越来越强。两个月后，他已成为班上的明星演讲家，并且开始接受邀请到各地演讲。到后来，他十分喜欢和享受演讲时那份欣喜的感觉和所获得的荣誉，更庆幸自己在演讲过程中结交到更多的朋友。

纽约市共和党竞选委员会的一名委员，在听过寇蒂斯大夫的一次演讲之后，立即邀请他到全市各地为共和党发表竞选演讲。如果这位政治家知道，就在一年前，这位演讲家曾经因害怕面对观众而张口结舌，在羞愧之中不得不离开一个宴会，那他一定会大吃一惊的。

要想让自己获得自信、勇气和能力，以便在你当着一群人发表谈话时能够冷静而清晰地思考，这并不像大多数人所想象的那么困难，演讲并不是上帝专门恩赐给某些人的礼物。就像打高尔夫球一样，任何人都可以发掘出其潜在的能力，只要你有这样去做的充分欲望就行。

还有另外一个例子。已故的B. F. 古利奇公司董事长大卫·古利奇先生有一天来到我的办公室。"我这一生中，"他开始说，"每逢自己要讲话时，没有一次不是惊恐万分的。身为董事长，我不可能不主持召开会议。董事们都是我多年熟悉的常客，我们围桌而坐时，我同他们畅谈自如，一点障碍也没有。然而，一旦要我站起来讲话，我就会不知所措，一个字也说不出来。这种情形已经很多年了。我不相信你能帮到我，因为我的问题实在太严重了，而且也已经很久了。"

"噢，"我说，"既然你认为我帮不上你的忙，为什么还来找我呢？"

"只为一个原因，"他答道，"我有一个会计师，他替我处理账目问题，他是个很害羞的人。他要进自己的办公室之前，必须经过我的办公室。多年来，每当他在我办公室走过时，总是小心翼翼，眼睛看着地面，一句话也不说。不过最近，他整个人好像变了一样。现在，他再经过我办公室的时候，总是下巴抬起，眼里闪着丝丝亮光，而且还主动地向我打招呼，'早上好，古利奇先生。'他信心十足，神采奕奕。对于他的这种改变，我感到十分惊讶，我问他：'你中了什么魔法？怎么会有这么大的变化？'他告诉我，他是因为参加了你的演讲训练课程，才变成现在这样的！就是因为这样，我也想来试试。"

我坚定地告诉古利奇先生，如果他来参加培训班，并按照我要求的去做，不用几个星期，他将会喜欢上在公众面前说话的感觉。

"你如果真能让我做到这一点，"他回答，"那我就是世上最快乐的人了。"

后来，他参加了培训班，并取得了惊人的进步。3个月后，我请他参加在阿斯特饭店舞厅举行的一个3000人的聚会，并安排他向大家谈一谈他从我们的培训课中得到的帮助。他说非常抱歉，因为事先跟别人有约，所以他不能参加。可是第二天，他打来电话对我说："我要向你道歉，我把约会取消了。我要来参加聚会，并接受你的演讲安排，这是我欠你的。我要把训练中的收获真实地告诉给大家。我这么做，是想通过我自己的切身体会来激励大家，让他们也能主动地消除那些残害生命的恐惧感。"

本来，我只给他安排了两分钟的演讲时间，结果他对着3000人说了足足10多分钟！

像这样的奇迹，在我的培训班大概有几千起。我亲眼看到那些男男女女，因为参加了这项培训，事业取得了更大的成就，获得了更耀眼的社会地位。

在某些时刻，仅凭一次演讲就可以使人声名远扬。马里奥·拉佐就是最好的例子。

几年前，我接到一封来自古巴的电报，上面说："要是你不反对，我这就来纽约参加你的演讲培训。"落款是马里奥·拉佐。我觉得很惊讶，这人是谁，我以前可从没听说过。

马里奥·拉佐先生到了纽约后对我说："3个星期后，我家乡哈瓦那的乡村俱乐部要为创始人庆祝50周岁生日，安排我在晚会上演讲，并且赠送一个银杯给他，我还要担任晚会的主持人。虽然我是一名律师，却从来没有当众演讲过。一想到要上台演讲，我的心就很不安，如果到时说不出话来，我和我的太太以后在社交场合会很尴尬，再说，这也会影响我的声誉。所以，我特意从古巴赶过来向您求援。不过，我只有3个星期的时间。"

那3个星期，我每晚都为拉佐安排三到四场演讲，从这个班到那个班，3个星期后，他回到了古巴，并在乡村聚会上作了一次令众人惊叹的演讲。这件事还被美国《时代周刊》"异域新闻"一栏专题报道，并称赞他为"天才演说家"。

这听起来像是一个奇迹，不是吗？这称得上是一个奇迹吧？而且是20世纪人类战胜自我战胜恐惧的一个奇迹。

大师金言

当众演讲并不是高不可攀的艺术，也不是像教科书上说的那样，要经过多少年的语音训练和修辞学训练，多向有成功经验的演讲家学习，不失为一种很好的选择。

03
时刻不忘自己将要达成的目标

没有哪个人不渴望自己成为一个说话高手，当然，成为这样的高手需要锻炼，需要在无数的失败中获得经验，然后才能成为自己一心向往的演说家。但是，有的人一想起自己过去失败的情景，脑子里便闪现出"这一下又要失败啦！""腿都哆嗦了！""话音异常啦！"等信息，因为有了这样的负面的暗示，导致说不出话来。所以，说话者最好多想象一下自己与初次见面的人侃侃而谈，在公众面前指点江山的潇洒英姿。如果觉得自己有过成功的经历，胸中就会鼓起"定能获得成功"的信心和胜利的希望，并产生说话的动能。如果说话之前想象到听众对自己热烈喝彩的情景，则会倍增自己说话的勇气。

所以，我要在这里真诚地提醒你，要把向后看变为向前看，把回忆尴尬变成想象荣耀，从失败心情转为成功心理，牢记自己一定要达成的目标，这样你成功的几率就大大提高了。

亨特先生认为他新近学到的如何在公众面前演讲的技巧，让他觉得很快乐。演讲是他感觉最快乐的事情，他能够取得成功，很重要的一点就是他完全按照培训的要则完成练习。而他之所以勤奋地完成课程，正是因为他很清楚自己想要成为一位自信的演讲者，他为此不断地努力，最终把目标变成了现实。同样，我们每个人都应该这样做。

把精力主要集中在保持自信和让自己在社交场合如鱼得水上，对你来说是极其重要的。想想这种能力对你在社交，以及交朋友上的重要性，想想它为你带来的服务他人、社会的能力；想想它给你事业带来的影响。总之，它会为你成为一名优秀的领导、成为一名成功人士打下坚实的基础。

S.C.埃林是"国家现金注册公司"理事会会长，也是"联合国教科文组织"的主席，《演说季刊》曾发表了他的一篇名为《演讲和事业领导者的关系》的文章。文章中说："从事商业多年以来，我注意到有不少人是先在演讲论坛上获得了成功，从而事业得到了极大的发展。很多年前，堪萨斯州一位年轻的分行主管，在一次精彩绝伦的演讲后，事业从此平步青云，现在已经是我们公司的副总裁了，负责业务拓展。"

拥有能够在众人面前从容地侃侃而谈的能力，会使你的前途一片光明。一位毕业的学员，他叫亨利·布莱斯通，是美国西弗公司的总裁。他说："能够跟他人有效的沟通，并影响他人的选择，赢得合作，是那些想求得更高职位的人们应具备的重要素质。"

试想一下，当你信心十足、精神愉快地站在演讲台上，与听众共享自己的感觉和思想，会是一种多么美妙的感觉。我曾几次周游世界，但是那种愉悦依然比不上借助言语的魅力征服听众带来的震撼感受。在演讲的时候，你会感觉自己精力十足，浑身上下都洋溢着生机。有一位已经毕业的学员说过："开始说话的前两分钟，就算是被鞭子抽，也不想张嘴，可是到演讲结束的最后两分钟，我又不愿意停下来，哪怕是为此挨枪子儿！"

请你从这一刻就开始，想象自己从容不迫地站在讲台上，充满自信地面对听众，当你说出第一句话时，全场安静无声，人们都在全神贯注地倾听你生动的演讲；请你也想象一下，在你演讲结束时，听众给你的那雷鸣般的掌声和欢呼声；会议结束时，听众热情地围过来对你大加赞美，你将会有怎样的自豪感和幸福感呢？

哈佛大学最杰出的心理学教授威廉·詹姆斯曾写下六句话，这六句话对你的一生可能会产生深远的影响。它们是阿里巴巴宝藏的开门口诀："不论什么课程，只要你对它满怀热忱，就可以顺利完成。如果你对结果足够关注，你一定会实现它。只要你想做好，你就一定能做得到。假如你企盼致富，你便会拥有财富。若是你想自己学识渊博，你就一定会学富五车。只有那样，你才会真正地企盼这些事，心无旁骛地一心盼望，而不会浪费精神、胡思乱想许多不相干的杂事。"

学习有效地面对公众讲话，好处不仅仅是可以作正式的公开演讲。事实上，就算你一辈子都不需要正式的公开演讲，接受这种训练对你来说仍有很多好处。举个例子，当众演讲的训练，是帮助你培养自信的好方法。因为你一旦发现自己站在公众面前仍然能够伶牙俐齿、条理清晰地对着他们说话，那么，你在和别人交谈时，必定会更有信心和勇气。很多人之所以来上我的"成功演讲"的课程，大多数是因为他们在社交场合感到害羞拘束。当他们发现，自己站着和同事讲话也没什么难处的时候，就会发觉自己当初的拘束是多么的可笑。他们在训练过程中培养出的自然洒脱的气度，令家人、朋友、事业伙伴和顾客刮目相看。训练班的许多学生，都是因为看见周围的人经过训练后个性发生了巨大的改变，才抱着试试看的心理来上课的。

这种类型的训练，也会在各个方面影响到一个人的气质，不过，这并不会马上就显现出来。不久前，我曾向大西洋城的外科医师兼美国医药学会的前会长大卫·奥门博士请教，让他从心理和生理角度谈谈当众演讲训练的好处是什么。他笑了笑说："回答这个问题，最好是开个处方，这个处方在药房里是抓不到药的，每个人得自己配药。他要是以为自己不行，他就错了。"

我的桌上就放着这份处方，每读一次，都觉得有所收获。以下便是奥门博士挥笔为我们写下的处方：

　　尽你所能去培养一种能力，让别人能够走进你的脑海和心灵。试着面对单独的人或者在大众面前清晰地传达自己的思想和理念。在你经过努力并不断进步时，你便会发觉：你——真正的自我——正在塑造一种崭新的形象，使周围的人们产生前所未有的惊异。

　　从这份处方中，你会获得双倍的好处，你试着跟别人讲话时，你的自信心也会随之增强，而你的性格会变得越来越美好。这意味着你的情绪已渐入佳境，当然你的身体也会跟着越来越好。在现代社会中，不论男女老少，都需要当众讲话。我不清楚它在工、商业中究竟会给人带来什么样的好处，但我听说它对每个人都有极大的好处。我的确了解它给健康带来的益处。只要有机会，你就应该对着几个人或许多人讲话——你会越说越好，我自己就是这样；同时你会感到神清气爽，感觉自己完美无缺，这是你以前从来没有感受过的。

　　这是一种神奇的感觉，没有任何药丸能给你这样的感受。

　　所以，建议你不妨想象自己成功地做着目前自己所害怕做的事，想象你已经能够成功地当众说话，并且被大家接纳而获得了很多的好处。牢记威廉·詹姆斯的话："如果你对结果足够关注，你一定会实现它。"

大师金言

　　想想吧，当你当着无数的听众满怀激情地开始你的演讲，想想开场后全场鸦雀无声。想想自己发表高见之际听众的全神贯注，想想自己离开讲台时热烈的掌声，以及听众对自己的赞同，你将获得怎样的满足感和自豪感！

04
把握每一次练习演讲的机会

    人人都可能在说话前后或说话过程中出现紧张、恐惧心理：性格内向、沉默寡言者如此；天性活泼、思想活跃者如此；即便是演说专家、能言善辩者也不例外。但是，有的人能够战胜恐惧心理，最终成为一名出色的大众演说家。

    第一次世界大战以前，我在第125街青年基督协会所教授的课程已经改变，我不再仅仅讲授当年的内容了。每年都有一些新的观念加入到训练课程中，并把一些旧的思想淘汰掉。但是有一个特点却经久不变，那就是每个学员必须至少起来一次，大部分人都是两次，在同学面前演讲。为什么要这样做呢？因为不能当众讲话，就不能在大庭广众之下发表演讲，这就好比一个人如果不下水，就学不会游泳一样。你可以读遍那些有关当众演讲的读物，包括此书，但你有可能还是开不了口。书本的建议只是个引导，必须将书中的建议付诸实践才行。

    乔治·萧伯纳是美国著名的思想家、作家，有人问他，他是如何做到铿锵有力地当众演说的，他回答："我是用自己学会溜冰的方法来做的——我固执地让自己一个劲儿地出丑，直到我习以为常。"萧伯纳年轻时，是伦敦最胆小的人之一，他常常是在外面徘徊20分钟或更多时间，才有勇气去敲别人的门。他承认："很少有人像我这样因为单纯的胆小而痛苦，或极度地为它感到羞耻。"

    后来，他无意间用了最好、最快、最有把握的方法来克服自己的羞怯、胆小和恐惧。他决心把自己的弱点变成最有利的资产。他加入了一个辩论学会。伦敦一有公众讨论的聚会,他就会参加。萧伯纳全心投入社会运动,为该运动四处演讲。结果,他成了20世纪上半叶最自信、最出色的演说家之一。

对我们每个人来说,说话的机会比比皆是,你不妨参加些组织,参加一些活动,从事那些需要你讲话的职务。在公众聚会里站起身,使自己出个头,即使只是附议也好。开会时,千万别默不作声。尽量多说话,积极踊跃地参加各种聚会。你只要向自己的周围望望便会发现,所有的商业、社交、政治、事业,甚至社区里的活动都要向前迈步,需要你开口说话。除非你说话,不停地说,否则你永远不会知道自己会有怎样的进步。

有一次,一个年轻的商务主管对我说:“这些道理我全都明白,可是我就是不敢面对学习的艰难考验。”

“什么艰难考验!”我告诉他,“快把那种思想从心里消除。你从来就没有运用正确的、征服性的精神想过学习。”

“那是什么精神?”他问。

“冒险精神啊!”我告诉他。接着,我对他谈起一些从当众说话中获得的成功之路,以及个人的个性也会因此变得越来越开朗。

“我想试试看,”最后他说,“我想要去从事这项冒险活动。”

在你继续阅读此书并将其中的原则付诸实施之际,你也是在进行冒险。你会发现,在冒险中,你的自我引导的力量和敏锐的观察力会支持你;你会发现,这项冒险会改变你,不论是内在还是外在!

大师金言

目标、决心、信念、毅力、热情都会助你成为一个出色的演说家。

第二章

增强自信心
是实现成功演讲的
前提

你可以假设你的听众都欠你的
钱，正要求你宽限几天；你是个神气
的债主，根本不用怕他们。然后，你
就可以自信满满，侃侃而谈了。

01
人人都有恐惧的心理

蔡特金是众所周知的国际工人运动杰出的女活动家，她在第一次演讲时，虽然早就做过细致准备，并进行了多次预讲，可一上台，要讲的话一下子从脑子里全溜掉了，大脑出现了空白。

美国著名作家马克·吐温谈起他首次在公开场合演说时说，那时仿佛嘴里塞满了棉花，脉搏快得像在进行百米冲刺。

英国政治家路易·乔治说，第一次试着做公开演说时，舌头抵在嘴的上膛，竟一个字也说不出来。

在美国有人曾以"你最怕什么"为题询问了3090个人，调查人们究竟最怕什么，结论的第一点就是：最怕的是在众人面前讲话。

英国历史上有位叫狄斯瑞的首相就曾说过，他宁愿领一队骑兵去冲锋陷阵，也不愿在下院做一次演讲。然而，上述这些演说家们正是战胜了失败之后方成为雄辩之才的。

"就在5年前，卡耐基先生，我5年前曾来过你举办研讨会的饭店。我站在门口，一想到走进去，就要站到台上发表演讲，便迟疑再三，终于还是没有走进会场。要是那会儿，我就知道你能够让人克服面对众人时的恐惧心理，我想我决不会迟疑着错过那次机会，也不会晚了整整5年。"

这个人并不是在和我闲聊往事，而是在纽约市的一次培训毕业会上，对着大约200人抒发自己内心的感慨。我很高兴听到他的这番话，这意味着他完全战胜了内心的恐惧，他说话时流露出的自信和神采令我相信，他此次所学一定增强了他处理事务的能力。作为他的老师，我很高兴。他已能够战胜站在众人面前的恐惧了。同时，我也想到，若是他5年前甚至10年前就踏进课堂，此时的他不知已取得了多么大的成就，也一定会更加快乐和自信。

思想家爱默生说："与世上任何事物相比较，唯有恐惧最能击败人！"正因为深谙此理，我很高兴自己能帮助人们摆脱恐惧。1912年，在我刚开始教授课程时，尚未知晓自己的培训课程可以帮助人们摆脱恐惧、重塑自信。后来，我才渐渐明白，练习当众说话，是提升人的勇气和自信的最佳方式，人们总是在不知不觉中，克服了自己的恐惧心理。

经过这么多年的培训，我已经找到了很多方法，能在短时间内帮你克服上台后面对听众时产生的恐惧，再经过几个星期的练习，就可以增强自信心。

虽然人人都可能会有说话胆怯的心理，但造成这种心理的原因却又可能是千差万别、各种各样的。比如，有的人可以跟亲朋好友聊上一两个小时；有的人跟人打起电话来一聊就是老半天，且话题源源不断，越说越起劲；有的人经常能说出一些让人大笑或使人感兴趣的事，可谓是相当会说话。但是，真正一到了正式场合，面对一大群人（或是广播用的麦克风）他们就不知所措了。这是为什么呢？

第一个事实：害怕在公众面前说话的并不止你一个。一份关于大学演讲课的调查指出：大约80%至90%的学生在开始上课时，都害怕上台演讲。我想在我的培训班，在课程刚开始时，这些成年人的恐惧指数大概要达到100%。

第二个事实：上台演讲有恐惧心理并非一点好处没有。在不同的情况下，人天生具有一定的应变能力。因此，即使你的呼吸变得急促，心跳加快，你也无须紧张。这是你的身体调整到迎接挑战的生理状态。如果这个尺度把握得刚刚好，那你的思维就会比平时更灵敏，反应更快，语言更加流畅犀利，一般来说，会比在普通情况下说得更好。

第三个事实：我曾听到很多职业演讲家说，他们从未彻底摆脱上台的恐惧感。每一次演讲之前，他们都会害怕，直到三五句话过后，才能消除这种感觉。宁愿做赛马，也不做驮马。作为职业演讲家，他们自嘲说自己就像冰冰凉的黄瓜，脸皮要够厚。这也是他们必须比常人多付出的代价。

第四个事实：你不敢在公众面前讲话的主要原因是因为你还没有习惯当众说话。罗宾逊教授所著《思想论》一书中说道："恐惧来自无知和陌生。"大部分人对当众演讲一无所知，因而心存恐惧。刚开始练习演讲，要比打网球或者学驾驶更加艰难，因为你要面对一系列未知的情形。要想改变这种境况，唯一要做的就是勤加练习，当你取得一次又一次成功的经验时，你就能体会到当众说话是一种快乐、享受。

在读过杰出的演说家和著名心理学家阿尔伯特·爱德华·威格尔克服恐惧的故事之后，我一直用他的故事激励自己。他说他自己读中学时，一想到要起立做5分钟的演讲，就会莫名的恐惧。他写道：

随着演讲日子的临近，我会害怕地生起病来。只要一想到要在台上演讲，血就往脑门上冲，两颊烧得难受。我不得不到学校后面，把脸贴在冰凉的墙上，来消减紧张带来的燥热。在大学时我也用这个方法。

有一次，我小心地背下一篇演讲词，开头第一句话是"亚当斯与杰弗逊已经过世"，当我面对听众时，我的脑袋里突然一阵轰轰作响，顿时不知所措。我勉强挤出"亚当斯与杰弗逊已经过世"以后，再就什么都说不出来了，我只好向人鞠躬……在嘲笑的掌声中，我颓然地坐在座位上。校长站起来讲话说："嗯，爱德华，我们听到这个消息也十分的悲伤、震惊，不过事已至此，我们也只能节哀。"接下来便是一片哄堂大笑。那时，我真想一死了之。那次演讲之后，我病了好几天。当然，有了那次经历，在这个世界上，我最不敢期待的，就是成为一名大众演说家了。

一年后，阿尔伯特·威格尔正在丹佛。那年，1896年，丹佛掀起一场关于"自由银币铸造"问题的政治运动。一天，他读到一个小册子，布莱安及其信徒的承诺空洞，让他十分愤怒，因此他当了手表做路费，回到家乡印第安纳州，然后自告奋勇，就健全的币制发表演讲。听众席上有不少是他的老同学。"刚开始，"他写道，"大学里'亚当斯和杰弗逊'演讲的那一幕又出现在我的脑海，恐惧快要让我窒息，讲话结巴，我几乎快要从讲台上逃走了。不过，就如奥安西·德普常说的那样，听众和我都勉强撑过绪论部分，这小小的成功增添了我的勇气，我接着往下说。我以为我说了15分钟，让我惊奇的是，我竟然说了一个半钟头。结果，在以后的几年里，我是令全世界最感吃惊的人，我竟然会把当众演讲当成自己的职业。我终于体会到威廉·詹姆斯说的'成功的习惯'是什么意思了。"

是的，阿尔伯特·爱德华·威格尔终于认识到，要克服当众说话那种天翻地覆的恐惧感，最好的方法是以获取成功的经验做后援。

你要当众演讲，有恐惧感是很自然的，同时你也要学会凭借适度的登台恐惧，使你说得更好。

即使登台的恐惧一发不可收拾，思想滞塞、言语不畅、肌肉痉挛无法控制，严重影响你说话的能力，你也没有必要绝望。你一定要登台，如果演讲中出了什么差错，你也应该像以前那样轻松自如、不知不觉地尽快挽回，切不可因出错而手忙脚乱，不知所措。这些症状在初学者中很常见，只要你多下功夫，就会发现这种恐惧很快就会减少到最低的程度，这时，它就是一种助力，而不是一种阻力了。

大师金言

有恐惧感是很自然的事，就算经过千锤百炼的演讲家也会有恐惧的时候。但你要学会适度地控制，当这种恐惧减少到最低程度的时候，它就是一种助力，而不是一种阻力。

02
无须通篇背诵

没有什么人是真正不能拥有卓越口才的，也没有什么人是真正不善于当众说话的。然而，确实有许多人无法在众人的面前顺利开口，原因其实只是他们内心的恐惧。事实上，即使是职业演说家也不可能彻底克服当众说话的恐惧感，说话前充分而周全的准备是获得当众说话自信最有力的保障。对于成竹在胸的说话者来说，没有什么是值得害怕的。

假如你想培养自信，为什么不去做好那些在你演讲时能给你安全感的准备呢？使徒约翰说："完全的爱，会置恐惧于度外。"完全的准备也可以做到这样。丹尼尔·韦伯斯特曾说，他如果没有准备就出现在听众面前，跟没有穿衣服的感觉是一样的。

我所说的"充分的准备"意味着你要通篇背诵演讲稿吗？许多演讲者为了保证演讲时说得头头是道，就事先写好演讲稿，然后通篇背诵下来。这种方式并不可取，不但浪费时间，也容易使演讲变得枯燥无趣。

H. V. 卡特伯恩是美国著名新闻评论家，他还是哈佛的大学生时，曾经参加过一次演讲比赛。赛前，他选择了一篇名为《绅士们，陛下》的文章，并一字一句地把全文背了下来，还练习预演了几百次。可到了正式比赛时，他一登上台，只说出："绅士们，陛下……"就一个字也想不起来了，脑子里空荡荡的。他眼前一片漆黑，幸好还能保持镇定，于是，他干脆把那个故事用自己的语言讲述出来。最后，他惊讶地听见，自己居然获得了第一名。从那一天起，他再也没有背诵过一次演讲稿，他从事广播行业时也是如此，只在纸上写一些摘要，然后对着听众娓娓道来。

一个人如果在他演讲前先写好讲稿，再反复背诵，浪费时间和精力不说，也很容易把演讲搞砸。每个人平时讲话都很自然，不会费心地琢磨，话语随着思想的流动而自然说出。

英国首相温斯顿·丘吉尔也从中得到过教训，那时他还年轻，一直是先写好演讲稿再把它背下来。有一天，他在英国国会作演讲，正背着讲稿，突然忘记了下一句词，他重复了上一句，可大脑依然一片空白。他难堪极了，沉默地坐回到位置上。从那以后，温斯顿·丘吉尔再没有试图背诵过演讲稿，而他写的演讲稿总是能打动人心，特别是在第二次世界大战时，他的那些演讲给予了英国人民战胜敌人，渡过难关的决心。

即便我们一个字一个字地背诵了很多遍，当我们面对听众时，也难免会遗漏一些，就算通篇一字不落，我们的演讲听起来也会很机械、不自然。为什么？因为你是在背诵讲稿，是出于记忆，而非发自你的内心。平日里，我们和人聊天，总是想到什么就说些什么，不会刻意地注意修辞、造句。为什么到了演讲的时候，不能这么做呢？

要是你还执意要写演讲稿并背诵记忆，那就有可能落得和范斯·布希内一样的境地。

范斯毕业于巴黎波欧艺术学院，现在是位列世界最大保险公司之一的衡平人寿的副总裁。在他刚加入衡平公司两个年头时，因为他如此巨大的成功，而受到重视，因此那一年，在弗吉尼亚召开的两千人"全美衡平人寿代表大会"，特意安排他作20分钟的演讲。

范斯非常激动，他感觉那是对他的鼓励。可惜的是，他采取了写好演讲稿背诵的方式。对着镜子他练习了不下40次，就连语气停顿、手势和表情都精心排练好，直到他自己觉得非常满意为止。

可是，终于要站到讲台上时，突然之间，他被恐惧牢牢控制住了，只说了一句话："我是这样计划……"他的头脑一片空白。惊慌的他情不自禁地后退了两步，可是脑子里还是一片空白，他又后退了两步，如此三番。讲台有4英尺高，没有围栏，和后面墙距离5英尺，就在他第四次后退时，一脚踩空，掉到了讲台和墙之间的空当里。听众们一阵哄堂大笑，甚至有一个人笑得太厉害，从椅子上摔了下来。至今，衡平公司的老员工们还对此事念念不忘。更搞笑的是，到现在还有人认为是公司为助兴有意安排的娱乐节目。

这件事的主角范斯·布希内是怎样对待这件事的呢？他曾亲口告诉我，那是他这辈子最丢脸的时刻。他感到没办法再面对公司同仁，就递交了辞职信。

后来在上司的安抚和鼓励下，范斯·布希内重新树立了自信，多年后，他竟成了公司里最擅言辞的人。他再也没有背过演讲稿。他的经验足以让你引以为鉴。

我听说过有很多人背记讲稿，但是我亲眼看到，当他们抛开演讲稿之后，演讲反而更生动、有趣。这样的演讲，或许会遗漏一两点东西，但是更加人性化，更具吸引力。

亚伯拉罕·林肯曾说："我无法欣赏一板一眼、乏味至极的演讲，我喜欢像在和蜜蜂搏斗一样的演讲者。"林肯说他最喜欢听自由、流畅的演讲。但是，如果你心里总是想着你演讲稿的下一句，你又怎能让你的演讲表现得自然、激昂、有动感呢？

大师金言

没有什么人是真正不能拥有卓越口才的，也没有什么人是真正不善于当众演讲的。关键看你有没有成功的自信。当然，自信来源于充分的准备，专注、思考、练习是必不可少的。

03
给自己成功的暗示

你应该记得，在第一章中有"当你面对众人讲话时要树立正确的态度"的话。这句话对于这里要阐述的另一项特殊工作——尽量利用机会说出一项成功的经验——依然适用。有三种方法很合适：

1. 把自己融入题材中。

题材选好后，应按步骤整理，并在朋友面前预讲。这样的准备还不够。你还得让你的题材更有价值，你要具备些激励人们的态度，那就是——笃信自己的信念。如何使演讲的内容令人信服呢？没有其他办法，除了详细探究题材，抓住其更深层次的意义，并问问自己，你的演说会给听众带来怎样的帮助，他们听过之后有何裨益。

2. 避免去想那些令你不安的负面刺激。

举例来说，设想自己会犯文法错误，或演讲中途会突然停顿，这就是一种负面的假想，它很可能在你开始之前就抹杀你的信心。开始演讲之前，最重要的是要把注意力从自己身上移开，集中精神听听别的演讲者说些什么，把注意力放在他们身上，这样你登台时就不会过度恐惧了。有一位日本歌手，每次面对公众恐惧时，就自言自语："我是听众所喜欢的！听众都很喜欢我！"这也是一种成功的暗示。

3. 给自己打气。

除非怀有某种远大的目标，并觉得自己在为此奉献生命，否则任何一位演说者都会对自己的主题产生怀疑。他会问自己，题目是否合适，听众是否会感兴趣等。很可能一气之下便把题目改了。这种时候，消极思想很有可能完全摧毁你的自信心，你应该为自己做一番精神激励，告诉自己，演讲很适合自己，因为它来自你的经验，来自你对生命的看法。对自己说，你比听众中任何一位都更有资格来作这番特别的演讲，并且，你会竭尽全力把这个问题述说清楚。这种方法管用吗？可能会。不过，现代实验心理学家都认为，由自我启发而产生的动机，即使是佯装的，也会为人带来有力的刺激。

　　每个人在演讲的时候都是有压力的，因为他要对自己对听众负责。如果一位知名人物，在承受巨大的压力下，却一点也不紧张的话，那只能说他对这种压力毫不在乎，因为只有当一个人几乎看破了一切，他才能真正保持镇静。但是，对于一位说话技巧不够娴熟的人来说，恐怕还很难达到这种心境。他很可能在上台之前想着：我一定要成功，不能出丑，不能失败；有时候甚至祈祷：愿上帝保佑我的演讲成功。

　　要想成功，不妨给自己一些积极的心理暗示。尽量避免种种使人沮丧的因素，一上台只把注意力集中在眼前的动机和效果上，至于过后怎样评价，在演讲过程中是可以不加考虑的，假如你已经有了周全的准备，你尽管讲下去。正如美国总统华盛顿所说："我只知道眼前的听众，而我说的词，正是对眼前的听众说的。"与此同时，利用内部语言不断地进行自我安慰、排解和鼓励，如：

　　"别人能行，我也能行。"

　　"别人能讲好，我可以讲得更好。"

　　"我准备得很充分，我一定能讲好。"

　　"我就是所谈问题的专家和权威，只有我最有资格发言。"

　　"讲得好坏没有关系，只要我按照准备的讲下去就是胜利。"

"听众是不会注意我讲的每句话的。"

"听众常常分心，他们爱想自己的事情。"

……

有的演讲者因为信心不足，会多少给出自我否定，"他讲得真好"，"我哪能比得上他呢？"这种负面的暗示对成功的演讲是非常不利的。日本人甚至主张"把听众当傻瓜"，当然这是一种极端的方式。古希腊演讲巨匠德摩斯梯尼在取得成功之前屡遭失败，朋友为其总结教训时说："你败于怯场。现在看来，你要设法越过心理障碍。我想，可以助你达到此目的的办法只能是：你应该在讲台上目中无人，权且把你的听众都当成驴！"虽然他这种说法不文雅，却让德摩斯梯尼产生积极的心理暗示，使其跨过心理障碍，最终取得了成功。

大师金言

心理的暗示作用是非常大的，你给自己消极的暗示，你就很难积极地采取行动；你给自己积极的暗示，暗示自己一定行，你就会成功。

04
表现得信心十足

一个人如果想获得成功，不断地树立自己说话的信心和增强自己说话的魅力，真正做到不盲目自信也不妄自菲薄是很重要的。当然，自信是最重要的。如果你表现得信心十足，你就会信心十足。

美国著名的心理学家威廉·詹姆斯写道：

行动看起来像是紧随于感觉之后的，但事实上，行动与感觉是并行的；行动是受意念直接控制的。同样，通过制约行动，我们可以间接制约感觉，而它是不受意志直接控制的。

因此，假若我们失去了原有的欢乐，那么通往欢乐的最佳的方法便是快乐地坐下、说话，表现得好像欢乐一直都在那里。如果这样的举动都不能让你感到快乐，那就没有更好的方法了。

所以，如果别人觉得你很勇敢，那你就表现得好像真的很勇敢。运用一切意志去达成那个目标，恐惧感就很可能会被勇气所取代。

接受詹姆斯教授的忠告吧！为了培养勇气，在面对观众时，自己不妨表现得就像真的很有勇气一般。当然，除非你早有准备，否则再怎么佯装也是没有用的。如果你对自己要讲的东西了如指掌的话，那放松地说出来就是了，并且，如果在讲话前能做一次深呼吸，效果会更好。

事实上，在上台之前，应深呼吸30秒。增加氧气供应可以提神。

杰出的男高音佳恩·雷斯基常说，当你胸中充满氧气时，你就可以席地而坐，紧张感便自动消失了。

站直身体，进入观众的视线，然后，信心十足地开始讲话，就像他们每个人都欠你的钱一样。想象他们欠你的债，想象他们聚在那里要求你宽限还债的时间。这种心理对你大有帮助。

如果你对这种理论存有疑虑，你可以找一位参加过我训练班的学员问一问，他们早就接纳了本书的意见。只需要几分钟，他们就能令你的想法改变。就相信这个美国人的话吧，他被视为勇气的象征。但实际上，他曾经非常胆小，后来，他花了一段时间训练自己的自信心，居然成了最勇敢的人。他就是最伟大的美国前总统——西奥多·罗斯福。

在自传中，他写道："由于自己曾是一个体弱而又笨拙的孩子，年轻时，我曾对自己的能力缺乏信心。我不惧艰辛地训练自己，训练自己的身体，还有灵魂和精神。"

幸运的是，他如此讲述自己获得成功的秘诀：

当我还是一个孩子的时候，我在马利埃特的书里读到一段话，印象极深，时时萦绕在心。那是一位小型英国军舰的舰长，向主角讲解怎样才能做到气宇轩昂、无畏无惧。他说，刚开始的时候，每个人想有所行动时都会害怕。应该学会驾驭自己，让自己表现得好像一点不害怕。这样持之以恒，原先的假装就会变成事实，他就是凭借练习这种无畏的精神，在不知不觉中变成了真正的无所畏惧的勇者。这便是我训练自己的理论根据。一开始，让我害怕的事情真多，从大灰熊到野马，还有枪手，没有我不怕的，可是我总是故意装出不怕的样子，慢慢地我就不再感到害怕。人们若是愿意，也能做得像我一样。

战胜当众讲话的恐惧，不论做任何事情对我们都会有极大的影响。那些接受这项挑战的人，会发现自己人品渐渐完美，战胜当众说话的恐惧，已使他们脱胎换骨，实现更丰富、更完美的人生。

有个推销员这样写道："站起来演讲几次之后，我觉得我什么人都可以应付了。一天早上，我走到一个特别凶的客户面前，没等他说'不'，我已经把样品摊在他的桌子上。结果，我得到了一份最大的订单。"

一位家庭主妇告诉我她的经历："原来我不敢邀请邻居上家里来，怕和客人不能融洽地谈笑。但是在班里站起来讲过话后，我决定请邻居来我家开个宴会。那次宴会开得非常成功。我毫不费力地来往于宾客间，与他们谈笑风生。"

在一个毕业班上，一名店员说："最初我很怕顾客，总是战战兢兢的。在班上演讲过几次后，我觉得说起话来有自信了，也从容了。我开始理直气壮地说出不同的意见。我在班上演讲后的第一个月里，我的销售业绩便上升了45%。"

他们发现，自己已经能够轻易地克服恐惧或焦虑了，从前可能会失败的事，现在却能成功了。从当众说话获得的信心，让自己信心满怀地迎接每一天的到来。你同样可以获得这种从来没有过的胜利感，用来迎接生命的难题和困扰，曾经接二连三的困境，也可以变成生活中增添情趣的愉快挑战了。

大师金言

从演讲中获得信心，你会获得"成功的习惯"，使你满怀信心地迎接每一天的到来，并有信心战胜可能的困难和挑战。

第三章

成功演讲并不难

为什么有的演讲能吸引观众？因为他们谈的是自己切身的经历：最幸福的一刻、最尴尬的事情、何时何地遇到自己的亲密爱人。他们专注地用自己的语言述说着自己的生命体验，没有上镜的恐惧，就像日常发生的事情重现在观众眼前。演讲也一样，只要你用真情去表达，你就会成功。

01
从切身体会谈起更容易引起共鸣

我在白天很少看电视，但最近有个朋友要我看一个下午节目，是针对家庭主妇而设的，收视率很高。朋友认为该节目里观众参与的部分一定会引起我的兴趣。的确是这样，我看了几次，很欣赏主持人能够请观众参与谈话，而观众的说话方式也引起我的注意：这些人显然都不是职业演讲家，也没有经过什么沟通技巧的训练，有的人甚至讲得很差，还读错字。可是他们全都说得很有趣，他们说话时似乎全无视镜头的恐惧，还能吸引观众的注意力。

为什么他们能做到这一点呢？我深知这其中的奥妙，因为在我的培训班里，同样的奥妙之处已经存在了许多年。这些寻常人家的男女老少，之所以能吸引观众们的注意，是因为他们谈的是自己的切身经历：最幸福的一刻、最尴尬的事情、何时何地遇到自己的亲密爱人。他们专注地用自己的语言述说着，完全不去顾虑什么文法修辞，也压根儿没想过什么开始、论据、结论。但他们却能博得听众们的喜爱——把注意力放在要述说的故事上。如果你想要学习当众讲话的技巧，以下的经验值得你借鉴。

说话是一门艺术，也是有诀窍的。我们应该认清这种巧妙的方法，才能少走弯路，早日获得成功。

前面说过，人们在电视节目中述说白己亲身的经历和体验，完全没有脱离实际，才使得那档节目大受欢迎。

　　许多年前，在芝加哥希尔顿大饭店举办的戴尔·卡耐基培训聚会上，有一位学员站起来就说："自由、平等、博爱，都是人类最伟大、崇高的追求。失去自由，生命便毫无价值。试想一下，要是你的人生处处受到限制，那样的生存有何意义？"

　　他刚开了个头儿，他的指导老师就明智地示意他停止，并问他这么说的依据是什么？是否曾经有过亲身的经历和所见所闻？这位学员述说了他自己令人惊奇的故事。

　　他来自当时仍被纳粹控制的法国，他告诉我们，他经历过地下斗争。他生动地讲述了生活在纳粹阴影下的耻辱，以及他和家人如何历经千难万险，才逃出法国，辗转抵达美国。他最后说道："今天，我自由地走上大街，走进这家饭店。我和一位警察擦肩而过，但我无须担心，也无须出示身份证。等到聚会结束后，我依然可以自由地前往芝加哥的每个地方。我只想说，一定要为争取自由奋斗到底。"他话音刚落，人们全都站起来为他鼓掌欢呼。

　　1. 述说生命感悟。

　　述说自己生命感悟的演讲者通常会深深吸引他们的听众。可是有很多演讲者不愿意这么做，他们觉得个人体会过于狭隘细微。他们更喜欢就天文地理甚至哲学理论来一番探究讲解，可这样的演讲不为大众所喜欢和接受。我们想要听有趣的故事，他们却只说些大道理，当然，我们并不抗拒大道理，只是那些道理完全可以在报纸杂志上读到。请你讲述生命的感悟吧，我很乐于和大家一起倾听。

　　据说，爱默生就是一位善于倾听的学者，不管当时情形是怎样的。他认为可以从任何人身上学到有用的东西，无论这个人是不是成熟的演讲者，也不管他是贫贱还是富贵。很少有人会比我听过的谈话更多，只要谈话者是在述说自己对生命的感悟，即便是极为琐碎微小的感受，我都会耐心听完，甘之如饴。

几年前，我的协会曾为纽约市银行的高层人员开办了培训课。自然，他们个个公务繁忙，很难全身心投入课程，也不能做好充分的准备和练习。他们一直站在自己的角度去观察、考虑问题，凭借自己多年的经验行事。自身的观念已经牢牢扎根。他们已经积累了四十几年的生活阅历可作谈资，可惜的是，很多人很难意识到这一点。

一个星期五，一位与上级银行有关的先生——这里，我们姑且称他为杰斐逊先生，发现到场的有45人，而他要说的是什么呢？在来这之前，他买了一份《福布斯杂志》。在去上课所在的联邦储蓄银行的地下火车上，他仔细阅读了一篇名为《十年成功秘诀》的文章，他打算在课堂规定的个人演讲时间里，讲讲这篇文章。

一个小时以后，当轮到他时，他站起来，开始大谈文章内容。可结果又是什么样的呢？

很明显，他还只是停留在阅读的层面，还未来得及思考，说不出自己想表达什么。他努力了，但他的神情和语气有些茫然，他更多的是在复述文章的内容，不断地提到作者的观点。这样的演讲毫无内涵，听众满耳都是《福布斯杂志》上是如何如何说的，属于杰斐逊先生自己的感悟却一点儿没听到。

当他演讲结束以后，指导老师问道："杰斐逊先生，我们对那篇文章的作者毫无兴趣，他不在这儿，我们看不见他，我们只关心面前的你和你自己的想法。告诉我们你在想什么，你个人的，而不是别的什么人的。你下周还用这个主题演讲，可以吗？希望你再次读这篇文章的时候，思考一下，自己是否赞同文章的观点。如果同意，请你用自己的观点来告诉我们。如果你不同意，告诉我们为什么。我们希望在下次演讲中听到杰斐逊先生你自己的声音。"

　　杰斐逊先生重新读了这篇文章，发觉自己并不赞同作者的观点，他以自己的行业经历来证明自己的观点，并深入思考提出疑问。在第二次作演讲的时候，他再没有复述的痕迹，每一个论点都出自他的感悟。他给我们展示的是他生命中的宝藏，是他多年经验的精华。这两场截然不同的演讲，学员们更欣赏哪一场呢？答案应该非常明了。

　　2. 从自身挖掘主题。

　　曾有人在我的教师中作过一个小调查，关于教导初学演讲者遇见的最大的问题。调查结果说明，教师们认为最大的问题是：引导初学者找到切合自己的主题。

　　什么样的题目才适合自己呢？来源于你的生活，对你有所启示，引发你的思考，这应该就是最适合你的主题。怎样寻找题目呢？静下心回忆往昔，挑选曾经给你留下深刻记忆的事情。几年前，我们对什么样的题目能引起听众的注意作了一番调查。我们发现，听众最喜爱极具个人感情色彩的主题。

　　成长的经历——个人特定的家庭背景、童年回忆、学习生活，这些相关主题都是容易引人注意的。人们都对别人成长中的遭遇和成败故事很感兴趣。

　　不论什么情形下，在演讲里，尽可能地加入自己成长中发生的事例。大多经典的电影、电视、戏剧故事，都取材于人们克服艰难险阻的真实事件。同样，你可以把受人们欢迎的事例运用在演讲当中。或许你会问，什么样的童年旧事会引起人们的兴致呢？很简单，哪一件事情虽历经多年，还令你印象深刻，就如昨日发生的一样，那这件事也一定会令听众感兴趣。

　　年轻时奋斗的故事——这是最具个人特色的经历。你可以讲述年轻时开创事业的遭遇，听众很喜欢听这个。讲述你为何选择了你从事的工作，又经历了怎样的曲折才取得成功的？如果你用诚挚的语言，告诉听众你的梦想和追求、你为此付出的努力和拼搏，以及一步步的事业之路。这样鲜活的人生主题，丰富内涵的演讲，是最保险的题材。

爱好和消遣——个人喜好不同，选择的主题当然各不相同。因此，讲述自己发自内心喜爱的事物，通常会很吸引人，说一件纯粹是因为自己喜欢才去做的事，是不会出差错的。因为你对此的热情超越别的事物，这一点也会通过你的演讲传递给听众，令他们感同身受。

专业知识——当你在某个行业工作多年，应该可以算是专业人士。最容易的演讲莫过于把自己多年的从业经验和专业知识解析给听众，在受到关注的同时，人们也会对你肃然起敬。

不同寻常的经历——你可曾和某位伟人相遇过？可曾参加过哪次战争？可曾精神受过重创？类似这种不寻常的经历都可作为演讲的素材。

信念和信仰——也许你很关注世界形势、社会变化，并且花费一定时间去研究过。在演讲中，你也可以谈论这些重大问题，但是切记，听众不想听那些板上钉钉的大道理，也不想听报刊上面的陈词滥调。他们希望听到你从自身角度阐述的信念和观点。要是你的看法和听众们相差无几，最好避开不提。另一方面，如果你对某个问题研究多年，极有心得，毫无疑问，这个主题非常合适，那你就用它。

在前面的叙述中我们知道，演讲并不是把演讲的内容写在纸上，然后逐段逐句地把它背下来，也不是从报纸或书上摘取大意。演讲的精髓就在你的内心和生命体验里，不要怀疑，只要你精心发掘，就能信手拈来。正是因为带有鲜明的个人色彩，是独立的个体事例，你的演讲才更令人感动和震撼，会比很多我遇见过的职业演讲家的演讲更具吸引力。

当你讲述自己最为熟悉的事情时，你的热情和专注才会达到顶点。

大师金言

叙述自己的生命经历，把自己的个人体验融入演讲当中，最能打动人心。

02
对自己的主题真情流露并充满热情

　　只有被感情支配的人才能使人相信他的情感是真实的，因为人们都具有同样的天然倾向。只有最真实的情感流露，才能引起人们的共鸣。

　　美国最伟大的总统之一林肯出生在一个鞋匠家庭，而19世纪的美国社会非常看重门第。林肯竞选总统前夕，在参议院演说时，遭到了一个参议员的羞辱。那位参议员说："林肯先生，在你开始演讲之前，我希望你记住你是一个鞋匠的儿子。"林肯看看他，没有生气、没有愤怒，而是用略带伤感的语气深沉地说："我十分感谢你说的话，因为它使我想起我的父亲，他尽管已经去世了，但我会永远记住你的忠告，我知道我做总统无法像我父亲做鞋匠做得那么好。"

　　听了林肯这一席话，参议院陷入一片沉默。过了一会儿，林肯又对刚才那个参议员说："据我所知，我的父亲以前也为你的家人做过鞋子，如果你的鞋子不合脚，我可以帮你改正它。虽然我不是伟大的鞋匠，但我从小就跟随父亲学到了做鞋子的技术。"说完这几句话后，林肯大声地对全体参议员说："对参议院的任何人都一样，如果你们穿的那双鞋是我父亲做的，而它们需要修理或改善，我一定尽可能帮忙。但是有一件事是可以肯定的，我无法像他那么伟大，他的手艺是无人能比的。"说到这里，林肯流下了眼泪，顿时，参议院所有的嘲笑都化成了真诚的掌声。后来，林肯如愿以偿地当上了美国总统，并领导美国人民取得了解放黑人奴隶战争的胜利。

　　并非你我有资格谈论的所有题目都会激起听众的兴趣。比如说，我是"自己动手"型的人，我也够格谈谈如何洗盘子。可是不知怎么搞的，我对这个题目没有任何兴趣，而且事实上，我压根想都不愿去想这些事。可是，我却听家庭主妇们把这个题目说得非常精彩。她们或者对永远洗不完的盘子心存怒火，或者发现了新的方法可以处理这让人头疼的家务。不管怎样，她们对这个话题极其来劲。因此，她们可以把洗盘子的话题说得有声有色。

　　这里有个问题，就是你认为合适的题目，是否适合当众讨论。如果有人站起来直言反对你的观点，你是否能够信心十足、言辞激烈地为自己辩护？如果你会，你的题目就对了。

　　1926年，我曾到日内瓦参观国际联盟第七次大会的会场，事后曾做下了笔记。最近，我无意间又看到这些笔记。以下是其中一段："在三四个死气沉沉的演说者读过自己的演讲稿后，加拿大的乔治·费斯特爵士上台发言。我注意到他并未携带任何纸张或字条，对此，我大为欣赏。他常用些手势表达自己，他心无杂念，全部心思都放在了他要说的事情上。他热切地希望听众能了解他所要讲述的内容，把自己心中的信念传递给听众，这种情形，就像窗外澄明的日内瓦湖。我一直倡议的那些法则，在他的演讲里展现得完美无遗。"

　　我常会想起乔治爵士的演讲，他真诚、热情。只有对所选的题目是真心所感、真心所想时，才会流露出这种诚意。费希尔．J．辛主教是美国最具震撼力的演说家，他从早年生活中学到了这一课。他在《此生不虚》一书里写道：

　　　　我被选入学院的辩论队。在圣母玛丽亚辩论的前一晚，我们的辩论教授把我喊到办公室里责骂了一番。"你真是饭桶！你是本院有史以来最差劲的演说者！""好的，"我想替自己辩解，"我既然是饭桶，你干吗还挑我参加辩论队？""因为，"他回答说，"那是因为你有思想，而不是因为你会讲。到那个角落去，从演讲词中抽出一段讲给我听。"我把一段话反反复复地说了一个钟头，最后，他问："看出其中的错误了吧？""没有。"于是再来一个半钟头，两个钟头，两个半钟头。最后，我精疲力竭。他问："还看不出错在哪里吗？"由于天生反应慢，过了这两个半钟头，我懂了。我说："我知道了，我没有诚意，心不在焉，说得没有真情真意。"

就这样，辛主教学到了永生不忘的一课：把自己融入演讲中。他开始对自己的题材热心起来。直到这时，那位明智的教授对他说："现在你可以讲了！"

如果我们班上有学员说："我对什么事都不感兴趣，我的生活单调平凡。"我们接受过训练的老师就会问他，闲着的时候他都做些什么？他们的回答各不相同：有的说去看电影，有的说去打保龄球，有的则去种玫瑰花。还有一位告诉老师说，他收集有关火柴的书籍。当老师继续问他这不同寻常的嗜好时，他变得越来越有精神。一会儿，他便手舞足蹈地描述起自己储存书籍的小房间来。他告诉老师，他几乎收藏了世界各国有关火柴的书籍。等他对自己最喜爱的话题兴奋起来后，老师打断他："为什么不对我们说说这个题目呢？我觉得挺有意思的。"他说，他从来没想到有人会对这个感兴趣。这个人没有钱，他多年的精力都放在了这个兴趣上，近乎一种狂热的地步，而自己却否定它的价值，认为不值一谈。老师恳切地告诉他，衡量一个题材有无趣味价值的标准，就是问自己对它有多感兴趣。于是，他以收

藏家的姿态大谈了一个晚上。后来我听说，他还前往各种午餐俱乐部
去演讲有关收集火柴书籍的情形，并因此得到了地方人士的青睐。

大师金言

　　唯有对所选的题目是发自内心的真实感想，演讲者才会表现得真
诚、热心，也才能赢得听众的共鸣。

03

让听众产生共鸣

　　演讲都是由三个要素构成的：演讲者、演讲词以及听众。演讲者使自己的演讲与听众发生关联，演讲的情况才真正形成。演讲也许准备很周详；话题，演讲者可能也很热衷；然而要使演讲成功，还需考虑一个因素：那就是他要让听众觉得他要讲的内容很重要；演讲者不仅自己要对自己的话题充满热情，还得把这种热情传递给听众。历史上著名的雄辩家都具有这样的能力，或者是传播福音术，随你怎么叫。高明的演讲者热切地希望听众能够感觉到他所感觉的东西，同意他的观点，做他以为他们该做的事，分享他的快乐，分担他的苦闷。以听众为中心，而不是以自我为中心。他明白自己演讲的成败不由他来决定，而是由听众的脑袋和心决定。

　　在倡导节俭运动期间，我为美国银行学会纽约分会训练一批人，他们中有一个人特别无法和听众沟通。为了帮助他，我们采取的第一个措施是使他的大脑和心思对他自己的话题产生兴趣。我让他到一边去把题目思考再三，使自己对题目产生出热诚。我要他记住，纽约的"遗嘱认证法庭纪录"显示，85%的人过世时，没有留下一分家产，只有3.3%的人留下10000美元或更多的钱财；他要时常想着，他不是在求人发善心，或是求人做些经济无法负担的事，他要这样对自己说："我是在为这些人工作，以便他们老了以后可以老有所养、生活舒适，并给妻儿的生活一些保障。"我要他知道，他是在从事一项了不起的社会服务。

　　他想了一会儿，把这些事实考虑清楚以后，他的脑海里终于燃烧起热情来。他唤起了自己的兴趣，激发了自己的热心，并感到自己确实责任重大。于是，他开始外出演讲，那些传递他信念的词句为他赢来阵阵掌声，他把节俭的好处跟听众一起分享，因为他渴望帮助人。他不再是个脑子里装着一些简单事实的演讲者，他成了一名传教士，努力使人们信奉具有价值的信仰。

　　在我的教学生涯里，对训练教程中如何在众人面前说话的原则再三考虑。这些教程只是老师们经验和知识的总结，而他们并未从夸张的演讲技巧中有所突破。

　　我永远忘不了我的第一堂演说课。老师教我将两臂放在身体两侧，手掌朝后，手指半曲，大拇指轻轻靠近大腿。他又教我，把手臂举起，在空中划出优美的弧线，优雅地转动手腕，然后将食指张开，接着是中指，最后是小指。整套似乎合乎美学标准的动作完成之后，手臂要按着原来的弧度再度停放于双腿的两侧。整个表演既无生气，又有些做作，既不合理，也缺乏真诚。

　　我的老师并没有试图教我将自己的个性融入演讲之中，也没有让我像个正常人一样，兴趣盎然地与听众天南地北地交谈。这种机械化的演说训练方式，怎么能获得听众的认同呢？

大师金言

　　将经验与热情融入你的言语中，生机勃勃地面对听众，听众回报你的将是热情、鼓励和赞扬。

第四章

做好演讲前的
准备工作

只要遵循正确的方法，做周密的准备，任何人都能成为出色的演讲家。相反，哪怕你有智者一样的年纪或者有非常老到的经验，如果没有适当的准备，仍然会在演讲中尴尬不已。

01
给演讲划定一个范围

一旦你确定了演讲的主题，第一步要划出演讲的范围，并且根据这个范围去做准备材料，切不可漫无边际。有位年轻人只有两分钟演讲时间，主题却定为《公元前500年雅典战争史》，这样庞大的主题一点都不实用，两分钟时间还不够他介绍雅典城呢！他妄图在一场演讲中涵盖广泛的领域，他必定会失败，别人什么都听不明白。有许多演讲，不能吸引听众的注意力，原因就在于此。为什么呢？因为听众的思想在短时间内，往往比较集中，只能集中在一点或几点上，不可能对一大堆东西全面关注。要是你的演讲像是世界年鉴的报告，即便再真实，你也不可能长时间地抓住听众的注意力。举个简单的例子，像《黄石公园》这样看似简单的题目，大多数人都想要面面俱到，不遗漏任何一个景点。听众就像走马观花一样被带着从一个地方到另一个地方，最后，溪流、高山、喷泉，等等，什么都没记住，反而搞得头昏脑涨。聪明的演讲者应该在公园中诸多的景色中挑选一处特殊的景物，或是动物或是温泉，详尽地描述，在有限的时间里，将公园鲜活生动地呈现在听众面前。

这个法则适用于任何演讲，不论演讲是关于销售、制作糕点、纳税制度还是原子弹，你在开始前都必须限定一个范围，以配合自己演讲的时间。

如果是5分钟之内的演讲，大致分成一到两点即可。大约30分钟的演讲，也不能超过4到5个要点，不然就很容易把演讲弄得散漫无趣。

大师金言

在有限的时间里，主题一定不能太多，要尽量将你的主题鲜活生动地呈现在听众面前。

02
多做积累，有备无患

　　只触及问题表面的演讲要比阐述问题深层意义的演讲容易得多，但同时也只能给听众留下浅显的印象，甚至没有印象。在主题和范围都确定后，你要多问自己一些问题，促进自己的思考，让准备工作更充分完全，让自己在演讲中更有把握。为什么我要这么说？这是我亲眼所见还是从经验得来？我想要证明什么？这件事情到底是怎样发生的？

　　解答这些问题，将使你加深对主题的了解，充满自信。也会使听众无形中受到感染，印象更加深刻。植物学家路德·波潘克被人视为怪异，他为得到一两种高级的品种，居然培育了百万种的新品。演讲就应该这样，你可以依照主题作出百种设想，最终你却要舍弃90种。

　　畅销书《内涵》的作者约翰·甘德表示，自己在写书或演讲之前，"搜集的相关资料总是十倍甚至百倍于我所实际需要的"。

　　一个极特殊的情况是，1956年，他准备写关于精神病院的系列文章。他拜访了全国各地的精神病院，分别和院长、工作人员及患者谈话。我有位朋友帮助他进行这项研究，这位朋友告诉我，他们一起跑遍了大小医院，从这栋楼到那栋楼，从楼上到楼下，不知走了多少路。甘德先生不知记了多少本笔记，在他的办公室里，从天花板到地面，堆满了政府、州、县医务报告、医院的文件和各类统计报表。

"最后，"我的朋友告诉我，"他一共写了4篇文章，篇幅都不长，简明生动，很适合拿来演讲。虽然完成的只是简简单单的几页纸，但为了使每个数字都基于事实，他积累的资料和笔记不下20磅。"

甘德先生对此很有心得，他知道自己是在挖掘一座埋着黄金的矿山，他不会放过任何一块矿石，最后将珍贵的金子筛选出来。

我有位朋友是外科大夫，他曾这样说："我只需10分钟就能让你学会割盲肠，可是想让你明白一旦出了问题要怎样弥补，这至少要用4年的时间。"

演讲的道理也与此相似，必须要做完整的准备，以备急需。比如，也许你和前一位演讲者侧重点大同小异，你不得不临时改变，或者要在演讲结束后，回答听众的突发提问。

你应该尽可能地在第一时间选定主题，这样会有充足的时间为此准备。不要拖拖拉拉，直到演讲的前几天才定下主题，那你就失去了最好的准备时机。每天你都可以有一些空闲时间，用来研究演讲内容，不断完善，提取思想的精华部分。在你开车回家、等车或是坐地铁的时候，不妨多想一想自己的演讲，也许随时都有新的灵感突然迸发。

诺曼·托马斯是个知名演讲家，他即使遭到和他不同政治阵营的听众的大力反驳，也能控制好他们的情绪，令他们尊敬自己。他说："如果你重视这次演讲，你就会无时无刻不在揣摩演讲的主题。当你走路时、阅读报刊时、上床睡觉或是睡醒时，你都这样做，很快你就会发现有无数有用的例子和妙语都自发地涌上你的心头。不费心思的准备只会带给人们毫无新意的演讲，也是对题目认识不清的结果。"

当你在为一场演讲做准备的时候，请千万不要把演讲顺序逐字逐句地罗列出来，千万不要这样，因为一旦你确定了一个范围，可能就会局限于此，不再对此进行进一步思考。而且，你也可能无意中开始背诵讲稿。

马克·吐温评价这样的演讲稿说："为演讲写下这样的文字，是不自由的，僵硬、不生动，它是文学作品，不会给你的舌头带来任何快感，不是真正为演讲而准备的。背诵它，就无法口齿灵活地传达信息。演讲并不是严肃的说教，应该用流畅自然的语言来吸引听众，如果只是照本宣科，那所有的听众估计都会烦闷不已。"

天才发明家查尔斯. F. 凯特林对通用公司的成长贡献极大，同时他也是美国一位极负盛名的演讲家。曾经有人问他是否会把演讲内容事先都详细地写下来时，他回答说："我要讲的内容，我相信是非常重要的，无法写在纸上。我宁可让听众用心记下我的每一句话。我演讲中包含的情感和思想，可不是一张纸所能承载的。"

怎样才能使自己的积累足够多呢？一个没有足够知识积累的人，你当然不能希望他应对如流。学问是一个利器，有了这宝贝，一切皆可迎刃而解。你虽不能对各种专门学问皆有精湛的研究，但是对所谓"常识"却是必须具有的。掌握一般的"常识"的东西，在自己心中潜移默化消化吸收，就可以巧妙地运用在各种场合，那么，假如需要你做10分钟的兴趣谈话，我想是不难的。

与时俱进，这是你充实自己的方法。每天的报纸，每月所出的各种著名杂志，都是必须阅读的，这是最低限度的准备工作，如果你想在演讲中出人头地的话。世界的动向，国内军政情形，一般的经济状况的趋向，科学界上的新发明和新发现，世界所注目的地方或新闻人物，以及艺术名作、时尚风向、电影戏剧新作品的内容，等等，皆可从每日的报章和每月的杂志中看到。我们看到很多人，无论是坐在公交车上还是午休的一点时间，都在看报纸或者杂志，这样的习惯是应该养成的。

大师金言

知识是任何事业的根本，你要使你的演讲生动而丰富，能适应任何人的喜好，就要多读书报杂志，使天地间的知识储备在你的大脑中，到要应用的时候，则可选择整理，应用自如了。

03
尽量使用描述和例证

1941年12月7日，日本偷袭美军太平洋基地——珍珠港。12月8日，罗斯福总统在国会大厦向参众两院的议员们、最高法院的法官和政府部长们，提出对日宣战的决议，并通过美国广播公司向美国发表了慷慨激昂的《关于宣战对国会的演讲》。

这篇著名演讲仅仅有6分钟，却简明有力，把激昂愤怒之情融于理智精要的分析批判中，产生了巨大的说服力和强烈的鼓动性。如此短小精悍的演讲，能达到如此强烈感人的效果，绝不是一般演讲家所能达到的艺术境界，同时，这也是历史之声，他向世界发出的正义之声。下面我们再来重温这篇经典的演讲：

副总统先生、议长先生、参众两院的议员们：

昨天，1941年12月7日——它将永远成为美国的国耻日——美利坚合众国遭到了日本帝国海、空军有预谋的突然袭击。

美国当时同该国处于和平状态，而且应日本的请求，仍在同它的政府和天皇进行谈判，以期维持太平洋地区的和平。其实，就在日本空军中队已经开始轰炸美国瓦胡岛之后一小时，日本驻美大使及其同僚还向我们的国务卿递交了一份对美国最近一封信函的正式答复。虽然复函声言继续进行外交谈判似已无用，但并未包含有关战争或武装进攻的威胁或暗示。

应该将这一点记录在案：夏威夷同日本相距甚远，显而易见，这次进攻是许多天甚至数星期之前便精心策划好的。在此期间，日本政府故意通过虚假的声明和希望维持和平的言辞欺骗美国。

昨天，日军对夏威夷群岛的袭击，使美国海陆军部队遭受重创。我沉痛地告诉各位，许许多多的美国人被炸死。此外，据报告，美国船只在旧金山和火奴鲁鲁的公海上亦遭到鱼雷袭击。

昨天，日本政府也发动了对马来地区的袭击。

昨夜，日本军队袭击了香港。

昨夜，日本军队袭击了关岛。

昨夜，日本军队袭击了菲律宾群岛。

昨夜，日本军队袭击了威克岛。

今晨，日本军队袭击了中途岛。

这样，日本就在整个太平洋区域发动了全面的突然袭击。昨天和今天的事实说明了一切。美国人民已形成了自己的见解，并完全明白我们国家的生存和安全所受到的威胁。

作为陆海军总司令，我已指示采取一切措施进行防御。

我们整个国家都将永远记住这次日本对我袭击的性质。

不论要用多长的时间才能战胜这次预谋的侵略，美国人民的正义之师必将赢得全胜。

我相信我表达了国会和人民的意志：我断言，我们不仅将尽全力保卫我们自己，而且将确保永远不再受到这种背信弃义行为的危害。

战争业已存在。谁也不能否认，我国人民、我国领土和我国利益正处于极度危险之中。

我们相信我们的武装力量，依靠我国人民的无比坚强的决心，我们必将取得胜利。愿上帝保佑我们。

我要求国会宣布，自1941年12月7日星期日日本对我国无端进行卑鄙地袭击，美国同日本帝国之间已处于战争状态。

在这篇演讲中，罗斯福总统列举了日本军队一系列的侵略行动，使人倍感形势的紧迫，使美国人民从切身的利益出发，迅速抛弃了孤立主义的情绪，很快参加到反法西斯的战争中来。

在《写作的艺术》一书里，鲁道夫·弗里奇在某一章的开头这样写道："只有故事才能畅达可读。"接着，他利用《时代》与《读者文摘》来说明如何运用这条法则。他说，这两份受人喜爱的杂志每篇文章几乎都是以纯粹的叙述文字来写的，或者是充满了很多趣闻轶事。无可否认，故事在演讲中也具有吸引听众注意力的作用，就跟写杂志差不多。

下面的一个故事也许对你有所启发。

古时，一个音乐家得罪了皇帝，被关在监牢里，可是他还是每天拉他那心爱的小提琴。

到了执行死刑的前一天，狱卒问他："明天你就死了，今天还拉它干什么呢？"

你猜那个音乐家怎么答呢？他说："明天就要死了，今天我不拉，还有什么时间拉它呢？"

这不过是个故事，姑且不论跟我们这个题目是否有关，但是有一点是清楚的，人们对故事感兴趣，渴望听下去，并知道最终的结果。既然如此，为何不在讲故事上下点功夫呢？

很多人都喜欢听诺曼·文森特·皮尔的演讲。他说，在演讲中，他最喜欢用举例子的方法来证明自己的论点。一次，他告诉《演说季刊》的一位采访人说："使用真实的例子，是我所知道的最好的方法。它可以使主题明确、生动，且具说服力。我经常使用好几个例证来支持我的论点。"

阅读我的作品的读者，很快会察觉我也喜欢使用有趣的故事来论说我的要点。《人性的弱点》一书里的原则，列出来只有一页半，其余的几百页里都是故事和例证用以引导读者如何有效地利用这些法则。

我们怎样接受这些重要的技巧并恰当地使用这些实例资料呢？有五种方法供我们选择：人性化、个性化、具体化、戏剧化和视觉化。

1. 演讲要具人情味。

如果你老是谈事情或一些观念性的问题，很可能令人感到厌烦，但如果你谈论的是人的问题时，绝对可以吸引人们的注意力。当新的一天到来时，在全国各地，隔着后院的篱笆，在茶几和餐桌上，会有几百万次交谈进行着——大部分交谈的主要内容将是什么呢？人。他说，某某太太做了这件事，我看到她干了什么事，他发了一笔"横财"，等等。

我曾在美国和加拿大各地的学生聚会上发表演说，我很快从经验中学到：要想引起他们的兴趣，必须谈些跟人有关的故事。每当我谈到较为广泛和抽象的观念时，孩子们就坐立不安了：约翰显得不耐烦，在座位上挪动着身子；汤姆对旁边的同伴扮鬼脸；比利把某件东西丢向另一排座位。

有一次，我要求巴黎的一群美国商人就"怎样获得成功之道"发表演讲。他们大多数人都只列举了一大串抽象的特征，并且大谈什么勤奋工作、坚持不懈和远大抱负的价值等空洞的语言。

因此，我中止了上课，说了下面这番话：

我们没有人愿意别人对我们说教。请记住，一定要让我们感到愉快和有趣，不然，不论你说什么，都不会引起我们的注意。同时也请记住，世上最有趣的事情，莫过于精炼雅致、妙语生辉的名人轶事。所以，请告诉我们你所认识的两个人的故事，告诉我们为什么他们一个会成功，而另一个却失败了。我们会很乐意听。而且，没准我们还会从故事中受到很多启发呢。

我们班里有个学员，总觉得要提起自己的兴趣或激起听众的兴趣是非常困难的。可是这一晚，他却懂得了"人性兴趣"的建议，向我们讲述了两个大学同窗的故事。

他们中有一位，做事非常谨慎，在城里不同的店里买衬衫，并制作图表，显示哪一件衬衫最经得起洗熨，最耐穿，以求使自己的每块钱都能得到最有价值的利用。他的心思总在一分一厘上计较。等他毕业后，他自视甚高，不愿像别的毕业生那样从基层开始做起。因此，第三年的同学聚会来临时，他仍旧在画他的衬衫洗熨表，仍然在等待好事的到来。可是好事就是不来。从那时到现在，已过了四分之一世纪，他一生都在抱怨、不满，终究没什么作为。

然后，这个演讲者又把这一失败的例子拿来和另一个同窗的故事比较：这个同学已经超越了自己当初所有的期盼。这位朋友很容易相处，每个人都很喜欢他。虽然他立志要成就一番大事业，却甘愿从绘图员开始做起。不过，他总在寻找机会。当时纽约世界博览会正在筹备阶段，他打听到那里需要工程人才，便辞去费城的职务，前往纽约。他在那里与人合伙搞起了承包工程的业务。他们承包了很多电话公司的业务，而此人最终也被世博会以高薪聘用。

我这里所说的，只是这个演讲者所说的概要而已。他叙说了许多动人而充满人情味的细节，使他的演讲妙趣横生。他一直说着，说着。这个人平常总说自己连3分钟演讲的资料都找不到，但等他演讲完了，他吃惊地发现，这次，他讲了足足10分钟。因为讲得太精彩了，所有人似乎都觉得意犹未尽。这是他第一次真正的胜利。

几乎人人都会对这件事有所领悟。演讲中若能带有含人情趣味的故事，一定能引人入胜。演讲者应该只讲述少数重点，然后以具体的事例作为引证。这样的演讲方法，一定能抓住听众的耳朵。我们每个人都会在这样的故事中有所领悟。

如果可能的话，这些故事应该谈及个人的奋斗，以及经过奋斗而获得胜利的过程。我们每个人都会对他人的奋斗及战斗拥有十分浓厚的兴趣。有句老话说"世人皆爱情人"，不是的，世人皆爱打架。人们最喜欢看两位男人为追求一位女性而大打出手。如果你想证明这一事实，不妨去阅读任何一篇小说、杂志上的短篇故事，或是去看任何一场电影。当所有的障碍都被克服，那位男主角最后终于把所谓的女主角抢到手中时，观众们立即开始伸手去取他们的帽子和外衣。5分钟后，清扫的妇女就要一面打扫戏院，一面喋喋不休了。

所有杂志上的小说，几乎都是以这种方式为基础。所有的作者都在尽一切可能使读者喜欢故事中的男主角或女主角，使他或她去热烈追求某些事物，使那些事物显得似乎无法获得，然后再描述男主角或女主角如何奋斗而终于得到了他们所需要的。

一个人如何在恶劣的情况下，在某种环境或情况下艰苦奋斗，最后终于获得成功，这类故事一向最能激动人心，一向最能吸引人们的兴趣。有一次，一位杂志编辑对我说，任何人的真实及内幕性的生活都是很有趣的。如果某个人经历了挣扎与奋斗——谁不曾有过这种经验呢——只要把他的故事正确地说出来，必然会引起人们的兴趣，这是毫无疑问的。

当然，这种材料都来自于你的生活。不要因为觉得不该谈论自己，便踌躇不敢述说自己的故事。一个人只有在心怀敌意、狂妄自大地讲述自己时，才会引起听众的反感。不然，听众对演讲者所叙的亲身故事会非常感兴趣。亲身经验是吸引人们注意力最稳当、可靠的方法，千万别忽视了它。

2. 提名道姓，使演讲具体化。

最重要的是，如果故事牵涉到别人，最好使用他们的真名，如果想保护他们的隐私，也可以杜撰假名。即使你使用像"史密斯先生"或"乔·伯朗"等不具个人特性的名字，也比使用"这个人"或"某个人"生动。人名具有显现个体的作用，就像鲁道夫·弗里奇所说的，"没有什么能比名字更能增添故事的真实性了；隐姓埋名，是最虚伪的。试想一下，没有人名的故事有什么意思。"

如果你的演讲中出现许多名字与个人的代称，你就可以确定这个演讲很值得一听，因为你的演讲已有了非常重要的因素——人情趣味。

3. 要明确而有细节。

关于这点，你也许会说："这样当然好啦，但是我怎么知道细节是否充足？"有可以测试的方法。利用新闻记者写新闻所遵循的"五W原则"：何时（When）、何地（Where）、何人（Who）、何事（What）、何故（Why），假如你也依照这个原则来做，你的例子便会生机盎然。我先举出一件自己的趣事加以说明。这则趣事在《读者文摘》上刊载过。

离开大学以后，我用了两年的时间在南达柯他州到处跑，在铁甲公司做销售。我四处旅行，坐的都是运货卡车。一天，我必须在费城耽搁两小时才能搭上一班南行的火车。由于费城不在我负责的区域之内，因此这段时间我无法进行推销工作。还有不到一年的时间，我就要去纽约的美国戏剧艺术学院念书了，所以，我决定利用这段空闲来练习演讲。我漫无目的地走过停车场，开始演练莎士比亚《麦克白》里的一幕。我一边猛地举起双臂，一边戏剧性地高呼："在我眼前的是把匕首吗？它的柄正朝着我？来吧，让我握着你，虽然抓不着你，但我依然能够看见你！"

当我正沉浸在剧中时，四名警察突然朝我扑来，问我为何要恐吓妇女。我非常惊恐，就算他们指控我抢劫火车，我也不会感到如此惊异。他们告诉我，有个家庭主妇，一直在一百码以外从自己厨房窗帘的后面注视着我。她从未见过这样的举动，便打电话给警方，而他们到达时，恰好听到我在吼叫着关于匕首的情节。

我告诉他们，我是在"演练莎士比亚"，但是，直到我出示了铁甲公司的订货簿以后，他们才同意放我。

请注意，这则趣闻是怎样回答了上面"五W"公式里的各个问题。

当然，细枝末节过多还不如没有细节。我们都曾被冗长、肤浅且跟主题无关的细节搞得烦厌不堪。注意看看，我在叙述自己在南达柯他州某镇几乎被捕的事件里，对于五个W问题里的每一个，都有简短扼要的回答。假如演讲中乱糟糟的全是鸡毛蒜皮的琐事，听众一定不能全神贯注。抹杀一个演讲最严重的就是导致听众的不专注。

4. 利用对话，使演讲戏剧化。

假设你要举例说明自己如何利用人际关系的原则成功地平息了一

位顾客的怒火，开头可能会这样说：

前几天，有个人走进我的办公室。他怒不可遏，因为我们前一周送到他家里的器具操作不灵了。我对他说，我们将竭尽所能处理好这种情况。一会儿之后，他平静下来，对我们全心全意要把这件事情做好显得很满意。

这个小事件有个优点——它十分详细——可是它缺少姓名、特殊的详情，以及最紧要的能使这件事活生生呈现眼前的对话。下面是添枝加叶后的故事：

上星期二，我办公室的门砰的一声被推开了。我抬头一看，查尔斯·伯烈克正怒气冲冲地朝我走来。他是我们的一位老顾客。我没来得及请他坐下，他劈头就说："艾德，这是你最后的一件事了，你即刻派辆卡车来，把那台该死的洗衣机给我从地下室里拖走。"

我问他怎么回事，气急之下，他几乎无法回答。

"它根本不能用，"他吼道，"衣服全缠在一起，我老婆讨厌死它、烦死它了。"

我请他坐下解释清楚些。

"我才没时间坐下，我上班已经迟到了！我以后再也不到这儿来买家庭用品了。你相信我，我再不来了。"说到这儿，他伸出手来，又是拍桌子，又是敲我太太的照片。

"听我说，查理，"我说，"你坐下来把经过都告诉我，我答应你，我会为你做一切我应该做的事，好吧？"听了这话，他才坐下，我们总算平平静静地把事情谈清楚了。

　　并不是每一次你都可以把对话加进演讲中去。不过你应该可以看出，上面摘录中引用的对话，使故事更具戏剧性。如果演讲者模仿原来的声调语气，对话就更有意思了。而且日常生活中的会话，会使演讲更具真实性。它会让你有就好像是一个人正隔着一张桌子跟你讲话一样。而不是像个学富五车的老学究在学会会员面前宣读论文，或是像个大演说家对着麦克风狂吼。

　　5. 把演讲的内容视觉化。

　　心理学家告诉我们，85%以上的知识，是经由视觉印象为我们所吸收的。这无疑向我们说明了电视之所以为广告与娱乐媒介，以及其所以收效甚大的原因。当众说话也是如此，它既是一种听觉艺术，也是一种视觉艺术。

　　以细节来丰富演讲，最好的方法是让内容视觉化。也许，你花费几个小时只是为了告诉我如何挥动高尔夫球杆，我可能会对此感到厌烦。可是，如果你站起来表演怎样把球击下球道，那我就会全神贯注地听了。同样地，如果你用手臂和肩膀来描绘飞机飞行不稳的情况，我肯定听众会更关注你在生死边缘徘徊的结果。

　　我记得一个实业界人士组成的班级里有一场演讲，它所展现的视觉细节非常难得。演讲者是在跟视察员和效率专家开一个无伤大雅的玩笑。他模仿这些先生们在检验破损的机器时所做的手势与身体的滑稽动作，比我在电视上看过的一切都有趣生动多了。更值得一提的是，视觉化的细节使人对那场演讲难以忘怀——至少我再也忘不了了，我相信，班上其他的学员也一定至今还会谈论到它。

　　请听听下面这一段英国历史学家麦考莱对查理一世的谴责。请注意，麦考莱不仅使用了图画，也运用了平行的句子。强烈的对比，一向能吸引住我们的兴趣。强烈的对比，就是构成下面这一段文字的砖头与水泥：

　　我们指责他破坏了自己的加冕誓言，而却有人说他维持了婚姻誓言！我们指责他放弃他的子民，使他们遭受脾气暴躁的主教的无情打击，而却有人替他辩护说，他把他的小儿子抱在膝上亲吻！我们指责他在答应遵守《权利法案》之后，却又违犯了其中的条款，而我们却被告知，他习惯于在清晨6点祈祷！基于上述这些考虑，以及他的范大克式的服装，他那张英俊的脸孔和他那尖削的胡子，他的声望应归功于我们这一时代。

大师金言

　　人性化、个性化、具体化、戏剧化和视觉化，这是一场成功的演讲必不可少的因素。

04

多用具体、耳熟能详的字眼

　　演讲者的第一目标是吸引听众的注意力；要做到这一点，还有一个极为重要的技巧，然而，它却完全为人们所忽视。一般的演讲者，似乎并没有注意到它的存在，也恐怕从未感觉到它，想到过它。我所说的这个技巧，就是使用能形成图画般鲜明景象的词句。能够让听众感觉轻松愉快的演讲者，是最能在你眼前塑造景象的人。使用模糊不清的、烦琐的、无颜无色的语言的演讲者，只会让听众打瞌睡。

　　景象！景象！景象！它们就像你呼吸的空气一样，是免费的呀！而把它们点缀在演讲里，你就更能给别人带去欢乐，也更具影响力。

　　举一个例子，假设你想说明，尼亚加拉大瀑布每天所浪费掉的潜在能量极为惊人，而你只是概略地这样说，然后说，如果这些能量能够使用起来，会让更多的人获得温饱。这样的讲述有没有趣呢？没有趣。下面引述了爱德文·史洛森在《每日科学新闻公报》中对这件事的报道，比较一下，他的讲述是不是精彩很多？

　　我们知道，美国境内有几百万穷人吃不饱，穿不暖。然而，在尼亚加拉瀑布这儿，却平均每小时浪费25万条的面包。我们可以在脑海中想象，每小时有60万枚新鲜的鸡蛋从悬崖上掉下去，在漩涡中制成一个大蛋卷。如果印花布不断从一架像尼亚加拉河那样宽达1300米的织布机上被织出来，那也就表示有同样数量的布料被浪费掉了。如果把卡内基图书馆放在瀑布底下，大约在一到两小时内就能使整座图书馆装满各种好书。或者，我们也可以想象，一家大百货公司每天从伊利湖上游漂下来，把它的各种商品冲落到50米下的岩石上。这将是一种极为有趣而壮观的景象，会和目前的尼亚加拉的瀑布一样吸引人，而且不必再花钱维护。然而，某些人可能以浪费为理由来反对，就如同目前有人反对利用瀑布流水的能量一般。

看看这里面有哪些图画般的词句？"25万条面包、60万枚鲜蛋从悬崖上滚落下去、漩涡中的大蛋卷、花布从1300米宽的织布机跑出来、卡内基图书馆被放在瀑布下、书籍、一个漂浮的大百货公司被冲落……"它们在每一个句子中跳跃、奔跑，多得像澳洲草原上的野兔。要想不理会这样的一场演讲或文章，几乎很困难，就像面对电影院银幕上正在放映中的电影而不让自己去观看那样困难。

赫伯特·斯宾塞早就在他那篇著名的论文《风格哲学》中指出，优秀的文字能够唤起读者对鲜明图画的联想。

我们不做一般性的思考，而是做特殊性的思考。我们应该尽量避免写出这样的句子：

一个国家的民族性、风俗及娱乐，如果是残酷而且野蛮的，那么，他们的刑罚必然也很严厉。

我们应该把它改写成下面这样子：

一个国家的老百姓如果喜爱战争、斗牛以及欣赏奴隶公开格斗，那么，他们的刑罚将包括绞刑、烧烙及拷打。

在莎士比亚的著作中，也同样充满可以呈现出图画的段落，而且多得简直像果汁厂附近的蜜蜂。比方说，一位平凡的作家说，某件事是多余的，完全是把已经很完美的事情还想再加以"改善"。莎士比亚会怎么表达这同样的意思？他写出了不朽的图画似的字句："给精炼过的黄金镀金，替百合花上涂彩，在紫罗兰上洒香水。"

你有没有注意到，那些世代相传的谚语，几乎全都是具有视觉图像的字句。"一鸟在手，胜过两鸟在林。""不雨则已，一雨倾盆。""你可以把马牵到水边，但却不能逼它喝水。"那些流传好几世纪而且广被使用的比喻里，也不难发现同样的具有图画效果的字句："狐狸般狡猾。""僵死得像一枚门钉。""像薄煎饼那样平板。""硬得像块石头。"

林肯总统也一直使用有视觉效果的语言来讲话。当他对那些每天送到他白宫办公桌上的冗长、复杂的文件感到厌倦时，他说："当我派一个人出去买马时，我并不希望这个人告诉我这匹马的尾巴有多少根毛。我只希望知道它有什么样的特点。"

请把你的眼睛看向那些形象明确又独特的事物上，用语言描绘出内心的景象，使它突出、显著、分明，像落日余晖映照在公鹿头角的长影。举个例子说，听到"狗"这个词，我们就会想起它的具体的形象——也许是只短腿、长毛、大耳下垂的小猎犬；一只苏格兰犬；一只圣伯纳犬，或是一只波密雷尼亚犬，等等。但是演讲者如果说出"斗牛犬"，一种短毛、方嘴、勇敢、顽强之犬，你脑海里映现出的形象一定很鲜明。"一只有斑纹的斗牛犬"是不是映现出比刚才更鲜明的形象？说"一匹黑色的雪特兰小马"是不是比说"一匹马"逼真？"一只白色、断了条腿的矮种公鸡"，难道不比仅仅是一个"鸡"字给人更具体的图像吗？

小威廉·史瑞克在《风格之要素》一书中这样阐述："那些研究

写作艺术的人，如果他们观点有一致的地方，那么这个观点就是：他们认为能够抓住读者注意力，最稳妥的方法是要具体、明确和详细。像荷马、但丁、莎士比亚等这样一些最伟大的作家，他们高明的地方，就是由于他们在处理特殊的情境，并叙写关键的细节时，他们的语句能在读者脑海里形成景象。"

写作是这样，讲话也是这样。

多年以前，我和参加"成功演讲"课程的学员进行了一项关于"有效讲话"的实验：就是要讲事实。我们订了一个规则，在每个句子里，必须有一个事实、一个专有名词、一个数字或一个日期。我们获得了革命性的成功。学员们拿它当游戏，彼此指出对方的毛病。没过多久，他们便不再说那些只会漂浮在听众头上模糊不清的语言了，他们说的是大街上的普通人使用的那种明确、活泼的语言。

法国哲学家艾兰说："抽象的风格总是不好的，在你的句子里应该满是石头、金属、椅子、桌子、动物、男人和女人。"

日常对话也是这个样子。事实上，本章中说过的一切有关当众说话时的技巧，同样适用于日常交谈。是细节使谈话充满生气和光彩的。任何人要想成为高超的交谈者，都要牢记这些劝告，这样你会有很多的收获。销售员使用它，也会发现它特有的魔力。那些担任主管职务的人、家庭主妇和教师们，也能够发现自己在下达命令和传播知识、消息时的方式，因使用具体、实际的细节而变得清楚，效果也当然好了。

让我们来看看一篇得奖的演讲，它可以作为使用这样一些原则的典范。

主席、各位朋友：

早在140年前，伟大的美利坚合众国诞生在我的家乡费城。这样一个有着骄人历史的城市，拥有强烈的爱国精神，它不仅是全国最大的工业中心，也是全世界最具魅力的城市。

费城的面积约有130平方英里，相当于米尔瓦吉和波士顿，或者巴黎加上柏林的大小，生活着近200万居民，我们为他们提供了近800英亩的公园、广场、林荫大道，这是人们悠闲漫步的场所，也是每一位美国人民应该享受的美好环境。

朋友们，美丽干净的费城还是全球知名的"世界工厂"，因为全城有9200家工厂，有40万人为之服务，在每个工作日，每10分钟就能创造10万美元的价值。曾有一位著名学者作过统计：美国境内，再没有第二个城市，能像费城一样，生产出这么多木制品、皮革制品、针织纺织品、鞋帽、五金电器、电池、船舶及其他各种产品，从白昼到黑夜，每隔两小时，我们就出产一部火车车头。美国一半以上的人口乘坐的是费城制造的电车。每分钟我们生产出1000支雪茄。仅在去年，费城115家袜厂就给全市每一位男女老少都作了两双袜子。英国和爱尔兰生产的地毯加在一起也没有费城出的多。我们银行去年总交易金额共计370亿美元，这个庞大的数字足以抵付美国第一次世界大战时期发行的全部公债。

我们为自己取得的骄人业绩而感到自豪，也为我们是美国最大的教育、医学、艺术中心而骄傲，但是最令我们高兴的是：世界上没有一个大都市的私人住宅，能够超越我们的家乡费城。在费城，我们有397000栋私人住宅。如果把这些住宅纵向排成一队，那可以从费城一直排到你我此时所在的堪萨斯市会场，再一直排到丹佛，总长超过1881英里。

欧洲君主制度无法在费城的土地上生存，我们费城的人民所接受的教育以及我们的工商业，全都源于我们祖先的伟大传统，也来自真正的美国精神。费城孕育了伟大的美国，也是美国自由的基石。在我们这里，制作了第一面美国国旗，在这里，召开了第一届美国国会，也是在这里签订了《独立宣言》。同样在这里，伫立着国家的珍宝——自由钟，这是全美国人民都为之尊敬的象征。费城人民担负着神圣的任务，世世代代传播美国精神，让自由之光永远笼罩大地……

　　这篇讲演稿的完美之处，首先在于它的结构，开头和结尾遥相呼应。这并非易事，最起码不像你想象的那么容易。它从起点出发，向着自己明确的目的地飞去，既不左顾右盼，也决不四处流连。

　　其次，这篇演讲词先声夺人，一开始就亮出了绝无仅有的一项特质，费城是美国的诞生之地。它用传统的叙事方式说出费城最大、最美之处，但紧接着就用具体的比较来说明城市的大小："相当于米尔瓦吉和波士顿，或者巴黎加上柏林。"这样一来，听众脑海中，有关面积的数字变得立体起来。

　　当他讲"费城还是全球知名的'世界工厂'"时，听众也许觉得有些好笑，可是它很聪明，接下来就列举了"木制品、皮革制品、针织纺织品、鞋帽、五金电器、电池、船舶"，详细的举证，立刻让它前面的"大话"变得不再空泛。它又说"每隔两小时，我们就出产一部火车车头。美国一半以上的人口乘坐的是费城制造的电车"。听众马上会想到："这我还是第一次听说，也许我坐的就是费城出产的电车呢。以后可要注意看一看。"接着说到的雪茄和袜子，更让听众不由自主地联想到："我抽的雪茄会不会就来自费城，还有我脚上这双袜子……"

　　下一步，它并没有像某些演讲者那样，从一个问题跳到另一个问题，然后又回来讲前一个问题遗漏的部分。如果那样做，无疑会令听众变得稀里糊涂。有很多演讲者总是这样，不按照1、2、3、4、5的顺序来讲，而是像橄榄球队长的战术那样变化不定：27、34、19。实际上，有的演讲者更糟糕，他是谈到27，又谈到34，然后急急忙忙地扭头再去说27……

这位演讲者明确自己的方向和节奏，不慌不忙地向前讲下去，就像他提到的火车头一样，不会随便转弯掉头。而且，他清楚自己只有5分钟的演讲时间，一秒也不能超过，因此，他做出了一些牺牲，把费城是"美国最大的教育、医学、艺术中心"这句话一带而过，没有任何引申例证，直接谈到下一个问题，人们对此印象一定不会深刻。但他接下去列举了私人住宅"397000栋"，为了更具体形象，他把它们排列起来"从费城一直排到你我此时所在的堪萨斯市会场，再一直排到丹佛，总长超过1881英里。"听众一转眼，就会忘记这些具体数字，但却无法从脑海中抹去他所形容的景象。

翔实的资料是演讲的基础，但现场发挥尤为重要。这位演讲者就深谙此道，巧妙地带动听众的热烈情绪。他夸赞说：费城是美国自由的基石。自由——多么美妙神奇的词语，令无数人热血沸腾，不惜为此献出生命。他举出了国旗、国会、《独立宣言》、自由钟，熟知的历史再次打动了听众的心，都为此情绪激昂，这才是演讲的高潮部分。

这篇演讲词条理分明，轻重缓急处理得十分妥当。最可贵的是演讲者的出色表现，他怀着满腔的诚挚热情完成了这次演讲。两者完美地配合，使演讲者获得了"芝加哥大奖"。

大师金言

景象！景象！景象！当景象栩栩如生地呈现在听众面前的时候，还有什么能使听众的眼光从你的身上离开呢？

第五章

为你的演讲
赋予生命力

生命力、活力、热情，是演讲者首先要具备的条件。人们群聚在生龙活虎的演讲者四周，就像野雁围着秋天的麦田打转，听众的情绪完全受演讲者左右着。而一场没有生命力的演讲绝不会打动听众。

01
生命力是演讲的灵魂

　　绝对不要消耗了你的精力，旺盛的精力是很吸引人的。我雇用演讲班的演讲者和指导老师时，首先注意他们是不是拥有活力、活泼、热情这些美德。人们总喜欢聚集在精力旺盛的演讲者身旁，就如同野雁总喜欢聚集在秋天的麦田里一样。

　　第一次世界大战结束不久，我到了伦敦与罗威·托马斯共事。他当时正为阿拉伯的阿伦比和劳伦斯发表精彩绝伦的演讲，听众场场爆满。

　　一个星期天，我走进海德公园。在大理石拱门入口附近，各种主义、人种、政治、宗教信仰的演讲者都可以畅谈自己的主张，不受法律的干涉。有三位演讲者正在发表演讲，一位天主教徒解释教皇无谬论，一位社会主义者谈论马克思主义，第三个演讲者正说一个男人应该有四个妻子才算恰当！后来，我走开了，站在远处观察那三群人。

　　你会相信吗？那个鼓吹一夫多妻制的家伙，听众的人数最少，只有寥寥几个！另外两个演讲者的听众却越来越多。我自问这是什么原因？难道因为是不同的题目的关系吗？我想不是。我观察后认识到，问题的本身出自两位演讲者身上。那位大谈有四个老婆是多好多好的家伙，自己却不像有兴趣讨四个老婆；可是另外两个演讲者，为自己的理论说理论道，忘我地沉浸在各自的讲题里。他们好像是拼着性命在演讲，舞动手臂做着激烈的手势，声音高昂而充满信念，散发着热情与活力。

　　生命力、活力及热情——我一直认为这三样是演讲者必须具备的首要条件。人们群聚在生龙活虎的演讲者四周，就像野雁会围着秋天的麦田打转。

大师金言

　　热爱你的讲题，付出热情、信念、活力，你就会抓住听众的注意力。

02

选择自己熟悉的主题

在前面的叙述中，我一再强调对自己的题目要有深刻的感受，这极为重要。除非对这个题目有特别偏爱的情感，否则就别想让听众相信你。道理很简单，如果你对题目有经验或实际接触过，对它充满热诚——像某种嗜好或消遣的追求；或者你因为已经对题目有过深思和有着个人的关注，因而满腔热情，那么就不愁演讲时会没有热情了。20多年前的一场演讲，因为热诚而造成的说服力现在还鲜明地呈现在我的眼前。我听过很多令人心服的演讲，可是这一个——我称它是"兰草对山胡桃木灰"案——却独树一帜，成为真诚战胜常识的绝佳例子。

纽约一家极具知名度的销售公司里，有个一流的销售员提出反常的论调，说他已经能够使"兰草"在无种子、无草根的情形之下生长。他将山胡桃木的灰烬撒在新犁过的土地里，然后一眨眼间兰草便出现了！所以他坚决相信山胡桃木灰——而且只有山胡桃木灰是使兰草生长的原因。

评论他的演讲时，我温和地对他指出，他这种非凡的发现，如果是真的，他将一夜暴富。因为兰草种子每蒲式耳价值好几块钱。我还告诉他，这项发现会使他成为人类史上一位杰出的科学家。我告诉他，没有一个人——不论是活着的还是已经死去的——曾经完成或有能力完成他所声称已完成的奇迹，即还没有人从无生命的物质里培育出新的生命。

我非常安静地告诉他这些，因为我感到他的错误非常明显、非常荒谬，他的理论不攻自破。我说完之后，班上的学生都看出了他论述中的谬误，唯独他自己看不见。他对自己的观点非常热衷，热衷得简直不可救药。他立即起立告诉我，他没有错。他并不是在引证某种理论，他只是在陈述自己的经验。他也知道自己现在是在跟谁讲话，他继续往下说，扩大了原有的论述，并提出更多的资料，举出更多的证据，他的声音透出真诚与诚实。

我再度告诉他：在这个世界上，他的观点正确的可能性渺小之极，或者像慢跑几千里一样。他马上又站了起来，提议用5美元跟我打赌，让美国农业部来解决这场纷争。

你想知道后来发生了什么事吗？班上有好几个学生都站在了他那边。许多人开始半信半疑。我如果对此做个明确的表决，我相信班上一半的学员都会倒向他的那一边。我问他们，是什么动摇了他们原先的论点的？他们都说是演讲者的热诚和笃信使他们开始怀疑自己常识性的观点。

好了，既然班上的学员们如此轻信他，我只得写信给农业部。我告诉他们，问这样一个荒谬的问题，真觉得不好意思。果然，他们的答复说，要使兰草或其他活的东西从山胡桃木灰里长出是不可能的。他们还附加说明，他们还从纽约收到另一封信，也是问同样的问题。原来那位销售员对自己的主张太有把握了，因此也给农业部写了封信。

这件事给我上了一课，使我终生难忘，也给了我一个很好的启示。演讲者若是热切强烈地相信某件事，并热切强烈地发表自己的观点，便能获得人们对他的信任，即使是他称自己能从尘土和灰烬中培植出兰草也无妨。既然这样，如果我们归纳、整理出来的信念合乎真理，会更具说服力。

　　大多数的演讲者都会怀疑自己选择的题目能否激起听众的兴趣。只有一个方法能保证他们对此兴趣斐然：点燃自己对话题的狂热，就能调起听众的兴趣了。

　　不久前，在巴尔的摩的一个训练班里，我听到一个人热诚地演讲，主张控制对奇沙比克湾石鱼的捕捞，否则几年之后，石鱼将会灭绝。在他开讲之前，我和大部分学员一样，连石鱼究竟是什么东西都一无所知，但是看得出，他认为这件事情非常重要，而且满怀热切。这样真挚诚恳的演讲打动了每一个人，不等他讲完，我们已经群情激昂，恨不能马上联名写信，请求政府颁布法令保护石鱼。

　　理查德·华西本·乔尔特是美国前驻意大利大使，也是一位著名的作家。当被人问起成为一名受欢迎的作家的成功秘诀时，他回答说："我只是想告诉人们，我对生命的热爱，及由此产生的经历和感动。"

　　我曾和几位朋友一起在伦敦听演讲，其中一位是著名英国作家E. F. 潘，他认为演讲的最后部分最能打动人。我问其原因时，他解释说："我喜欢跟着演讲者的感觉走，而大部分演讲者都是对自己演讲的最后部分最有热情和兴趣。"

　　关于选择主题的重要性，我再给你举一个有趣的例子。

　　那是在华盛顿的培训班上，有一位绅士，我们叫他富林先生。上课初期，他的演讲主题是描述首都华盛顿。虽然他在美国首都生活了很多年，却说不出一件自己跟华盛顿相关的事例来，他只是枯燥地重复从当地报刊、旅行手册上读来的信息，他没有表达出他为什么喜爱这个城市。他的演讲单调无趣，听众们也提不起精神来。

　　两个星期后的一件意外改变了他，富林先生的新车停放在街边，被人开车撞得乱七八糟，肇事者却一溜烟逃走了。这件事倒霉透顶，简直是富林先生的切肤之痛，所以当他提起报废的新车时，不由得真情流露，懊恼愤怒之情随着平实的语言倾泻而出。两个星期前坐在富林先生面前，对他的演讲深感无聊的同一个班的学员们，此时却发自内心地为他热烈鼓掌。

无须漫无边际地寻找演讲素材，只需从自己的意识中挖掘你最强烈的信仰，这就是你最好的主题，主题选择正确，就意味着你离成功又前进了一大步。

前段时间，电视里播出了就死刑立法问题举办的听证会，有许多人出现在会场，提出了截然相反的两种建议。其中有一位洛杉矶警员，他曾有11位同事死于和罪犯的搏斗中。显然他对死刑问题思考了很久，坚定地阐述执行死刑的必要性。他恳切的言辞表明了他内心强烈的情感和信念。信念源自于诚心，而冷静的思考为他的信念奠定了论证的基础。我常常在训练班里，回想起巴斯卡睿智的名言："道理总在心中，只是不为人自知。"

有一位波士顿的律师，他仪表堂堂、气度不俗，讲起话来也头头是道，遣词造句流畅优美，可惜浮夸之气过于浓重。每当他演讲完毕，学员们总是众口一词："他可真是精明！"和他一起上课的，还有一位保险推销员，他长相普通、个头矮小，演讲时，常停顿几秒，想想下面要说什么。可听众对于他说的每句话，却没有一丝一毫的怀疑。

距林肯总统在华盛顿福特戏院被刺几乎有百年之久，可他不平凡的生命和诚挚的演说却永远活在我们心中。至于他的法律知识，比不上同时期的许多专业人士；他的言谈举止，也不够尊贵、优雅。但他在葛底斯堡、联盟会议、华盛顿国会台阶上发表的演讲，却在我们的历史中永远不会被遗忘。

你或许会像我班上的某个人那样，认为自己没有任何兴趣和爱好。我对此颇感惊讶，但我对他说，尝试着对什么事情产生兴趣，让生活充实一些。他迷茫地问："什么事情呢？"我回答说："鸽子！"他更加疑惑了："鸽子？"我接着对他说："对，就是鸽子！你去广场上喂喂鸽子，仔细观察它们，再去图书馆查阅一些有关鸽子的书籍，下次上课时，讲给我们听。"他果然照着做了，等到下次上课时，他俨然一副专业人士的模样，热切主动地要对我们谈一谈鸽子。当我示意他停止时，他正说到自己读过的第40本写鸽子的书。这也是我从未听过的他给我们的最有趣的一次演讲。

在此，我要给你另一个建议，如果你喜欢自己选择的主题，那不妨多学习一些，多了解一些，你的热情会随着你知识的增长而增长。帕西. H. 怀特在《销售五大要则》中告诉推销者，一定要把自己推销的物品烂熟于心。他说："你对一件产品的优点了解越多，就越会充满热情。"这个建议同样适用于演讲，你对主题了解得越深入，就会对演讲越发有激情。

大师金言

你对主题了解得越深入，就会对演讲越发有激情。

03
让情景重现

　　如果你想告诉听众，你曾因为超速行驶而被警察拦在路边。你当然可以用第三人称平静地叙述，但是，这件事发生在你身上，你一定会有某种感受，听众更愿意听到你用第一人称说出你的亲身感受，当你被警察拦住、接过罚单时，你内心的感觉是怎样的。你要做的就是，尽量用自己真实的语言再现当时的情景，重造当时的氛围，让听众明白你那一刻的心情。

　　在美国南北战争后的第一次国会议员选举中，普通士兵约翰与将军陶克在同一个选区中竞争一个议员席位。显然，这是一次级别差距很大的较量。前者是初出茅庐的年轻人，又是普通的士兵；而后者却是连任三次议员的政治家，也是声名显赫的将领。从地位、功勋和知名度来分析，胜负似乎已经明了。因此，有人劝说约翰退出竞选，但约翰却不肯放弃。

　　当两位竞选者发表公开竞选演说时，陶克将军胜券在握地先发言说：

　　同胞们，记得17年前那晚，我带兵与敌人鏖战，在荒山野岭中露宿了一个晚上，如果大家没有忘记那次艰苦卓绝的斗争，请在选举中，也不要忘记那个吃尽苦头而屡建战功的人。

人们当然没有忘记那次关键性的战斗中的军事统帅陶克将军。于是，会场上响起了热烈的掌声。

轮到约翰发表演说时，他从容不迫而充满感情地说：

从大家的掌声中可以看出诸位对那次战斗记忆犹新。我也有幸参加了那次战斗，不过我只是一个普通的士兵，我和战友们坚守阵地，与敌人进行殊死搏斗，很多弟兄都壮烈牺牲了，这真是一将功成万骨枯啊！我是那场残酷战争中的幸存者，当陶克将军在树林中安睡时，我却还拖着疲惫不堪的身子在站岗放哨，保卫他的安全。今日我能够站在这里讲话，我充分相信诸位的判断力，会做出明智的选择。

约翰的话被听众雷鸣般的掌声打断了。他的演说道出了普通士兵的心声，激起了民众选出自己真正的代言者的渴望。最终，普通士兵约翰战胜了将军陶克，当选为国会议员。

为什么我们要去听或去看别人的情感表达？在公众面前袒露心声，通常会使我们感到恐惧，所以我们喜欢欣赏电影、话剧，目的就是要直观地体会这种情感的流露。

当你当众演讲时，请你把自己对主题的热情体现在言语中，所以，不要故意控制自己的情感，将其全部释放出来，让听众充分感受到你的热切和真诚。这样，你才可以左右听众的注意力。

大师金言

用第一人称说出你的亲身感受和你内心的感觉，用自己真实的语言再现当时的情景，重造当时的氛围，让听众明白你那一刻的心情，这些就足够了。

04
尽量轻松、热烈

著名演说家艾伯特·胡巴德曾经说过："在演说中，赢取听众信任的，是演说的态度，而不是讲稿的词句。"我们可以确定，一位疲倦的、精神涣散的、毫无热情的、心不在焉的演说者，他所讲的任何话语都不可能引起听者的共鸣，因为他的讲话是肯定毫无吸引力的。不仅仅是演说，日常与他人进行交谈时，如果语言缺乏热情、心不在焉，同样不可能引起听者的共鸣，交谈也就无法顺利进行下去。

所以当你要在听众面前讲话之前，一定要怀着热烈的心情走上台去，即使你的内心有些恐惧和焦虑，也要尽量表现得轻松。听众对你的第一印象，就是你对自己要演讲的主题充满信心和热情。开始演讲之前，做一次深呼吸，挺胸抬头，站直你的身体，不要靠在讲台或别的东西上。你要让听众体会到你将会告诉他们很多有价值的事，他们的注意力将任由你安排。记住威廉·詹姆士的话：你要表现得和真的一样。演讲时，尽量让声音传达到会场的每个角落，这会让你渐渐平稳下来，当你开始挥动手臂配合演讲时，你的情绪会更激昂。

杜纳德和艾林诺·雷尔德把这些描述成"预热我们的反应"。这项原则对于任何需要心灵感觉的情况都适用。在他们的《有效记忆的技巧》一书中，指出罗斯福总统这个人"活泼愉快地度过一生，带着一分雀跃、活力、冲撞和热情。这些是他的特征。他总是对有关自己的一切事情趣味浓厚，或者他装得很像这个样子"。泰迪·罗斯福真是威廉·詹姆斯哲学的阐释者："表现热烈，你就会对自己所做的一切自然地热烈起来。"

总之在说话之前，首先应当确定说话的态度。演讲者的热情一定会引起听者热烈的共鸣反应。在进行演讲时，应该注意这样一个问题，即你目前的情绪是否适合此时此刻的氛围。假设有人直言反对你的观点，你是无心应答，还是情绪饱满、信心十足地为自己辩护？如果你选择后者，你的情绪就是适合这次演讲的。因为只有以有热情、有信心、专注的情绪说出的语言，才能引起听者的共鸣。能引起听者共鸣的语言才可以使演讲继续下去，并为听众所认可。

大师金言

一定要怀着热烈的心情走上台去，即使你的内心有些恐惧和焦虑，也要尽量表现得轻松，要让听众感到自己的热情和信心。

第六章

与听众一起
感受自己的演讲

演讲、演讲者、听众是密不可分的，如果你能让听众参与你的演讲，与听众融为一体，你就会感觉你的演讲更有生命力。

01
依听众的兴趣演讲

　　罗素·康威尔著名的演讲《如何寻找自己》，先后进行过近6000次。你可能会想，重复这么多次的演讲怕已经深深印在演讲者的脑海里，演讲时字句与音调该不会变化了吧？结果不是这样。康威尔博士知道听众的学识程度与背景各不相同，必须使听众感到他的演讲是特地为他们而做的。他为什么能在一场接一场的演讲中成功地维系着演讲者、演讲和听众之间轻松愉快的关系呢？"当我到了某个地方，"他写道，"总是先去访问那些邮政局长、学校校长、牧师们，然后进店里去同人们交谈，了解他们的历史和他们将来的发展机会。这样，我才进行我的演讲，对那些人谈论适用于他们当地的题材。"

　　康威尔博士很清楚这一点，成功的沟通，要使听众觉得演讲是他们的一部分。《如何寻找自己》成为最受欢迎的演讲，但我们连一本真正的演讲词副本都找不到，就是因为这样的原因。康威尔博士洞察人性，又谨慎勤奋，尽管相同的主题已经演讲过大约6000场，却没有一场是重复的。对此，你应该有所领悟：准备演讲时，头脑里应该想着特定的听众。我有一些简单方法，可以帮助你同听众建立起和谐、密切的联系。

　　康威尔博士习惯在自己的演讲里加入许多当地人经常谈论的东西和他们了解的实例。听众对他感兴趣，只是因为他的谈话内容与他们有关、与他们的兴趣有关、与他们的问题有关。这种与听众本身和兴趣相关联的演讲，能够将听众的注意力牢牢地抓住，保证沟通顺利。
艾力克·钟斯顿是前美国商会会长，现在是电影协会会长，他每一场
演讲几乎都用这种技巧。下面我们来看看他在俄克拉荷马大学的毕业
典礼上是怎样机智地使用这个方法的：

各位俄克拉荷马人，对于习惯于危言耸听的贩子们应是再熟悉不
过的了。各位稍稍回想一下便会想起来，他们一向将俄克拉荷马州写
成是永远没有希望的冒险之地。

20世纪30年代，所有望而却步的乌鸦都告诉其他的乌鸦们说，最
好避开俄克拉荷马，除非自己携带足够的干粮。

他们把俄克拉荷马的将来，划入新美洲沙漠永远不可以改变的一
部分。"这里永远再不会有东西会开花的。"他们这样形容。但是到了
20世纪40年代，俄克拉荷马却成了花园，百老汇也要举杯为它祝福。因
为那儿，"当雨后风儿吹来，便有小麦波浪起伏、散发阵阵麦香"。

在短短的10年间，这个干旱肆虐的地带，呈现在眼前的是大片大
片的玉米地，几乎到大象的眼睛那么高。

这是信仰的结果——也是有计划的冒险的结果……

因此，我们观望自己的时代的时候，应该总是看到美好的远景，
而不是停留在昨天的印象中。

当准备来这里作演讲的时候，我去寻找档案里的《俄克拉荷马日
报》，看看1901年的春天是什么样的。我想体会50年前本地的生活滋味。

结果，我发现了什么？

噢，我发现里面描述的全是俄克拉荷马的未来，他们把重心都放
在希望上啦。

根据听众所关注的事情和兴趣来演讲，这是个极好的例子。艾力克·钟斯顿采用的事例，来自听众在后院的谈话。他让听众觉得，他的演讲不是油印出来的一份拷贝文件——而是特地为他们准备的。演讲者根据听众所关注的事情和兴趣而讲，听众就禁不住要去注意了。

先问问自己：你的演讲能够帮助听众解决什么样的问题，怎样达到他们的目标？然后开始讲给他们听，他们就会全神贯注。如果你是个会计师，你的开场白就可以这样：我现在教你们如何节省5~10美元的税款；如果你是律师，你可以教他们如何立遗嘱。这样你就可以有一群兴致勃勃的听众。事实上，每个人的知识积累中，必然会有某个题目能对听众有所帮助。

有人问威廉·伦道夫·郝斯特的美国报业巨子，什么东西能够激起人们的兴趣？他回答说："人们自己。"他就根据这一单纯的事实，建起了报业王国。

詹姆士·哈维·罗宾逊在《思想的酝酿》一书里，形容幻想是"一种出于自然而然最受欢迎的思想"。他接下去说，在幻想中，我们允许自己的想法各自沿着它们的方向前进，而它的方向以人们的希望或恐惧来确定；以我们自然的个体成功或幻灭来确定；以我们的喜、恶、爱、恨、憎、怨来确定。世上再没有比我们自己更令我们感兴趣的事了。

你的话题一定要是听众感兴趣的。实际上，在与人交流方面似乎有天赋的美国总统罗斯福深谙这一点。他特别注意听者喜欢的话题。每当他知道有人要来拜访时，总是在前一天晚上开夜车，了解来访者最感兴趣的事物。像许多高明的领导者一样，那些出色的谈话类节目主持人也总是与对方谈论对方最感兴趣的事情。结果怎么样？没有人不喜欢与他们交谈。而且，他在总统任内的几次著名的讲演都收到了极好的反响。

许多人只谈论自己有兴趣的事情，而这些事情却让其他人感到无聊透顶。所以他无法成为一名讲话好手。你可以反过来做：引导他人谈论他的兴趣、他的事业、他的高尔夫成绩、他的成就——或者，如果对方是位母亲的话，谈谈她的孩子们。专心聆听他人的谈话，你会带给他人很多乐趣。那么，你将被认为是一位谈话好手——即使并没有这么讲。

来自费城的哈罗德·杜怀特，在宴会上进行了一场非常成功的演讲。他依次谈到围坐在餐桌旁的每个人。说刚开始的时候，自己是怎样的不会讲话，而现在他进步多了。回忆起同学们所做过的演讲，讨论过的题目，他夸张地模仿其中一些人，逗得大家开怀大笑。拥有这样的素材，是不可能会失败的，这是谈话很理想的题材。杜怀特先生真是通晓人的天性，不会有别的题目更能使大家感兴趣了。

几年前，我为《美洲杂志》写过几篇文章，记得刚认识约翰·西德达时，他正主持这本杂志的《有趣人物》专栏。有一天，他坐下来和我长谈：

"人都是自私的，"他说，"他们只对他们自己感兴趣。他们并不十分关心政府是否应该把铁路收归国有，但他们却希望知道如何获得晋升，如何得到更多的薪水，如何保持健康。如果我是这家杂志的总编辑，我将告诉读者如何保护牙齿，如何洗澡，如何在夏天时保持凉爽，如何找工作，如何应付员工，如何买房子，如何增强记忆力，如何避免文法错误，等等。另外，人们也总是对别人的生平故事感兴趣，所以我会邀请一些大富翁，谈谈他们是如何在房地产事业上赚取上百万美元。我还要找一些著名的银行家及大公司的总裁们，谈一谈他们是如何从底层奋斗到有权有利的地位的。"

不久，西德达真的当上了总编辑。当时杂志的销路很窄，是一本失败的杂志。西德达立即按照他自己的构想开展工作。结果怎么样？杂志的销售量急速上升，达到20万份、30万份、40万份、50万份。因为它的内容是一般民众需要阅读的，没多久，杂志的月销售量就达到100万份，但销量并没有就此停住，而是持续不断地上升。西德达满足了读者的兴趣，也就获得了杂志的成功。

　　下次，你再面对听众时，假想他们很希望听到你的演讲——只要它能对他们有用。演讲者如果不考虑听众自我中心的倾向，便很快会使听众烦躁不安。他们会局促不安、表现腻烦，不时抬起手看手表，并且渴望着离开。

　　有时候我们无法弄清楚某某人最感兴趣的话题是什么，这也没有关系。要知道有一些事情并不是具体某一个人最感兴趣的，而是为人们所普遍感兴趣。例如，对方的工作、最近的新闻、烦人的交通状况、对对方的某件物品的恭维与询问、对方的信念与人生信条、特殊的知识领域，等等。对于长者来说，他们通常很喜欢回忆过去的事情，请他们回忆就是一个不错的话题。

　　如果对方对于某一个话题不想深谈，那也没有关系，及时换另一个话题就可以了。

大师金言

　　每个人都对自己的事情感兴趣，演讲者按照听众的关切和兴趣演讲，听众会认为你是为他们特意准备的，听众是不会不去关注的。

02

诚心诚意地赞赏听众

听众是由单独的个人组成的，所以听众的反应也跟个人的反应一样。如果你敢公然地批评听众，必然导致愤怒。如果你对他们做的值得称赞的事表示赞美，你就赢得了通往他们心灵的护照。

爱听赞美的话是人类的天性，人人都喜欢正面刺激，而不喜欢负面刺激。如果在人际交往中人人都乐于赞扬他人，善于夸奖他人的长处，那么，人际间的愉快度将会大大增加。有一位心理医生在银行排队取款时，看到前面有一位老先生满面愁苦，这位心理医生暗想，我要让他开朗起来。于是他一边排队一边寻找老先生的优点，终于他看到，老先生虽驼背哈腰，却长着一头漂亮的头发，于是当这位老先生办完事情走到心理医生面前时，心理医生衷心地赞道："先生，您的头发真漂亮！"老先生一向以一头漂亮的头发而自豪，听到心理医生的赞美非常高兴，顿时面容开朗起来，挺了挺腰，道谢后哼着歌走开了。一句简单的赞美给别人带来了愉快心情，这是多么值得高兴的事情。

演讲也一样，你先赞美一卜你的听众，他们很快就会接纳你。但这也需要你认真地研究一下，因为如果你的赞美是一些夸张、不切实际的词句，比如"各位是我曾见过的最有智慧的听众"，也会被大多数的听众认为是空洞的谄媚而感到厌恶。赞美要有根有据，如果言不由衷或言过其实，肯定会招致对方的反感。与其如此，还不如不赞美。

引用大演讲家姜西. M. 德普说的话：你得"告诉他们一些有关他们的事，并且是他们没想到你可能会知道的事"。举例说，有个人最近要在巴尔的摩基瓦尼俱乐部演讲，却找不到有关该俱乐部的特殊资料，只知道在会员里曾有一位出任国际会长，一位出任国际董事。这些对俱乐部里的人来说并不是新闻。他想来点新鲜的东西，于是这样开场："巴尔的摩基瓦尼俱乐部是101,898个基瓦尼俱乐部中的一个！"会员们感到有些奇怪：这个演讲人根本错了——因为全球只有2897个基瓦尼俱乐部。然后，演讲者接着说：

可是，就算各位不相信吧，它仍然是个事实，至少在数学方面是这样。各位的俱乐部是101,898个当中的一个，不是100,000或200,000个当中的一个，而确实是101,898个当中的一个。我是怎样算出来的呢？基瓦尼国际组织有2897个成员俱乐部。这样的话，巴尔的摩俱乐部过去曾出过一位国际会长和一位国际董事。从数学的观点看，任何一个基瓦尼俱乐部想同时出个国际会长和董事的几率是1∶101,898——我有一位名叫钟斯·霍普金斯的数学博士朋友，他可以证明这个数字的准确性。

在你表示赞美的时候，要有100%的真诚。如果没有诚意的话，可能偶尔会骗过一两个人，却骗不了大部分听众。什么"这样高度智慧的听众……""这来自霍霍柯斯、新泽西的美女和侠士的特别聚会……""我真高兴在这儿，因为我爱你们每一位……"哎呀！千万不要这样！如果表示不出真心的赞赏，不如什么也别表示。

赞美是一门学问。最有效的赞美不是"锦上添花"，而是"雪中送炭"。最需要赞美的不是那些早已扬名天下的人，而是那些自卑感很强的人，尤其是那些被压抑、自信心不足或总受批评的人。他们一旦被人真诚地赞美，就有可能使尊严复苏，自尊心、自信心倍增，精神面貌从此焕然一新。

在19世纪初期，伦敦有位年轻人想当一名作家。他好像什么事都不顺利。他几乎有4年的时间没上学。他的父亲因无法偿还债务，被迫入狱，而这位年轻人还时常受饥饿之苦。最后，他找到一份工作，在一个老鼠横行的货仓里贴鞋油底的标签，晚上在一间阴森寂静的房子里，和另外两个男孩一起睡。就在这个货仓里，他写稿寄出去，可是一个接一个的稿件被退回，最后有一位编辑承认了他并夸奖了他。由于这句夸奖，使他受到了极大的激励，眼泪流到了他的双颊。这个男孩的名字叫查尔斯·狄更斯，英国著名的文学家，《雾都孤儿》《远大前程》等伟大作品的作者。

假如不是那位编辑的夸奖，狄更斯很可能永远成不了作家，更不用说成为世界著名作家。这就是妙语激励的神奇效果。

大师金言

要有100%的真诚。没有诚意的话语，或许偶尔会骗过个人，但不能永远骗过听众。

03
与听众融为一体

演讲时，要首先指出你和听众之间有某种直接的关系。如果感到被邀请很荣幸，就照实说吧。哈罗德·麦克米伦在印第安纳州绿堡的德堡大学对毕业班学生讲话时，就这样打开沟通的路线。

"我很感激各位亲切的欢迎，"他说，"身为英国的首相，应邀前来贵校，的确不是简单的事。不过我感觉，我当前的政府职位，恐怕不是各位盛情邀请的主要原因。"

接着，他提到自己的母亲是美国人，出生于印第安纳州，而父亲则是德堡大学首届毕业生。

"我可以向各位保证，我以能和德堡大学有这样的关系感到光荣，"他说，"并以能重温老家的传统为骄傲。"

这是不用怀疑的，麦克米伦提到美国这所学校，以及母亲和父亲的美国生活方式，立刻就为自己赢得了友谊。

另一种打开沟通路线的方法，就是提到听众中的人的名字。有一次，在演讲前的宴会上，我坐在主讲人的旁边。我很奇怪他对每一个人都非常好奇，不停地向宴会的主人打听，比如穿蓝色西装的人是谁，或那帽子缀满花朵的女士芳名叫什么？直到他站起来讲话时，我才了解他好奇的原因——他非常巧妙地把方才了解的名字使用在自己的演讲里，我看到那些名字被提到的人脸上洋溢着快乐，这个简单的技巧也为演讲者赢得了听众温暖的友情。

再看看通用公司总裁小弗兰克·佩斯如何使用几个名字，使演讲产生意想不到的效果的。他在纽约"美国生活宗教公司"一年一度的晚宴上演讲：

今晚对我来说，是一个特别愉快、又特别有意义的夜晚。我的牧师罗伯特·艾坡亚就坐在听众席里。他的言行和指引，已成为我个人、家人以及我们全体人员的一种激励和启示……其次，在座的路易·施特劳斯和鲍伯·史蒂文斯对宗教的热诚，已扩大为对公共事业的热忱……能跟这些人坐在一起，实在是本人无上的光荣。

要引起注意的是：如果你准备提到一个陌生的名字，尤其是刚打听来的名字，要确信没有弄错。要知道自己为何要提到这一名字，并以一种适当、得体的方式提出来。

另外，还有一个办法可以使听众的注意力保持在巅峰状态，那就是用代名词"你"，而不要用"他们"。这种方式可以使听众保持一种自我感知的状态。这一点，我在前面已经指出，演说者如想把握听众的注意和兴趣，是不能忽视这一因素的。下面摘录了题为《硫酸》的演讲中的几段——这是我们纽约某个培训班里的一个学员的演讲。

大多数的液体，都是以品脱、夸脱、加仑或桶等单位来计算的。我们通常说，几夸脱的酒，几加仑的牛奶，以及几桶的蜜糖。在发现一处新油井之后，我们也会说它每天的产量有几桶。不过，有一种液体，由于生产和消耗量太庞大了，必须以吨作为它的计算单位。这种液体就是硫酸。

硫酸与我们生活的各个方面都有着密不可分的联系。如果没有硫酸，你的汽车将无法行驶，你就得像古时候那样骑马或驾驶马车，因为在提炼煤油及汽油时，必须使用硫酸。不管是照亮你办公室的电灯，还是照亮你餐桌的灯光，或是在夜晚引导你上床的小灯，这一切如果没有硫酸，都将成为不可能。

早上起床后，你拧开水龙头放水洗澡。你转动的是一种镍质水龙头，在制造过程中，也少不了硫酸这种物质。你的搪瓷浴缸在制作时也要用到硫酸。你使用的肥皂也可能是用油脂加上硫酸处理而制成的……在你还没有和你的毛巾打交道之前，它就已经和硫酸打过交道了。你使用的毛梳上的梳毛也需要用硫酸处理，你的塑料梳子，没有硫酸，也造不出来。还有你的刮胡刀，在经过最初的锻造后，也需要在硫酸中浸泡处理。

你穿上内衣，套上外衣，扣好纽扣。漂白业者、染料制造者，及染布者本人都要使用它。制造纽扣的人可能会发现，要想制成你的纽扣，必须使用硫酸。皮革制造者也要使用硫酸来处理你皮鞋的皮革；而当我们想要把皮鞋擦亮时，硫酸又发挥了它的功效。

你下楼吃早餐。如果你使用的杯子与盘子不是纯白色的，那更是少不了硫酸。因为硫酸经常被用来制造镀金及其他装饰性材料。你的汤匙、刀子、叉子如果是镀银的，一定要在硫酸中浸泡处理。

制成你的面包或卷饼的小麦，可能是使用磷酸盐肥料种出来的，而这种肥料的制造更需要硫酸。如果你享用的是荞麦饼与糖浆，糖浆也少不了它……

就像这样，在一整天当中，在每一方面，硫酸都会影响到你。不管你到哪儿去，都无法逃过它的影响。没有了它，我们不但打不了仗，也过不了和平的生活。因此，这种对人类极为重要而又不可或缺的硫酸，实在不应该被一般民众所忽视……但很遗憾的是，事实却是如此。

　　这个演说者巧妙地把"你"这个字，连同听众带进了自己演讲的话题之中，因而使听众的注意力既热情又不中断。

　　不过有些时候，使用代名词"你"也是很危险的，它不会在听众和演讲者之间建立桥梁，而是造成分裂。在我们似乎以行家居高临下的口吻对听众讲话或对他们说教时，这种情形便会发生。这种情况下，最好说"我们"，而不要说"你"。

　　美国医药协会健康教育组组长——W. W. 鲍尔博士，常在无线电台和电视演讲中运用这个技巧。"我们都想知道怎样才能选择一个好医生，是不是？"他有次在演讲里这么说："我们既然都想从医生那里获得最好的服务，那我们是否知道该怎样做个好病人呢？"

大师金言

　　巧妙地把"你"这个字，连同听众嵌进自己演讲中，听众的热情和注意力就不会转移和中断。

04
让听众参与你的演讲

　　在演讲者和听众之间，愉快的气氛永远是对双方有利的。演讲者独霸舞台，口若悬河，自顾自地讲着一大堆别人并不感兴趣的话题，这样的演讲很难获得成功。高超的演讲者，会主动进行与听众之间的互动，造成一个和谐、互动的氛围。

　　在很多场合，只要使用一个小小的表演技巧，就可以使听众随着演讲的进行，注意你说出的每一个词。当你让听众协助你完成某个论点，或将某个意念戏剧化地表现出来时，听众对你的注意便会显著增加。由于自己是听众，当听众中的某一个人被演说者带入"表演"中时，听众们便会很敏锐地感觉到发生的事情。如果演讲时，台上台下隔着一堵墙，那么，利用听众的参与便可打通这堵墙。我记得有个演讲者在说明汽车刹车以后还须走多大距离才能够完全停住时，他邀请了前排一位听众站起来帮他演示汽车在不同速度之下距离会有怎样的改变。这个听众握着钢卷尺的一端，顺着走道拉出45英尺。当我看着这个过程时，我无法不注意到全场听众是如何全神贯注地倾注于演讲之中。我对自己说，那条卷尺不但生动地展现演讲者的论点，还在讲者与听者之间打通了一条沟通的渠道！如果不是用了那样一招，听众们关心的恐怕还是晚饭吃什么，或者晚上的电视节目。

　　我有一些我本人非常喜爱的方法，可以让听众参与到我的演讲中，其中的一个方法就是问听众一些问题然后获取答案。我喜欢请听众站起来跟我重复一句话，或举手回答我提出的问题。帕西·怀廷有本书——《如何让演讲和写作有幽默感》，其中就听众参与演讲这一话题提供了一些非常有价值的意见，书中建议让听众决定一些事情，或邀请他们帮助解决一个问题。"你对某些事情的态度要正确，"怀廷先生说，"要知道，演讲和背诵不同，演讲的用意在于获得听众的反应——要让听众在演讲中变成参与者。"我喜欢他把听众描述为"你的演讲的参与者"。这也是本章所讨论的关键所在。如果你能让听众参与你的演讲，你们便成了好伙伴。

也可以引导听众积极说"是"。一个有技巧的演说者，往往会在演说的开头便获得许多赞同的反应。由此下去，他便渐渐地为听者设下一个心理认同的过程，使他们不断朝着赞同演说者观点的方向前进。

心理学研究结果表明，人人皆有一种内在的价值感、重要感和尊严感。伤害了它们，你便永远失去了那个人。当一个人说"不"字的时候，特别是当其真心如此时，他所做的不只是说出一个"不"字而已，他的整个人都会收缩起来，进入一种抗拒的状态。通常，他会有微小程度的身体上的撤退，或撤退的准备，有时甚至明显可见。总之，他的整个神经、肌肉系统都戒备起来要抗拒接受。相反的，当一个人说"是"的时候，他就绝无撤退的行为发生。整个身体是在一种前进、接纳、开放的状态中。因而，如果在演讲的过程中从一开始就能引导听众说出"是"来，就可以消除怀疑、制造信任，便更有可能成功地攫住对方的注意力和心。那么，演讲者就不用担心自己的演讲不成功了。

大师金言

演讲、演讲者、听众是密不可分的，如果你能让听众参与你的演讲，你会感觉你的演讲更有生命力。

第七章

简短的演讲
激起良好的回应

演讲的技巧是一个简单的"魔术公式"，使用这个公式，你可以在短短的两三分钟内打动听众，使他们接受你的建议，采取行动。

01
一个简单的"魔术公式"

　　这里有一个简单的"魔术公式",保证你能用两三分钟就打动你的听众,让他们接受你的建议,并采取行动。

　　先来看看这样的一些例子。第一次世界大战期间,一位著名的英国主教在厄普顿营对正要前往战场作战的士兵讲话,有一些士兵明白作战的意义,但多数人并不了解。这一点我很清楚,因为我和他们聊过。可是这位主教大人大谈什么"国际亲善",以及"塞尔维亚在太阳下应有权占一席之地"。而大部分士兵们对塞尔维亚究竟是一个城镇还是一种疾病都不清楚。所以,他不如对他们演讲一篇谁都听不懂的"星云学说",反正效果完全一样。不过,在他的演讲过程中,倒没有一个士兵跑开,不是因为他们听得认真,而是因为为了防止他们逃跑,每个出口都有宪兵把守。

　　我并不是想取笑这位主教,他是一位不折不扣的宗教学者。在宗教人士面前,他很可能声势夺人,尽显功力。但面对这些军人,他却失败了,而且是"全军覆没"。为什么?因为他不了解他的听众,也不知自己演讲的确实目的,当然也就不知道该怎么做。

　　演讲的目的指的是什么呢?概括起来,任何演讲,不论自己是不是了解,一般都是指下面所列的四个目的之一。它们是什么?

　　(1)说服听众,取得响应。

　　(2)说明情况。

　　(3)增强印象,使人信服。

（4）使人愉悦。

我们以亚伯拉罕·林肯总统一系列具体的演讲实例来说明吧。

很少有人知道，林肯曾经发明过一种可将搁浅在沙滩或其他阻碍物中的船只吊起的装置，并获得专利。他把这种装置的器械模型放在他的律师事务所的办公室里，当朋友看到这个模型时，他就会不厌其烦地向朋友讲解它的功能、制造方法，等等。这种讲解的主要目的，就是说明情况。

当他在葛底斯堡发表那篇不朽的演讲时，当他发表第一次和第二次总统就职演讲时，当亨利·克雷逝世，由他就其一生致悼词时，他在所有这些场合，演讲的主要目的就是增强听众的印象，使人信服。

1863年11月19日，正值美国内战中葛底斯堡战役结束后4个半月，林肯在宾夕法尼亚州葛底斯堡的葛底斯堡国家公墓揭幕式中发表这个演说，哀悼在长达5个半月的葛底斯堡战役中阵亡的将士。这是亚伯拉罕·林肯最著名的演说，也是美国历史上为人引用最多的政治性演说。

87年前，我们的祖先在这块大陆上创立了一个新的国家，它孕育于自由之中。他们主张人人生而平等，并为此而献身。

现在，我们正从事一场伟大的内战，这是一场考验这个国家或者任何一个像我们这样孕育于自由并奉行其主张的国家是否能长久存在的战争。我们聚集在这个伟大的战场上，将这个战场上的一块土地奉献给那些在此地为了这个国家的生存而牺牲了自己生命的人，作为他们的安息地。我们这样做是完全应该和正确的。

可是，从更广阔的意义上说，我们并不能奉献——不能圣化——更不能神化这片土地。因为那些在此地奋战过的勇士们，不论是还活着的或是已死去的，已经使这块土地神圣了，远非我们微薄的力量所能予以增减的。世人将不大会注意，更不会长久记住我们在这里所说的话，然而，他们将永远不会忘记这些勇士们在这里所做的事。相反的，我们活着的人，应该献身于勇士们未竟的工作，那些曾在此地战斗过的人们已经把这项工作英勇地向前推进了。我们应该献身于留在我们面前的伟大任务——我们要从那些勇于牺牲的战士身上汲取更多的奉献精神——我们要在这里下定决心使那些死去的人不致白白牺牲——我们要使我们的祖国在上帝的护佑下，获得自由的新生——我们要使这个民有、民治、民享的政府永世长存。

在林肯的律师生涯中，每次跟陪审团声辩时，其目的是想赢得对他有利的判决。而他在作政治演讲时，则是致力于赢得选票。他在这些场合演讲的目的便是为了让听众付诸行动。

在当选总统的前两年，林肯曾准备了一篇有关发明的演讲。当然他作这一演讲的目的是要欢娱大众，至少，他最初的目标是这样。可惜的是，这次他没有成功。他本想成为一个大众化的演说家，结果在这方面却屡遭失败。有一次，他在一个小镇演讲，居然没有一个人去听。

但是，他在这方面的演讲虽然失败了，但他在别的方面的演说却出奇的成功，其中一些已经成为人类语言的经典之作。什么原因？因为他在进行这些演说时明白自己的目标，并知道怎样去达成。

因为许多演讲者都没能把自己的目标与演讲对象的目标相匹配，以至于在讲台上手忙脚乱，思维混乱，错误百出，最终招致失败。

例如，一个美国国会议员曾在纽约马戏场发表演讲，他还没讲完，观众就发出一片吼叫声和嘘声，使他不得不离开了讲台。什么原因呢？因为他十分不明智地选择在这种场合作说明性的演讲。他告诉听众，美国正在如何备战。听众可不愿意在这里挨训，他们现在要的是娱乐。他们起初还耐心地听他讲了10分钟、15分钟，希望他演讲赶快结束。可是他仍然喋喋不休，没完没了。观众的耐心没有了，他们不愿再忍耐了。有人便开始喝倒彩以对他表示嘲讽，其他人接着跟进，一刹那，数千人吹起口哨，有的人甚至还吼了起来。但这个演讲者极其愚蠢，丝毫没有察觉到观众此时的心情，仍然闷着头在台上讲他的。这下可惹恼了听众，现场一片混乱。观众的无奈升腾为怒火。这位老兄居然毫不识相，还试图劝观众安静下来。于是，狂躁的抗议声越来越大。最后，观众的号叫与怒吼淹没了他的声音。到了这个地步，他也只能放弃，承认失败，羞愧地离开了会场。

请以上面这位议员的事例为借鉴吧！让自己讲演的目的适合你的听众与所面临的场合。假如这位议员事先曾斟酌过自己演说的目标与前来参加政治集会的观众的目标是否一致，他就不会遭受如此惨败了。只有把听众和演讲的场合综合分析，你才可以从以上4种目的中选出一种作为你演讲的目的。

为了帮你完成搭建演讲架构这个最重要的部分来劝说别人采取行动，本章将把全部笔墨集中在如何"说服别人采取行动"上。在接下去的几章，则侧重于讨论演讲的另外几个重要目标：说明情况；增强印象；使人信服；给人们带来欢乐。每一个目标都需要采取不同的方式策略，它们都有各自不同的组织方式，都各有其易犯的错误和必须要克服的障碍。

怎样安排演讲材料，使我们能一蹴而就地打动听众，使他们乐意按我们的要求去行动呢？

首先，让我们来谈谈如何组织我们的讲演素材，以使听众乐意采取行动。

是否有什么方法可以使我们通过演讲材料的安排，能一蹴而就地打动我们的听众，使他们乐意按我们的要求去行事呢？

我记得，在1930年，我与同事们讨论过这个问题。当时，我的演讲课程正开始在全国各地风靡。由于一个班级容纳的人数太多，我们只得把学生的演说限制在两分钟内。如果演讲者的目标只是在于娱乐大众或说明情况，这个限制对演讲还不至造成影响。但是，等我们把题目定在要鼓励听众采取行动时，就不一样了。我们若是采用老套的演讲方式，即从绪言、正文和结论这一自亚里士多德以来为众多演讲家所遵循的模式，演讲便达不到激励听众采取行动的效果。显然，这需要我们注入一些新的和与众不同的元素，以便能在规定的两分钟内达到预期的影响，并让听众付诸行动。

我们在芝加哥、洛杉矶和纽约分别举行座谈会，向我们所有的老师请教。他们当中有许多人是在名牌大学演说系执教；有些人在事业上已取得了成功；还有些人则来自迅速扩张的广告界。我们希望能综合不同的背景，利用这些背景各异者的智慧，为演说的结构设计出一种新的方法，使这一方法能十分合理地反映出我们时代的需要、符合心理学的规则，并能以此来影响听众，让他们采取行动。

真是功夫不负苦心人。从这些讨论当中，一个用于建构演讲框架的"魔术公式"诞生了。它刚一问世，我们便开始在演讲培训班上教授它，而且从那时到现在一直为我们所采用。这个"魔术公式"是什么？其实很简单，可以说是一点就破。具体来说是这样的：一开始便把你要讲的主题用举例子的形式告诉听众，通过这个例子，生动地说明你希望传达给听众的意念是什么。接下来则对你的论点详加证明。第三，陈述缘由，也就是向听众强调，如果他们依你所言去做，会有什么好处。

这个公式，非常适合现在快节奏的生活方式。演讲人一定不要再执着于那种冗长、闲散的绪论。现在的听众大部分都非常忙碌，他们希望演讲者能以率直的语言，一针见血地说出要说的话。他们已习惯于消化过的、直截了当的新闻报道，使他们不必多加思考便能直接得到事实。他们都已适应了类似于麦迪逊大道那些咄咄逼人的广告环境。这些广告的明显特点就是借助各种招牌、电视、杂志和报纸等媒介，通过鲜明有力的词语，把发布媒体想要表达的信息一股脑儿地全部端出。这些广告词都是经过字斟句酌的，没有一点多余。

我确信，只要你利用这个"魔术公式"，就一定能博得听众的注意，而且可以使听众将关注的焦点对准你演讲的重点。它也能使你舍弃那些啰唆且无味的开场白，诸如，"我没有时间充分地准备演讲"，或"当主持人请我谈论这个题目时，我还在纳闷，为何会选我？"要记住，听众对你在台上的道歉或辩解不感兴趣，不论你在说这些话时是出于真心还是一种台面上的客气话。他们需要的是行动。而在"魔术公式"里，你一开口便给了他们行动的理由。

这套公式对于那些简洁的谈话非常适用，因为这里面也设置了一些悬念。当你以这种方式论述你的观点时，听众都会被你的故事吸引，演讲的重点也不需要一开始就和盘托出，你应该让他们先听你讲两到三分钟的故事，待故事快接近尾声时，才知道你演讲的重点所在。如果你希望听众照你的要求去做，这一招就更为必要了。试想一想，若演讲者做的是一场募捐演说，他期望听众为某一弱势群体慷慨解囊，而且这群人急需这笔钱，假如我们的演讲者这样开口："各位先生，各位女士，我来这儿是要向各位收取5块钱。"你会给吗？肯定没有人采取行动。大家一定会以为你是一个骗子，然后争先恐后地夺门而逃。

相反，如果演讲者一上来就向听众描述自己去探访"儿童医院"的情形，并深情地讲述你在那儿见到的一个迫切待援的病例：一个幼童现在正住在一家偏远的医院，因缺乏经济援助而不能接受手术。如果各位能献出您的爱心，向他伸出援助之手，这个孩子便可以起死回生了。试着对比一下，这种表述是否会得到听众更大的支持？由此可见，为预期中的行动铺路的，正是故事和实际实例。

我们再来看尼兰·斯通是如何利用事件或事例打动听众，以唤起他们对联合国儿童救援行动的支持的：

我祈祷，永远不要让我再面对那样悲惨的情形。一个幼小的生命和死亡难道只有一颗花生大的距离吗？我也祝愿诸位永远不要遇到这样的事，不要有这样难受的回忆。如果一月的那一天，你也来到雅典被轰炸得破烂不堪的贫民区，你也看到他们的眼神，你也听过那些声音……而我唯一能给他们的，只是一罐不足半磅重的花生。无数衣衫褴褛的孩子向我涌来，渴望地伸出他们的小手，还有许多抱着婴儿的母亲也围过来……尽力将瘦得皮包骨头的婴儿举到我面前。我努力让每个人都能得到花生，哪怕只有一颗，饥饿的人们源源不断地涌上前，我几乎被挤倒在地，我看到上百只瘦小不堪的手在我面前晃动、乞求，想要抓住任何一点东西。我在这只手心放一颗，在那只手心放一颗，每只手都赶紧紧紧地合拢，生怕那颗珍贵的花生滚落。面对那无数双闪动着渴望的眼睛，我抱着空空的罐子，却无能为力……是的，我真心地希望各位永远不用感受这样的滋味。

"魔法公式"的使用范围远不止演讲，也同样适用于商业信函和与下属员工的交谈，甚至妈妈们可以用这个公式来激励孩子；反过来，聪明的孩子也会运用此法让父母满足自己的要求。它就如同一把心灵钥匙，每天为你开启生活之门。

大师金言

听众都是由忙碌的人们组成的，他们希望演讲人以直率的语言、一针见血地说出要点，过于冗长、闲散的绪论是不受欢迎的。

02
以自己生活中的事例来说明

　　每天，我们的身边都会发生许许多多的事情。这些事情在你演讲中应占大部分。在这个阶段，你应该把你从中学到的描述出来。根据心理学家的说法，我们一般有两种学习方式：一种是习惯性的学习方式，许多相近的事件会塑造我们的行为模式；第二种方式是突发的方式。每一件特别发生的事件都会对我们造成影响，改变我们的行为模式。我们每个人都曾有过特殊的经历，不用苦思冥想，就可以从记忆中找到。这些亲身得来的经验会影响我们的行为举止，如果你把这些经历真实地再现，也可能会影响到其他人的行为举止。之所以会达到这样的效果，是因为人们对真实的述说和亲历真实的事件的感受方式几乎是一样的。当你叙述时，要尽力让事例凸现真实可信，令听众感同身受，更要加入你的经验感悟增加趣味。下面这些建议，希望能帮助你挑选更适宜的事例。

　　1. 从你特殊的经历得出经验。

　　如果是因你的偶然经历而造成某种特殊的结果，这样的事例最具感染力。有些事情就发生在某一瞬间，你却对那短短的几秒钟终生难忘。前不久，曾经有一位学员讲述了自己一次可怕的经历：一次船翻后，他想游回岸边的经历。当他讲完之后，我相信每一位听众都决定，万一自己的遭遇与此相似，一定要谨记他的经验留在船旁等待救援。还有一次，演讲者讲述了有关一个孩子和一台翻倒的电动割草机的悲惨事件，那个印象在我脑海中如此鲜明，以至于一有孩子出现在我的电动割草机旁边，我都会立即警觉起来。

很多培训班的老师，就是对学员们所讲的事件印象极深，因此纷纷采取了相应的措施，以避免遇到相同的不幸。有一位老师听到演讲中再现的煮饭造成的一次火灾意外，回家就将灭火器放到了厨房里。另一位老师把家中所有有毒性的药物都贴上醒目的标签，并将它们放置到孩子够不到的地方，因为她曾听过一位学员演讲，详细叙说一位母亲发现自己的孩子握着一瓶有毒药物，昏倒在浴室地板上。

发生在你身上并且令你永世难忘的特殊经验，是构成以说服为目的演讲的首要组成部分。这样的事例，可以促使听众们思考并付诸行动——在他们看来，你遇到的事情，他们也可能遭遇，那就有必要记住你的经验和忠告，施以相应的行动，尽量避免。

2.第一句话就直奔事例细节。

把事例放在演讲的开端，很重要的一个原因就是为了在第一时间抓住听众的注意力。一些演讲者不能在开场就赢得听众的关注，大多是先致歉意或者用一些泛泛之词，这是最让听众倒胃口的做法。"我还不习惯在这么多人面前演讲。"听起来更遭人讨厌。还有一些老套的演讲方式，例如，详细说明自己如何精心地准备演讲，或者解释自己准备工作不够完美，又或者像个传道的牧师那样说出自己的主题。这些早应被摒弃的方式，都引不起听众的丝毫兴趣。

一些一流报纸杂志的作者有这样的秘诀：从你的事例细节开始，立即可以抓住听众的心。

下面这些是能像磁石一样深深吸引我的开场语："1942年的一天，我醒来后，发觉自己躺在医院的病床上……""昨天吃早餐时，我的妻子正在煮咖啡……""去年7月份，我正高速驶入42号公路的路口时……""办公室的门突然被推开了，我的主管查理·冯冲了进来……""我正在湖心岛上钓鱼，猛一抬头，只见一艘快艇正冲着我飞速驶来……"

要是你在开头所说的话满足了下述问题其中之一：什么人？什么时间？什么地点？什么事件？如何发生的？因为什么而发生的？那你已经掌握了世界上一种最古老但最有效的赢得注意力的方法。

"从前……"就像打开魔法大门的咒语，它开启了人们幼年时的幻想之门，运用充满人情味的方法，你将轻松地引导听众对演讲的倾听之心。

3. 充满围绕中心的细节。

细节本身不具备趣味性。一间到处散置着家具和古董的房间不会好看，一幅图画满是不相关的细物，也不能让眼睛停留。同样，太多无关紧要的细节，也会让交谈和演讲成为无聊的耐力试验。所以你要只选用能强调你的演讲重点和缘由的细节。如果你想告诉大家：在长途旅行前，应先检查车辆状况，那么你应该详细讲述旅行前因为没有事先检查车辆所发生的悲剧。但如果你去讲怎样观赏风景，或者抵达目的地后在什么地方过夜，就只会遮盖重点，分散注意力。

但是，如果你围绕你的话题重点，用精彩的语言来渲染你的故事，确实是最好的方法。它可以帮助你重现当时的状况，让听众感觉历历在目。只说你从前曾因疏忽而发生意外，很难让听众警觉着小心驾车，这样的方法是愚蠢并且没有趣味的。如果把惊心动魄的经验转化为语言，使用各种辞藻传达你的感受，那么就能把这件事烙在听众的心里，他们也就相信了你的忠告。请看下面的实例，这是一个学员的一段演讲，他生动地指出，寒冬开车要多么的小心。

1949年，就在圣诞节前一天的早上，我在印第安纳州41号公路上往北行驶，车里有我的妻子和两个孩子。我们已经沿着一段平滑如镜的冰路缓慢地行驶了好几个小时——稍稍触及方向盘，便会让我的福特车滑得一塌糊涂。时间就这样一小时一小时慢慢地过去。

我们来到一处开阔的转弯处。这儿的冰雪已经开始融化，所以我就踩上油门，想弥补失去的时间。其他的人也一样，大家似乎都很匆忙，想第一个到达芝加哥。危险引起的紧张卸下了，孩子们也开始在后座唱起歌来。

汽车开始走上一段上坡路，进了一处森林地带。当汽车急驰到坡顶时，突然，我看到——可是太迟了——北边的山坡因为没有阳光，所以路面的结冰没有融化，我们的车便打滑冲了出去。我们飞过路沿，完全失去控制，然后落进雪堆里，仍然直立着。汽车的车门被撞碎了，落了我们一身碎玻璃。

这件事例中丰富的细节，很容易让听众感觉身临其境。你就是要让听众看到你所看到的，听到你所听到的，感觉到你所感觉到的。要做到这一点唯一的方法，就是使用丰富而具体的细节。如同前面所指出的，讲清楚时间、地点、人物、事件和发生的原因5个要素和特定的语气来刺激听众的视觉想象力。

4. 叙述时让经验重现。

除了运用图画般的细节外，演讲者还应该让自己当时的经历情景再现。演讲和艺术"表演"有相近的地方，所有出名的演讲家都会有一种表演的成分。这并非是一种只能在雄辩家身上找到的稀罕的特质，很多小孩子有这种才能，我们认识的很多人也都有这样的天赋，富于面部表情，善于模仿或做手势。我们多数人都有某种这样的技巧，只要稍加努力和练习，便能有更多的发展。

在你以事例进行描述时，在其中加入越多的动作和激动的情感，就越能给听众留下深刻的印象。演讲不论多么的富于细节，若演讲者不能以再创造的热情来讲述，演讲依然没有力量。

你想给我们描述一场大火吗？那就把消防队与火焰搏斗时人们感受到的激烈、焦灼、兴奋、紧张的感觉传递给我们。你想告诉我们你同邻居间的一场争吵吗？把它再现在我们眼前，让它戏剧化。你想诉说在水中作最后挣扎时袭上心头的惊恐感觉吗？就让我们感受到生命里那些可怕时刻里的绝望吧！

举例的目的之一，就是让自己的演讲被人们牢记不忘。只有让事例深印在听众脑海中，他们才会记住你的演讲，以及你要他们做的事。我们总能记得华盛顿的诚实，是由于樱桃树的事情已经凭借韦姆斯的传记深入人心。圣经《新约》是嘉言懿行的丰富宝库，其道德操守原则，都是凭借富含人情味的事例来传达、强化。《善良的撒马利亚人》的故事就是如此。

这样的事例，除了可以让自己的演讲容易被人记忆，还可使你的演讲更加风趣，更有说服力，也更容易理解。生命所教给你的经验，已被听众重新感知，他们，就某种意义而言，已经决心照你的意思来响应。这样，我们就到了"魔术公式"第二道的门前。

大师金言

自身的经历、丰富的细节、简洁的语言，很容易使听众将自己投身于故事中，使他们听到你原先所听到的，看到你原先所看到的，感受你原先所感受到的。

03
指出问题的关键，直接向听众提出请求

现在，进入获得良好回应举例的阶段，已用去你3/4以上的时间。假设你只讲两分钟，那你就只剩下20秒钟来说出你期望听众采取的行动和采取这种行动的好处了。讲述细节的需要已经没有了，做直截了当的声明的时候已到。这与报纸消息的技巧相反，你不先说标题，你先讲故事，再以自己的目的或对听众行动的请求作为标题。这一步可通过三条法则进行。

1. 重点简明扼要。

要简明扼要地告诉听众，你想让人们一般只会去做他们清楚了解的事情。所以，你必须问自己，现在听众已经准备听你的话去行动了，那么你是不是确实告诉他们做什么了？把重点像写电报稿一样定下来，是个很不错的主意，尽可能地精简字数，而又要使其清楚、明白。不要说："帮助我们本地孤儿院里的病童吧。"因为这样太笼统，应该这样说："今晚就签名，下星期天会齐，带领25名孤儿去野餐。"更为重要的是，你的请求一定要是明显的行动，可以看得见的，而不是心理活动，那太含混了。举例说吧："时时想想祖父母吧！"就太含糊而不好去行动，要这样说："本周末就去看望祖父母吧！"还比如说"要爱国"，就改变成"下星期二就请投下你神圣的一票"。

2. 重点简单易行。

不论问题是什么，是不是还争论不清，演讲者有责任把自己的

重点和对行动的请求讲得容易让听众理解和行动。最好的方法就是你的主张要明确。如果让听众增长记忆人名的能力，可别说"现在便开始增加你对人名的记忆次数"，这样也太笼统，无从做起。不如说："在你遇到下一个陌生人开始，5分钟之内就重复他的姓名5次。"

演讲者给予明确的详细指示，比概略的言辞更能引发听众的行动。说"在祝康复的卡片上签名"要远比劝听众寄慰问卡或写信给一位住院的同学更好。

至于应该使用肯定还是否定的方式来叙述，取决于听众的观点。两种方式之间并没有好坏之分。以否定方式说明应该避免的东西，就比肯定陈述的请求对听众更具说服力。"不要做个摘灯泡的人"，是若干年前为销售电灯泡而设计的广告，这句否定的措辞收效就很好。

3. 满怀信念地陈述重点。

主张，就是你谈话的全部主题，或是观点、要点，因此应该有力而信心十足地陈述出来。就像标题的字母会特别显著突出一样，你对行动的请求也应该通过激烈的演讲，直接强调。你现在就要给听众留下"阳光"的印象，让听众感觉到你的诚意。你的请求不应有不确定或无信心的语气，游说的态度应持续到最后一个词，然后再进行"魔术公式"里的第三步。

大师金言

一场演讲，结尾是关键，无须再卖关子，直截了当地作出结论，是最好的选择。

04
给出理由和听众付诸行动的好处

在这个阶段，简明扼要依然是重点，这时，你要告诉听众如果他们按照你说的去做会获得什么好处，让他们愿意接受你的论点。

1. 理由和事例紧密关联。

有很多文章都在谈论如何在演讲中鼓舞听众，而且这个题目对任何"劝说听众"的谈话都有用，我们在这一章要谈的只是简单的谈话，你要做的就是只要一两句话就能让听众从你的演讲中获得他们想要的好处，你要注意，你所提及的好处，必须和你所举的例子有一定的关系。例如，你告诉听众你是怎样在买一辆二手车时省下一笔钱的，要求他们也买二手车，这时，你要做的就是告诉他们，如果他们买了二手车，会给他们的财政支出带来什么样的好处。如果你讲的是二手车和新车在样式上的比较就跑题了。

2. 强调唯一的理由。

推销员为了让你买他们的产品，可以一口气说出十几个理由来，同样，你也能为自己的观点举出好几个理由，而且还全都与你的事例相关。不过，最明智的做法，还是选择一个比较特殊的理由或是好处，用简短明确的语言表述出来。如果你能潜心研究各大报刊上刊登的广告词，会帮助你提高这一技巧。每则广告都专一地推荐一种产品，而对这个产品则通常只点出一个推销重点。产品公司可能会把广告从报纸推进到电视，但不论是口头还是视觉介绍方式，都很少在同一种广告里做出多个推销重点。

如果你对报纸、杂志、电视上的广告进行深入分析，你会惊奇地发觉，原来，运用了"魔法公式"的广告比比皆是，其用意在于引起人们的购买欲望。

还有许多其他的事例叙述方式，诸如：统计数字、展示、专家言论、类比，等等。这里所说的"魔法要则"更适宜于个人化的事例。在以说服、激励行动为目标的演讲中，这是谈话者可以运用的最行之有效、富有戏剧性的构建演讲的方式。

大师金言

演讲一定要让听众受益，否则，演讲就是失败的。

第八章

向听众说明
情况的演讲

　　"讲清楚"使人明了，是说明
性演讲的目的。可惜，有许许多多
的演讲者从来没有把自己的意念表
达清楚过。内容无重点，思路不清
楚，就导致了不成功。

01
清楚地陈述和表达

也许你经常听到类似下面这些演讲者的演讲。有一位美国联邦政府的高层政府官员应邀到参议院的一个调查委员会做报告。他丝毫不懂得什么是演讲技巧，只知道不停地讲了又讲，不但语意模糊，思路不清，而且讲话毫无重点，可以说是让人不知其所云。委员们听得糊里糊涂，脸上都显出了坐立不安的样子。最后，有位来自北卡罗来纳州的议员萨莫尔·欧文抓住机会站起来讲了一席话。

他说，这位官员使他想起了一对夫妻的故事。这位丈夫通告律师为他办理离婚手续。当然，他不否认这位妻子长得漂亮，烹饪手艺也不错，还是个负责尽职的母亲。

"那你为什么还要同她离婚呢？"律师问道。

"因为她整天说个不停。"这位丈夫回答。

"她都说些什么呢？"

"问题就在这儿，"丈夫又回答，"她从来没讲清楚什么。"

这就是问题所在，许许多多的演讲者，大家根本不知道他们在扯些什么，他们也从来都说不清楚，也从来没试图说清楚过。

不要低估了"说清楚"的重要性及困难程度。我曾经听一位爱尔兰诗人在晚会中朗诵他自己的诗，极少的听众知道他在说些什么。许多谈话者，不管是在公开或私下场合，也经常犯下这种错误。

我曾经和奥利佛·罗吉爵士讨论演讲的基本要件是什么。罗吉爵士有着40年在各大学讲学及巡回演讲的丰富经验。他强调，有两件事是最重要的：第一，知识与准备；第二，努力准备，清楚表达。

普鲁士名将毛奇元帅在法国与普鲁士战争爆发之初，对他属下的军官说："记住，各位，任何'可能会'被误解的命令，'将会'被误解。"

拿破仑也明白这种情况的危险。他一再向他的秘书下达的最慎重的一道指示就是："要清楚！清楚！"

每天，我们要做很多次说明性的谈话，比如提出说明或指示，提出解释和报告。每星期在各地对听众所作的各种类型的演讲中，说明性的演讲仅次于说服获得行动响应的演讲。说清楚的能力，其实也是打动听众去行动的能力。欧文. D. 杨是美国工业巨子之一，他也强调清晰的表达重点在当今社会有多么重要。

当一个人具备了让人们了解自己的能力时，他也获得了走向成功的有用的价值。

当然，在我们这个社会里，即使是最简单的事情，人们也应该彼此合作，所以，他们首先必须相互了解。语言是了解的主要传递媒介，所以我们必须学会使用它，不是粗略地，而是精确地。

大师金言

凡是可以想到的事情，都是可以清楚地思考的。而凡是可以说出口的事，就可以清晰地表达出来。

02
依次说出自己的要点

要想让整个演讲在听众心中留下鲜明简洁的印象，一个最简单的方法就是，在你说明的过程当中，把要点一个个地列举出来。

"我要说的第一个要点是……"你可以像这样简单明了地说出来。在你讨论自己的论点的时候，可以明白地向听众宣示这是你的第一个论点，然后是第二、第三……一直到最后。

拉尔夫·布切博士在担任联合国秘书长助理的时候，有次应邀到纽约罗切斯特的市政俱乐部发表演讲。他直截了当地这样说：

"今晚，我被选来讲述'人际关系的挑战'，理由有两个。第一……"然后，他又接着说："第二……"在整个谈话过程中，他都非常用心地让听众了解他的论点，然后才进入结论：

"因此，我们永远不要对人类行善的潜在力量失去信心。"

经济学家保罗·道格拉斯也喜欢用这样的方法，但是有点小小的改变：

"我的主要重点是……"他这样开始，"刺激经济复苏最简捷有效的方法是：减少中下阶层的课税——因为这些课税通常都会用尽他们所有的收入。"

"其次……"他又继续说道。

"接着……"他继续说道。

"还有……"他继续说道。

　　"其中有三个主要原因。第一……第二……第三……"

　　"总而言之，我们必须尽快减少对中下阶层的课税，如此才能真正增加群众的购买力。"

大师金言

　　依次列举你要讲述的要点，会让听众感到你有备而来，而且条理清晰，便于他们的接受。

03
用大家熟悉的观念阐述新的观念

有时候，你会觉得自己很难向听众解释某些观点。但这些观念对你来说是相当清楚的。对听众来说，这些观念需要花费你一番口舌才能使他们明白，甚至有的怎么也弄不明白。这该怎么办呢？最好的方法是用听众熟悉的东西作参照，这样，听众就更加容易接受、也更加清楚了。

假定你现在要讨论工业化学药品——催化剂对工业的贡献。催化剂能促使其他物质发生变化，而本身却不受影响，这是我们对它通常的解释。但如果你换一种说法来解释它，岂不是更容易懂吗？你可以说，这就好比有个小男孩在学校操场上捉弄、殴打或欺负别的小孩，自己却从来没有挨过别人一拳。

有些传教士在异地传教的时候，发现很难把《圣经》上的某些词句恰当地用当地语言表述出来。如在赤道非洲地区，他们意识到，如果以下的句子仅照字面解释，就很难让当地土著人完全明了："虽然你们的罪孽如血一般殷红，仍可以将它洗涤得如雪一般洁白。"那些传教士是否照着字面来翻译呢？那些生长在热带丛林的土著，怎么可能知道雪是怎样的白呢？但是，那些土著却常爬上椰子树去摘取椰子果，因此传教士便根据当地人的情况将经文做了这样的改变："虽然你们的罪孽如血一般红，却可以将之洗净得如椰肉一样白。"

作了这样的改变以后，其说服力不是更强吗？

1. 将事件转化成图像。

月亮离地球有多远呢？还有太阳，以及其他最近的星球呢？科学家通常喜欢用数字来回答许多太空遨游之类的问题。但是，谈论科学题材的演讲者或作家，却知道这很难使一般听众和读者有个清晰的概念，因而最好把这些素材图像化。

著名的科学家詹姆斯·吉恩斯博士对人类渴望探索太空的心理特别了解。作为一名科学专家，他也知道数学在这方面的重要性。所以在写有关这方面的文章，或演讲有关这方面的主题时，他偶尔也会使用一些数字。

太阳（恒星）和其他环绕着我们的星球，由于离我们很近，因此，我们很难体会其他非太阳系的星球究竟离我们有多远。吉恩斯在《环绕我们的宇宙》一书中指出："甚至连距离我们最近的恒星，也距离我们有25万亿英里之遥。"最后，为了使这个数字更具体，他解释道：假如一个人用光速——每秒18.6万英里从地球出发，需要4.25年才能到达距我们最近的恒星。

几年前，有位训练班的学员在描述高速公路发生的惊人伤亡记录时说："你从纽约开车到洛杉矶，一路上，高速公路上的路标不见了。地面上耸立的是一具具的棺木，里边躺着的是去年在公路上因车祸死亡的人。你开车向前走，每隔5秒钟便发现一具棺木，从大陆的这一头一直到另一头。"

自从听了这个描述之后，以后我开车再不敢开得太快了。

为什么会这样呢？因为单从耳朵听来的印象并不容易记住。但眼睛的印象怎么样呢？几年前，我在多瑙河畔见到一颗炮弹嵌在河堤上的一座老房子上——那是拿破仑在乌尔姆战役时发射的炮弹，视觉印象就如同那颗炮弹一样，产生了可怕的冲击力，嵌入我们的记忆里，并驱逐所有不利的建议，就像当年拿破仑驱逐当地的奥地利人一样。

2. 避免使用专业术语。

假如你是专业的技术人员，如律师、医师、工程师，或从事特殊的商业买卖的商人——在你为普通听众演讲的时候，请记住，一定要用一般的日常用语，必要时还需详细解释一下。

你一定要对此加倍小心，因为我听过无数次专业性的演讲，有许多人就是没有注意到这一点而最终失败。这些演讲人完全没有注意到一般大众并不清楚那些特别用语，于是他们的演讲把听众弄得糊里糊涂。

那么，当你作专业性演讲的时候，你该怎么办呢？以下是印第安纳州前参议员比威利齐的建议，你可以作为参考。

一种比较好的联系方法是从听众当中选出一位看起来最不聪明的人为对象，然后努力使那个人对你所谈论的东西发生兴趣。我想，只有把你的论点讲得通俗明白，才会收到良好的效果。还有个更好的办法，就是从听众当中选出一个小男孩或小女孩，这样效果会更好。

告诉自己——大声讲出来让听众知道，如果你喜欢——你要尽量使那个小孩明白你所讲的话，并记住你对许多问题的种种解释。而且在演讲之后，还能说出你究竟讲了些什么话。

在训练班里有位医师，他演讲的题目是"腹部呼吸对肠蠕动有何帮助，以及对身体健康有何益处"。他正滔滔不绝地讲着一个个医学名词时，老师马上制止了他。老师要他先调查班上有多少人知道腹部呼吸，以及腹部呼吸与一般呼吸的区别；什么是肠蠕动，腹部呼吸与肠蠕动有什么关系等问题。调查的结果使那位医师大为吃惊。于是他不得不重新来过，把一些医学名词用简单明白的日常用语解释清楚。

向听众说明专业性用语时，最好的方法就是用简单的例子来做比较。举个例子，你现在要向一群家庭主妇解释冰箱除霜的原理。以下的说法显然过于深奥难懂：

冰箱的功能是建立在"由蒸发器把冰箱内部的热气抽出"的原理上的。一旦热气被抽出，伴同热气的水蒸气便附在蒸发器上，以致逐渐堆积成霜，而形成绝缘体。此时，蒸发器就必须加速引擎的转动，才能弥补因结霜所造成的绝缘后果。

亚里士多德曾说："思考时，要像一位智者；但讲话时，要像一位普通人。"假如你不得不使用专业用语，就得先详细说明一下，并确定每个听众都明白那些用语的意思。尤其是碰到一再出现的关键字，就更得留意一下了。

有一次，我听一位股票经纪人对着一群妇女发表演讲，介绍有关银行的业务和一些投资事项。他用简单朴实的语言解释，而且采用对话方式，整个谈话十分轻松，内容也很详细清楚。只是他有些基本用语仍然十分专业，如"票据交换""特许权的买卖""长短期股票买卖"等。由于这位股票经纪人没有察觉到听众并不清楚这些专业用语，致使本来很成功的演讲，大打折扣。

大师金言

不要使用太多的晦涩的专业术语，当然，你也没有必要故意免去一些关键的专业用语。只要在用到的时候，记得说清楚即可。

04
运用视觉效果

　　大脑和眼睛相关联的神经要远远多于和耳朵相关联的神经，因此科学家说：我们通过视觉得到的注意是听觉的25倍。

　　中国有一句俗语，也是这个意思，叫做"百闻不如一见"。

　　如果你希望演讲或谈话生动形象，就要让你的观点具有立体感，令听众对你的演讲有一种视觉感受。美国收银机公司前总裁派特森对使用此法颇有心得，还专门为《系统杂志》写过一篇文章，来介绍自己对生产工人和销售人员作演讲的方法：

　　想要让别人了解你，或是引起别人的注意，仅凭语言是不够的，你要借用一些戏剧化的方式，以达到效果。在我看来，最好的方式莫过于借用图画的形式，来表现对和错两种截然不同的观点，图表比文字有力度，而比图表更具说服力的就是图画了。你想要阐述某个主题吗？那就配以相应的图画来表现吧，语言或文字可作为图画的辅佐。很久以前我就已经明白，一个画面的作用远胜过我所说的任何言语。

　　效果最好的是有趣好玩的图画，我个人就收集了一整套图表格式和幽默画。在一个圆里画上美元的符号，那就代表了一张美钞，要是画一个袋子，上面再画一个美元符号，那就代表了大笔金钱。像满月一样的圆脸蛋很受欢迎，先画个圆圈，再简单用线条表示眼睛、鼻子、嘴巴、耳朵，只需稍微改变线条的起伏，就可以让这张圆脸展示出丰富的表情，思想陈腐的老古董嘴角总是严肃地向下，风流时尚的年轻人嘴角总是愉快地上扬。这些图画并不复杂，我最喜欢的不是那些画出美丽风景的画家，而是漫画家。这些图画最妙之处就在于可以直观地对比、示范。

你并排画一个装美元的大袋子和一个小袋子，就能很清楚地表示出对的和错的方式，大袋子表明钱赚得很多，小袋子无疑是在说进项很少。你可以在演讲时用极短的时间随手画出简单的图画，不用担心听众不再关注你，他们反而会更好奇，想知道你究竟在画些什么，也想听你说明画出图画的目的，而且幽默的画面还会让他们感到愉快。

我常常会聘请画家到我的工厂和专卖店里去观察一番，请他用素描画的形式将一些不适当的行为或应避免的事情记录下来，然后再将这些素描画成正式的图画。我将有关人员召集来，把图画展示给他们看，让他们立即领悟到自己是什么地方做错了。投影仪一投放市场，我就马上买了一台，可以将画面打在墙壁上立体起来，自然要比平面的效果好了很多。后来，我又第一时间买了一架电影放映机，在我公司的一个部门，专门存放了6万多张立体幻灯片，还有许多部影片。

值得注意的是，图画并非适用于每次演讲或者谈话，不过，我们要在适用的场合尽量地发挥它的功效，这是引起听众注意，提高他们兴趣，还能充分表现我们想法的好方式。

在使用图表时，要特别注意能让听众看得清楚明白。而且，也要注意图表的使用不宜过多过于频繁，没完没了的图表也是会令人心生厌烦的。如果你在演讲中边讲边画，画的速度一定要快，画面越简单抽象越好，要知道，听众可不是来欣赏绘画作品的。一边画，一边继续对听众讲话，而且要尽量转身面对听众。

当你使用展示物时，下面是几点小建议，相信一定会吸引听众的注意力：

（1）不要让听众提前看到展示物，在真正需要时才展示出来。

（2）展示物必须足够大，以保证最后一排的听众也可以清楚地看到，不然，听众又怎能从展示物得到启迪呢？

（3）继续演讲时，不要让展示物在听众手里传阅，这等于是给自己找了个分散听众注意力的对手。

（4）将展示物举起，令所有人目光可及。

（5）若是条件允许，可以在现场利用展示物作示范，那样会比举出10样物品的效果好上百倍。

（6）不要盯着展示物讲话，你的沟通对象是听众，而不是它。

（7）展示物使用过后，立即收起来，放在听众看不到的地方。

（8）要是想赋予展示物以神秘色彩，那不妨在演讲时，将它用东西蒙上，放在身旁的桌子上。故意找机会多次提到它，但不说出究竟是什么，让听众既好奇又期待，一直期待等着你揭开谜底。

在听众面前，说出自己的想法，同时展示给他们看，这种视觉刺激将会带给听众记忆犹新的感受。

林肯总统认为，我们一定要对清晰的表达充满狂热的信念。新萨勒姆学校的校长葛拉罕曾回忆说："据我所知，林肯常常会为了一件事，花上好几个钟头来研究怎样用3种最好的方法来表达它。"

另一位美国总统伍德罗·威尔逊曾经写下一段回忆，就让我们将此作为本节最后的总结吧：

"我的父亲是一位智者，我的语言训练来自父亲的教诲，他不能容忍晦涩含糊的表达，从我开始学写字，一直到他81岁高龄去世前，我习惯于把给他写的东西带在身边。每次见面，他都会要求我大声朗读，这对我而言，可真不是什么愉快的事情。他时不时地打断我，'这话什么意思？'我便解释给他听，当然要比写下来的更简洁明了，这时，他就会教训我说："刚才你为什么不这样说？不要用鸟枪来点醒自己的想法，结果只能乱糟糟一片。记住，要用来复枪瞄准你说的每句话。"

大师金言

"百闻不如一见"，用视觉材料把自己脑子里所想的说给听众听，展示给听众看，保证听众会听得更懂。

第九章

即席演讲的方法

一切成功演讲的关键是演讲者和听众建立的和谐的关系。即席演讲，其实也不过就是在自己客厅里对朋友聊天的扩大而已。

01
练习即席演讲

即席演讲又叫即兴演讲、即时演讲，是演讲者事先没有充分准备，因事而发，触景生情，乘兴所作的一种临时性演讲。

不久前，在一家制药公司新实验室落成典礼聚会上，研究处处长的6名属下进行了发言，讲述化学家和生物学家们正在进行的了不起的工作——他们正在研究抵抗传染疾病的新疫苗，研究对抗过滤性病毒的新抗生素，研究缓解紧张的新镇静剂。他们先用动物进行实验，再在人类身上进行试验，结果都令人非常满意。

"真是奇迹，"一位官员对研究处处长说，"你的手下真是太神奇了，他简直是魔术师。不过你怎么不讲讲呢？"

"我只能对着自己的脚讲话，不敢面对听众讲话。"研究处处长黯然地说。

没有想到，主席让他吃惊不小。

主席说："我们还没有听到我们的研究处处长讲话，他不喜欢发表正式演讲，我想就请他向我们说几句话吧。"

结果，处长站起来，很费劲地说了几句话。他为自己没能详细解说道歉，这就是他所说的全部内容。

他站在那里，一个在自己行业里的杰出人才，看上去笨拙而迷惘。这是不必要的，他可以学会即席演讲的。我还没有看到我训练班上任何一个有决心的学员学不会这一招。他们一开始拥有的，就是这位研究处处长没有的——坚决、勇敢地击倒失败的态度。然后，需要一种不动摇的意志，不论怎样困难都坚决要讲。

　　"若是先有准备并有练习，那不会有丝毫困难，"你会这样说，"可是如果意料之外的讲话，我真的不知说什么了。"

　　但是现代的商业需要，以及现代人口头沟通的自在随意，使这种即席发言的能力不可缺少。我们需要迅速组织思想并流畅地遣词造句。许多影响到今日工业和政府的决定，都不是出于一人，而是在会议桌上商定的。每个人都可以说出自己的想法，然而在这群策群议的会议里，他的话必须强劲有力，才能对集体决议发生影响。这也是即席演讲要生动突出的原因。

　　任何智力正常、能自我控制的人，都能够发表令人接受、有时还是很精彩的即席演讲。所谓即席演讲是指"不假思索地讲出来"。当然有几个方法，可以帮助你在突然被人邀请讲几句话时流畅地表达自己。其一是采用一些著名演员使用过的一种方法。

　　很多年前，道格拉斯·费班克为《美国杂志》写了篇文章，其中描述了一种益智游戏，在两年的时间里，查理·卓别林、玛丽·皮克福和他几乎每晚都玩儿。这不仅仅是游戏，也包含演讲技巧里最困难的练习——站着思考。根据费班克写的文章，这个"游戏"这样进行：

　　"我们每个人各在一张小纸条上写下一个题目，然后把纸条折起，混在一块儿。一个人抽出题目，要求马上站起来用那个题目说上一分钟。同一题目只使用一次。一天晚上，我抽到的题目是谈'灯罩'。如果你以为容易，不妨试试。不过，我总算过了关。重要的一点是，从我们开始玩这个游戏以来，我们都机灵多了。对于各种各样的题目我们也有更多的了解。但是，更有用的是，我们都学会了在瞬间就能根据任何题目收集自己的知识和思想，我们学会了怎样站着思考。"

有时在我班学员的训练中，我会经常请我的学生起来即席演讲。经验告诉我，这种练习有这样两个作用：第一，它可以增强班上的人的信心，相信他们能够站着思考；第二，这种经验让他们在作有准备的演讲时，更不慌不忙，更有十足的信心。

他们意识到，即使在作有准备的演讲时，也会发生脑中突然一片空白这样糟糕的情况，但是他们有即席演讲的根基，就能条理清晰地谈话，直到重新回到原来的话题上。

所以，随时随地，班上的学员都会收到这样的通知："今晚将给你们不同的题目进行演讲。要到站起来时才会知道自己的题目是什么。祝大家好运！"

结果怎样呢？会计师发现自己要讲做广告，而广告销售员发现要讲幼稚园；也许老师的题目是银行业务，而银行家的题目却是学校教学；伙计被指定谈生产，而生产专家则要讨论运输。

他们有没有觉得很难而最终放弃呢？从来没有！他们不把自己当作是这方面的权威，而是在深思熟虑之后，把题目和他们熟悉的知识联系起来。开始尝试这种方法的时候，他们也许讲得不是很好，可是他们有勇气站起来了，并且张开嘴讲话了！有些人觉得简单，有些人觉得困难，但总的来说，这种方法很兴奋和刺激。他们看见自己竟然可以运用不敢相信自己会拥有的能力。

他们都能做到这些，我相信人人都可以做到——用你的意志力与信心——尝试得越多，它就会变得越简单。

我们的另一个方法，是即席演讲的联结技巧。这是我们训练班一个十分刺激的特点。我们告诉一个学生，要他以他能想出来的最奇妙的方式开始讲述一个故事。举个例子说："前几天我正驾着直升机，突然，一大群飞碟朝我靠近，我被迫下降。不料，靠近的飞碟里，有个小人开始向我开火。我……"

　　铃声响起，这个演讲者的时间到了。然后，另一个学员继续他的故事，必须把故事接下去。等到每个人都讲完，这个故事也许结束在火星的运河边，或是在国会的大厅里了。

　　这种方法，用于培养即席演讲技巧的效果很好。一个人如果能多做这种练习，当他必须发表演讲时，他就越能轻车熟路地应付可能发生的任何情况。

　　大师金言

　　情急之下，一个人具有整理自己的思想并发表谈话的能力，有时候，要比经过长时间努力准备后的演讲更重要。

02
随时做好发表即席演讲的心理准备

1860年，林肯当选为美国第16任总统。次年2月11日，他在车站面对斯普林菲尔德热烈送行的群众，触景生情，发表了一则满怀激情的告别演说。

朋友们：

任何一个人，不处在我的地位，就不能理解我在这次告别会上的忧伤心情。我的一切都归功于这个地方，归功于这里的人民的好意。我在这里已经生活了四分之一个世纪，从青年进入了老年。我的孩子们出生在这里，有一个孩子埋葬在这里。我现在要走了，不知道哪一天能回来。我面临的任务比华盛顿当年担负的还要艰巨。没有始终伴随着华盛顿的帮助，我就不能获得成功。有了上帝的帮助，我绝不会失败。相信上帝会和我同行，也会和你们同在，而且会永远是到处都在，让我们满怀信心地希望一切都会圆满。愿上帝保佑你们，就像我希望你们在祈祷中会请求上帝保佑我一样，我向你们亲切地告别！

当你在毫无准备的情况下被邀请发言时，很多时候是希望你能对某一个属于你的领域内的题目表示一些看法。所以主要的问题是，要能去面对这种情况，并梳理出在这短短的时间里要谈论些什么。有个非常好的方法可以让你慢慢地掌握这其中的奥秘，那就是心理上对这些情况应该先有准备。在开会时，询问自己，如果被邀请起来讲话，应该讲些什么？这一次最适合讲哪个方面的问题？对于会上谈论的问题，该怎样措辞表示赞同或反对？

这就是我给出的第一个忠告：在心理上随时准备在各种场合作即席演讲。

有了这种准备，你就需要不断地思考，思考是全世界最难的事情。不过我确信，没有哪位有即席演讲家名号的人，是不花费时间来分析各种他参加过的公开场合，来做好准备的。好像一个飞行员不断向自己提出任何可能的难题，以随时准备在紧急状况下作出冷静而精确的反应。一位令人瞩目的即席演讲家，也是在作过无数次从未发表过的演讲以后，才把自己准备妥当的。像这样的演讲，其实也真不能算是"即席演讲"了，因为他们平日就准备着演讲啊。

因为你已经知道主题了，剩下的就是怎样组织材料，以便于配合时间、场合。既然要作即席演讲，时间上不会太长，首先考虑的就是你的主题适应的场合。不必道歉说没有准备，这应该是意料中的事。尽可能快地投入题目，进行迅速思考。如果现在你还没有办法做到这点，我请求你一定要听听下面的忠告。

大师金言

在心理上随时准备在各种场合作即席演讲。有了这种准备，你就需要不断地思考，思考是全世界最难的事情，思考得越周全，成功的可能性就越大。

03
马上举出事例

为什么？有三个原因：第一，你可以不必为下面一句要说什么费劲去想了，自己的经验体会可以随时说出来，即席演讲时也不例外。第二，你可以借此进入演讲的状态，帮助你驱散紧张感，叙述事例会让你更明确自己的主题。第三，你会在第一时间引起听众的关注，没有比用事例作开场更能吸引听众注意力的方法了。

如果听众对你叙述的事例饶有兴趣，你会受到鼓励而在极短时间内恢复自信。当你注意到听众对你的认可，仿佛看到听众对你的期望像强气流一般盘旋在他们上空，你就会想要继续与他们沟通，释放出最大的能量来满足听众。

演讲者和听众之间融洽的气氛，是成功演讲的基础，没有这个基础，沟通从何而来。用事例展开演讲无疑是最合适的方法，即便你只说几句话，举个简短的例子效果也会非常不错。

大师金言

、 精彩的事例，会立即抓住听众的心。

04
充满情感和力量

　　像本书在前面几次说过的那样，如果你演讲时精神饱满，兴致勃勃的话，你的外部生气就会对内在精神起到很大的带动作用。你见过在演讲中经常用手势的人吗？他们的演讲通常很流利，有的甚至还临场发挥得更好，从而吸引了一大群的听众。生理状况对精神状态有很直接的影响。比如我们会把手的活动和心理活动结合在一起，我们会说"我们抓住了一个念头"，或者是"我们已经掌握了这个思想"。我们的身体很有活力的时候，我们的精神也会随之振奋。就像威廉·詹姆士说的："我们的心因此飞速地运转起来。"所以，请你不要吝惜自己热烈的情感，将其全部投入到演讲中，它将成功地帮助你成为出色的即席演讲者。

　　只有被感情支配的人最能使人相信他的情感是真实的，因为人们都具有同样的天然倾向，唯有最真实的生气或忧愁的人，才能激起人们的愤怒和忧郁。在话语交际过程中，要使对方感受到情感的真实，说话人的话语一定要受到发自内心的充沛情感的支配。

　　【大师金言】

　　发自内心的真实的情感，最容易打动听众的心。

05
适宜的原则

不知道何时，你就会面临突如其来的请求："你能说几句吗？"要么就是，在你正对主持人的话会心微笑时，突然听到他提到你的名字，全场的人都转过头来望着你，你还没弄明白发生了什么事情，这时主持人已经宣布，你就是下一位上台演讲的人。

这种情况下，你的心想不紧张都难，就像斯蒂芬·李柯克的那位愚蠢的骑士一样，他刚跨上马背，就"辨别不清方向"。此时，主要是使自己保持冷静。你可以做个深呼吸，先向主持人表示谢意。最好是注意会议的议题。记住这点，我提醒你，听众最感兴趣的莫过于他们自己和他们在做的事情，那么你可以从下面三方面来选择：

首先就是听众自身。想让演讲轻松愉快，那就不妨谈谈这方面。说说听众是什么人，正在做什么事，尤其是他们对公共事务和人类做出了一些突出贡献，那就一定要重点说说，同时，别忘了举个鲜明的事例来证明这一点。

其次，就是所在的场合。当然，你可以谈一谈这次聚会的性质是什么，是纪念性的，还是颁奖典礼，或是年度总结会，又或者是政治集会。多联系现场的人和事，就能紧紧抓住听众的注意力。1848年，法国著名文学家维克多·雨果参加了巴黎市栽种"自由之树"的仪式并应邀发表了演讲：

这棵树作为自由的象征是多么恰如其分和美好呀！正像树木扎根于大地之中，自由之树是扎在人民心中的；像树木一样的自由长青不枯，让人民世世代代享受它的荫蔽……

这篇演讲恰如其分地切合当时的环境和气氛，因而被后人深深记住。

最后，如果你仔细听了前面的演讲，你可以说自己对某位演讲者提到的那一点很有兴趣，然后就此阐述一番。

成功的即席演讲，是真正与现场相关联的演讲，是演讲者对于听众或者现场的感受，就如同定做的手套那样贴合，它们是为了此时此地而诞生的。这也正是即席演讲的魅力所在：它们就像昙花，只在特定的时间绽放辉煌短暂的一刹那，但是留给听众的却是回味无穷的欢乐时光。在他们眼中，你俨然就是一位杰出的演讲家！

大师金言

即席演讲的魅力所在：它们就像昙花，只在特定的时间绽放辉煌短暂的一刹那，但是留给听众的却是回味无穷的欢乐时光。

06
即席演讲不等于即席乱讲

即席演讲时，你必须设立一个主题，围绕着这个主题进行阐述，你所举的事例要切合主题。并且不要忘记，拿出你全部的热诚，你自然会发现自己充满活力，更有力量。有没有准备已经不重要了。在参加聚会时，提前做好被人邀请发言的准备。如果确信会被邀请即席演讲的，尽量把自己的要点用几句短语概括。当开始演讲时，将要点逐条地叙述出来。

建筑设计师诺曼·贝赫特表示自己必须站着说话，不然就不知道怎样将意思表达清楚。当他对同事讲解某个建筑计划时，只能在办公室里走来走去，才能保证说话清楚明确。怎样坐着说话才是他所要学习的，最后他当然学会了。

我们大部分人都和他不同，我们要学会站着说话，我们当然也能够学会。先尝试第一次简短的演讲，然后再来第二次，这样坚持下去。我们的感觉会一次比一次好，总有一天，我们终于领悟到，原来在大众面前即席演讲，不过就是在自己客厅里和朋友们谈话，唯一的区别就是人比较多些。

大师金言

散乱无章地闲聊，毫无关联地东一件事、西一件事，只能叫即席乱讲。

第十章

如何准备长篇演讲

正如拿破仑那句经典名言：
"战争是一门科学的艺术，不经过
深思和规划，就别想取得胜利。"
演讲也一样，不要指望没有周全的
考虑，没有深思熟虑，就取得演讲
的成功。

01
周全的准备是必需的

　　一个头脑清醒的人，不会毫无计划地建造房屋，这是人人都懂的道理。当一个人对演讲毫无准备甚至不清楚自己要谈什么主题的时候，为什么还要接受邀请呢？

　　一场演讲就像已经确定了目的地的旅行，也要按照路线安排，朝着目的地前进。没有规划，散漫的演讲，也就没有目标，最终将结束于散漫之中。

　　如果可以，我真希望在全世界所有教授学生演讲的教室前，刻上大大而鲜红醒目的一英尺高的一句话，那句话是拿破仑的经典名言："战争是一门科学的艺术，不经过深思和规划，就别想得得胜利。"

　　不知有多少演讲者明白这句名言同样适用于演讲，也不知有几人明白后能够意识到，如果照此去做，结果会怎样？他们不知道，毕竟，大部分演讲者花在准备演讲的时间，还没有烹制一碗爱尔兰炖菜的时间多。

　　尤其是一些初涉演讲领域的新人，尚未意识到应该预先考虑周全，而一心信奉灵感，经过挫折才会明白："一条错误的小路，前面满是泥泞和深坑。"

　　爱迪生在办公室墙上钉了一段话："用心思考才可获得成功，没有任何捷径可走。"英国报业大亨努斯克里夫爵士，年轻时不过是一个薪水少得可怜的小职员，他回忆说，对自己成功影响最大的是法国哲学家巴斯格的一句话："想要超越他人，必须超前计划。"

你可以把这句话当作你的座右铭。这会提醒你预先准备你的演讲——怎样让听众在脑海里记住你的每一句话；如何让听众对你的观点坚信不疑。

这对每位演讲者而言，都是一个要反复面对的问题。我们也不能为你制定出一套具体的操作规范，我们可以提供的协助，就是为你指出，准备长篇演讲时要特别重视3个方面：吸引注意力的开场、论述部分、结论。

大师金言

想要超越他人，必须超前计划。

02
有吸引力的开场白

曾担任西北大学校长的演讲家林·哈洛德·胡，认为在演讲中最重要的是："开场白应该引人注意，一下能抓住听众的心。"他总是精心准备开场白和结尾。只要是有丰富经验的演讲者几乎都那么做，不论是韦伯斯特、格雷斯东，就连林肯也不例外。

当美国与德国的潜艇战出现新问题时，威尔逊总统在国会发表演讲。他的开场白不过20多个字，却立即引起了全场人的注意："鉴于目前外交关系出现的新变化，我想我有义务向诸位说出实情。"

斯兹维博在纽约费城协会作演讲时，他的第二句话就表明了演讲重点："如今，最受美国人关注的是：现在社会经济为何持续低迷？未来会怎样……"

演讲者怎样从一开始就抓住听众的注意力，这里有一些经验之谈，只要你善加运用，就会有非常吸引人的开场白。

1. 以小故事开场。

听众喜欢听故事，在例证某个观点时，长篇的理论叙述令他们心生厌倦，一个有趣的故事却能令他们对此论点记忆深刻。你不妨在开场就说个小故事。我曾经这样做过，可是很多演讲者对这个法子不以为然。在他们心目中，必须先发表一些议论，再举出事件作为例证。

著名的社论家、演说家、电影制片人罗维尔·汤姆斯做过一次名为《阿拉伯的劳伦斯》的演讲，他的开场白是这样的：

有一天，我正走在耶路撒冷的大街上，突然看到一位穿着东方君王的服饰的男子，身上佩戴的是一把黄金打造的弯刀，那种刀只传给先知穆罕默德的后人……

他以叙述自己经历的故事开始他的演讲。这样的开场白通常会引发听众的好奇心，他们想知道后来发生了什么事情，因此会一直专注地听下去。我知道，再没有比用这个讲故事的办法开场更能让听众对演讲充满渴望了。

一个曾经作过多次演讲的主题，这一次我是这样开始演讲的：

就在我大学刚毕业的时候，来到了南达科他州。一天晚上，我走在街上，看到一群人围着一个站在木箱上说话的人。我觉得很好奇，就挤进人群中。听到这个人正在说：你知道吗？你从来也没见过秃顶的印第安人吧？也没有见过秃顶的女人吧？你不觉得奇怪吗？现在，让我告诉你这究竟是为什么……

这里没有停顿，也没有"预垫"的句子，就这么直接地进入事件，这么轻易地把听众带到事件中去了。

演讲者以自己亲身体验的故事作开场白是安全的，不必字斟句酌，不必想来想去，这经验属于他自己，是他生命的一部分，结果怎样呢？因为是自然地从嘴里讲述出来，听众也会被你平和的神态感染，从而变得友善、温和。

2. 设置悬念。

鲍威尔·西里先生在费城运动俱乐部的演讲，是这样开始的：

就在82年前的这个季节，有一本只讲了一个故事的书在伦敦出版了，人们把它叫做"世界上最伟大的小薄书"。那时候，朋友彼此见面打招呼就会问："你看过了吗？"得到的总是千篇一律的回答："上帝保佑！我已经看过了。"

出版的那天，它就被卖出了1000本，两周以后，这个数字变成了15000本。以后，不但无数次再版重印，还被翻译成多国文字出版发行。就在几年前，J. P. 摩根以惊人的高价买到此书的原稿，现在被存放在他的艺术馆中，和那些稀世珍品并排放在一起。这本传世之书到底是什么书呢？是……

你感兴趣吗？你渴望知道得更多吗？演讲者是不是很好地捕获了听众的注意力？你感觉到演讲已经开始吸引你的注意了吗？你是不是随着演讲者情节的推进而兴趣高涨呢？为什么？因为它引起你的好奇心并用悬而未决的气氛抓住了你。

好奇！谁不对它敏感？

或许你会！你不禁会问，这书的作者是谁？书上都叙述了些什么内容？为了满足你的好奇心，这是答案，作者是查尔斯·狄更斯，书名是《一支圣诞颂歌》。

当我走进树林，小鸟会在我不远处飞来飞去，因为它们对我感到好奇。我听说，在阿尔卑斯山有一位猎人，他用一卷布将自己裹起来，然后在山里爬来爬去。羚羊看到了，觉得很好奇，全都跑上前来看，他就可以轻易获取猎物。猫、狗也都有强烈的好奇心，所有的动物包括和人类最接近的灵长类也是如此。

只要你能在开场白引发听众的好奇心，他们就会对你的演讲一直关注下去。

一位学员的开场白非常另类："诸位，你们是否了解，现今这个时代，还有17个国家实行奴隶制度？"听闻此言，听众不光好奇心大作，还吓了一跳。"奴隶制度？现今？还有17个国家？天啊，这都是真的吗？究竟是哪些国家？"

你也可以先说出事实，让听众急切地想知道是什么造成了这样的事实。有一位学员是这样开头的："前不久，有位议员要求议会制定一项法规，严禁学校周围2英里以内的蝌蚪变成青蛙。"

听了这句话，你一定会忍不住笑出声来，并且认为他纯属说笑，怎么会有这样的事情呢？接着，演讲者不慌不忙继续讲了起来。

我曾经作过名为《怎样不再忧虑地生活》的演讲。我是这样开场的：

那是1981年，有一位名叫威廉·奥斯勒的年轻人，他在一个美丽的春日，拣到了一本书，读到了21个字，影响了他的一生，后来，他成了举世闻名的医生。

说到这里，所有的听众都迫切地想知道：这21个字说的是什么？为什么影响了他的一生呢？

3. 举出惊人的事例。

一本知名杂志的创办者迈克鲁说过："一篇好文章，应该令人不断感到惊奇。"当你惊奇的时候，你的注意力也全部集中于此。演讲也是如此，来自巴尔的摩的帕兰汀在名为《奇妙的广播》演讲中，一开始就这样说："诸位是否知道，纽约一只小苍蝇在玻璃上漫步的细微声音，可以通过无线电广播传递到非洲，并且转变为尼亚加拉大瀑布那样惊人的巨响？"

保罗·基蓬斯是费城乐观者俱乐部的前任会长，他曾经做过一次名为《罪恶》的演讲，他的开场白令所有听众震惊不已："美国是犯罪最严重的国家，这么说，实在让人感到痛心，可这却是不争的事实。发生在俄亥俄州克利夫兰的谋杀案是伦敦的6倍，如果考虑到人口比例的话，那里抢劫犯的人数足足是伦敦的170倍。苏格兰和英格兰以及威尔士三地曾被抢劫或抢劫未遂的人全加在一起还没有克利夫兰被抢的人数多。在圣路易市每年被杀的人也远超过英格兰和威尔士相同案件的总和。发生在纽约市的谋杀案也比法国、德国、意大利还有英国要多。但更令人震惊的是，大部分的罪犯仍然逍遥法外。打个比方说吧，你杀了一个人，但你因此被判死罪的几率还不到百分之一。我相信，诸位都是遵纪守法的好公民，但你们是否想过，你死于癌症的几率竟然是杀人被判死刑的10倍之多。"

基蓬斯言辞恳切，态度真诚热烈，这无疑是一次成功的演讲。虽然我也听过别人用相似的关于犯罪的开场白，但他们只注重了语言的技巧，却丝毫没有倾注自己的热诚，大大破坏和降低了开场白的"魔力"。

克利福德. R. 亚当斯曾是宾夕法尼亚州立学院的结婚咨询服务处的主管，他在《读者文摘》上发表过一篇文章，名为《怎样挑选配偶》，文章以让人震惊的故事展开叙述——这些故事会让你呼吸急促，当然就会立刻吸引你的注意：

今天的年轻人，能在婚姻中感到快乐的机会真是少之又少。离婚率反而在以让我们瞠目的速度不断上涨。在1940年，五六桩婚姻中只有一桩会破裂。到1946年，预计将上升到四比一的比例，如果照这种趋势发展，到50年代，这种比例可能会上升到二比一。

还有另外两个例子，也是以"震惊的故事"展开叙述：

战争部门预测，在一次原子战争的第一个夜晚，大约有2000万个美国人被杀死。

几年以前，斯克利普斯·霍华德报纸花176 000美元做了一次调查，目的是了解顾客对零售店有什么不喜欢的地方。这是迄今为止，对零售问题做的最昂贵、最科学、最彻底的一次调查。调查表被送到16个不同的城市，54 047个家庭。其中的一个问题是："你对这个镇上的零售店有什么不满意的地方？"

将近2/5的答案是相同的："店员没礼貌！"

这种震惊声明的方法使演讲者在演讲一开始就跟听众有效地建立了联系，让听众为之"心灵震撼"，以这样的方式演讲，从头到尾出人意料地抓住了听众的心。

还有许多用惊人的话语作为开场白的演讲，这种技巧所追求的效果就是让听众在一瞬间被震撼，从而对演讲产生强烈求索的欲望。

有一位学员名叫梅格·希尔，她一开口，就令人大感好奇："我曾经当了足足10年的囚犯，不是在人们平常所说的监狱里，而是用自己的自卑、怯懦、忧虑铸成的囚笼。"

当你使用这种技巧时，要注意尺度，切不可玩过头。我就见过一位先生竟然对天空开了一枪作为开场，这么夸张的做法的确让听众把注意力都放到了他身上，不过，估计听众的耳朵也都被震得嗡嗡叫了。

开场白固然要引人注意，但仍需保持亲切谈话的风格。这里提供一个简便易行的方法，你可以在和好友进餐时，对他试讲一次，如果他觉得你和平时说话大不一样，那你就要重新考虑你的语气和态度了。

可是在大多数演讲中，开场白都是平淡无奇，毫无新意。我曾经听过一次演讲："永远相信上帝，并且不要怀疑自己的能力……"清水一样平淡，还带着浓浓的说教意味。再听下去，演讲的生命力逐渐显现出来："1918年，我母亲成了寡妇，她口袋里没有一毛钱，却要拉扯3个年幼的孩子……"这么吸引人的故事，演讲者为何不一开始就这么说呢？

不要将时间浪费在啰嗦的开场上，直接将听众带入你的事例中去。

弗兰克·比耶就是这么做的，他是《我是怎样在销售业取得巨大成功的》一书的作者，是一位擅长用开场白制造悬念的演讲家。我和他曾经一起在全美各地作关于销售的巡回演讲，因此对他的演讲风格非常了解。他以"热诚"为主题的演讲尤其令我钦佩，他从不说教，也从不喊口号，更不大谈理论。他总是一张嘴，就直接进入主题："我刚刚当上职业棒球手不久，就遇到了一件影响我一生的事情。"

这样的开场引起听众怎样的反应？同在现场的我立刻就注意到听众们的反应——人人都露出好奇的神情，都想知道究竟发生了什么事情？他是怎么做的？

人们最喜欢听到演讲者讲述自己亲身体验的经历。罗素·坎维尔著名的6000场演讲——《遍地黄金》，令他将百万美元收入囊中。他又是怎样开场的呢？"1870年，我们前往底格里斯河流域游览。抵达巴格达时，我们雇用了一位导游，请他带我们参观波斯波利斯、尼尼微、巴比伦等名胜古迹。"

这就是他的开场白——一段故事。这是最能吸引读者注意力的方式。这种开场白几乎万无 失，很少失败。它促使你同他一起向前迈进，我们作为听众则紧随其后，想要知道即将发生什么事情。

在某一期的《星期六晚邮》中，有两篇作品以故事作为开头，兹摘录如下：

一把左轮手枪发出的尖锐枪声，划破了死寂……

在7月的第一个星期，丹佛市的山景旅馆发生了一件事。就这件事的本身来说，只是小事一桩，但从它可能造成的后果来看，事情可不算太小。这件事引起旅馆经理格贝尔的强烈好奇，因此他把此事告诉了山景旅馆的老板史蒂夫·法拉雷。几天后，法拉雷先生前往他属下的几家旅馆进行视察时，又把这件事告诉另外六家旅馆的人员。

请注意，这两段开场白都有行动。它们一开始就产生了效果，引起你的好奇心。你希望念下去；你想要知道更多的内容；你想要发掘出这两篇作品究竟想说些什么。

只要能运用这种说故事的技巧来引起听众的好奇心，即使是缺乏经验的生手，也能成功地制造出一个很好的开场白。

4. 要求听众举手回答。

请听众举手回答问题也是一个非常不错的方法，这可以引发他们的兴趣和注意力。举例来说，在谈"如何避免疲劳"时，我就曾以这个问题来开头：

大家把手举起来，我们来数一数在座的各位，有多少人在觉得自己该疲倦前就早早先疲倦了？

记住这一点：在请听众举手前，应先给听众一点暗示，告诉他们你将要这么做。不要劈头就说:"这里有多少人认为所得税应该降低?让我们举手瞧瞧。"应该这样说:"我要请各位举手回答一个对各位来说十分重要的问题。问题是这样的:'各位有多少人相信货品赠券对消费者有好处?'"这样,听众在作答时会有一定的准备。

恰当地运用请听众举手的技巧,可得到积极的反应,这就是所谓的"听众参与"。当你使用它时,你的演讲就已经不是单方面的事情了,听众早已投身参与其中了。当你问到"在座的各位,有多少人在觉得自己该疲倦前就早早先疲倦了"时,人人就都开始想这个他所喜爱的题目了,他自己,他的痛楚,他的疲倦。他举起手来,可能还四下张望看看还有谁也举手了。他已忘记自己是在听演讲,他笑了,他对邻座的朋友点头,冰冷的气氛也就打破了。而你作为演讲人,也顿时轻松起来,听众也是这样。

5. 答应听众要告诉他们如何获得他们想要的。

还有一个几乎没有失败过的方法可使听众密切注意你的演讲,那就是答应听众告诉他们,如果他们依你的建议而行,就会获得他们想要的。以下是一些例子:

"我要告诉各位如何防止疲倦——我要告诉各位,如何使自己每天多增加一个钟头保持清醒。"

"我要告诉各位如何增加收入。"

"我答应如果各位听我讲10分钟,我一定告诉各位一个让你更受欢迎的方法。"

这种"承诺式"的开场白必定会引起听众的注意,因为它直接触及听众的自我关切。演讲人常常忽略自己的题目与听众的重要兴趣之间存在的相互联系,他们不注重去打开通往听众注意的大门,却总说些没有意思的开场白,啰啰嗦嗦地一个劲儿地讲题目的背景,这就将吸引听众注意力的大门严严实实地关闭了。

我记得几年前我听过的一个演讲，题目本身对听众颇为重要：定期健康检查的必要性。可是，演讲人是如何开始的呢？他是否以巧妙的开场白来增加自己主题的吸引力呢？没有。他一开始就不咸不淡地背上一段延年益寿研究所的历史，一下子就使听众对他和他的题目索然无味了。若依照"担保式"的技巧来组织开场白，效果便会大不一样。看下面这个例子：

你知道自己可以活多久吗？据保险公司的统计，你的平均寿命大概是80岁，与你目前的年龄差2/3。例如，如果你今年是35岁，你目前的年龄差距80岁还有45，那么，你大概还可以活上45的2/3这么多年，也就是说，你最少还可活上30年……这样够了吗？不，不，我们都盼望着自己能多活几年。然而，这些统计数字是根据几百万份调查得出的。那么，我们是否能够突破这项限制呢？当然，只要有正确的预防，我们就可以办得到。我们要做的第一步就是要进行一次彻底的健康检查……

我在一开场就把决定权留给了听众，如果我再向听众详细解释进行定期性健康检查的必要，听众可能就会对为提供这项服务而成立的公司感兴趣了。但是，如果一开始就以一种冷淡的方式谈到这家公司，这是很糟糕的，必败无疑。

再举一个例子：我听过一位学生演讲"保护森林，刻不容缓"，他开头就说："身为美国人，应为我们国家的资源感到骄傲……"然后，他向我们指出，我们正在大量浪费我国的木材。但是，他这段开场白很糟糕，太普通，太含混了。它没有使他的讲题与我们发生任何密切关系。试着想想，听众当中可能正好有一位商人。我们的森林遭到破坏，可能对他的事业造成重大影响。还有一位是银行家，这件事对他也有影响，因为这件事会影响我们的一般性经济景气……那么，为什么不以这种方式作为开场白："我今天所要演讲的题目，将会影响到你的事业，博比先生；还有你的未来，绍尔先生。事实上，从某些方面来看，它还会影响到我们所吃的食品的价格，以及我们所付的房租。它影响到我们大家的收入及生活。"

这样子说，是不是过于夸大了保护森林的重要性？不会的，我认为不会。这样做只不过是服从哈伯德先生所指示的，"把事情说得严重一点，说话的方式要能引人注意。"

6. 使用展示物。

在这个世界上，吸引人们的注意力的最简单的方法也许就是举起某件东西把它展示给人看。几乎所有的人，从土人到傻瓜、摇篮中的婴孩、商店橱窗中的猴子，以及街道上的小狗，都会情不自禁地去注意这种刺激性的举动。有时候，我们也可以运用这种方法，即便在最严肃的听众面前也能发挥很大的作用。比方说，费城的S. S. 艾利斯先生在我们班的一次演说时，一开始就在拇指和食指间放一枚硬币，将它高高举起。自然地，在场的每一个人都朝他望去。接着，他才问道："有没有人在人行道上捡到像这样的一枚硬币？这枚硬币不是一枚普通的硬币，它上面写道，凡捡到这种硬币的幸运者，就可在各类房地产开发上获得减免的优待。你只需把这枚硬币交给主办方即可……"艾利斯先生接着开始谴责这种荒唐及不道德的行为。

艾利斯先生的开场白还包含了另一个突出的特点。他一开始就提出一个问题，让听众和演说者一起思考，和他进行合作。注意，《星期六晚邮》杂志上的那篇"论歹徒"的文章，在开头的三个句子中，就包含了两个问题："歹徒们真的有组织吗？他们又是如何组织的呢？"使用疑问句，真是一种打开你听众的思想，让他们接受你的观点的一种最简单而又最有效的方法。当其他的方法已被证明毫无效果之后，你随时可以采用这个技巧。

7. 以某位著名人物提出的问题作为开场白。

大人物说的话一向能吸引人们的注意力。因此，他们所提出的某个合适的问题，是用来展开演说的最好方式。下面这一段是讨论"商业成就"的一篇文章的开场白，你是否喜欢？

"这个世界只把财富和荣耀同时奖赏给一种东西"，阿尔伯特·哈伯德说，"那就是进取精神。什么是进取精神呢？我可以告诉各位：那就是在没有人告诉你应该怎样行事的情况下，就能做出最正确的行动。"

作为开场白，这段话包含了几个突出的特点。第一句话就引起了听众的好奇心；它引导我们向前，以诱使我们想要知道更多的内容。如果演说者在提到"阿尔伯特·哈伯德"这一名字后，技巧性地暂停一下，将会制造出一种悬疑的气氛。我们会忍不住问道："这个世界要把财富及荣耀同时奖赏给谁呢？"赶快告诉我们。我们也许不同意你的说法，但不管如何，还是请你把你的见解告诉我们吧……第二个句子立即把我们引进问题的中心。第三个句子是一个问句，邀请听众们参与讨论，一起思考，并采取一些行动。而听众一向是最喜欢有所行动的。他们喜爱得不得了。第四个句子则说出"进取精神"的定义……在说完这段开场白之后，演说者接着以一段极有趣的极具人情味的故事来说明这种"进取精神"。就这篇讲稿的结构来说，它无疑可以被评为一篇杰作。

8. 看起来很自然的开场白。

你喜欢下面的这段开场白吗？为什么？这是玛莉·理奇蒙在纽约妇女选民联盟的年会上发表的演说，当时美国国会尚未通过禁止早婚的法律。

昨天，火车经过离此地不远的一个城市时，我想起了几年前在那儿发生的一起婚姻事件。由于目前的许多婚姻也像这个婚姻那般草率与不幸，因此我今天打算先详细叙述这个例子的所有细节。

12月12日那天，那个城市的一名15岁的高中少女，初次遇见了附近一所学院的一个三年级男生。这位男生刚刚达到法定结婚年龄。12月15日，也就是距他们相识才3天，他们领取了结婚证书。他们发誓说那名女孩子已经18岁，因此无须征得父母的同意。这对小情侣取得证书后，离开市政府，立即向一位神父请求证婚（那女孩子是天主教徒），但神父理所当然地拒绝了替他们证婚。后来，通过某种方式，可能是由这位神父透露的，少女的母亲得知了这个企图结婚的消息。但是，在她找回她的女儿之前，这对小情侣已经找到地方上的一名保安官员替他们证了婚。然后，新郎带着他的新娘住在了一家旅馆，在那里住了两天两夜。第三天，新郎弃新娘而去，此后一直未与她团聚。

我个人十分喜欢这段开场白。第一个句子就相当好，它预先暗示了一段令人感兴趣的回忆。我们希望知道这件往事的细节。我们安安心心地坐下来，想要听一段极有趣味的故事。除此之外，这段开场白还显得十分自然。它不像一篇研究报告，也不过于正经严肃，它不会令人觉得演说者对这件事下了很大的心血。"昨天，火车经过距离此地不远的一个城市时，我想起了几年前在那儿发生的一次婚姻事件。"听起来自然，不造作，又有人情味。听起来很像某人正在向另一个人叙述一段很有趣的故事，听众就是喜欢这样子。但在这样做时，很容易陷于太过详细的叙述，使听众察觉你下了一番苦心，但效果反而适得其反。我们所需要的是，令你看不出艺术痕迹的艺术。

前述所有方法均可视情况而随心运用，或者分开，或者并用。你要了解，如何展开讲演密切关联着听众是否愿意接纳你和你的信息。

大师金言

演讲中最重要的是开场白应该引人注意，一下能抓住听众的心。有经验的演讲家总是精心准备开场白和结尾，何况我们还只是刚刚开始学习演讲。

03
避免受到不利的注意

我提醒你，千万千万要记住，你不仅要抓住听众的注意，而且一定要让他们抓住对你有利的注意。请留意我说的是"有利的"注意。有理性的人决不会一开口就侮辱听众，或说些让人憎恶、讨厌的言语，让听众群起反对他，驳斥他的言论。然而，演讲人却常常会以下面两种方式来吸引听众的注意，这样做是十分不明智的。

1. 不要以道歉开头。

不要以道歉开始一次演讲。如果你事先没做准备，聪明的听众很快就会发现，实在不用你加以提醒。其他的人或许不会发现，你又何必唤起他们的注意力呢？不，我们不愿听到这样的道歉。因为你这样说就等于在暗示，你认为他们不值得你为他们作准备，你在侮辱你的观众，而且仅仅你在火炉边听到的东西就能满足他们吗。不，我们不想要听道歉，我们聚在这里想要听到的是感兴趣的新消息。

记住，你要在第一个句子中就说出某些吸引听众兴趣的话。不是第二个句子，更不是第三句，是第一句！

2. 避免以所谓的幽默故事开头。

为了某些可悲的理由，初学演讲的人经常觉得自己必须以一个好笑的故事"照亮"他的演讲。然而，当他起来演讲时，他却幻想着马克·吐温的精神正降临在他身上。所以他很可能就以一个幽默的故事来开头，特别是在吃过晚餐后的场合里。结果会造成什么情况呢？大概有20比1的机会，他的故事，他这种临时改变的态度，会造成字典一样沉闷的气氛。他的笑话很可能不会"生效"。以哈姆雷特的不朽名言来说，正好证明了这种笑话是"不新鲜的，老套的，平淡而且毫无益处的"。

如果一个演艺人员在一群花钱入场的观众面前这样失败过几次，他们必将大叫："把他轰下台去！"也许一般听众都是很有同情心的，因此，出于纯粹的慈悲心肠，他们通常都会尽量发出笑声，但同时，在他们的内心深处，却为这个准幽默演讲者的失败深表怜悯。他们本身也觉得很不舒服。你不是也经常亲眼目睹这种糟糕透顶的事情吗？

在发表演讲的这个极为困难的领域里，还有什么比引起听众发笑更为困难，更为难得的能力呢？幽默是一种"一触即发"的事，跟个人的个性与特点有很大的关系。

记住，故事的本身很少是有任何趣味的，反倒是说故事者的叙述方式使听众对它产生兴趣。100个人当中，有99个在述说马克·吐温据以成名的相同故事时，会失败得极惨。林肯当年在伊利诺伊州第八司法区的酒店说了很多故事，人们往往赶了几里远的路去听。人们整晚聆听他的故事，丝毫不觉疲倦。同时，据在场目睹当时情形的一些听众说，他的故事有时候令当地民众兴奋得"高声大叫，从椅子上跳下来"。你可以向你的家人大声朗读这些故事，看看你是否能令他们脸上浮现出笑容来？

这儿有一个林肯常说的故事，他每次说出之后，总能成功地令听众哈哈大笑。你何不试试看？但是，请你私下试试看——不要在听众面前尝试：

有位迟归的旅人，走在伊利诺伊草原的泥泞路上，急着要赶回家去，却不幸遇上了暴风雨。夜色漆黑如墨；倾盆大雨下得有如天堂的水坝泄洪；雷声怒吼，有如炸弹爆炸。闪电击倒了好几棵大树，雷声震耳欲聋。最后，在传来一阵这位可怜的旅客一生中从未听见过的可怕的雷声之后，他立即跪倒在地。他的祈祷词和平常大不相同，他喘着气说："哦，上帝，如果对你来说没有什么差别的话，请你多给我一点闪光，少给我一点雷声吧！"

你也许是那种具有难能可贵的幽默感的幸运儿。如果是这样的话，你一定要全力培养它。不管你到哪儿演讲，必将因此大受欢迎，但如果你的才能是在其他方面，你就不应该故作幽默状。

如果你仔细研究过林肯等人的演讲，你会意外地发现，他们很少在演讲中加入幽默笑话，尤其是在开场白里。著名演讲家卡特尔向我表示，他从来不会单纯地为了表示幽默而说出好笑的故事。著名演讲家所说的幽默小故事，一定有所启示，有其观点。幽默应该只是蛋糕表面的糖霜，只是蛋糕层与层之间的巧克力，而不是蛋糕本身。美国当代最伟大的幽默演讲家古里兰有个规矩："绝不在演讲的最初3分钟内说笑话。"既然他已经证实这个规矩十分有效，我是不会反对的。

开场白不需要一开始就十分庄重而且极度严肃，一点也不需要。如果你有能力的话，也可以说点小笑话让听众笑一笑。你可以谈谈与演讲场合有关的事，或是就其他演讲者的观点讲几句话，把一些不对劲的地方夸张一下。这种笑话，比一般有关丈母娘或山羊的陈腐烂调更加有效。

也许，制造欢迎气氛最简单的最有效的方法，就是拿自己说事。叙述你自己遭遇的一些荒谬而尴尬的情景，这正是幽默的真正本质。

杰克·班尼使用这种技巧已有多年。他是广播上最早"作弄"自己的重要笑星之一。杰克·班尼把自己当笑柄，取笑自己的小提琴技艺，自己的小气和自己的年纪。杰克·班尼内容丰富的幽默，使收听率年年居高不下。

对于竭尽巧思，不骄矜自负，而能幽默风趣，不讳言自己的缺陷与失败的讲演人，听众自然会把心扉打开的。另一方面，制造"吹牛皮"的形象，或无所不知的专家模样，则陡然造成听众的冷漠与排斥。

几乎任何人都可以把不相关的事情牵扯在一起，令听众哈哈大笑，例如，一位报纸的专栏作家说，他最痛恨"小孩子、牛肚和民主党人"。

著名作家吉卜林龄在向英国一个政治团体发表演讲时，在开场白中说了一个笑话，引起全场捧腹大笑。我现在把这段开场白引述在下面，大家可以看看他是如何聪明地引人发笑的。

主席，各位女士、先生们：

我年轻时，曾在印度当记者，专门替一家报社报道犯罪新闻。这是很有趣的一项工作，因为它使我认识了一些骗子。（听众大笑）有时候，我在报道了他们被审的经过后，会去监狱看看这些正在服刑中的老朋友。（听众大笑）我记得有一个人，因为谋杀而被判无期徒刑。他是位聪明、说话温和有条理的家伙，他自称把他的"生活教训"告诉我。他说："以我做个例子：一个人一旦做了不诚实的事，就难以自拔，一件接一件不诚实的事一直做下去。直到最后，他会发现，他必须把某人除掉，才能使自己恢复正直。"（听众大笑）哈，目前的内阁正是这种情况。（听众大笑及欢呼）

他叙述的并不是一些陈旧的轶闻往事，而是他自身的一些经验，并且玩笑似的强调其中不对劲儿的地方，这样就获得了令人欣喜的效果。

塔夫脱总统也运用这种方式，在大都会人寿保险公司的年度主管酒会上制造了不少的笑料。最令人叫绝的是，他不但令大家捧腹大笑，也同时将他的听众大大赞扬了一番：

总裁先生及大都会保险公司的各位先生们：

大约9个月前，我回到我的老家度假。我在那儿听了一场由一位先生在会餐后发表的演说。这位先生说，他对于发表这种演说感到有点惶恐。于是去向一位朋友请教，因为这位朋友对于在会餐后发表演说有极为丰富的经验。这位朋友向他建议说，对一个在会餐后发表演说的演说者来说，最好的听众就是那些智慧很高、受过良好教育但已经喝得半醉的听众。（笑声与掌声）现在，我所能说的是，我眼前的这批听众，是我所见过的最好的一批听众。这位演说者所提到的这类听众，就坐在咱们这儿呢！（掌声）我还必须指出，这正是大都会人寿保险公司的精神！（掌声历久不停）

大师金言

用道歉开始一次演讲，会使你一开始就陷入不利的境地。如果缺少事先准备，或者缺少这种能力，不如等着准备好了再做。

04
支持主要观点

以说服、激励为目的的长篇演讲，重点要尽量少而精，并且要用翔实的事例来支持观点。在第七章，我们已经讨论过阐述演讲要点的方式，那就是借由小故事或者你的亲身经历以作说明，让听众形象地感知你想要他们做什么。因为人们心里都有一种偏爱，就是"每个人都喜欢听故事"。这是你生活的经验，也是演讲爱好者最喜欢的论说方式，但这并非唯一的形式。为了取得更佳效果，你还可以运用统计数字、科学图表、专家的言论，或类比、展示及证明等方式。

1. 使用统计数字。

统计数字是一种比较确定的方法，它能令听众印象深刻，尤其会产生很强的说服力，因为它是统计计算得出的结果，所以能起到真实证据的效果，这是故事所不能达到的效果。例如：经过全国精确的统计数字表明，沙克预防小儿麻痹疫苗是非常有效的，偶尔也会有孩子对其不适应。但是家长们并不能因为这一起例外而认为沙克疫苗不能达到预防的作用。

不过，你必须注意，因为统计数字本身很枯燥，你必须谨慎应用，并且使用生动的语言作说明，使数字变得鲜活起来。

下面这个例子，就是我们日常发生的事情，用统计数字来对比，一下就加深了听众的印象。演讲者意在讲述纽约人不愿意及时接听电话，这种懒惰造成了时间的大量浪费。他用如下数字来论证自己的观点：

每100次电话里，至少有7次，在有人接听时已经超过了一分钟的时间。累积起来，被耽搁的时间每天就多达280 000分钟。如果我们按6个月来计算，整个纽约为此浪费的时间，已经能够等同于哥伦布发现新大陆后一直到今天人们工作时间的总和。

人们不会对数字本身有深刻印象，所以你必须用事例与数字结合，最好是出自亲身体会的事例。我曾经在导游的带领下参观过一个大水库的发电房，他完全可以将房间的大小数字背给我们听，但是他的说法却令人难以忘怀，他告诉我们，这个房间之大，足以容纳1万人在标准的球场上看足球比赛。周边还有空地可同时划分为若干个网球场地。

多年前，在布鲁克林中区青年基督协会的一次培训班上，有位学员在演讲中提到一年前一场火灾中烧毁了多少房屋。他接着指出，要是把这些房屋排列在一条线上，那足以让纽约到芝加哥一路都是惨不忍睹的建筑物；如果再将葬身火海的人每半英里地安置一位，就可以从芝加哥排回到布鲁克林的门前。

我早已忘记了他当时举出的数字，但是这么多年过去了，我还是能够心有戚戚地想起那一排一直从曼哈顿岛燃烧到伊利诺伊州库克县的建筑物。

2. 引用专家言论。

专家的言论也对听众具有一定的说服力，但是在你借用之前，请先确保下述问题：

这段言论是否确实出自专家之口？

是否确实属于这位专家的专业范畴？如果你将乔·路易的言论用于阐述经济学理论，很明显，你不是看重他的专业水准，而是在借助他的大名。

听众是否熟悉并尊敬这位专家？

这段言论确属专家的科学评断，而不是出自他的个人偏好而随意说出。

我曾在布鲁克林商会开办培训班，班上有一位学员，在演讲"专业化的必要性"时，开场白引用了安德鲁·卡内基的言论。这的确是很聪明的做法，因为他引用的言论真实无误，而且是一位已经取得事业成功并受人尊重的人所说。直到今天，他所引用的那段言论仍然值得我们学习：

我坚信无论任何一个行业，取得成功的主要因素，在于你是否能成为那一行业的专家。

依据我的经验，我不赞成一个人同时涉足多个领域，即便他的聪明才智异于常人，但也鲜见同时多方面发展，最后名利双收的人，至少在制造行业，我可以很肯定地说，尚无此先例。往往选定一个行业，执著地为之奋斗终生的人才会最终取得成功。

3. 类比之法。

据韦氏大词典的解释，类比是指"两种事物相近之处的联系……并非事物本身的相近，而是两种或两种以上特性、形式及作用的相近之处"。

类比是一种非常有效的支持论点的方式。下面是C. 杰莱德·戴维森在担任内政部助理秘书时，作的关于《我们需要更多电力资源》

演讲中的一段，极为和谐地运用了类比法：

> 繁荣的经济如果不能向前发展，就会陷入一片混乱之中。这就如同飞机停在地面上时，不过就是一些螺丝和螺母，但当它飞上天空时，却展现了非凡的活力，为了不坠落下来，它就必须保持高速前进的状态。

林肯也曾经运用此法来回答攻击自己的人，而且他的那段话堪称是历史上最精彩的类比之语：

> 诸位，我想请大家想象一下，如果你的全部家财都是黄金，并且你把它们统统交给了著名的高空走索专家帕罗亭，请他走过架在尼亚加拉大瀑布的绳索。在他小心翼翼前行的时候，难道你会摇晃着绳索，还对他不断地大喊："重心再压低一点，帕罗亭，走快一点！"我相信，你绝对不会这样去做。你一定会站到一旁，凝神静气地默默注视着，直到他有惊无险地走完全程。目前，政府所处的情形也与此类似，它正身负重物穿越惊涛骇浪，它将尽一切力量保护所有的珍宝。此时，请你保持安静，不要去扰乱它的步伐，它一定会安然达到目标。

4. 使用展示物。

钢铁锅炉公司的销售主管为了向经销商说明，一定要从锅炉的下端而不是上部添加燃料，他们琢磨出来一个简单明了的展示方法。主讲人点着一支蜡烛，然后讲解道：

请诸位看一看，蜡烛的火苗蹿得很高，而且没有冒烟，这是因为燃料被充分转化成了热能。

就像蜡烛的燃料由下部供应，锅炉也是从下端加入燃料。

现在，我们假设蜡烛的燃料是由上部供应，就像传统的煤炉那样。（主讲人边说边将蜡烛大头朝下）

请注意看，火苗的颜色变红了，还发出噼里啪啦的声音，是不是闻到了烟的味道？瞧！火光越来越弱，最后熄灭了。这是因为来自上部的燃料不能充分燃烧所导致的。

几年前，亨利·摩登·罗宾为《你的生活》杂志写过一篇文章，叫做《律师怎样打赢官司》，讲述了一位保险公司律师亚博·乌姆，在处理一起伤害索赔案时，巧妙地运用了展示之法，取得胜诉。

原告勃士特威先生提起诉讼，说自己在电梯通道摔倒，右肩受了重伤，现在都不能正常举起右手臂。乌姆律师关心地问勃士特威先生："请你给陪审团示意一下，你的手臂现在可以举多高？"勃士特威迟疑地把手臂举到与耳朵齐高。乌姆又真诚地问道："再让我们看看，你在受伤前，手臂可以举多高？"勃士特威腾地一下手臂举过肩膀，高高地伸直了："原来这么高。"

这番展示对陪审团做出决议的影响有多直接，已无须我再说明了。

以说服或激励为目标的演讲，一般最多3到4个讲述重点，只单纯地说这些，大概还用不了一分钟，而且听众会觉得单调无趣。为了让要点变得形象生动、易于理解，你就要充分使用论据来阐述。

大师金言

运用事例、类比、展示的方法，能突出演讲主题；运用统计数字和专业言论，能加深听众对主题重要性的认识，以及对要点的认可。

第十一章

结尾一定要迎来高潮

结尾是一场演说中最具战略性的部分。当一个演说者退席后，他最后所说的几句话，将仍在听众耳边回响，这些话将在听众心目中保持最长久的记忆，他就是一位成功的演讲家。

01
总结你的观点

即使在只有5分钟的简短谈话中，一般的演说者也会不知不觉地使谈话范围涵盖得很广泛，以至于在结束时，听众对于他的主要论点究竟是什么仍然感到困惑不已。不过，只有极少数的演说者会注意到这种情况。他们有一种错误的想法，认为这些观点在他们自己的脑海中如同水晶般清楚，因此听众也应该对这些观点同样清楚才对。事实并不尽然。演说者对自己的观点已经思考过相当长的时间了，但他的观点对听众来说，却是全新的。它们就像一串撒向听众的弹珠，有的可能会落在听众身上，但绝大部分则零散地掉在了地上。听众的感觉可能是：记住了一大堆事情，但没有一样能够记得很清楚。

以下是一个很好的例子。演说者是芝加哥一家铁路公司的交通经理：

各位，简而言之，根据我们在自己后院操作这套信号系统的经验，根据我们在东部、西部、北部使用这套机器的经验，它操作简单，效果极佳，再加上它在一年之内阻止撞车事件发生而节省下的金钱，使我以最急切及最坦白的心情建议：立即在我们的南方分公司采用这套机器吧。

各位看得出他的成功之处吗？你们可以不必听到他演说的其余部

分，就可以看到并感觉到那些内容。他只用了几个句子，就把他整个演说的重点全部包括进去了。

你不觉得像这样的总结极为有效吗？如果你也有同感，那么，大可不必吝惜运用这项技巧。

大师金言

在结尾处总结自己的观点，避免使听众记住了一大堆事情，但没有一样能够记得很清楚。

02
请求采取行动

    上面引用的那个结尾，也是"请求采取行动"结尾的最好例子。演讲者希望有所行动，在他所服务的铁路公司的南部支线设置一套信号管制系统。他请求公司决策人员采取这项行动，主要原因在于：这套设备能够替公司省钱，也能防止撞车事件的发生。这不是练习性的演讲。这项演讲是向铁路公司的董事会发表，并得到公司答应设置它所要求的这套信号设备。

    在获得行动的讲演中说最后几句话时，要求行动的时间已经来到，因此就要开口要求！要听众去参加捐助、选举、写信、打电话、购买、抵制、从军、调查或任何你想要他们去做的事。不过，也请遵从以下原则：

    1. 要求他们做明确的事。

    别说："请帮助红十字会。"这样太笼统。要说："今晚就寄出入会费一元，给本市史密斯街125号的美国红十字会。"

    2. 要求听众做能力之内的事情。

    别说："让我们投票反对'酒鬼'。"这是办不到的事，眼下我们并未对"酒鬼"进行投票。不过，却可以请求他们参加戒酒会，或捐助为禁酒奋斗的组织。

    3. 尽量使听众容易根据请求而行动。

    别说："请写信给你的参议员投票反对这项法案。"99％的听众都不会这么做的，他们并没有这样强烈的兴趣；或者太麻烦；或者他们忘记了。因此，要使听众觉得做起来轻松愉快才行。怎么做? 自己写封信给参议员，上写："我们联名敦请您投票反对第74321号法案。"把信和铅笔在听众之间传递，这样你或许会获得许多人签名——而且恐怕铅笔也不知所终了。

大师金言

　　在结尾处提出请求，而且要使听众觉得做起来轻松愉快，而不是被迫去做。

03
简洁而真诚的赞扬

伟大的宾夕法尼亚州应该领先加速新时代的来临：宾夕法尼亚是钢铁的大生产者，是世界上最大的铁路公司之母，是美国第三大农业州——宾夕法尼亚是美国的商业中心。她的前途无限，她身为领导者的机会光明无比。

史兹韦伯就是以上面这几句话结束他在纽约宾夕法尼亚州协会的演讲的。他的演讲结束之后，听众感到愉快、高兴，并对前途充满乐观。这是一个令人敬佩的结束方式。这种方式的结尾，如果不能表现得很真诚，反而将会显得虚伪，而且十分虚伪，而且就像假币一样，没有一个人会接受它。

大师金言

真诚的态度是必需的，不可阿谀奉承，不可夸大，不可虚伪。

04
幽默的结尾

在多种多样的演讲结束语中，幽默式可算其中极有情趣的一种。一个演讲者能在结束时赢得笑声，不仅是自己演讲技巧十分成熟的表现，更能给本人和听众双方都留下愉快美好的回忆，也是演讲圆满结束的标志。

乔治·可汗说："当你说再见的时候，要让他们的脸上带着笑容。"如果你有这份能力，也有这种题材，当然很好，但要怎样才办得到呢？哈姆雷特说：这是一个问题。每个人必须以自己独特的方式来表现。

洛伊德·乔治曾经在美以美教会的聚会上，向教徒们演讲著名的传教士韦斯理（美以美教会的创始人）墓园的维护问题。这个题目极为严肃，大家都想不出有什么好笑的。但是，他还是办到了这一点，而且十分成功。同时，请各位注意，他的演讲结束得平顺而漂亮。

我很高兴各位已经开始整修他的墓园。这个墓应该受到尊重，他特别讨厌任何不整洁及不干净的事物。我想，他说过这句话，"不可让人看到一名衣衫褴褛的美以美教徒。"由于他的原因，所以你们永远不会看到这样的一名美以美教徒。（笑声）如果任由他的墓园脏乱，那是极端不敬的。各位都应该记得，有一次他经过德比夏郡，一名女郎奔到门口，向他叫道："上帝祝福你，韦斯理先生。"他回答说："小姐，如果你的脸孔和围裙更干净一点，你的祝福更有价值。"（笑声）这就是他对不干净的感觉。因此，不要让他的墓园脏乱。万一他偶尔经过，这比任何事情都令他伤心。你们一定要好好照顾这个墓园。这是一个值得纪念的神圣墓园，它是你们的信仰寄托的地方。（欢呼声）

大师金言

　　只有演讲者具有真正的幽默感，并能在演讲中恰如其分地把握住演讲的气氛和听众的心态，才能使演讲结束语收到"余音绕梁，三日不绝"的最佳效果。

05
以一首名人的诗句结束

在所有的结尾方法中，最能被听众接受的，那就是幽默或诗句了。事实上，如果你能找到合适的短句或诗句作为你的结尾，那几乎是最理想的了。它将产生最合适的风格与和谐的氛围；将显露出你的独特风格；将产生美。

世界扶轮社社长哈里·劳德爵士在爱西堡年会上向美国扶轮社代表团发表演讲时，就以这种方式结束他的演讲：

各位回国后，你们有些人会寄给我一张明信片。如果你不寄给我，我也会寄一张给你。你们一眼就可以看出那是我寄的，因为上面没有贴邮票。（笑声）但我会在上面写些东西：

春去夏来，秋去冬来，

万物枯荣都有它的道理。

但有一件东西永远如朝露般清新，

那就是我对你永远不变的爱意与感情。

这首短诗很适合哈里·劳德的个性，当然也能配合他演讲时的气氛。因此，这段结尾对他来说，是非常合适的。如果一向严肃而拘谨的扶轮社社员把它应用在一次严肃演讲的结尾，那不仅显得有点突兀，甚至令人觉得有点荒谬。我教演讲的时间越久，越能清楚地感觉到，要想举出能够适应所有场合的一般性规则，几乎是不可能办到的。因为绝大部分情况都要视演讲的题目、时间、地点及演讲者本身而决定。诚如圣保罗所说的："每个人必须自行努力，以求解救自己。"

我以贵宾身份参加欢送纽约市某位专职人员的惜别会，有十几位演讲者分别上台讲话，称赞他们这位即将离开的朋友，祝福他在将来的新工作上获得成功。一共有十几个人上台讲话，但是只有一个人以令人难忘的方式结束他的演讲。他的结尾也是引用一首短诗。这位演讲者转身面向那位就要离开的贵宾，以充满感情的声音对他说道：

再见了，祝你好运。
我祝福你事事顺心如意，
我如东方人一样诚心祝福：
愿我的和平安详永远伴着你。
不管你去到何处，
不管你走向何方，
愿我的美丽的棕榈茁壮成长。
经过白天的辛劳和夜晚的安息，
愿我的爱祝福你。
我如东方人一样诚心祝福：
愿我的和平安详永远伴着你。

布鲁克林LAD汽车公司副总裁亚伯特先生，向他公司员工演讲"忠诚与合作"。他以吉卜林的《第二丛林诗章》中的一首音韵悠扬的短诗，作为他这次演讲的结束：

这就是"丛林法律"——

如蓝天古老而准确；

遵守这项法律的野狼将会繁衍生子，但破坏它的野狼必须死亡。

如同蔓藤般缠在树干上，

这项法律无处不在——

因为团结的力量就是野狼，

而野狼的力量就是团结。

大师金言

以合适的短句或诗句作为你的结尾，将产生意想不到的风格美。

06
意犹未尽的高潮

高潮是很普遍的结束方法。但这很难控制，而且对所有的演讲者以及所有的题目而言，这其实不能算是结尾。如果处理得当，这种方法是相当好的。它逐步向上发展，句子的力量越来越强烈，达到高峰。

林肯在一次有关尼亚加拉大瀑布的演说中，运用了这种方法。请注意，他的每一个比喻都比前一个更为强烈，他把他那个时代拿来分别和哥伦布、基督、摩西、亚当等时代相比较，因而获得一种累积起来的效果：

这使我们回忆起过去。当哥伦布首次发现这个大陆——当基督在十字架上受苦——当摩西领导以色列人通过红海——不，甚至当亚当首次自其造物者手中诞生时；那时候，和现在一样，尼亚加拉瀑布早已在此地怒吼。已经绝种，但他们的骨头塞满印第安土墩的巨人族，当年也曾以他们的眼睛凝视着尼亚加拉瀑布，正如我们今天一般。尼亚加拉瀑布与人类的远祖同期，但比第一位人类更久远。今天它仍和一万年以前一样声势浩大及新鲜。早已灭绝，而只有从骨头碎片中才能证明它们曾经生存在这个世界上的史前巨象及乳齿象，也曾经看过尼亚加拉瀑布——在这段漫长无比的时间里，这个瀑布从未静止过一分钟，从未干枯，从未冰冻，从未合眼，从未休息。

温代尔·菲利普斯在演说有关海地共和国国父托山·罗勃邱的事迹时，也运用了相同的方法。他那篇演说经常被演说的教科书摘录。我现在将它的结尾引述在下面。它有活力，有生气。虽然在这个事事讲求实际的时代，它已显得有点过于讲求修辞，但这段讲辞仍然令人深感兴趣。这篇演讲稿是在半个世纪以前写好的。"50年后，当事实被人揭露出来时"，如果你能注意到，温代尔·菲利普斯对约翰·布朗和托山·罗勃邱在历史上的重要性作了极为错误的判断，这岂不是极为有趣的事吗？很显然的，猜测历史发展的方向，是和预测明年股票市场或石油价格一样的困难。下面就是这篇演讲：

我想称他为拿破仑，但拿破仑是以自毁誓言及杀人无数而建立起他的帝国。这个人却从未自毁承诺。"不报复"是他伟大的座右铭，也是他的生活法则。他在法国对他儿子说的最后几句话是："孩子，你终有一天要回到圣多明哥，忘掉法国谋杀了你的父亲。"我想称他为克伦威尔，但克伦威尔只是一名军人，他所创立的国家随着他的死亡一起崩溃。我想称他为华盛顿，但华盛顿这位弗吉尼亚的伟大人物也养奴隶。这个人宁愿冒着丢掉江山的危险，也不允许买卖奴隶的情形出现在他国度内最偏远的村落。

你们今晚大概认为我是一个狂人，因为，各位并不是用眼睛在读历史，而是用你们的偏见。但在50年后，当事实被人揭露出来之后，历史的女神将把福西昂归于希腊，布鲁特斯归于罗马，汉普顿归于英格兰，拉法耶特归于法国，把华盛顿选作我们早期文明的一朵鲜艳及至高无上的花朵，约翰·布朗则是我们这一时代成熟的果实。然后，她把她的笔浸在阳光中，用鲜蓝色在他们所有人的上面写上这位军人、政治家及烈士的姓名——托山·罗勃邱。

要经过不断地寻找、研究、练习，最终才能得到一段精彩的开场白或结束语，接下来，你要把它们完美地结合起来，使首尾呼应。还要学会精简演讲内容，令演讲更符合现代人的需求，不然，只会招致听众的不耐烦甚至反感。

塔瑟斯城的扫罗也曾犯下这样的错误。有一次，他啰里啰唆地讲说教义，耗时太久，以至于许多听众都昏昏欲睡。其中有一个名叫尤泰株斯的年轻人，不仅真的睡着了，还因此一下从坐着的窗台上栽了下去，把脖子摔断了。我见过一位医生在布鲁克林大学俱乐部发表演讲，在他之前，已经有许多人都上台演讲过了，时间过去了很久，轮到他时，已经是凌晨一点钟了。要是他灵活而善解人意，就该简短地说上几句话，好让我们快点回家睡大觉去。可是他没有这样做，反而整整讲了45分钟，这漫长演讲的主题居然是大力反对活体解剖。在他还没讲到一半的时候，听众们就已经坐立不安，恐怕很多人都默默希望，让他像尤泰株斯那样从窗台上摔下来，也摔断某个部位，哪里都可以，只要能让他在此刻闭上嘴巴。

鲁里博担任过《星期六晚邮》的编辑，他告诉我，当连续刊登的一组文章达到最受读者欢迎的程度时，他就会马上停止这个系列。读者会提出抗议，要求再多刊登几期。为什么要在这个时候停发呢？鲁里博解释说："因为，每当达到最受读者欢迎的高峰时刻，也就在此时获得了最大的满足感。"

这是同样适用于演讲的聪明做法。林肯的葛底斯堡演讲极为简短，总共只有10个句子。你通读一遍《圣经·创世纪》中上帝创造世界的故事的时间，还比不上你读报纸上面一篇谋杀案的报道用的时间长。

据说，在非洲一个原始部落里，有这样一条规定：演讲者只能用一条腿站立，等到他坚持不住放下举起的那只脚时，他的演讲也就必须结束了。

通常，听众都比较有涵养，善于控制自己的情绪，但请你记住：事实上，所有的听众都讨厌没完没了的演讲。

重要的是考虑和关注听众对演讲的反应。

我相信你一定会重视这个问题：要以听众的感受为出发点进行演讲。

大师金言

当你的演讲到达高潮，而听众热切地想听你继续说下去时，请你就此打住吧！

第十二章

增强记忆的天然法则

著名的心理学教授卡尔·希休曾说："因为人们没有掌握正确的记忆法则，因此大部分人只使用了人类实际记忆能力的10%，另外90%都被荒废了。"拥有良好的记忆力，会使你的演讲锦上添花。

01
记忆法则之一：加深印象

1. 要有深刻的印象。

爱迪生的电灯工厂曾经同时聘请了27位助理工程师，他们每天都要从工厂去往实验室，唯一的路线就是穿过新泽西州的门罗公园。在他们连续走了6个月之后，爱迪生问他们是否注意到路旁有一棵樱桃树，竟然没有一个人给予肯定的答复。

爱迪生对此感慨万千："他们肉眼所看到的东西，只有不到千分之一引起了他们的注意。这真是令我难以置信，人们的观察能力竟然如此稀缺。"

假如你将两三位朋友介绍给一位普通人，我可以向你保证，用不了两分钟，他就想不起你任何一位朋友的姓名了。因为在你介绍时，他并未认真地观察他们，也没有仔细记下你说的话。他会解释说自己的记性不够好。真正的原因却是他的观察力太过贫乏，只有模糊肤浅的印象。就好像相机无法将浓雾中的景致拍摄下来一样，他也无法将朦胧的印象留存脑海。

《纽约世界报》的创办者乔瑟夫·普里兹，要求编辑部所有人员都必须在办公桌醒目的地方写上：正确正确正确。

这可以时刻提醒我们，一定要记下对方正确的姓名，可以请对方重复一遍，问清楚怎样拼写。对方会因为受到你的重视而高兴，而你也会由此产生深刻的印象，能够正确地记住对方的姓名。

2. 像林肯那样大声朗读。

因为家境贫寒，林肯幼年时在一所乡村学校读书。教室的窗户没有玻璃，是用作业本的纸张糊上的，木地板也破烂不堪。全班只有一本课本。上课时，老师拿着课本领读，学生们跟着大声念。每天读书声都不断，附近的住户因此把学校称作"大嗓门学校"。

林肯在这所学校养成了一个伴随终生的习惯：他总是把自己想要记住的东西，大声朗读数遍。

他每天早上来到法律事务所的第一件事，就是坐在沙发上，把腿跷在一张椅子上，拿起当天的报纸边看边大声念出来。他的合伙人曾说过："我觉得他过于吵闹，就问他为什么一定要把报纸读出来。他解释说：'边看边大声读出来，我就可以把内容牢记。因为我有双重的接触，一是我看到了我读的内容，二来我听到了朗读的内容。'"

林肯形容自己的好记性："就像一块钢板那样——在上面刻字非常难，可是一经刻上，就再也抹不去了。"他就是通过双重接触的方法来达到这样的效果，你也可以这样去做。

还有更胜一筹的方法，你不仅要听要看你所记忆的事物，还要去摸、去闻，甚至品尝它的味道。

因为人类的视觉感应较强，所以最重要的还是要看，通过眼睛留存的印象可以保持相当长的时间。你或许记不住一个人的名字，但你通常能记住他的长相。眼睛和大脑的神经连接是耳朵的25倍。中国人不是有句俗语，叫做：百闻不如一见，说的就是这个道理。

把你想要记住的人名、号码、演讲大意写下来，先通读几遍。然后闭上眼睛，在脑海中像电影一样回放，每一个词都会清晰地闪现出来。

3. 向马克·吐温学习不看笔记演讲。

马克·吐温演讲生涯的最初几年，总离不开笔记和摘要。后来他发现只要运用他的视觉记忆力，就能够把笔记和摘要丢弃不用。他在《洽波杂志》上讲述了转变的过程：

日期是不容易记住的，它们由单调的数字组成，不能引起注意；也不能把它们组成图形，也就不能吸引眼睛的注意。图画能让日期很醒目——特别是你亲自设计的图案，这一点我有经验。真的不会错，非常重要的一点是你自己设计出图画。30年前，我每天晚上都要发表演讲，我必须用一张纸条来帮助自己，不至于把自己弄糊涂了。那张纸条上一般会写了一些句子的开头，有11句，大概这样子：

在那个地区，天气——
那时候的习俗是——
但加利福尼亚州人从来没有听过——

一共11句。它们是每一个段落的开头，可以帮助我，不会遗漏任何一段。但他们写在纸上，看起来全都一样。它们不能构成任何图形，我可以记住它们，但一直无法肯定地记住它们的先后顺序，因此，不得不随时拿着那张纸，不时地看上一眼。有一次出了点问题，我不知把它们弄到哪儿去了。你永远想象不出我那天晚上有多么的恐慌。我不得不开始考虑其他的更可靠的方法。于是，我按照先后次序在心中默记了每个句子中的第一个字——在，那，但等等——第二天晚上上台前，我用墨水把这十个字写在我的十个指甲上，但没有用。我只能暂时地记住，但马上就忘了。现在的问题是我无法确定我已经用掉哪根指头，以及下一根指头应该是哪一根，因为我不能在用完那根指头后，就把指甲上的墨水舔掉，这样做虽然对我有帮助，但也会引起听众的好奇。即使我还没有那样做，听众也已经对我产生了好奇。在他们看来，我似乎对我的指甲比对我的演讲更感兴趣。演讲完了，甚至还有一两个人跑过来问我的手是不是有什么毛病。

我突然有了画图的想法。在两分钟内，我用笔画成6张图，取代那11句提醒句子的工作。一画完，就把那些图画抛在一边，因为我确信，只要我闭上眼睛，随时都可以看到它们浮现在我眼前。于是，我的烦恼全消失了。那已经是25年前的事了，那次演讲随时间的流失慢慢地在我记忆里消失了，但现在我还可以根据那些图画，把它重新写出来——因为那些图画一直清晰地留在我的脑海里。

我也同样使用这样一种方法来帮助自己的记忆。有一次我要发表关于记忆力的演讲，想大量引用本章的材料，于是用图来记住各项要点，我想像这样一幅情景：罗斯福坐在房间里看历史书籍，而群众在他窗下的街道上大声喊叫，乐队不断演奏着音乐。我看到爱迪生正凝视着一棵樱桃树，林肯正在高声朗读报纸。我想像马克·吐温在观众面前舐着手指甲。你看这一切变得多么的简单。

又怎样来记住这些图画的顺序呢？按照一、二、三、四的顺序？不，这样有点困难。我把这些数字也变成图画，然后把数字的图画和要点的图画联系起来。比如，（one）的声音有点像是跑（run），所以我把一匹奔跑中的马代表一。我想像罗斯福住他的房间里，坐在一匹奔跑的马上看书。（two），我选了一个声音接近的字zoo（动物园）。于是爱迪生的那棵樱桃树就长在动物园关着大熊的铁笼子旁边。（three），不是跟tree（树木）有点相似吗？我想像林肯横躺在树顶上，对着他的伙伴高声朗读。四（four），我想象成——门

（door）。马克·吐温站在一扇敞开的大门前，背靠着柱子一面舔着他指甲上的墨水，一面向听众发表演讲。

我很清楚，很多人读到此处一定会认为这种方法几近荒唐。事实上也是如此。尽管如此，但它能发挥功效。道理就在于，荒唐及怪异的事情是相当容易记忆的。就算我以数字的方式中规中矩地记住了我的要点顺序，我可能很快就将它们给忘了。但是如果采用我刚刚描述的方式，要想忘掉它几乎也是不可能的。当我想要记起第三点时，我只需问我自己：在树上的是什么。我立刻就看到了林肯。

为了方便起见，我已经把从1到20的数字转变成图画，选择与数字的声音相近的图画。我把它们列举如下。你只要花上半个小时来记忆这些图画数字，就可以随时记住这20种事物。只要你按照它们的正确次序把它们重复说出，你便可以随意说出哪个东西是你记忆中的第8项，哪一个是第14项，哪一个是第3项，等等。

以下就是图解后的数字。试试看，你将会发现这样记忆极为有趣。

1. Run（跑）——想象一匹马在奔跑。

2. Zoo（动物园）——想象动物园中装熊的笼子。

3. Tree（树木）——把所记忆的事物想象成躺在一棵大树上面。

4. Door（门）——或是Wildpig（野猪）。挑选任何声音很像Four（四）的物品或动物。

5. BeeHive（蜂房）。

6. Sick（生病）——想象一位带红十字的护士。

7. Heaven（天堂）——街上铺满黄金，天使在弹奏竖琴。

8. Gate（大门）。

9. Wine（酒）——酒瓶翻倒在桌上，瓶里面的酒流了出来，滴到了桌子下面。在图画中加入动作，这可以加深印象。

10. Den（兽穴）——在丛林深处岩石洞穴中的是野兽的洞穴。

11. 由11个人组成的橄榄球队，正在球场上疯狂冲刺。我想象他们把我想要记忆的第11件事物丢在半空中传来传去。

12. Shelf（架子）——想象某个人正把某样东西放在架子上面。

13. Hurting（受伤）——想象你见到鲜血从一处伤口喷了出来，把第13项东西染红了。

14. Courting（求爱）——一对情侣坐在某样东西上亲热。

15. Lifting（举起）——一个很强壮的男子正把某样东西高举于头顶上。

16. Licking（打架）——一场激烈的斗殴。

17. Fermentation（发酵）——一位家庭主妇正在揉面团，并把第17项物品揉入面团中。

18. Waiting（等待）——一个女人站在林中的一条岔路上，等着某个人。

19. Pining（相思）——一个女人在哭泣，想象她的眼泪滴在你希望记忆的第19件物品上。

20. Hornofplenty（丰富之角）——一只山羊里装满鲜花、水果和玉米。

如果你想试一试，先花几分钟时间记住这些数字图画。如果你愿意，甚至可以自己设计图形。比如ten（十），你可以想成是wren（小妞），或是fountainpen（自来水笔），或是hen（母鸡），或是任何发音很像ten（十）的东西。假设你需要记住的第10件东西是风车，可以想象母鸡坐在风车上，或是风车正把墨水抽上来，把自来水笔装满。然后，当你问自己第10项物品是什么东西时，根本不需要想到十，只需问，母鸡坐在什么地方。

你可能认为这没有什么作用，但值得试试看。相信要不了多久，你将会大吃一惊，他们会认为你具有极不寻常的记忆力。这是最有趣的事了。

好记性 "就像一块钢板那样——在上面刻字非常难，可是一经刻上，就再也抹不去了"。好记性可能是天生的，当然，也可以通过练习获得。

02
记忆法则之二：重复

1. 诵读和《圣经》一样长的书。

世界上规模最大的大学之一，是开罗的艾阿发大学。这是一所回教大学，有21000名学生。这所大学的入学考试，要求每位申请入学的学生背诵《可兰经》。《可兰经》的长度和《圣经·新约》差不多，需要三天才能背诵完。

中国的学生，也被称做"学童"，也必须背诵中国的一些宗教和古典书籍。

这些阿拉伯和中国的学生为什么能表现出这样天才似的记忆力呢？

他们采用"重复"的方法，这也是第二条"记忆的自然法则"。

你也可以记住难以计数的资料——只要你经常重复它们，复习你希望记住的知识，并使用它。把新词运用到你的交谈中，呼叫陌生人的名字——如果你想记住他的名字。在交谈中谈论你演讲中的要点。使用过的知识和资料会让你难以忘记。

2. 确实有效的重复方式。

盲目、机械地强记和复习，那是不够的。有效地重复，配合某种固定的思想特点而复习——这才是我们应该使用的方法。例如，艾宾豪斯教授选了许多没有意义的音节给他的学生们背诵，像"deyux""goli"，等等。他发现这些学生在三天的时间里，平均重复背诵38次这些怪字，居然可以把它们全部记下来，如果一口气重复读上68遍的话，也同样可以全部记下来……其他的各种心理测验也显示出相同的结果。

这是对记忆力的一项重要发现。这表示，如果一个人坐下来，一再重复一件事，一直把它深印在记忆中为止，他所使用的时间与精力，恰好两倍于在一定间隔的时间分段进行重复而获得相同效果。

这种奇怪的思想行为——如果我们可以这样称呼它的话——可由下面两种因素加以解释：

第一，重复的间隔时间里，我们潜意识地一直忙着制造可靠的联结。詹姆斯教授说："我们在冬天学会游泳，在夏天也可以学会滑雪。"

第二，分段间隔进行重复时，我们的头脑不致因为连续不断地工作而疲劳。《天方夜谭》的翻译者理查·波顿爵士能流利地说27种语言。他说他每次练习或研究某种语言绝不会超过15分钟，"因为一超过15分钟，头脑就失去了它的新鲜感。"

在知道这些事实之后，拥有丰富常识的人，不会等到发表演讲的前夕才开始准备。如果他真的等到演讲前夕才动手的话，他的记忆力就只能发挥到应有效率的一半。

心理学研究一再表明，对于我们刚刚学到的新资料，在最初的8小时遗忘的，多过我们在以后36天内所遗忘的内容。这个关于"遗忘"的奇妙比例，是对我们很有帮助的一个发现。

林肯就知道这样行事的价值，并且还一再使用它。当年在盖茨堡，学识渊博的爱德华·艾佛里特被安排在他之前发表演说。当艾佛里特的演讲逐渐到达其冗长的正式献词的尾声时，林肯"很明显地表现出紧张的神情"。当别人在他之前演讲时，他一向如此。他匆匆调正了一下他的眼镜，然后从口袋中取出讲稿，自己先默默地念了一遍，以加强他的记忆力。

大师金言

　　在你发表演讲之前，把你的资料看一看，把你搜集的事实再想一遍，你的记忆力就会恢复新鲜活力。

03
记忆法则之三：联想

1. 记忆力良好的秘诀。

前两项有关记忆的法则已经谈得很多了。下面要谈的第三项法则——联想——也是记忆力所不可或缺的要素。事实上，它等于是对记忆力本身的解释。詹姆斯教授很明智地指出：

我们的头脑基本上是一架联想的机器……假设我先沉默一会儿，然后以命令的口气说道："记住！回想下去！"你的记忆器官是否会服从这个命令，并能回想起你过去经历过的某种肯定的形象？当然不会。它会当场愣住，茫然不知所措，并且问道："你希望我记住什么事情呀？"简单地说，要使它发生作用需要一点指示。也就是说，如果我说，记住你的出生日期，或是回想你早餐吃了些什么东西，或是想一想音符的顺序，那么，你的记忆器官将会立即产生我所要求的结果：这种提示会将很多可能性集中于特别的一点上。而且如果你进一步去探究这是如何发生的，你立刻就会察觉：这种提示与你回忆起来的事物有某种相近的关联。"我的出生日期"这句话与某个特定的数字、月份与年份有根深蒂固的关联；"今天的早餐"这句话会立刻切断你所有的记忆路径，而只留下一些回忆路径，把你引向咖啡、腌肉与蛋；"音符"这个名词则是do、re、mi、fa、so、1a、si、do的邻居。

事实上，联想的法则左右了我们的一系列思想，而且绝不会受到情感的妨碍。出现在脑海中的任何东西必须要经过引导；在被引导进入脑海之后，它会立即和原来已在脑海中的某项事物联结在一起。不论是你所回忆的，或是所想的，都是相同的道理……经受过教育的记忆力，还须依赖有组织的联结系统发挥作用；而其精华则仰赖它们的两项特点：第一，联结的持久性；第二，它们的数字……因此，"良好记忆力的秘诀"就是和我们所欲记忆的各项事实，达成变化多端的联结。但是，除了尽量多想到这项事实之外，这种和事实组成的联结又是什么呢？简单来说，在两个有着相同外在经验的人当中，那个对他的经验想得最多，并把它们彼此编织成最有系统关系的人，将是拥有最佳记忆力的人。

2. 如何把你的事实联想在一起。

好极了，但是我们又如何着手把事实编织成一种最有系统的关系呢？答案是这样的：找出它们的意思，对它们进行仔细思考。例如，只要你能对任何新的事实提出质问及回答下面这些问题，将可协助你把这项新的事实与其他事实编织成一种有系统的关系：

为什么会这样？

是怎么造成这样子的？

是什么时候变成这样子的？

是在什么地方造成这样子的？

是谁这样说的？

例如，如果我们所要记忆的是一个陌生人的名字，而且那是一个很普通的名字，我们也许可以把它和某一位名字相同的朋友联想在一起。从另一方面来说，如果我们要记忆的是一个很罕见的名字，我们也可以借机提出疑问。这通常会促使这位陌生人谈起他自己的姓名。

例如：我在撰写本章时，有人介绍我和一位索特太太认识。我请她告诉我这个姓氏应该怎么写，并表示她的这个姓很罕见。她回答说："是的，这个姓很少见，这是个希腊字，意思是'救世主'。"然后，她告诉我，她先生的族人来自雅典，而且有很多亲戚曾在希腊政府担任高级官员。我发现，要让人们谈起他们的姓名很容易，而这样做能为我把他们的姓名记住提供很大的帮助。

注意观察陌生人的外表，注意他的头发以及眼睛的颜色，看清楚他的五官，注意他的穿着，听听他谈话的语气。对他的外表及个性获得一份清楚、深刻而生动的印象，并把这份印象和他的姓名联想在一起。下一次当这些深刻的印象回到你的脑海中时，它们将协助你记起对方的姓名。

3. 你不是也有过这种经验吗？

你和某人已见过两次或三次了，但你却发现：虽然你记得他是干什么的，

但就是记不起他的姓名。原因在于：一个人的职业是明确而固定的，它具有一种意义。它将像橡皮膏似的紧紧粘住你，而他那个没有意义的姓名，却像冰雹落在倾斜的屋顶一样，很快就滚落到地上，消失得无踪无影了。因此，要想增进你记忆别人姓名的能力，你可以想出一个形容的句子，把他的姓名和他的职业联想在一起。这种方法的效力毋庸置疑。例如，有20个彼此陌生的人，最近在费城的潘思运动员俱乐部集会。每个人都被要求站起来表明自己的姓名与职业。然后，发明一个句子把这两者联结起来。通过这种方式，在几分钟内，在场的每一个人都能把屋内其他人的姓名记住了。在经过多次这类的会议之后，他们的姓名与职业都未被其他人遗忘，因为这两者已被联结在一起，所以它们能被人牢记不忘。

下面是那群人中的几个姓名，按照字母顺序排列。在姓名后面的则是用来联结姓名与职业的句子：

Mr.G.P.Albrecht（砂石业）——"砂石令一切变得光亮（all bright）。"

Mr.W.Paybess（柏油制造）——"省钱（pay less）之路，柏油铺就。"

Mr.H.M.Biddle（羊毛纺织）——"Biddle先生piddles（经营）羊毛纺织。"

Mr.Giden Boericke（开矿）——"Boericke先生是bores（开）矿高手。"

Mr.Thomas Devery（印刷业）——"每个（every）人都找Devery印刷。"

Mr.O.W.Doolittle（汽车销售）——"不努力（Do little）就卖不掉汽车。"

Mr.Thomas Fischer（煤炭开采）——"他到处打听（fish for）买煤的客户。"

Mr.Frank H. Goldey（木材业）——"木头里面出黄金（Cold）。"

Mr.J.H.Hancock（《星期六晚邮》编辑部）——"把John Hancock的名字签在《星期六晚邮》订单上。"

4. 时间记忆的方法。

要把某件事的具体时间牢牢记住，最好的方法就是和已经存在于记忆里的时间相联系。比如说，让一个美国人直接记住1869年是苏伊士运河开航的时间，不如告诉他，美国内战结束4年以后，苏伊士运河才开通航线，这样一来，他就能很轻松地记住这个时间。或者要求一个美国人记住澳洲于1788年设立第一个农垦区，就好像一颗松动的螺丝钉从汽车上脱落一样，他要不了一会儿就把这个时间数字抛在脑后。如果换一种方法，让他联想到1776年，那他可能会记得在美国独立宣言发表12年后，澳洲建立了第一个农垦区，这样一联想，就好像把螺钉和螺帽紧紧地拧在一起，很难忘掉了。

这种方法也适用于电话号码，我的电话号码就是美国独立的年份——1776，所有人都认为这号码太好记了。要是你能像我这样，选择有历史意义的年份作电话号码，诸如1492、1861、1865、1914或1918之类。而且当你告诉朋友时，也不能只是简单地说号码是1492，而要详细说明一下："我的电话号码是1492，就是哥伦布发现新大陆的那一年，多好记啊！"这么一介绍，还有谁会忘记吗？

至于其他国家的读者，你可以用本国重要历史事件的年份代替我上面所说的1776、1861、1865等。

下面这些年份，如何才能记忆深刻呢？

1564——莎士比亚出生了。

1607——在詹姆斯镇建立了英国第一块农垦区。

1819——英国王室添了一女，即后来的维多利亚女王。

1807——这是著名人物李将军的诞辰。

1789——人们捣毁了法国巴士底监狱。

假设你想按照加盟的顺序，来记住美国最早的13个州。如果采取死板的重复背诵的方法，你会觉得极为费劲。那我们不妨换一个更好的法子，用一个小故事把各州名连接在一起，那你只要花上很少的时间，就能毫不费力地记住了。现在，请你集中精神，照着下文读一遍，然后试着把13个州按照先后顺序说出来：

一个星期六的下午，一位来自特拉华州的年轻姑娘打算去外地度周末，就在宾夕法尼亚州的铁路公司订了一张火车票。她在皮箱里放了一件新泽西毛衣，来到康涅迪格州拜访好朋友乔治娅。第二天，她们一起去教堂望弥撒（也是马萨诸塞州的缩写），教堂位于马利的土地（意指马里兰州）。之后，她们驾车顺着南行车道（SouthCarLine与南卡罗莱纳州读音相近）回家。来自纽约的黑人厨师维吉尼亚准备了火腿作午餐。吃完饭后，她们又开车顺着北行车道（与北卡罗来纳发音相似），去岛上游玩。

5. 把要点记清楚。

通常人们用两种方式思考，一种是"由外界刺激"引发，另一种就是和原本已知的事物产生关联。我们在演讲时，也常会用到这两种方式：第一种，依靠外界的刺激，比如讲稿、纸条等，可以提示你演讲的段落大意。可是，很明显，听众对握着纸条的演讲者不是很感兴趣。第二种，你可以事先按照合理的顺序，把演讲的要点和你记忆中的某些事情联想在一起。从第一点可以自然地转换到第二点，然后是第三点，就如同打开一扇房门，走向相通的另一个房间。

不过，这第二种方法听起来容易，做起来却很难。尤其很多初试此法的演讲者，一时还克服不了自己的恐惧，无法用思考和联想来完成演讲。我还要教你一个小窍门，可以轻松地把演讲要点连接在一起，而且便于记忆。简而言之，就是把要点串联成一句没有实际意义的话。举例来说，你的演讲涉及不相关的各个方面，比如包括了牛、雪茄、拿破仑、房屋、宗教信仰。你可以试着把它们串联成一句荒诞的话："老牛叼着一根雪茄，拦住了拿破仑，房屋被宗教信仰一把火烧光了。"

现在用手遮住刚才的句子，认真回答下列几个问题：第三点是什么？第五点呢？第四点？第一点是什么？

这是不是一个相当有用的法子？相信你已经体验到了。那就付诸行动，用它来加深你的记忆吧！

　　这种方法适用于几个以上的任意组合，把句子串联得越可笑越好，那样你的印象会更加深刻。

　　6. 应急的办法。

　　假设：尽管一位演讲者事前已经做过周全的准备和预防，但他在向一群教友发表演讲的中途，突然发现自己脑中一片空白——他自己突然完全僵住了，茫然地望着他的听众，无法继续说下去——很可怕的一种情况。他的自尊心不容许他在思想混乱中坐下来。他认为自己还可以想出一点什么来，只要能给他10秒或15秒的时间。但是，即使你只在听众面前慌慌张张地沉默上15秒钟，那已经是很严重的事了。这种情况该怎么办呢？有位著名的美国参议员在遇到这种情况时，他立刻问他的听众，他说话的声音够不够大，最后几排的听众能不能听见他的声音。他早就知道自己的声音是足以让后排的听众听见的，他此举不是真的征求什么意见，而是在争取时间。在那短暂的停顿时刻，他立刻想起了要说的话，然后继续说下去。

　　但是，在这种心慌意乱的情况下，也许最好的挽救方法是：利用你最后一段话的最后那个字，或是最后那个句子或主题，作为新段落或新句子的开头。这将形成一条永无尽头的锁链，就像英国桂冠诗人但尼生笔下的小溪永远流个不停。我们来看看运用它的例子。我们假设有位演讲者正在谈论"事业成就"的问题，他在说完下面这段话之后，发现自己脑中突然变成了空白。

　　他说："一般的职员之所以无法获得升迁，主要是因为他对他的工作没有真正的兴趣，表现不出进取的精神。"

　　那么我们就以"进取的精神"来作为一个句子的开头。你可能不知道你将会说些什么，或将如何结束这个句子，但是，不管怎么样，起个头。即使表现得很差劲，也总比承认失败要好得多。我们试试。

"进取的精神就是主动性，自己主动去做某件事，而不是等待别人的吩咐。"

这不是很聪明的说法，也不会在演讲史上名垂千古。但这不是比痛苦的沉默要好得多吗？

接下来，这一句话的最后几个字是什么？——"等待别人的吩咐"。那好吧，我们再利用这个观念来造个新句子吧。

"不断吩咐、指示和驱使那些拒绝从事任何主动进取的公司职员，是最令人感到愤怒的事，也是令人难以想象的事。"

这不，又完成一段了。我们再继续吧，这一次我们必须谈谈想象了。

"想象——这就是我们所需要的。所罗门说：'没有幻想的地方，就没有人类的存在。'"我们已经顺利地说完两段了。现在我们可以振作起精神，继续下去：

"每年在商业战斗中被淘汰的公司职员人数，真是令人感到悲哀。我说悲哀，因为只要多一点点忠诚，多一点点进取心，多一点点热诚，这些被淘汰的男女员工就能使自己跨越失败，走向成功。然而，失败者永远不会承认这是他们失败的原因。"

如果继续进行下去……但演讲者在说出这些滥竽充数的词句的同时，应该努力去思索他原来准备的下一要点，想出他原来打算要说的话。

这种没有结束的连锁性思考方法，如果延续下去，是可以拖得很长，而可能使演讲者和听众讨论起梅子布丁和金丝雀的价格。不过，对于因为遗忘而暂时失去控制的受伤的头脑来说，这的确是最好的急救方法，而且也真的挽救过许多演讲。

7. 人的记忆力是有限的。

我已经说过怎样增加"获得生动印象""重复"以及"把我们的事实联系在一起"的方法。但记忆力基本上是联想的过程，和詹姆斯指出的一样："一般性或基本的记忆力是无法增强的，我们只能加强对有特别意义可以联结在一起的事的记忆力。"

例如，每天记忆一段莎士比亚的名句，可能把我们对文学名句的记忆力增加到某一种惊人的程度。每一个名句在进入我们的脑海后，都会发现那儿有许多内容可以彼此结合在一起。但是，把从哈姆雷特到罗密欧的所有莎士比亚作品全部背下来，也不一定能帮助我们记得棉花市场的价格或炼铁过程这类事实。

我最后再强调一点：如果我们配合使用本章中所讨论的这些自然法则，是可以改善我们记忆任何事物的"方法"和"效率"的。但是如果我们不运用它，就算记住了有关棒球的一千万项事实，对于我们所记忆的股票市场，也没有一丝一毫的帮助。这种不相关的资料是不能联想在一起的。

（大师金言）

"基本上，我们的头脑是一架联想的机器。"你的联想力越丰富，记忆力就会越好。

人性的优点

[美]戴尔·卡耐基◎著　申文平◎译

CIS 中南出版传媒集团
民主与建设出版社

　　从来没有哪一个时代的人们像今天这样如此重视"成功"，"成功"成为这个时代被使用最频繁的字眼。那么，什么是成功？成功当指成就功业或达到预期的结果。成功的含义是丰富的，然而只有造福于社会，获得社会的承认，赢得他人的尊重，才称得上是真正的成功。

　　事实上，成功是一种积极的心态，是每个人实现自己的理想后，自然而然地产生的一种自信和满足心态。

　　卡耐基认为，一个人的成功有15%是由于他的技术专长，而85%是靠良好的人际关系和为人处世的能力。经过多年的研究考察，他最终发展出一套独特的融演讲、推销、为人处世、智能开发于一体的成人教育方式，这种方式得到人们的认可，并且不断完善。他开创的"人际关系训练班"遍布世界各地，对数以百万计的人产生了深远的影响。其中不仅有社会名流、军政要员，甚至还包括几位美国总统。

　　《人性的优点》出版于1948年，与《人性的弱点》《伟大的人物》构成卡耐基成人教育班的三种主要教材。这是一本关于如何征服"忧虑"的书。卡耐基认为，忧虑是人类面临的主要问题之一，无论是平凡的人还是伟大人物，都面临着忧虑的困惑，忧虑给人带来的负面影响实在是太大了。为此，卡耐基阅读了曾经面临严重问题的著名人物的传记，从中找出摆脱问题的办法，整理出一整套征服忧虑的原则。这些原则诞生于半个世纪之前，但对于今天的我们，对于处于空前压力下的现代人，也有现实的指导意义。也许，这也正是这本书一直受到读者热捧的原因。

CONTENTS 目录

第一章　生活在此时此刻 / 001

第二章　忧虑最损害一个人的健康 / 017

第三章　分析问题，战胜忧虑 / 033

第四章　让生意上的忧虑减半 / 045

第五章　从工作中找到乐趣 / 051

第六章　用忙碌驱逐思想中的忧虑 / 061

第七章　生命太短暂，不要为小事而垂头丧气 / 077

第八章　事实上，不幸很少发生 / 087

第九章　对于无法避免的事实坦然接受 / 099

第十章　让你的忧虑"到此为止" / 115

第十一章　对失眠的恐惧造成的伤害，远远超过失眠本身 / 123

第十二章　不要为打翻的牛奶而哭泣 / 133

第十三章　别忽视思想的巨大力量 / 141

第十四章　不要报复你的仇人 / 157

第十五章　如果你做了，就不要因为没有感恩而难过 / 163

第十六章　如果有个柠檬，就做一杯柠檬水吧 / 169

第十七章　战胜抑郁的心魔 / 175

第十八章　每天做一件善事 / 181

第十九章　如果钱能给别人带来幸福，那就去做吧 / 189

第二十章　帮助别人就是帮助自己 / 199

第二十一章　自卑并不能解决问题 / 207

第二十二章　驱逐忧虑的五种办法 / 213

第一章

生活在此时此刻

"未来"永远只存在于今天，人类获得拯救的日子就是现在，一个总是为未来忧心忡忡的人，只会白白地浪费精力。好好关注一下自己的生活吧，关注你自己生活的每个侧面，养成一个良好的习惯，既不要沉湎于过去的失败中，也不必空想未来，就生活在此时此刻吧，你会感到生活是那么踏实而丰富。

1871年春天，一个年轻人忧虑重重，他是蒙特瑞尔综合医院的一名学生。此时，他对自己的未来充满困惑：怎样才能顺利地通过考试？毕业后该做些什么？该到什么地方去？如何开展自己的事业？怎样才能谋生？

　　在极度迷茫中，他拿起一本书。他看到了21个英文单词，正是这21个英文单词使他——一个1871年毕业的年轻的医科学生，成为后来著名的医学家，他不仅创建了举世闻名的约翰·霍普金斯医学院，还得到了大英帝国医学界的最高荣誉——牛津大学医学院的讲座教授。另外，英王还授予他爵士的封号。他去世后，记述他一生经历的两卷大书长达1466页。

　　他的名字叫威廉·奥斯勒。可以说，正是他在1871年春天看到的这21个英文单词，对他的前途产生了巨大影响，并使他度过了无忧无虑的一生。这21个英文单词是汤姆斯·卡莱里写的，内容是："最关键的是，做手边最清楚的事，而不是去看远处模糊的事。"

　　42年后，一个温暖的春天的夜晚，威廉·奥斯勒爵士在开满郁金香的耶鲁大学校园中，给学生们做讲演。他说像他这样一个人，曾经是4所大学的教授，还出版过一本很受欢迎的书，看上去似乎有着一个"特殊的头脑"。但事实上，他的一些好朋友都说，他的头脑"非常普通"。

　　那么，威廉·奥斯勒爵士成功的秘诀是什么呢？

　　他认为是因为他生活在一个完全独立的今天。

　　"一个完全独立的今天。"这句话是什么意思呢？

　　在来这里演讲的几个月前，威廉·奥斯勒爵士乘坐一艘巨大的油轮横渡大西洋。他发现，只要船长在驾驶舱里按下一个按钮，机器经过一阵运转后，船的几个部分就立刻分隔开，成为几个防水的隔舱。"而我们每一个人，"奥斯勒爵士说，"头脑都要比船精密得多，所走的路程也远得多。所以，现在，我想奉劝各位，你们应该像那条大油轮一样，学会控制自己的生活，只有生活在一个完全独立的今天，才能确保航行中的安全。因为在驾驶舱中，每个分隔开的船舱都有用处，按下一个按钮，铁门就会隔断过去——就是那些已经度过的昨天，然后再按下一个按钮，铁门仍会隔断尚未出现的未来。现在，你就非常保险了，因为你拥有全部的今天。你们应该学会埋葬过去，只有傻子才会被它引向死亡之路，同时要将未来紧紧关在门外，就像对待过去那样，过去的负担加上未来的负担，必定会成为今天的最大障碍。好好关注一下自己生活中的每个侧面，养成一个良好的习惯，将前后的船舱统统隔断吧！你们应该生活在完全独立的今天里。"

　　那么，威廉·奥斯勒博士是否主张人们不应该为明天费心地做准备呢？不，当然不是。他继续鼓励耶鲁大学的学生们："集中你们所有的智慧和热诚，将今天的工作尽量做得完美，用这种方法迎接未来，无疑是最好的。在一天开始之前，你们应该吟诵这句基督祝词：'在这一天，我们将得到今天的面包。'"

　　请记住，在这句话中，仅仅要求"今天的面包"，并没有抱怨我们昨天吃的面包真酸。也没有说："噢，天哪，最近的气候非常干燥，我们可能会遭遇旱灾，到了秋天还有面包吃吗？万一我失业，上帝啊！我该怎样才能弄到面包呢？"

　　不，这句祝词告诉我们，只能要求今天的面包，而且我们能吃的也仅仅是今天的面包。

不要总是担心今天我失业了，明天我该怎么办？明天自有明天的面包，关键是要"活在现在"。

　　多年以前，有个穷困潦倒的哲学家四处流浪。一天，他来到一个贫瘠的乡村，这里的老百姓生活非常艰苦。当人们走上山顶，聚集在他身边时，他说："不要为明天担心，因为明天自有明天的烦恼，今天的难处留在今天就够了。"这句话虽然只有短短的30个字，但却是有史以来引用次数最多的名言，它经历了好几个世纪，一代一代地流传下来，这句话正是耶稣说的。

　　但是，很多人都不相信这句话，他们把其视为东方的神秘之物，或当成一种多余的忠告。他们说："我一定要为明天计划，做好一切准备，为家庭买保险，努力存钱。这样，将来老了就不用担心了。"

　　是的，可以考虑明天，仔细地计划、做准备，但不要着急。

　　第二次世界大战期间，战斗中的军事领袖必须为下一步谋划，不过，他们绝不能带有丝毫焦虑。厄耐斯特·金恩曾是指挥美国海军的海军上将，他说："我所能做的，就是为最优秀的人员提供最好的装备，然后给他们布置一些看上去极其卓越的任务，仅此而已。如果一条船开始下沉，我无力阻挡；如果一条船沉了，我也不可能将其打捞上来。与其为昨天发生的问题后悔，不如将时间用在如何解决明天的问题上。更何况，如果我一直为过去的事操心，肯定支撑不了多久。"

　　不管是面对战争，还是日常的生活，好主意和坏主意的区别在于：好主意能对前因后果反复琢磨，并产生合乎逻辑、具有建设性的计划；而坏主意只能让人紧张，甚至精神崩溃。

　　亚瑟·苏兹柏格先生是著名的《纽约时报》的发行人，最近，我非常荣幸地拜访了他。在谈话中，苏兹柏格先生告诉我："当第二次世界大战的战火迅速蔓延到欧洲时，我非常震惊，每日都为前途忧虑不安，最后搞得自己彻夜难眠。虽然我对绘画一无所知，但经常半夜三更地从床上爬起来，找出画布和颜料，准备画一张自画像，为了消除自己的忧虑，我一直坚持画着。

"一天，我读到一首赞美诗，诗中说：

指引我，仁慈的灯光……
让你常在我脚旁，
我并不想看到远方的风景，
只要一步就好了。

"就这样，我终于消除了忧虑，平静下来。从此，我将最后7个字作为自己的座右铭：'只要一步就好了。'"

大概就在这个时候，有个当兵的年轻人也同样学到了这一课，他的名字叫做泰德·本杰明，住在马里兰的巴铁摩尔城——他曾经忧虑得几乎完全丧失了斗志。

"在1945年的4月，"泰德·本杰明写道，"我忧愁得患了一种医生称之为'结肠痉挛'的病，这种病使人极为痛苦，若是战争没有在那时候结束的话，我想我整个人就垮了。"

"当时我整个人筋疲力尽。我在第94步兵师担任士官，工作是建立和维持一份在作战中死伤和失踪者的人名记录，还要帮助发掘那些在战争激烈的时候被打死的、被草草掩埋在坟墓里的士兵，我得收集那些人的私人物品，要确切地把那些东西送回重视这些私人物品的家人或是近亲手中。我担心我是否能撑得过去，我担心是否还能活着回去把我的独生子抱在怀里——我从来没有见过的16个月的儿子。我既担心又疲劳，足足瘦了34磅，而且担忧得几乎发疯。我眼看自己的两只手变得皮包骨。我一想到自己瘦弱不堪地回家，就非常害怕，我崩溃了，哭得像个孩子，浑身发抖……有一段时间，也就是德军最后大反攻开始不久，我常常哭泣，使得我几乎放弃还能再成为正常人的希望。

"最后我住进了部队医院，一位军医给我的一些忠告，使我的生活彻底改变了，在为我做完一次彻底的全身检查之后，他告诉我，我的问题纯粹是精神上的。'泰德，'他说，'我希望你把你的生活想象成一个沙漏，你知道在沙漏的上一半，有成千上万粒的沙子，它们都慢慢地且均匀地流过中间那条窄缝。除了弄坏沙漏，你跟我都没办法让两粒以上的沙子同时通过那条窄缝。你和我和每一个人，都像这个沙漏。每天早上开始的时候，有很多的工作，让我们觉得我们一定得在那一天里完成。可是我们只能每次做一件事，让他们慢慢而平均地通过这一天，就像沙粒通过窄缝一样，否则就一定会损害到我们自己的身体或精神了。'

"从值得纪念的那一天起，当那位军官把这段话告诉我之后，我就一直奉行着这种哲学。'一次只流过一粒沙……一次只做一件事。'这个忠告挽救了我的身心，对我目前在手艺印刷公司的公共关系及广告部中的工作，也起了很大的帮助作用。我发现，在生意场上也有像在战场上的问题，一次要做完好几件事情——但却没有充足的时间。比如我们的材料不够了，我们有新的表格要处理，还要安排新的资料、地址的变更、分公司的增开和关闭，等等。我不再紧张不安，因为我记住了那个军医告诉过我的话：'一次只流过一粒沙子，一次只做一件工作。'我一再对自己重复这两句话。我的工作比以前更有效率，做起来也不会再有那种在战场上几乎使我崩溃、迷惑和混乱的感觉。"

在目前的生活方式中，最可怕的一件事情就是，我们的医院里大概有一半以上的床位都是保留给神经或者精神上有问题的人的。他们都是被累积起来的昨天和令人担心的今天加起来的重担所压垮的病人。而那些病人中，大多数只要能奉行古人的话——不要为明天忧虑，或者是威廉·奥斯勒爵士的话——生活在一个完全独立的今天里，他们就都能走在街上，过上快乐而幸福的生活了。

你和我，在目前这一瞬间，都站在两个永恒的交会点上——已经永远地过去，以至延伸到无穷无尽的未来——我们不可能生活在这两个永恒之中，甚至连一秒钟也不行。如果想那样做的话，我们就会毁了自己的身体和精神。因此，我们就以能活在所能活的这一刻而感到满足吧。"从现在一直到我们上床，不论任务有多重，每个人都能坚持到夜晚的来临。"罗伯特·史蒂文森写道，"不论工作有多苦，每个人都能做他那一天的工作，每个人都能很甜美、很有耐心、很可爱、很纯洁地活到太阳下山，而这就是生命的真正意义。"

是的，生命对我们所要求的也就是这些。然而住在密歇根州沙支那城的薛尔德太太，在学到"只要生活到上床为止"这一点之前，却感到极度颓丧和疲惫，甚至于想自杀。"1937年，我丈夫死了，"薛尔德太太把她的过去告诉我，"我觉得非常颓丧——而且几乎身无分文。我写信给我以前的老板利奥罗区先生，请他让我回去做我以前的工作。我从前靠推销《世界百科全书》过活。两年前我丈夫生病的时候，我把汽车卖了，现在我又勉强凑足了分期付款的钱，买了一辆旧车，重操旧业，出去卖书。

"我原想，再回去做事或许可以帮我解脱我的颓丧，可是，一个人驾车、一个人吃饭，这几乎令我无法忍受。有些区域根本就做不出什么成绩来，虽然分期付款买车的数目不大，但也很难付清。

"1938年春天，我来到密苏里州的维沙里市。这里的学校很穷，路也不好走，我觉得成功离自己很远，生活毫无乐趣。每天早上我都不愿意起床，因为新的一天即将来临，而我不想去面对生活，对一切都感到担心害怕。担心没有钱分期付款，担心交不起房租，担心自己会饿肚子，担心身体会被拖垮，而我没有钱看病。面对这种生活，我又孤独又沮丧，甚至想自杀。但我没有自杀的唯一原因是，我担心姐姐会因此而悲痛万分，而且她没有钱给我付安葬费。

"后来有一天，我看到一篇文章，里面有一句令人振奋的话：'对一个聪明人来说，每一天都是新的开始。'我永远永远感激这句话，因为它使我克服了消沉，振作起来继续生活。我将它打印下来，贴在挡风玻璃窗上，只要我开车，就能随时随地看见它。我发现，好好生活一天并不困难，每天清晨，我都告诉自己：'今天又是一个新的开始。'

"当我学会忘记过去、不考虑未来的时候，我成功地克服了曾经有过的孤寂和恐惧，整个人变得快活起来，至于我的事业，还算成功。现在，我对生命充满了热爱，而且，不管再遇到什么问题，我都不会害怕，因为我用不着担心将来，只要做到过好每一天。对一个聪明人来说，每一天都是一个新的开始。"

猜一猜这首诗是谁写的：

这个人很快乐，只有他快乐；

因为他将今天称为自己的一天。

他在今天感到安全，

并说："明天，不管多么糟糕，我已经过了今天。"

这些话看上去颇具现代意味，不是吗？不过，它们是古罗马诗人柯瑞斯的作品，创作时间是耶稣诞生的30年前。

我觉得，人类最可悲的一件事情是，所有的人都拖拖拉拉，不肯积极地投入生活，他们向往天边奇妙的玫瑰园，但从不欣赏今天开放在窗口的玫瑰花。

我们为什么会变成这种傻子——这种悲惨的傻子呢？

"可怜的傻子！"史蒂芬·里高克写道，"我们生命中的每个历程多么奇特，小孩子总说：'等我长大以后……'可是，长大后又怎么样呢？大孩子常说：'等我成人以后……'结果，等他长大成人，他又说：'等我结婚以后……'结了婚又如何呢？他们的想法变成了'等我退休以后'，不过退休之后，当他回头看看自己经历的一切，似乎觉得吹过了一阵冷风，因为他在不知不觉中错过了所有，而这些，全部一去不复返了。我们总是无法尽快明白：生命就是生活中的每时每刻，就是现在。"

大师金言

"生命就是生活中的每时每刻，就是现在。"用心感受今天的快乐，过了今天，明天必将迎来新一天的太阳。

　　爱德华·伊文斯先生曾经住在底特律城，现在已经去世。他在明白生命就是生活中的每时每刻之前，几乎忧虑成疾，差点自杀。爱德华的家庭非常贫苦，一开始，他以卖报为生，接下来的工作是杂货店店员，但家里有7口人靠他吃饭，他只好换了一份工作——助理图书管理员，尽管工资少得可怜，他也不敢轻易辞职。就这样过了8年，他终于鼓起勇气，筹足50美元，开创自己的事业。想不到时来运转，一年后净赚了两万美元。但遗憾的是，没多久，他存钱的银行倒闭了，他的全部财产化为乌有，还欠下1.6万美元的债务。

　　他告诉我："我无法承受这样的打击，整天食不甘味，夜不能眠。我得了一种奇怪的病，一天我走路时，突然昏倒，从此只能躺在床上，身上的肉都腐烂了，以至于躺着都觉得痛苦不堪。医生说，我大约只有两个星期可活。这个消息让我大为震惊，没办法，只好写下遗嘱，准备等死。到了这种地步，任何担心都是多余的了，于是，我放松下来，休息了几个星期。尽管依然睡不好——每天睡眠不到两小时，但精神十分安稳，那些令我疲倦的忧虑慢慢消失，胃口也好起来。又过了几个星期，我甚至能拄着拐杖走路了。6个星期后，我重新找到一份推销挡板的工作。虽然以前的年薪高达两万美元，但现在这份每周30美元的工作让我很高兴，对过去不再后悔，对将来也不害怕，我将全部的时间和精力都放在目前的推销工作上。"

　　抱着这种思想，爱德华·伊文斯的事业迅速发展。没过几年，他成为伊文斯工业公司的董事长，从那以后，他公司的股票长期雄霸纽约市场。当你抵达格陵兰时，飞机一般都会降落在伊文斯机场——人们为了纪念他，特意用他的名字而命名的。如果他始终没学会"生活在完全独立的今天"，绝不可能如此成功。

在基督诞生前的五百年，古希腊的哲学家赫拉克利特教导他的学生："除了永恒的法则，任何事情都是可以变化的。"他说："你不可能两次踏进同一条河流。"

保罗·辛普森曾经长时间地过着忙碌的生活，精神高度紧张，总是不能放松。每天结束工作，回到家里时，总是筋疲力尽、情绪低落。这究竟是怎么回事呢？因为没有人提醒过他："保罗，你这是在折磨自己，何不放松心情，从容地做事情呢？"

每天一大早，他都是手忙脚乱，起床、剃须洗脸、穿衣服、吃早餐，一切都慌慌张张，然后又急忙开车去上班。他总是紧紧地握着方向盘，好像不那样做，它就会飞出车窗外。经过一天紧张繁忙的工作后，他又匆忙开车回家，就连上床睡觉，也感觉很紧张。

他也意识到自己这种紧张状态过于失常，于是他去找了一位底特律特别有名的心理专家。

心理专家给他的建议是：放松步伐、缓和心态，并且随时提醒自己要放松——不论是在工作、开车、进餐、睡觉的时候，随时都让自己放松。这位专家警告说，不懂得调节放松自己，就等于是在慢性自杀。保罗·辛普森说：

"从那时起，我开始尝试让自己放松一下。每天上床睡觉时，我并不急于入睡，而是调整自己呼吸，并彻底放松身体。第二天早上醒来时，我因为充足的睡眠而觉得神清气爽。这是我最大的转变，我不再像以前那样睡醒后还是觉得疲乏。现在，我开车、吃饭的时候，感觉也很轻松。为了保证安全，我开车时注意力总是非常集中，但现在我不再紧张了。尤其重要的是，我工作时也不再是匆匆忙忙的了，我会在工作一段时间后，有意识地停下来休息一会儿，看看自己是不是处在放松的状态下；电话铃声响起时，我也不再急忙接听；当和别人交谈时，我也不再紧张，而是让自己像熟睡的婴儿那样放松。这样做的结果如何呢？我发自内心地感觉到了轻松愉快，紧张和忧虑完全从我的生活里消失了。"

河流每时每刻都在变化，人也在变化，人的生活也在变。

今天是唯一的，为什么要破坏今天生活的美好而试图去解决未来的不确定的问题呢？或许没有任何一个人能预知未来。

有个古老的传说，用一句话概括了。事实上，可以用两个词来概括——"享受今天"或者"抓住今天"。是的，抓住今天，充分利用今天。

有个哲学家名叫洛威尔·托马斯，他也有这个想法，最近的一个周末，我是在他的农场里度过的。我注意到他在墙上挂了个镜框，上面写着一句诗：

这是耶和华订下的一天，

我们要高兴，

我们要欢喜。

我的另一位朋友约翰·罗斯金在他的书桌上放了一块石头，石头上只刻有两个字——"今天"。我的书桌上虽然没有放什么石头，也没有把警言挂在墙上，不过我的镜子上倒贴了一首诗，在我每天早上刮胡子的时候都能够看见它——这也是威廉·奥斯勒爵士放在他桌子上的那首诗——这首诗的作者是一位很有名的印度戏剧家——哈里达沙。在此，不妨把它贡献给读者。

向黎明致敬

看着这黎明！

因为它就是生命的源泉，生命中的生命。

在它短暂的时间里，

包含着你的所有幻想与现实，

成长的福佑，行动的荣耀，

还有成功的辉煌。

昨天不过是一场梦，

明天如同一个有希望的幻影，

但生活在美好的今天，

却能使每一个昨天成为一个快乐的梦，

使每一个明天都充满了希望的幻影。

好好看着这一天吧！

你要这样向黎明致敬。

所以，你对于忧虑所应该知道的第一件事就是：如果你不希望它干扰你的生活，就要像威廉·奥斯勒爵士说的那样——

用铁门把过去和未来隔断，生活在完全独立的今天。

为什么不问问自己这些问题，然后写出每个问题的答案呢？

（1）我是否忽略了现在，只担心未来？或者只追求所谓的"遥远奇妙的玫瑰园"？

（2）我是否经常为过去已经发生的事情而后悔，并因那些已经过去、已经做过的事情让现在过得难受？

（3）当我清晨起床时，是否形成了明确的意识——"我要抓住今天"，尽量利用这24小时？

（4）如果我真的做到威廉·奥斯勒爵士所说的"活在完全独立

的今天"，我是否能够从生命中得到更多的东西？

（5）我应该从什么时候开始这么做，下个星期——明天——还是今天？

大师金言

今天包含着你所有的现实和幻想，为那美好的未来，从今天开始行动吧。

第二章

忧虑最损害
一个人的健康

谁不知道忧虑会使人英年早逝？！

——亚历克西斯·卡莱尔

很多年以前的一个晚上，一个邻居来按我家的门铃，要我和家人去种牛痘，预防天花。他是整个纽约市几千名志愿去按门铃的人之一。很多吓坏了的人都排了好几个小时的队接种牛痘。在所有的医院、消防队、派出所和大工厂里都设有接种站，大约有2000名医生和护士夜以继日地替大家种痘。怎么会这么热闹呢？因为纽约市有8个人得了天花——其中2人死了——800万纽约市民中死了2人。

到现在，我在纽约市已经住了37年，可是还没有一个人来按我的门铃，并警告我预防精神上的忧郁症——这种病症，在过去37年里所造成的损害，至少比天花要大1万倍。

从来没有人来按门铃警告我：目前生活在这个世界上的人中，每10个人就有1个会精神崩溃，而大部分都是因为忧虑和感情冲突引起的。所以我现在写本章，就等于来按你的门铃向你发出警告。

曾经获得诺贝尔医学奖的亚历克西斯·卡莱尔博士说："不知道抗拒忧虑的商人都会短命而死。"其实不只商人，家庭主妇、兽医和泥水匠等都是如此。

几年前，我在度假的时候，跟戈伯尔博士一起坐车经过得克萨斯州和新墨西哥州。戈伯尔博士是圣塔菲铁路的医务负责人，他的正式头衔是海湾科罗拉多和圣塔菲联合医院的主治医师。当我们谈到忧虑对人的影响时，他说："在医生接触的病人中，有70%的人只要能够消除他们的恐惧和忧虑，病就会自然好起来。不要误以为他们都是一时生了病，我的意思是，他们的病都像你有一颗蛀牙一样实在，有时候还严重100倍。我说的这种病就像神经性的消化不良，某些胃溃疡、心脏病、失眠症、一些头痛症和麻痹症，等等。

　　"这些病都是真的，我知道我这些话也不是乱说的，因为我自己就得过12年的胃溃疡。"

　　约瑟夫·蒙塔格博士曾写过一本名叫《神经性胃病》的书，他说过同样的话："胃溃疡的产生，不是因为你吃了什么而导致的，而是因为你忧愁些什么。"

　　梅奥诊所的W.C.阿尔凡莱兹博士说："胃溃疡通常会根据你情绪紧张的高低而发作或消失。"

　　他的这种说法在对梅奥诊所的15 000名胃病患者进行研究后得到了证实。每5个人中，有4个并不是因为生理原因而得胃病。恐惧、忧虑、憎恨、极端自私，以及无法适应现实生活，这些才是导致他们得胃病和胃溃疡的深刻原因……胃溃疡可以让你丧命，根据《生活》杂志的报导，现在胃溃疡居死亡原因名单的第十位。

　　我最近和梅奥诊所的哈罗德·哈贝恩博士通过几次信。他在全美工业界医师协会的年会上读过一篇论文，说他研究了176位平均年龄在44.3岁的工商界负责人。他报告说，大约有1/3以上的人因为生活过度紧张而引起下列三种病症——心脏病、消化系统溃疡和高血压。想想看，在我们工商界的负责人中，有1/3的人患有心脏病、溃疡和高血压，而他们都还不到45岁，成功的代价是多么高啊！而他们甚至都不是在争取成功，一个身患胃溃疡和心脏病的人能算是成功之人吗？就算他能赢得全世界，却损失了自己的健康，对他个人来说，又有什么好处？即使他拥有全世界，每次也只能睡在一张床上，每天也只能吃三顿饭。就是一个挖水沟的人，也能做到这一点，而且还可能比一个很有权力的公司负责人睡得更安稳，吃得更香。我情愿做一个在阿拉巴马州租田耕种的农夫，在膝盖上放一把五弦琴，也不愿意在自己不到45岁的时候，就为了管理一个铁路公司，或者是一家香烟公司而毁了自己的健康。

说到香烟，我突然想起一个最知名的香烟制造商。最近，他在加拿大森林中度假，本想轻松一下，但心脏病突然发作，死了。

或许，他牺牲了好几年的健康，来换取所谓的成功，在61岁时终于拥有几百万美元，但一下就死了。

在我眼里，他的成功远远不及我的父亲——他是密苏里州的农夫，身无分文，却活了89岁。

最后，著名的梅奥兄弟宣布："一半以上的病人患有神经病，当我们用最现代的强力显微镜给他们做检查时，却发现，他们的神经多半都非常健康。他们神经上的毛病并非因为身体出现了反常，而是因为悲观、烦躁、焦虑、恐惧、颓丧等情绪。"

柏拉图曾说过："医生所犯的最大错误在于，他们只治疗身体，对精神却毫无办法。而事实上，精神和肉体是一体的，不能分开处理。"

但是，2300年之后，医药科学界才明白这个道理。现在，一门崭新的医学——心理生理医学出现了，它可以同时治疗精神和肉体。虽然现代医学已经消除那些由细菌、病毒引起的可怕疾病——它们曾将数不清的人带进坟墓，比如天花、霍乱，等等。但医生仍然无法治疗那些并非细菌感染，而是由于情绪上所引起的病症。令人担忧的是，这种情绪性疾病正日益加重，而且传播速度快得惊人。

据医生们估计：至今健在的美国人中，每20个人中就有1个在某段时期患过精神疾病。第二次世界大战爆发时，有很多年轻人应召入伍，但每6个人中就有1个患有精神失常，不能服役。

造成精神失常的原因到底是什么？至今无人清楚所有的答案，可是，在大多数情况下，极可能都是由恐惧和忧虑造成的。烦躁不安的人多半不能适应生活，他们会逐渐与周围的环境断绝所有的关系，缩回他们自己幻想的世界，希望借此能解决所有的烦恼。

我的桌上有一本书，是爱德华·波多尔斯基博士写的——《除忧祛病》，有几章提醒人们：

忧虑可能影响心脏；

忧虑会导致高血压；

忧虑引起风湿；

为了你的胃，不要忧虑；

忧虑会让人感冒；

忧虑对甲状腺有影响；

忧虑也影响着糖尿病患者。

卡尔·明梅尔博士的《自寻烦恼》是另一本关于忧虑的好书，它没有告诉你避免忧虑的方法，但却指出了一些可怕的事实让你明白，人们是如何用忧虑、烦躁、恼怒、懊悔等情绪来伤害自己的身心健康的。

即便是最坚强的人，忧虑也能让他生病。美国南北战争即将结束的最后几天，格兰特将军发现了这一点。

故事是这样的：当时，格兰特围攻了瑞奇蒙已经长达9个月了，李将军率领的部队被打败了，他们饥饿不堪，衣衫不整。有一次，好几个兵团的人开了小差，剩下的人在帐篷内祈祷、哭叫，看到了种种幻象。眼看战争即将结束，李将军的手下几乎崩溃了，他们放火烧了瑞奇蒙的棉花、烟草仓库和兵工厂，在烈焰升腾的黑夜中，他们弃城而逃。格兰特率领部队乘胜追击，从左右两侧和后方夹击南方联军，骑兵从正面截击。由于剧烈的头痛，格兰特的眼睛已经半瞎了，他无法跟上队伍，只好停在一家农户前。

"我在那里过了一夜，"后来，格兰特将军在自己的回忆录中写道，"我把双脚泡在加了芥末的冷水里，并在手腕和后颈上贴着芥末药膏，希望第二天能够复原。"

结果，第二天早上，他果然复原了，但让他痊愈的不是芥末膏药，而是一个骑兵，他带回了李将军的一封信，说他投降了。

格兰特说："当那个军官带着信来到我面前时，我的头本来疼得厉害，但我看了信之后，马上就好了。"

很明显，忧虑、紧张和不安导致了格兰特生病。一旦看到胜利在望，自信恢复，他的病立刻就好了。

70年后，罗斯福总统的财政部长亨利·摩尔索发现忧虑会导致他头昏眼花。他在日记里写道，为了提高小麦的价格，罗斯福总统下令在一天之内买进440万蒲式耳的小麦，使他感到非常忧虑。他说："在这件事情没有结果之前，我头昏眼花。回到家里，我吃完午饭以后只睡了不到两个小时。"

假如我想看到忧虑对人会产生什么样的影响，大可不必到图书馆或医院求证。只要从我们现在正坐着的家里朝窗外看，也许就能够看到在另一条街的一栋房子里，有一个人因为忧虑而精神崩溃；另外一栋房子里，有一个人因为忧虑而得了糖尿病——只要股票下跌，他的血和尿里的糖分就会升高。

法国著名的哲学家蒙田当选为家乡的市长时，他对市民们说："我愿意用我的双手来处理好你们的事情，可是我不想把它们带到我的肝和肺里。"

我的一位邻居却非要将股票市场搞到他的血液里，结果，差点要了他的老命。

如果我想记住忧虑对人会产生什么影响，大可不必去看我们邻居的房子，只要看看我们现在正坐着的这个房间，这栋房子以前的主人就是因为忧虑过度而进了坟墓。

忧虑会使你患风湿症或关节炎而不得不坐进轮椅。康奈尔大学医学院的罗素·西基尔博士是世界著名的治疗关节炎的权威人士，他列举了4种最容易得关节炎的情况：

（1）婚姻破裂。

（2）财务上的不幸和困难。

（3）寂寞和忧虑。

（4）长期的愤怒。

当然，以上几种情绪状况，并非是导致关节炎的唯一原因。但产生关节炎的最"常见的原因"，却正是西基尔博士所列举的这几点。

举个例子来说吧，我的一个朋友在经济不景气的时候，遭到了很大的损失。结果，煤气公司切断了他的煤气，银行没收了他抵押贷款的房子，他太太也突然患了关节炎——虽然经过治疗并加强了营养，他太太的关节炎却直到他们的经济条件改善之后才得以痊愈。

忧虑甚至会使你有蛀牙。威廉·麦克戈尼格博士曾在全美牙医协会的一次演讲中说："由于焦虑、恐惧等因素产生的不愉快情绪，可能会影响到一个人身体内部的钙质平衡，从而容易出现蛀牙。"麦克戈尼格博士还提到，他的一个病人原本有一口非常棒的牙齿，但后来他的夫人得了某种疾病，他开始担心起来。就在她住院的那3个星期之内，他突然有了9颗蛀牙——这些全都是由焦虑导致的。

你是否看见过一个人的甲状腺反应过度？我曾经看过。我可以告诉你，他们会发抖、战栗，看起来就像是吓得半死的样子——而事实上也差不多就是这样的情形。甲状腺的功能是调节生理平衡，一旦反常之后，人的心跳就会加速，整个身体就会亢奋得像一个打开了所有风门的大火炉，如果不动手术或治疗的话，就很可能会送命，很可能把他自己"烧干"。

大师金言

恐惧导致忧虑，忧虑使你紧张，并影响到你胃部的神经，使胃里的胃液由正常变为不正常。因此就容易产生胃溃疡。

不久以前，我和一个患了这种病的朋友一同去费城。我们要去拜访一位专治这种病达38年之久的著名专家布拉姆博士。在他候诊室的墙面上，挂着一块大木板，上面写了他给病人的忠告。我把它抄在了一个信封的背面：

轻松和享受。

最使你轻松愉快的是健康的信仰、睡眠、音乐和欢笑。

要相信神，要学着睡得安稳。

喜欢好的音乐，从幽默的一面看待生活，那么，健康和快乐将都属于你。

他问我朋友的第一个问题就是："你情绪上有什么问题导致你出现这样的情况？"他警告我的朋友说，假如他继续这样忧虑下去，就很有可能会染上其他并发症、心脏病、胃溃疡或糖尿病，等等。这位名医说："所有这些病症，都互相有关联，它们甚至是很近的亲戚。"这话一点都不错，它们都是近亲——都是由忧虑所导致的疾病。

当我去访问女明星曼勒·奥伯恩的时候，她告诉我她绝对不会忧虑，因为忧虑会毁了她在银幕上的重要资产——她漂亮的容颜。

她告诉我说："当我第一次开始想要涉足影坛的时候，我既担心又害怕。因为我刚从印度回来，在伦敦一个人都不认识，却想在那里找到一份工作。我去找了几家制片厂，可是没有一个人肯用我。我仅有的一点点钱也慢慢用光了，后来整整两个星期，我只能靠一点饼干和白开水过活。因此那时候我不仅忧虑，还非常饥饿，我对自己说：'也许你是个傻瓜，也许你永远也进不了电影界。归根结底，你毫无经验，也从

来没有演过戏。除了一张漂亮的脸蛋之外，你还有些什么呢？'

"我照了照镜子。就在我望着镜子的时候，突然发现忧虑对我容貌的恶劣影响。我看见了因为忧虑而产生的皱纹，看见了我焦虑的表情。于是，我对自己说：'你必须立即停止忧虑，不能再忧虑下去。你能给别人的只有你的容貌，而忧虑会毁了它们。'"

再也没有任何东西会比忧虑更容易使一个女人老得更快，并摧毁她的容貌的。忧虑会使我们的表情难看，会使我们牙关紧咬，会使我们的脸上出现皱纹，会使我们一天到晚愁眉苦脸，会使我们头发变白，甚至会使我们头发脱落，忧虑还会使你脸上的皮肤长斑点、溃烂或粉刺。

大师金言

没有什么比我们的美丽容颜更重要，为什么要让忧虑损毁我们的容颜，让我们提前步入衰老呢？

在第二次世界大战期间，大约有30多万人死于战场，可是在同一时间，心脏病却导致了200万人死亡，而其中有100万人的心脏病是由于忧虑和过度紧张的生活引起的。也正因为心脏病，尤利西斯·科瑞尔博士才说："不知道如何抗拒忧虑的商人，所付出的必将是短寿的代价。"

中国人和美国南部的黑人很少患这种因忧虑而引起的心脏病，因为他们遇事沉着。死于心脏病的医生要超过农夫的20倍，因为医生过着非常紧张的生活，所以才会出现这样的结果。

威廉·詹姆斯说："上帝可能原谅我们所犯的罪过，可是我们的神经系统却不会原谅。"这是一件令人吃惊而难以相信的事实：每年因自杀而死的人，比各种常见传染病致死的人还要多。

为什么呢？答案大多都是——因为忧虑。

在中国古代战争中，残忍的将军总是喜欢折磨俘虏。他们命人将俘虏的手脚捆绑起来，放在一个不断滴水的袋子下面，水一直滴着、滴着，夜以继日，从不停歇，到最后，俘虏们就会觉得，这些水滴声如同槌子敲击的声音，他们忍受不了这种折磨，多半都会精神失常。西班牙宗教法庭和希特勒纳粹集中营都用过这个办法。

忧虑也像这些不断滴下来的水，而那不停地"滴、滴、滴"的水声可以让人精神失常，甚至自杀。

小时候我在密苏里，经常听牧师形容地狱中的烈火，并被他吓得半死。但牧师从来没有说过，忧虑带来的生理痛苦也如同地狱烈火一样，而现在，我们必须面对。

比方说，如果你长期忧虑，总有一天，你会患上最痛苦的病症——狭心症。要是发作起来，天哪，你一定会痛得尖叫，与你的尖叫相比，但丁的《地狱篇》不过是个"儿童玩具园"。到了那个时候，恐怕你就会告诉自己："哦，我的上帝！如果我能好起来，永远都不再为任何事而忧虑了，永远不会。"如果你认为我太夸大其词了，那么，请你问问你的家庭医生是不是这样。

　　你热爱生命吗？你希望健康长寿吗？下面这个方法是你能做到的。在此，我要引用亚历克西斯·卡莱尔博士的话："在混乱的现代都市中，只有那些保持内心平静的人，才不会变成神经病。"

　　你能否在现代城市的混乱中保持自己内心的平静呢？如果你是个正常人，答案应该是："可以的""绝对可以"。事实上，我们大多数人比自己想象得更坚强，我们有很多从未发现的、潜在的巨大力量。梭罗在他的不朽名著《狱卒》中说："一个人如果下定决心提高自己的生活能力，这是件令人振奋的事，我不知道，还有什么比它更让人高兴……假使他能充满信心地向理想努力，下决心追求想要的生活，一定能收获意外的成功。"

　　我相信，很多读者都具备欧嘉·佳薇的那种意志力。欧嘉·佳薇住在爱达荷州，即便是面对最悲惨的情况，她发现自己依然能够克服忧虑。她说："8年多以前，医生宣称我很快就会离开人世，死于那种非常缓慢、非常痛苦的癌症，而且国内最有名的梅奥兄弟也证实了这个结果。当时，我觉得走投无路，死亡马上就会降临。我还年轻，不想这么死掉，在万般无奈之下，我给医生打了个电话，向他倾诉内心的绝望。他有些不耐烦地说：'欧嘉，你是怎么回事？难道一点斗志都没有吗？如果你继续哭下去，毫无疑问，你肯定会死的。不错，你遇上了最坏的情况，但你要面对现实，振作起来想点办法。'他的话让我战栗不已，我紧紧抓住胳膊，指甲深深陷入皮肤。就在这一瞬间，我发誓，我再也不要忧虑，不要哭泣，如果我还有什么想法，那就是我一定要活下去！

"在无法用镭照射的情况下，我只能接受X光照射，每天10分半钟，连续照射30天。但医生每天给我治疗14分半钟，连续照了49天。尽管骨头在消瘦的身体上如同荒山上的岩石，虽然两腿如同铅块一样沉重，但我从不忧虑，也不哭泣，始终面带微笑。不错，我勉强自己微笑。

"我不是傻瓜，以为微笑可以治疗癌症，但我相信，乐观的精神状态有助于抵抗疾病。总之，我创造了治愈癌症的奇迹。这些年来，我从未如此健康，可以说，这完全归功于麦克·卡弗瑞医生说的那句富有挑战性的话：'面对现实，振作起来想点办法。'"

吉姆·勃德索曾在弗吉尼亚州布莱克斯堡军事学院读书，那时，他被人称为"弗吉尼亚烦恼大王"。他的心中充满了烦恼和忧虑，因而常常生病，学校医院甚至经常为他保留一张病床。护士们一看到他上医院，就不由分说地为他注射一针。

吉姆·勃德索为什么年纪轻轻就病魔缠身？他自己后来回忆说，那时的他对一切事情都充满了忧虑，有时候甚至忘记自己究竟为什么烦恼。他的物理学和其他几门课考试不及格，他知道只有平均分数维持在75到84分之间，他才不会因成绩太差而被学校开除；他担心消化不良、失眠会影响自己的健康；担心自己的经济状况不能维持自己的学业；担心自己无法经常买礼物送给女朋友，带她去跳舞，她会嫁给其他的同学……日日夜夜，他总在为许许多多无法解决的问题而烦恼。

绝望之余，他找到杜克·巴德教授诉说他的烦恼，巴德是企业管理学教授。与巴德教授见面的那15分钟，对他人生和身体健康的帮助，要比大学四年所学的东西多得多。他对吉姆·勃德索说："吉姆，你应该面对现实。如果你能将用于烦恼的一半时间和精力用来解决自己的问题，那么，你就不会再有烦恼了。以前，你只学会了烦恼这堂课。"

他帮助吉姆·勃德索订立了三项规则，由此打破烦恼的习惯。

规则1.正确了解自己烦恼的究竟是什么问题。

规则2.找出问题的原因。

规则3.立刻采取一些建设性的行动，来解决这些问题。

对于执行这三项规则的结果，吉姆·勃德索回忆说：

"经过这次会谈后，我拟定了一些积极的计划。我不再为物理学不及格而烦恼，而是反问自己为什么没有通过，因为我很清楚自己并不笨，那时我已经是校刊的总编。

"我终于明白物理考试没通过的原因，是我对物理压根儿没兴趣，之所以没兴趣，是因为我认为物理对我未来要做的工程师工作起不到什么作用。于是我提醒自己：要是学校要求学生必须通过物理考试才能取得学位，我怎能对他们的智慧表示怀疑呢？因此，我不再抱怨学习物理是多么的难，我下苦功努力学习，这一次我顺利地通过了物理考试。

"我积极寻找打工的机会——比如在舞会上售卖饮料——这缓解了我的经济难题。我还向父亲申请贷款，毕业没多久我就把贷款还清了。

"我的爱情难题也解决了，我向曾担心她会嫁给别人的女孩求婚了。如今，她已成为吉姆·伯德索夫人。

"我现在回想起来，发现当年自己最大的问题是不愿找到忧虑的根源，更缺乏面对的勇气。"

吉姆·勃德索的经历是不是对我们有所启发呢？

在这一章即将结束时，在这里，我要重复一遍亚历克西斯·卡莱尔博士的话："如果一个商人不知道如何消除忧虑，他的寿命会很短。"我希望阅读这本书的每个读者都能牢记它。

卡莱尔博士说的人是不是你呢？很有可能是的。

大师金言

忧虑也像这些不断滴下来的水，而那不停地"滴、滴、滴"的水声可以让人精神崩溃。

第三章

分析问题，战胜忧虑

记住这六位诚实的朋友——他们
会教给我们想知道的一切；他们的名
字是：什么，为什么，什么时候，怎
样，哪里，谁。

——拉迪亚德·吉卜林

当你面对忧虑时，应该怎么办呢？答案是——我们必须学会下面三个分析问题的基本步骤，并用它们来解决各种不同的困难。这三个步骤是：

（1）认清事实。

（2）分析事实。

（3）作出决定，然后行动。

这是显而易见的答案吗？是的。这是亚里士多德所教的方法——他也使用过。如果我们想解决那些逼迫我们、使我们日夜像生活在地狱里一样的问题，我们就必须运用这几个步骤。

我们先来看看第一步：认清事实。弄清事实为什么如此重要呢？因为如果我们不能把事实弄清楚，就不能很明智地解决问题。没有这些事实，我们就只能在混乱中摸索。这一方法是我研究出来的吗？不，这是已故的哥伦比亚大学教育学院院长赫伯特·郝基斯所说的。他曾经帮助过20多万个学生解决忧虑的问题。他说，世界上的忧虑，一大半是因为人们没有足够的知识来做决定而产生的。他告诉我："混乱是产生忧虑的主要原因。比方说，如果我有一个必须在下周二以前解决的问题，那么在下周二之前，我根本不会去试着做什么决定。在这段时间里，我只集中全力去搜集有关这个问题的所有事实。我不会发愁，我不会为这个问题而难过，我不会失眠，只是全心全力去搜集所有的事实。等星期二到来之时，如果我已经弄清了所有的事实，一般说起来，问题本身就会迎刃而解了。"

我问郝基斯院长，这是否意味他可以完全排除忧虑？"是的，"

他说，"我想我可以老实地说，我现在的生活完全没有忧虑。我发现，如果一个人能够把他所有的时间都花在以一种十分超然、客观的态度去找寻事实上的话，他的忧虑就会在知识的光芒下消失得无影无踪。"

所以，解决我们问题的第一个办法是：弄清事实。

让我们仿效郝基斯院长的方法吧！在没有以客观态度搜集到所有的事实之前，不要去想如何解决问题。

可是，我们大多数人是怎么做的呢？如果我们去考虑事实——爱迪生曾郑重其事地说："一个人为了避免花工夫去思想，常常无所不用其极。"——如果我们真的去考虑事实，我们通常也只会像猎狗那样，去追寻那些我们已经想到的，而忽略其他的一切。我们只需要那些能够适合于行动的事实——符合我们的如意算盘，符合我们原有偏见的事实。

正如安德烈·马罗斯所说：

一切和我们个人欲望相符合的，看起来都是真理，其他的，就会使我们感到愤怒。

难怪我们会觉得，要得到问题的答案是如此困难，如果我们一直假定二加二等于五，那不是连做一个二年级的算术题目都会有问题吗？可事实上，世界上就有很多很多的人硬是坚持说二加二等于五——或者是等于五百——弄得自己跟别人的日子都很不好过。

关于这一点，我们能怎么办呢？我们得把感情排除于思想之外，就像郝基斯院长所说的，以一种"超然、客观"的态度去弄清事实。

要在我们忧虑的时候那样做不是一件简单的事。当我们忧虑的时候，往往情绪激动。不过，我找到了两个办法，有助于我们像旁观者一样很清晰、客观地看清所有事实：

（1）在搜集各种事实的时候，我假设不是在为自己搜集这些资料，而是在为别人，这样可以保持冷静而超然的态度，也可以帮助自己控制情绪。

（2）在试着搜集造成忧虑的各种事实时，有时候可以假设自己是对方的律师，换句话说，我也要搜集对自己不利的事实——那些有损于我的希望和我不愿意面对的事实。

然后，我把两方面的所有事实都写下来——我通常发现，真理就在这两个极端之间。

这就是我要说明的要点：如果不先看清事实的话，你、我、爱因斯坦，甚至美国最高法庭，也无法对任何问题作出很明智的决定。

发明家爱迪生很清楚这一点，他死后留下了2500本笔记簿，里面记满了有关他面临的各种问题的事实。

所以，解决我们问题的第一个办法是：弄清事实。让我们仿效郝基斯院长的方法吧，在没有以客观态度搜集到所有的事实之前，不要去想怎么去解决问题。

大师金言

要想解决忧虑的问题，必须以客观态度搜集造成忧虑的各种事实，抓住问题的根本才能解决问题。

不过，即使把全世界所有的事实都搜集起来，如果不加以分析和诠释，对我们也丝毫没有好处。

根据我个人的经验，先把所有的事实写下来，再做分析，事情会容易得多。事实上，仅仅在纸上记下很多事实，把我们的问题明明白白地写出来，就可能有助于我们得出一个很合理的决定。正如查尔斯·凯特林所说的："只要能把问题讲清楚，问题就已经解决了一半。"

让我用事实来告诉你这种做法的效果吧，中国有句古话："百闻不如一见。"我要告诉你一个人怎样把我们刚刚所说的那些真正付诸行动。

以盖伦·利奇费尔德的事情为例——我认识他好几年了，他是远东地区非常成功的一位美国商人。1942年，日军侵入上海，利奇费尔德正在中国，下面就是他在我家做客时给我讲述的故事。"日军轰炸珍珠港后不久，他们占领了上海，我当时是上海亚洲人寿保险公司的经理，他们派来一个所谓的'军方清算员'——实际上他是个海军将领——命令我协助他清算我们的财产。这种事，我一点办法也没有，要么跟他们合作，要么就算了，而所谓'算了'，也就是死路一条。

"我只好遵命行事，因为我无路可走。不过，有一笔大约75万美元的保险费，我没有填在那张要交出去的清单上。我之所以没有把这笔保险费填进去，是因为这笔钱属于我们香港的公司，跟上海的公司资产无关。不过，我还是怕万一日本人发现了这件事，可能会对我非常不利。他们果然很快就发现了。

"当他们发现的时候，我不在办公室。不过我的会计主任在场。

他告诉我说，那个军官大发脾气，拍桌子骂人，说我是个强盗，是个叛徒，说我侮辱了日本皇军。我知道这是什么意思，我知道我会被他们关进宪兵队去。

"宪兵队！就是日本秘密警察的行刑室。我有几个朋友就宁愿自杀，也不愿意被送到那个地方去。我还有些朋友，在那里被审问了十天，受尽苦刑之后，死在那个地方。现在，我自己也可能要进宪兵队了。

"当时我该怎么办呢？我在礼拜天下午听到这个消息，我想我应该吓得要命。如果我没有可以解决问题的方法，我一定会吓坏了。多年来，每次我担心的时候，总坐在我的打字机前，打下两个问题，以及问题的答案：

第一个问题：让我忧虑的是什么事？

第二个问题：我该怎么办？

"我以往都不把答案写下来，而在心里回答这两个问题。不过多年前我就不那样做了。我发现把问题和答案同时都写下来，能够使我的思路更清楚。所以，在那个星期天的下午，我直接回到上海基督教青年会我住的房间，取出我的打字机。我打出：

（1）我担心的是什么？

'我怕明天早上会被关进宪兵队里。'

"然后我打出第二个问题：

（2）我能怎么办呢？

"我花了几个小时思考这个问题，写下了四种我可能采取的行动，以及每一种行动可能带来的后果：

（1）我可以尝试着去跟那位日本海军将领解释。可是他不会说英文，若是我找个翻译来跟他解释，很可能会让他火起来，那我可能就是死路一条了。因为他是个很残酷的人，我宁愿被关在宪兵队里，也不愿去跟他谈。

（2）我可以逃走。这点是不可能的，他们一直在监视着我，我从基督教青年会搬出搬进都需要登记，如果打算逃走的话，很可能被他们抓住枪毙。

（3）我可以留在我的房间里，不再去上班。但如果我这样做的话，那个日本海军将领就会起疑心，也许会派兵来抓我，根本不给我说话的机会，而把我关进宪兵队里。

（4）礼拜一早上，我可以照常到公司去上班。如果我这样做的话，很可能那个日本海军将领正在忙着，而忘掉我那件事情。即使他想到了，也可能已经冷静下来，不会来找我的麻烦。要是这样的话，我就没问题了。甚至即使他还来烦我，我仍然还有机会去向他解释，所以应该像平常一样，在礼拜一早上到办公室去，好像根本没出什么事，可以给我两个逃避宪兵队的机会。

"等我把所有事情都想过了，我决定采取第四个计划——像平常一样，礼拜一早上去上班——之后，我觉得大大地松了一口气。

"第二天早上我走进办公室的时候，那个日本海军将领坐在那里，嘴里叼根香烟，像平常一样地看了我一眼，什么话也没说。六个礼拜以后——谢天谢地，他被调回东京去了，我的忧虑就此告终。

"就像我前面所说过的，我之所以能捡回一条命，大概就是因为在那个礼拜天下午我坐下来写出各种不同的情况，和每一个步骤所可能带来的后果，然后很镇定地作出决定。如果我没有那样做的话，我可能会很混乱，或者是迟疑不决，而在紧要关头走错一步。要是我没有分析我的问题，作出决定，那整个礼拜天下午，我就会急得心乱如麻，当天晚上我也肯定睡不着觉，礼拜一早上上班的时候，一定会满面惊慌和愁容，光是这一点，就可能引起那个日本海军将领的疑心，而使他采取行动。

"以后，一次又一次的经验证明，渐渐作出决定的确有很大的价值。我们都是因为不能达成既定目的，不能控制自己，老是在一个令人难过的小圈子里打转，才会精神崩溃和生活难过的。我发现，一旦很清楚、很确定地做出一种决定之后，50%的忧虑就会消失，在我按照决定去做之后，还有40%的忧虑也会消失。"

"所以，我认为采取以下四个步骤，就能消除掉90%的忧虑：

（1）清楚地写下你担心的是什么。

（2）写下你想怎么做。

（3）决定该怎么办。

（4）立即行动，执行决定。"

盖伦·利奇费尔德十分诚恳地说："我的成功完全得益于这种分析忧虑、正视忧虑的办法。"

这种办法为什么如此有效呢？因为它直接有效地达到了问题的核心。最重要、最不可缺少的就是第三步：决定该怎么做。除非我们能马上采取行动，要不然看清事实和分析真相都失去了作用，纯粹是一种体力浪费。

1902年4月14日，一个口袋里只有500美元却梦想成为百万富翁的年轻人，在怀俄明州克莫勒开了一家绸布店——克莫勒是一个人口只有一千人的矿业小镇，位于西部开发时期必经的篷车道上。年轻人和妻子住在商店的半层阁楼上，用一个装绸布的大木箱当桌子，用另外一些小木箱当椅子。妻子用毯子将她的婴儿裹住，放在柜台底下睡觉，自己则站在柜台旁边，帮助丈夫招呼客人。然而今天，全世界最大的连锁绸布店就是以这个年轻人的名字命名的——J.C.潘尼百货店，共有1600家分店，分散在美国各州。最近，我十分荣幸地与潘尼先生共进晚餐，他将自己生活中最富有戏剧性的一段经历告诉了我。

J.C.潘尼经历了人生最痛苦的一段岁月，陷入了烦恼和绝望之中。这些烦恼与公司业务无关，相反，当时公司业务十分稳定，而且蒸蒸日上。但是，由于他个人做出的一些不明智的行为，加上1929年美国大萧条到来之时，致使公司于1929年破产。

J.C.潘尼遭到众人的指责，心中充满了烦恼和担忧，常常整晚都无法入睡，久而久之变成一种疼痛难挨的疾病，即所谓"带状疱疹"——一种突发性的红疹。他向密歇根州巴托卫生局的伊格斯顿医生求助。医生认为他病得十分严重，必须躺在床上。这期间他接受了一次严格的治疗，但没有任何效果。他的身体越来越虚弱，精神和肉体濒临崩溃的边缘。他近乎绝望了，看不到一丝希望，觉得没有任何东西可以依靠，也觉得没有一个真正的朋友，甚至连家人都在反对自己。有一天晚上，伊格斯顿大夫给他服了镇静剂，但其效果很快就消退了，他在疼痛中醒来，想到这将是自己生命中的最后一天了，于是，走下床来，开始给妻子和儿子写遗嘱。他以为自己活不到天亮。后来怎样呢？J.C.潘尼先生说道："第二天清晨醒来，我惊异地发现自己仍然活着。突然间，我觉得自己仿佛被人从黑暗的牢笼引到了温暖、明亮的阳光中，从地狱步入了天堂。在此之前，我从来没有感受过上帝的威力。我恍然大悟，原来自己所有的烦恼都是自找的。我感觉到，上帝的爱就在那里帮助我。从此以后，一直到今天，我不再有任何烦恼了。我已经幸福快乐地活了71年。"

威廉·詹姆斯说："一旦作出决定，就要迅速付诸行动，不必理会责任问题，也不要关心结果。"

在这句话中，"关心"无疑是"焦虑"的同义词。詹姆斯的意思非常明确——一旦你以事实为基础，作出了谨慎的判断，就要立即实行。不要停下来重新思考，不要犹豫，以免怀疑自己，进而产生担心和其他的困惑。

怀特·菲利浦是俄克拉荷马州最成功的石油商人。一次，我问他："怎么才能将决心付诸行动？"他回答："我发现，如果超过了某种程度，我们还在不停地思考，肯定会引发忧虑，而且思绪混乱。当调查和仔细思考毫无益处时，就是下定决心付诸行动并且永不回头的时候。"

那么，你为什么不采用盖伦·利奇费尔德的四步法去解除自身的忧虑呢？

这四步法是：

第一个问题：你在担心什么？

第二个问题：有什么解决办法？

第三个问题：该如何选择？

第四个问题：什么时候开始做？

大师金言

所有的烦恼都是自找的，你远离它，它就伤不到你。

第四章

让生意上的忧虑减半

没有中心的会议，无节制的天南地北地闲聊，没完没了的应酬，时间就白白地过去了，工作效率也随之降低。从现在开始，简化工作程序，做好工作计划吧，你会发现有计划地工作，会减少你的忧虑、使工作变得更加高效率。

如果你是一个商人，也许你现在正在对自己说："这个话题简直是荒谬至极，我干这一行已经十几年了，如果说有谁知道这个问题的答案的话，当然非我莫属了。居然有人想要告诉我如何让生意上的忧虑减半——这可真是荒谬透顶！"

　　这话一点也不错。如果我在几年前看到这样的标题，也会有同样的感觉。这个题目好像能帮你解决很多事情——但这些空洞的语言根本一文不值。

　　让我们坦率地谈谈吧。也许我的确不能帮你减少生意上一半的忧虑，因为从我前面分析的结果来看，除了你自己之外，没有人能做得到这一点。可是我能做到一点，就是可以让你看看别人是怎么做的，剩下的就要看你自己的了。

　　也许你已经注意到了前面我曾经提过，闻名世界的亚历克西斯·卡莱尔博士认为：

　　"不知道如何抗拒忧虑的商人，所付出的将是短寿的代价。"

　　既然忧虑如此严重，那么，如果我能帮你减轻忧虑，哪怕只有10%的忧虑，你是不是会感到满意呢？会的？很好！那么，我下面就要告诉你一位商人是如何消除50%的忧虑，而且节约了以前用来开会、解决生意上的问题的75%的时间。

　　当然，我不会告诉你那些你无法查证的故事，关于"琼斯先生"或者"X先生"或者"我认识的某一个男人"。这是一个非常真实的故事。故事的主人公叫李昂·席孟津，多年来他一直担任西蒙出版公司的高层主管，现在是纽约州纽约市洛克菲勒中心袖珍图书公司的董事长。

下面就是李昂·席孟津自己的经验之谈：

"15年来，我几乎每天都要花一半的时间用来开会和讨论问题。

"讨论一下我们应该这样还是那样——还是什么都不管？我们这时会非常紧张，会在椅子上坐立不安，或在办公室里走来走去，彼此辩论，不停地绕圈子。到了晚上，我会被弄得筋疲力尽。我原以为我这辈子大概也就只能这样了。而且我干这一行已经有15年了，我并不觉得应该有更好的办法。如果有人告诉我，我可以减去3/4的会议时间，可以消除3/4的神经紧张，那么我会认为他是在痴人说梦。可是，我现在确实能够拟出一个恰好能做到这一点的计划。这个方法我已经用了8年，对我的办事效率、我的健康和我的快乐来说，都带来了意想不到的好处。

"这听起来好像是在变魔术——可是正如所有的魔术一样，一旦你弄清楚是怎么做的，就非常简单了。

"我的秘诀就是：首先，我立即停止15年来会议中一直使用的程序——那些令人恼火的同事总是先报告一遍问题的细节，然后问：'我们该如何解决？'其次，我订下一个新规矩：任何一个想讨论问题的人，必须先准备一份书面报告，上面要回答四个问题：

"第一个问题：到底出了什么问题？

（在过去的日子里，我们经常用一两个小时开会、讨论问题，但很少有人真正明白：问题究竟出在哪里。）

"第二个问题：问题的起因是什么？

（我吃惊地发现，即使浪费了很多时间用在各种各样的忧虑上，我依然无法清晰地找出问题的基本情况。）

"第三个问题：有哪些解决办法？

（在过去的日子里，总是一个人提出建议，然后其他人和他辩论，结果常常跑题，我们常常对主题并不清楚，直到开完会也没有一个人把各种不同的问题写下来，我们不能做到有意识地解决问题。）

"第四个问题：你觉得哪种建议最好？

（过去开会总是花几个小时为一种情况担心，不断地绕圈子，从未想过所有可行的方法，然后写下来：'这是我建议的解决方案。'）

"现在，同事们很少再来问我他们的问题。为什么？因为他们发现，只要认真地回答以上4个问题，最合适的方案就会自动跳出来，就像面包从烤箱中跳出来一样。即使一定要讨论，所花的时间仅仅是从前的1/3，因为整个过程条理清楚，而且合乎逻辑，最后总能找到明智的解决办法，得出合乎理由的结论。"

我的朋友法兰克·毕吉尔是美国保险业的巨子，他也运用同样的方法消除了忧虑，并增加了不少收入。

"多年以前，"法兰克·毕吉尔说，"我刚刚进入推销保险这个行业时，对工作充满热情。但后来发生了一点小事，我突然沮丧起来，看不起自己的职业，甚至想辞职。但是，在一个星期六的早晨，我冷静地坐下来，想找出忧虑的来源。

"第一，我首先问自己：'到底出了什么问题？'我拜访了很多人，但成绩并不理想。最初，我和顾客们聊得非常投机，但每当最后就要成交时，他们就会说：'我再考虑一下，以后再说吧！'结果我又要另外安排时间去找他，这种结果令我沮丧。

"第二，我又问自己：'有什么解决办法？'在得出答案之前，我当然要好好研究一下过去的成绩，我拿出12个月前的记事本，看了看上面的数字。我吃惊地发现，卖出的那些保险有70%是第一次见面就成交的，23%是第二次见面成交的，只有7%的成交量出现在第

三、第四、第五次见面。也就是说，我把几乎一半的工作时间浪费在7%的业务上。

"第三，答案是什么？答案是显而易见的，我应该马上停止两次以上的拜访，将多余的时间用于寻找新顾客。结果简直出乎意料，我在很短的时间内就将每次赚2.70美元的成绩提高到4.27美元。"

正如我们所说的，法兰克·毕吉尔成为美国最出色的保险业务员之一。如今，法兰克·毕吉尔每年的保险业务都超过100万美元。想想看，他几乎要放弃这份职业，承认自己的失败，可结果呢，他通过分析问题，最终走上了成功之路。

你能否接受这些解决商务困扰的建议，使你减掉来自生意上的50%的忧虑呢？再次重申一遍：

（1）问题是什么？

（2）问题的原因到底在哪里？

（3）有哪些解决办法？

（4）你觉得哪种建议最好？

大师金言

把浪费的时间用在有意义的事上，你会发现你的工作效率更高了，同时你紧张的神经也放松下来了。

第五章

从工作中找到乐趣

要不断地提醒自己，鼓励自己。如果你无法从工作中找到乐趣，那么，你恐怕很难从别的地方找到。每个人都要把大部分时间花在工作上，如果你经常给自己打打气，就会从中发现乐趣，或许会带来一些升迁和发展的机会。

烦闷会造成疲劳。以爱丽丝小姐为案例，她是一条街道上的打字员，工作结束之后，她常拖着疲惫不堪的身体回到家。她觉得自己腰酸背痛，几乎连饭都不想吃，只想马上倒头就睡。她的妈妈劝说她，她才坐到餐桌旁。

　　这时，电话铃响了，是她的男朋友，他邀请爱丽丝小姐去跳舞。刹那间，爱丽丝的眼睛亮起来了，她精神十足地换好衣服冲出门去。她一直跳舞直到凌晨3点才回来，但此时此刻，她一点儿也不觉得疲倦，恰恰相反，她兴奋得几乎睡不着。难道爱丽丝不想睡足8小时消除疲劳吗？她愿意看起来筋疲力尽吗？的确是这样，她傍晚回家时觉得疲劳，是因为工作让她烦闷，随之对生活也产生了厌烦感。在世界上，像爱丽丝这样的人成千上万，说不定你也是成千上万人中的一个。

　　许多年前，约瑟夫·巴马克博士曾在《心理学学报》上发表了一篇报告，里面记录着他的一次实验：他安排一大群大学生参加很多实验——都是他们不感兴趣的工作，结果表明，所有的学生都觉得疲劳，而且头疼、眼睛疼、打瞌睡、发脾气，甚至有几个人觉得自己得了胃病。巴马克博士通过化验得知，当一个人开始烦闷时，身体血液的流动和氧化作用会降低，如果人们觉得工作有趣，新陈代谢就会加速。也就是说，当我们从事自己感兴趣的工作时，状态一般都很兴奋，很少出现疲劳感。

　　哥伦比亚大学的爱德华·戴克博士曾主持过关于疲劳的实验，他通过采用那些年轻人经常借以保持兴趣的方法使他们维持清醒的愉悦长达一星期之久。在经过多次调查之后，戴克博士表示："心情烦闷是致使工作效率降低的唯一真正原因。"

举个例子，最近我到加拿大落基山度假，在路易斯湖畔钓了好几天鲑鱼。在钓鱼的过程中，我要穿过茂密的、比人还高的树丛，跨越很多倒在地上的树枝，我来来回回折腾了8个小时，却丝毫不觉得疲倦。是什么原因呢？很简单，我抓到了6条个头很大的鲑鱼，我兴奋极了，觉得自己不虚此行。但是，如果我觉得钓鱼是一件令人讨厌的事，那么会出现什么后果呢？在海拔7000英尺的高山上来回奔波，我肯定会筋疲力尽的。

不过，即便是登山这样消耗体力的运动，也比不上烦闷带给你的疲倦多。

比方说，S.H.金曼先生是明尼纳卜勒斯农工银行的总裁，他讲述的一件事完全可以证明这一点。1953年7月，为了协助威尔士军团做爬山训练，加拿大政府特意邀请了阿尔卑斯登山部的教练，金曼先生就是其中之一。教练们的年纪都在42岁至59岁之间，他们带领年轻的士兵越过冰河和雪地，然后利用绳索和一些简单工具爬上40英尺高的悬崖。他们在河谷里长途跋涉，翻越了很多高山，经过15个小时的登山训练，那些非常健壮的年轻人们全都累倒下了，尽管不久前，他们刚刚接受过6个星期的严格军事训练。

他们感到疲劳，是不是因为他们军事训练时肌肉没有训练得很结实呢？任何一个接受过严格军事训练的人都一定会对这种荒谬的观点嗤之以鼻。事实上，他们之所以会这样筋疲力尽，是因为他们对登山感到厌烦。他们中很多人疲倦得不等到吃过晚饭就睡着了。可是那些教练们——那些年龄比士兵要大两三倍的人——是否疲倦呢？不错，他们也感觉到了疲倦，但他们不会筋疲力尽。那些教练们吃过晚饭后，还坐在那里聊了几个钟头，谈他们这一天的事情。他们之所以不会疲倦到精疲力竭的地步，是因为他们对这件事情感兴趣。

如果你是一个脑力劳动者，使你感觉疲劳的原因很少是因为你的工作超量，相反是由于你的工作量不够。例如，你还记不记得星期一，你不断地受人打扰，一封信也没有回，跟人家约好的事情一件也没有做，到处都是等待解决的问题，那一天所有的事情都不对头，你一件事情也没有做成，可是回到家时却已经精疲力竭，而且头痛欲裂。第二天，办公室里的所有的事情都进行得相当顺利。你所完成的工作是头一天的40倍，可是当你回到家里的时候，却神采奕奕。你一定有过这种经历，当然，我也有过。

我们可以从这一点上学到什么呢？那就是我们的疲劳通常不是由于工作所引起的，而是由于忧虑、紧张和不快。

大师金言

心情烦闷会造成工作效率低下，培养轻松、快乐的心境则有助于完成工作任务。

　　在写这一章的时候，我抽空去看了杰罗米·凯恩主演的音乐喜剧。剧中的主角安迪船长在一段颇有哲理的话里说："能做自己喜欢做的事情的人，是最幸运的人。"这种人之所以幸运，就是因为他们的体力更充沛，心情更愉快，而忧虑和疲劳却比别人少。同样，你兴趣所在的地方也就是你能力所在的地方。你如果陪着一路唠叨不休的太太走几条街，一定会比陪着你心爱的情人走10里路感觉要疲劳得多。

　　那么，怎么办呢？在这件事情上，你能有什么办法呢？下面就是一位打字小姐所做的事情，这位打字小姐在俄克拉荷马州托沙城的一个石油公司工作。她每个月有几天都得做一件你所能想象到的最没意思的工作：填写一份已经印好的有关石油销售的报表，在上面填上各种统计数字。这件工作实在没有什么意思，她为了提高工作情绪，就想出了一个解决办法，把它变成一件非常有趣的工作。她是怎么做的呢？

　　她每天跟自己竞赛。她点出每天早上所填的报表数量，然后尽量在下午去打破自己的纪录；然后再计算每一天所做成的总数，再想办法在第二天去打破前一天的纪录。结果怎样呢？她比同一部门其他的打字小姐都快了很多，一下子就把很多很没意思的报表填完了。这样做对她有什么好处呢？得到赞美了吗？没有。得到感激了吗？没有。得到升迁了吗？没有。加薪水了吗？没有。可是这样做却有助于防止她因为烦闷而带来的疲劳，使她能保持很高的兴致，因为她尽了自己最大的努力，把一件没有意思的工作变得有意思，她就能节省下更多的体力和精神，使她在休息的时候也能获得更多的快乐。我之所以知道这是个真实的故事，因为我就娶了这个女孩子为妻。

下面是另外一位打字员小姐的故事。她发现"假装喜欢"工作很有意思，会使人得到更多意想不到的报偿。她以前很不喜欢她的工作，可是现在却发生了改变。她的名字叫维莉·戈登，家住伊利诺伊州爱姆霍斯特城。下面就是她在信中告诉我的故事：

"在我的办公室里，一共有4位打字员，每个人都要负责替几个人打信件，每过一段时间我们就会因为工作量太大而忙得不可开交。

"有一天，有一个部门的副经理坚持让我把一封很长的信重打一遍，令我大为恼火。我告诉他，这封信只要改一改就可以，不必重打一遍。而他对我说，如果我不想重打的话，他就去找愿意重打的人来再打一次。我当时气得怒火中烧，可是当我开始重新打这封信时，我突然发现其实有很多人都会跳起来抓住这个机会，来做我现在正在做的这件事情。再说，人家支付我薪水也就是要我做这份工作，这样一想，我开始觉得好了很多。这时候，我突然下定决心，尽管我不喜欢这份工作，但我要以假装喜欢它的样子去做。接着，我有了一个重大的发现：如果我假装很喜欢我的工作，那么我就真的能喜欢到某种程度；而且我也发现，当我开始喜欢我的工作的时候，我工作的速度就可以大大加快。因此，我现在加班的时候很少。这种新的工作态度，使大家都认为我是一个非常好的职员。后来，有一个单位主管需要找一位私人秘书，他就让我担任那个职务，因为他认为我很愿意做一些额外的工作而从不抱怨。这件事情证明心理状态的转变能产生巨大的力量。对我来说，这是非常重要的一个发现，它为我带来了奇迹。"

在这里，戈登小姐用了汉斯·维辛吉教授的"假装"哲学，他告诉我们要"假装"自己很快乐。

如果你"假装"对你的工作感兴趣，一点点假装就会使你的兴趣变成真的，并且可以减少你的疲劳、紧张和忧虑。

　　许多年前，哈兰·霍华德先生做了一个决定，结果这个决定使他的生活完全改变了，把一个很没有意思的工作变得饶有趣味。他那份工作的确很没有意思，就是在高中的福利社洗盘子、擦柜台、卖冰淇淋，而其他男孩子则在打球，或是与女孩子约会。哈南·霍华对这份工作很不满意，可是他又不得不接受这份工作，于是，他决定利用这个机会来研究冰淇淋是怎么做成的、里面有什么成分，以及为什么有些冰淇淋比别的好吃。他开始研究冰淇淋的化学成分，结果使他成为那所高中化学课的奇才。后来，他又对食物化学产生了极大兴趣，于是进了马萨诸塞州州立大学，专门研究食物营养学。后来，纽约的可可公司设立了100美元奖金，奖励关于可可和巧克力应用方面的论文征文，这是一次由所有大学生参加的公开征文比赛。你猜谁得了头奖呢？一点也不错，就是哈兰·霍华德。

　　后来，他发现找一份合适的工作非常不容易，于是他就在自己家里的地下室开了一间私人实验室。不久，当局通过一项新法案：牛奶里面所含的细菌必须计数。于是哈兰·霍华德开始为安荷斯特城14家牛奶公司统计细菌，为此他还需要再多雇佣两名助手。

　　25年之后，他将会发展到什么程度呢？是的，这几位现在还在从事食物化学实验工作的先生们，到那时候要么退休，要么已经过世了，但将会有许多现在刚刚开始学习并充满了热情的年轻人来接替他们的位置。25年之后，哈兰·霍华德很可能成为他这一行的领袖人物。而当年从他手里买冰淇淋的那些同学，却很可能穷困潦倒，甚至失业在家。他们只会责怪政府，说他们没有好的工作机会。而哈兰·霍华德若不是努力把一件很没有意思的工作变得有意思的话，恐怕也同样不会有什么机会。

　　几年前，一个年轻人在一家工厂里，因为整天站在一个车库旁边做螺丝钉而感到非常没有意思。他的名字叫山姆。他很想辞职不干，可是又怕无法找到其他的工作。既然他非要做这件没有意思的工作不可，他就决定使这个工作变得有意思。于是，他开始和旁边另外一个管机器的工人比赛，由其中一位先在自己的机器上做出大样来，另外一个人把它磨到规定的直径。他们偶尔互换机器，看谁做出来的螺丝钉比较多。他们的领班对山姆的工作速度和精确度非常欣赏，不久就把他调到一个较好的职位，而这只是他一连串升迁的开始。30年之后，山姆成了巴尔温火车头制造公司的董事长。要是他没有想到使他那个没有意思的工作变得有意思的话，或许他一辈子只能做一名工人。

H.V.特波是著名的无线电新闻分析家，他曾给我讲述了一个很有趣的故事：

他22岁那年，在一艘横渡大西洋、运送牲畜的船上工作。每天，他的任务就是给船上的牲口喂水和饲料。没多久他就辞职了，然后骑着自行车周游全英国，走完后又来到法国。但是，当他抵达巴黎时，身上的积蓄已经花光了，只好卖掉随身携带的照相机，用这些钱在巴黎版的《纽约先驱报》上刊登了一个求职广告。最后，他成为一名推销员——专门卖立体观测镜。

应该说，特波做这项工作很不容易，他不会说法语，但挨家挨户推销了一年之后，他居然挣到了5000美元，成为当年法国收入最高的推销员。

他是怎样创造这样的奇迹的呢？是这样的。起初，他请老板用纯正的法语把他应该说的话写下来，然后背得滚瓜烂熟。他就这样去按人家的门铃。家庭主妇开门之后，他就开始背诵老板教的推销用语。他的带美国口音的法语使人觉得很滑稽，他趁此机会递上实物照片。如果对方问一些问题，他就耸耸肩说："美国人……美国人……"同时摘下帽子，把藏在帽子里的讲稿指给人家看。那个家庭主妇当然会大笑起来，他也跟着大笑，然后再给对方看更多的照片。

当特波向我讲述这些事情的时候，他很坦白地承认这种工作实在很不容易。他之所以能挺过去，就是靠着一个信念：他要把这个工作变得有乐趣。每天早上出门之前，他都要对着镜子自言自语说："特波，如果你要吃饭、继续生活，就必须做这件事。既然非做不可，何不做得开心点呢？

"你就假装自己是个演员，正站在舞台上表演，下面是数不清的观众，他们正热烈地注视自己。特波，你现在的工作就和在舞台上演戏一样，多么让人高兴啊！"

特波告诉我，他每天给自己打气的那些话，帮了他的大忙，他将一份又恨又怕的工作变成有意思的事情，同时也让他获得了丰厚的回报。

听了特波先生的经历，我问道："现在，有很多美国青年极度渴望成功，您可否给他们一些忠告？"特波先生说："很简单，每天早晨跟自己打个赌。大家都知道，早上起床后，我们常常需要一些运动，让自己从懵懂的状态中彻底清醒。但是，我们更需要一些思想上的运动，这样才能真正地活动起来。所以，每天早上给自己打打气！"

每天早上给自己打气是不是一件肤浅的事呢？当然不是，在心理学上，这是非常必要的。1800年之前，马可·奥勒留在《沉思录》中写道："我们的生活是由思想创造的。"即便是现在，这句话同样是真理。

要不断提醒自己，鼓励自己。如果你无法从工作中找到乐趣，那么，你恐怕很难从别的地方找到。因为每个人的大部分清醒时间，一般都花在工作上。如果你经常假装对工作有兴趣，为自己打气，就会将疲劳降到最低限度，或许会带来一些升迁和发展的机会。即使没有这些好处，你至少减轻了疲劳和忧虑，这样就可以充分享受闲暇时间。

大师金言

从工作中找到快乐，不仅会使你的工作效率提高，还会提升你的生活品质。

第六章

用忙碌驱逐
思想中的忧虑

宁可在工作中寻找快乐，也不
要在忧虑中沉沦下去。生命有限，
问题多多，不妨用开放的眼光看待
这个世界，用心看看自己，多想想
开心的事，人生本来就应该是简单
而快乐的。

我永远不会忘记几年前的那个夜晚，我班上有个叫马利安·道格拉斯的学生（我并不经常使用他的真名字，他要求过我，因为个人原因，不要叙述他的经历，但这是一个真实的故事，是多年前他从我们的成人班毕业前告诉我的），他对我说他家曾遭遇过两次不幸。第一次，他特别钟爱的5岁的女儿死了，他和妻子几乎崩溃，他们都以为自己无法承受这个打击。但是，他说："10个月后，上帝又给了我们一个女儿。但更不幸的是，她仅仅活了5天。"

　　麻烦事接二连三地出现，让他无法忍受。"我受不了了。"这位父亲说，"我食不下咽，根本睡不着。精神无法放松下来。我完全丧失了信心。"最后，他不得不去找医生，尝试着吃安眠药和旅行，但都毫无用处。他说："就好像有一把大钳子夹住了我的身体，而且愈夹愈紧。"这种在悲痛中的紧张——如果你没有经历过那种悲哀，你不会知道那对他意味着什么。

　　"感谢上帝！我还有一个孩子活下来——一个4岁的儿子，他教给了我们解决问题的办法。一天下午，我和往常一样呆坐在那里难过。这时，儿子跑过来问我：'爸爸，我们造条船好吗？'老实说，我一点儿兴趣也没有，但小家伙很缠人，我只好依着他开始造那条玩具船。这项工作大约花了3个小时，完成之后我才发现，在这段时间里，我第一次感到放松，这是几个月以来从未有过的。

　　"这个发现让我如大梦初醒，几个月来，我第一次集中精神去思考。我想通了，如果你忙着从事一些费脑筋的工作，你就不会再忧虑了。现在，造船完全挤掉了我的所有忧虑，所以我决定，让自己不停地忙碌。第二天晚上，我检查了所有房间，将该做的事列出一张单子，其中有很多小东西需要修理，比如门把手、门锁、楼梯、窗帘、书架，以及漏水的水龙头，等等。短短两个星期，我列出了242个项目，那是我该做的事。

"在接下来的两年里，我几乎完成了全部工作。除此之外，我的生活还被很多具有启发性的活动占据了。每星期有两个晚上，我要到纽约市参加成人教育班，还要参加小镇上的活动。现在，我是校董事会主席，协助红十字会或其他机构募捐，忙得简直没时间忧虑。"

"没有时间忧虑"这句话正是温斯顿·丘吉尔首相说的。当年，战事紧张时，他每天都要工作18个小时，于是有人问他："你是否为自己担了这么重的责任而忧虑？"他说："我太忙了，哪有时间去忧虑。"

查尔斯·柯特林发明了汽车自动点火器，他在开始自己的发明时也碰到过类似的情形。柯特林先生一直担任赫赫有名的通用公司的副总裁，但当年，他极其穷困潦倒，只能在谷仓内堆稻草的地方做实验，所有的开销都只靠着妻子教钢琴赚来的1500美元。我问他的妻子："在那段时间，你是否很忧虑？"

她说："是的，我担心得夜不能寐。但柯特林先生毫不担心，他整天埋头于工作，估计没时间忧虑。"

巴斯德是一名伟大的科学家，他曾说："人们能在图书馆和实验室找到平静。"为什么会这样呢？因为在这里，每个人都埋头工作，不会为别的事情忧虑。做研究工作的人很少会出现精神崩溃，因为他们非常忙，根本没时间享受这种奢侈。

为什么"让自己忙着"这么简单的一件事情，就能够把忧虑从你的思想中赶出去呢？因为有这么一个定理：不论一个人多么聪明，都无法在同一时间内思考一件以上的事情——这是心理学所发现的基本定理之一。你不相信是吗？好了，现在让我们来做一个实验：

假定你现在坐在椅子上，闭上双眼，试着在同一个时间去想自由女神，以及你明天早上打算做什么事情。

这时候，你会发现，你只能轮流想其中的一件事，而无法同时想这两件事情，对不对？就你的情感来说，也是如此。例如，我们不可能充满热情地想去做一些令人兴奋的事情，同时又因为忧虑而拖延下来。一种感觉会把另一种感觉赶出去——也就是这么简单的发现，使得在第二次世界大战时期军方的一些心理治疗专家能够创造出医学奇迹。

当有些人因为在战场上受到打击的经历而退下来的时候，他们都患上了一种神经衰弱症。军方的医生大都采取"让他们忙着"的治疗方法。除了睡觉的时间之外，每时每刻都让这些在精神上受到打击的人充满活力，例如钓鱼、打猎、打球、打高尔夫球、拍照片、种花，以及跳舞，等等，根本不让他们有时间去回想那些可怕的经历。

大师金言

俗话说，一心不可二用。假如你充满热情地集中想一个问题，找出解决问题的圆满答案，你的心情是不是会变得愉悦起来呢？

"职业性的治疗"是近代心理医生所用的新名词，也就是把工作当做治病的药。这并不是新的办法，在耶稣诞生500年以前，古希腊的医生就已经使用这种方法了。

在本杰明·富兰克林那个时代，费城教友会的教徒也使用过这种方法。1774年，有一个人去参观教友会办的疗养院，看见那些精神病人正忙着纺纱织布时，他大为震惊。他认为那些可怜而不幸的人正在被剥削。后来教友会的人向他解释说，他们发现那些病人只有在工作的时候病情才能真正有所好转，因为工作能安定他们的神经。

任何一个心理治疗医生都能够告诉你，工作——不停地忙着，是治疗精神病的最好药剂。著名诗人亨利·朗费罗先生在他年轻的妻子去世之后，也发现了这个道理。有一天，他太太点了一支蜡烛，以熔化一些信封的火漆，结果不慎将衣服烧了起来。朗费罗听见她的叫喊声，就赶过去抢救，可是她还是因为烧伤而死去。有一段时间，朗费罗没有办法忘掉这次可怕的经历，几乎发疯。但他3个幼小的孩子需要照料。虽然他很悲伤，但还是要父兼母职。他带他们出去散步，讲故事给他们听，和他们一同玩游戏，还把他们父子间的亲情永存在《孩子们的时间》一诗里。他还翻译了但丁的《神曲》。这些工作加在一起，使他忙得完全忘记了自己，也重新得到了思想的平静。就像丁尼生在最好的朋友亚瑟·哈兰死的时候曾经说过的那样："我一定要让我自己沉浸在工作里，否则我就会在绝望中苦恼下去。"

对大部分人来说，在做日常的工作忙得团团转的时候，"沉浸在工作里"大概不会有多大问题。可是在下班以后——就在我们能自由自在享受我们的悠闲和快乐的时候——忧虑的魔鬼就会来攻击我们。这时候我们常常会想，我们的生活里有什么样的成就，我们有没有上轨道，老板今天说的那句话是不是有什么特别的意思，或者我们的头是不是秃了。

我们不忙的时候，脑筋常常会变成真空。每一个学物理的学生都知道，自然中没有真空的状态。打破一个白炽灯的灯泡，空气就会进去，充满了理论上说是真空的那一块空间。脑筋空出来，也会有东西进去补充，是什么呢？通常都是你的感觉。为什么？因为忧虑、恐惧、憎恨、嫉妒和羡慕等情绪，都是由我们的思想所控制的，这种种情绪都非常猛烈，会把我们思想中所有的平静的、快乐的思想和情绪都赶出去。

詹姆士·马歇尔是哥伦比亚师范学院的教育学教授。他在这方面说得很清楚："忧虑最能伤害你的时候，不是在你有行动的时候，而是在一天的工作做完了之后。那时候，你的想象力会混乱起来，使你想起各种荒诞不经的可能，把每一个小错误都加以夸大。在这种时候，"他继续说道，"你的思想就像一部没有载货的车子，乱冲乱撞，撞毁一切，甚至自己也变成碎片。消除忧虑的最好办法，就是要让你自己忙着，去做一些有用的事情。"

但是，不见得只有一个大学教授才能懂得这个道理，才能付诸实行。第二次世界大战时，我碰到一位住在芝加哥的家庭主妇，她告诉我她发现了消除忧虑的好办法，就是让自己忙着，去做一些有用的事情。当时我正在从纽约回密苏里农庄的路上，在餐车上碰到了这位太太和她的先生。

这对夫妇告诉我，他们的儿子在珍珠港事件的第二天加入陆军。那个女人当时因担忧她的独子，而几乎使她的健康受损。他在什么地方？他是不是安全呢？还是正在打仗？他会不会受伤、死亡？

我问她，后来她是怎么克服她的忧虑的。她回答说："我让自己忙着。"她告诉我，最初她把女佣辞退了，希望能靠自己做家事来让自己忙着，可是这没有多少用处。"问题是，"她说，"我做起家事来几乎是机械化的，完全不用思想，所以当我铺床和洗碟子的时候，还是一直担忧着。我发现，我需要一些新的工作才能使我在一天的每一个小时，身体和心理两方面都能感到忙碌，于是我到一家大百货公司里去当售货员。"

"这下好了，"她说，"我马上发现自己好像掉进了一个行动的大漩涡里：顾客挤在我的四周，问我关于价钱、尺码、颜色等问题。没有一秒钟能让我想到除了手边工作以外的问题。到了晚上，我也只能想，怎么样才可以让我那双痛脚休息一下。等我吃完晚饭之后，我爬上床，马上就睡着了，既没有时间也没有体力再去忧虑。"

她所发现的这一点，正如约翰·考伯尔·波斯在他那本《忘记不快的艺术》里所说的："一种舒适的安全感，一种内在的宁静，一种因快乐而反应迟钝的感觉，都能使人类在专心工作时精神镇静。"

而能做到这一点是多么的有福气。奥莎·约翰逊——世界最有名的女冒险家，她最近告诉我，她如何从忧虑与悲伤中得到解脱。你也许读过她的自传《与冒险结缘》，如果真有哪个女人能跟冒险结缘的话，也就只有她了。马丁·约翰逊在她16岁那一年娶了她，把她从堪萨斯州查那提镇的街上一把抱起，到婆罗洲的原始森林里才把她放下。25年来，这一对来自堪萨斯州的夫妇旅行全世界，拍摄在亚洲和非洲逐渐绝迹的野生动物的影片。9年前他们回到美国，到处做旅行演讲，放映他们那些有名的电影。他们在丹佛城搭飞机飞往西岸时飞机撞了山，马丁·约翰逊当场死亡，医生们都说奥莎永远不能再下床了。

可是他们对奥莎·约翰逊的认识并不够深，3个月之后，她就坐着轮椅，在一大群人的面前发表演说。事实上，那段时间里她发表过一百多次演讲，都是坐着轮椅去的。当我问她为什么这样做的时候，她回答说："我之所以这样做，是让我没有时间去悲伤和忧愁。"奥莎·约翰逊发现了比她早一世纪的丁尼生在诗句里所说的同一个真理："我必须让自己沉浸在工作里，否则我就会挣扎在绝望中。"

海军上将拜德之所以也能发现这同样的真理，是因为他在覆盖着冰雪的南极的小茅屋里单独住了5个月——在那冰天雪地里，藏着大自然最古老的秘密——在冰雪覆盖下，是一片没有人知道的、比美国和欧洲加起来都大的大陆。拜德上将独自度过的5个月里，方圆100英里内没有任何一种生物存在。天气奇冷，当风吹过他耳边的时候，他简直感觉他的呼吸被冻住，结得像水晶一般。在他那本名叫《孤寂》的书里，拜德上将叙述了在既难过又可怕的黑暗里所过的那5个月的生活。他一定得不停地忙着才不至于发疯。

"在夜晚，"他说，"当我把灯吹熄之前，我养成了分配第二天工作的习惯。就是说，为我自己安排下一步该做什么。比方说，一个小时去检查逃生用的隧道，半个小时去挖横坑，一个小时去弄清楚那些装置燃料的容器，一个小时在墙上挖出放书的地方来，再花两个小时去修雪橇……"

"能把时间分开来，"他说，"是一件非常好的事情，使我有一种可以主宰自我的感觉……"他又说："要是没有这些的话，那日子就过得没有目的。而没有目的的话，这些日子就会像平常一样，最后弄得崩解分裂。"

再重复一遍上面的话，如果没有目的的话，这些日子就会像平常一样，最后弄得崩解分裂。

要是我们为什么事情忧虑的话，让我们记住，我们可以把工作当作很好的古老治疗法！这正如哈佛大学医学院教授、已故的理查德·柯波特博士所说："作为一名医生，我很高兴看到工作可以治愈很多病人。他们所感染的，是由于过分迟疑、踌躇和恐惧等带来的病症……我们的工作带给我们的勇气，就像爱默生永恒不朽的光荣一样。"

大师金言

要是你和我不能一直忙着——如果我们闲坐在那里发愁——我们就会产生一大堆达尔文称之为"胡思乱想"的东西，而这些"胡思乱想"就像传说中的妖精，会掏空我们的思想，摧毁我们的行动力和意志力。

约翰·帕基夫人曾一度陷入忧虑之中，那时候，她感觉不到一点活着的乐趣，惶恐而紧张，晚上无法入睡，白天更是坐立不安。她有三个女儿，但她们住在离得很远的亲戚家里。丈夫退役不久，独自在外地准备成立一家法律事务所。

约翰·帕基夫人忧虑的状态不但影响了自己的生活，更大大影响了丈夫的事业和全家日常生活的安宁，丈夫找不到合适的住房，于是打算自己盖一栋。什么事情都已准备好，唯一希望的就是使她恢复健康。她对他的期望了解得越清楚，就越想努力恢复，但却越深地陷入忧虑。渐渐地，她对任何事情都心怀恐惧和惶恐。她觉得自己太失败了，完全失去了希望。她说：

"在那段最黯淡的日子里，是我的母亲帮助了我，令我重拾希望，我对此永世难忘，永远感谢她为我所做的一切。她鼓励我，斥责我自暴自弃。她激励我尽自己的全力去奋斗。她说，我对生活妥协，害怕面对现实，逃避生活。她要我勇敢地面对一切。

"于是，从那天起，我逐渐振作起来。在那个周末，我告诉父母说，他们不用留在这儿照顾我了，因为我已经好多了，可以自己收拾家务。我自己一个人完成那些家务，独自照看两个年幼的孩子，我的睡眠也渐渐恢复，也有了胃口，精神也变好了很多。一个星期后，当他们再来看望我时，看到我一边熨衣服一边轻松地哼着歌曲。我找到了平和满足的感觉，我战胜了我自己。这是我一辈子都会牢记的教训……假如你必须面对困境，那么不要害怕，勇敢地奋斗，不要逃避！

"从那时开始，我总是让自己忙忙碌碌，以工作为乐，后来还把孩子全都接了回来，我和丈夫和孩子们一起生活在那栋新房子里。我很清楚是因为自己恢复了健康，才让我们的家庭拥有一位快乐的母亲。我把全部精力都放在了家庭、孩子、丈夫以及我自己之外的许多事情上，我还为此制定了不少计划。我每天都很忙，根本无暇想到自己。就在这个时候，我生命中真正的奇迹出现了。

"我的身体越来越强壮，我每天起床时，都对新的一天充满期望和喜悦，对生活充满喜悦。当然我有时还会感到低落，尤其在我累坏了的时候，我总会及时提醒自己，不要在情绪低潮时过于忧虑。因此，这样的情形越来越少出现，直到最后完全消失了。"

她拥有一位成功而满足的丈夫，三个快乐健康的好孩子，一个美满幸福的家庭，而她也发自内心的幸福安详。

让自己总是忙忙碌碌，以工作为乐，就没有时间去思考那些令人烦恼的无谓的小事了，试想一下，有什么比健康的身体和幸福的生活更重要呢？

我认识的纽约的一个生意人，他用忙碌来赶走那些"胡思乱想"，使他没有时间去烦恼和发愁。他的名字叫曲伯尔·朗曼，也是我的成人教育班的学生。他的办公室就在华尔街40号。他征服忧虑的经过非常有意思，也非常特殊，所以下课之后我请他和我一起去吃夜宵。我们在一间餐馆里面一直坐到半夜，谈到了他的那些经验。下面就是他告诉我的故事：

"18年前，我因为忧虑过度而得了失眠症。当时我非常紧张，脾气暴躁，而且非常不安。我想我就要精神崩溃了。

"我这样发愁是有原因的。我当时是纽约市西面百老汇大街皇冠水果制品公司的财务经理，我们投资了50万美元，把草莓包装在一加仑装的罐子里。过去20年里，我们一直把这种一加仑装的草莓卖给制造冰淇淋的厂商。

"突然我们的销售量大跌，因为那些大的冰淇淋制造厂商，像国家奶品公司等，产量急剧地增加，而为了节省开支和时间，他们都买36加仑一桶的桶装草莓。

"我们不仅没办法卖出价值50万美元的草莓，而且根据合约规定，在接下去的一年之内，我们还要再买入价值100万美元的草莓。我们已经向银行借了35万美元，既还不上钱，也无法再续借这笔借款，也难怪我要担忧了。

"我赶到加利福尼亚州华生维里我们的工厂里，想要让我们的总经理相信情况有所改变，我们可能面临毁灭的命运。他不肯相信，把这些问题的全部责任都归罪在纽约公司的身上——那些可怜的业务人员。

"在经过几天的讨论之后，我终于说服他不再这样包装草莓，而把新的供应品放在旧金山新鲜草莓市场上卖。这样做差不多可以解决我们大部分的困难，照理说我应该不再忧虑了，可是我还是做不到这一点。忧虑是一种习惯，而我已经染上这种习惯了。

"当我回到纽约之后，开始为每一件事情担忧，在意大利买的樱桃，在夏威夷买的凤梨，等等。我非常紧张不安，睡不着觉，就像我刚刚说过的，我简直就快要精神崩溃了。

"在绝望中，我换了一种新的生活方式，结果治好了我的失眠症，也使我不再忧虑。我让自己忙碌着，忙到我必须付出所有的精力和时间，以至没有时间去忧虑。以前我一天工作7个小时，现在我开始一天工作15到16个小时。我每天清晨8点钟就到办公室，一直干到半夜，我接下新的工作，负起新的责任，等我半夜回到家的时候，总是筋疲力尽地倒在床上，不要几秒钟就不省人事了。

"这样过了差不多有3个月，等我改掉忧虑的习惯，又回到每天工作7到8小时的正常情形。这件事发生在18年前，从那以后我就再没有失眠和忧虑过。"

　　乔治·萧伯纳说得很对："让人愁苦的原因就是，有空闲来思考自己到底快乐不快乐。"所以不必去想那些麻烦的事，下定决心，让自己忙起来，你的血液就会开始循环，你的思想就会开始变得敏锐。让自己一直忙着，这是世界上最便宜的一种药，也是最好的一种。

大师金言

　　我们不忙的时候，脑筋常常会变成真空，那些忧虑、恐惧、憎恨、嫉妒和羡慕等情绪就会趁机侵入我们的思想，把我们思想中所有平静的、快乐的思想和情绪都赶出去。

会计师迪尔·休斯发现了一个战胜忧虑的方法，那就是——保持忙碌。他这样讲述自己的经验：

　　"1943年，我住进新墨西哥州阿布奎基的一家军医院，当时我的肋骨断了三根，肺部也被刺穿。这件惨祸发生在夏威夷岛的一次陆战队两栖登陆演习中。那时我正准备从小艇跳到沙滩上，恰好一阵大浪袭来，将小艇浮起，我失去平衡，海浪把我抛到沙滩上，我感到摔下来的力量很重，折断了三根肋骨，其中一根正好刺进我右边的肺脏。

　　"在医院里待了3个月之后，我得到有生以来最严重的惊吓症——医生告诉我我的伤势完全没有好转的趋势。在经过多次的严肃考虑之后，我意识到过度的烦恼使我无法复原。我以前的生活一向十分活跃，多彩多姿，而这3个月以来，我却必须一天24小时平躺在病床上，什么也不能做，只能胡思乱想。我想得越多，就越烦恼。我担忧我是否能恢复我在世界中的地位，我担忧我是否会终生残废，以及是否还能够结婚，过上正常的生活。

　　"我催促医生将我移到隔壁病房，那间病房被称为乡下俱乐部，因为那儿的病人几乎获得完全自由的活动。

　　"在乡下俱乐部病房里，我开始对'合约桥牌'发生兴趣。我花了6个星期和其他的伙伴一起学习这种游戏，另外还阅读有关桥牌的书籍，终于把这种桥牌学会了。6周之后，我几乎每晚都打桥牌，同时对油画发生了极浓厚的兴趣，每天下午从3点到5点，我在一位教师的指导下学习这项艺术。我的某些作品画得极好，因此你一眼就可看出我画的究竟是什么东西。我同时尝试雕刻肥皂和木头，并阅读这方面的许多书籍，我感觉非常有趣。我让自己保持忙碌，因此没有时间为我的伤势烦恼。我甚至找时间来阅读红十字会赠送的心理学书籍。

"到了3个月的最后一天，医院的全体医护人员前来向我道贺，说我'进步极大'。那是自我出生以来所听见的最甜蜜的一句话，我高兴得真想放声大叫。

"我想说明的一点是，当我无事可做，只是成天躺在床上为我的将来烦恼时，我是没有一点进步。那时我用烦恼来残害自己的身体，甚至连那些折断的肋骨也无法好起来。但等到我专心一意玩起桥牌、油画、雕刻，而忘掉身外之事时，医生就跑来祝贺我：'进步极大。'

"现在，我过着正常而健康的生活，我的肺脏和你的一样好。"

大师金言

记得爱尔兰剧作家萧伯纳说过这样一句话："悲哀的秘诀，在于有闲暇来烦恼你是否快乐。"行动起来，尽量使自己忙碌，让自己一直不停地忙着。忧虑的人一定要让自己陷入忙碌之中，否则就只有在绝望中挣扎。

第七章

生命太短暂，不要为小事而垂头丧气

绝大多数人都能够很勇敢地面对生活中那些大的危机及困难的挑战，但是却常常被一些小事搞得垂头丧气、灰头土脸。生命太短暂，大风大浪都能过得去，还有什么可担忧的呢？

我要告诉你一个最具戏剧性的故事，主人公名叫罗勃·摩尔。他住在新泽西州。

　　"1945年3月，我正乘坐一艘潜水艇，进入中南半岛276英尺深的海底。在这里，我学到了一生中最重要的一课。我是S.S318潜水艇上88名军人中的一员。当时，我们的雷达侦查出一支日军舰队正朝我们驶来。到黎明时分，我们奉命反击，我看到一艘驱逐护航舰、一艘油轮和一艘布雷舰。

　　"我们发射了3枚鱼雷，但都没有打中。那些是工厂里粗制滥造出来的鱼雷，并非内行的它们没有有效地击中目标。接下来，我们准备打击最后一艘轮船。突然，布雷舰笔直向我们开过来，因为日本飞机用无线电探测到我们的位置。我们迅速潜入海底150英尺深处，以免被它发现。我们关闭了所有的冷却系统和所有的发电机，做好应付深水炸弹的准备。

　　"仅仅过了3分钟，我就觉得天崩地裂，6枚深水炸弹在身边炸开，把我们逼到海底276英尺的地方。我们非常害怕。整整过了15个小时，攻击才停止，很明显，那艘布雷船用光了所有的炸弹才离开。

　　"即便如此，潜艇周围依然不停地发生爆炸，如果炸弹距离潜水艇少于17英尺，潜艇就会被炸出一个洞。当时，我们奉命躺在床上，目的是保持镇定。我吓得呼吸都停止了，我暗想，这下死定了。虽然潜水艇里的温度有华氏100多度，但我害怕得全身发抖，不停地冒冷汗。对我来说，这15个小时相当于1500万年，曾经的生活一一浮现在眼前。

"我想起自己干过的坏事，曾经担心的一些无聊小事，比如担心没钱买房子、买车，没钱给妻子买漂亮衣服。我是多么憎恨我过去的老板，因为他总是不断地责备谁。

"我记得下班回到家，我经常为了一点芝麻小事和妻子吵架。我还为自己额头上的一个小伤疤——一次车祸留下的疤痕而发愁。

"多年以前，这些对我是多么大的忧虑。但是，当深水炸弹威胁到自己的生命时，我才明白，多年前令人发愁的事那么荒谬、那么渺小。我发誓：如果还有机会看到太阳和月亮，自己将不再忧虑，永远，永远，永远。可以说，这15个小时让我学到的东西，远远超出了大学四年学到的知识。"

我们通常都能很勇敢地面对生活里那些大的危机——然后化解它们，但却会被那些小事搞得"头痛不已"，垂头丧气。举个例子说，撒母耳·派布斯在他的日记里谈到他看见哈里·维尼爵士在伦敦被砍头的事：当哈里爵士走上断头台的时候，他并没有要求别人饶恕他的性命，而是要求刽子手不要砍中他脖子上那块有痛伤的地方。

这也正是拜德上将在又冷又黑的南极洲的夜晚所发现的另外一点——他手下那些人常常为一些小事情而难过，但对于大事却没有足够的关心。例如，他们能够毫无怨言地面对危险而艰苦工作，在华氏零下80度的寒冷中工作。"可是，"拜德上将说，"我却知道他们之间有好几个同在一间办公室的人彼此不讲话，因为他们怀疑对方乱放东西，占了他们自己的空间。我还知道队上有一个讲究所谓空腹进食、细嚼慢咽的家伙，每口食物一定要嚼过28次才吞下去，而另外有一个人，一定要在大厅里找一个看不见这家伙的位子坐着，才可以把饭吃下去。"

"在南极的营地里，"拜德上将说，"任何类似的小事情都可能把训练有素的人逼疯。"

你也许可以加上这句，拜德上将那句"小事"如果发生在夫妻生活里，也会把人逼疯，甚至还会造成"世界上半数的伤心之事"。

至少，这话也是权威人士说的。比方说，芝加哥的约瑟夫·沙巴士法官在仲裁了4万多件婚姻案件之后说道："婚姻生活之所以不美满，最基本的原因通常都是一些小事情。"而纽约州的地方检察官弗兰克·荷根也说："我们的刑事案件里，有一半以上都是因为一些很小的事情：在酒吧里逞英雄；为一些小事情争吵而侮辱了别人；措辞不当；行为粗鲁等。就是这些小事情，结果引起伤害和谋杀。真正天性残忍的人很少，一些犯了大错的人，都是由于自尊心受到小小的损害。"

大师金言

一些微不足道的小事，一点点的屈辱，或虚荣心得不到满足，结果导致世界上过半数的伤心事。

据说伊莲娜·罗斯福刚结婚的时候，"每天都在担心"，因为她的新厨子手艺很差很差。"可是，如果事情发生在现在，"罗斯福夫人说，"我就会耸耸肩，把这事给忘了。"这才是一个成年人的做法。就连凯瑟琳——这位最专制的俄国女皇，在厨子把饭做坏了的时候，她也通常只是一笑了之。

有一次，夫人和我到芝加哥一个朋友家里吃饭。分菜的时候，朋友出了一些小错。当时我并没有注意到，即使注意到了，我也不会在乎的。可是他的太太看见了，马上当着我们的面跳起来指责他，"约翰，"她大声叫道，"看看你在搞什么！难道你就永远也学不会怎样分菜吗？"随后她对我们说："他总是出错，根本就不肯用心。"

也许他的确没有好好地做，可是我实在佩服他能够跟他太太相处20年之久。坦白地说，我情愿只吃两个抹上芥末的热狗——只要能吃得很舒服——也不愿一边听她唠唠叨叨，一边吃着山珍海味。

在那件事情之后不久，我夫人和我请了几位朋友到家里来吃晚饭。就在他们快来的时候，我夫人发现有3条餐巾和桌布的颜色不相配。

"我冲到厨房里，"她后来告诉我说，"结果发现另外3条餐巾送出去洗了。客人这时已经到了门口，我没有时间再换了，急得差点哭了出来。我当时只想：'为什么我会犯这么愚蠢的错误，毁了整个晚上？'然后我又想到：'为什么要让它毁了我呢？'于是，我走进去吃晚饭，决定好好地享受一下。而我果然做到了，我情愿让我的朋友们认为我是一个比较懒散的家庭主妇，也不想让他们认为我是一个神经兮兮、脾气暴躁的女人。而且据我所知，根本没有人注意到那些餐巾的问题。"

众所周知，有一条法律名言："法律不会去管那些小事情。"人也不该为那些小事而忧虑，如果他希望求得内心安宁的话。

在大多数时间里，要想克服由小事情所引起的困扰，只需把着眼点和重点转移一下就可以了——那就是让你有一个新的、能使你开心一点儿的看法。我的朋友荷马·克罗伊是个作家，他告诉我，过去他在写作的时候，常常被纽约公寓热水灯的响声吵得快要发疯了。"后来，有一次我和几个朋友出去露营，当我听到木柴烧得很旺时的响声，我突然想到：这些声音和热水灯的响声一样，为什么我会喜欢这个声音而讨厌那个声音呢，回来后我告诫自己：'火堆里木头的爆裂声很好听，热水灯的声音也差不多。我完全可以蒙头大睡，不去理会这些噪音。'结果，头几天我还注意它的声音，可不久我就完全忘记了它们。

"很多小忧虑也是如此。我们不喜欢一些小事，结果弄得整个人很沮丧。其实，我们都夸大了那些小事的重要性……"

19世纪的英国政治家迪斯累利说："生命太短促，不要关注恼人的小事。"

"这些话，"安德烈·摩瑞斯在杂志《本周》中说，"曾经帮助我克服了很多痛苦。我们常常被那些本该不屑一顾的小事弄得心烦意乱。人生只有短短的几十年，时间一去不复返，但我们会用很多时间担心一些小事，而这些事情，一年之内就会忘掉。所以，我们应该将时间用于值得做的行动上，比如伟大的思想、真正的感情。做我们该做的事情吧！生命太短促，不要理会恼人的小事。"

吉卜林是个名人，但是，他忘记了那句"生命太短促，不要理会烦人的小事"。结果呢？他和自己的舅舅打了一场维尔蒙历史上最有名的官司。这件事甚至还被写进了书里——拉迪亚德·吉卜林的维尔蒙世仇。故事是这样的：吉卜林娶了一个维尔蒙女子，他们在布拉陀布修建了一所漂亮房子，准备安度余生。他的舅舅比提·巴里斯特成了他最好的朋友，他们俩一起工作，一起游戏。

后来，吉卜林从比提·巴里斯特手里买了一块地，事先说好：每个季度，巴里斯特都可以从地里割草。一天，巴里斯特发现吉卜林在里面开了一个花园，他非常生气，不禁怒骂起来。吉卜林也反唇相讥，两人吵得天翻地覆，维尔蒙的绿山都蒙上了一层乌云。

几天后，吉卜林骑着自行车出去游玩，被巴里斯特的马车撞倒在地。此时，吉卜林完全忘了自己曾说过的"众人皆醉，你应独醒"，而把巴里斯特告上了法庭。这一消息从大城市迅速传到了小镇，不久就传遍了全世界。没有什么办法了。这场争吵导致吉卜林携着妻儿永远离开了美国度过他们的余生，而所有一切烦恼都不过是为了一车干草，一车干草而已。

下面是哈里·爱默生·福斯狄克讲过的一个故事，是关于森林里的一场战争胜负的故事。

科罗拉多州长山上躺着一棵大树，自然学家告诉我们，它有400多年的历史，在漫长的岁月中，它曾被闪电击中14次，至于狂风暴雨，几乎数都数不清，对于这些侵袭，它都能战胜。但最后，一些小甲虫使它永远倒在了地上。它们从根部开始咬，逐渐蔓延到内部，于是大树伤了元气，因为这些攻击虽然很小，却始终持续不断。就这样，一个森林里的巨人，岁月不能让它枯萎，闪电不能让它倒下，狂风暴雨不能让它动摇，却因为一些用手指头就能捏死的小甲虫，最终倒了下来。

难道我们不像这棵经风历雨的大树吗？我们也曾经历无数的狂风

暴雨和闪电，而且最终都挺过来了，却任凭忧虑的小甲虫——用手指就能捏死的小甲虫咬噬自己。

几年前，我在旅行时经过提顿国家公园，和一些朋友约查尔斯·西费德先生——他是怀俄明州公路局局长去参观约翰·洛克菲勒在公园里的房子。结果我的汽车拐错了一个弯，迟到了一个多小时，西费德先生早就到了，但他没有钥匙，只好在那个又热、蚊子又多的森林里等着。我们到的时候，蚊子已经多得让圣人发疯，而西费德先生正在吹笛子——他用白杨树枝做的。应该说，这个小笛子是个纪念品，纪念一个不被小事困扰的人。

如果你不希望忧虑毁了自己，就要改变这个习惯。不要让自己为小事而垂头丧气，它们本应该被丢开或忘记。

要记住："生命太短促。"

大师金言

想想你曾为之忧虑的那些事情，有多少是微不足道的，它们对你的生活、你的人生能有多大的影响呢？不如放宽心胸，把忧虑的时间用来更好地享受生活。

第八章

事实上，不幸很少发生

人生会发生很多事，有些事是难以预测的。一个人往往会被各种盘根错节的事所缠绕，使自己的心无法安静下来。如果静下心来，好好想一想，无法预测的事终究无法避免，而你自己臆想的某些事情根据概率往往发生的可能性很小，那你还何必自寻烦恼呢？

小时候，我是在密苏里的农场长大的。一天，当在帮母亲摘樱桃的时候，我突然哭了起来。母亲问："戴尔，这个世界上有什么可以让你哭的呢？"我抽泣着说："我担心自己会被活埋。"

那时候，我心中充满恐惧。当雷电袭来时，我担心会被闪电击中；当艰难时刻来临时，我担心会没有足够的食物可吃；我是如此忧虑，甚至担心死后会进地狱；我曾经非常害怕一个大男孩，他叫山姆·怀特，担心他会割下我的耳朵，就像他曾威胁我的那样；我担心女孩们在我脱帽致敬时会取笑我；我担心没有女孩子会愿意嫁给我；我担心我们结婚以后我该对我的妻子说些什么，我想象着我们在某一个国家教堂里结婚，然后坐一辆带有顶棚的游览马车回到我们的农场。但是我们怎样才能在回农场的路上保持谈话呢？怎么办？怎么办？……我常常花很多时间去思索这些看似惊天动地的事情。

日子一天天过去，我渐渐发现，自己担心的那些事有99%都没有发生。

举个例子说，就像我已经说过的那样，我曾经一度受到雷电的惊吓，但是现在我知道我在任何一年里都有被雷电击中的机会，但按照国家安全理事会的说法，我被闪电击中的概率只有三十五万分之一。

我曾经担心我会被活埋，我不能想象。即便是发明木乃伊之前，它的概率也只有一千万分之一，但我却为此忧虑地哭过。

而8个人中有1个会死于癌症，所以，如果我一定要担心，也应该为自己可能患上癌症担心，而不是被活埋或被闪电击中。

确实，我说到的这些忧虑确实很荒谬，但很多成年人的忧虑也同样荒谬。你和我可以根据概率计算一下，如果我们根据我们曾经忧虑的那些事情计算一下，然后确定自己那些担心是不是值得，其结果是，我们90％的忧虑恐怕都会自然消除。

伦敦的罗埃德保险公司是世界上最有名的保险公司，它就是依靠人们担心一些根本不会发生的事情，而赚到了数不清的美元。罗埃德保险公司被称为"保险"，也不过是在和人打赌——一种以概率为根据的赌博。它向你保证所有灾祸的发生，但灾祸的概率并不像人们想象得那么常见。这家大保险公司已经存在了200年，而且记录良好，除非人的本性会发生改变，否则，从现在起，它至少还能继续维持五千年。通过投保鞋子、轮船、蜂蜡免于灾难，而它们真正发生的概率比人们想象的要低得多。

如果我们计算一下概率，我们通常会为自己所发现的事实而惊讶。举个例子说，我知道每隔5年就会发生一场战争，而且像葛底斯堡战役那样激烈，我肯定会被吓得半死，然后想尽办法增加人寿保险费用，写下遗嘱，并将财产变卖一空。我会说："或许我无法逃脱这场战争，所以最好是在剩下的日子里随心所欲地活着。"但是，事实是，按照平均概率计算，那确实是一种危险，而且可能是致命的，在50岁~55岁之间，每1000个人的死亡人数和葛底斯堡战役中的阵亡人数相等。我为什么要说这些呢？因为在和平时期，在50岁~55岁之间死亡的与在葛底斯堡战役中163 000士兵中阵亡的人数是相当的。

大师金言

天下本无事，庸人自扰之。为了很少可能发生的灾难，为了很可能不会发生的不幸的事情去忧虑是不值得的。

一年夏天，我来到加拿大落基山区，在湖边认识了赫伯特·沙林吉夫妇。沙林吉一家住在旧金山太平洋林荫道2298号。沙林吉夫人非常平静沉着，她给我的印象是从来不会忧虑。一天晚上，我问她："你是否被忧虑困扰过？""困扰？"她说，"没那么简单，我的生活几乎被忧虑摧毁。在我学会克服忧虑之前，我在自作自受的苦海中度过了整整11年。那时候，我脾气暴躁，情绪非常紧张，我生活在恐惧之中。那时，我每个星期都要乘汽车从我家到旧金山的百货商店买东西。但是，即使在购物的时候，我也慌乱不已，担心电熨斗连接烫衣板可能会引起火灾，也许我们的房子被烧了，也许佣人逃跑了丢下了孩子们，或者孩子们被自行车、汽车撞死了。在我买东西的这段时间，这些担心常常折磨得我浑身直冒冷汗，最后不得不冲出商店跑回家，看看一切是否安好。在这种情况下，我的第一次婚姻结束了。

　　"我的第二任丈夫是个律师——很文静，有分析能力，从来没有为任何事情忧虑过。每当我神情紧张或焦虑的时候，他就会对我说：'不要慌，让我们好好地想一想……你真正担心的到底是什么呢？让我们看一看事情发生的概率，看看这种事情是不是有可能会发生。'举个例子来说，我还记得有一次，我们在新墨西哥州。我们从阿尔伯库基开车到卡尔斯巴德洞窟去，途中经过一条土路，半路上碰到了一场很可怕的暴风雨。汽车一直下滑着，我们没办法控制，我想我们一定会滑到路边的沟里去，可是我的先生一直不停地对我说：'我现在开得很慢，不会出什么事的。即使汽车滑进了沟里，根据概率计算，我们受伤的可能性也很小。'他的镇定和信心使我平静下来。

"有一年夏天，我们到加拿大的落基山区的图坎山谷去露营。有天晚上，我们的营帐扎在海拔7000英尺高的地方，突然遇到暴风雨，好像要把我们的帐篷撕成碎片。帐篷是用绳子绑在一个木制的平台上的，在狂风暴雨中它不断地抖着，摇着，发出尖厉的声音。

"我每一分钟都在想：我们的帐篷会被吹垮了，吹到天上去。我当时真吓坏了，可是我先生不停地说着：'我说，亲爱的，我们有好几个印第安向导，这些人对一切都知道得很清楚。他们在这些山地里扎营都有60年了，这个营帐在这里也过了很多年，到现在还没有被吹掉，根据发生的概率来看，今天晚上也不会被吹掉。而即使被吹掉的话，我们也可以躲到另外一个营帐里去，所以不要紧张。'……我放松了心情，那天晚上，我睡得非常熟。

"几年以前，小儿麻痹症横扫加利福尼亚州我们所住的那一带。要是在以前，我一定会惊慌失措，可是我先生叫我保持镇定，我们尽可能采取了所有的预防方法：不让小孩子出入公共场所，暂时不去上学，不去看电影。在和卫生署联络过之后，我们发现，到目前为止，即使是在加利福尼亚州所发生过的最严重的一次小儿麻痹症流行时，整个加利福尼亚州只有1835个孩子染上了这种病。而平常，一般的数目只在200到300之间。虽然这些数字听起来还是很惨，可是到底让我们感觉到：根据发生的概率看起来，某一个孩子受感染的机会实在是很小。"

"根据平均概率，这种事情不会发生。"这句话摧毁了我90%的忧虑，使我过去20年来的生活都过得令人有点意想不到的美好而平静。

当我回顾过去的几十年时，我发现，大部分的忧虑也都是因此而来的。吉姆·格兰特是纽约富兰克林市格兰特批发公司的老板，每次要从佛罗里达州买10车到15车的橘子等水果。他告诉我，他的经历也是如此。以前，他常常想到很多无聊的问题。比方说，万一火车失事变成残骸怎么办？万一他的水果滚得满地都是怎么办？万一车子正好经过一座桥，而桥梁突然垮了怎么办？当然，这些水果都是经过保险的，可他还是怕万一没有按时把水果送到，他可能就会有失掉市场的危险。他甚至怀疑自己因忧虑过度而得了胃溃疡，因此去找医生检查。医生告诉他说，他没有任何毛病，只是太过紧张了。

"这时候我才明白，"他说，"我开始问自己一些问题。我对自己说：'注意，吉姆·格兰特，这么多年来你送过多少车的水果？'答案是：'大概有25 000多车。'然后我问自己：'这么多车次中有过几次车祸？'答案是：'噢——大概有5次吧。'然后我对自己说：'一共25 000辆汽车，只有5次出事，你知道这意味着什么？出车祸的概率是五千分之一。换句话说，根据平均概率来看，以你过去的经验为基础，你的汽车出事的概率是1：5000，那么，你还有什么好担心的呢？'

"然后我对自己说：'嗯，说不定桥会塌下来呢！'然后我问自己：'在过去，你究竟有多少次是因为桥塌下来而损失什么了呢？'答案是：'一次也没有。'然后我对自己说：'那你为了一座根本从来也没有塌过的桥，为了五千分之一的汽车失事的概率居然愁得患上胃溃疡，不是太傻了吗？'"

"当我这样来看这件事的时候，"吉姆·格兰特告诉我，"我觉得以前的自己实在太傻了。于是我就在那一刹那决定，以后让发生概率来替我担忧——从那以后，我就没有再为我的'胃溃疡'烦恼过。"

当艾尔·史密斯在纽约当州长的时候，我常听到他对攻击他的政敌一遍又一遍地说："让我们看看纪录……让我们看看纪录。"接着，他就会把很多事实讲出来。下一次你和我要是再为可能会发生什么事情而忧虑，让我们学一学这位聪明的老艾尔·史密斯，让我们查一查以前的纪录，看看我们这样忧虑到底有没有什么道理。这也正是当年弗雷德里克·马尔施泰特害怕他自己躺在坟里的时候所做的事情。下面就是他在纽约成人教育班上所讲的故事：

"1944年6月初，我躺在奥玛哈海滩附近的一个战壕里。当时我正在999信号服务公司服役，而我们刚刚抵达诺曼底。我看了一眼地上那个长方形的战壕，就对我自己说：'这看起来就像一座坟墓。'当我躺下来准备睡在里面的时候，觉得那更像是一座坟墓，便忍不住对自己说：'也许这是我的坟墓呢。'到了晚上11点钟的时候，德军的轰炸机飞了过来，炸弹纷纷往下落，我吓得人都僵住了。前三天我简直没有办法睡得着，到了第四还是第五天夜里，我几乎精神崩溃。我知道如果我不赶紧想办法的话，我整个人就会发疯。所以我提醒自己说：已经过了五个夜晚了，而我还活得好好的，而且我们这一组的人也都活得很好，只有两个受了点轻伤。而他们之所以受伤，并不是因为被德军的炸弹炸到了，而是被我们自己的高射炮的碎片打中的。我决定做一些有意义的事情来停止我的忧虑，所以我在战壕中造了一个厚厚的木头屋顶以保护我不至于被碎弹片击中。我算了一下炸弹扩展开来所能到达的最远地方，并告诉自己：'只有炸弹直接命中，我才可能被炸死在这个又深、又窄的战壕里。'于是我算出直接命中的比率，恐怕还不到万分之一。这样子想了两三夜之后，我平静了下来，后来就连敌机袭击的时候，我也睡得非常安稳。"

美国海军也常用概率统计的数字来鼓舞士兵的士气。一个以前当海军的人告诉我，当他和他船上的伙伴被派到一艘油船上的时候，大家都吓坏了。这艘油轮运的都是高辛烷汽油，因此他们都相信，要是这条油轮被鱼雷击中，就会爆炸，并把每个人送上西天。

可是，美国海军有他们另一套办法。海军总部发布了一些十分精确的统计数字，指出被鱼雷击中的100艘油轮里，有60艘并没有沉到海里去，而真正沉下去的40艘里，只有5艘是在不到5分钟的时间沉下去的。那就是说，有足够的时间让你跳下船——也就是说，死在船上的概率非常之小。这样对士气有没有帮助呢？"知道了这些概率数字之后，我的忧虑一扫而光。"1969年，住在明尼苏达州圣保罗市的克莱德·马斯——也就是讲这个故事的人说："船上的人都觉得好多了，我们知道我们有的是机会，根据概率数字来看，我们可能不会死在这里。"

要在忧虑摧毁你以前，先改掉忧虑的习惯，不妨试着这样来做："检查一下以前的记录，问问我们自己，我现在所担心发生的事情，发生的概率有多大？这种担忧是不是可以避免？"

大师金言

多数的忧虑和烦恼都是来自于一种想象而非现实，如果我们看一看以前的记录，看一看发生的概率，大概90%的忧虑都会自动清除了。

大卫斯商业学院创办人C.I.布莱克伍德向我们讲述了他怎样战胜烦恼。

"那是在1943年的夏天，世界上近乎一半的烦恼仿佛全落在我的肩上。

"40多年以来，我一直过着无忧无虑的平静生活，日常生活中所遇到的不过是做丈夫、父亲、商人经常碰到的小问题。遇到这些问题通常可以轻而易举地加以解决，但是突然间，六种难题突然同时向我袭来。

"我整夜辗转反侧，心中充满了忧虑，甚至害怕白天的来临。我所担忧的六大难题是：

（1）我一手创办的商学院濒临破产边缘，因为所有的男孩子都从军去了，而未受商业训练的女孩子在军火工厂工作，比在商学院受训毕业就职于商业公司的女孩子赚的钱还要多。

（2）我的大儿子正在服役，和天下所有的父母一样，我十分担心他的安危。

（3）俄克拉荷马市政府已开始计划征收一大片土地来建造机场，而我父亲留给我的房子就在这片土地的中央。我了解到可能只能获得其总价十分之一的补偿金，而且更糟的是，当地房屋缺乏，在失去了自己的房屋之后，不知道是否能找到另一栋房子来供一家六口安身立命。我害怕住帐篷，甚至担心自己是否有能力购买一顶帐篷。

（4）因为附近刚刚挖了一条大排水沟，我的土地上的水井变得干涸了。再挖个新井需要耗费600美元，而这块土地已被征收，这样做已毫无价值。连续两个月，我必须每天一大早到很远的地方去提水喂牲口，我担心战争结束以前，我会天天如此。

（5）我的住处离学校有10里远，而我领取的是'乙级汽油卡'，这表示我不能购买任何新轮胎，为此，我很担心。万一我那辆老爷福特车的轮胎爆了，我可能就无法上班了。

（6）大女儿提前一年高中毕业，一心一意想上大学，可是我没有足够的经济能力供她上大学，我知道她一定十分伤心。

"有一天下午，我呆坐在办公室里为这些难题发愁。我决定将它们全部写下来，我想没有人比我拥有的烦恼更多了。以前，只要有机会，我都会毫不在乎地花费时间精力来解决它们。但现在所有这些困难，在我看来似乎已完全失控了，已到了自己根本无法解决的地步。无可奈何之下，我只能用打字机把这些难题全部记录下来。几个月后，我已将这件事忘在脑后了。18个月后的一天，我在整理文件时，碰巧又看到了这张单子，上面详列了一度几乎令我崩溃的六大难题。

"我以极大的兴趣看了一遍，发现所有的困难都已经过去了。

（1）我发现，担心商学院破产关门简直是瞎操心。不仅男孩子、女孩子照样报名入学接受教育，而且政府开始拨款补助商业学院，要求代为训练退伍军人。我的学院很快又恢复了往日的热闹气氛。

（2）我发现，过分担心儿子在部队中的处境也是没有必要的。他历经枪林弹雨，身上却连一点擦伤也没有。

（3）我发现，关于土地被征收一事的忧虑也是多余的，因为在我农场附近一里远的地方找到了石油，建机场的计划遂告作罢。

（4）我发现，担心没有水井打水喂牲口也是不必要的，当我知道土地不再被征收之后，我就立刻花钱挖了一个新井，挖得更深，水流源源不断。

（5）我发现，担心轮胎破裂也是愚蠢的。我将旧轮胎翻新之后，小心驾驶，结果轮胎一直没坏。

（6）我发现，担心女儿的教育问题也是不必要的。在开学前6天，我得到了一个查账的工作机会——简直是一个奇迹——赚的钱使我能够及时送她上大学。

"常常听人说，我们所担心的事情99%不会发生，对这种说法我一直不以为然。一直到了18个月之后，当我找出那张单子时，才真正明白。99%的事不会发生，那么也就只有1%的可能性了。何必为这1%的概率而不快乐呢？

"对于以前自己种种无谓的烦恼，我心存感激，因为它给了我一个永难磨灭的教训，使我明白对于那些永远不会发生的事情而心生无谓的烦恼是悲哀的，也是愚蠢的。"

大师金言

请记住，今天就是你昨天所担心的明天。问问自己，我怎么知道自己今天所担心的事，明天真的会发生呢？

第九章

对于无法避免的事实坦然接受

生命中总会有一些不期而遇的事情降临到我们身上，如果是好的事情，我们当然乐于接受，但如果是糟糕的事情呢？叔本华是这样说的："学会顺从，这是你在踏上人生旅途后最重要的一件事。"

当我还是一个小男孩的时候，有一天，我和几个朋友一起在密苏里州西北部的一间荒废的老木屋的阁楼上玩。当我从阁楼上往下爬的时候，先在窗栏上站了一会儿，然后往下跳。我左手的食指上戴着一枚戒指，在我跳下去的时候，那个戒指钩在了一个钉子上，把我整个手指拉掉了。

我尖声地叫着，吓坏了，我以为自己死定了，可是等我的手好了之后，我就再也没有为这个烦恼过。烦恼又有什么用呢？……我接受了这个不可避免的事实。

现在，我几乎连续几个月不会去想，我的左手只有四个手指头这个事实。

几年前，我碰到一个在纽约市中心一家办公大楼里开货梯的人。我注意到他的左手齐腕砍断了。我问他少了那只手会不会觉得难过，他说："噢，不会，我根本就不会想到它。我没有结婚，只有在要穿针的时候，才会想起这件事情来。"

令人惊讶的是，在不得不如此的情况下，我们差不多都能很快接受任何一种情形，以使自己适应，或者整个忘了它。

我常常想起在荷兰首都阿姆斯特丹的一座15世纪的老教堂，它的废墟上留有一行字：

事情既然如此，就不会是别的样子。

在漫长的岁月中，你我一定会碰到一些令人不快的情况，它们既是这样，就不可能是别的样子。我们也可以有所选择。我们可以把它们当做一种不可避免的情况加以接受，并且适应它，或者我们可以用忧虑毁了我们的生活，甚至最后可能会弄得精神崩溃。

下面是我最喜欢的心理学家、哲学家威廉·詹姆斯所提出的忠告：

"要乐于接受必然发生的情况。接受所发生的事实，是克服随之而来的任何不幸的第一步。"

住在俄勒冈州波特兰的伊丽莎白·康内莉，却经过很多困难才学到这一点。下面是一封她最近写给我的信："美国庆祝陆军在北非获胜的那一天，我接到国防部送来的一封电报，我的侄儿——我最爱的人——在战场上失踪了。过了不久，又来了一封电报，说他已经死了……

"我极度悲伤。在那件事发生以前，我一直觉得生命多么美好，我有一份自己喜欢的工作，努力带大了这个侄儿。在我看来，他代表了年轻人美好的一切。我觉得我以前的努力，现在都有了很好的收获……然而，却收到了这样的电报，我的整个世界都粉碎了，我的生命已一无所有。我开始忽视自己的工作，忽视朋友，我抛开了一切，既冷淡又怨恨。为什么我最疼爱的侄儿会离我而去？为什么一个这么好的孩子，还没有真正开始他的生活就死在战场上？我无法接受这个事实。我悲痛欲绝，决定放弃工作，离开我的家乡，把自己藏在眼泪和悔恨之中。

"就在我清理桌子、准备辞职的时候，突然看到一封我已经忘了的信——一封从我这个已经死了的侄儿那里寄来的信。是几年前我母亲去世的时候，他写给我的一封信。

"'当然，我们都会想念她的，'那封信上说，'尤其是你。不过我知道你会撑过去的，以你个人对人生的看法，就能让你撑得过去。我永远也不会忘记那些你教给我的美丽的真理：不论活在哪里，不论我们分离得有多么远，我永远都会记得你教给我要微笑，要像一个男子汉，承受所发生的一切。'

"我把那封信读了一遍又一遍，觉得他似乎就在我的身边，仿佛在对我说：'你为什么不照你教给我的办法去做呢？坚持下去，不论发生什么事情，把你个人的悲伤藏在微笑底下，继续活下去。'

"于是，我重新回去开始工作，不再对人冷淡无礼。我一再对我自己说：'事情到了这个地步，我没有能力去改变它，不过我能够像他所希望的那样继续活下去。'我把所有的思想和精力都用在工作上，我写信给前方的士兵——给别人的儿子们。晚上，我参加成人教育班——要找出新的兴趣，结交新的朋友。我几乎不敢相信发生在我身上的种种变化。我不再为已经永远过去的那些事悲伤，现在我每天的生活都充满了快乐——就像我的侄儿要我做到的那样。"

伊丽莎白·康内莉学到了我们所有人迟早要学到的东西，那就是必须接受和适应那些不可避免的事。这不是很容易学会的一课，就连那些在位的皇帝们也要常常提醒自己这样去做。已故的乔治五世在他白金汉宫的墙壁上挂着这样一句话："教我不要因月亮或打翻牛奶而哭泣。"

同样的这个想法，叔本华是这样说的："学会顺从，这是你在踏上人生旅途后最重要的一件事。"

很显然，环境本身并不能使我们快乐或不快乐，我们对周遭环境的反应才能决定我们的感觉。

大师金言

必要的时候，我们都能忍受得住灾难和悲剧，甚至战胜它们，如果我们想这么做的话。我们也许以为自己办不到，但我们内在的力量却强大得比我们想象的更惊人，只要我们加以利用，就能帮助我们战胜一切。

　　已故的布斯·塔金顿总是这样说："人生加诸我身上的任何事情，我都能承受，但除了一样——失明，那是我永远也无法忍受的。"

　　但是，在某一天，这种不幸偏偏降临了，在他60多岁的时候，他低头看地上的地毯，发觉他无法看清楚地毯的花纹。他去找了一位眼科专家，证实了那不幸的事实：他的视力在减退，有一只眼睛几乎全瞎了，另一只也好不了多少。他最担心的事情终于在他身上发生了。

　　塔金顿对这种"无法忍受"的最坏的灾难有什么反应呢？他是不是觉得"这下完了，我这一辈子到这里就完了"呢？没有，他自己也没有想到他还能觉得非常开心，甚至于还能运用他的幽默。以前，浮动的"黑斑"令他很难过，它们时时在他眼前游过，遮断他的视线，可是现在，当那些最大的黑斑从他眼前晃过的时候，他却会说："嘿，又是老黑斑爷爷来了，不知道今天这么好的天气，它要到哪里去。"

　　命运能够征服人的精神吗？答案是否定的。当塔金顿完全失明以后，他说："我发现我能承受视力的丧失，就像一个人能承受别的事情一样。哪怕是我五种感官全丧失了能力，我知道我还能够继续生存在我的思想里，因为我们只有在思想里才能够看，只有在思想里才能够生活，无论我们是否清楚这一点。"

　　为了恢复视力，塔金顿在一年之内接受了12次手术，为他动手术的是当地的眼科医生。他有没有害怕呢？没有，他知道这都是必要的，他知道他没有办法逃避，所以唯一能减轻他痛苦的办法就是勇敢地去接受它。他拒绝在医院里用私人病房，而住进大病房里，和其他的病人在一起。他试着去使大家开心，而在他必须接受好几次的手术时——他很清楚地知道在他眼睛里动了些什么手术——他总是尽力让自己去想他是多么幸运。"多么好啊，"他说，"多么妙啊，现在科学的发展已经有了这种技巧，能够为像人的眼睛这么纤细的东西动手术了。"

一般人如果经历12次以上的手术和长期黑暗中的生活，恐怕早已变成神经质了。可是，塔金顿却说："我可不愿意把这次经历拿去换一些更不开心的事情。"这件事教会他如何接受灾难，使他了解到生命带给他的没有一样是他的能力所不及而不能忍受的。这件事也使他领悟了富尔顿所说的"失明并不令人难过，难过的是你不能忍受失明"这句话的道理。

如果我们因此而退缩，或者是加以反抗，或者是为它难过，我们也不可能改变那些已经发生的不可避免事实。但是我们可以改变自己，我知道，因为我就亲身试过。

有一次，我拒绝接受我所遇到的一件不可避免的事情，我做了一件傻事，想反抗它，结果我失眠了好几夜并且痛苦不堪。我开始让自己想起所有那些我不愿意想的事情，经过这样一年的自我虐待，我终于接受了这些不可能改变的事实。

我应该在几年前就朗诵瓦尔特·惠特曼的诗句：

"哦，要像树和动物一样面对黑暗、暴风、饥饿、欺骗、意外和挫折。"

我这样说是不是意味着我们面对任何挫折都要低声下气呢？绝对不是！那样就是一个宿命论者了。不管处于何种情况，只要还有一点儿挽回余地，我们就要不断地奋斗。但是，当常识告诉我们，事情不可避免，也不会出现任何转机时，那么最理智的做法就是不要庸人自扰。

哥伦比亚大学的赫基斯院长已去世了很久，他曾经写过一首打油诗，并将其作为自己的座右铭：

> 天下疾病多，数也数不清，
> 有的可以治，有的治不好。
> 如果还有救，就该把药找，
> 如果治不好，干脆就忘掉。

　　在写这本书时，我曾采访过很多著名的美国商界领袖。他们给我留下了深刻的印象，其中印象最深的是，他们多半都能接受无法避免的局面，让自己的生活始终无忧无虑。如果他们不具备这种能力，很快就会被巨大的压力打垮。这里有几个例子我想来说明我的意思。

　　J.C.潘尼就是个很好的事例，他创办了遍布全美的连锁店，他告诉我说："就算我赔光了所有的钱，我也不担心，因为忧虑不能带给我任何东西，我只能尽量把工作做好，至于结果，就交给上帝了。"

　　亨利·福特说过一句类似的话："如果我遇到处理不了的事情，我就让属下自己去解决。"

　　当我询问K.T.凯勒先生——这位克莱斯勒公司的总经理他是怎样消除烦恼的时候，他说："如果我碰到非常棘手的事情，只要有办法解决，我就会尽力去做，如果没办法，我干脆就忘掉它。我从不为未来忧虑，因为没人知道未来会如何，影响它的因素太多，何必白白浪费时间呢？"如果你认为凯勒是个哲学家，他一定会觉得不好意思，因为他认为自己不过是个出色的商人。不过，他这种理论和古罗马大哲学家伊庇克特修斯的差不多，后者告诫罗马人："快乐之道没有别的，仅仅在于不要为超出自己能力的事情忧虑。"

　　莎拉·班哈特也是深谙此道的女子。半个世纪以来，她始终是四大州歌剧院独占鳌头的皇后，全世界的观众深深地崇拜她。然而，在她71岁那年，她破产了，而且她的身体也发生了变化，医生波基教授告诉她必须锯掉双腿。因为她在越过大西洋的时候，在一暴风雨期间猛扑甲板严重伤害了她的腿。她的静脉炎很重，她的腿也软了。她的病痛非常严重，医生认为她的腿不得不锯掉。当波基教授把这个可怕的消息告诉莎拉时，他以为莎拉一定会暴跳如雷，她会说："上帝呀，要对我做什么！"但事实出乎他的意料，莎拉仅仅看了他一眼，然后平静地说："如果没有其他选择，那就只好这样了。"

莎拉进入手术室前，她的儿子在一边痛哭流涕，她却挥着手说："别走开，我马上就出来。"一路上，她为医生、护士朗诵自己的台词，让他们放松，莎拉说："他们的压力比我大得多。"

莎拉·班哈特恢复健康后，继续周游世界，让她的观众们疯狂了七年。

爱尔西·麦克密克在《读者文摘》的一篇文章里说："当我们不再反抗那些不可避免的事实之后，我们就可以节省精力，创造更丰富的生活。"

大师金言

任何人都不会有多余的情感和精力来抗拒不可避免的事实，同时又创造新的生活。你只能在两者之间选其一：你可以在生活中发生的不可避免的暴风雨之下弯腰曲身，或者你可以抗拒它们而被摧毁。

　　我在密苏里州自己的农场上就看过这样的情景。当时，我在农场种了几十棵树，起先它们长得非常快，后来一阵冰雹下来，每一根细小的树枝上都堆满了一层厚重的冰。这些树枝在重压下并没有顺从地弯下来，却很骄傲地硬挺着，最后在沉重的压力下折断了——然后不得不被毁掉。它们不像北方的树木那样聪明。我曾经在加拿大看到过长达好几百英里的常青树林，没有一棵柏树或是一株松树被冰或冰雹压垮。这些常青树知道怎么去顺从，怎么弯垂下它们的枝条，怎么适应那些不可避免的情况。

　　日本的柔道大师教他们的学生"要像杨柳一样柔顺，不要像橡树一样直挺"。

　　你知道汽车的轮胎为什么能在路上支持那么久，忍受得了那么多的颠簸吗？最初，有的人想要制造一种轮胎，能够抗拒路上的颠簸，结果轮胎不久就被颠簸成了碎块。后来他们做出一种轮胎，可以吸收路上所碰到的各种压力，这样的轮胎可以"接受一切"。如果我们在多难的人生旅途上，也能承受所有的挫折和颠簸的话，我们就能够活得更长久，并能享受更顺利的旅程。

　　如果我们不顺服，而是反抗生命中所遇到的各种挫折，那我们会碰到什么样的事情呢？如果我们在命运面前不能"向柳树一样弯曲"，而是坚持像橡树那样抵抗，那我们会碰到什么样的事情呢？答案非常简单：我们就会产生一连串内在的矛盾——忧虑、紧张，并且急躁而神经质。

　　如果我们再进一步，抛弃现实世界的各种不快，退缩到一个我们自己创造的梦幻世界中，那么我们就会精神错乱、心神不宁了。

在战时，成千上万的心怀恐惧的士兵只有两种选择：他们要么接受那些不可避免的事实，要么在压力之下崩溃。让我们举个例子，下面这个故事是威廉·卡塞纽斯在纽约成人教育班上所说的一个得奖的故事：

"我在加入海岸防卫队后不久，就被派到大西洋边的一个单位。他们安排我监管炸药。想想看，我——一个卖小饼干的店员，居然成为管炸药的人！光是想到站在几千几万吨TNT上，就足以把一个卖饼干的店员连骨髓都吓得冻住了。我只接受了两天的训练，而我所学到的东西让我的内心更加充满了恐惧。我永远也忘不了我第一次执行任务时的情形。那天又黑又冷，还下着雾，我奉命到新泽西州贝永的卡文角执行任务。

"我奉命负责船上的第五号舱，并且和5个码头工人一起工作。他们身强力壮，可是对炸药却一无所知。他们正将重2000到4000磅的炸弹往船上装，每一个炸弹都包含一吨的TNT，足够把那条老船炸得粉碎。我们用两条铁索把炸弹吊到船上，我不停地对自己说，万一有一条铁索滑溜了，或是断了，噢，我的妈呀！我可真害怕极了。我浑身颤抖，嘴里发干，两个膝盖发软，心跳得很厉害。可是我不能跑开，因为那样就是逃亡，不但我会丢脸，我的父母也会丢脸，而且我可能因为逃亡而被枪毙。我不能跑，只能留下来。我一直看着那些码头工人毫不在乎地把炸弹搬来搬去，心想，船随时都会被炸掉。在我担惊受怕、紧张了一个多小时之后，我终于开始运用我的普通常识。我跟自己好好地谈了谈，并说：'你听着，就算你被炸死了，又怎么样？你反正也没有什么感觉了。这种死法倒痛快得很，总比死于癌症要好得多。不要做傻瓜，你不可能永远活着，这件工作不能不做，否

则要被枪毙，所以你还不如做得开朗点。'

"我这样跟自己讲了几个小时，然后开始觉得轻松了些。最后，我克服了我的忧虑和恐惧，让我自己接受了那不可避免的情况。

"我永远也忘不了这段经历，现在每逢我要为一些不可能改变的事实忧虑的时候，我就耸下肩膀说：'忘了吧。'我发现那很起作用，即使是对饼干推销员也一样。"

好极了，让我们三声欢呼，再为这位卖饼干的推销员多欢呼一声。

除了耶稣基督被钉在十字架以外，历史上最有名的死亡莫过于苏格拉底之死了。即使100万年以后，人类恐怕还会欣赏柏拉图对这件事所作的不朽的描写——也是所有的文学作品中最动人的一章。雅典的一些人，对打着赤脚的苏格拉底又嫉妒又羡慕，给他罗织一些罪名，把他审问之后处以死刑。当那个善良的狱卒把毒酒交给苏格拉底时，对他说道："对必然之事，试着轻快地去接受。"苏格拉底确实做到了这一点，他非常平静而顺从，面对死亡，那种态度真可以算是圣人了。

"对必然之事，试着轻快地接受。"这些话是苏格拉底在公元前399年说的。但在这个充满忧虑的世界，今天比以往任何时候更需要这几句话："对必然之事，试着轻快地接受。"

在过去的八年中，我专门阅读了我所能找到的所有关于怎样消除忧虑的每本书和每篇文章。你可知道，在读过这些文章之后，我所找到的最好的一点忠告是什么吗？好了，就是下面这句话——你和我都应该一直面对洗手间的镜子，这样我们就能随时洗掉我们脸上和心里的烦恼。这些无价的祈祷词是纽约联合工业神学院实用神学教授雷恩贺·纽伯尔提供给我们的，它们是：

神啊，

请赐我沉静，去接受我不能改变的事；

请赐我勇气，去改变我能改变的事；

请赐我智慧，去发现两者的区别。

大师金言

　　要在忧虑毁了你之前，先改掉忧虑的习惯，你要试着告诉自己：接受不可避免的事实。

　　1918年，《先知》作者R.V.C.波德莱离开了自己熟悉的生活圈子，来到非洲西北部，和游牧的阿拉伯人一起住在撒哈拉。他在那里待了7年。他熟练运用他们的语言，吃的、穿的和他们一样，生活方式也完全和他们相同，他也拥有羊群，和他们一样住在帐篷里。他研究他们的信仰，还写了一本名为《先知》的书，讲述穆罕默德的故事。

　　他说，和游牧的牧羊人在一起的那7年，是他生命中最安详、满足的一段时间。

　　波德莱的生活可谓丰富多彩，有各种各样的经验。他生于巴黎，父母都是英国人，在法国生活到9岁。从英国著名的伊顿公学和皇家军事学院毕业后，他成了一名陆军军官并在印度住了6年，在那里，他打马球、打猎、去喜马拉雅山探险。第一次世界大战爆发后，他参战，在战争结束时，以助理军事武官的身份参加了巴黎和会，正是那次巴黎和会上的见闻令他吃惊而愤慨。在西方前线的4年战场生涯中，他坚信我们是为了正义和文明而战，可在巴黎和会上，他看到的却是那些政客自私自利的嘴脸。他认为是他们为第二次世界大战埋下了导火索——他们都在为自己的国家争夺土地，制造国与国之间的矛盾，到处是各种阴谋和密谈。

　　波德莱厌倦了战争，厌倦了军队，厌倦了社会。他第一次无法在夜里安睡，他不知道自己应该从事什么行业，并为此烦恼。他的好友里夫·乔治劝他步入政坛。这时，"泰德"劳伦斯，就是第一次世界大战中最具传奇色彩的"阿拉伯的劳伦斯"与他谈了3分钟，建议他到阿拉伯的沙漠去体验一下完全不同的生活。

他离开军队，接受了劳伦斯的劝告，去沙漠和阿拉伯人一起生活。

在阿拉伯沙漠，那里的人民将穆罕默德在《古兰经》里的每一句话都奉若安拉的圣言。他们完全相信《古兰经》里所说的"真主（安拉）创造了你和你的行为"，并实实在在地接受下来，波德莱认为这正是他们遇事不急不躁、处之泰然的原因所在。当事情出了差错，他们也不发那些不必要的脾气。他们知道，有些事情早已注定，除了真主，没有人能够改变。当然，他们并不是坐在那里傻等着灾难的发生。

有一次，波德莱经历了一场炙热暴风的考验。那场暴风连刮了三天三夜，强劲的风居然把撒哈拉的沙子一直吹到了法国的隆河河谷。那阵暴风酷热，头皮似乎要被烧焦，嗓子干涩疼痛，眼睛火辣辣地疼，嘴里全是沙子，我感觉像是站在玻璃厂的大熔炉前。他努力保持着冷静，可那些阿拉伯人并不抱怨，他们耸耸肩膀，而是坦然接受。

大风暴终于结束了，他们马上开始行动，先是把羊群赶到南边有水的地方喝水，然后杀死那些已经不能存活的小羊羔，这样做也可以挽救母羊。所有这些行动都是在冷静中完成的，他们对于损失没有忧虑、抱怨或哀悼。一位部落酋长说："感谢真主，没让我们损失所有的一切，还剩下40%的羊群，我们可以重新开始。"

还有一次，波德莱和阿拉伯人一起坐车穿越大沙漠，半路上汽车轮胎爆了一只，偏偏司机忘了带备用胎，他们只剩下三只轮胎。波德莱非常恼火，问那些阿拉伯人该怎么办。他们却平静地说，发脾气也于事无补，只会使人觉得更烦躁。爆胎是安拉的旨意，没有办法可想。于是，他们坐着3个轮子的车继续前进，可没走多远，车子又停住了——这回是没油了。他们没有一个人对此抱怨，酋长只有一句轻轻的祈祷。他们并不因为司机所带的汽油不足而向他大声咆哮，大家反而保持冷静，一路上还不停地唱着欢快的歌曲。

在和阿拉伯人生活的7年中，波德莱终于明白那些在美国和欧洲常见的酗酒、疯狂及精神问题，追究根源正是现代人引以为傲的文明生活所制造出来的。

而在撒哈拉，波德莱就没有烦恼，他在那里找到了大部分人想要寻找却难以找到的——生理和心理的满足与平和。而这正是我们大多数人努力寻找却找不到的东西。

很多人认为宿命论愚蠢可笑，或许他们是对的。但是有许多事情都能让我们感觉到，命运是上天早已安排好的。假如波德莱在1919年那个酷热的八月午后，没有和"阿拉伯的劳伦斯"谈上3分钟，那他将会走上完全不同的人生道路。

以后的日子里，波德莱常常会回首过去，他发现生活中无处不受到无法控制的时间的影响。虽然他已经离开撒哈拉，但很多年来，他仍保持着阿拉伯人的那种心态：平和地接受那些你不能避免的事实。这令他不再焦躁与不安，比服用上千支镇静剂更为有效。

我们都不是穆罕默德的信徒，都不愿意成为宿命论者，可当我们遇到生活中那狂暴的风沙时，既然无法躲避，不如先坦然接受这不可避免的一切，然后再收拾一切，重新来过。

大师金言

有很多事情也许是命中注定的，也许是上天为了考验我们的意志，让我们受苦，然后，苦尽甘来。让我们试着接受吧。

第十章

让你的忧虑"到此为止"

成功的人不可能全靠机遇和运气，他们会遇到很多难以预料的困境。怎样战胜困难呢？成功人士的忠言是："在任何一件令人忧虑的事情上加一个'到此为止'的限制，结果好得出人意料。"

你是否想知道如何在华尔街上赚钱？恐怕至少有100万以上的人这么想过——如果我知道这个问题的答案，这本书恐怕就要卖1万美元一本了。不过，这里却有一个很好的想法，而且很多成功的人都应用过。讲这个故事的人叫查尔斯·罗伯茨，一位投资顾问。他告诉我说：

"我刚从得克萨斯州来到纽约的时候，身上只有两万美元，是我朋友托付我到股票市场投资用的。我原以为我对股票市场懂得很多，可是后来我亏损得一分钱不剩。不错！在某些生意上我赚了几笔，可结果我失去了一切。"

"要是我自己的钱都赔光了，我倒不会那么在乎！"查尔斯·罗伯茨解释道，"可是，我觉得把我朋友们的钱赔光了，是一件很糟糕的事情，虽然他们都很有钱。在我们的投资得到这样一种不幸的结果之后，我实在很怕再见到他们，可是没想到的是，他们不仅对这件事情看得很开，而且还乐观到毫不在乎的地步。"

"我开始仔细研究自己犯过的错误，并下定决心在我再进股票市场以前，一定要先了解整个股票市场到底是怎么一回事。于是，我找到一位最成功的预测专家波顿·卡瑟斯，他住在伯顿S.城堡，我跟他交上了朋友。我相信我能从他那里学到很多东西，因为他多年来一直是个非常成功的人，而我知道能有这样一番事业的人，不可能全靠机遇和运气。

"他先问了我几个问题，问我以前是怎么做的。然后，他告诉我一个股票交易中最重要的原则。他说：'我在市场上所买的每一只股票，都有一个到此为止、不能再赔的最低标准。

"比方说，我买的是每股50美元的股票，我马上规定不能再赔的最低标准是45美元。这也就是说，万一股票跌价，跌到比买进价低5美元的时候，就立刻卖出去，这样就可以把损失只限定在5美元之内。'

"'如果你当初买得很聪明的话，'这位大师继续说道，'你的赚头可能平均在10美元、25美元，甚至于50美元。因此，在把你的损失限定在5美元以后，即使你半数以上的判断错误，也能让你赚很多的钱。'

"我立刻实践这个法则，很快就能熟练运用，它给我的顾客挽回了几千几万美元。后来，我还发现，这个'到此为止'的限定原则也同样适用于任何其他方面，在任何一件令人忧虑的事情上加一个'到此为止'的限制，结果好得几乎出人意料。

"举个例子说，我有一个朋友，他很不守时，曾经有一段时间，每次我们相约共进午餐，他总要迟到很久。最后，我告诉他，以后等他的时间一定要有个限制。我说：'比尔，我等你的时间限制在10分钟内，如果你超过10分钟还不出现，那么到此为止，我们的午餐约会就算告吹，即使你来了，我也已经走了。'"

天哪！听了查尔斯·罗伯茨的话，我真希望自己在多年前就学会这个方法，并用它来限制自己的脾气、耐心、欲望、悔恨，以及所有精神、情感上的压力，为什么我没有估计到我所处的每一处境，而是用那些庸俗的想法毁灭我平静的思想呢？我应该常常告诫自己："瞧！戴尔·卡耐基，这件事只值这么多担心，不能再增加了。"我为什么做不到呢？

我在30多岁的时候，决定用我的生命从事写小说的事业。我一门心思地想成为弗兰克·诺里斯，或者杰克·伦敦，或者托马斯·哈代，并以写小说作为终生职业。对此，我充满自信。我在欧洲待了两年，在那里，我住在最廉价的未开垦的地区，打字机也是第一次世界大战时期的。我花了两年的时间写出一部杰作，我给她起名《大风雪》，这个名字取得妙极了，因为所有出版社对它的态度都像大风雪，冷飕飕的，如同刚刚刮过得克萨斯州大平原。当我的经纪人告诉我，这部作品一钱不值，我并不具备写小说的天赋和才能时，我的心跳仿佛停止了。要不是在俱乐部里他给我重重的一击，我几乎晕倒过去了。我彻底晕了。我意识到，自己正站在生命的一个十字路口，我必须做出重要的选择。我该做什么？我该转向何方？

过了几个星期，我才突然从茫然中惊醒，虽然我当时还没听说过那句"为忧虑订下一个到此为止的期限"的话，但现在回顾起来，我当时做的正是这件事。我把我自己两年来费尽心血写成的小说当成一个宝贵经验，然后到此为止。我重新回到教授成人教育班的老本行，如果有时间，偶尔写一些非小说类的书或传记，比如你现在正在读的这本书。

我做出那样的决定是不是很高兴哪？高兴！现在，每当我想起这件事，我都会感觉自己就像在跳舞一样兴高采烈。我可以坦诚地说，从那时起，我从来没有花过一天或一小时的时间去想象自己会成为什么"哈代第二"。

大师金言

不要被那些庸俗的想法毁灭平静的思想，应该常常告诫自己："这件事只值这么多担心，不能再增加了。"

在100多年前的夜晚，沿着沃尔登塘池塘的海岸森林里发出一阵刺耳的声音，亨利·梭罗拿着鹅毛笔，蘸着自己做的墨水，在他的日记中写道："一件事情的代价——就是我称之为生活的总值，它需要马上交换或最后付出。"

换一种说法就是，如果我们将生活作为代价，为某一件事付出太多，那我们就是个傻瓜。这也正是吉尔伯和苏里文在他们自己的生活中的悲哀：他们知道如何创作出快乐的歌词和曲子，但他们完全不知道如何寻找哪怕是微小的快乐。他们创作出许多世人非常喜欢的轻歌剧，可是他们却没有办法控制他们的脾气。他们有一次竟然为了一块地毯的价钱而争吵了好多年：苏里文受命为他们剧院买了一块新地毯，可是当吉尔伯看到账单时，竟然非常恼火。这件事后来甚至闹上了公堂，从此两个人到死都没有再说过话。

苏里文为新歌剧写完曲子之后，就把它寄给吉尔伯；而吉尔伯填上歌词之后，再把它寄回给苏里文。有一次，他们不得不同时上台谢幕，但是他们却站在舞台的两边，分别面朝着不同的方向鞠躬，这样才不至于看见对方。他们就不懂得在出现矛盾和不快的时候，划一个"到此为止"的最低限度，而林肯却做到了这一点。

在美国南北战争期间，有一次，林肯的几位朋友攻击他的一些敌人，林肯说："你们对私人恩怨的感受比我更多，也许我这种感觉太少吧。可是我向来以为这样很不值得。一个人实在没有必要把时间花在争吵上，要是那个人不再攻击我，我也永远不会再记他的仇。"

我真希望我的伊迪丝老姑妈也能有林肯这样宽以待人的胸襟。

她和姑父法兰克住在一栋被抵押出去的农庄上，那里的土质很恶劣，灌溉条件也差，收成自然不好。他们的日子很艰难，每一个小钱都得省着用。可是伊迪丝姑妈却喜欢买一些窗帘和其他的小饰物来装饰家里，她曾向密苏里州马利维里的一家小杂货店赊购这些东西。姑父法兰克很担心他们的债务无法还清，而且他是个很注重个人信誉的人，不愿意欠债，因此他私下里告诉杂货店老板，不让他太太再赊账买他的东西。当她听说这件事之后，大发脾气——那时离现在差不多有50年了，可是她还在发脾气。我曾经不止一次地听她说起这件事情。我最后一次见到她的时候，她已经快80岁了。我对她说："伊迪丝姑妈，法兰克姑父这种做法的确不对，可是你没有觉得，自从那件事发生之后，你差不多埋怨了姑父半个世纪，这难道比他所做的任何事情都坏吗？"

伊迪丝姑妈对她这些不愉快的记忆所付出的代价，实在是太大了——她付出的是她自己内心的平静。

在本杰明·富兰克林7岁的时候，曾犯了一次70年来一直让他难以释怀的错误。当他还是一个7岁的孩子的时候，他喜欢上了一个哨子，于是他兴奋地跑进玩具店，把他所有的零钱放在柜台上，也不问问价钱就把那个哨子买了下来。"然后，我回到家里，"70年后他写信告诉他的朋友说，"吹着哨子在整个屋子里转着，对我买的这个哨子非常得意。"可是，等到他的哥哥、姐姐发现他买哨子多付了钱之后，大家都来取笑他。而他正像他后来所说的："我懊恼地痛哭了一场。"

很多年之后，富兰克林成了一位世界知名的人物，做了美国驻法国的大使。他还记得那件事，因为他买哨子多付了钱，使他得到的痛苦多过了哨子所带给他的快乐。

最终，富兰克林在这个教训里学到了一个非常简单的道理。"当我长大以后，"他说，"我走进世界，观察许多人类的行为，我认为我碰到很多人，非常多的人，他们买哨子都付了太多的钱。简而言之，我认为，人类的苦难部分地产生于他们对事物的价值作了错误的估计，也就是他们认为买哨子多付了钱。"

吉尔伯和苏里文为他们的"哨子"多付了钱，我的姑妈伊迪丝也一样，我自己在很多情况下同样如此。

是的，我真诚地相信，树立正确的价值观是获得内心平静的最大秘诀之一，而且，我相信，50%的忧虑都是可以消除的，如果我们一次将发展一种私人黄金标准——如果这种黄金标准的东西对我们生活是有价值的。

无论何时，当我们想拿钱买东西，或以生活作为代价时，应该先停下来问自己三个问题：

（1）我现在忧虑的问题和自己有什么关联？

（2）面对这件令人忧虑的事情，应该在哪里设置"到此为止"的限度，然后全部忘掉它？

（3）我应该用多少钱买这个"哨子"？它的价值是否没有我所付出的那么高？

大师金言

你究竟为什么而忧虑？为了拥有更多的财富，更高的地位，还是其他什么？人人都有追求美好生活的愿望，但也要懂得知足，学会放弃。这样就能获得内心的平静，就可以消除太多的紧张和焦虑了。

第十一章

对失眠的恐惧
造成的伤害，
远远超过失眠本身

从来没有人因为缺乏睡眠而死，为失眠而忧虑对你的损害，会比失眠本身更厉害。而解决失眠忧虑的有效办法是，不要强迫自己入睡，一只只地数着小绵羊，只会使你更加疲惫且难以入睡。

要是你经常睡不好觉的话，你会不会忧虑呢？那么你也许愿意知道塞缪尔·昂特迈耶——国际知名的大律师——这一辈子从来没好好睡过一天。

　　塞缪尔·昂特迈耶上大学的时候，很担心两件事情——气喘病和失眠症，这两种病似乎都没有办法治好。于是他决定退一步去想，他要充分利用清醒的时间。他不在床上翻来覆去，不让自己忧虑到精神崩溃的程度，他下床来读书。结果呢？他在班上每一门功课都名列前茅，成为纽约州立大学的奇才。

　　甚至在他开始进行律师业务以后，他的失眠症还是没有治好。可是昂特迈耶一点也不忧虑，他说："大自然会照顾我的。"事实果然如此。他虽然每天睡得很少，健康情形却一直很好，而且也能像纽约法律界所有的年轻律师一样努力工作，甚至超过其他人，因为别人睡觉的时候，他还是清醒的。昂特迈耶大律师21岁的时候，每年的收入已经高达75 000美元，因此很多其他年轻的律师都到法庭去研究他的方法。1931年，他在一个诉讼案子上所得到的酬劳，可能是有史以来律师界所得酬劳最高的一次——整整100万美元，而且都是现金。

　　实际上他还是有失眠症。晚上他有一半的时间都在看书，清早5点钟就起床，开始口述信件。当大多数人刚刚开始工作的时候，他一天的工作差不多就已经做完一半了。他一直活到81岁，一辈子里却难得有一天晚上睡得很熟。想想看，如果他一直为失眠症担心忧虑的话，恐怕他这一辈子早就毁了。

　　我们的生活中，有1/3的时间都化在了睡眠上，可是没有一个人知道睡眠究竟是怎么一回事。我们知道这是一种习惯，也是一种休息状态。可是我们不知道每一个人需要几个小时的睡眠，我们甚至不知道我们是否非睡觉不可。

很难想象吗？好了，在第一次世界大战期间，一个名叫保罗·科恩的匈牙利上兵，脑前叶被枪弹打穿。

他的伤养好了，可奇怪的是，他从此没有办法再睡着。不管医生用什么样的办法——他们使用过各种镇静剂和麻醉药，甚至使用了催眠术，保罗·科恩就是没有办法睡着，甚至不觉得困倦。

所有的医生都说他活不久了，可是他却令所有人吃惊了。他找到一份工作，非常健康地活了好多年。他有时候会躺下来闭上眼睛休息，可是怎么也没有办法睡着。他的病例成为医学史上一个未解之谜，推翻了我们对睡眠的很多想法。

有些人确实需要比其他人长的睡眠时间。著名指挥家托斯卡尼尼每晚只需要睡5个小时，而柯立芝总统却需要两倍的时间。24个小时，柯立芝要睡11个小时。换句话说，托斯卡尼尼一生大概只花了1/5的时间在睡眠上，而柯立芝却几乎睡掉了他生命的一半时间。

大师金言

有的人只需要很少的睡眠就能保持精力充沛，也有的人需要足够的8小时睡眠才会感到心身愉悦。每个人都有自己的特点，不必千篇一律，否则真的就会因为睡眠的多少而产生不必要的忧虑了。

为失眠症而忧虑，对你的伤害程度，远超过失眠症本身。

举个例子来说，我的一个学生伊拉·桑德勒，就几乎因为严重的失眠症而自杀。下面是他所讲述的故事：

"我真的以为我会精神失常，"伊拉·桑德勒告诉我，"问题是，最初我是个睡得很熟的人，就连闹钟响了也不会醒来，以至于每天早晨上班都迟到。我因为这件事情而非常忧虑——事实上，我的老板也警告我说，我一定得准时上班。我知道如果再这样睡过头的话，我就会丢了工作。

"我把这件事情告诉我的朋友。有个朋友帮我分析原因，就因为在睡觉以前要集中精神去注意闹钟，结果造成了我的失眠症。那个该死的闹钟的滴答滴答声缠着我不放，让我睡不着，整夜翻来覆去。到了早晨，我几乎困得不能动，又疲劳又忧虑。这样持续了有8个礼拜之久，我所受到的折磨简直无法用语言来形容。我深信自己一定会精神失常的。有时候我会走来走去转上好几个钟点，甚至想从窗口跳出去一了百了。

"最后，我去见一个我认识的医生。他说：'伊拉，我没有办法帮你的忙，没有一个人能够帮你，因为这种事情是你自己找的。每天晚上上床后，要是你睡不着的话，就不要去理它，对你自己说：我才不在乎我睡得着睡不着，就算醒着躺在那里一直到天亮，也没有关系。闭上你的眼睛说：反正我只要躺在这里不动，不去为这件事担忧，就能得到休息。'"

"我照他的话去做，"桑德勒说，"不到两个礼拜，我就能安稳地睡着了。不到一个月，我就能每天睡8个小时，而我的精神也恢复了正常。"

使伊拉·桑德勒受到折磨的不是失眠症，而是失眠症引起的忧虑。

在芝加哥大学担任教授的纳撒尼尔·克莱特曼博士，曾对睡眠问题做过很多研究，他是全世界有关睡眠问题的专家。他说过，从来没有听说哪一个人是因失眠症而死的。实际上，可能有人为失眠而忧虑以致体力减低受到细菌的侵袭，可是这种损害是由忧虑所造成，而不是由于失眠症本身。

克莱特曼博士也曾说过，那些为失眠症担忧的人，通常所得到的睡眠比他们所想象的要多很多。那些指天誓日地说"我昨天晚上连眼睛都没有闭一下"的人，实际上可能睡了好几个钟点，只是自己不知道而已。举个例子来说，19世纪最有名的思想家赫伯特·斯宾塞，老的时候还是独身，寄住在一间宿舍里，整天都在谈他的失眠问题，弄得每个人都烦得要命。他甚至在耳朵里带上耳塞来避免外面的吵闹声，镇定他的神经，有时候还吃鸦片来催眠。有一天晚上，他和牛津大学的塞斯教授同住在一个旅馆房间里，第二天早上斯宾塞说他昨天晚上整夜没有睡着，实际上却是塞斯教授根本没有睡着，因为斯宾塞的鼾声吵了他一夜。

要想安稳地睡一夜的第一个必要条件，就是要有安全感。我们必须感觉到有一种比我们大得多的力量，一直照顾我们到天明。托马斯·希斯洛普博士在英国医药协会的一次演讲中就特别强调这一点。他说："根据我多年行医的经验发现，使你入睡的最好办法之一就是祈祷。我这样说纯粹是以一个医生的身份来说的。对有祈祷习惯的人来说，祈祷一定是镇定思想和神经的最适当也最常用的方法。把自己托付给上帝，然后放松你自己。"

著名歌唱家兼电影明星珍妮·麦当娜告诉我，每当她感觉精神颓丧而忧虑到难以入睡的时候，她就重复读诗篇第二十三章来让自己得到一种安全感——"耶和华是我的牧师，我将无所需求，他使我躺卧在青草地上，引我在可安憩的水边……"

可是，如果你没有宗教信仰，不能这样轻松地解决你的问题的话，你可以采用另一种方法来努力放松自己。大卫·哈罗·芬克博士写过一本名叫《消除神经紧张》的书，其中提出了一种最好的方法，那就是和你自己的身体交谈。芬克博士认为，语言是所有催眠法的关键，如果你一直没有办法入睡，那是因为你自己"说"得太多以至于使自己得了失眠症。唯一的解决方法是从这种失眠状态中解脱出来。具体方法是对你自己身上的肌肉说："放松！放松！放松所有的紧张情绪！"

现在我们已经知道，当人的肌肉处在紧张状态的时候，思想和神经就无法得到放松。因此，如果我们想要安然地入睡，必须先放松自己的肌肉。芬克博士所推荐的方法，就是把枕头放在膝盖下，使双脚的紧张减轻。然后，把几个小枕头垫在手臂底下，放松下颌、眼睛、两个手臂和两腿，这样我们就会在不知不觉中入睡了。我自己曾经试过这个方法，我知道很有效。

如果你有失眠症，不妨买一本芬克博士的《消除神经紧张》，这本书我在前面也提到过，这是我所知道的唯一具有可读性、又可以治好失眠症的一本很实用的好书。

另一种治疗失眠症的最好办法，就是让自己去参加体力劳动，直到疲倦为止。你可以去种花、游泳、打网球、打高尔夫球、滑雪，或者做需要耗费很多体力的工作。这是著名作家托德·德莱塞的做法。当他还是一个为生活而挣扎的年轻作家时，也曾经为失眠症而忧虑过。于是他到纽约中央铁路公司找了一份铁路工人的工作，在做了一天打钉子和铲石子的工作之后，就会累得甚至没有办法坐在那里吃完晚饭。

如果我们感到疲倦至极的话，哪怕我们是在走路，我们也会被逼迫入睡的。我可以用一件事情来说明。13岁那年，我的父亲要运一车猪去密苏里州的圣乔城，因为他当时有两张免费的火车票，所以他带着我一起去。我在那之前从来没有去过任何超过四千人口以上的小城。当我到了有六万人的圣乔城时，兴奋得难以言表。我看到了6层高的大楼，还看到了一辆电车。我现在闭上眼睛，好像还能看到那辆电车。在经历了我一生当中最兴奋的一天之后，父亲带我坐火车回家。下火车的时候，已经是半夜两点钟了，我们还要走4里远的路回到农庄。当时我已经疲倦到了一边走一边睡的程度，甚至还做着梦。

当一个人完全筋疲力尽的时候，即使是打雷或面临战争的恐怖与危险，他也能够安然入睡。神经科医生佛斯特·肯尼迪博士告诉我说，在1918年，英国第五军撤退的时候，他就看过筋疲力尽的士兵随地倒下，睡得就像昏过去了一样。虽然他用手撑开他们的眼皮，他们仍不会醒过来。他说他注意到，所有人的眼球都在眼眶里向上翻起。"在那以后，"肯尼迪医生说，"每次睡不着的时候，我就把我的眼珠翻到那个位置。我发现，不到几秒钟，我就会开始打哈欠，感到困倦，这是一种我无法控制的自动反应。"

从来没有一个人会用不睡觉的方式自杀。不论他有多强的意志力，大自然都会强迫他入睡。大自然可以让我们长久地不吃东西，不喝水，却不会让我们长久地不睡觉。

一谈到自杀，就使我想起亨利·林克博士在他那本《人的再发现》一书里所谈到的一个例子。林克博士是心理问题公司的副总裁，他曾经和很多因为忧虑而颓丧的人交谈过。在《消除恐惧与忧虑》那一章里，他谈到了一个想要自杀的病人。林克博士知道，跟这个人争论，只会使情况变得更为糟糕，所以他对这个人说："如果你反正都要自杀的话，至少应该做得英雄一点儿，你可以绕着这条街跑到累死为止吧。"

他果然去试了，不止一次，而是试了好几次。结果怎样呢？结果是每一次他都会觉得好过一点，不过这种感觉是在心理上，而不是在生理上。到了第三天晚上，林克博士终于实现了他最初想要达到的目的——这个病人由于身体疲劳，睡得很沉。后来他参加了某个体育俱乐部，参加各种运动项目，没过多久就开心得想要永远活下去。

所以，你若想不为失眠症而忧虑，请记住以下规则：

（1）如果你睡不着，就起来工作或看书，直到你想睡为止。

（2）记住，从来没有人因为缺乏睡眠而死，为失眠而忧虑对你的损害，会比失眠本身更厉害。

（3）保持全身放松，看看《消除神经紧张》那本书。

（4）加强运动，让你因身体疲惫而无法保持清醒。

大师金言

不要为失眠而忧虑，睡不着了，就看看书，站在窗前看看外面闪烁的灯光。不一定每天非要睡够几小时不可。

第十二章

不要为打翻的牛奶而哭泣

成功者与失败者并没有多大的区别，不过是失败者走了九十九步，成功者走了一百步。成功者跌下去的次数比失败者少一次，成功者站起来的次数比失败者多一次。当你走了一千步时，也有可能遭到失败，但成功往往就在不远处。试想一想，你会为了刚刚遭遇的失败而哭泣，而裹足不前吗？

当我在写这些句子时，我可以透过窗子看见在我的院子里，有一些恐龙的足迹——它留在大石板和木头上。这是我从耶鲁大学皮氏博物馆里买到的，那儿的管理员来信告诉我："这些足迹是恐龙在一亿八千万年前留下的。"就算是白痴，也从来不想去改变如此久远的足迹，但忧虑却能令人产生如此愚蠢的想法。事实上，就算是发生在180秒钟之前的事，我们也不可能回头改变它。事实是，我们唯一能做的，就是想办法改变它所造成的影响，我们不可能改变已经发生过的事实。

如果希望这个错误具有价值，最好的方法就是，冷静分析错误，从中汲取教训——然后忘掉这个错误。

我知道这样做是对的，但是我从中获得勇气和感觉了吗？要回答这个问题，让我给你讲一件多年前我所经历的一件不寻常的事。几年前，我投资了30多万美元，却没有获得一个便士的利润。事情是这样的：我举办了一个大型成人教育补习班，在很多城市设立了分部，因此在维持费和广告费上投入了不少钱。当时我的课程很紧，没有时间和心情管理财务。另外，当时我很幼稚，不懂得寻找一个优秀的业务经理，来帮我安排各项支出。

这样过了快一年，我突然发现，虽然我的收入增加了不少，却没有看见利润。发现这个问题之后，本来我应该马上做两件事：首先，学习黑人科学家乔治·华盛顿·卡佛尔的做法，因为银行倒闭，他的4万美元有去无回。那是他的毕生积蓄，当有人问他是否知道银行倒闭的消息后，他回答：'是的，我听说了。'然后，他继续他的教学。他将这笔损失完全从脑子里抹去，永远不再提起。我应该采取的第二个做法是：仔细分析错误，从中吸取教训。

但最后，我一样也没有做，相反，我却开始忧虑起来。

连续好几个月，我都恍恍惚惚的，吃不下睡不着，体重下降。我不仅没有从中学到东西，还犯下一个类似的小错误。

这件令人尴尬的错误说明我是多么愚蠢，真是应验了那句话——教20个人如何做，比自己去做要容易得多。

亚伦·山德士先生告诉我，他永远记得他的老师——布兰德温博士给他上过的一堂最有价值的课。"当时，我只有10多岁，"亚伦·山德士先生说，"却经常担心很多事，对自己犯下的错误总是耿耿于怀。如果我交上一张考卷，我就总是处于清醒状态，并且咀嚼手指，因为担心考试会不及格。我总不停地回味我做过的事，总是在想要是当初我没有做这件事该多好，我总是在想我说过的话，希望当初我不说那句话该多好。"

"后来，一天早上，我们和平常一样走进科学实验室，我们的老师——保罗·布兰德温博士在那里。我们发现，保罗·布兰德温教授的桌上放着一瓶牛奶。我们都坐下了，开始看着那杯牛奶。我们都想不通，这和科学实验课有什么关系。忽然，保罗·布兰德温教授一把将瓶子掀翻，牛奶洒落在水槽中，只听见他大声喊道：'不要为打翻牛奶而哭泣。'

"接着，他让我们站在水槽边，说，'你们好好看看，因为我想让你们记住这人生的一堂课。牛奶已经漏光了，你们可以看到，牛奶已经进了排水道。要永远记住：不管你如何担心、如何抱怨，也不可能将它捞回来。如果你们能预先动点脑筋，加以防范，那么牛奶就不会被打翻，但现在已经太迟了。我们唯一能做的，只是忘掉它，然后考虑下一件事。'"

"这次小小的表演,"亚伦·山德士先生告诉我,"在我忘了我所学到的几何和拉丁文以后很久还让我记得。事实上,这件事在实际生活中所教给我的,比我在高中读了那么多年所学到的任何东西都好。它教我只要可能的话,就不要打翻牛奶,万一牛奶打翻、全部漏光的时候,就要彻底把这件事情给忘掉。"

有些读者也许会想,花这么大力气来讲那么一句老话——不要为打翻了牛奶而哭泣,未免有点无聊。我知道这句话很普通,也可以算是很陈旧的老生常谈。我知道你已经听过上千遍了。可是,我也知道像这样的老生常谈,却包含了多少年来所积聚的智慧,这是人类经验的结晶,是世世代代传下来的。如果你能读遍各个时代很多伟大学者所写的有关忧虑的书,你也不会看到比"船到桥头自然直"和"不要为打翻了牛奶而哭泣"更基本、更有用的老生常谈了。只要我们能应用这两句老话,不轻视它们,我们就根本用不到这本书了。事实上,我们应用这些老谚语已经到了尽善尽美的地步。然而,如果不加以应用,知识就不是力量。

本书的目的并不在于告诉你什么新的东西,而是要提醒你那些你已经知道的事,鼓励你把已经学到的东西加以应用。

大师金言

"船到桥头自然直""不要为打翻了牛奶而哭泣",这虽然是老生常谈,但却是最简单的道理,命运往往就是这样。

　　我一直很佩服已故的佛雷德·福勒·夏德，他有一种能把老的真理用又新又吸引人的方法说出来的天分。他是一家《费城公告》报社的编辑。有一次在大学毕业班讲演的时候，他问道："有多少人曾经锯过木头？请举手。"大部分的学生都曾经锯过。然后，他又问道："有多少人曾经锯过木屑？"没有一个人举手。

　　"当然，你们不可能锯木屑，"夏德先生说道，"因为那些都是已经锯下来的。过去的事也是一样，当你开始为那些已经做完的和过去的事忧虑的时候，你不过是在锯一些木屑。"

　　棒球老将康尼·麦克81岁的时候，我问他有没有为输了的比赛忧虑过。

　　"噢，有的。我以前常这样，"康尼·麦克告诉我说，"可是多年以前我就不干这种傻事了。我发现这样做对我完全没有好处，磨完的麦子不能再磨，"他说，"水已经把它们冲到底下去了。"

　　不错，磨完的麦子不能再磨；锯木头剩下来的木屑，也不能再锯。可是，你还能消除你脸上的皱纹和胃里的溃疡。

　　在去年感恩节的时候，我和杰克·登普西一起吃晚饭。当我们吃火鸡和橘子酱的时候，他告诉我他把重量级拳王的头衔输给滕尼的那一仗。当然，这对他的拳击生涯是一个很大的打击。"在拳赛当中，我突然发现我变成了一个老人……到第十回合终了，我还没有倒下去，可是也只是没有倒下去而已。我的脸肿了起来，而且有很多处伤痕，两只眼睛几乎无法睁开……我看见裁判员举起吉恩·滕尼的手，宣布他获胜……我不再是世界拳王，我在雨中往回走，穿过人群回到自己的房间。在我走过的时候，有些人想来抓我的手，另外一些人眼睛里含着泪水。

"一年之后，我再跟滕尼比赛了一场，可是一点用也没有，我就这样永远完了。要完全不去愁这件事情实在很困难，可是我对自己说：'我不打算生活在过去里，或是为打翻了的牛奶而哭泣，我要能承受这一次打击，不能让它把我打倒'"。

而这一点正是杰克·登普西所做到的事。怎么做的呢？他只是一再地对自己说"我不为过去而忧虑"吗？不是的！这样做只会再强迫他想到他过去的那些忧虑。他的做法是承受一切，忘掉他的失败，然后集中精力来为未来计划；他的做法是经营百老汇的登普西餐厅和大北方旅馆；他的做法是安排和宣传拳击赛，举行有关拳赛的各种展览会；他的做法是让自己忙着做一些富于建设性的事情，使他既没有时间也没有心思去为过去担忧。"在过去的一年里，我的生活，"杰克·登普西说，"比我在做世界拳王的时候要好得多了。"

登普西先生告诉我，他没有读过多少书，可是，他却是不自觉地照着莎士比亚的话在做："聪明的人永远不会坐在那里为他们的损失而悲伤，而是很高兴地想办法来弥补他们的创伤。"

当我读历史和传记并观察一般人如何度过艰苦的环境时，我一直既觉得吃惊，又羡慕那些有能力把他们的忧虑和不幸忘掉并继续过快乐生活的人。

一次，我到辛辛监狱去考察，那里最让我吃惊的是，囚犯们看起来和平常人一样都是快乐的。我当即把我的看法告诉了刘易士·路易斯——当时辛辛监狱的监狱长。他告诉我，这些囚犯刚到辛辛监狱的时候，都心怀怨恨而且脾气暴躁，可是经过几个月之后，他们当中比较聪明一点的人都能忘掉他们的不幸，安定下来承受他们的监狱生活，并尽量过好。刘易士·路易斯监狱长告诉我，有一个辛辛监狱的犯人——一个在园子里工作的人，在监狱围墙里种菜种花的时候，还能唱着歌。

所以，为什么要浪费眼泪呢？当然，犯了过错或疏忽大意都是我们的不对，可是这又怎么样呢？谁没有犯过错？就连闻名于世的拿破仑，在他所有重要的战役中也输过三分之一。也许我们的平均纪录并不会次于拿破仑，谁知道呢？

何况，任何一个人，即使调动所有国王的人马，也不能挽回过去的失误。所以，让我们记住：不要试着去锯碎木屑。

大师金言

要知道连最伟大的人物也有犯错的时候，何况你我这样平凡的人呢？

第十三章

别忽视思想的巨大力量

如果你感到不快乐，那么唯一能发现快乐的方法就是振奋精神，使行动和言词好像已经感觉到快乐的样子。当你的行动显示出你快乐时，就不可能再忧虑和颓丧下去了。

几年前，一个无线电节目请求我回答一个问题："你所得到的最大的教训是什么？"

这很简单很显然，我所吸取的最大教训就是我明白了什么是最重要的。如果我知道我所认为的，我也会知道你的所想。我们的思想促使我们要思考这些，我们的精神态度是决定我们命运的最重要的要素。

爱默生说："一个人是什么取决于他整天思考什么。"……他怎么可能是别的什么呢？

我现在很确切地知道最大的问题是必须处理的。实际上，我们必须处理的唯一的问题就是选择正确的想法。如果我们可以做到这一点，我们就可以解决所有我们必须面对的问题。最伟大的哲学家、罗马帝国的统治者奥勒留，总结了八个字——这八个字可以决定你的命运——思想决定你的生活。

不错，如果我们想的都是快乐的事，我们就是快乐的。如果我们想的总是糟糕的事，我们就会很凄惨。如果我们总有畏惧的想法，我们将会恐惧。如果我们有病弱的想法，我们大概就会感觉不适。如果我们认为会失败，就会出故障。如果我们像农奴一样让人哀怜，大家就会避开我们。"你不是，"诺曼·文生·皮尔说，"你不是你想象的那样，但是你认为自己是什么，你就是什么。"

我这么说是不是暗示：对于所有的困难，人们都要盲目地乐观呢？不是的。不幸得很，生命不会这么简单。不过，我鼓励大家要用积极的心态去面对生活，也就是正视问题，但不过分忧虑。正视问题就要研究问题因何而来，再找出解决的办法，多余的忧虑和担心，对解决问题毫无帮助。

　　一个人可以在关心一些很严重的问题时，在衣领上插一朵鲜花悠然漫步。洛威尔·托马斯就是这样的一个人。我曾经协助洛威尔·托马斯拍摄一部电影，讲述艾伦贝和劳伦斯在第一次世界大战中的经历。他带着助手在前线拍摄了许多珍贵镜头，记录了劳伦斯和他手下那支骁勇善战的阿拉伯军队，也拍下了艾伦贝征服圣地的进程。最令世界为之轰动的是贯穿整部影片的旁白——巴勒斯坦的艾伦贝和阿拉伯的劳伦斯。在这部影片获得巨大成功后，他又用了两年时间准备拍摄一部印度和阿富汗的纪录片。在遭遇了一些出乎意料的事情之后，他突然发现自己陷入了糟糕的境地——他破产了。当时，我们经常在一起。我十分清楚地记得，我们不得不到街头的小饭店去吃廉价的食品。如果不是著名的苏格兰画家詹姆斯·麦克白接济的话，我们恐怕连那点儿微薄的食物也吃不到。但是，这些都不是问题的要点，问题的关键在于：当洛威尔·托马斯面临庞大的债务危机时，他对此予以重视，但并不因此而忧心忡忡。因为他深深懂得，如果自己因厄运而垂头丧气的话，他在别人眼里就会变得一文不值，尤其对那些债权人来说更是如此。所以，他每天早上出去办事前，总是买一朵花插在衣襟上，然后再昂首挺胸地走上牛津街。他的头脑中充满了积极和勇敢，绝不让挫折将自己击倒。对他而言，挫折不过是人生的一个组成部分，如果他想到达顶峰的话。这是必须经历的有益磨炼。

大师金言

　　头脑中充满了积极和勇敢，就不会让挫折击倒。

我们的精神状况对我们自身的身体和力量也有令人难以置信的影响。英国著名心理学家J.A.哈德费尔德在那本虽然只有54页但内容非凡的小书《力的心理学》里，对这一点给出了惊人的论述。"我请来三个人，"他在书中写道，"来测试心理对生理的影响，以握力计来测量。"他要求那三个人在不同的情况下，用全力抓紧握力计。

　　在一般的清醒状态下，他们的平均握力是101磅。

　　他做的第二项实验则是对他们进行催眠，并给他们传达这样一个信息：他们非常虚弱。实验的结果是，他们的握力只有29磅——不到正常力量的1/3。

　　当哈德费尔德让同样一批人做了第三项实验，即在催眠之后，告诉他们说他们十分强壮，结果他们的平均握力达到了142磅。也就是说，当人们在潜意识里肯定了自己的力量后，其力量几乎增加了50%。

　　这就是我们难以置信的心理力量。

　　为了进一步证明思想的巨大魔力，我想再告诉大家一件发生在美国内战期间的最奇特的故事。这个故事完全可以写成一大本书，这里我们只长话短说。

　　很多人都知道基督教信仰疗法的创始人是玛丽·贝克·艾迪，但是在最初的时候，她却认为生命中只有疾病、痛苦和不幸。她的第一任丈夫在他们婚后不久就去世了，第二任丈夫和一名已婚女人私奔，也抛弃了她，最后流落在一个贫民收容所里并在那里死去。她生有一个男孩，但因为贫困和疾病，不得不在孩子四岁那年把他送给了别人，而且从此之后下落不明，在以后的长达31年里，她都没有再见到他。

因为自身的健康状况不好，她一开始就对"信心治疗法"表现出浓厚的兴趣。但是，她生命中具有戏剧色彩的重大转折却是发生在麻省的理安市。那是一个很冷的日子，那天，她走在结冰的街道上，路面太滑，她突然摔倒了并昏死过去。她的脊椎受到了严重的损伤，她不停地痉挛，甚至医生也认为她可能活不多久了。他们说："即使出现奇迹，她能留下一条命的话，也绝对无法走路了。"

躺在一张仿佛在等待死亡的病床上，玛丽·贝克·艾迪打开了《圣经》，读到了马太福音里的一句话："有人用担架抬着两个瘫子到耶稣面前，耶稣对瘫子说：放心吧，你的罪被赦免了……起来，拿着你的褥子回家去吧。那人就站起来，然后走回家去了。"

她后来回忆说，《圣经》中的这几句话使她产生了一种力量，一种信仰，一种能够医治她生理疾病的信仰的力量，使她立刻下了床，开始行走。

"这种经验，"艾迪太太说，"如同引发牛顿灵感的那只苹果一样，使我发现自己是如何好起来的，也意识到如何能使别人也做到这些……现在，我可以充满信心地对别人说：一切根源都在你的思想里，一切影响力都是一种心理现象。"

也许你会对自己这样说："这家伙是不是在替基督教信心治疗法做宣传？"不！你错了！我并不是这个教派的信徒，完全没有传教的意思。但是，我活得越久，就越相信思想的伟大力量。在从事成人教育事业35年以后，我懂得了男人和女人都能够消除忧虑、恐惧和种种疾病的方法：改变想法就能改变自己的生活。我亲眼见过几百次这种转变，因为看得太多了，已经见怪不怪了。

再举一个例子，它发生在我的一名学生身上，这种令人难以置信的转变，同样可以证明思想的力量。这名学生的精神曾经处于崩溃的边缘，原因是什么呢？就是忧虑。后来这名学生告诉我说："我对任何事情都充满忧虑。我担心自己太瘦了；担心自己不断地掉头发；担心自己可能永远无法赚到足够的钱娶老婆；担心自己永远无法做一名好父亲；担心自己无能而失去想要娶的那个女孩子；担心自己会给别人留下许多不好的印象；担心自己已经得了胃溃疡而无法再找到工作。我的内心充满了紧张感，就像一个没有安全阀的锅炉，压力终于到了无法承受的程度，突然有一天爆发了——我的精神彻底崩溃了。如果你没有经历过精神崩溃的话，祈祷上帝，永远不要让你有这种经历吧，因为没有任何一种肉体上的痛苦能够超过精神上的极度痛苦。我的精神崩溃甚至严重到无法和家人交谈的程度。我无法控制自己的思想，内心充满了恐惧感，一点声音都会吓得我跳起来。我逃避所有的人，常常无缘无故暗自哭泣。我终日痛苦不堪，觉得自己被所有的人抛弃了——甚至连仁慈的上帝也抛弃了我。有的时候，我真想跳到河里，一了百了。

"也许换个环境能对我有所帮助，于是我决定到佛罗里达州去旅行。上火车之前，父亲交给我一封信，并叮嘱我到了目的地以后再看。我到佛罗里达的时候正是当地的旅游旺季，因为旅馆订不到房间，我只好住在一间汽车旅馆里。当时我想在迈阿密一艘不定期航行的货船上找一份工作，但没有成功，因此我就把大部分时间都消磨在海滩上。

"在佛罗里达的日子比在家里更难过，于是我拆开了父亲的信。他在信中写道：'儿子，现在你在离家1500英里的地方，但你并没有觉得有什么改变，对不对？我也知道你不会觉得有什么两样，因为你依然带着所有烦恼的根源——你自己。事实上，无论是你的身体还是你的精神，都毫无毛病。并不是你所遭遇的环境使你受到挫折，而是

由于你自己的想象。一个人心里所想的，就是他将要成为的。当你了解这一点后，儿子，回家来吧，因为你已经痊愈了。'

"父亲的信令我非常生气，我认为他应该同情我，而不是指责我。我再也不想回家了。就在那天晚上，我无意中路过一家教堂，因为没有别的地方可去，就决定进去看看。里面正在传道，讲的是'战胜精神，强过攻城'，我坐在神的殿堂里，竟然听到和我父亲相同的想法，我不禁沉思起来，我终于吃惊地明白自己有多么愚蠢，还曾想过改变世界和他人，原来我唯一需要改变的，正是我自己思想相机上的焦距。

"第二天一早我就收拾行李回家，一周后，我恢复了以前的工作。4个月后，我娶了我一直怕失去的姑娘。如今，我们有5个孩子，生活快乐幸福。上帝一直都很眷顾我，以前我只是一个小主管，现在我是拥有450名员工的工厂厂长。我理解了生命的真正含义，每当感到不安的时候，我就提醒自己，注意调整思想的焦距，一切都会变得更好。

"我要很诚实地说，我感激自己曾经的精神崩溃，有了那次经历，才会让我发现思想的强大能量，现在的我充分运用思想带来积极的影响，不再让身心疲惫焦虑伤害我，我现在才知道父亲是对的，使我痛苦的，确实不是外在的情况，而是我对各种情况的看法。当我明白了这一点，一切都好了，而且不会再生病。"这就是我那位学生的经验，他叫弗兰克·沃勒。

我深信我们的平静和快乐并不取决于外在的条件，诸如我们身在何处，我们拥有什么，或我们的身份，而取决于我们的心理状态。

让我们以老约翰·布朗为例。他曾强占过美国一家军工厂，并企图鼓动奴隶叛乱，后被判处绞刑。他是坐在自己的棺木上被送往刑场的，当时在他旁边的警长都很紧张，而布朗却极为平静，欣赏着弗吉尼亚州蓝天下的崇山峻岭，他感叹道："多么壮丽的国家，我从来没有真正看清楚过。"

或者我们以罗伯特·斯科特为例。他是第一位抵达南极的英国人，在他们回程时几乎经历了人类最严酷的考验。他们在途中断了粮，燃料也用尽了。他们寸步难行，因为吹过极地的狂风已肆虐了11个昼夜——这风的威力强大到可以切断南极冰崖。斯科特一行知道自己活不下去了，便拿出原先准备的一些鸦片以应付这种情势。因为一剂鸦片可以叫大家躺下，进入梦乡，不再苏醒。但最终他们没有这么做，而是在欢唱中去世。我们对他们最后诀别的壮举是后来才发现的，就在8个月后，一个搜索队找到了他们，并从冰冻的遗体上发现了一封告别书，告别书上是这么写的："如果我们拥有勇气和平静的思想，我们就能坐在自己的棺木上欣赏风景，在饥寒交迫时歌唱。"

300年前，失明了的米尔顿也发现了同样的真理：

心灵，是它自己的殿堂，

它可成为地狱中的天堂，

也可成为天堂中的地狱。

拿破仑与海伦·凯勒可以说是米尔顿观点的最佳诠释者。拿破仑拥有一般人所追求的一切——荣耀、权力、富贵——可他却对圣·海莲娜说："在我的生命中，找不到六天快乐的日子。"而海伦·凯勒——既聋且哑又瞎，她却说："我发现生命是如此美妙！"

年过半百，如果我真的学到了什么，那就是："除了你自己，没有别人能带给你平静。"

让我重复爱默生的那篇短文《自我依赖》的精彩结尾："一次政治上的胜利，地产收益的提高，病体康复，久未晤面的朋友出现，或任何其他外来的事物，会使你士气高昂，你以为好日子就在前面。切勿轻信，事实并非如此，除了你自己，没有别人能带给你平安。"

斯多噶派哲学家爱庇克泰德曾经警告我们，从头脑中祛除不当的想法，比割除身体上的毒瘤更重要。

爱庇克泰德是在19世纪前说的这句话，现代医学也支持了他的说法。G.坎贝·罗宾森医生宣称，5位住进霍普金斯医院的病人中就有4位受到情绪及压力的困扰，器官失调之类的病更是正常。"归根究底，这些疾病其实都归咎于患者对生活的调适不当。"他说。

法国伟大的哲学家蒙田把下面这句话奉为一生的圭臬："伤害人的并非事件本身，而是他对事件的看法。"而对事件的看法完全取决于我们自己。

我的意思到底是什么？当你情绪被困扰、神经紧张不堪时，你可以改变你的心理态度吗？我还是应该大胆地告诉你，正是如此！不只如此，我还能告诉你怎么做，也许这要费一点事儿，可是秘诀却是非常的简单。

威廉·詹姆斯是实用心理学的权威，他曾经表达过这样一种观点："通常的看法认为，行动是随着感觉而来，可实际上，行动和感觉是同时发生的。如果我们能使自己意志力控制下的行动规律化，也就能间接地使不在意志力控制下的感觉规律化。"

换句话说，威廉·詹姆斯告诉我们，不可能只凭"下定决心"就改变"我们的情感"，可是却可以改变我们的行为，而一旦行为发生了变化，感觉也就自然而然地随之改变了。

"这样，"他继续解释说，"如果你感到不快乐，那么唯一能发现快乐的方法就是振奋精神，使行动和言词好像已经感觉到快乐的样子。"

这种十分简单的办法是不是真的有效呢？你不妨试一试：脸上露出十分开心的笑容，挺起胸膛，深深地呼吸一大口新鲜空气，唱段小曲——如果你唱不好，就吹吹口哨……这样一来，你很快就会领会威廉·詹姆斯所说的意思了——当你的行动显示出你快乐时，就不可能再忧虑和颓丧下去了。

这是一个能造就生活奇迹的基本自然规则之一。我曾认识一个家住加利福尼亚州的女人——我不想提她的名字——如果她知道这个秘密的话，也许能在24小时之内，把所有的哀愁一扫而空。她是一个老寡妇，生活得十分悲惨，也从来没有试过让自己变得快乐起来。如果有人问她感觉如何，她总是说："啊，我还好。"但从她的表情和声音里，你能体味到她仿佛在说："唉，老天，如果你能碰到那些我所遭遇的烦恼就能明白了。"不知道世界上有多少女人的情况比她还糟。而事实上，她丈夫死后留给她的保险金足够她维持生存，子女也都已成家，能够奉养她，可是我却很少看见她脸上有笑容。

她整天抱怨三个女婿太差劲，太自私——虽然每次在他们家里一待就是好几个月。她还抱怨说，她的女儿从来不给她任何礼物——可是她自己却把钱看得死死的——所谓要"替未来打算"。对她自己和她那个不幸的一家人来说，她是多么令人生厌。事情一定就是如此吗？不！她完全可以使自己从一个满腹牢骚、挑剔吝啬、不快乐的老女人变成家中备受尊敬和喜爱的一分子——只要她愿意，完全可以做得到。完成这种转变，她只要高高兴兴地活着，只要她还有一点点爱给别人，而不是总抱怨自己的不快和不幸。

我认识一个名叫英格莱特的印第安纳州人，他发现了这个秘密，并且挽救了自己的生命。十年前，英格莱特先生得了猩红热，康复以后又发现自己得了肾病。他四处求医，找遍了偏方秘方，但谁也没办法治好他。

不久，他又得了另外一种并发症，血压升高。他去看医生，医生说他的血压已经到了最高点，已经无可救药了，情况太严重，最好是马上料理后事。

"我回到家里，"他说，"在了解到我所有的保险金都已经付过了之后，我坐下来默默地沉思，向上帝忏悔自己以前的过失，心中充满了痛苦。我害得所有的人都很不快乐。我让自己的妻子和家人感到难过，自己更是深深地陷入颓丧的情绪之中。然而，在经过一个星期的自怨自艾之后，我对自己说：'你简直像个大傻瓜。在一年之内恐怕还不会死，那么趁你还活着的时候，何不快快乐乐？'

"于是，我挺起胸膛，露出笑脸，显得一切都很正常。我承认开始的时候十分费力，但我强迫自己变得开心，这不仅有助于我的家人，对我自己也大有帮助。

"后来我发现自己渐渐好起来——几乎与我装出来的一样好。这种改进持续不断地进行着。到了今天——原以为已经该躺在坟墓里几个月后的今天——我不仅很快乐，活得好好的，而且血压也降了下来。当然，有一件事情是可以肯定的，如果我一直想到会死、会垮掉的话，那位医生所预言的就会实现了。可我给了自己的身体一个自行恢复的机会，别的人或事都毫无用处，除了改变自己的心情。"

让我向你提一个问题：如果让自己觉得开心、充满勇气而且健康的思想能挽救一个人的生命，那么你我为什么还要为一些小小的不快和颓丧而沮丧呢？如果让自己开心就能够创造快乐，那么为什么要让自己和家人、朋友不高兴而是难过呢？

大师金言

挺起胸膛，露出笑脸，让自己看上去很快乐，还有什么比快乐更好呢？

许多年前，我曾经读过一本名为《人的思想》的书籍，作者是詹姆斯·艾伦。这本书对我的人生产生了积极而深远的影响。下面摘取书里的一段：

　　"一个人会发现，当自己改变对事物和他人的看法时，这些事物和人对他而言也就发生了改变……如果一个人将自己的思想指向光明，他就会惊奇地发现，自己的人生有了巨大的改变。人无法吸引自己所要的，却可能吸引自己所有的……能改变气质的神性就存在于我们自己的心中……一个人所能得到的往往是自己思想的直接结果……有了奋发向上的思想之后，他才能奋起、征服，最终有所成就。如果不能激发自己的思想，他就永远只能沉湎于衰弱之中而饱尝愁苦。"

　　根据圣经创世纪的说法，上帝让人统治整个世界。这真是一份伟大的礼物，但我对这种特权实在没有兴趣。我希望得到的，是一种能控制自己的能力——能控制自己的思想，能控制自己的恐惧，能控制自己的欲望。在这一点上我相信自己已取得了一些非凡的成就。无论何时，我都保持这样的信念：只要控制自己的行为，就能控制自己的反应。

　　所以，让我们记住威廉·詹姆斯这句话："……只要把困境中人的内心感觉由恐惧变为奋斗，就能把那些消极的东西变为对自己有积极意义的东西。"

　　让我们为自己的快乐而奋斗吧！

　　让我们用一个每天能产生快乐而且具有建议性思想的计划，来为我们的快乐而奋斗吧。这里有一份快乐计划《只为今天》——这是在

36年前过世的席贝尔·帕区吉所写的。如果你我都这样去做，就能摆脱忧虑，让自己变得快乐。

只为今天

（1）只为今天，我要很快乐。林肯说过"大多数人的快乐来自决心"，快乐来自内心，而非外在世界。

（2）只为今天，我应该适应一切，我无法改变所有来迎合我自己。我要适应我的家庭、事业还有机遇。

（3）只为今天，我要身体健康。我要多运动，不忽视健康、不伤害身体，我要珍惜身体，这是我获得成功的基础。

（4）只为今天，我要在思想上丰富自己。我要多学习和研究，不把时间荒废在空想里。我要多读书，尤其是需要专心和动脑思考的书。

（5）只为今天，我要为锻炼自己做三件事：我要做一件不让对方知晓是我做的对他有益的事情；我还要做两件自己不愿意做的事。这样做是依照威廉·詹姆士要锻炼自己的建议。

（6）只为今天，我要做个受欢迎的人。我要注意仪表，打扮得体，不大声喧哗，举止要彬彬有礼。我不在意别人的评价，也决不对他人或事件指指点点、妄自非议。

（7）只为今天，我要努力过好每一刻，一生的问题不可能一次性解决。我可以一连12个小时只做一件事，可我不能一生墨守成规，那我就不会再有进步。

（8）只为今天，我要有计划地生活。我应该写下每小时要做些什么，虽然不会完全照此去做，但我还是要制订计划，至少可以让我避免仓促和迟疑这两种弊端。

（9）只为今天，我要让自己有半小时的空闲，让我的心灵宁静而愉悦。感谢上天给我生活的希望。

（10）只为今天，我要毫不畏惧，更不能害怕快乐，我要欣赏美的一切，去爱，去相信我爱的那些人也一样会爱我。

大师金言

如果我们想培养平安和快乐的心境，千万要记住：让你的思想和行为先快乐起来，你就会感到快乐。

第十四章

不要报复你的仇人

即使我们无法爱我们的仇人，但至少应该学会爱我们自己，要使仇人无法控制我们的快乐、我们的健康和我们的外表。正如莎士比亚所言："不要因你的敌人而燃起一把怒火，最终却烧伤了你自己。"

许多年以前的一个晚上，我外出旅行时经过黄石国家公园。一位森林管理员骑在马上，和我们这群兴奋的游客谈起熊的故事。他说："有一种大灰熊也许能击倒除了水牛和另一种黑熊以外的其他所有动物。但是有一天晚上，我却发现一只小动物——只有一只，能够让大灰熊和它在灯光下一起共食。那是一只臭鼬！大灰熊知道自己的巨掌一下就可以把这只臭鼬打昏，可是它为什么不那样做呢？因为它从经验里学到，那样做很不划算。"

　　我同样也懂得这个道理。我在孩童时，曾在密苏里的农庄上抓过4只脚的臭鼬；成年之后，在纽约街头也经常碰到一些像臭鼬一样的却长着两只脚的人。从许多不幸的经验中我发现，无论招惹哪一种臭鼬，都是不划算的。

　　当我们憎恨我们的仇人时，实际上等于给了他们制胜的力量。这种力量可能会影响我们的睡眠、我们的胃口、我们的血压、我们的健康和我们的快乐。如果仇人们知道他们是如何令我们担心，令我们苦恼，令我们一心想报复的话，他们一定会兴高采烈地跳起舞来。我们心中的怨怼不仅无法伤害到他们，反而使我们的生活变得像地狱一般。

　　是谁说过这样的话："如果自私的人想占你的便宜，不要理会他们，更不要想着试图报复。一旦你与他扯平了，你就会伤害自己，比伤害那家伙更多……"这些话听起来仿佛是一个伟大的理想主义者所说的，其实不然，这段话最初出现在一份由米尔瓦基警察局发出的通告上。

　　报复心是怎么伤害你的呢？伤害的地方可多了。根据《生活》杂志的一篇文章，报复甚至会对健康状况造成损害——高血压患者最主要的特征就是容易愤慨。长期愤怒，高血压和心脏病就会随之而来。

现在你应该懂得了，耶稣所说的"爱你的仇人"，不仅仅是一种道德上的训诫，而且是在宣扬一种20世纪的医学原理。当他说"原谅七十七次"的时候，他是在告诉我们如何避免高血压、心脏病、胃溃疡和其他种种疾病。

一个朋友心脏病突发，医生命令他躺在床上，并告诫他无论发生什么事都不能动气。懂得一点儿医学知识的人都知道，心脏衰弱的人，发脾气可能会送命。几年前，在华盛顿州的史泼坎城，就曾经有一名饭馆老板因过度生气而猝死。我手边有一封华盛顿州史泼坎城警察局局长杰瑞·史瓦脱写的信，他在信上说："68岁的威廉·坎伯开了一家小餐馆，因为厨子用茶杯盛咖啡而感到非常生气，他抓起一把左轮枪去追那个厨子，结果因为心脏病发作倒地而亡，死时手里还紧紧抓着那把枪。验尸官的报告显示，他是因为愤怒引起心脏病发作而死的。"

当耶稣说"爱你的仇人"时，他也是在告诉我们：怎样改进我们的外表。我想你也和我一样，经常可以看到一些女人，她们的脸上常常因为过多的怨恨而布满皱纹，因为悔恨而扭曲，表情僵硬。无论如何美容，都比不上让她们的心中充满宽容、温柔和爱。

怨恨甚至可能会影响我们对食物的享受。《圣经》上说："怀着爱心吃菜，要比怀着怨恨吃牛肉好得多。"

如果仇人们知道怨恨会搞得我们心神俱疲，紧张不安，使我们的外表受到损害，使我们得心脏病，甚至可能置我们于死地，他们难道不会拍手称快吗？

即使我们无法爱我们的仇人，但至少应该学会爱我们自己，要使仇人无法控制我们的快乐、我们的健康和我们的外表。正如莎士比亚所言：

"不要因你的敌人而燃起一把怒火，最终却烧伤了你自己。"

当耶稣说，我们应该原谅我们的仇人七十七次时，他也是在教我们做生意。举例来说，当我写这一段的时候，我桌上正放着一封来自瑞典乌普萨拉的乔治·罗纳先生的来信。几年来他在维也纳从事律师工作，直到第二次世界大战才回到瑞典。他身无分文，急需找到一份工作。他能说并能写好几种语言，所以想找个进出口公司担任文书工作。大多数公司都回信说，因为战争的缘故，他们目前不需要这种服务，但他们会保留他的资料，等等。倒是有一个人这样回信给罗纳：

"你对我公司的想象完全是错误的，你实在很愚蠢。我一点都不需要文书，即使我真的需要，我也不会雇用你，你连瑞典文字都写不好，信中全是错误。"

当乔治·罗纳读这封信时，气得暴跳如雷。这个瑞典人居然敢说他不懂瑞典话，他自己呢？他的回信才是错误百出呢。于是，罗纳写了一封足够气死对方的信。不过他停下来想了一下，对自己说："等等，我怎么知道他不对呢？我学过瑞典文，但它并非我的母语。也许我犯了错，我自己都不知道。真是这样的话，我应该再加强学习才能找到工作。这个人可能还帮了我一个忙，虽然他本意并非如此。他表达得虽然糟糕，倒不能抵消我欠他的人情。我应该写一封信感谢他。"

于是，乔治·罗纳把他写好的信揉掉，另外写了一封，信上说："你根本不需要文书，还不厌其烦地回信给我，真是太难得了。我对贵公司没有做出正确判断，实在非常抱歉。我写那封信是因为我在查询中发现，你是这一行业的领袖。我当时不知道我的信犯了语法上的错误，我很抱歉并感到惭愧。我会再努力学好瑞典文，减少错误。我要谢谢你帮助我走上改进之路。"

几天后，罗纳又收到回信，对方请他去办公室见面。罗纳如约前往，并得到了工作。罗纳之所以成功，是因为他自己找到了方法："以柔和消除愤怒。"

我们可能无法神圣到去爱我们的敌人的地步，但为了我们自己的健康与快乐，最好能原谅他们并忘记他们，这样才是明智之举。我有一次问艾森豪威尔将军的儿子，他父亲是否曾怀恨任何人。他回答："没有，我父亲从不浪费一分钟去想那些他不喜欢的人。"

有一句老话说，不能生气的人是傻瓜，不会生气的人才是聪明人。

那也是前纽约市长威廉·盖诺所坚持的从政原则。他曾遭枪击，险些致命。当他躺在病床上挣扎求生时，他还说："每晚睡前，我会原谅所有的人和事。"这听起来太理想化，太天真了吧？那就让我们再回顾一下德国哲学家叔本华的思想吧，他在《悲观论》中把生命比喻为痛苦的旅程，然而在绝望的深渊中，他仍说："如果可能，任何人都不应心怀仇恨。"

有一次，我请教巴洛克——他曾任威尔逊、哈丁、柯立芝、胡佛、罗斯福以及杜鲁门这六位美国总统的顾问——当他遭遇政敌攻击时，有没有受到困扰？"没有任何人能侮辱我或困扰我，"他回答说，"我不允许他们这么做。"

没有一个人能侮辱我或困扰我——除非我自己允许。

棍棒、石头可以打断我的骨头，但语言永远也别想伤着我。

大师金言

恨不能止恨，爱能止恨。总想着报复你的仇人，胸中充满了仇恨，何谈享受这美好的人生。

第十五章

如果你做了，就不要因为没有感恩而难过

人性中总有遗忘的一面，我们没有必要抱怨别人不会知恩图报。假如我们做了善事，偶尔得到别人的感激，就应感到一阵惊喜。如果没有，也不至于难过。

最近，我在得克萨斯州碰到一个义愤填膺的人，有人告诉我，只要你碰到他，15分钟内就一定会谈起那件事。果然如此。令他气愤的事发生在11个月前，可是他还是一提起来就生气。他不发泄完就根本不能谈别的事。他给34位员工发了10 000美元圣诞节奖金——每人差不多300美元——可是没有一个人谢谢他。他尖刻地抱怨说："我很遗憾，我居然发给他们奖金，应该一个便士也不给他们的。"

"一个愤怒的人，"一位圣人说，"浑身都是毒。"我衷心同情面前这位浑身是毒的人。他已60岁了，据人寿保险公司统计，我们还能活着的平均年头是当前年龄与80岁之间差数的2/3。这位仁兄——如果他足够幸运——大概还可活十四五年。可是他却浪费了有限的余生中的将近一整年，为过去的事愤恨不平。我实在同情他。

除了愤恨与自怜，他本可以自问为什么人家不感激他的。有没有可能是因为待遇太低、工时太长，或是员工认为圣诞奖金是他们应得的一部分；也许他自己就是个挑剔又不知感谢的人，以致别人不敢也不想去感谢他；或许大家觉得反正大部分利润都要缴税，不如当成奖金。

从另一方面来说，也可能员工真的过于自私、卑鄙、没有礼貌，也许是这样，也许是那样。我也不会比你更了解整个状况。不过，我倒是知道英国约翰逊博士说过："感恩是极有教养的表现，你不可能从一般人身上得到。"

这里我要谈的重点是：他指望别人感恩乃是犯了一个一般性的错误，他实在不懂人性。

如果你救了一个人的性命，你会期望他感恩吗？你可能会。可是，看看塞缪尔·莱博维茨的遭遇就知道这是一种奢望了。他在当法官前曾是位有名的刑事律师，曾使78个罪犯免上电椅。你猜猜看其中有多少人曾登门道谢，或至少寄个圣诞卡来？猜猜看。你猜对了——一个都没有。

耶稣基督曾用一个下午治好十个麻风病人——但是有几个人回来感谢他呢？只有一位。耶稣基督环顾门徒问道："那九位在哪里呢？"他们全跑了，谢也不谢就跑得无影无踪！

让我来问问大家：像你我这样平凡的人给了别人一点小恩惠，凭什么就希望得到比耶稣基督更多的感恩？

如果跟钱有关，那就更没指望啦！查尔斯·斯瓦博告诉我，他曾帮助过一位银行出纳，这位银行出纳挪用银行基金去做股票而造成亏损，斯瓦博帮他补足金额以免吃上官司，这位出纳员是否感谢他呢？是感谢他，但只是一阵子，后来他还跟这位救过他的人作对呢——就是这位曾经使他免于坐牢的人。

你如果送给你亲戚一百万美元，你会不会希望他感谢你呢？安德鲁·卡内基就资助过他的亲戚，不过如果安德鲁·卡内基重新活过来，一定会很震惊地发现这位亲戚正在诅咒他呢！为什么呢？因为卡内基将遗留下的三亿六千五百万美元捐给了公共慈善机构——但他只继承了一百万美元。

人世间的事就是这样。人性就是人性——你也不用指望会有所改变。何不干脆接受呢？我们应该像一位最有智慧的罗马帝王奥勒留一样。有一天，他在日记中写道："就算我今天会碰到多言的人、自私的人、以自我为中心的人、忘恩负义的人，我也不会惊讶或困扰，因为我还想象不出一个没有这些人存在的世界是什么样子。"

他说的很有道理，不是吗？我们天天抱怨别人不会知恩图报，到底该怪谁？这是人性——还是我们忽略了人性？不要再指望别人感恩了。如果我们偶尔得到别人的感激，就应感到一阵惊喜。如果没有，也不至于难过。

我们不承认忘记感谢乃是人的天性。如果我们一直期望别人感恩，多半只是自寻烦恼。

我认识一位住在纽约的妇人，她一天到晚抱怨自己孤独。没有一个亲戚愿意接近她——这也不全怪他们。你去看望她，她会花几个钟头喋喋不休地告诉你，她侄儿小的时候，她是怎么照顾他们的。他们得了麻疹、腮腺炎、百日咳，都是她照看的，他们跟她住了许多年。她还资助一位侄子读完商业学校，直到他结婚前，他们都住在她家。

这些侄儿回来看望过她吗？噢！有的！有时候！完全是出于义务。可是他们都怕回去看她，因为想到要坐几个小时听那些老调、无休无止的埋怨与自怜，他们就头皮发麻。当这位妇人发现威逼利诱也没法叫她的侄子们回来看她后，她就只剩下最后一个"绝招"了——心脏病发作。

这心脏病是装出来的吗？当然不是，医生也说她的心脏相当"神经质"，常常发作心悸。可是医生也束手无策，因为她的问题是情绪性的。

这位女士看重的是注意与关爱，但是我认为她要的是"感恩"，可惜她大概永远也得不到感激或敬爱了，尽管她认为这是她应得的，她要求别人给她这些。

有成千上万的人都像她一样，因为别人都忘恩负义，因为孤独，因为被人疏忽而生病。他们渴望被爱，但是在这世上真正能得到爱的唯一方式，就是不索求，而且还要有不求回报的付出。

这听起来好像太不实际、太理想化了，不是吗？其实不然！这对你我来说都是追求幸福的一种最好的方法。我亲眼见到我家中发生的情况就是如此。我的父母乐于助人，我们很穷，老是因为欠债而窘迫，虽然穷成那样，我的父母每年总是能挤出一点钱寄到孤儿院去。他们从来没有去拜访过那家孤儿院，可能除了收到回信外，也从来没有人感谢过他们，不过他们已得到了报偿——因为他们享受了帮助这些无助小孩的喜乐，并不希冀任何感恩。

在离家外出工作后，每年圣诞节，我总会寄张支票给父母，请他们买点自己喜欢的东西，可是他们总也不买。当我每年圣诞节前几天回到家里时，父亲就会告诉我，他们买了煤、日用品送给城里一些有很多小孩的贫苦妇人，她们没有钱去买食物和煤。施与而不求回报的快乐是他们所能得到的最大快乐。

我深信我的父亲已符合亚里士多德理想中的人——也就是最值得快乐的人。"理想的人，"亚里士多德说，"以施惠于人为乐，但却会因为别人施惠于他而羞愧。因为能表现仁慈就是高人一等，而接受别人的恩惠就是低人一等。"

大师金言

如果你怀着人性中善的本意去做好事，去帮助别人，又何必一定要得到人家的感恩和回报呢？心怀仁爱的人以付出为人生最大的乐趣。

第十六章

如果有个柠檬，
就做一杯柠檬水吧

在写这本书时，有一天，我到芝加哥大学向洛博·梅南·罗金斯请教怎样才能快乐。他回答说："已故的希尔斯公司董事长朱利亚斯·罗森沃对我说，'当你只有一个柠檬，那就做一杯柠檬水。'"

这是一个伟大教育家的做法。如果是一个笨人，看到只有一个柠檬时，想法却是截然相反的："糟透了！这就是我的命运，一点希望也没有了。"随后，他会不停地抱怨，伤感命运对自己的不公平。而聪明的人却会琢磨："这件事情教会了我什么呢？我要怎样改变现在的状况，怎样把这个柠檬做成一杯柠檬水呢？"

　　著名心理学家阿尔弗雷德·安得尔倾尽毕生精力来研究人类未被开发的潜能，他认为"将负面影响变成正面动力"是人类最奇妙的特性之一。

　　下面这个故事非常有趣也很有意义，故事的女主角是我认识的一位女士，她正是这么做的。她叫瑟玛·汤普生，她在告诉我她的经验时说：

　　"战争时期，我丈夫驻扎在加利福尼亚州莫嘉福沙漠附近的陆军营地。我不想和他分离，就随军去了营地。那里让我极度厌烦，我这辈子还从未有过那么多的烦恼。没多久，我丈夫被派往沙漠腹地出差，我自己留在那间破旧的住房里。那儿热得简直无法忍受——虽然被高大仙人掌的影子遮盖，温度还是高达华氏125度。那儿只能见到墨西哥人和印第安人，可他们又都不会说英语。沙尘不停地被风吹起，所有食物，甚至呼吸的空气中都是沙子！沙子！沙子！

　　"我如此痛苦地煎熬着，觉得自己再也忍受不下去了，就给父母写了一封信，我告诉他们我想放弃，想回家，一分钟也待不下去了。我还说这里连监狱都不如。我父亲给我写了回信，通篇只有两句话，这两句话从此深深刻在我的脑海中，完全改变了我的人生：

有两个囚犯同时从监狱的围栏内向外望去，一个囚犯只看到了满地的泥泞，另一个却看到了满天繁星。

"这两句话被我连读了好几遍，越读越心生惭愧。我决心留下来，找到这里好的一面，我也想要看到满天繁星。

"我和当地的土著居民慢慢成了朋友，他们对我的热情令我惊讶不已，当我对他们手工织的布或是陶器流露出兴趣时，他们就把那些他们珍藏的不肯卖给观光游客的物品当礼物送给我。我开始欣赏仙人掌和思兰，喜欢上了土拨鼠。我欣赏大漠落日，还去沙漠里寻找贝壳——这里300万年前曾经是一片汪洋。

"是什么改变了我？沙漠还是原来的沙漠，土著也还是原来的土著，我的心态却不复昔日烦忧。以前觉得可怕而难以忍受的事物，如今却让我的生活充满刺激和乐趣。我发现了一个全新的世界，这令我感动且兴奋，于是我写下了小说《光明之路》……我从自己当初的牢狱中向外观望，我看到了满天闪烁的星星。"

瑟玛·汤普生，你还发现了耶稣降生前500年希腊人交给我们的一个真理——"最好的那些都是最难得到的"。

在20世纪，哈瑞·爱默生·福斯迪柯把这句话又重复了一遍："快乐的感觉大部分来自于胜利，而不是享受。"确实如此，这种胜利的快乐是一种成就，令人自豪，因为我们成功地将柠檬做成了柠檬水。

我曾造访过一位住在佛罗里达州的快乐农夫，他曾将一个有毒的柠檬做成了可口的柠檬水。当他买下农地时，他心情十分低落。土地贫瘠，不适合种植果树，甚至连养猪也不适宜。除了一些矮灌木与响尾蛇，什么都活不了。后来他忽然有了主意，他决定将负债转为资产，他要利用这些响尾蛇。于是不顾大家的惊异，他开始生产响尾蛇肉罐头。几年后我去拜访他时，我发现每年有平均两万名游客到他的响尾蛇农庄来参观。他的生意好极了。我亲眼目睹毒液抽出后送往实验室制作血清，蛇皮以高价售给工厂生产女鞋与皮包，蛇肉装罐运往世界各地。我买了一些当地的风景明信片到村中邮局寄出去，发现邮戳盖着"佛罗里达州响尾蛇村"，可见当地人很是以这位把毒柠檬做成甜美的柠檬汁的农夫为荣。

大师金言

要培养能带给你平和与快乐的心境，请记住：当命运交给我们一个柠檬时，让我们试着做一杯柠檬水。

第十七章

战胜抑郁的心魔

不知道有多少人被抑郁的心魔控制着，失去了享受幸福人生的能力。可是，抑郁是于事无补的，既然如此，又何必跟自己过不去呢？

在开始写作此书时，我曾悬赏200美元，以《如何战胜忧虑》为题，征集最能打动人心的自我激励的故事。

这次征文比赛有三位评委，分别是东方航空公司的董事长艾迪·雷肯贝克、林肯纪念大学校长史都华·麦克柯里南博士、广播新闻评论家卡谭·波恩。然而，我们收到的稿件中有两篇非常优秀的作品，使三位评委无法取舍，只得让两名应征者平分了奖金。下面就是得奖故事之一，作者是密苏里州春田镇的波顿先生。

"我9岁时失去母亲，12岁时丧父。父亲死于意外，母亲在19年前的一天离家后就再也没有回来，我也再没有机会见到我那两个小妹妹。母亲离家7年后才给我寄来了第一封信。我母亲出走3年以后，父亲死于一次意外事件。他跟别人在密苏里州的一个小城合开了一家咖啡馆。父亲出公差时，他的合伙人卖了咖啡馆携款跑了。一位朋友拍电报给父亲叫他尽快赶回来。仓皇之中，父亲在堪萨斯州发生了车祸，死了。我有两位姑姑，又老又病又穷，是她们收留了我们家5个孩子中的3个，剩下我和小弟没有人要，镇上的人怜悯我们，收留了我们。我们最怕人家把我们当孤儿看，但这种恐惧也是躲不过的。我在镇上一个穷人家寄居了一阵子，但日子很难过，那家的男人失业了，他们再也没有能力养活我。接着洛夫汀夫妇把我接到离镇11英里的农庄，并收留了我。洛夫汀先生已70岁高龄，长年卧病在床，他告诉我只要不说谎、不偷窃、听话，我就可以一直跟他们住在一起。这三条戒律成了我的圣经，我小心恪守着这些规则。我开始上学，但第一个礼拜我就像一个小婴儿似的躲在家里号啕大哭。

　　"别的孩子都来找我的麻烦，拿我的大鼻子取笑，说我是个笨蛋，还叫我'小孤儿'。我心里难过极了，真想打他们一顿。但洛夫汀先生跟我说：'永远记住！一位真正的男子汉不会随便跟人打架。'我一直不跟他们打架，直到有一天，一个男孩捡起鸡屎丢到我脸上，我才狠狠地揍了他一顿，还交了几个朋友，他们说那家伙罪有应得。

　　"洛夫汀太太给我买了一顶新帽子，我非常得意。一天，一个大女孩把它从我头上抢去，灌水弄坏了。她还说她把帽子装了水，'好淋湿我的大脑袋，让我爆米花似的脑筋不要乱爆'。

　　"我从不在学校哭，不过，回家后就忍不住了。有一天，洛夫汀太太给了我一个化敌为友的建议。她说：'拉尔夫，如果你先对他们感兴趣，看看能帮他们什么忙，他们就不会再取笑你，或叫你小孤儿了。'我听了她的话，用功读书，虽然我在全班功课最好，但没有人嫉妒我，因为我会帮助别人。

　　"我帮几个男孩写作文，帮人写辩论稿。有个男孩还怕家人知道是我在帮他，他只告诉他妈妈他去抓动物了。他偷偷到洛夫汀太太家来，把狗绑在谷仓里，找我替他做功课。我还帮一个同学写读书报告，还花了几个晚上帮过一个女生做算术。

　　"死神侵袭到我们的附近，两位年纪很大的农夫相继去世，一位太太被丈夫遗弃，我是这4家人家中唯一的男性。两年来，我一直在帮这几位寡妇。上学和放学途中，我会到她们家，为她们砍柴、挤牛乳、喂牲畜。现在人们不再诅咒我，反而称赞我。每个人都把我当做朋友。我在海军退役回来时，他们都流露出真挚的感情欢迎我。我到家的第一天，就有200多位邻人来看我。有人开了80英里的车，他们对我的关心是那么真诚。由于我一直乐于助人，我的烦恼很少，13年来，再也没有人叫过我'小臭孤儿'了。"

波顿先生万岁！他懂得如何交朋友。他也知道如何战胜忧虑，享受人生。

要懂得交朋友，要在和朋友的相处中发现和享受快乐。

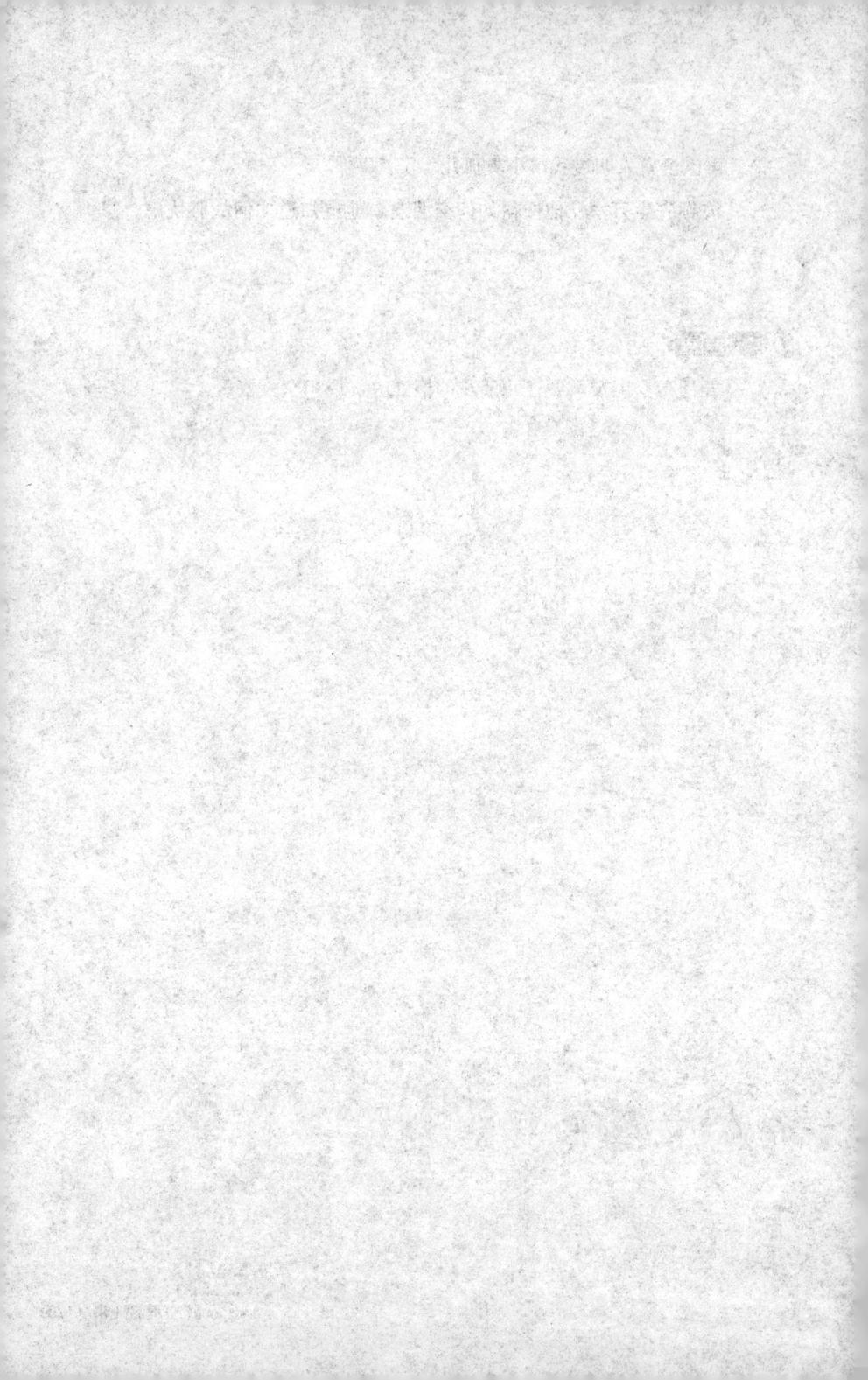

第十八章

每天做一件善事

什么是善事呢？善事不一定是要你出多少钱帮助别人解决多大的困难，穆罕默德说，善事"就是能给他人脸上带来欢笑的事"。每天做一件善事，就不会有时间想到自己，就没有忧虑、恐惧与忧郁的时间了。

华盛顿州西雅图的弗兰克·卢帕博士也是一样。他因风湿病已在床上躺了23年，但西雅图《星报》的斯图尔特·怀特豪斯告诉我："我采访过卢帕博士许多次，我不知道还有谁比他更无私，更善用人生。"

一个像他这样卧床不起的病人怎么能善用人生呢？我让你猜两次。他是因为批评抱怨而做到的？当然不是！那么是因为自怜，把自己当作一切的中心？当然又错了！他做到了，因为他遵循威尔斯王子的誓言："我服务于人。"他收集了许多其他瘫痪病人的姓名地址，给他们写信鼓励。事实上，他组织了一个瘫痪者联谊俱乐部，让大家相互写信，最后他组织了一个全国性的社团组织，称为病房里的社会。

他躺在床上，平均一年要写1400封信，而别人捐赠的收音机和书籍给千万个同病相怜的人带来了喜悦。

卢帕博士与其他人最大的差异在哪里？因为他有一种无穷的精神力量，有一种使命感。他深切体会到，比自身生命更高贵的奉献动机，会带来真正的快乐。正如萧伯纳所说："一个以自我为中心的人总是在抱怨世界不能顺他的心，使他快乐。"

著名心理学家阿尔弗雷特·阿德勒的一句话曾使我十分震动。他常对那些患有忧郁症的病人说："按照这个处方，保证你14天内就能治好忧郁症。试着每天想到一个人，你要努力使他开心。"

这句话听起来如此不可思议，我认为我应该将阿德勒博士的名著《生命对你应该有什么意义》一书中的几页摘录下来，供你借鉴。（顺便说一句，这本书值得你一读。）

阿德勒在《生命对你应该有什么意义》中说："忧郁症就像一

种长期愤怒责备的情绪，其目的是赢得他人的关心、同情与支持，病人似乎仍因自身的罪恶感而沮丧。忧郁病人第一件回想的事多半是：'我记得我很想躺在沙发上，可是我哥哥先躺下了，结果我大哭到他不得不走开。'

"抑郁病人常以自杀作为报复他们自己的手段，因此医生的第一步是避免给他任何自杀的借口。我自己治疗他们的第一条措施是先解除这种紧张，我会说：'千万别做任何你不喜欢的事。'这看起来没什么，但我深信这是一切问题的根源。如果病人能做他想做的事，那他还能怪谁？又怎么向自己报复？我会告诉他们：'如果你想上戏院，或休个假，就去做。如果半路上你又不想去了，那就别去。'这是最好的状况，因为他的优越感会得到满足。他就像上帝一样随心所欲。不过，从另一方面来看，这完全不符合他的习性。

"他本来是想控制别人、怪罪别人，如果大家都同意他，他就无从控制了。用这种方式，我的病人之中，从来没有发生自杀事件。

"病人通常会回答我：'可是没有一件事是我喜欢做的。'我早就准备好了怎么回答他们，因为我实在听过太多次了，我会说：'那就不要做任何你不喜欢的事。'有时候他会回答：'我想在床上躺一整天。'我知道只要我同意，他就不会那么做。而如果我反对他，就会引起一场大战。我通常一定会同意的。

"这是一种方式，另一种处理他们生活方式的方法更直接。我告诉他们：'只要照这个处方，保证你14天内痊愈，那就是每天想办法取悦别人。'看他们常得如何。他们的思想早被自己占满了，他们会想：'我干吗去担心别人？'有的人会说：'这对我太简单了，我一生都在取悦别人。'事实上，他们绝对没有做过。我叫他们再想想看，他们并没有再去想它。我告诉他们：'你睡不着的时候，可以全部用来想你可以让谁开心，而且这对你的健康会很有助益。'第二天我问他们：'你昨晚有没有照我建议的去做呀？'他们回答：'昨晚我一上床就睡着了。'当然这都是在一种温和友善的气氛下进行的，不能露出一丝优越的神情。

"还有人会说：'我做不到，我太烦了！'我会说：'不用停止烦恼，你只要同时想想别人就好了。'我要把他们的注意力转移到别人身上。很多人对我说：'为什么要我去取悦别人？别人怎么不来取悦我？''你得想到你的健康。'我回答，'别人后来会有苦头吃的。'我几乎没有碰到过一位病人说：'我照你的建议想过了。'我所有的努力不过是想提高病人对他人的兴趣。我了解他们的病因是因为与人缺乏和谐，我要他也能了解这一点。什么时候他能把别人放在同等合作的地位，他就痊愈了。宗教最重要的信条是'爱你的邻人'……那些对别人不感兴趣的人不但自己有很严重的困难，而且给周围的人也带来最大的伤害，人类所有的失败都是因为这一类人引起的，我们对一个人的要求，以及所能给予的最高赞赏就是，只要他是一位好同事、好朋友或者是爱情与婚姻的良伴。"

阿德勒博士督促我们每天做一件善事，什么是善事呢？先知穆罕默德说："就是能给他人脸上带来欢笑的事。"

为什么每天做一件善事对人会有这么大的益处呢？原因是，想要取悦他人时，就不会有时间想到自己，而产生忧虑、恐惧与忧郁的主要原因就是只想到自己。

威廉·穆恩太太在纽约开办了一所穆恩秘书学校，她不用两个礼拜就祛除了忧虑。事实上，由于一对孤儿的出现，她只用了一天的时间就治好了。

事情的经过是这样的："5年前的12月，我陷入了一种自怜与悲伤的情绪低潮，过了几年快乐的婚姻生活后，我失去了我的先生。越接近圣诞，我的哀伤越深。我从来没有一个人过圣诞节，我恐惧它的来临。朋友们都来邀我去他们家，可是我不想，我知道我在任何一家都会触景伤情的。于是，我婉言拒绝了他们的好意。越接近圣诞夜，我越被自怜所淹没。没错，我还有许多值得感谢的事，每个人也都有。圣诞夜那天，我下午三点离开办公室，在第五大道漫无目的地闲逛，希望能驱走内心的自怜与忧郁情绪。街上满是欢乐的人们——令人不得不忆起逝去的快乐年华。我不敢想象自己得回到孤独空洞的公寓。我一片茫然，实在不知道要做什么，忍不住眼泪夺眶而出。逛了一个多小时，我发现自己停在公车站前，想起以前我先生和我会坐公车去探险，我于是也上了进站的第一部公车。过了赫德逊河一阵子，我就听到乘务员说：'终点站了，女士。'我下了车，连地名也不知道，不过倒是个安静平和的小地方。在等车回去的时候，我开始逛逛住宅区的街道。我经过一座教堂，里面传出优美的《平安夜》的乐声，我走进去，里面没有别人，只有一位风琴手。我静静地坐在教友席上，圣诞树的装饰灯美极了，美妙的音乐——加上我从早上起就一直没吃东西——我觉得有点头晕，结果就昏昏地睡着了。

"我醒来时，不知道自己身在何处，我害怕了，接着我看到前面有两个小孩，显然是进来看树的。其中一个小女孩指着我说：'她会不会是圣诞老人带来的？'我醒来时也把他们吓了一跳。我告诉他们我不会伤害他们。他们穿得很破，我问他们父母在哪儿？他们说他们没有父母。原来他们是两位小孤儿，情况比我以前见过的糟多了，他们使我对自己的忧伤和自怜感到惭愧。我带他们看那棵圣诞树，又带他们去小店买点零食、糖果及小礼物。我的孤独感奇迹般地消失了，这两位孤儿让我几个月以来第一次感到真正的关心与忘我。我跟他们聊天，发现自己是何等幸运。我感谢上天，我儿时的圣诞节过得多么开心，充满父母的爱与关照。这两个小孩带给我的远比我给他们的多得多。这次的经历再度告诉我要使自己开心，只有先使别人开心。我发现快乐是具有传染力的。有人施与，有人接受。因为帮助别人、爱别人，我克服了忧虑、悲伤与自怜，有了重生的感觉。而我也确实有了重大的改变——不只是在当时，后来的几年都是这样。"

大师金言

　　快乐是具有传染力的。有人施与，有人接受。因为帮助别人、爱别人，而使我们有了重生的感觉。

第十九章

如果钱能给
别人带来幸福，
那就去做吧

有的人很穷，穷得只剩下金钱了。比如石油大王洛克菲勒，手上有数百万美元可以自由支配，但是他仍然担心会失去一切财富。怪不得忧虑会拖垮他的身体，他只为金钱而疯狂，他只是一个贪婪的占有者吗？不，他发现用他的钱可以做很多善事，于是，他不停地做，一直做到98岁。

石油大王约翰·洛克菲勒在33岁时赚到了第一个100万美元；43岁时建立了世界上最庞大的石油公司——标准石油公司。那么，53岁时他又取得了什么样的成就呢？其垄断事业的确蒸蒸日上，然而高度紧张的生活也带来了无限的烦恼，对他的健康产生了很坏的影响。53岁的他"看起来像个木乃伊"，他的传记作家约翰·温克勒这样描述他。

53岁时，洛克菲勒患上了一种神秘的消化系统疾病，头发全部掉光，甚至连眼睫毛也开始脱落，只剩下淡淡的一层绒毛。"他的情况十分严重。"温克勒说，"相当长的一段时间，他被迫依靠吮吸人奶生存。"医生诊断的结果是他患上了"脱毛症"，这种疾病通常是过度紧张引起的。光秃秃的样子很古怪，他不得不戴上帽子。后来，他又定制了一些假发——每顶500美元，一直戴到他去世。

洛克菲勒的身体本来十分健壮，从小在农场长大，体力劳动使他的肩膀又宽又壮，腰杆挺直，步伐稳健有力。

然而在53岁时——男人的壮年期——他的双肩开始下垂，走起路来摇摇晃晃。为他写传记的另一位传记作家佛林这样描写他："照镜子时，他所见到的是一位老人。无休止的工作，无穷无尽的烦恼，长期的不良生活习惯导致的失眠，以及缺乏运动和休息，已夺去了他的健康。"医生只准他吃些酸牛奶和饼干，这位世界上最富有的人，却只能吃一些穷人都不屑一顾的食物。他的皮肤已失去光泽，看上去像是老羊皮包在骨头上。金钱在这个时候也毫无用处，只不过能为他提供足够的医疗保健，使他不至于在53岁的壮年期死去。

这究竟是怎么一回事？烦恼、惊吓、高度紧张的生活是这一切的根源，是他自己将自己"推"到了死亡的边缘。早在23岁时，洛克菲勒就开始全心全意追求自己的目标了。他的朋友说："除了生意上的好消息以外，没有任何事情能令他展颜欢笑。每当做成一笔生意，赚到一大笔钱时，他都会兴奋地将帽子摔到地上，痛痛快快地跳起舞来。可一旦失败了，他也会随之病倒的。"有一次，他经由五大湖区托运价值4万美元的谷物，为了节省保险费而没有投保水险。当天晚上，狂风暴雨袭击了伊利湖，洛克菲勒十分担心，生怕自己的货物遭遇不测。第二天一早，当合伙人乔治·加勒来到办公室时，发现洛克菲勒早就在那里，正绕着房间焦急地徘徊。一见到加勒，他用颤抖的声音说："快，去看现在是否还能投保……也许太迟了。"加勒赶紧冲进城里去，取得保险。但当他回到办公室时，发现洛克情绪变得更加沮丧。原来船主发来一封电报：货物已卸下，未受暴风雨袭击。但洛克菲勒反而比先前更加沮丧，因为他们已白白浪费了150美元！事实上，他太伤心了，以至于不得不回家躺着。想想看，一个每年经营50万美元生意的老板，却为150美元如此失魂落魄，甚至不得不躺到床上去，这是多么不可思议啊！

为了生意，他几乎放弃了所有的游玩和休息时间，除了赚钱，他几乎没有其他的爱好。当他的合伙人加勒和其他三位朋友以2000美元的价格买下一艘二手游艇时，洛克菲勒简直吓坏了，甚至拒绝乘坐游艇出航。

一个星期六的下午，加勒发现他还在办公室里工作，就对他说："走吧，洛克，我们乘船出去玩玩吧，暂时忘掉工作，放松一下。"

洛克却对他怒目而视，"乔治·加勒，"他以严肃的态度警告说，"你是世界上最浪费的人，你应该明白你正在破坏自己在银行里的信用，也就是我的信用。你会将我们的生意毁掉的。不，我绝不乘坐你的游艇，我永远也不愿见到它！"于是，他整个星期六下午都留在办公室里工作。

"缺乏幽默感和安全感"，这是洛克菲勒一生最重要的特征。他曾说过："每天晚上，我都要告诫自己，我的成功只是暂时性的，然后才躺下来睡觉。"

手上有数百万美元可以自由支配，但是他仍然担心失去一切财富，怪不得忧虑会拖垮他的身体。他没有时间游玩和娱乐，从未上过戏院，从未玩过纸牌，从未参加过宴会。正如马克·汉纳所说的，他为金钱而疯狂，"在别的事务上都很正常，独独为金钱而疯狂"。

有一次，在俄亥俄州克利夫兰，洛克菲勒曾向一位邻居祖露心声，他内心深处也"希望有人爱我"，但是过分的冷漠、多疑往往使人敬而远之。著名银行家摩根有一次就抱怨说："我不喜欢那种人，我不愿和他有任何往来。"

洛克菲勒的亲弟弟对他也深恶痛绝，甚至将自己孩子的棺木从家族墓园里移出。他说："我不会让任何一个我的后代在约翰·洛克菲勒所控制的土地里安息。"

洛克菲勒的职员和同事对他敬畏有加，最可笑的是，他竟然也害怕他们——怕他们在办公室外乱说乱讲，"泄露了公司秘密"。他对人类天性没有丝毫的信心，有一次，当他和一位独立制造商签订10年合约时，他要求那位商人保证不告诉包括妻子在内的任何人。"紧闭你的嘴，努力工作"，这就是他的座右铭。

就在他的事业达到巅峰之时——财富如同威苏维火山的金黄岩浆一样，源源不绝地流入他的保险库中——他的个人世界却开始分崩离析了。许多书籍和文章公开谴责标准石油公司不择手段的财阀行为——和铁路公司之间的秘密回扣无情地压倒任何竞争者。

　　在宾夕法尼亚州，当地人们最痛恨的就是洛克菲勒。那些被他打败的竞争对手，将他的头像吊在树上来泄恨，许多人都渴望亲手将绳子套在他那萎缩的脖子上。充满火药味的信件如雪片般涌进他的办公室，威胁要取他的性命，以至于他不得不雇用许多保镖，防止遭他人的暗算。他试图忽视这些敌视的情绪，有一次曾以一种讽刺的口吻说道："尽管踢我、骂我吧，但我还是会按照自己的方式行事。"

　　但是，最后他还是发现自己毕竟是一个凡人，无法忍受人们对他的仇视以及忧虑的侵蚀。他的身体越来越虚弱了，疾病——这位新的敌人——正从内部向他发起攻击，令他措手不及。

　　最初，他试图对自己偶尔的不适保守秘密，但是，失眠、消化不良、掉头发等许多身体症状是无法隐瞒的。医生将实情坦白地告诉他，摆在他面前的选择只有两种：死亡和休息。他们警告他：他必须在退休和死亡之间做一选择。

　　他选择休息，然而在退休之前，烦恼、贪婪、恐惧已彻底破坏了他的健康。美国著名传记作家伊达·塔贝第一次见到他时，十分震惊，她在书中写道："他的脸上显示着可怕的衰老，我从未见过如此苍老的人。"

　　老了？这究竟是怎么回事？洛克菲勒比当时重新返回菲律宾的麦克阿瑟将军还要年轻几岁呀！然而他的身体竟如此衰老。伊达·塔贝深感悲哀。当时，她正在撰写一本著作，试图揭露标准石油公司的"罪恶"，对一手建造这个庞大机构的人自然不会有什么好感。但是当她看见洛克菲勒在主日学校教书，用焦急的眼神搜寻四周时，她说："我有一种前所未有的伤心感觉，这种感觉与日俱增。我为他伤心，我深深体会到，没有知心朋友和爱人是一件多么恐怖的事情。"

　　医生开始努力地挽救洛克菲勒的生命，他们为他订立了三条规则，也成为他奉行不渝的三条规则：

（1）避免烦恼。在任何情况下，绝不为任何事烦恼。

（2）放松心情，多做户外活动。

（3）注意节食。随时保持半饥饿状态。

洛克菲勒遵守了这三条规则，因此挽救了自己的生命。他从正在蓬勃发展的事业中退下来，学会了打高尔夫球、整理庭院、打牌、唱歌以及和邻居聊天。

但他同时也进行别的事。温克勒说："在那段痛苦的日子和失眠的夜晚，约翰·洛克菲勒终于有时间自我反省了。"他开始为他人着想，不仅停止想自己能赚多少钱，而且开始思考那些钱能换取多少人间幸福。

简而言之，洛克菲勒开始考虑把数百万的金钱捐出去。像他这样有过如此经历的人，送钱也并不是一件容易的事，当他向一座教堂奉献时，全国各地的传教士齐声发出反对的吼声："腐败的金钱！"

但他没有为之所阻，而是继续开展自己的慈善事业。当他得知密歇根湖畔一所大学因抵押权而被迫关闭时，他立刻捐出数百万美元加以援助，将它建成今天举世闻名的芝加哥大学。

他竭尽全力地帮助黑人。他毫不犹豫地捐献巨款给塔斯基吉黑人大学，帮助他们完成黑人教育家华盛顿·卡文的志愿。当著名的十二指肠虫专家史泰尔博士说："只要价值五角钱的药品就可以为一个人治愈这种病——谁会捐出这五角钱呢？"洛克菲勒捐了出来，他捐了数百万美元以消除十二指肠虫，解除了这个曾使美国南方一度陷于困境的疾病。此后，他又实施了一个更伟大的行动，组建了一个庞大的国际基金会——洛克菲勒基金会，致力于在全世界范围内消除各种疾病、贫穷和文盲。

　　在此，我谨向这个伟大人物表示自己由衷的敬意，因为洛克菲勒基金会曾经救过我一命。我依然十分清楚地记得，1932年，我正在中国内地考察，霍乱蔓延整个北平，贫苦的农民像苍蝇一样死去。在一片恐怖惊慌中，我们仍能够来到洛克菲勒医学院接受预防注射，而免于受到感染。从那时开始，我第一次真正懂得了洛克菲勒的百万美元对于全世界的贡献。

　　像洛克菲勒基金会这种壮举，在历史上前所未见，举世无双。洛克菲勒深知世界各地许多有识之士正在开展许多有意义的活动——默默无闻的研究工作、一所所学校的建立、医生无私的奉献，但是，种种努力常常因为经费的缺乏而停顿。他试图给予他们一些帮助，不是"将他们接收过来"，而是给予一定的资金支持他们完成工作。

　　今天，你我都应该对约翰·洛克菲勒表示感谢，因为在他的资助下，科学家发现了盘尼西林，还有许多重大的发现，你也可以感谢他，这些发现使你和你的孩子不再因感染脊骨脑膜炎而死，也不再受疟疾、肺结核、流行性感冒、白喉和其他目前仍危害人类的各种疾病的困扰。

　　洛克菲勒自己呢？他把钱捐了出去是否获得了心灵的平安？是的，他终于感觉到满足了。"如果人们仍然认为，从1900年以来，他因社会对标准石油公司的攻击而一蹶不振，那他们就错了。"亚伦·尼文斯说，"他们就大错特错了。"

　　洛克菲勒很快乐，他完全变了，他已不再烦恼。当他被迫接受生命中最大　次失败时，他甚至不愿因此而失去　个晚上的睡眠。

　　那次失败是这样的：根据美国政府的意见，他亲手创立的那家大企业——标准石油公司是一家垄断性公司，违反了《反托拉斯法案》，被政府判罚"历史上最重的罚款"。这场官司打了5年，几乎全美国最优秀的律师都投入到这场看起来永不终止的官司之中。最后，标准石油公司败诉了。

当南迪斯法官宣布他的判决之时，辩方律师担心洛克菲勒心理无法承受——他们不了解他已经完全改变了。

当天晚上，一位律师打电话给洛克菲勒，尽量委婉地将判决结果告诉他，并且宽慰他："洛克菲勒先生，希望这项判决不会令你烦恼，希望你还能睡个好觉。"

你猜老洛克菲勒是怎么回答的？他轻松地回答道："不要担心，强森先生，我本来就打算好好睡一觉的。希望你也不要因这件事而心烦，晚安！"

这番话竟出自一个曾因损失150美元而伤心地倒在床上的人的口中？是的。约翰·洛克菲勒花费了很长一段时间才克服了自己的问题。他"死于"53岁，却一直活到了98岁。

大师金言

他把钱捐了出去获得了心灵的平安，是的，他终于感觉到满足了。不论遇到什么样的烦心事，他都可以安然入睡。

第二十章

帮助别人就是帮助自己

每个人都有自己的烦恼、梦想和野心，都渴望有机会和他人来分享自己的快乐和忧愁，试着伸出你的援手，也许就会为别人带来惊人的改变。

我可以写一本有关忘我而找回健康快乐的书，这种故事太多了。我先举玛格丽特·泰勒·耶茨的故事为例，她是美国海军最受欢迎的女性。

　　耶茨太太是一位小说家，但她写的小说没有一部比得上她自己的故事真实而精彩，她的故事发生在日本偷袭珍珠港的那天早晨。耶茨太太由于心脏不好，一年多来躺在床上不能动，一天得在床上度过22个小时。最长的旅程是由房间走到花园去进行日光浴，即使那样，也还得倚着女佣的扶持才能走动。她亲口告诉我她当年的故事：

　　"我当年以为自己的后半辈子就这样卧床了。如果不是日军来轰炸珍珠港，我永远都不能再真正生活了。

　　"发生轰炸时，一切都陷入了混乱。一颗炸弹掉在我家附近，震得我跌下了床。陆军派出卡车去接海、陆军军人的妻儿到学校避难，红十字会的人打电话给那些有多余房间的人。他们知道我床旁有个电话，问我是否愿意帮忙作联络中心。于是我记录那些海军陆军的妻小现在留在哪里，红十字会的人会叫那些先生们打电话来我这里找他们的眷属。

　　"很快我发现我先生是安全的。于是，我努力为那些不知先生生死的太太们打气，也安慰那些寡妇们——好多太太都失去了丈夫。这一次阵亡的官兵共计2117人，另有960人失踪。

　　"开始的时候，我还躺在床上接听电话，后来我坐在了床上。最后，我越来越忙，又亢奋，忘了自己的毛病，我开始下床坐到桌边。因为帮助那些比我情况还惨的人，使我完全忘了我自己，我再也不用躺在床上了，除了每晚睡觉8个小时。我发现如果不是日本空袭珍珠港，我可能下半辈子都是个废人。我躺在床上很舒服，我总是在消极地等待，现在我才知道潜意识里我已失去了复原的意志。

"空袭珍珠港是美国历史上一次最大的悲剧，但对我个人而言，却是我碰到过的最好的一件事。这个可怕的危机让我找到我从来不知道自己拥有的力量，它迫使我把注意力从自己身上转移到别人身上。它也给了我一个活下去的重要理由，我再也没有时间去想我自己或只为自己担忧。"

心理医师的病人如果都能像耶茨太太所做的那样去帮助别人，起码有1/3可以痊愈。这是我个人的想法吗？不，这是著名心理学家荣格说的，他说："我的病人中，大约有1/3都不能在医学上找到任何病因，他们只是找不到生命的意义，而且自怜。换个方式说，他们一生只想搭个顺风车——而游行队伍就在他们身边经过。于是他们带着自怜、无聊与无用的人生去找心理医师。赶不上一班渡轮，他们会站在码头上，责怪所有的人，除了他自己，他们要求全世界满足他们自我中心的欲求。"

你现在可能会说："这些事也不怎么样，如果圣诞夜遇到孤儿，我也会关心他们；如果我碰到珍珠港事件，我也会很高兴做耶茨太太所做的事，可是我的状况跟人家不同。我的日子再平凡不过了。我一天得做8个小时无聊的工作，从来没有任何有趣的事发生在我身上。我怎么会有兴趣去帮助别人呢？我又干吗要帮助别人？那对我有什么好处呢？"

问得好，我会努力回答这些问题。无论你的生活多么平凡，但几乎每天都会碰到一些人，你对他们怎么样？你是仅仅看他们一眼，还是试图去了解他们的生活？譬如一个邮差，每年要走几百公里路，把一封封信送到你的门口，你曾经尝试过问他住在哪里，或者要求看一看他太太和孩子的照片吗？你有没有问一问他的脚是否很酸？他的工作会不会让他觉得很烦呢？还有那些杂货店里送货的孩子、卖报的人、街角为你擦鞋的那个家伙。这些人也都是人，都有自己的烦恼、梦想和野心，他们渴望有机会和他人来分享自己的快乐和忧愁，可你有没有给他们机会呢？你有没有对他们的生活流露出一份兴趣呢？这就是我的回答。你不一定要做南丁格尔或者一名社会革命家才能改变这个世界，但你可以从明天早上开始，从你所碰到的那些人做起。

这样做有什么好处呢？它能给你带来更多的快乐和更大的满足，能让你心中充满惬意。亚里士多德将这种人生态度称之为"有益于人的自私"。古代波斯的拜火教教主琐罗亚斯特曾说过："做好事来帮助他人并不是一种责任，而是一种快乐，它能够使你自己变得更健康和更快乐。"富兰克林的说法更直截了当："当你善待他人时，也就是在善待自己。"

亨利·林克——纽约心理治疗中心的负责人认为："以我所见，现代心理学最重要的发现，就是以科学的方式证明，人必须自我牺牲和自我约束，才能达到自我意识与快乐。"

多从他人的角度思考，不仅能使你不再充满忧虑，还能帮助你广交朋友，获得更多的人生乐趣。但是究竟怎样才能做到这一点呢？我曾向耶鲁大学的威廉·李昂·菲尔普斯教授咨询过，他是这样回答我的：

"无论是住旅馆、理发，还是购物，我总是对自己所碰到的人说一些令他们高兴的话，我始终将他们当作是一个人，而不是机器里的一个小零件。

"我会称赞商店里接待我的服务员小姐，说她的眼睛很漂亮，头发很美；我会很关切地询问正在为我理发的师傅，整天站着会不会觉得累？我向他了解他是如何干上理发这一行的，干了多久？是否曾经统计过一共剃过多少个头？我发现，当你对他人表示出浓厚的兴趣时，能够让他们高兴起来。当我与那个正在帮我搬行李的戴着红帽子的侍应生握手时，他就会觉得十分开心，就会充满了精神。

"一个炎热夏天的中午，我走进纽海文铁路餐车。餐车拥挤不堪，几乎变成了一个疯人院。由于人满为患，服务非常慢，等了很久，侍者才将菜单交给我，我边点菜边对他说：'后面厨房一定又热又闷，厨师们今天一定累极了。'那个侍者突然叫了起来，声音里充满了怨恨。最初，我以为他是在生气。'老天啊！'他大声地说，'每个人都抱怨这里的东西难吃，骂我们动作太慢，嫌这里的空气太闷热，饭菜的价钱太贵，在这里我听各种各样的抱怨已经有19年了。你是第一个，也是唯一一个对那些在闷热的厨房里干活的厨师表示同情的人，我真想乞求上帝多让我们有几个像你这样的客人。'"

"侍者之所以如此吃惊，在于我将后面那些黑人厨师也当作人看待，而不是将他们看作铁路大机构里面的小螺丝。"菲尔普教授接着说，"普通人所希望的，不过是他人能将自己当人来看待，每当我在街头看到有人牵着一条漂亮的狗时，我总会夸一夸那条狗，当我往前走几步回过头时，经常会看到那个人用手拍一拍狗头表示自己的欢欣。我的赞美使他更加喜欢自己的狗了。

"有一次，在英国我遇到一个牧羊人，我很真诚地赞美他那只又大又聪明的牧羊犬，并且虚心地请教他是如何训练那只牧羊犬的。我离开后再回头一看，发现那只牧羊犬前脚竖起，搭在牧羊人的肩膀上，牧羊人正充满爱意地抚摸着它。我们不过是对那个牧羊人和他的牧羊犬表示出一点点兴趣，就使得那个牧羊人很快乐，也使得那只牧羊犬很快乐，同时也使自己的心情变得愉悦起来。"

像这样一个会跟红帽子握手，会对在闷热的厨房工作的厨师表示同情，会告诉他人喜欢他们的狗的人，怎么会对他人充满怨恨，或者会对自己满怀忧虑而需要心理医生治疗呢？不可能！当然不可能！有句俗语说得好："授人玫瑰，手留余香。"

如果你是一位男士，可以跳过这一段，也许这对你没有太大的意义。这里讲的是一个满怀忧虑，闷闷不乐的女孩如何使好几个男人向她求婚的故事。故事里的那个女孩现在已做了祖母。几年前，我到她居住的小镇上演讲，曾经到她家中做客。演讲完的第二天早晨，她开车送我到20多公里以外的车站，从那里再转车到纽约中央车站去。一路上我们谈起如何交友的话题，她对我说："卡耐基先生，我想告诉你一件我从来没有跟任何人谈起的事情，连我丈夫也不了解。"她出生在费城一个穷苦家庭里，"我的少女时代是如此悲惨，由于家里贫穷，无法像其他女孩子那样拥有那么多值得快乐的东西。衣服的质量很低劣，样式很落伍，而且我长得太快，衣服总是不合身。对此我一直觉得很没面子，内心充满了屈辱，常常躲在被窝里哭泣。绝望之余，我想到了一个办法，在参加晚宴时，总是请男伴告诉我关于他自己的人生经验、未来的计划以及对一些事情的看法。之所以反复地问这些问题，并不是因为我对他们有特别的兴趣，而是避免男伴们注意我那些难看的衣服。可是，奇怪的事情发生了，在与这些男伴谈天，并且对他们有更多的了解后，我突然对他们的谈话产生了兴趣，甚至忘记了自己的衣着问题了。可更令我吃惊的是，我耐心地倾听，使那些男孩勇于畅谈自己的事情，并且使他们变得非常快乐，我也渐渐成为周围最受欢迎的女孩子之一，甚至同时有三个男孩向我求婚。"

如果我们想"为他人改善一切"——如同德莱塞所宣扬的那样——那么就让我们赶快去做吧，不要浪费时间。"这条路我只会经过一次，所以我所能做到的任何好事和我所能表现出来的任何仁慈，都现在就做到吧。让我既不拖延，也不忽视，因为我不会再经过这条路了。"

所以，如果你想消除忧虑，培养平和与幸福的心情，试着告诉自己：对别人感兴趣而忘掉你自己，每一天都做一件能让别人快乐而微笑的好事。

大师金言

为他人改善一切。让我们赶快去做吧，不要浪费时间。

第二十一章

自卑并不能解决问题

过度的忧虑和自卑会使人变成一个怯懦无为的人，大声地告诉自己："我要改变自己！"你就会获得勇气和自信。

美国参议员埃玛·托马斯给我们讲述了他的故事：

"我16岁时，经常为忧虑、恐惧、自卑所苦。相对我的年龄来说，我长得实在太高太瘦，就像根竹竿——高6.2英尺，体重只有180磅。瘦弱的我，根本不能在棒球场或田径场和别的男孩对抗，他们嘲笑地叫我'瘦竹竿'。我十分忧愁，又很自卑，几乎不敢见人。而我确实很少与人见面，我家的农庄距公路有半公里远，四周全是茂密的森林，我平时七八天都不会见到一个生人，所见到的只有我的母亲、父亲、姐姐和哥哥。

"我每时每刻都对自己的身体悲哀地关注，其他任何事情都引不起我的兴趣。如果我这样发展下去，我的忧虑和自卑会让我变成一个怯懦无为的人。我几乎无法想到别的事情，我的难堪与恐惧与日俱增，几乎难以描述。我母亲知道我的感觉，她曾经当过老师，她告诉我说：'儿子，你应该去上大学，你的身体不好，但你可以利用你的头脑！'

"我知道父母没有能力送我去大学，因此我决定自己努力。那一年冬天，我独自去打猎，设置陷阱，捕捉貂、獾、负鼠。到了春天，我卖掉那些动物的毛皮得到了4美元，用这钱我买了两头小猪，主要用玉米喂养。到了第二年秋天，我用它们换来了40美元，用于支付我在印第安纳州丹威市中央师范学院上学的费用。每周的伙食费1.4美元，房租0.5美元。我穿着妈妈给我做的棕色衬衫，我有一套原本是父亲的西服，不过我穿着不合身。脚上的鞋子也是父亲的，那是一双侧边有松紧带的鞋了，但松紧带已经失去了弹力，鞋子又偏大，我穿着不跟脚，走路时常会甩掉。这令我非常难为情，总是自己闷在房间里读书，不愿意和别的同学交往。那时，我最大的愿望就是买一些合身的衣物，让我不再为它感到羞耻。

"没过多久，发生了四件事，帮助我摆脱了忧虑和自卑感。其中一件事，给了我勇气、希望和自信，完全改变了我的生活。我把这几件事简单地描述一下。

"第一件事，在我进入师范学院的第八周后，参加了一个考试，得了'三等奖'。这意味着我获得了乡村学校的教师资格，虽然只有6个月的时效，但这足以说明我的能力，这还是除了妈妈以外第一次有人对我表示信心。

"第二件事，位于'欢乐谷'的一所乡村学校的董事会聘用了我，每天薪水2美元，一个月40美元，这意味着别人对我更有信心。

"第三件事，我在领到薪水后，去商店买了合体的衣物，穿上它们我再不会感到羞耻了。即使现在有人白送我100万美元，我也不会像当初花几美元买衣服时那么激动。

"第四件事，是我生命中最重要的转折点，从那以后，我完全抛开了自卑和忧虑。印第安纳州潘乔镇每年都要举办'普特纳郡博览会'，妈妈鼓励我参加其中一项演讲比赛。我甚至没有勇气面对一个人讲话，可妈妈几乎是为我而活——她对我充满期望和信心，这令我决心参加比赛。我只有一个选择——演讲《美国自由艺术》。其实我并不知道什么是自由艺术，我想听众们也并不清楚，于是我将一篇洋洋洒洒的讲稿背诵下来，对着树林和牛群练习了上百遍。我不想让妈妈失望，因此在演讲时倾尽了我的情感——我赢得了第一。听众欢呼起来，而我难以置信。曾嘲笑我是竹竿的男孩们，现在友好地拍着我的肩说：'埃玛，我早知道你很棒！'妈妈搂着我，高兴得流下了眼泪。

"我现在回顾过去时可以看得出来，那次演讲比赛获胜，是我人生的转折点。当地报纸在头版对我做了一篇报道，并预测我会大展宏图。在那次比赛中获胜，我成为当地出名的人物，人人皆知。而最重要的是，这件事使我的信心增加了千百倍。我现在很明白，如果没有那次获胜，我恐怕一辈子也不能当选美国参议员。这件事使我豁然开朗，发现了自己甚至不敢妄想的真正潜力。不过，最重要的是，那次演讲比赛的第一名的奖品是中央师范学院为期一年的奖学金。

　　"那时，我渴望多受一点教育，我的生活只有两个主要内容：教书和学习。为了支付我在第博大学的学费，我当过餐厅侍者，当过锅炉工，帮人除过草，当过记账员，假期在麦田和玉米地里忙碌，还挑石子修过公路。

　　"1896年，我19岁，已经做过28次演讲的我为威廉·杰林斯·布列恩竞选总统拉选票，也从此萌发了参政的兴趣。因此，进入第博大学后，我就选修了法律和公开演讲两门功课。1899年，我代表学校参加了与巴特雷学院的辩论赛，辩题是《是否应由人民选举参议员》。后来我又在另外一场演讲比赛中获胜，成为班报和校报的总编。

　　"获得第博大学学士学位后，我接受克雷斯·格里历的建议——但我没到西部去。我去了西南方，来到一个新的地方——俄克拉荷马，并在基俄格、坎曼奇、阿帕基印第安人保留地，申请了一块土地，在罗顿市开办了一家律师事务所。自从俄克拉荷马和印第安区合并为俄克拉荷马州后，我获得了自由党的支持，进入州参议院待了13年，之后在州议会待了4年。终于在50岁那年实现了我此生最大的梦想：从俄克拉荷马被选入美国参议院。那是1927年的3月4日，其后，我一直担任参议员之职。

　　"我诉说往事，并不是想炫耀我一生的成就，如果我真有这样的用意，恐怕人们就不会感兴趣了。我这样做，只是想让那些正被自卑和忧虑困扰的年轻人，从中获得勇气和自信。当年穿着父亲的旧衣物，以及那双快要脱落的大鞋子的我，差点就被烦恼和自卑打垮了。"

大师金言

没有任何东西能将你打垮，除非你自己不想战胜自己。

第二十二章

驱逐忧虑的五种办法

有些忧虑根深蒂固地存在于你的思想中，它折磨你，使你失去生活的信心。但忧虑不是不可战胜的魔鬼，一些成功人士的经验是不是值得我们借鉴呢？

忧虑会损害一个人的健康，会使人消沉，甚至失去生活的信心。忧虑是不可战胜的吗？当然不是。菲尔普教授去世前不久，我曾荣幸地在耶鲁大学跟他谈过一个下午，这篇文章是我根据谈话资料整理出来的，谈的是菲尔普教授用来克服忧虑的五种方法。

"第一，我24岁时，眼睛忽然无法看东西，阅读三五分钟后，我的眼睛就像针刺般难受，即使不是看书，眼睛也对光线过分敏感，使我简直不能面对窗户。我求诊过纽约最好的眼科医生，似乎没有一点效果。每天下午4点以后，我就只能坐在墙角的暗处，等着上床就寝了。我十分惊恐，怕就此放弃教学生涯，会到西部去做一名伐木工人。接着发生的一件奇异的事，证明心智的力量可以战胜病痛。

"在我视力最恶化的那个悲惨的冬天，我接受邀请去给一群大学生演说。演讲厅的天花板上挂着很亮的电灯，刺得我眼睛痛得不得了，坐在台上等待被介绍上前演讲的时候，我只能看着地板。可是演讲的那30分钟内，我一点都没有觉得疼痛，甚至我直视灯光也不用眨眼。然而，演讲过后，我的眼睛又开始痛起来了。

"于是，我想到只要把注意力集中在某件事上，不只是30分钟，说不定是一周，可能眼疾就痊愈了。很显然，心理上的暗示战胜了生理上的病痛。

"后来，有一次，我乘船经过大西洋时又有过一次类似的经验。当时我的腰痛得很厉害，不能走路，要直起腰来，简直痛得要命。即使在那样的状况下，我还是应邀在船上作了7场演讲。我一开口说话，所有的疼痛都离开了我的身体，我站得笔直，随意移动，一直讲了一个钟头。演讲结束后，我轻轻松松地走回舱房，有一阵子，我以为自己没事了，不过那只是短暂的，后来腰还是痛。

"这些经验使我深深领悟到，一个人的心理态度是何等重要！也让我体会到享受人生的重要性。所以，现在我把每一天都当作是我目睹的第一天，同时也是最后一天。日常生活也能令我兴奋，而处于兴奋状态的人是不可能作无谓的烦忧的。我热爱我的教学工作，我写过一本书，书名为《教学的乐趣》。教学对我而言，绝不只是一种职业，甚至不只是艺术，它是一种热情。我爱教学，正如同画家热爱绘画或歌唱者热爱唱歌一样。我早上一醒来，就先想到我那班可爱的学生。我一直觉得成功的人生来自于'热忱'。

"第二，我还发觉阅读一本可以沉迷其中的书，也能克服忧虑。我59岁时，有一阵漫长的精神崩溃，我开始阅读大卫·威尔逊的伟大著作《卡莱尔的一生》。我完全被这本书所吸引，渐渐忘却了自己意气消沉，也因此忘记了我精神上的消沉。

"第三，另一次我感到消沉时，我强迫自己每个小时都保持体能上的忙碌。每天早上，我打五六回合网球，冲个澡，午餐后，每天下午都玩18个洞的高尔夫球。周五晚上，我跳舞跳到凌晨一点。我很相信所有的沮丧和忧虑都会随着汗水流逝。

"第四，我很早就学会如何避免匆忙，不在紧张的心情下工作。我一直遵循韦伯·克罗斯的生活哲学。当克罗斯担任康涅狄格州长时，他曾告诉我：'有时我觉得事情多得一下子处理不了，我就坐下来休息，抽我的烟斗，整整一个小时，什么事都不做。'

"第五，我同时也学会了用时间和耐心来解决很多问题。当我烦心某件事时，我试着从正面的角度来看这些烦恼。我自问：'两个月后，我就不会担心这件事了，那又何必现在来担心？何不让自己现在就换上两个月后的态度呢？'"

拳击手杰克·德普塞也发现世界上最难对付的就是忧虑，但是，他明白，在他的拳击生涯中，要想战胜自己就必须控制这种心态，不然自己的能力会大打折扣，不能取得最佳成绩。为此，他给自己制定了一些规则，以下就是其中的部分：

"第一项规则是，要在比赛中始终保持勇气。为此我不断地鼓励自己。比如：当我的比赛对手是弗珀时，我一直在心里对自己说：'谁也打不过我！他打不倒我！他的拳头伤不着我！'不管怎么样，我都要狠狠地教训他！我不会受伤，我不停地激励自己，勇气和信心也随之增强，这对我帮助非常大，就连他的拳头打到我时，我也浑然不觉。在我的拳击生涯中，曾经被打裂过嘴唇，眼睛被打伤过，肋骨也被打断过好几次，有一次，我还被弗珀一拳打得飞出场外，直直地扑到台下一位记者的打字机上，把打字机压得稀巴烂。但我并没有感觉到弗珀的拳头，我在比赛中不曾感觉到任何人的拳头——除了唯一的那次，李斯特·琼森一拳就打断了我的三根肋骨。那一拳并没把我击倒，却让我没办法呼吸了。我可以坦白地说，除了那次，我在比赛中从未对任何一拳有过知觉。

"另一个规则是：我一直提醒自己，忧虑有百害而无一利。我的大部分烦恼都出现在我参加重要比赛之前，那正是我加大训练强度的时期。我常常午夜梦转，烦躁不安，一连几小时都无法安然入睡。我忧虑的是自己会不会在第一回合就被对方打断手或摔断脚，或者把我的眼睛打伤，这样我就无法尽情发挥攻势。我一旦发现自己开始忧虑，就赶紧跳下床，盯着镜子里的自己，责骂自己一顿：'你真够蠢的，居然为还没发生并且可能永远不会发生的事情愁眉苦脸！人的生命是短暂的，你只有几年可活，你要充分享受你的黄金时光。'我还会告诉自己说："最重要的就是你的健康，没什么比你的健康更值得你关注了！"我告诫自己，不要让忧虑和失眠损害自己宝贵的健康。我不停地告诉自己，很快我就发现，当这些理念根深蒂固地驻扎在我心底时，忧虑和烦恼就被赶跑了。

"第三项规则，也是行之有效的方法——祈祷！在比赛前训练期间，以及每一次比赛的时候，在新一回合的铃声敲响之前，我都会虔诚地祈祷，那会给我注入无尽的信心和勇气，继续勇往直前。"

大师金言

忧虑并非是不可战胜的，很多成功人士都是通过自己的努力，战胜了忧虑的心魔，最终站在了人生的制高点上。

人性的弱点

[美]戴尔·卡耐基◎著　申文平◎译

中南出版传媒集团
民主与建设出版社

© 民主与建设出版社，2018

图书在版编目(CIP) 数据

卡耐基全集：全6册 / （美）戴尔·卡耐基著；申文平编译.
— 北京：民主与建设出版社，2018.11
ISBN 978-7-5139-2349-1

Ⅰ.①卡… Ⅱ.①戴… ②申… Ⅲ.①成功心理 – 通俗读物
Ⅳ.①B848.4-49

中国版本图书馆CIP数据核字（2018）第252214号

卡耐基全集

KA NAI JI QUAN JI

出 版 人	李声笑
著 者	（美）戴尔·卡耐基
编 译	申文平
责任编辑	刘树民
封面设计	朝圣设计
出版发行	民主与建设出版社有限责任公司
电 话	（010）59417747　59419778
社 址	北京市海淀区西三环中路10号望海楼E座7层
邮 编	100142
印 刷	三河市天润建兴印务有限公司
版 次	2019年1月第1版
印 次	2019年1月第1次印刷
开 本	880mm×1230mm　1/32
印 张	42
字 数	900千字
书 号	ISBN 978-7-5139-2349-1
定 价	210.00 元（全6册）

注：如有印、装质量问题，请与出版社联系。

前言

　　从来没有哪一个时代的人们像今天这样如此重视"成功"，"成功"成为这个时代被使用最频繁的字眼。那么，什么是成功？成功当指成就功业或达到预期的结果。成功当有两个方面的含义。一是个人的价值得到社会的承认，并赋予个人相应的酬谢，如金钱、房屋、地位、尊重等。二是自己承认自己的价值，从而充满自信，并得到幸福感、成就感。成功的含义是丰富的，可惜，在这个时代，很多人过于强调前一种含义，而忽略了后一种意义。而只有造福于社会，获得社会的承认，赢得他人的尊重，才称得上是真正的成功。

　　事实上，成功是一种积极的心态，是每个人实现自己的理想后，自然而然地产生的一种自信和满足心态。

　　戴尔·卡耐基（Dale Carnegie，1888—1955），美国著名的心理学家和人际关系学家，20世纪最伟大的人生导师。他一生从事过教师、推销员和演员等职业，这些职业对他以后的事业都有很大的影响。

　　卡耐基认为，从事有意义的工作，过自己喜欢的生活比赚钱更重要。于是，他在大学时代就开始进行演讲方面的训练，这些训练使他克服了自卑和怯懦，在与不同的人打交道时，他也格外有勇气，有信心。正是在现实中，他认识到人际交往在一个人的一生中有多么重要，他认为，一个人的成功有15%是由于他的技术专长，而85%是靠良好的人际关系和为人处世的能力。经过多年的研究考察，他最终发展出一套独特的融演讲、推销、为人处世、智能开发于一体的成人教育方式，这种方式得到人们的认可，并且不断完善。他开创的"人际关系训练班"遍布世界各地，对数以百万计的人产生了深远的影响，其中不仅有社会名流、军政要员，甚至还包括几位美国总统。

哈佛大学著名心理学家与哲学家威廉·詹姆斯教授说："与我们应取得的成就相比，我们只不过是半醒着，我们只利用了身心资源的一部分。卡耐基因为帮助职业男女开发他们蕴藏的潜能，在成人教育中开创了一种风靡全球的运动。"

《人性的弱点》一书出版于1936年，是由卡耐基授课时所用的教材整理而成的。它不是枯燥的说教，更不是不切实际的编造，而是卡耐基一生经验与智慧的结晶。当你认真地读完这本书时，相信你会认识到自身过去被自己忽略或没有意识到的弱点，在以后的事业和生活中改善自己不足的地方，从而增强自己的处世能力。相信这本书对每一位致力于实现成功人生的人来说都是有益的。

美国石油大王洛克菲勒曾经说过："人际交往能力也是一种可以购买的商品，正如糖或咖啡一样。因而我愿意对这种能力付酬，而且酬金比世上任何知识和技术都多。"这位成功人士尚且如此，你我亦当如此。

CONTENTS 目录

第一章　待人处世的基本技巧

01　无端指责别人并不能解决问题 / 003

02　林肯喜欢批评别人吗 / 008

03　设身处地地为别人想想 / 013

04　真诚地赞赏他人 / 016

05　要想钓到鱼，得问鱼儿吃什么 / 025

第二章　如何使人喜欢你

01　学会真诚地关心他人 / 037

02　微笑是最好的语言 / 045

03　记住和尊重他人的名字 / 051

04　学会倾听他人讲话 / 058

05　多讨论别人感兴趣的话题 / 064

06　让他人感到自己重要 / 068

第三章　如何使人信服你

01　争论不能使你成为赢家 / 075

02　千万别说"你错了" / 079

03　如果你错了，就承认吧 / 084

04　以友善的方式开始 / 088

05　让对方开口说"是" / 093

06　给他人说话的机会 / 098

07　不把自己的意见强加于人 / 100

08　善于从他人的角度看问题 / 104

09　对他人的意见或想法表示同情 / 107

10　激发他人高尚的动机 / 113

11　使自己的意图戏剧化 / 118

12　让他人不断面临挑战 / 120

第四章　如何更好地说服他人

01　从赞扬和欣赏开始 / 125

02　间接委婉地指出他人的过错 / 130

03　首先陈述你自己的错误 / 133

04　没有人喜欢受人指使 / 136

05　保全他人的面子 / 138

06　激励他人获得成功 / 141

07　给狗一个好名字 / 145

08　鼓励更易使人改正错误 / 147

09　使人乐于去做你想要做的事 / 149

第五章　如何让你的家庭幸福快乐

01　婚姻为什么会出问题 / 153

02　喋喋不休会毁了你的婚姻 / 156

03　爱和容忍对方 / 163

04　批评会导致家庭不和 / 165

05　真诚地欣赏对方 / 169

06 注重生活中的小事 / 172

07 要殷勤有礼 / 175

08 不要做"婚姻上的无知者" / 178

第六章 经营好自己的人生

01 养成良好的工作习惯 / 185

02 不要报复你的敌人 / 188

03 享受施与的快乐 / 195

04 多想想得意的事 / 198

05 拥有自己的信仰 / 202

06 不要让他人的看法左右自己 / 206

07 记住这两个词："思想""感恩" / 212

第一章

待人处世的基本技巧

只有那些不够明智的人才会去批评、指责和抱怨他人。的确，很多蠢人都这么做。与其抱怨、责备，不如多一些理解，设身处地地为他们想想，为什么他们会这样做，这样做比批评更加有益，而且这样，就会使我们产生同情、容忍、仁慈之心。

01
无端指责别人并不能解决问题

1931年的5月7日，纽约市发生了一起该市有史以来从未见过的、最为轰动的搜捕事件。经过几个星期的调查搜捕，这位不好烟酒的"双枪"杀手——克罗雷——最终被警方在他的女友居住的西末大街的公寓中抓获。

150名警察及侦探将克罗雷藏身的顶楼层层围住，他们先在屋顶上凿洞，以便用催泪弹将这位"杀害警察的凶手"逼出来。然后，他们在周围的建筑物上架起机关枪，大约一个小时以后，纽约这个原本安静的住宅区中响起了"噼噼啪啪"的手枪声，还伴随着"哒哒哒"的机关枪声。克罗雷躲在一只满是杂物的椅子后面，不断地向警察放枪。成千上万的人聚在街道上看着这场枪战，这种壮观的景象在纽约的历史上从未有过。

克罗雷被捕以后，纽约市警察局局长E.P.马罗尼说，这位双枪暴徒是纽约历史上所有最危险的罪犯中的一个。"他拿杀人当切葱。"警长这样说道。但"双枪"克罗雷自己是怎样看待自己的呢？我们知道，就在警察向他藏身的公寓发起攻击的时候，他写了一封公开信。而在他写信的时候，从伤口流出的血，滴在了纸上，并留下了血迹。在这封信中，克罗雷说："在我衣服的下面是一颗疲惫的心，但也是一颗仁慈的——一颗不愿给任何人带去伤害的心。"

在这不久之前，克罗雷曾在长岛的一条公路上在车里与女友调情，忽然，一个警察走到车旁对他说："请出示您的驾照。"

克罗雷一声不响，拔出手枪，向该警察开了数枪打死了他。当这个警察倒地之后，克罗雷从车里跳出来，抓起警察的枪，又向躺在地上的尸体放了一枪。这就是说"在我衣服下面的是一颗疲惫的心，但也是一颗仁慈的——一颗不愿给任何人带去伤害的心"的那位凶手的所作所为吗？

克罗雷被判坐电椅，当他来到猩猩监狱的受刑室内，他是否曾说："这就是我因为杀人而得到的报应吗？"不，他没有这样说。他说："这就是我自卫的结果。"

从这段故事中我们可以看出："双枪"克罗雷对自己没有一丝责备。

这是罪犯中一种特殊的态度吗？如果你这样想，那就来听听下面这段话：

"我将我一生最美好的时光，用在了给别人带去快乐上，是我帮助他们过快活的日子，而我所得的只是侮辱、唾骂和逃亡的生活。"

那是阿尔·克邦所说的话。是的，克邦是美国从前最臭名昭著的公敌，是一个险恶的帮派头子。他最终在芝加哥被枪决，克邦也没有责备过他自己，实际上，他认为自己是公众的恩人，一个不被公众感激并被深深误解的恩人。

达奇·苏尔兹在纽约被匪徒的子弹击倒以前也是这样。苏尔兹，纽约最臭名昭著的罪犯，他生前，在与新闻记者的一次谈话中，他说他自己是公众的恩人，他深信事实就是这样的。

我曾与猩猩监狱狱长劳斯关于这个问题有过几次有趣的通信，

劳斯在纽约声名狼藉的猩猩监狱当过好几年的监狱长，谈到这个话题时，他对我说："猩猩监狱中的罪犯很少有认为他们自己是坏人的！他们认为自己是跟你我一样的人。他们会为自己辩解，为什么他们要撬开保险箱，为什么他们会扣动扳机，他们中的大部分人都会为自己反社会的行为找出理由，并且不管那理由是荒谬的还是有逻辑的。他们坚持认为，自己不应该被关在监狱而完全失去自由。"

如果阿尔·克邦、"双枪"克罗雷、达奇·苏尔兹，以及所有在监狱中的暴徒，都不为自己的行为自责，那你我日常所接触的人又怎样呢？

百货商店创始人约翰·华纳梅格有一次说："我在30年前就已经明白，责骂别人是非常愚蠢的行为。我并不埋怨上帝在分配智力时的不公，因为我对克制自己的缺陷已经觉得非常困难了。"

华纳梅格很早就领悟到了这个道理，但我却在这一原理已经降临到我身上之前，在这个世界摸索了30余年。我发现，100次中有99次，人们不会为任何事苛责他自己，无论错误有多么严重。

批评是徒劳的，因为它会使人过于保守，并常使他竭力去证明自己。批评也是危险的，因为它伤害一个人宝贵的自尊心，伤害他的自重感，并激起他的反抗。

翻开历史，批评无用的例子你可以找出无数个。例如，西奥多·罗斯福与塔夫脱总统之间的那场著名的争论——这场争论导致了共和党的分裂，而使伍德罗·威尔逊入主了白宫，从而让他在第一次世界大战的史书上写下了勇敢光荣的一页，并改变了历史。我们可以简略地回顾一下当年的历史：1908年，当罗斯福总统走出白宫的时候，他支持塔夫脱，后来塔夫脱当选为总统。然后，罗斯福去非洲捕猎狮子。当他回到美国后，他对塔夫脱的守旧作风感到愤怒，他批评塔夫脱。因此，他决意参加竞选，要使他自己成为连任三次的总统，他打算组织"进步党"。他的这一举动几乎毁灭了共和党，在这次选举中，塔夫脱及共和党只得到佛蒙特州和犹他州这两个州的支持——这是共和党有史以来遭受的最大的失败。

西奥多·罗斯福谴责塔夫脱，但塔夫脱总统谴责他自己吗？当然没有，塔夫脱含着眼泪说："我不知道我应该做的和我已经做的有什么不同。"

究竟应该怪谁？罗斯福还是塔夫脱？老实说，我不知道，我也不关心。我想提出的一点就是，罗斯福所有的批评并没有让塔夫脱觉得自己是不对的。他的批评只是促使塔夫脱竭力地证明自己并含着泪反复地说："我不知道我应该做的和我已经做的有什么不同。"

还有那个煤油舞弊案，还记得吗？这一案件发生在20世纪20年代早期，当时受到了全国报纸的围攻，震惊了整个美国。在当今人的记忆中，美国的公务生活从没发生过这样的事件。整个丑闻的基本事实是这样的：阿尔伯特·B.福尔是哈丁总统任上的内政部长，福尔主管政府在爱尔克山及查夫敦的煤油保留地的出租事宜——保留地是给海军用油时使用的保留地。福尔部长当时有没有公开投标呢？不，没有。而且他还干脆地把这份人人垂涎的合同给了他的朋友爱德华·L.度梅尼。度梅尼又是怎样做的呢？他把称之为"债款"的10万美元"借"给了福尔部长。不仅如此，福尔部长用高压手段命令美国海军陆战队进驻该区，把那些竞争者赶走，保留地的煤油的竞争者被刀枪赶走了，他们离开了油田，不过，他们并没有妥协，他们走上法庭，揭发了10万美元的贪污舞弊案。恶劣的影响，几乎毁灭了哈丁的政权，全国一致唾弃，共和党几乎被摧毁，而福尔部长则被判下狱。

福尔遭到公众的谴责——在公务生活中，以前很少有人曾被公众这样谴责过。那么，他悔悟了吗？没有！事情发生多年以后，胡佛在一次公共演讲中暗示，哈丁总统之死是由于神经的刺激与过分忧虑，因为一个朋友曾经出卖了他。当时，福尔夫人听见了，她从椅子上跳了起来，哭着挥着拳头嚷道："什么？哈丁是被福尔出卖的吗？不！我的丈夫从没有出卖过任何人，就算这间屋子堆满黄金钞票，也不会诱惑我的丈夫做错事。相反，他才是被别人出卖而走上刑场、被钉在十字架上的。"

讲到这里你会明白：人类的天性就是如此，做错事的人只会责备别人而不会责备自己。其实我们每个人都是如此。所以，明天当你我要批评别人的时候，让我们记住阿尔·克邦、"双枪"克罗雷和达奇·苏尔兹。

大师金言

我们要明白批评就好像是家鸽，它们总会飞回家。我们应该明白我们要矫正及谴责的人都会为他自己辩护，从而反过来谴责我们。或者，他们会像温和的塔夫脱总统，他会说，"我不知道我要做的和我已经做的有什么不同。"

02
林肯喜欢批评别人吗

1865年4月15日早晨，亚伯拉罕·林肯躺在一个廉租的公寓中，在死亡的边缘徘徊。这个公寓就在他被布斯枪杀的福特戏院的对面。林肯瘦长的身体斜躺在一个下陷的床上。这床对他的身材来说显然太短了。床头墙上挂着一幅仿制的、制作粗略的罗萨·博赫尔的名画"马市"，屋里挂着一盏惨淡的煤气灯，闪出微弱的黄色的光。

林肯躺在那儿，将死的时候，陆军部长司丹登说："躺在那里的是世界上我们见过的最完美的统治者。"

那么，林肯与人相处成功的秘诀是什么？我曾经用了10年的时间来研究林肯的一生，并用整整3年的时间编写修正了一本书，叫作《世人所未知的林肯》。我相信我对林肯的人格及家庭生活的研究，比任何人都要详尽彻底。我还对林肯为人处世的方法做了一个特别的研究。林肯喜欢批评别人吗？哦，是的。当他年轻时在印第安纳州鸽溪谷的时候，他不但批评人，而且还喜欢写信作诗来讥笑别人。他将他写的那些信有意扔在一定会有人捡到的街上，其中有一封信带来的后果让他终生难忘。

林肯在伊利诺伊州普林菲尔德做了见习律师以后，他仍在报纸上发表信函公开攻击他的反对者，但他也只是偶尔为之。

在1842年的秋天，他写信讥笑一位名叫詹姆斯·西尔士的自高自大的爱尔兰政客。林肯在普林菲尔德的报纸上发表了一篇匿名文章来讥讽他，导致全镇一片哄笑。西尔士为人敏感而且自负，他愤怒不已，查出是林肯所为后，便跳上马去找林肯，要向他挑战决斗。林肯不愿意跟人打架，他反对暴力，但他为了自己的面子不得不迎战。西尔士允许林肯自选武器，因为他手臂长得长，他就选了马队用的大刀，而且他还特地向一位从西点军官学校毕业的学生学习刀法。到了指定日期，林肯与西尔士相约在密西西比河的沙滩上准备决一死战。但在决战开始的最后一分钟，因为围观者的阻止，他们才最终取消了决斗。

这是林肯一生中最失败的一件事，但它却在为人处世方面给了林肯一个无价的教训，他以后再也没有写信凌辱、讥笑过别人。从那时起，他几乎再也没有因为任何事批评过别人。

时间一点点地过去了，在美国南北战争时期，林肯屡次对波多马克军队的将领进行更换——麦克莱伦、波普·伯恩赛德、胡格、米德——这些将领都接二连三地出现失误，林肯伤心失望地在室内踱步徘徊。全国大多数的人都在指责林肯用人不当，但林肯始终保持着宽容平和的心态，没有批评怨恨任何人。他最喜欢的一句名言是："不要议论别人，别人就不会议论你。"

当林肯夫人及其他人刻薄地谴责南方人的时候，林肯奉劝他们说："不要批评他们，如果同样的情形发生在我们身上，我们也会像他们一样。"

可是，如果有人有批评别人的机会的话，这个人就是林肯。我们举一个例子恰好可以说明这一点：

1863年7月的前三天，葛底斯堡战役爆发。7月4日晚，南方将领李将军开始南撤，当时全国暴雨倾盆，河水猛涨。当李将军带着部下来到波多马克河边的时候，在他们眼前出现的是水位上涨不能通过的大河，在他们后面的是乘胜追击的联军。李将军的军队被围困在河边，不能前不能后。林肯看明这种形势，他知道这是一举俘获李将军军队的好时候，只要抓住李将军，战争就能结束。林肯充满了希望，他命令米德先不要召开军事会议，即刻出兵进攻李将军的军队。林肯先用电报发令，然后派特使前去要求米德即刻采取行动。

而米德将军是怎么做的呢？他所做的与林肯的命令正好相反，他违反林肯的命令召开了一个军事会议，他迟疑不决，找各种借口拖延时间。最后，他完全拒绝攻击李将军的军队。终于河水退下去了，李将军与他的军队逃过了波多马克。

林肯大怒，"他这是什么意思？"林肯对他的儿子罗伯特大呼道。"天呀！这是什么意思？他们已经在我们的掌握之中，只要我们一伸手，他们就是我们的了，但不论我怎么说怎么做，米德就是不出兵。在那样的情形下，任何将领只要出兵都能打败李将军，假如我去，就算我自己也可以把他抓住了。"

在深切的失望下，林肯坐下来写了这样一封信给米德。记着，在他一生中，这期间是他极端保守的时期，他用字非常拘谨。所以在1863年，这封信可谓是林肯最严厉的斥责了。

我亲爱的将军：

我不相信你能领会李将军的脱逃给我们带来多么严重的后果。他就在我们的掌握之中，如果能抓住他，再加上我们最近取得的其他胜利，我们就赢了，这场战争就可以结束了。但照现在的情形，战事恐怕还会无限期延长下去。如果你不能在上星期一成功击败李将军，你又如何能打败已经南逃到波多马克河以南的李将军呢，到时候你能带的人——不会多过你当时所有军力的三分之二。如今，我也不敢期望你会做得更好。良机已去，对此，我深感遗憾。

你猜米德读了那封信会怎样？

米德从未见到那封信，因为林肯根本没有把那封信寄出去。这信是林肯死后在他的文件中找出来的。

我猜想——这不过是我的猜想——林肯写完这封信后，一边望着窗外，一边自言自语地说：“且慢，也许我不应该这样匆忙。我坐在这安静的白宫里，命令米德进攻是很容易的一件事，但如果我到过葛底斯堡，如果我上星期也像米德一样见过那么多的血，如果我的耳朵也被死伤的呼叫充斥，也许我也不会急着进攻。如果我的性情像米德一样怯懦，也许我做的会和他所做的一模一样。无论如何，现在是木已成舟。如果我寄出这封信，我的不快是可以解除，但米德将军，他将会为自己辩护，他会谴责我。那只会给大家带来不快，降低他以后做司令的威信，或许会逼使他离开军队。”

于是，正如我所说的那样，林肯把信放在一边，因为他痛苦的经验已经使他明白，尖锐的批评、斥责，其实是没有任何用处的。

西奥多·罗斯福曾说，在他做总统的时候，如果有难解决的问题，他常常往座位上一倚，仰望挂在他的写字台前的一幅巨大的林肯画像，问他自己：“如果是林肯遭受同我一样的困难，他会怎么做呢？他会怎样来解决这个问题？”

大师金言

　　下次，如果我们再想批评别人的时候，让我们从衣袋里掏一张五美元的钞票出来，看着钞票上林肯的头像，然后问自己："假如林肯遇到这样的困难问题，他将怎样处理呢？"

03
设身处地地为别人想想

在我年轻的时候，很期待别人对我印象深刻，我给一位曾在美国文坛上非常有影响力的作家戴维斯写过一封很可笑的信。那时，我正预备给一家杂志写一篇关于作家的文章，我就写信请戴维斯告诉我他的写作方法。几个星期前，我收到一封信，末后附注的"信系口述，由他人笔录，本人未及重读"。这句话引起我的注意。我觉得写这信的人一定是一位公事繁忙的大人物。我呢，其实一点也不忙，但我为了能很快引起戴维斯的注意，我在信的后面也写了"信系口述，由他人笔录，本人未及重读"的字样。

他再也没有给我回过信。只是把原信退给我，在信的最后潦草地写着："你的不恭态度无以复加。"真的，我做错了，或许我应该被他更严厉地责备。但是，站在人性的角度，我对他怀恨在心。甚至在十几年以后，当我听到戴维斯去世的噩耗时，在我心里还依然有对他的怨恨——我羞于承认——就是他当时带给我的伤害。

如果你和我想激起别人对你的反抗，让人对你痛恨数十年，一直到死，你可以放任地去批评别人——不论我们的批评是如何的正确。

当我们与人相处时，要记住，跟我们相处的不是没有理性的动物，跟我们相处的是有情感的动物，充满着偏见而且受傲慢虚荣所促动的动物。

严苛的批评曾使敏感的哈代——英国文学史上最好的小说家，永远地放弃了小说写作；批评也曾使英国诗人托马斯·查特顿自杀。

本杰明·富兰克林在年轻的时候，并不聪明，后来变得极有外交手腕，与人相处也极有技巧，还升为美国驻法大使。他自己说，他的成功秘诀是——"所有我认识的人，我只说他们的好，避免说他们的不好。"

只有那些愚蠢的人才会去批评、惩罚、报怨——而且大多数的愚人都这样做。但宽容和善解人意就需要修养和自控了。

加莱尔说过："一个伟人是在对待卑劣小人的行为中彰显其伟大的。"

鲍勃·胡佛是一位杰出的试飞驾驶员，他时常表演空中特技。一次，他从圣地亚哥表演完后，准备飞回洛杉矶。《飞行作业》杂志曾对此次飞行做过如下描述，当胡佛驾机在300英尺高的地方时，两个引擎同时出现故障。幸好他反应灵敏，控制得当，飞机才得以降落。虽然无人伤亡，但飞机却已面目全非。

在迫降之后，胡佛的第一个反应是检查飞机的燃料。如他所料，他驾驶的这架第二次世界大战时期的螺旋桨飞机，装的不是汽油，居然是喷气机燃油。

回到机场，胡佛要求见见为他保养飞机的机械师。那位年轻的机械师早已为所犯的错误痛苦不已。一见到胡佛，他的眼泪便沿着面颊流下，他不但毁了一架造价昂贵的飞机，甚至差点使3人丧命。

你可以想象胡佛当时的愤怒，并猜想这位荣誉心极强、凡事都要求精细的著名飞行员一定会痛斥这位粗心大意的机械师。但是，胡佛并没有责骂和批评他，相反，他用手臂围住那位机械师的肩膀，对他说："为了表明我相信你不会再犯同样的错误，我要你明天为我保养那架F51飞机。"

大师金言

正如约翰逊博士所说："上帝在它的末日到来之前，不会去评判任何人。"你我又为什么要批评别人呢？所以，不要轻易地批评、谴责、抱怨别人。

04

真诚地赞赏他人

天底下只有一个方法能让一个人去做任何事，你想过是什么方法吗？是的，有一个方法，那就是让这个人心甘情愿地做你要他做的事。

记着，除此之外，没有其他的方法。

当然，你可以用一只手枪对着一个人的胸膛，让他愿意把他的表给你；你也可以用恐吓解雇的方法——在你转过身去之前——让你的雇员跟你合作；你还可以用鞭打或威胁，让孩子做你要他做的事。但这些粗笨的方法都会带来非常不利的反面影响。

我能使你愿意去做任何事的唯一方法就是把你所要的都给你！

你想要什么？

20世纪奥地利最著名的心理学家西格蒙德·弗洛伊德博士说："能促使我们努力做事的动力原因有两种：性的冲动以及想要成为伟大之人的欲望"。美国大哲学家约翰·杜威教授对这个问题的观点稍有不同。杜威博士说，人类的天性中最深刻的冲动就是"成为重要的欲望。"记住这句话："成为重要的欲望。"这是很重要的。在这本书中你还会见到许多关于这句话的句子。

你想要什么？其实，我们所求不多，但有几样东西是我们一生都在追求的，这几样东西，我们正常人几乎都需要。包括：

（1）健康的体魄。

（2）可口的食物。

（3）充足的睡眠。

（4）丰裕的金钱以及金钱能买到的所有东西。

（5）未来的美好生活。

（6）性生活的满足。

（7）子女的健康和幸福。

（8）得到他人的尊重。

这八种需求，除了一样以外，几乎所有的都能满足。这种欲望差不多跟食物或睡眠的欲望一样，深切却难以得到满足，那就是弗洛伊德所说的"成为伟大之人的欲望"。也是美国实用主义哲学家杜威所说的"成为重要的欲望"。

林肯有一次在信的开端写道："每个人都喜欢被人恭维。"威廉·詹姆士说："人类天性中最深的本质就是渴求为人所重视。"你注意到，他不说"愿望"或"欲望"或"渴望"为人所重视，他说"渴求"为人所重视。

寻求自重感的欲望是人类与动物的主要差别之一。例如：当我还是密苏里一个农村的儿童时，我的父亲养了几只品种优良的红色大猪和一头良种的白脸牛。我们每年都会带它们去参加在美国中西部镇市举行的家畜展览会。它们非常优秀，经常得奖。我父亲就将得来的蓝缎带奖章用针别在一条白布上，当有朋友或客人来我家的时候，父亲就把白布条取出来。他拿一边，我拿另一边，把缎带展示给他们看。

猪、牛们并不在乎它们赢得的缎带，但父亲在乎，这些奖品给他一种自重感。假如我们的祖先没有这种自重感的热烈冲动，就不会有我们现在的文明。没有对"自重感"的追求，我们跟动物就没什么区别。

因为自重感，一位没有受过教育的极度贫苦的杂货店员，费心地研究他在一只装满家庭杂物的大木桶下找出的法律书籍，你也许已经听说过这位杂货店员的名字，对，他就是林肯。自重感的欲望激励了狄更斯创作他的不朽的小说；自重感的欲望激励了瑞恩在石头上创作他的音乐；自重感的欲望使洛克菲勒积存了一辈子的巨额财富；也是自重感的欲望使你们城里的富翁建造了一座比他实际需要大得多的房子。这个欲望使你要穿最时尚的衣服，驾驶最新款的汽车，谈论你聪敏伶俐的孩子们。

也是这种欲望，使许多儿童误入歧途，前任纽约警察局局长E.P.马罗尼说："现在的犯罪青年，都有很强的自尊心，在被捕以后，他们的第一个请求就是要阅读一下使他们能成为一个英雄的低俗的报纸，只要他们能看见自己的照片与罗斯、拉加蒂、爱因斯坦、林白、托斯更尼或罗斯福等名人照片同时出现在一个版面上，以后监狱生活如何，他们似乎一点也不在乎。"

如果你告诉我：你是如何得到你的自重感的，我就可以大致确定你是什么样的人。从哪儿能看出你的性格，对你来说，那是非常重要的一件事。例如，约翰·D.洛克菲勒捐钱在中国的北京建新式医院，治疗成千上万个他从未见过并永远不会见到的贫民，来满足自己的自重感。而狄林格，他让自己感到"有重要性"的方法是，走上邪路。他借做土匪、抢银行、杀人，来得到自重感。当美国联邦调查局对他进行抓捕时，他逃到密苏里的一个农舍，他对农人说："我是狄林格！"他似乎以全国第一号社会公敌为荣，"我不会伤害你，但是你们要知道我是狄林格！"

是的，狄林格与洛克菲勒最重要的差别，就在于他们是如何得到他们的自重感的。

历史上，名人为了自重感而挣扎徘徊的也有很多。就连华盛顿都愿意人们称他为"至高无上的美国总统阁下"；哥伦布请求西班牙女王赐予他"海洋大将印度总督"的名衔；大凯瑟琳拒绝拆阅没有称她为"女皇陛下"的信件；而林肯夫人在白宫中，曾向格兰特夫人像只母老虎般地大声咆哮："你怎么能没有我的允许就出现在我面前！"

1928年，几个百万富翁出钱资助白德大将的南极科考队，他们的要求是用他们的名字来为冰山命名。雨果希望有一天将巴黎改称为他的名字，甚至我们最高权威的莎士比亚也要为他的家族得到一个象征荣誉的徽章，借以增加他名字的光荣。

有的人甚至用装病来得到别人的同情、注意及自重感。例如美国第二十五届总统麦金利的夫人，她一度强迫她的丈夫、美国总统，放下繁忙的国事每晚斜倚在她旁边抱她入睡，每次都要数小时之久，借以得到她的自重感。有一次，为了修补牙齿，她坚持让麦金利留下来陪她，以满足她希望被人注意的痛切欲望。后来，因为麦金利总统与国务卿海·约翰有约，不得不把她一人留在牙医那里，这竟使她大发脾气。

有些专家宣称，人真能精神失常，因为在癫狂的梦境中他们可以找到在残酷的真实世界里得不到的自重感。在美国一所医院中，患神经病的人，比患其他一切病的人合起来还要多。

癫狂的原因是什么？没有人能具体同答出来，但我们知道有些疾病，比如花柳，他可以严重摧残人的脑细胞，最终使人精神失常。实际上，约有一半的精神病患者患病的原因都源于这样的生理疾病，如脑部损伤，醉酒，中毒及外伤。但另一半的精神病患者——这个事实让人惶恐——这一半精神病患者，很明显的，他们的脑细胞机体并没有任何毛病。在死后的尸检中，通过最强力的显微镜研究发现，他们的脑纤维明显跟我们正常人一样健全。

那么，这些大脑健全的人又为什么会发生癫狂呢？

最近，我向一位非常著名的疯人医院的主任医师请教过这个问题。这位医师是癫狂病的权威，曾在这方面获得过很多荣誉。他非常诚实地说，他不知道那些人为什么会癫狂，没有人明确地知道。但他却说，许多癫狂的人，在癫狂中，他们找到了在现实世界中不能获得的自重感，然后，他向我讲了这样一个故事：

我现在的病人中，有一位，她的婚姻非常不幸。她需要爱情、性欲的满足，孩子及社会对她的尊重，但现实生活打破了她所有的希望。她的丈夫不爱她，甚至拒绝与她一同进餐，并且强迫她服侍他在楼上的房间里吃饭。她没有孩子，没有社会地位，因此她癫狂了，但是在她的幻想中，她与她的丈夫离了婚，恢复了本姓。她现在相信她嫁给了一位非常爱她的英国贵族，她坚持要人称她为史密斯夫人。至于她渴望的孩子，她现在幻想着她每夜都会有一个新的孩子，每次我来看她的时候，她都会跟我说："医生，我昨夜又有了一个宝宝。"

生活曾一度将她所有梦想的船，沉没在现实的礁石上；但在癫狂的光亮幻想的岛屿间，所有她的小船都驶入了港中，波涛澎湃，直击天幕，风吹帆桅，啸啸作声。

悲惨吗？噢，我不知道。她的医生对我说："如果我能让她恢复神智，我也不愿那样做。因为现在的她活得很快乐。"

安德鲁·卡耐基为什么要以年薪100万美元的酬劳来聘请查尔斯·斯瓦伯呢？难道斯瓦伯是天才吗？不。难道是因为查尔斯·斯瓦伯对钢铁制造比其他人知道得更多吗？瞎说。斯瓦伯亲自告诉我，在他手下做事的很多人对于钢铁制造，知道的比他还多。

斯瓦伯说他之所以获此高薪，大部分原因是因为他懂得为人处世的艺术。我问他是怎么做的，下面就是他亲口所述，这些话应被镌刻下来，永久地保留在铜牌上，悬挂在全国每个家庭、学校、商店及办公室里，如果我们果真能遵照这些话去做，我们的生活势必大异往昔。

斯瓦伯说："我认为，我有激发人们的热情的能力，这个能力是我最大的资源、优势，能让一个人充分发挥他身体里潜在的能量的方法就是赞赏和鼓励。

"世界上最能抹杀一个人的志向的就是来自他上司的批评。我从来不批评任何人，我相信鼓励能给人更多的工作动力。所以我更喜欢称赞，不愿意纠错。如果问我最喜欢的一句话，那就是：诚于嘉奖宽于称道。"

这就是斯瓦伯所做的，但普通人的做法正好与这相反。如果他不喜欢一件事，就竭力挑错；如果他真的喜欢，就会什么也不说。就像古老的俗语所说的"好事不出门，坏事传千里"。

"在我的一生与世界各地的不同层次的人都有过广泛的交往，"斯瓦伯说，"我发现每一个人，无论他是如何的伟大，地位如何的高，都是在被赞许的精神下比在被批评的精神下更能成就好事，尽更大的能力的。"

老实说，这就是安德鲁·卡耐基取得惊人成功的一个显著的理由。卡耐基不但经常公开地赞美别人，私底下他也经常这样。卡耐基甚至在他的墓石上还不忘称赞他的助手，他为他自己写的碑文如下："埋葬于此的是一个知道如何与比他自己更聪敏的人相处的一个人。"

诚恳的赞赏是约翰·D.洛克菲勒人际交往成功的一个秘诀。例如，有一次，他的一位同伙贝德福决策失误，使一桩在南美的生意失败，公司损失了100万美元。洛克菲勒完全可以狠狠地批评他一下，但他知道贝德福已经尽了力——这件事已经告一段落，所以洛克菲勒找了一些其他的理由来称赞贝德福，他向贝德福恭贺，说正因为他，公司才得以保全60%的投资。"已经很好了，"洛克菲勒说，"我们不可能把任何事都做得毫无差错。"

我的剪报中有个小故事，虽然我知道那并不是真的，却跟真的一样，所以，我还是将它重复一遍。

这个闲聊的故事是这样的：有个农妇在劳累了一天之后，为干活的几个男人准备了一大堆干草当晚餐。愤怒的男人质问她是否疯了，农妇答道："嘿，我怎么知道你们会在意呢？20年来，我一直煮饭给你们吃，你们从不吭声，也从没告诉我你们不吃干草啊！"

几年前，有人对离家出走的妇女进行过研究。你知道这些妇女离家的主要原因是什么吗？——"没有人领情"。我相信，离家出走的男人也大概是相同的理由。虽然我们也常常心里感谢另一半为我们所做的一切，但我们却从来没有向她（他）们说出自己的感激之情。

我班上的一名学员给大家讲述了他太太提出的一个要求。她和其他几位女士参加了一种自我训练与提高的课程，回家后，她要先生列出6种能让太太变得更加理想的事项。这位先生说道："这个要求真让我吃惊。坦白地说，要我举出6件事实在简单不过——天晓得，我太太可是能列出上千个希望她变得更好的事项——但是，我没有这么做，我告诉她：'让我想想看，明天早上再告诉你。'

"第二天早上，我起了个大早，打电话要花店送6支红玫瑰给我太太，并且附上纸条写着：'我想不出有哪6件事希望你改变，我就喜欢你现在的样子。'

"傍晚回家的时候，你想谁会在门口等着我呢？对啦，我太太！她几乎含着眼泪在等我回家。没必要再说什么了，我很高兴没有照她的请求趁机批评她一番。

"接下来的星期天她再去上课的时候，她把事情经过向其他人讲述出来，许多太太走过来告诉我：'这真是我听到过的最善解人意的事。'我也因此体会到赞赏的力量。"

佛罗伦兹·齐格飞，百老汇最惊人的歌舞剧家，他因有"使美国女子显赫"的技能而得名。他多次将没人愿意再多看一眼的平凡女子打造成在舞台上具有神秘诱惑的尤物。他知道赞赏和坚信对一个人有很大的力量。因此，他用赞美和鼓励使那些平凡的妇女"感觉"自己是非常美丽、非常吸引人的。他很实际，他增加歌女们的薪金，由每星期30美元增加到175美元。他也非常慷慨，重义气，在福立士歌舞剧开幕之夜，他发了一份电报给剧中的主要演员，并给每个表演的舞女都送了一束美丽的美国玫瑰花。

我有一次也赶潮流，绝食六天六夜。那并没什么困难的，在第六天的最后，我的饥饿感比在第二天的最后的饥饿感还要少。但是，我知道，我们大家都知道，如果有人让他的家人或雇员六天六夜没吃东西，那他就犯了大罪，但他们却会六天，六星期，甚至是60年不给他们像期望食物一样的赞赏。

我们照顾我们的孩子、朋友、雇员的身体，但我们对他们自尊心的照顾是何等的缺乏啊。我们给他们牛排山薯强壮他们的体魄，但我们却忽略了给他们赞赏的温和言语，这样的话语能像晨星的妙音似的，即使过了很多年，还依然在他们的记忆中萦绕。

正如爱默生所说："凡我所遇见的人，都在若干地方胜过我。在那若干地方，我都得向他们学习，因为我们从他们身上学到了东西。"

如果爱默生是这样，那我们是不是更应该这样？我们不能总想着我们的成就、我们的需要。我们也应该发掘别人的优点，然后，不是对他们奉承谄媚，而是真诚地给他们以赞赏。

大师金言

"诚于嘉许，宽于称道"，人们就会将你的话珍藏，终生不忘——多年以后，也许你早已忘了当初说过的话，但他还仍牢记在心。

05

要想钓到鱼，得问鱼儿吃什么

每年夏天，我都会到缅因州一带去钓鱼。我个人是很喜欢吃杨梅和奶油的，但是，我发觉到了，不知出于什么理由，鱼喜欢吃虫子。所以每当我去钓鱼的时候，我想到的不是我想要什么，而是鱼儿想要什么。我不用杨梅或是奶油去引诱鱼儿，而是吊起一只蚱蜢在鱼的面前问鱼儿："你要吃这个吗？"

当"钓"人的时候，我们为什么不用同样的理论常识呢？

第一次世界大战期间，英国首相劳合·乔治就用了这样一种方法。有人问他，他是怎样做到的，跟他同一时期的领袖如威尔逊、奥兰多及克里蒙梭都已经退职，甚至被遗忘了，而他仍然在国家事务中身居要职，他回答说，如果他的留居高位可以归功于一件事的话，这件事恐怕就是他已经明白钓鱼时必需放对鱼饵这件事。

为什么要谈论我们想要什么？那多孩子气，多荒唐。当然，你注意你所要的，除了你，没有别人注意。其余的人也都像你一样，只注意自己想要的，都对自己想要的感兴趣。

所以，世上唯一能影响对方的方法就是谈论他们所要的，并告诉他怎样才能够得到它。

当明天你要让某人做某事的时候要记住这个。比如，如果你不愿意让你儿了吸烟，不要教训他，也不要给他讲道理，你只要告诉他吸烟就进不了棒球队，或不能在百米赛跑中获胜。

不论你是应对小孩、小牛，或是猴子，你都要记住这一点。例如：有一天，爱默生和他的儿子要把一头小牛拉进牛棚，他们就犯了普通人都会犯的错误——只想自己所要的，爱默生推，他的儿子拉。但小牛也像他们一样，只想自己想要的，它挺起腿，非常坚定地拒绝离开草地。正好一位爱尔兰女仆看见了这样的一幕，这位爱尔兰女仆不会写文章，没什么知识，但至少在这次，她比爱默生多懂得一些生活中实用的知识。她想到小牛所要的，所以她将她的拇指放在小牛的嘴里，小牛一面啜吮她的手指，一面温和地跟着她进了牛棚。

从你降生之日起做的每一种举动，都是因为你想要一些东西。你会说，捐助红十字会应该怎么说呢？是的，那也不例外。你捐助红十字会，因为你要帮忙，因为你要做一件善良、美好、无私、神圣的事。

哈里·A.奥佛斯特里特教授在他那本影响巨大的书——《影响人类行为》一书中说："行动受我们基本欲望的牵动……无论在商业、家庭，还是在学校中，如果你想说服别人，最好的建议就是，让对方在心中激起一种急切的需求。你能做到这点就可左右逢源，否则你就会到处碰壁！"

安德鲁·卡耐基，一个贫苦的苏格兰儿童，刚开始工作的时候，每小时只有2美分，后来，他却捐献出36 500万美元——因为他很早就知道影响人的唯一方法就是要了解对方的需求。他只读过4年的书，但他懂得如何与人相处。

他的嫂子对她的两个儿子忧虑成疾，他们都在耶鲁大学读书，他们常年忙于自己的事情，因而忘记写信回家，对于他们母亲的担心，也不放在心上。于是卡耐基拿出100美元打赌，说他可以让两个孩子立刻心甘情愿地写信回家。于是，他给他的两个侄子写了一封闲聊家常的信件，在信末他提到会给他们两个每人5美元。但卡耐基并没有把钱装入信封。很快，两个侄子回信了。在信中，他们谢谢"亲爱的安德鲁叔叔"给他们写信，还有下面的情况我想就不用再讲了，你们也都知道了。

俄亥俄州克利夫兰市的史坦·诺瓦克提供了另一个有说服力的例子。一天晚上，他下班回家，发现他的小儿子蒂米躺在客厅地板上又哭又闹。蒂米明天就要开始上幼儿园，但他说什么也不愿意去。如果是在平时，史坦的反应就会是把蒂米赶到房间，叫他最好还是决定去上幼儿园，他没有什么好选择的。

但是在今天晚上，他认识到这样做无助于蒂米带着好的心情去上幼儿园。于是，史坦·诺瓦克坐下来想："如果我是蒂米，我为什么会高兴地去上幼儿园？"他和他太太列出了所有蒂米在幼儿园会喜欢做的事情，如用手指画画、唱歌、交新朋友等。然后他们就采取行动。

史坦说："我太太莉莉，我另一个儿子鲍布，还有我，开始在厨房的桌子上画指画，而且真的感受到了其中的乐趣。不一会儿，蒂米就在墙角偷看，然后他就要加入我们。'噢，不行！你必须先到幼儿园学习怎样画指画。'我对他说。我以最大的热忱，以他能够听懂的话，把我和我太太在表上列出的事项解释给他听——告诉他所有他会在幼儿园里得到的乐趣。结果，在第二天早晨，我以为我是全家第一个起床的人。我走下楼来，发现蒂米坐着睡在客厅的椅子上。'你怎么睡在这里呢？'我问他。'我等着去幼儿园。我不想迟到。'我们全家的热忱已经在蒂米的心里引起了一种强烈的欲望，而这是讨论或威吓完全无法做到的。"

明天你再要劝说某人去做某事的时候，在你说话以前，先问问自己："我怎样才能使他'要'做这件事？"

这个问题可以让我们不会过分急躁，也不会使我们只顾自己的需要而啰啰嗦嗦，无休止地谈论我们的欲望。

有一次，我租下纽约一家大饭店的跳舞厅，准备做系列演讲用，每季度租20个晚上。

在某一季刚开始的时候，我忽然接到饭店的通知，他们要我付从前三倍的租金租下跳舞厅。我听到这个消息的时候，演讲的入场券已经印发，通告也已经公布。

当然，我很不愿意多付增加出来的租金，但与饭店经理理论又有什么用？他们只对他们想要的感兴趣。于是两天以后，我去见了饭店的经理。

"我接到你的信时有点惊惶，"我说，"但我绝不怪你。假如现在我是你的话，恐怕我也会写同样的一封信。这是你当经理的责任，你就要尽力为饭店盈利，如果你不那样做，饭店的老板恐怕就要辞掉你，并且你也应该被辞退。如果你坚持要增加租金的话，现在，让我们拿来一张纸，我们就在纸上分析一下这件事对你的利和弊。"

我取了一张信纸，在中间画一竖线，一边的上面写上"利"，一边的上面写上"弊"。我在"利"的这边的下面写着："跳舞厅可作他用"几个字。然后，我接着说："你们的好处是大厅可以空出来，你可以另外把跳舞厅出租给人跳舞或开会，或是发挥它更能赚钱的作用，对你来说，那非常有利。因为像那样的话，你的收入，比从演讲这里所能得到的要多。如果我在这一季占用你的舞厅20晚，你一定会丢掉那些赚钱的大生意。

"现在，让我们来讨论一下加租的弊端。首先，我占用跳舞厅演讲，不能让你增加饭店的收入，相反，饭店收入还会减少。事实上，你会没了这些收入，因为我付不起你的租金，迫不得已，我要去别处演讲。对你还有的一个不利就是，我的演讲能吸引很多的有知识的人到你的饭店来，那对饭店来说是非常好的宣传机会，是不是？事实上，如果你花费5000美元在报纸上登广告，也不会使来你饭店的人有我演讲吸引的人更多。这对饭店来说是非常合算的，是不是？"

我边说话边将这两个害处写在"弊"的这一边，然后把那张纸递给经理说："我希望你仔细考虑一下其中的利害，然后，把你最后的决定告诉我。"

第二天，我就接到了经理的来信，他通知我，租金只加50%，而不是300%。

请你注意，我没有说一句关于减租的话，我一直都在讲对方所要的，并且告诉他怎样才能得到它。

假如，当时我按照普通人的做法，闯入他的办公室，对他说："演讲会的入场券已经印好，通告也已经发布了，你现在要给我涨3倍的租金是什么意思？3倍？你不觉得太荒谬，太不近人情了吗？我不付！"

如果是这样，那么接下来的情形又会是怎样的？激烈的辩论就要开始沸腾、扩散，而你也知道辩论是如何收场的。即使我说得他相信他是错的，他的自尊也不会让他退让的。

这儿有一个关于人际交往的很好的建议。那是亨利·福特给出的忠告。福特说："如果有所谓的成功的秘诀的话，那就是你站在对方的立场，由他的观点看事，同时兼顾自己的观点。"

这句话好极了，我要重复一遍。"如果有所谓的成功的秘诀的话，那就是你得到对方立场的能力，由他的观点看事，同时兼顾自己的观点。"

这个道理很简单，很明显地，任何人只要一看就能知道其中的道理，但世上90％的人，在90％的时间里都忽略了它。

要举个例子吗？ 明早看一看你桌子上的信吧，你可以看出，大多数人都违反了这种普遍的规律。

这里有一封信，是一位大运货站管理员写给我班中一位学员爱德华·浮弥兰先生的。这封信对于收信人有什么影响呢？先读这信，然后我再告诉你。

先生们：

敝货运站因大部分送交货物者都于傍晚交到，大量货物同时到达，这种情形引起我们货运站的运输工作停滞、职工加班工作、卡车发车迟缓，最终导致货物延迟等结果。11月10日，我们收到贵公司发来的511件货物，所有货物都是下午4时20分方才到达。

为减少货物迟收带来的不良影响，我们恳请贵公司能与我们合作。如果再发送如上述大宗货物的时候，可否请竭力使卡车提早到此，或将一部分货物上午送来？

这样，对于你们的利益，你们的卡车能有效循环，及你们的货物能即刻发出都会有有效的保证。

您最忠诚的

JB管理人

浮弥兰先生读完这封信以后，写下下列意见后把信交给了我。

这封信所产生的效果与写信人的用意正好产生相反的效果。这封信从一开始就在叙述货运站的困难，一般来说，这是我们不会注意到的。然后，他再要求我们与他们合作，丝毫没有想到我们是否有什么不方便。于是，在最后一段，提到如果我们合作，我们的卡车就能有效循环利用，保证我们的货物可以在收到之日即刻发出。

换句话说，他把我们最注意的事到最后提到，整个信件产生的作用是我们更加反对，而不是想跟他们合作。

我们且看能否将这封信重写，加以改善。我们且不要浪费时间讲我们的问题，正如亨利·福特所忠告的，让我们"站在对方的立场，由他的观点看事，同时兼顾自己的观点。"下面是一种修改的方法。也许不是最好的方法，但是不是有所改善呢？

亲爱的浮弥兰先生：

贵公司为我们的好主顾已14年了。自然，对于你们的光顾，我们是很感激的，并极愿把你们应得的迅速有效的服务给你们。但是，我很抱歉，当你们的卡车，如11月10日那样，在傍晚交下大批货物，在这样的情况下，我们很难将贵公司的货物及时地送达。为什么呢？因为许多其他的顾客也在傍晚交货。自然的，你们的卡车会在码头受阻，有时甚至你们的货物也会延误。

此种现象极为不佳。怎样避免呢？方法是有的，你们可以将货物于上午交到码头。这样，你们的卡车就可以继续流动，你们的货物就可立刻得到处理，而我们的工人也可每晚提早回家，饱餐贵公司出品的鲜美的馄饨和面条。

无论你们的货物何时到达，我们总愿竭力迅速地服务于你们。你公务很忙，请不必费神回复。

你最忠诚的

JB管理人

不计其数的推销员，每天徘徊在路上，疲乏、颓丧，但报酬甚少。为什么？因为他们永远只想他们所要的。他们不明白你我都不想买东西，假如我们要买，我们也会自己跑出去买。我们永远注意解决我们的问题，而假如一位推销员向我们解释说明他的服务或货品，能如何帮助我们解决我们的问题，即使他不向我们推销，我们也会买。买主都喜欢觉着他是自动地想买——而不是被人推销的。

但是，许多推销员终其一生的光阴于售卖工作，而不从买主的立场看事情。

几年前，我在纽约中心的一处名叫"森林山庄"住宅区居住，有一天，我正开车去车站的时候，碰巧遇见一位房地产经纪人，他在长岛买卖房产有几年了。对"森林山庄"一带的情况很熟悉，于是，我问他知不知道我的房子是用钢筋还是用空心瓦造的，他说他不知道，并告诉我一些我早已经知道的事情，这些事，我可以打电话向"森林山庄"询问。第二天早晨，我接到了他的一封信，他把我想知道的事情告诉我了吗？他只需花60秒钟的时间打个电话就可以知道我想要的答案，但他没有这样做。他再次告诉我，我可自己打电话咨询一下，然后他告诉我，他愿意为我办理房屋保险。

他不想怎样能帮助我，他只想帮助他自己。

世界上有很多这样的人，攫取、自私。所以少数不自私的人，愿意为他人服务的人，就会获得很大的利益，因为没有人会在这方面与他竞争。

大师金言

美国著名的律师、有名的商业领袖欧文·杨曾说过："能置身于他人处境的人，能了解他们心理活动的人是不必为他们的前途顾虑的。"

第二章

如何使人喜欢你

关于成功的商业交往，没有什么神秘的——专心注意对你讲话的人、静静地倾听、记得别人的名字，没有别的东西会让人如此开心。当然，你也应该意识到，我们经常是因为自身的缺点而不是优点招人喜欢。

01
学会真诚地关心他人

为什么要读这本书去学习如何获得朋友呢？为什么不向世界上最善于交友的人学习交友的技巧呢？他是谁？也许明天你走到街上就会遇到它。当你走近距它十尺远的地方，它便开始摇晃它的尾巴。如果你停下来轻轻地拍拍它，它会高兴得跟什么似的跳起来对你表示它是何等的喜欢你。你也知道它的这种亲热的表示后面并无其他的动机，它不是要卖给你一块地，它也不是要同你结婚。

你曾想过狗是唯一不需要为生活而工作的动物吗？母鸡需要生蛋；母牛需要给奶；金丝雀需要唱歌。但狗借以维持生活的只是给它主人无私的爱。

在我5岁的时候，我的父亲曾送给我一只黄毛小狗。它给我的童年时光带来很多光明和乐趣。每天下午4点半左右，它都会坐在我家前庭，用它美丽的眼睛望着门前的小道，一听到我的声音，或望见我吊荡着饭盒穿过矮林时，它便会箭一般气喘喘地跑上小山，高兴地跳着，叫着，迎接我。

泰比从未读过任何心理学的书籍，它也不必读。凭着自己的天赋和本能，在两个月内，借着对人表示的亲热就交到了好朋友，可是我们许多人却很难在两年之内，靠着吸引别人的注意交到朋友。我们都知道，有的人，这一生都在错误地让别人对他们自己感兴趣。

当然，那是不行的。他们对你不感兴趣，他们对我也不感兴趣。他们只对他们自己感兴趣，不论早晨、中午，还是晚饭后。

纽约电话公司曾以电话采访的形式做过一个详细的调查，以求得人们生活中最常用到的字是什么。你应该已经猜到了，那就是人称代名词"我"。500次的电话谈话中，曾用过3990次"我"。当你看一张有你在内的团体相片的时候，你最先看的是谁的像？

假如我们只是想引起别人的注意，让别人对我们感兴趣，我们永远也不会获得真诚的朋友。朋友，真诚的朋友，不是那样来结交的。

拿破仑曾试过这个方法，在他最后一次与约瑟芬见面时，他说："约瑟芬，我比其他人更幸运，然而，在现在这个时候，值得我信任的人就只有你。"而历史学家们也认为他的这句话是不是可信还是个疑问呢！

阿尔弗雷德·阿德勒，维也纳著名心理学家，他写过一本书，叫《生活对你的意义》。在书中，他说道："对别人不感兴趣的人，生活中遭遇的困难最大，对别人造成的损害也最大。所有人类的失败，都在这些人身上发生。"

你可能读过数十卷深奥的心理学著作，却没遇到一句对你来说最重要的话，我不喜欢重复，但阿德勒的这句话太有意义了，所以我要在下面重复一遍：

> 对别人不感兴趣的人，生活中遭遇的困难最大，对别人造成的损害也最大。所有人类的失败，都在这些人身上发生。

我曾经在纽约大学选修短篇小说写作课程，一位杂志社编辑给我们上过一课。他说，他只要随便拿起每天在他书桌上的数十篇小说中的任何一篇，读过数段之后，他就能感觉得到小说的作者是否喜欢别人，"如果作者不喜欢别人，"他说，"别人也不会喜欢他的小说"。

如果写小说是那样，那么，你可以确信，面对面地跟人相处就更应该是这样。

霍华德·塞斯顿上次在百老汇表演时，我在他的化妆间待了一个晚上，塞斯顿是公认的魔术大师，是魔术之王。40年来，在全世界各地都曾演出过，他的幻术迷惑观众，叫人目瞪口呆。有6000万以上的人都曾亲临现场观看他的表演。他的财产大约有200万美元左右。

我请塞斯顿先生告诉我他成功的秘诀。他的成功与学校教育完全没有关系。因为他在幼年时就已经离家出走，成为一个流浪的孤儿。他坐过货车，睡过草堆，还曾挨家挨户讨饭。他是在车上观看沿途的广告牌才认识了几个字。

他有高人一等的魔术知识吗？不，他告诉我，被人写过有关幻术的书已有数百册之多，关于幻术，很多人知道的跟他一样多。但他有两件东西是别人所不具有的，第一件，他有感染台下观众的能力。他是个魔术表演巨匠，他深谙人情。他的每一个动作，每一种手势，每一种声调，就算是提眉微笑这样的小事，他都要预先练习。他的每一个动作都是不差分毫地完成。除此而外，塞斯顿对他的观众真诚地感兴趣。他告诉我，许多魔术师看着观众却对他们自己说，"看，那里是一群蠢猪，一群土包子，我要让他们目瞪口呆。"但塞斯顿的做法却与他们完全不同。他说，每次他上台时，他都会对自己说："这么多人来捧我的场，愿意看我表演，我从内心真诚地感谢他们，是他们让我有舒适的生活，我要尽我所能，把我最好的表演展示给他们看。"

他说，在他没上台之前，他都会提醒自己不要忘记对他自己说：
"我爱我的观众，我爱我的观众。"可笑吗？荒唐吗？你怎么想都可
以，我只不过是把自古以来最著名的魔术师所信奉的为人处世的方法
未加任何评论地告诉给你。

这也是西奥多·罗斯福非常受人欢迎的一个秘诀。他的仆人非
常尊敬他，他的一个侍从爱默士曾写过一本关于他的书，名为《罗斯
福——侍从眼里的英雄》。在这本书里，爱默士举了这样一个例子：

"有一次，我的妻子问总统关于鹑鸟的事。她从来没有见过鹑
鸟，总统就对她详细地讲述。一段时间以后，有一天，我房间里的电话
突然响了。（爱默士和他的妻子住在牡蛎湾罗斯福住宅里的一间小屋
里）我妻子接的电话，打电话的就是罗斯福先生。他说，他打电话是想
告诉她，她的窗外正好有一只鹑鸟，如果她向窗外看，她可以亲眼看见
鹑鸟的样子。像这样的小事正是显示了罗斯福总统的优秀品质。无论什
么时候，他经过我们的屋子，即使是看不见我们，他也会'嗳……安
尼！'或'嗳……詹姆士！'向我们打招呼。那是他经过时的一种友善
的问候。"

雇员们怎么会不喜欢那样的老板？又有谁会不喜欢这样的人呢？

罗斯福有一天来白宫拜访，正值塔夫脱总统及夫人外出。他亲切
和蔼地对待下人的美德正好在这种场合中体现出来。他叫着每一个老
仆人的名字，和他们打招呼，连在厨房里洗碗的女仆也不例外。

"当他看见厨房的女仆爱莉丝的时候，"阿奇·巴特曾记载说，
"他问她是否还做米烤面包。""爱莉丝告诉他说，她有时候会做给
仆役们吃，但楼上没有人吃。"

"'他们不懂品尝，'"罗斯福大声说，"'我见到总统时，一

定要这样告诉他。'"

"爱莉丝取了一块烤面包,放在盘子上递给他。他一边吃一边向办公室走去。一路上,他向所有他见到的人问好……

"他对每个人的称呼还像他以前一样。仆役人都低声谈论着他们平易近人的总统。曾在白宫当过40年仆役的艾克·胡佛含着泪说:'这是我们在差不多2年的时间里唯一快乐的一天,我们谁也不会拿这一天跟一张100美元的钞票交换。'"

几年前,我在布鲁克林艺术科学研究院举行一次小说写作的课程的演讲,我们非常希望能请到诺吕士、赫斯德、泰勃尔、德恩、许士以及其他一些著名的作家到布鲁克林来给我们做演讲。所以我们写信给他们说,因为我们很羡慕他们的作品,并深切希望他们能来现场给我们以指教。借此能学习他们成功的秘诀。

每封信都有大约150个学生的签名,我们知道那些作家都很忙,没有预备演讲的时间,所以,我们在每封信中都附上一张写有问题的单子,他们很喜欢这种方式,谁会不喜欢呢?所以他们都答应了我们的要求亲临布鲁克林为我们提供帮助。

用同样的方法,我们还请到了西奥多·罗斯福内阁的财政总长莱斯利·肖,塔夫脱内阁的司法总长乔治·维克沙姆、威廉·詹姆斯·布莱恩、富兰克林·罗斯福,以及许多别的杰出的人物来给我们的同学做演讲。

假如我们要交朋友,我们要多为别人做事——做那些需要时间、精力、公益、奉献的事。

在爱德华公爵还是英国皇储的时候,有一次,他计划周游南美。在他出发以前,他花了好几个月的时间,学习西班牙语言,以便能用当地语言交流演讲，因此，南美洲的人很喜欢他。

多年以来，我都在认真地打听我朋友们的生日。我是怎样做的呢？我虽然根本不相信星象学，但我问对方，问他是否相信生辰与性格有关系，然后我请他告诉我他生辰的年月日。待他不注意时，我就将他的姓名生日记下，以后再转抄到生辰簿上。每年年初，我就将这些生日记在我案头的日历上，每当有朋友过生日的时候，我总会写信或发电报祝他们生日快乐。他们是那么的高兴！我大概是世上他们记忆最深的那个人。

如果我们要交朋友，我们要真诚、热情地向人致意，有人打电话给你的时候，你也要用同样的声音对他说"喂"，你要让他觉得你是多么喜欢他打电话给你。

费城有一个人叫C.M.纳夫尔，多年来，他一直努力想把他的煤卖给一家大型的连锁商店。但这家连锁商店仍旧从市外的一个煤商那里买煤，并且运输的汽车就经过纳夫尔先生的办公处门口。纳夫尔先生有一晚在我班中做演讲，发泄他的气愤，大骂这家连锁商店对国家来说是一种罪恶。

但他依然不知道自己为什么不能把煤卖给他们。

我建议他采用不同的方法试试，事情的经过是这样的，我在班中组织了一场辩论赛，辩题是"论连锁商店的广布，对国家的利与弊"。

按照我的建议，纳夫尔加入反面，他同意为连锁商店辩护，然后他跑去对他一直轻视的连锁商店的经理说："我来不是来卖煤给你的，我来是想请你帮我一个忙。"然后他向他说了辩论的事情。"我来请你帮忙，因为我想不起还有什么人能提供给我我所需要的资料。我想赢得这场辩论的胜利，无论你能给我什么样的帮助，我都会特别感谢你。"

下面是纳夫尔关于后来情形的叙述：

我请求那位经理只给我一分钟的工夫。因为这样他才肯见我。待我说明我的来意以后，他请我坐下，跟我谈了一小时零四十七分钟。他还叫来另一位主管，这位主管曾写过一本关于连锁商店的书。他写信给全国连锁商店联合会，还为我拿来了一份关于这题目的资料。他觉得连锁商店真正做到了为人群服务。为此，他很自豪。他说话的时候，眼中都绽放着光彩。而我也必须承认，他让我开阔了眼界，让我看见了做梦都没有看见过的东西。是他改变了我的心态。

我要离开的时候，他陪我走到门口，把手放在我的肩上，祝我辩论胜利，并邀请我再去看他，告诉他辩论的结果。最后，他对我说的是："到春末的时候，你再来找我。我想跟你合作。"

对我来说，这真是一件奇事。我没跟他提过要他买我煤的事情，他竟然主动说要买我的煤。我因为从内心深处真实地对他及他们的事情感兴趣，所以在两个小时内我完成了我十年都没有完成的事情。

纳夫尔先生，你发现的并不是一种新的真理，因为很久以前，在基督降生的百年以前，古罗马著名的诗人帕里亚斯·西罗士就曾说过："我们对别人的事情感兴趣，别人才会对我们的事情感兴趣。"

在纽约长岛选修我们课程的马丁·金斯伯格说，一位对他特别关怀的护士，深深影响了他的一生。

在我10岁那年的感恩节当天，我住在城里一家医院的免费病房里，准备接受第二天的整形手术。我知道在以后的几个月里我都不能外出，还要忍受疼痛，等待伤口复原。我的父亲已经过世，母亲和我住在一间小公寓里，接受社会福利救济。那一天，母亲不能来看我。

那一天到来了，我感到十分孤单、绝望和恐惧。我知道母亲一人在家为我担心，而且没有人陪她，没有人同她一起吃饭，甚至没有钱吃一顿感恩节晚餐。

泪水涌在我的眼里，我把头埋在枕头和棉被下面，尽量不使自己哭出声来。但我实在太伤心了，因此哭得整个身体都颤动不已。

有位年轻的实习护士听到我啜泣的声音，急忙跑过来。她掀掉棉被，拭去我脸上的泪水，然后告诉我，她今天得留在医院工作，不能和家人在一起，所以也感到很孤单。她问我愿不愿意跟她一道用餐，然后，她便拿了两份食物过来：有火鸡片、马铃薯泥、橘子酱和冰淇淋等。她跟我聊天，让我不至于感到害怕，一直到下午4点当班的时候，她才离开。她在晚上11点钟回来，陪我玩儿，同我聊天，直到我睡下了才离开。

从我10岁以后，一年一年的感恩节来了又去，却只有一个感恩节永远长留在我心头。在那个特别的日子里，有我的挫折、恐惧、孤单，还有来自一位陌生人的温情和关怀。

所以，如果你想让别人喜欢你，或者培养真正的友谊，或是帮助别人又帮助自己，那么就要牢记，对别人表现出诚挚的关切。

大师金言

"我们对别人的事情感兴趣，别人才会对我们的事情感兴趣。"真诚是必不可少的，要培养真正的友谊，或是帮助别人又帮助自己，那么就要记着，对你身边的人和事表现出足够的关心。

02
微笑是最好的语言

在纽约的一次宴会上，有一位客人，他是一个拥有巨额遗产的妇人，她非常希望大家能对她有一个良好的印象。她花了很多钱购买貂皮、钻石、珍珠来装扮自己，但她对她的面部表情却不加注意。她的神情显示出了她刻薄、自私。她不知道每个人都知道的一点：一个女人脸上的表情比她身上穿的衣服要重要得多。

查尔斯·斯瓦伯告诉我说，他的微笑现在已经价值100万美元。他暗示的大概就是这个道理。斯瓦伯的人格、他的魔力、他的使人喜欢他的能力，可以说就是他成功的原因，而性格中最可爱的因素，就是他那令人倾心的微笑。

行为胜于言论，微笑就是在对别人说："我喜欢你，你让我感觉快乐，我喜欢见到你。"

那就是为什么狗会如此讨我们喜欢。它们是何等的喜欢看见我们，喜欢到甚至要从他们的皮里跳出来一样。所以很自然的，我们也喜欢看见它们。

一个没有诚意的微笑也会有这种效果吗？不是的，是不是真诚的微笑我们可以看得出来，那欺骗不了任何人。我们讨厌那种谄媚的、假意的微笑，我们在这里讲的是发自内心的、真诚的微笑。那种能在市场上卖得好价钱的微笑。

　　纽约一家百货商店的人事经理告诉我，他宁愿雇用一个小学没毕业的女职员，如果她有一个可爱的笑脸，也不愿雇用一位表情冷淡的哲学博士。

　　美国一家大橡皮公司的董事长告诉我说，据他的观察，一个人无论做什么事，除非高兴去做，否则很少成功。这位实业领袖不大相信这句话：只有苦干才是打开我们欲望之门的神奇钥匙。他说："我认识的人，他们之所以成功，是因为他们乐意经营他们的事业。后来，我看见那些人开始苦干，工作就变得沉闷，他们失掉了工作中所有的乐趣，所以，最后他们失败了。"

　　如果你希望别人因为看见你而兴高采烈，你就要在见到别人时同样兴高采烈！

　　我曾请数千位商界人士，在一天中每一个小时都要对别人微笑，一个星期以后到班中来讲述这样做的结果。结果如何呢？我们且看这是纽约证券交易所会员威廉·B.司丹哈德的一封信。他的情形并非特例，事实上，他只是数百人中的一个代表。

　　"我结婚已有18年多了，"司丹哈德先生写道，"在这期间，在我起床到我预备好出门做事的这段时间里，我很少对我妻子微笑，或说上二三十个字，我是行走在百老汇街上的脾气最坏的一个人。

　　"当你请我对于微笑的经验做演讲，我就想试一个星期看看。所以第二天早晨，当我梳头的时候，我看着镜中自己沉闷的面孔对自己说，'比尔，你今天要一扫你往日的愁容，你要微笑，就从现在开始。'在我坐下吃早餐的时候，我向我妻子打招呼说，'亲爱的！早！'我微笑着看着她。

　　"你曾提醒我，她或许会惊讶。是的，但是你还是低估了她的反应，她迷惑了，她震惊了。我告诉她，将来这样的事情会变得十分平常。到现在，我已经坚持了有两个月了。

"我就这样轻易地改变了我对生活的态度，在这两个月中，我的家人得到的快乐比过去一年的快乐还要多。

"现在，在我去办公室的时候，我对公寓中开电梯的人说，'早'，并且面带微笑；我对门口的守卫微笑；我在地铁小店里兑钱的时候对伙计微笑；我在交易所对以前我从未见过的所有人微笑。

"不久，我就发觉人人都反过来对我微笑。我对那些来向我报怨诉苦的人，以和悦的神色相待。我静静地听他们抱怨的时候依然面带微笑。因为这样，我觉得调解变得很容易。我觉得微笑每天都给我带来了财富，很多很多的财富。

"我同另一交易员合用一间办公室，他有一个可爱的年轻秘书，我对我近来得到的结果非常满意，所以我就将这人际交往的哲学告诉给了他。然后他非常坦诚地说，当我刚来跟他合用一个办公室的时候，他觉得我是一个脾气坏透了的人——近来他才改变了他的想法，他说我对人微笑的时候真的充满了人性。

"我现在已经不轻易批评人了，我更喜欢欣赏称赞，不喜欢指责。我也已经不再讲我想要什么，而是经常参考别人的意见。这些事都真实地改变了我的生活，我现在跟以前完全不同，我比以前更快乐，生活更丰富，朋友们也更开心——毕竟，这才是最主要的事。"

你不觉得自己应该多笑笑吗？那么怎么办呢？有两件事可以做。第一，强迫你自己微笑。如果你是单独一个人，你就勉强自己吹口哨，或哼哼小调，或唱唱歌。做的好像你很快乐的样子，那就能使你快乐。

威廉·詹姆士曾这样说过："行动好像是跟随着感觉走的，但实际上，行动与感觉是并行的。我们能使直接受意志管理的行动有规律，我们也能使间接受意志管理的情感有规律。因此，如果我们失去了欢乐，这意味着我们得到了重新欢乐的机会，就好像高兴地坐着，高兴地行动说话，就好像高兴已经在那里一样……"

世界上每个人都在寻求快乐——但是只有一个方法可以确实地得到快乐，那就是自己控制自己的思想。快乐不关乎外界的情况，他只依靠你内心的想法。

两个人在同一个地方，做同一件事，彼此有同样多的钱与声望——但还是会一个痛苦一个快乐，为什么呢？因为他们的心境不同。

"事无善恶，思想使然。"莎士比亚说。

美国历史上最伟大的总统之一亚伯拉罕·林肯有一次曾说："人们的快乐大多跟他们想要的差不多。"他说得不错。我近来看见的一件事有力地验证了这句话。我从纽约长岛车站下车正往楼梯上走的时候，在我前面有三四十个残疾儿童，他们拄着拐杖非常吃力地往台阶上走，其中一个小男孩还需要有人抱着。但他们欢乐的神情却使我非常震惊。我对这群孩子的负责人说了我的看法，他说："是啊，当初他们知道自己将终生残疾的时候，他们也很惶恐，但惶恐过后，他们知道，他们必须面对已经残疾的事实。所以，他们现在比一些身体健康的孩子还要快乐。"

我从心里真诚地佩服这些残疾的孩子。他们的精神给我上了一课，我希望我能永远地记住。

仔细阅读下面成功学家哈伯德的一点明智的建议吧——但你要记住，如果你不照着去做，阅读是不会给你带来任何效果的。

你每次出外时，请将下巴往里收，把头抬高，深呼吸，吸收阳光，对你的朋友真诚地微笑，每次握手都集中精神。不要怕被人误会，不要浪费每一分钟去想你不喜欢的人。要在心中确定你喜欢做什么，然后勇往直前地大胆去做。把精力集中在你喜欢做的伟大的事情上。在以后的时间里你会发觉，在不知不觉中你就把握住了你梦寐以求的机会。就像珊瑚虫在洋流中得到了它所需要的原质一样。在脑中想象你希望成为的有能力的、诚恳的、有用的人，然后坚持你的思想，时时刻刻改进自己，把自己变成你希望成为的那种人……思想是至高无上的。保持一个良好的心态——勇敢、诚实、乐观的态度。思想就会指导你去创造，所有的愿望都会心想事成，我们心中想什么，我们就会拥有什么。收起你的下巴，抬高你的头，明天我们就是神仙。

　　中国古人非常聪敏——明于世故，他们有一句格言，我们应该把它写在帽子里时刻提醒自己。"非笑莫开店"。

　　几年前，纽约市的一家百货商店，考虑到圣诞购物高峰期间售货员要承受的巨大压力，在店里挂了这样一个牌子，为我们提供了一套非常实用的家庭哲学：

　　圣诞节最有价值的微笑。

　　它不需要任何成本，但却为我们带来很多。

　　它使受者获益，给予者却没有任何损失。

　　它发生在一瞬间，但却让人永世不忘。

　　没有人富到不需要它，但贫穷的人却都因为它富了起来。

它给家人带来欢乐，给生意伙伴留下好感，它是朋友间的暗号。

它可以让疲惫的人得到休息，给失望的人带来光明，他是悲伤者的阳光，是大自然中最好的解毒药。

但它买不到，求不到，借不到，偷不到。因为它在给予以前，对谁都没用！

假如在圣诞节购物的最后一分钟，我们的售货员也许太疲倦，也许太忙碌，以致不能给你一个微笑，请我们留下自己的微笑，可以吗？因为没有人比没有什么可给的人更需要一个微笑了。保持微笑吧。

大师金言

微笑表明心境良好。面露平和欢愉的微笑，说明充实满足，能善待别人。这样的人一定会感染别人，别人自然乐于与之交往。

03
记住和尊重他人的名字

在1898年，诺克兰郡发生了一件十分悲惨的事件。有一个孩子死了，而在这一天，他的邻居正准备奔赴葬礼，吉姆·发利到马棚中去牵马，地上积满了雪，天气寒冷。那马有好几天没运动了，吉姆·发利把它牵到水槽的时候，它在地上打起滚来，双蹄向空中踢去，竟把发利踢死了。所以，在那个星期，这个小小的村子办了两个丧礼，而不是一个。

吉姆·发利留下了一个寡妇，三个孤儿，还有几百元的保险金。他最大的儿子吉姆刚刚10岁，他到砖厂去工作，往模型里摇沙子，把砖放在一边，在太阳下晒干。吉姆没有机会继续上学接受教育，但因为爱尔兰人特有的乐观的性格，加上他坚持不懈的努力，很多人都非常喜欢他，他参加过政治，多年以后，他养成了一种记忆人名的奇异能力。

他从来没有念过中学，但在46岁以前，有四所大学授予他学士学位，他成了民主党全国委员会的主席、美国邮政总监。

我有一次访问吉姆，问他成功的秘诀是什么。他回答："苦干。"我说："不要开玩笑。"

然后，他问我，我以为他成功的原因是什么。我回答说："我知道你能叫出一万个人的名字来。"

"不，你错了，"他说，"我能叫出5万人的名字。"

没错，吉姆的那种能力曾帮助罗斯福入主白宫。

在吉姆为一家石膏公司作推销员的那些年，在他担任石点村书记职务的时候，他发明了一种记忆姓名的方法。

最初，他的方法极为简单。每当他遇见生人的时候，他或她的家庭，生意和政治上的意见，他的完整名字和一些事实他都会问得一清二楚，然后在大脑中好好地记住这些事情，大致有个印象，下次再遇到那个人时，即使是一年以后，他也一样能拍拍他的肩，问候他的妻子儿女，以及他后院的花花草草。无怪乎，有那么多的人愿意追随他。

在罗斯福开始竞选总统的前几个月，吉姆一天写了数百封信，发往西部及西北部各州。他跳上火车，在19天里，走访了20个州，行程12 000里，然后，他乘坐马车、火车、汽车、快艇旅行。他每来到一个城镇，就和那里的人一起吃午餐或早点、茶点或晚餐，他与他们倾心交谈，然后，再奔赴下一个旅程。

他一回到东部，就立刻给他拜访过的一个人写信，请他将他所有跟他谈过话的客人的名单寄给他。最后，名单上的名字多得数不清，但名单中所有列举的人，吉姆都给他们写了一封亲切的信件。这些信都是用"亲爱的比尔"或"亲爱的杰"开头，信的最后总签着他的名字——"吉姆"。

吉姆很早就已经发现，与世上所有的名字相比，人们只对他自己的名字感兴趣。你能记住别人的名字并叫出来，你就已经对他做了很有效的恭维。但如果你忘了或记错了别人的名字——你就是把你自己放在了非常不利的地位。例如，我曾在巴黎组织过一次关于演讲词的课程，我向城中所有的美国居民都发了邀请信。但是，这个打字员是个法国人，英文程度很低，他把一个人的名字拼错了。这个人是巴黎一家美国大银行的经理，他给我写了一封措辞严厉的信。

安德鲁·卡耐基成功的原因是什么？

他被称为"钢铁大王"，但他自己关于钢铁制造其实懂得很少。替他工作的有很多人的钢铁知识都比他懂得多。

但他知道如何与人相处——那是使他成为富翁的真正原因。早些时候，他就已经显现出了超群的组织领导才能。在他十岁的时候，他就发现了人们对自己的名字非常重视。他利用这一发现跟人取得了合作。当他还是一个孩子时，他得到了一只公兔，一只母兔。不久后，就有了一窝小兔——可是没有东西喂养它们。但他想到了一个十分聪明的办法，他告诉村子里的孩子说，如果他们愿意为他的小兔采来充足的蒲公英与金花菜，他就用他的名字来给小兔命名，以做纪念。

这个方法的神奇功效，卡耐基永远不会忘记。

多年以后，在商场上应用了同样的心理学，这使他获利数百万。例如，他要把钢铁路轨出售给宾夕法尼亚铁路，汤姆生是当时宾夕法尼亚铁路局的局长。所以，卡耐基在匹斯堡建造了两所大钢铁厂，命名为"艾德加·汤姆生钢铁厂"。

当卡耐基与普尔曼互相竞争卧车经营权的地位时，这位钢铁大王又想起了养兔子的经验。安德鲁·卡耐基控制的中央运输公司正和普尔曼的公司激烈竞争。双方都想得到联合太平洋铁路卧车的营业权，两个公司互相排挤、削价，毁坏了所有本应获利的机会。卡耐基与普尔曼都到纽约去见联合太平洋的董事。一天晚上，在圣尼古拉旅馆中，卡耐基遇到了普尔曼，他说："晚上好，普尔曼先生，我们两个不是自己在作弄自己吗？"

"你是什么意思？"普尔曼问道。

于是，卡耐基发表了他的意见——两个人放弃竞争转为合作。他用优美的词句叙述着互相合作而不竞争的彼此利益。普尔曼认真地静听着，但还没有完全相信。最后他问道，"你打算给新公司取什么名字？"卡耐基立刻回答说："嗯，当然是普尔曼皇宫卧车公司。"普尔曼笑了，对卡耐基说："到我房里来，我们来详细谈谈。"那次谈话创造了工业历史的奇迹。

卡耐基这种记忆与尊重他朋友及同事的名字的政策是他成为商业领袖的一种秘诀。他能叫出许多工人的名字，并引以为荣，他还自夸说，在他管理工厂期间，从来没有出过罢工、扰乱工厂正常秩序的事情。

图书馆、博物馆的丰富收藏，常常是从那些不愿看见他们自己的名字日后被遗忘的人那里得来的。纽约公共图书馆里有爱斯德与伦诺克斯的收藏。大都会博物馆永留着本杰明·阿特曼与J.P.摩根的名字。几乎每个教堂都缀着彩色玻璃窗，为的是纪念捐赠人的姓名。

多数人不记得别人的名字，只因为他们没有下必需的时间与精力，去集中注意，反复把姓名牢记在心。他们还为他们自己找借口说因为他们太忙。

富兰克林·罗斯福堪称一位伟大的成功者，可以说没有人比他更忙，但罗斯福甚至对他所接触的机械匠的名字也用心去记忆。

例如：克莱斯勒汽车公司为罗斯福先生特制了一辆汽车。因为他的腿瘫痪，无法使用标准设计的汽车。F.W.张伯伦和一位机械匠将汽车送到白宫。我面前有一封张伯伦的信，信里叙述了这件事。"我教罗斯福总统如何驾驶这辆装置了很多特别机关的汽车；但他却在与人相处的艺术方面教了我很多。"

"当我到白宫访问的时候，"张伯伦先生写道，"总统非常高兴，他亲切地叫着我的名字，使我感觉非常舒服，特别使我印象深刻的是，他非常认真地听我对他讲这车的使用方法及应该注意的问题。这辆车的设计十分完美，它可以完全用手操作。一群人围在车的周围，罗斯福说：'我觉得这辆车的设计非常神奇，只要按一下开关，即能开动它，驾驶起来毫不费力。我觉得这辆车特别好。——我不懂它是怎样来发动的，我真希望有时间把它拆开来看看它是如何发动的。'

"当罗斯福的朋友和助手们都在羡慕这辆车的时候，他当着他们的面对我说：'张伯伦先生，我真的非常感谢你为设计这辆车所花费的时间及精力，这真是一件完美的艺术品。'他赞赏辐射器，特别反光镜，还有钟，特别照射灯，椅垫的样式，驾驶座位的位置，衣箱内的特别衣架，每个衣架上都有一个标记。换言之，他注意了车的每一个细节，他知道关于这些，我是费了许多心思的。他还特意将这些细微之处指给他的夫人，劳工部长，及他的秘书波金女士看。他甚至让他的老黑人侍者也上前来看看这件完美的艺术品。还对这位侍者说：'乔治，你对那衣箱要特别注意，一定要帮我好好保养它。'

"当驾驶课程上完之后，总统转过来对我说：'好了，张伯伦先生，我已经让联邦储备局的人等了30分钟了。我现在要回去工作了。'

"我还带了一位机械匠到白宫去，他到了以后，我向总统先生介绍他。他没有同总统交谈，而罗斯福总统也只听到他的名字一次。他是一个很怕羞的人，躲在人群后面。但在总统离开以前，他来到这位机械匠面前，亲切地与他握手，叫他的名字，并感谢他到华盛顿来给他送车。他的致谢一点都不草率，我能感觉得到他的真诚。

"回到纽约几天之后，我接到罗斯福总统亲笔签名的照片，还有他简短的感谢信，他再次对我给予他的帮助表示感激。他怎么会有时间做这样的事呢？我真的很奇怪。"

富兰克林·罗斯福知道一种最简单、最明显、最重要的得到别人好感的方法，就是——记住别人的名字，让人觉得他很重要——但我们中间有多少人记住别人的名字了呢？

大多数时候，我们跟陌生人谈了几分钟以后，在临别时，连人家的姓名都记不住。

一个政治学家应该学习的第一课就是："记得一个选民的名字，你就具有政治家的风度，忘记了选民的名字，你自己就会被遗忘。"

记忆姓名的能力在事业与交际上，同在政治上差不多同样的重要。

法国皇帝拿破仑三世，即伟大的拿破仑的侄子，曾自夸说，虽然他国务繁忙，他仍能记住所有他见过的人的姓名。

他用的是什么方法？很简单。如果他没有听清楚别人的姓名，他会说，"对不起，我没有听清您的名字。您能再重复一次吗？"如果是一个不常见的姓名，他会说："能告诉我是如何拼的吗？"

在谈话中，他会费尽心思将别人的名字反复记忆，并在脑海中试着把这人的姓名与这人的面孔、神色及外观联系起来记忆。

如果这人对他来说非常重要，拿破仑就会更费尽心思了。在他一个人的时候，他会立刻将这人的姓名写在纸上，注意观看，牢记在心，然后把纸撕碎。这样，他就在大脑中将这个人的名字及这个人的相貌联系在一起了。

所有这些事都需要花心思。爱默生说："良好的礼貌修养是从小事中积累起来的。"

大师金言

记住，把这个人的名字当做是人类语言中最甜美最重要的声音来记忆 。

04

学会倾听他人讲话

最近我应邀去参加了一个纸牌会。我不会打纸牌——有一位女士，她也不会打纸牌。她知道我在洛威尔·汤普森从事无线电事业之前，曾做过私人经理，当时我曾到欧洲各地去旅行帮助汤普森预备他要播发的讲解旅行的声片。所以她对我说："啊，卡耐基先生，我希望你能给我讲讲你见过的所有的名胜奇景。"

我们刚坐在沙发上，她说她跟她的丈夫刚从非洲旅行回来。"非洲！"我说，"多有趣啊！我一直想去非洲看看，但除了在阿尔吉斯停留过24小时外，我没去过其他地方。跟我说说，你曾游历过野兽的乡间，是吗？真幸运啊！我好羡慕你！你给我讲讲非洲的情形吧。"

我们谈了大约有45分钟，在这期间，她不再问我到过什么地方，看见过什么东西了。她不想听我谈论我的旅行，她所要的不过是一个专注的静听者，借讲述她所到过的地方来满足她的自重感。

这位女士的情况是特例吗？不是，有很多人跟她一样。

例如，最近，我在纽约出版商格利伯的宴会上遇见一位著名的植物学家。我没有跟植物学家说过话，但我却觉得他非常有诱惑力。我就坐在椅子上，认真地听他讲大麻，大植物学家勃办及室内花园等，（他还跟我说了一个关于马铃薯的故事。）我自己也有一个室内小花园——他非常热情地教我如何解决我的花园的问题。

我已经说过，我们是在宴会中。既然这样，那一定还会有别的客人在那里，但我犯了礼节上的错误，忽略了其他所有的人，而与这位植物学家谈了数小时之久。

到了凌晨，我跟其他人一一道别，就在这时，这位植物学家转向宴会主人，向主人极力地夸赞我。说我是世界上"最富激励性的人"，我是这样，我是那样，等等。最后，他说我是一个"最有趣味的谈话家"。

一个最有趣味的谈话家？我？我当时没说过什么话呀。如果我不挑开话题，就算是要说，我也不知道说什么，从何说起呀。因为我对于植物学知道的不会比企鹅的解剖学知道得多。但我却一直在静听，听他讲所有的一切。因为我是真的对他所讲的非常感兴趣。他也觉察到了这一点，当然，他会非常高兴。

静听是我们对别人的一种最高的恭维。

一个成功的商业会谈的秘诀是什么？曾任哈佛大学校长的查尔斯·爱略特说："成功的商业交往，没有什么秘密可言……用心关注跟你讲话的人极为重要。没有别的东西像这个那样使人如此开心。"

很明显，是不是？你无须在哈佛读书四年去发觉这点。你我都知道，有的商人租用华贵的店面，陈设动人的橱窗，花费成百上千的广告费，然后，雇用一个不知道专心听别人讲话的店员——或中止顾客讲话的、反驳他们的、激怒他们的，几乎要赶他们出店的店员。

始终挑剔的人，甚至最激烈的批评者，常在一个能忍耐、有同情心的静听者面前软化降服——静听者要在气愤的寻衅者像一条大毒蛇张开嘴巴吐出毒物一样的时候静听。

纽约电话公司数年前曾遇到了一个咒骂接线员的非常凶的顾客。

他咒骂，他发狂，他恫吓要拆掉电话，他拒付那些他认为是不合理的收费，他写信给报馆，他向公众服务委员会屡屡声诉，并对电话公司提起数宗诉讼。

最后，公司派了一位最富技巧的"调解员"前去拜访这位脾气暴躁的顾客。这位"调解员"静静地听顾客抱怨，让这位好争论的老先生发泄他的大篇牢骚，并说"是"同意这位老先生的观点，同情他遭遇到的一切。

"我听那位顾客在那里抱怨、咒骂，差不多有三小时，"这位"调解员"在作者班中叙述他的经验时说，"以后我再去的时候，继续听他说。我共拜访他四次，在第四次访问结束以前，我成为他正始创的一个某组织的会员，他给这个组织起名为'电话用户保障会'。我现在仍是这个组织的会员，但就我所知，除这位先生以外，我是这世上唯一的会员。

"在这几次的访问中，我静静地听，并且同情他所说的任何一点。从来没有电话公司的人那样地跟他谈话，他变得越来越友善了。我见他的目的，在第一次拜访时，我没有提，在第二次、第三次拜访时也没有提到，但在第四次，我结束了这一案件，他把所有的欠账都付清了，并在他与电话公司为难的过程中，他第一次撤销他对公众服务委员会的声诉。"

毫无疑问的，这位先生自认他是在为公义而战，保障公众的权利不受无情的剥削，但实际上，他想要的是一种自重感。他挑剔、抱怨，以此得到这种自重感，但当他在由公司派去的代表那里得到自重感时，他所有不切实的冤屈就立刻无影无踪了。

多年前，有一个贫苦的从荷兰移居到美国的孩子，在学校下课后，就去为一家面包店擦窗，每星期赚半美元。他家非常贫寒，因此，他经常到街上去捡掉到沟渠里的碎煤块。那个孩子名叫爱德华·布克，一生只受过六年的学校教育，但到后来，他竟然成为美国新闻界最成功的杂志编辑。他是怎么做到的？说来话长，但他是如何开始的，在这里，我们可以简单地叙述。他就是用本章所提出的原则作为他的开端。

他在13岁时离开学校，到西部联合组织做童工，每星期有6.25美元的工资，但他却从来没有放弃求学的意念。不但如此，一有机会他还自学。他把不坐车子、不吃午饭的钱积攒起来，为的是买一本《美国名人传全书》——后来，他做了一件从未曾听人说过的事情。他读了名人传记以后，给书里提到的每个人写信，请他们把有关他们的童年时代的故事信息补充完整，他是一个善于静听的人。他鼓励名人讲述他们自己。

他写信给那时正在竞选总统的詹姆斯·加菲尔德大将，问他是否确实曾在一条运河上做拉船的童工，加菲尔德给他回了信。他写信给格兰特将军，询问某一战役的情况，格兰特将军为他画了一张地图并邀请这位14岁的孩子吃晚饭，并且和他谈了整整一夜。

这位为西部联合组织送信的孩子不久便和国内最著名的人都通了信：拉尔夫·W.爱默生、朗费罗、露易丝·阿尔科特、林肯夫人、谢尔曼将军将军及杰弗逊·戴维斯。他与这些名人不单单是通信，他还在他们假期的时候去拜访过他们中间的好多人，并成为他们家里非常受欢迎的客人。这样的经历，给他增添了自信心。这些名人激发了他的理想与志向，改变了他的人生。而所有这一切，让我再说一遍，都只因为他实行了我们这儿正讨论的原则而成功的。

艾萨克·马克森大概算得上是世界上最优秀的名人访问者，他说许多人之所以不能让人对他产生良好的印象，就是因为他们不注意静听。"他们只关心他们自己接下来要说什么，他们不打开耳朵……"大人物们曾告诉我，与喜欢讲话的人相比，他们更喜欢善于静听的人。但现在，很少有人能静下心来听别人说的是什么。

在美国内战最黑暗的时候，林肯给他一位在伊里诺斯斯普林菲尔德的朋友写信，叫他到华盛顿来。林肯在信中说有些问题要与他讨论。这位老朋友来到白宫，林肯就宣布释放黑奴适当与否跟他谈了好几个小时。林肯将赞成及反对这一举动的理由都加以研究，然后，才阅读些信件及报纸文章。有的报纸谴责他是因为怕他不放黑奴，有的则是因为怕他要放黑奴。几个小时以后，林肯与这位老朋友握手道别，并派人送他回伊利诺伊州，全然没有征求他的意见。所有的话都是林肯说的，好像那样使他的心情舒畅了很多。"谈话之后，他好像稍微地感到有些安慰，"这位老朋友说，林肯没有要建议，他要的是一位友善的、能同情他的静听者，让他可以对他发泄心中的苦闷。那是我们在困难中都需要的，那是愤怒的顾客需要的，不满意的雇员，感情受伤的朋友，也都需要。

如果你要知道如何能使每个人都躲着你，都背后笑你，甚至是轻视你，这是一个方法：永远不静听别人长时间的、不断地谈论他自己；如果在别人发表言论时，你有你自己的看法，别等他说完，他没有你的嘴伶俐。为什么浪费你的时间去听他的无谓的闲谈？立刻打断他，让他停止他的喋喋不休。

讨厌的人，他们就是——被他们自私的心及他们自重感麻醉了的讨厌的人。他们只谈论自己，只为自己设想。"只为自己设想的人，是无可救药的没有教养的人，"哥伦比亚大学校长尼古拉斯·M.巴德勒博士说，"他没有教养，无论他受到如何高等的教育结果都一样。"

记住，正在与你谈话的人，他对他自己，他的需要，他的问题，比对你及你的问题要感兴趣100倍；他的牙痛对他来说，要比死亡上百万人的天灾重要得多。他注意他脖子上的小痣比注意非洲40次地震还多。

下次你在跟别人谈话之前，先想想这个。做一个善于静听的人，鼓励别人谈论他们自己。

大师金言

如果你希望成为一个善于谈话的人，要先学会做一个注意静听的人。要使人对你感兴趣，先激发那人的兴趣。问别人喜欢回答的问题，鼓励他谈论他自己及他的成就。

05
多讨论别人感兴趣的话题

凡曾拜访过西奥多·罗斯福的人，都为他广博的知识而惊奇不已。无论是牧童，还是猎奇者，是纽约政客，还是外交家，罗斯福都知道该同他谈什么。他是如何做到的呢？答案很简单。无论什么时候，在罗斯福接受访问的前一夜，他都会晚点睡，以便阅读他的客人所感兴趣的东西。

因为罗斯福同所有的领袖一样，知道通到人心的大路就是跟对方谈论他最以为宝贵的事情。

前任耶鲁大学教授，和蔼的威廉·L.菲尔普斯早年就得到过这样的教训。

"在我8岁时，有一次周末去拜访在利比·琳萨的姑母，我在她家渡过了整个假期。"菲尔普斯在他的一篇写人性的文章中说，"一天晚上，一个中年人来姑母家拜访，与姑母寒暄之后，他的目光集中到了我的身上。那个时候，我对船非常感兴趣，而这位客人谈论的这个题目非常吸引我。他走后，我非常兴奋地跟姑母谈论着他，说他如何好如何好，对船是多么感兴趣！但姑母告诉我，他是一位纽约的律师，他对船丝毫没有兴趣。但为什么他始终谈论船的事呢？"

"'因为他是一位道德高尚的人。他见你对船感兴趣，健谈的他知道怎样能引起你的注意，怎样哄你高兴。'"菲尔普斯接着说，"我从来没有忘记姑母的话。"

就在我写本章的时候，在我面前有一封在童子军事业中极为活跃的加利弗·查立夫先生写给我的信。

查立夫信中说："有一天，我的欧洲童子军大露营的计划需要有人帮忙，我请美国一家大公司的经理出资帮助我的一个童子军的旅费。

"幸而，在我去见这人以前，我听说他有一张被人退回来的一百万美元的支票，在支票被退回以后，他把它封在了一个镜框中。

"所以，我走进他办公室所做的第一件事就是请求看那张一百万美元的支票！我告诉他，我从未听说有人开过这样的一张支票，我要告诉我的童子军，我的确看见过一张百万美元的支票。在他面前，我刻意表现出了我对他的喜欢，还有我对他的羡慕，并请他告诉我支票支取的经过。"

你注意到没有，查立夫先生没有在一开始就谈童子军，或欧洲露营，或他此行的真正目的，他谈论的是对方感兴趣的事情。结果是这样的。

"'等等，'我正在访问的人说道，'我顺便问问你，你来见我有什么事？'我把我来的原因告诉了他。使我非常惊奇的是，他不但立刻答应了我所有的请求，而且还给了我很多额外的东西。我只请他资送一个童子军去欧洲，但他却资助了五个童子军再加上一个我。他还给了我一封1000美元的支款信，并叫我们在欧洲住7个星期。他又给我介绍信，把我介绍给他一家分公司的经理，让我们有困难去找他。他自己还亲自在巴黎接我们，带我们游览全市的风光。

"自此以后，他还给家中贫苦的童子军工作做；他现在仍然活跃在我们的团体中。

"但我知道，如果我没有找到他所感兴趣的事，让他先高兴起来，我接近他的容易程度连现在的十分之一都没有。"

在商业中这是一种非常有价值的方法，是不是？我们拿纽约一家高等面包公司杜佛诺伊公司的杜佛诺伊为例。杜佛诺伊先生想把公司的面包卖给纽约的一家旅馆。为了得到这笔生意，4年来，他每星期都去拜访旅馆的经理，他跟着这位经理到他所去的交际场所，他甚至在这家旅馆中开了房间，住在那儿，但不幸的是最终他还是失败了。

"后来，"杜佛诺伊先生说，"在研究了人际关系以后，我决定改变我的战略。我决意要找出能使这人感兴趣的东西——是什么引起他的关注。

"我发现他是一个叫作美国旅馆招待员会的会员。他不只是会员，他澎湃的热心，已使他成为该会的会长。不论在什么地方举行大会，即便是翻山越岭，他都会亲自到会。

"所以，第二天我去见他的时候，我开始谈论关于招待员会的事。我得到非常好的回应！他跟我讲了半个多小时招待员会的事，他的声调热情有力地震动着。我看得出，这会社是他的业余爱好，是他生活的热情。在我离开以前，他还劝我加入成为他的会员。

"这次，我没提到任何关于面包的事。但几天以后，他旅馆中的一位负责人打电话给我让我带着货样及价目单去。

"他说：'我不知道你对那位老先生做了些什么事，但他是真的被你搔到痒处了！'

"试想一下！我在这人后面紧追了四年——极力要得到这桩生意——要不是我最后尽心地去找出他感兴趣的东西，他喜欢谈论的话题，我想我还得死追下去。"

所以，如果要使人喜欢你，如果你想让他人对你产生兴趣，那就记住：多讨论别人感兴趣的话题。

大师金言

无论面对什么样的人物，一定要找到他所感兴趣的事，让他先高兴起来，这样你就比较容易接近他了。

06
让他人感到自己重要

　　我在纽约33号街8号路的邮局中排队等待发一封挂号信。我留意到，那位负责挂号的工作人员似乎对他的工作很烦恼——称信封，递邮票，找零钱，发收据——这样单调的苦工，年复一年地重复着。所以，我对自己说："我要让那人喜欢我，很明显的，要使他喜欢我，我必须要对他说些好话。"我问我自己："他有什么值得我发自内心的真诚地赞美他呢？"那真是一个难以回答的问题，特别是对于那些初次见面、不很熟悉的人来说。但突然间，我看见了一样我非常欣赏的东西。

　　当他给我称信的时候，我热情地对他说："我真想有一头你这样的头发。"

　　他抬起头来，非常惊讶的样子，但脸上却露出得意的微笑，"现在不如从前好了。"他客气地说。我确切地对他说，虽然现在跟以前相比可能逊色了很多，但他的头发还是很出色的。他非常高兴，我们愉快地谈了几句话，最后，他对我说的是："许多人都曾赞赏过我的头发。"

　　我敢打赌，那天他出去吃午饭的时候，一定是脚步轻松，我也敢打赌，他那晚回家一定把这件事告诉了他的妻子，我还敢打赌，他会照着镜子对自己赞美道："这真是一头漂亮的头发。"

有一次，我公开地讲这个故事，之后一个人问我："你这样做是想从他那里得到些什么呢？"我要从他那里得到些什么？我要从他那里得到些什么？假使我们真的这样卑贱自私，我们不能给人一点快乐，不能给人一点真诚的欣赏，假如我们的气量不比酸野苹果大，如果我们失败，那也是应得的。不错，我的确要从那人那儿得到些什么，我要得到的是一些无价的东西，并且我得到了。我得到了我为他做了些事，而他却不能报答我什么的感觉。那是一种在事过很久以后，依然会在他的记忆中发光歌咏的感觉。

　　人类行为有一条极为重要的定律，如果我们遵守那条定律，我们几乎永远不会出毛病。

　　实际上，如果我们遵守，那定律会让我们得到无数的朋友及长久的快乐。但我们破坏了那定律，片刻间，我们就会出现很多很多的麻烦。这定律就是："永远让对方觉得自己重要。"我已经提到，约翰·杜威教授说："自重的欲望是人类天性中最深刻的冲动"。威廉·詹姆士教授说："人类天性的最深的本质就是渴求为人所重视。"我已经指明就是这种冲动使我们与动物有别，也就是这种冲动的本身担负了发展文明的责任。

　　数千年来，哲学家一直都在思考人际关系的规则，而所有的思考最终只衍生出一种重要的观念。这观念不是新的，它与历史一样陈旧。2500多年前，琐罗亚斯德在波斯把它传给他的教徒；2400多年以前，孔子也在中国宣讲这个规则；道教始祖老子在函谷关用这个哲理教育他的学生；纪元前500年，释迦牟尼在恒河河畔传播；比这再早1000年，印度教的圣书也有这样的记载，在19个世纪前，耶稣在巨狄亚石山中教人；耶稣将这个观念综合成一种思想——这大概算得上是世界上最重要的规则："己所欲，施于人。"

你要得到别人的赞同，得到别人对你的承认，得到你在你的小世界中重要的感觉，你不要听卑贱不诚的谄媚，你渴求真诚的欣赏。你要你的朋友及同人，像斯瓦伯所说的，"诚于嘉许，宽于称道。"我们都愿意那样。

所以，我们要遵守那金科玉律，你希望别人怎样待你，你就要怎样待别人。怎么样？从什么时候什么地方开始？答案是：不论什么时候，不论什么地方。

例如，如果我们要法式炸薯片时，女侍者却拿马铃薯给我们，让我们说："对不起，又要麻烦你了，我更喜欢吃法式炸薯片。"她会回答，"一点不麻烦"，并非常愿意为你更换，因为你对她表示了尊重，她会还你以尊重。

精短的语句，如，"对不住，麻烦你了，""费心，你可否……""谢谢你"——像这样的平常客气的话听上去就像每天在沉闷辛苦的生活轮齿上浇油润滑——而同时，这些都是我们优良品格的标志。

让我们再举一个例子，唐纳德·麦克马洪是纽约一家园林设计公司的设计总监，他向我讲述了这样一件事。

"在我听了'如何交友及影响他人'的演讲之后不久，我就为一位非常有名的法官的地产布置园艺。这位主人出来跟我说了几个注意事项，并告诉我他要在什么地方种南山石及杜鹃花。

"我说，'法官，听说你很喜欢养狗，在每年的梅狄生方园举行的狗展中，您的狗都会为您获得很多奖状。'

"这点小小的欣赏，效果却极为惊人。

"'是的，'法官回答说，'我对养狗的确很有兴趣。你要不要

看看我的狗窝？'

　　"他花了差不多一个小时的时间带我去看他的狗，以及他们获得的奖品。他甚至拿出这些狗的血缘系谱来给我看，并向我讲述血统与美貌及聪敏程度的关系。

　　"最后，他转过来问我，'你有儿子吗？'

　　"'是的，有一个。'我回答说。

　　"'他喜欢小狗吗？'法官问道。

　　"'是的，他非常喜欢。'

　　"'很好，我送给他一只。'法官说。

　　"他开始教我如何喂养小狗，然后，他停了停对我说，'我就这样说你是记不住的，我给你写下来。'法官走进屋里，把血统系谱及喂养方法用打字机打好，他给了我一只价值100美元的小狗还有他75分钟的宝贵时间。所有这些大概都是因为我对他的爱好表示了真诚的赞美的原因。"

　　大师金言

　　曾统治过大英帝国的迪斯累利说道："同人们谈谈他们自己，他们会愿意听上好几个钟头。"如果你真诚地这样做，你就赢得了别人的尊重。

第三章

如何使人信服你

如果你想赢得人心，首先要让他人相信你是他最真诚的朋友。就像有一滴蜂蜜吸引住他的心，通往他的理性。使人信服于你，你就一定要让他人感受到你的真诚。

01
争论不能使你成为赢家

第一次世界大战结束不久，一个晚上，在伦敦发生的一件事给了我很大的教训。我当时是罗斯·史密斯爵士的私人助理。在战争期间，他曾在巴勒斯坦做奥地利的航空统帅，宣布和平之后不久，他因在30天中环绕地球半周，震惊了全世界，从来没有人有过这样惊人的举动。这件事曾轰动一时，奥地利政府给了他50 000先令以作奖励，英国国王还封他为爵士，并且在那时，他成了在英国国旗下被谈论得最多的一个人。一天晚上，我去赴一个为欢迎罗斯爵士举行的宴会，席间，坐在我旁边的一个人给我们讲了一个非常幽默的故事，这个故事与这一句话有关联，"无论我们如何粗俗，我们心中都会有一个信仰。"

这位讲故事的人说，这句话出自《圣经》。但我知道，他错了。我毫不含糊地知道，完全肯定。所以，为了要得到自重感并显示我的优秀，我给他纠正他的错误。他坚持他的看法。"什么？出自莎士比亚？不可能！太荒谬了！那句话出自《圣经》。"他非常肯定地说！

这位讲故事的人坐在我右边，我的老朋友弗兰克·加蒙坐在我左边。加蒙多年来一直在研究莎士比亚，所以，这位讲故事的人和我都同意将这个问题交给加蒙先生来裁决。加蒙先生静静地听着，他在桌下用脚踢我，然后说道："戴尔，你错了，这位先生是对的，那句话是出自《圣经》。"

那晚回家的路上，我对加蒙说："你老老实实告诉我，那句话是不是出自莎士比亚。"

"是的，当然，"他回答说，"是在《哈姆雷特》的第五幕第二场。我亲爱的戴尔，我们只是宴会的客人，有必要证明他到底是对还是错吗？为什么一定要证明他是错的呢？那能使他喜欢你吗？为什么不给他留足面子？他没有征求你的意见，你为什么一定要跟他争辩？记住，永远都要避免与人发生正面冲突。""永远避免与人发生正面冲突。"说这句话的人给我的教训让我终生难忘，我不仅让讲故事的人不悦，我还将我的朋友置于窘境，如果我不喜欢与人争执该多好啊！

那个教训非常重要，因为我是个十分顽固的人，在我的青年时代，我跟我的弟兄辩论天下一切的事，当我到大学的时候，我研究逻辑学及辩论技巧，还参加过辩论比赛。后来我在纽约教授辩论的技巧，我羞于承认，我曾计划写一本关于辩论的书。从那时起，我就非常注意听别人说，批评，我参加过数千次的辩论，并注意吸取教训。所有的这些最终只使我总结出一个结论，能使辩论得到最大的利益的方法就是——避免辩论。

避免辩论同避免毒蛇及地震一样。十次中有九次，辩论结束之后，每个参加辩论的人，都比以前更坚信他是绝对正确的。

你不能从辩论中得胜，不能，因为如果你辩论失败，你是失败了；如果你得胜，你还是失败了。为什么？假定你胜过对方，将他的理由攻击得满是漏洞，并证明他简直是神经错乱，那又能怎么样？你觉得很好，但他会怎么想？他会觉得他自己智力低弱，自尊心受伤害，他还会反感你的胜利。

多年前，一位名叫帕特里克·奥黑尔的爱尔兰人，加入我的培训班。他没受过多少教育，而且是一位非常喜欢争执的人，他曾做过别人的司机，他到我这里来是因为他没有成功卖出过一辆汽车。我只问了他几个问题，就看出他经常与正要跟他做交易的人发生争执并激怒他们。如果他的买主，对他出售的汽车说任何贬损的话，他就会发起火来立刻打断别人的话，他是赢得了不少的辩论。他后来对我说，"我常走出一个人的办公室说，我告诉了那家伙一些事，真的，我告诉了他一些事，但我没有卖给他一点东西。"

我的第一任务不是教奥黑尔讲话。而是训练他谨慎，不要乱发脾气，并避免口头上发生冲突。

奥黑尔先生现在已经是纽约怀特汽车公司的一位销售明星了。他是怎样做到的呢？

聪敏的老富兰克林常说："如果你辩论、争强、反对，你或许有时得到胜利，但这胜利是空洞的，因为你永远不能得到对方的好感了。"

所以，你自己考虑考虑，你想要什么，是一个非科学的、表演式的胜利，还是一个人的好感？你很少能两样兼得。

在你进行辩论的时候或许你是对的，绝对是对的；但在改变对方的思想上说来，你大概会毫无所得，就像你一开始就错了一样。

一位所得税顾问弗雷德里克·巴森士与一位政府税收稽查员因为一项9000美元的账目发生问题而争辩了一个小时之久。巴森士先生声称这9000美元是一笔呆账，永远不能收回来，不应纳税。"呆账，胡说！"稽查员反对说，"必须纳税。"

"这位稽查员冷淡，骄慢，固执，"巴森士先生在班中讲述这件事情时说，"理由对他来说一点用也没有，事实对他也没有用……我们辩论越久，他越固执。所以，我决计避免争论，改变话题，给他赞赏。

"我说，'我想这事与那些特别重要又困难的事件相比，只能说是一件很小的事。我也曾研究过税收问题，但我知道的都是从书本上得来的，而你是从亲身的实践中得到的知识，其实我更愿意做你这样的工作，这样的工作可以让我学到很多东西。'我每句话都是发自肺腑的。

"于是，那稽查员坐在椅子上，身体向后一挺，把头靠在椅子上，跟我讲了许久关于他工作上的事，告诉我他发现的舞弊的方法。他的声调渐渐地变得友善，片刻后，他又讲起他的孩子来。他走的时候，他告诉我他要再考虑考虑我的问题，几天之内会给我答复。

"3天之后，他到我的办公处来告诉我，他已经决定按照我所填报的税目办理。"

这位稽查员正表现了一种最普通的人类弱点，他要一种自重感。巴森士先生越是与他辩论，他愈加想显示他的权力，得到他的自重感。一旦有人承认他的重要，给他想要的自重感，辩论就会立即停止。一旦他扩大他的自我心，他就会立马变成一个有同情心的和善的人。

释迦牟尼说："恨不能止恨，爱能止恨。"

有一次，林肯责罚一个跟同僚发生激烈争执的年轻的军官。"凡决意成功的人，"林肯说，"不能费时执著于个人的成见，更不能费时来承受争执带来的结果，包括他脾气的损坏，自制的丧失。你不能过分显示自己的权力，懂得放弃，与其为争路权被狗咬伤，不如给狗让路。即使你将狗杀死，也不能治好被狗咬坏的伤口。"所以，我们要想使人信服，一定要记住：避免辩论。

大师金言

永远不要用辩论来停止误会，应该用一些技巧、外交来和解，还要兼顾对方的观点，用恰当的方式使辩论停止。

02
千万别说"你错了"

当西奥多·罗斯福入主白宫时，他承认，如果他的判断有75%是正确的，行事便可以达到最高的标准了。

如果像这样一位杰出的领袖都承认自己的判断最高只有75%的正确率，那你我又会怎样呢？

如果你能确信自己的判断有55%是对的，便可以到华尔街去发财。如果你不能确定自己的判断是否有55%是对的，又怎么能指责别人常常犯错呢？

你可以用一个眼神、一种语调，或一个手势来指责别人所犯的错误，这和语言表达一样有力——但是，当你指出对方的错误时，对方会因此同意你的观点吗？绝对不会！因为你直接打击了他们的智慧、判断、尊荣和自尊，这只会造成对方的反击，而不会改变他人的观点。也许，你会用柏拉图或康德的逻辑理论予以佐证，但还是没有用，因为你早已伤了他们的感情。

千万不要这样开场："我要证明给你看。"这样做太糟糕了，等于是向他人表明："我比你聪明，我要使你改变看法。"

那是一种挑战，无疑会引起反感并爆发一场冲突。在你尚未开始之前，对方已经准备好了。在这样的情况下，要想改变对方的观点是很难的。所以，为什么要弄巧成拙？为什么给自己找麻烦呢？

如果你想证明什么，别让任何人看出来，而且应不留痕迹，很技巧地去做。正如诗人亚历山大·波普所说：

你不可能教会他任何事情，
你只能帮助他学会一件事。

300多年前，意大利科学家伽利略也说：

你不能教人什么，
你只能让人去发现。

查斯特菲尔德爵士也告诫他的儿子：

要比别人聪明，
但不要让他们知道。

苏格拉底也一再告诉他的门徒：

我唯一知道的，就是我一无所知。

好了，我不能奢望比苏格拉底更聪明，所以，从现在开始，最好不要再指责人们有什么错误，我发现那要付出代价的。

如果你认为有些人的话不对——不错，就算你确定他说错了——你最好还是这样讲："啊，是这样的，我有另外一个想法，但也许不对。假如我错了的话，希望你们帮我纠正。让我们共同来讨论一下这件事。"

很奇妙，的确很奇妙，尤其是类似这样的话："我也许不对，让我们来讨论一下这件事。"

无论是在天上还是在地下，绝对没有人会反对你说："我也许不对，让我们来讨论一下这件事。"

我的一位学员哈罗德·雷恩克就曾用这种方式处理顾客纠纷，他是道奇汽车在蒙大拿州比林斯地区的代理商。雷恩克在报告时指出，由于汽车市场面临巨大的竞争压力，在处理顾客投诉案件时，我们常常显得冷酷无情，这就很容易引起顾客愤怒，失去生意，或给顾客造成许多不愉快。

他告诉班上的其他学员："后来我仔细想了一下，我意识到这样确实于事无补，我试着改变策略。我转而向顾客这么说：'我们公司犯了不少错误，我实在感到非常惭愧。请把你碰到的情形告诉我，我们会努力解决。'"

"这种方法显然消除了顾客的怒气。情绪放松，顾客在处理事情的过程当中就容易讲道理了。许多顾客对我的谅解态度表示感谢，其中两个人甚至后来还带来自己的朋友买车。在竞争激烈的市场上，我们很需要这样的顾客。而我相信，尊重顾客的意见，周到有礼地对待顾客，都是赢得竞争的本钱。"

承认你错了永远不会给你带来麻烦。只有如此才能平息争论，使对方也能同你一样公正宽大，甚至也承认他或许错了。

著名心理学家卡尔·罗杰斯在他的《成为一个人》一书中写道：

"我发现，能体会别人的想法，你会获益很大。也许你会觉得古怪，真有必要去体会别人的想法吗？我想是对的。我们对许多'陈述'的第一个反应常常是'估量'或'判断'，而不是去'了解'。每当有人表达自己的感受、态度或者想法时，我们通常即刻做出的反应是：'这是对的''这是愚蠢的''这是不正常的''那毫无道理''那是错的''那个不好'。我们很少要自己去了解陈述者话中的真正含义。"

有一次，我请了一位室内装潢师为我家布置一些窗帘。等账单送来时，价钱着实让我吓了一跳。

隔了几天，有个朋友来访，看到了那些窗帘。她问起价钱，然后以夸张的态度宣称："什么？太过分了！我想你是受骗了！"

真的吗？是的，我想她说得很对。但很少有人听得到他人讲出这种真话、这样的判断。于是，我为自己辩解说贵的东西毕竟有贵的价值，不可能以便宜的价钱买到高品质又有品味的东西。

第二天，另一个朋友来访，对那些窗帘赞不绝口，还说希望她也能买得起这种漂亮的东西。我的反应与前一天大不相同："啊，说实在的，我也差点付不起。我买贵了，真后悔没先问好价钱。"

当我们犯错的时候，也许会对自己承认。当然，假如别人的态度温和一些，或做得有些技巧，我们也会向他们认错，甚至以自己的坦白、心胸宽大而自豪。但是，假如对方有意让你难堪，情况又不同了。

有人曾问马丁·路德·金，作为一个和平主义者，为何如此崇拜白人空军将领丹尼尔·詹姆斯，而非黑人高级官员。金博士回答："我以别人的原则去判断他们，而非用我的原则。"

相同的，罗伯特·李将军有次同南方联邦总统杰斐逊·戴维斯谈他麾下的一名军官。李将军对其称赞有加。另一位军官很诧异，他问李将军："难道你不知道那个人无时不在恶毒攻击你、诽谤你吗？""是的，"李将军回答，"不过，总统是问我对他的看法，不是问他对我的看法。"

大师金言

换一种说法，不要与顾客、配偶或敌人发生冲突。别指责他们的错误，别引起他们的怒气，如果非得与人发生对立，也得运用一点技巧。前提是——对别人的意见表示尊重。

03
如果你错了，就承认吧

从我家走不到一分钟，就能到达一片宽阔的森林。春天来临的时候，黑草莓的野花白白的一片，松鼠筑巢育子，马草长到高过马头，这块没有被破坏的林地，叫作森林园——那真是一个森林园，我发现它时就像哥伦布发现了美洲大陆一样。我常带着我的小波士顿斗牛犬到园中散步，它是一只友善的不伤人的小犬。园中不常见人，我总是不给它系上皮带或口套。

一天，我们在园中遇见一位警察——一个急于要表现他权威的警察。

"你不给那狗戴口套，也不系上皮带，还让它在园中跑来跑去，这是什么意思？"他责问我说，"你不知道这是违法的吗？"

"是的，我知道是触犯法律的，"我轻柔地回答，"但我想它在这里不会伤害到什么。"

"你不认为！你不认为！法律可不管你怎么认为的。那狗有可能会伤害松鼠，或咬伤小孩。这次我放过你，但如果我再在这里看见这只狗不戴口套，不系皮带，你就必须向法官解释了。"

我客气地答应遵守他的命令。

我倒真实地照办了几次。但瑞克斯不喜欢戴口套，我也不喜欢，所以我们决定碰碰运气。开始的时候很顺利，但后来又碰见了一次那个警察。一天下午，瑞克斯同我跳过一个小土丘，忽然间，我惊惶地看见了"法律的权威"，他骑着一匹红棕色的马。瑞克斯在前面正向着那警察冲去。

我知道事情没有别的办法了。所以，没等警察开口说话，我就先发制人。我说："警官，你已当场抓住了我，我是触犯了法律，我没有托词，没有借口。你上星期警告我如果我再把没有口套的狗带到这里，你就要处罚我。"

"哦，现在，"这警察用柔和的声调说，"我知道周围没有人的时候，让这样一只小狗在这儿跑一跑，是一件美妙的事。"

"那真是一种诱惑，"我回答说，"但那是犯法的。"

"好了，像这样一只小狗大概不会咬伤人吧。"警察反而为我辩护说。

"不，但它也许会咬伤松鼠。"我说。

"哦，现在，我想你对这事太严肃了，"他告诉我说，"我告诉你怎样办，你只要让它跑过那土丘，到我看不见它的地方——这事就算了。"

其实，那位警察也是个和善的人，他只不过要得到一种重要人物的感觉。所以，当我开始自责时，他唯一能滋长自尊的办法就是采取宽大的态度，以显示自己的慈悲。

但如果我要为我自己辩护的话，你可曾和一个警察辩论过吗？

我不与他正面交锋，我承认他是绝对正确的，我是绝对错误的。我迅速地、坦白地、热忱地承认。我们各得其所，这件事就在和谐的气氛下结束了。

假如我们知道自己一定会遭受责备时先承认自己的错误，自己责备自己，这样岂不比让别人责备好得多？听自己的批评，不比忍受别人的指责容易得多吗？如果你将别人正想要批评你的事情在他有机会说话以前说出来，他就会采取宽容、谅解的态度，以减轻你的错误了。就像那骑着马的警察对待我与瑞克斯一样。

任何愚蠢的人都会试图为自己的错误进行辩护，而且多数愚蠢的人都会这样去做。承认自己的错误，使人出众，并给人一种高尚尊贵的感觉。例如，历史所载的关于李将军的一件最完美的事，就是他为佩克特在葛底斯堡冲锋失败后进行的自责。

佩克特在战场上英勇无畏，无疑是西方世界史上最显赫最辉煌的英雄之举。佩克特是个风流人物，他把他褐色的头发留得很长，几乎长及肩背，而且，像拿破仑在意大利的战役中一样，他几乎每天在战场上都写下热烈的情书。在那一个惨痛的下午，他歪戴着漂亮的帽子，得意洋洋地骑着马向联军的阵线冲锋，士兵们欢呼着跟随着他，人挤着人，大旗飞扬，军刀在阳光中闪烁，那真是一幕壮丽的景观，联军看见他们时，也禁不住发出一阵喃喃地赞美。

佩克特的军队踏着轻快的脚步，迅速向前行进，突然，联军的大炮向他们的队伍开始轰击。片刻间，隐伏在山脊的石墙后面的联军步兵向佩克特的车队开火，一阵又一阵开枪。瞬间，整个山顶变成火海，成了一个杀戮的场所。在几分钟内，除了一个人之外，所有佩克特的旅长都被击倒了，除了一个冲锋的士兵，有五分之四的人倒了下来。

大将军刘易斯·阿密士德率领着军队，做最后一次冲杀，他们跃过石墙，把军帽放在他的刀顶上摇着，大呼："杀啊，孩子们！"

他们这样做了。士兵们跟着跳过墙头挺着刺刀，同联军展开了一场拼死肉搏，终于把南军的战旗插在山脊上。但军旗只在那儿飘了短暂的一会儿就消失了。

佩克特的冲锋虽然光荣、勇敢，却是结束的开始。李将军失败了，他不能突破北方。

南方失败了。

李将军非常悲痛，震惊不已，他向南方同盟政府的总统戴维斯提出辞呈，要求另派"年轻而有为之士"。如果李将军要将佩克特冲锋的惨痛失败归罪了别人，他可找出数十个借口来。有些师长失职了，马队到得太迟，不能协助部队进攻了。这事错了，那事也不对。

但李将军太高贵了，他没有怪罪别人。当佩克特打了败仗，带着流血的军队挣扎着退回同盟阵线的时候，李将军只身骑马去迎接他们，并发出伟大的自责："这都是我的过失，"他承认说，"我，我一个人战败了。"

历史上有几个将领能有这样的勇气和情操做出这样的自责呢？当我们是对的时候，我们要温和地、巧妙地去得到人们对我们的赞同；当我们是错的时候，如果我们对自己诚实，我们就要当即真诚地承认我们的错误。这种方法不只是能产生惊人的效果，无论你信不信，在某些情形之下，比为自己辩护更有趣味。

大师金言

记住那句古老的谚语："用争夺的方法，你将永远得不到满足，但用让步的方法，你可得到比你所期望的更多。"如果你错了，就迅速而真诚地承认。

04
以友善的方式开始

　　早在1915年的时候，小约翰·D.洛克菲勒还是科罗拉多州的一个小人物。当时，发生了美国工业史上最激烈的罢工，并且持续达两年之久。愤怒的矿工要求科罗拉多燃料钢铁公司提高薪水，小洛克菲勒正负责管理这家公司。由于群情激奋，公司的财物遭受毁损，军队前来镇压，因而造成流血，不少罢工工人被射杀，他们的身体倒下了。

　　那种情况，可说是民怨鼎沸。小洛克菲勒后来却以他自己的方式赢得了罢工者的信服，他是怎么做到的？

　　这是一个故事。小洛克菲勒花了好几个星期结交朋友，并向罢工代表发表谈话。那次的谈话可称之不朽，它不但平息了众怒，还为他自己赢得了不少赞赏。演说的内容是这样的：

　　"这是我一生当中最值得纪念的日子，因为这是我第一次有幸能和这家大公司的员工代表见面，还有公司行政人员和管理人员。我可以告诉你们，我很高兴站在这里，有生之年都会记得这次聚会。假如这次聚会提早两个星期举行，那么，对你们来说，我只是个陌生人，我也只认得少数几张面孔。由于上个星期以来，我有机会拜访整个附近南区矿场的营地，私下和大部分代表交谈过。我拜访过你们的家庭，与你们的妻子、孩子见面，因而现在我不算是陌生人，可以说是朋友了。基于这份互助的友谊，我很高兴有这个机会和大家讨论我们的共同利益。

"由于这个会议是由资方和劳工代表所组成，承蒙你们的好意，我得以坐在这里。虽然我并非股东，也不是劳工，但我深深觉得与你们关系密切。从某种意义上说，我代表了劳资双方。"

多么出色的一番演讲，这是一种艺术，是化敌为友的最佳的艺术表现形式之一。试想，如果小洛克菲勒采用的是另一种方法，与矿工们争得面红耳赤，用粗暴的话辱骂他们，或用话语暗示错在他们，用各种理由证明矿工的过错，你想结果会如何？只会招惹更多的暴行。

假如人心不平，对你印象恶劣，你就是用尽所有基督理论也很难使他们信服于你。想想那些求全责备的双亲、专横跋扈的上司、喋喋不休的妻子。我们都应该认识到一点——人的思想不易改变。你不能强迫他们同意你，但你完全有可能引导他们，只要你足够的温和友善。

以上是林肯在100多年前所说的话，他还说道："这是一句古老而颠扑不灭的处世真理——一滴蜂蜜要比一加仑的胆汁能招引更多的苍蝇。"人也是如此，如果你想赢得人心，首先要让他人相信你是最真诚的朋友。那样就像有一滴蜂蜜吸引住他的心，也就有一条宽阔大道，通往他的理性。

商界人士都知道，对罢工者表示出一种友善的态度是必要的。比如说，怀特汽车公司的某一工厂有2500个员工，他们为增加工资而举行罢工。当时的公司总裁罗伯特·布莱克没有采取动怒、责难、恐吓，或发表霸道谈话的做法，而是在报刊上刊登了一则广告，称赞那些罢工者"用和平的方法放下工具"。由于罢工，监察员无事可做，布莱克便买了许多球棒和手套让他们在空地上打棒球。有些人喜欢保龄球，他便租下了一个保龄球场。

布莱克先生友善的行动，得到的当然是富有人情味的反应。那些罢工者找来了扫把、铲子和垃圾推车，开始把工厂附近的纸屑、烟头、火柴等垃圾扫除干净。你能想到吗？一群罢工工人在争取加薪、承认联合公司成立的时候，同时还在清扫工厂附近的地面！这在漫长、激烈的美国罢工史上是绝无仅有的。这次罢工终于在一星期内获得和解，并没有产生任何不快或可怕的后果。

著名律师丹尼尔·韦伯斯特被许多人奉若耶和华神。虽然他的声誉如日中天，但他那极具权威的辩论始终充满了温和的字眼，他的辩论中经常出现这些词语："这有待陪审团的考虑""这也许值得再深思""这里有些事实，相信您没有疏忽""这一点，由您对人性的了解，相信很容易看出这件事的重大意义"。没有恫吓，没有高压手段，没有强迫说明的企图。韦伯斯特用的都是最温和、平静、友善的处理方式，但仍不失其权威性，而这正是使他成为杰出人物的助力。

也许你并没有机会去处理罢工风潮，或是在陪审团成员前发表演说。但是，你可能有机会遇到类似下面这样的情况。

O.L.斯特劳布先生是个工程师，他想要求房东降低房租，但他知道他的房东是个不易动感情的人。"我给他写了一封信，"斯特劳布在训练班上报告道，"我告诉他，等租约一到，我就要搬出公寓。事实上，我并不想搬家，只想降低房租，我很愿意继续住下去。但情况并不乐观，其他房客试过——但都没有成功。他们告诉我，这位房东

极难应付，要特别小心。我对自己说：'我正选修一门处世训练的课程，正好可以实习一下，看看效果如何。'

"房东一接到信后就立即和他的秘书来找我。我在门口与他打招呼，讲些热诚的问候话。我没有提到房租费高的事，只告诉他很喜欢这栋公寓。请相信我，我当时确实在真诚、慷慨地赞美他。我继续夸赞他很会管理房子，但我付不起房租，否则，我很愿意再多住一年。

"他一定从来没有碰到过这样的房客，显然一时不知该怎么办才好。

"后来，他告诉我一些困扰，就是房客们的抱怨。有人写了14封信给他，其中有些人显然在侮辱他，还有人要他叫楼上的房客停止打鼾，否则就要毁约。'像你这样的房客，真让我松了口气。'他说，并且没经我的要求，便自动减少了一些房租，我就出我能付出的数目，他也不多说什么便爽快地答应了。

"在准备离去的时候，他忽然转过身问我：'房子有没有什么需要装修的？'

"如果我用别人的方法要求减租，相信碰到的下场也会同他们一样。这就是友善、同情、赞美所产生的力量。"

许多年前，当我还是个喜欢光着脚到处乱跑穿过森林来到密苏里西北部乡村小学的小男孩时，我读了一则《伊索寓言》，讲的是太阳和风的故事。一天，太阳与风正在争论谁比较强壮，风说："当然是我。你看下面那位穿着外套的老人，我打赌，我可以比你更快地叫他脱下外套。"

说着，风便用力对着老人吹，希望把老人的外套吹下来。但是它越吹，老人把外套裹得越紧。

最终，风停止了，平静下来。太阳便从后面走出来，暖洋洋地照在老人身上。没多久，老人便开始擦汗，并且把外套脱下。太阳于是对风说道："温和、友善永远强过激烈与狂暴。"

伊索是古希腊的一个奴隶，比耶稣降生还早600年，但是他教给我们许多有关人性的真理。使我们知道，现今住在波士顿或伯明翰的人，其实和2600年前住在雅典的人是一样的。

大师金言

太阳能比风更快地使老人脱下外套，温和、友善和赞赏的态度也更能使人改变心意，这是咆哮和猛烈攻击所难以奏效的。请记住林肯所说的话："一滴蜂蜜要比一加仑的胆汁招引更多的苍蝇。"

05
让对方开口说"是"

当你与人谈论的时候，别一开始就讨论你们双方意见不一致的事情。开始先着重——并继续着重——你们一致同意的事。继续着重——如果可能——你们双方都在追求同一目的，而你们的唯一的差别只是在方法，不是在目的上。

使对方在开始的时候说，"是，是。"如有可能，尽量不要让他说"不"。

亚佛斯德教授说："一个'不'的反应，是世界上最难克服的障碍。当一个人说'不'以后，所有他的尊重人格的心理，要求他使自己即使错的也要坚持下去。他以后或觉得'不'是不甚适当，然而，他需考虑他宝贵的自尊！每说过一句话，他必须坚持到底。所以使人开始往正面走，是极为重要的。"

懂得说话技巧的人，在谈话的开始就会得到"是"的反应，因而他能将听众的心理移向正面方向。那好比撞台球，向一个方向推进，需要些力量才能让球的方向转移；等球往回返时，就需要更多的力量了。

要得到"是"的反应，方法其实很简单。但是却经常被人们忽略！人们常常自以为从一开始就反对别人的意见好像可以得到自重的感觉。

"在开始的时候使学生，或顾客、儿童、丈夫或妻子说'不'，你就需要神仙的智慧与忍耐力才能让他们变否定为肯定了。" 这"是，是"的方法，使纽约格林维区储蓄银行的一位出纳员詹姆斯·爱勃逊，留住了一位顾客，不然，他可能会失去这位客户。

"这人进来开户，"爱勃逊先生说，"我把表格拿给他，有些问题他愿意回答，但有些他断然拒绝。

"在我学习人际交往以前，我会告诉这位来开户的人说，如果他不把这些材料交给银行，银行可以拒绝为他开户，不接受他的存款。

"但今天早晨，我决意用我学过的人际交往的知识来解决这件事。我先不跟他谈论银行想要什么，而是谈他想要的。最重要的，我决定让他从一开始就说'是，是。'所以，我允许了他不把表格填写完整。我告诉他他拒绝填写的材料，不是非写不可的。

"'然而。'我说，'如果你不幸去世了，有钱存在这银行里面，你不愿意银行为你把这钱转给你法律上应该继承的亲属吗？'

"'是的。当然了！'他回答说。

"'你以为，'我接着说，'将你最近亲属的姓名告诉我们，在你死去以后，我们设法毫无失误地及时地执行你的愿望，这样做不是一个非常合适的方法吗？'

"他又说，'是。'当他明白了我们要问这材料不是为了我们而是为了他的时候，那青年的态度就改变了。在他离开银行以前，这位青年不只将关于他自己的全部的材料都给了我，还按我的建议，开了个信托账户，以他的母亲为直接受益人，并且他很高兴地回答了所有关于他母亲的问题。

"我发现让他一开始就说'是，是'，这使他忘记了争执点，并且还乐于做我所建议的事。"

"我们部门有一个人，非常想跟他合作，把公司的产品卖给他，"西屋电气公司的推销员约瑟夫·爱立逊说，"在我之前，就曾经有人拜访他有十年的时间，但最终也没有把任何物品卖出去。接管了这个部门以后，我又继续跟他谈了有三年之久，但还是没有得到一个订单。最后，在13年的访问和谈判之后，我们卖给了他几个发动机，如果发动机没什么毛病的话，我觉得我们一定可以得到更多的订货。这是我的期望。

"发动机有毛病吗？我知道当然没有。所以三个星期后，我很高兴地去拜访了他。

"但我的高兴并没有持续多久，因为这位总工程师向我宣告了一个惊人的消息——'爱立逊，恐怕我不能再向你买其余的发动机了。'

"'为什么？'我惊讶地问，'为什么？'

"'因为你的发动机太热，我不能把手放在上面。'

"我知道辩论是没有用的。我已经试过很多次那个方法了。所以我想得到'是，是'的反应。

"'是的，现在，我们先来看一下，史密斯先生，'我说，'我完全同意你的说法，如果那些发动机动起来确实太热，你的确不应该再买。你一定不会买那些比全国电气制造公会所定准的热度更高的发动机，是不是？

"他同意是这样的。我得到我的第一个'是'。

"'电气制造公会的规则，是为了设计出合格的发动机，他要求发动机的温度可以比室内温度高华氏72度，对不对？'

"'是，'他同意说，'的确是这样。但你的发动机比规定的要热得多。'

"我没有同他辩论。我只是问：'你们厂房的温度是多少？'
'嗯，'他说，'大概华氏75度'。

"'好'，我回答说，'如果厂房温度是75度，你加上72度，总计华氏147度。如果你将手放在华氏147度的热水塞门下面，你是不是觉得烫手？'

"他还是说'是'。

"'好啦，'我建议说，'把手从发动机上拿开，这不是一个很好的办法吗？'

"'对，我想你是对的。'他承认。我们接着又谈了一会儿，然后，他招呼他的秘书为下个月订了差不多价值35 000美元的生意。"

加利福尼亚州奥克兰的爱迪·斯诺先生也谈到他是如何成为一家商店的主顾的。只因那位店主也让他做了"是"的反应。爱迪对弓箭狩猎很有兴趣，因而花了不少钱去添购器材和装备。一天，他的哥哥来访，建议他改用租的方式，于是，爱迪到他常常去的店里询问。但是，店员说明他们并不对外租借弓箭。于是，爱迪又打电话到另一家店里询问，以下是爱迪的叙述：

"有位愉快的男士接电话。他听过我的询问之后，表示非常遗憾，因为他们店里现在已不提供这种服务了。然后他问我，是否以前向店里租借过。我回答：'是的，在好几年以前。'他提醒我，那时一把弓的租金是否在25美元~30美元之间。我又回答：'是的。'接着，他问我是不是个喜欢节约的人，我当即回答：'是的。'接着，他解释道，他们正好有一套弓箭在廉价出售，包括所有小装备，总价才30多美元。那就是说，我只需多付几美元便不需租借，而可以拥有整套的器材。他并解释，这就是他们店里不再办理租借的缘故，因为那样太划不来。后来，我当然买下了那套器材，并且还买了额外的其他东西。从此以后，我成了他们店里的常客。"

苏格拉底是迄今人类所知的最伟大的科学家之一，他做了只有少数人才能做到的事，改变了人类思想的过程。24个世纪过去了，大家还依然尊称他为最有智慧的说服者，他对这个纷争的世界影响最大。

苏格拉底的方法是什么？他曾告诉人们他们是错的吗？没有，苏格拉底没有这样做，他的整个方法，在现在被人们称为"苏格拉底方法，"是以得到"是，是"的反应为根据。他问的问题，反对他的人也会同意。他继续不断地得到一个又一个承认，直到他得到许多的"是"。他继续不断地发问，直到最后，不知不觉的，他的反对者发觉自己已经接纳了数分钟以前自己还坚持不承认的结论。

假如我们因为要指正他人的错误而犯难的话，请想想苏格拉底的话，向对方发一个温柔的问题——能得到"是，是"反应的问题。中国人有一句格言，充分显示了东方人民古老的文明和智慧，那就是"轻履者行远"。

大师金言

如果你想说服别人，又不想让人感觉你是把你的观点强加给他的，那么，记住苏格拉底的话，向对方发一个温柔的问题，得到"是"的回应。

06
给他人说话的机会

大多数人在要取得别人同意的时候，总是自己一个人说太多的话。应该让对方畅所欲言，因为他对自己的事以及自己的问题知道得肯定比你多。因此，不如让我们多问他一些问题，让他告诉你你想知道的事情。

对于与你不同意的意见，你可能会试图去阻止，最好不要这样，这样做不会有任何的结果。如果他还有许多意见要发表，他是不会注意到你的。所以，你要忍耐，并用一颗开放的心静静地听，要诚恳地鼓励他完全地发表他的意见。

这种原则在商业中有价值吗？我们且看，这里是一个被强迫的销售员所经历的事情。

美国一家最大的汽车工厂，正在接洽购买一年所需的坐垫布。三家重要的厂家都已经将样品做好。而且都已经通过了汽车公司高级职员的检验，公司发通告给各厂家说，在确定的某一天，各公司的代表可以为公司做最后的竞争，拿到合同。

一个厂家的代表G.B.R.带着严重的咽喉炎来参加这次竞争。"当轮到我进会议室时，"R先生在班中叙述他的故事说，"我的嗓子哑了，几乎发不出任何声音。我被引进会议室，跟纺织工程师、采办经理、推销主任及该公司的总经理都见过面了。我站起来，努力地想发出声音，但我只能发出尖锐的声音。

"因为他们是围桌而坐，所以，我在纸上写道：'诸位，非常抱歉，我嗓子哑了，说不出话。'

"'我替你说。'总经理说。他真的替我说了。他把我带来的样品摆出来，称赞它们的优点，他们还针对我的货品的优点，展开了激烈的讨论。在讨论中，那位总经理一直站在我的立场替我说话。整个会议，我只是微笑、点头，及做几个手势。

"这次特殊会议的结果是，我得到了合同，他们订了50万码的坐垫布，总价值有160万美元——这是我得到的最大的订单。

"我知道，这次如果不是我无法说话，我可能就会失掉那份合同，因为我对于整个经过的考虑观点是错误的。我才发现，让别人说话，有时是多么有价值的一件事。"

事实上，就算是我们的朋友，他们也喜欢对我们谈论他们的成就，而不愿意听我们吹嘘自己的成就。法国哲学家罗素说："如果你想与人结仇，那就胜过你的朋友；但如果你要得到朋友，那就让你的朋友胜过你。"

为什么是这样？因为当我们的朋友胜过我们时，他们的心理就得到了一种自重感，但当我们胜过他们时，他们或他们中的一些人就会产生一种自卑的感觉，还可能会引起猜忌与嫉妒。

大师金言

法国哲学家罗素说："如果你想与人结仇，那你就胜过你的朋友；但如果你要得到朋友，那就让你的朋友胜过你。"

07
不把自己的意见强加于人

相比那些轻易从别人那儿得来的想法，你是否更加相信那些自我发现的想法呢？如果这样，那些通过他人的嗓子发出的不良判断，是否也会动摇你的观点？提出你的建议，让他人思考得出结论，那样不是一种更聪明的做法吗？

费城一家汽车展示中心的销售经理阿道夫·赛茨，是我班的一名学员，他发现公司的业务员办事不能集中精神，态度不积极，这一点确实需要改变。于是他召开了一次业务会议，鼓励下属说出他们对公司的要求。他把大家的意见写在黑板上，然后，他说道："我会把你们要求我的这些个性全部给你们。现在，我要求你们告诉我，我有权利从你们那儿得到的东西。"紧接着，他提出了自己的要求：敬业、诚实、积极、乐观、团队精神、每天热心地工作八小时等。会议结束的时候，大家都觉得精神百倍，干劲十足，有个业务员甚至自愿每天工作14小时……据赛茨报告说，此后，公司的业务果然蒸蒸日上。

"这些人跟我做了一次有关道义上的交易，"赛茨先生说，"只要我实现自己的诺言，他们也会实现他们的诺言。我征询他们的愿望和期待，这样做正好满足了他们的需要。"

以尤金·韦森的例子来说吧，在他获知这一真理之前，损失了很多的佣金。韦森先生专门从事将新设计的草图卖给服装设计师和生产商的业务。一连三年，他每个星期，或每隔一星期，都前去拜访纽约一位最著名的服装设计师。"他从不拒绝见我，但也从没有买过我所设计的东西。"韦森说道，"他每次都仔细地看过我带去的草图，然后说'对不起，韦森先生，我们今天又谈不成啦！'"

经历了150次的失败，韦森终于明白自己一定过于守旧了，于是下定决心去研究一下人际关系的有关法则，以帮助自己获得一些新的观念，创造新的热忱。

后来，他决定采用一种新的办法。他把几张没有完成的草图挟在腋下，然后跑去见设计师。"我想请您给我提供一些帮助，"韦森说道，"这里有几张尚未完成的草图，可否请您帮忙完成，以更加符合你们的需要？"

设计师沉默地看了一下草图，然后说："把这些草图留在这里，几天之后再回来见我。"

三天之后，韦森回去找设计师，听取了他的建议，然后把草图带回工作室，按照设计师的建议修饰完成。结果呢？全部被接受了！

韦森说道："我一直希望他能买我提供的东西，这是错误的。后来我要他提供意见，他就成了设计者。我并没有必要把东西卖给他，他自己就买下了。"

从那时起，这位买主已订购了许多其他的图案，这全是根据他的想法画成的。"我现在明白，这么多年来，为什么我一直无法和这位买主做成买卖，"韦森说，"我以前只是催促他买下我认为他应该买的东西。我现在的做法正好完全相反。我鼓励他把他的想法交给我。他现在觉得这些图案是他创造的，确实也是如此。我现在用不着向他推销。他自动会买。"

发生在L医师身上的一个例子也正好说明了这一点。L医师在纽约布鲁克林区的一家大医院工作，医院需要新添一套X光设备，许多厂商听到这个消息，纷纷前来介绍自己的产品，负责X光部门的医师因而不胜其扰。

但是，有一家制造厂商则采用了一种很高明的技巧。他写来一封信，内容如下：

我们的工厂最近完成一套X光设备，不久前才运到公司来。由于这套设备并非十分完美，我们想改进它，为了得到进一步改良，我们非常诚恳地请您前来指教。为了不耽误您宝贵的时间，请您随时与我们联络。我们会马上派车去接您。

"接到信真使我感到诧异，"L医师说道，"以前从没有厂商向我请教，所以这封信让我感到了自己的重要性。那个星期，我每晚都很忙，但还是推辞了一个晚餐约会，抽出时间去看了看那套设备，最后我发现，我愈研究就愈喜欢那套设备了。

"没有人试图把它推销给我，而是我自己向医院建议订购那整套设备的。"

有个加拿大人也运用这种美妙的方法影响了我。那时我正计划前往加拿大的新布鲁斯威克省去钓鱼划船，便写信向旅游局索取资料。事实上，我的名字已列入了邮寄名单，许多营地和向导都给我寄来了大量信件和印刷品，我被迷住了，不知该怎样选择。后来，有个聪明的营地主人寄来一封信，内附许多姓名和电话号码，都是曾经去过他们营地的纽约人。他要我打电话询问这些人，这样就可以详细了解他们营地所提供的服务。

让我很惊讶的是，我在名单上发现了一个朋友的名字，于是便打电话给他，向他请教各种经验。在我决定后，便打了个电话通知营地我到达的日期。

2500年前，中国古代有位哲人名叫老子，他说过的名言，或许对今日读者仍有益处：

"江海所以能为百谷王者，以其善下之，故能为百谷王。是以圣人欲上民，必以言下之；欲先民，必以身后之。是以圣人处上而民不重，处前而民不害。是以天下乐推而不厌。以其不争，故天下莫能与之争。"如果你要使人信服，你应该记住：让别人觉得那是他们的主意。

大师金言

没有人喜欢强迫接受推销，或被人强迫去做一件事。我们都喜欢按照自己的想法购买东西，或照自己的想法做事，我们很高兴别人征询我们的愿望、需求和意见。

08
善于从他人的角度看问题

记住，别人或许完全错了，但他并不这样认为。在这种情况下，不要指责他人，因为只有傻子才会这样做。你应该了解他，而只有聪明、宽容、特殊的人才会这样去做。

想一想对方为什么会有那样的思想和行为，其中一定有原因。找出其中隐藏的原因来，你便得到了了解他人行动或人格的钥匙。而要找到这把钥匙，就必须将你自己置于他的地位上。

如果你对自己说："如果我处在他当时的困难中，我将有什么感想，有什么反应？"若对事情的起因抱有兴趣，我们就不太会对结果不喜欢。除此之外，你也可以增加许多处理人际关系的技巧。

多年来，我一直喜欢到离家不远的公园中散步、骑马，以此作为娱乐，像古时高卢人的传教士一样。我崇拜一棵橡树，因此，每当我看见一些小树及灌木被人为地烧掉时，就非常伤心，这些火不是由粗心的吸烟者引起的，它们几乎都是由到园中野炊的孩子们摧残所致。有时这些火势蔓延得很凶，以致必须叫来消防队员才能扑灭。

公园的一个角落竖有一块告示牌，上面写道："凡引火者将受到罚款及拘禁。"但这告示牌被竖在一处偏僻的地方，很少有孩子能看见它。该公园由一位骑警负责照看，但他对自己的职务不太认真，火灾仍然在每一个季节里出现。有一次，我慌慌张张地跑到一个警察那边，告诉他一场大火正急速地在园中蔓延着，要他通知消防队。他却冷漠地回答说，那不是他负责的事，因为不在他的管辖区中！我急了，所以在那以后，当我骑马的时候，我担负起保护公共地方的义务。最初，我没有试着从儿童的角度来对待这件事。当我看见树下起火时就非常不快，急于想做出正当的事来阻止他们。我上前警告他们，用威严的语调命令他们将火扑灭。而且，如果他们拒绝，我就恫吓要将他们交给警察。我只在发泄我的情感，而没有想到孩子们的感受。

结果呢？那些儿童怀着一种反感的情绪服从了。在我骑马走过那片山之后，他们又重新生火，并恨不得烧掉整个公园。

多年以后，我增加了一些有关人际关系学的知识与方法，于是我不再发布命令，甚至威吓他们，而是骑马来到那堆火前，向他们说道：

"玩得好吗，孩子们？你们在做什么晚餐……当我是一个小孩子时，我母亲喜欢生火——我现在也很喜欢。但你们知道在这公园中生火是非常危险的，我知道你们不是故意这么做，但别的孩子们不会是这样小心，他们过来见你们生了火，所以他们也会学着生火，回家的时候也不扑灭，让火苗蔓延烧毁了树木。如果我们再不小心，这里就会没有树林。因为生火，你们可能被拘捕入狱。我不干涉你们的快乐，看到你们感到如此快乐我也高兴。但请你们即刻将所有的树叶从火堆拨开——在你们离开以前，你们要小心用土掩埋起来，下次，你们玩乐时，请你们在山丘那边沙滩中生火，好吗？那里不会有危险——谢谢你们，孩子们。祝你们愉快。"

这种说法产生了很不同的效果。它使孩子们产生了一种同你合作的欲望，没有仇恨，没有反感。他们没有被强制服从命令。他们保全了面子。他们觉得好，我也感觉很好，因为我处理这一事情时，考虑了他们的想法。

"在与人会谈以前，我情愿在那人办公室外的人行道上走上两小时，"哈佛商学院的一位院士说，"而不愿贸然走进他的办公室，如果对于我所要说的及他似乎要回答的东西没有一个十分清楚的观念的话。"

这段话太重要了，为了以示强调，我在此重述一遍：

"在与人会谈以前，我情愿在那人办公室外的人行道上走上两小时，而不愿贸然走进他的办公室，如果对于我所要说的及他似乎要回答的东西没有一个十分清楚的观念的话。"

经常从别人的角度去想，如果你从此书中仅仅获得这一点，这或许不难成为影响你终身事业的一个关键因素。

大师金言

经常从别人的角度去想，由他人的立场去考虑事情，一如你自己的一样。

09
对他人的意见或想法表示同情

有这么一句神奇的话，它可以阻止人们的争执，除去他人产生的不愉快的感觉，并给他人创造一个良好的印象，还能使对方注意倾听。那么，你是否急切想知道这一神奇语句是什么呢？

是的，这句话就是："我一点不责怪你有这种感觉。如果我是你，我的感觉肯定与你一样。"

类似这样的一种回答，可以使所有坏脾气和年纪大的爱咒骂的人变得温和，你完全可以真诚地说出这句话，因为假如你是对方，你也会产生同他一样的感觉。例如，你不是一条响尾蛇，唯一的理由是，你的父母不是响尾蛇。你之所以成为现在这样的人，你并没什么可以骄傲的。要记住，出现在你面前的那些充满烦躁、固执、不讲道理的人，他们之所以成为这样的人，其实他们也没有很大的过错。要对他们感到难过、怜悯与同情。要对自己说："如果不是上帝的恩赐，我也会走在那边。"

有一次，我在电台发表演说中提到《小妇人》的作者露易斯·M.阿尔科特。当然，我知道，她生长在马萨诸塞州的康科德，并且写下了她那部流芳百世的作品。但是，我没有注意，我说我曾到新何赛的康科德去参观过她的老家。如果我说新何赛只一次，或许可以原谅，但不幸的是，我说了两次。一下子，我被函件、电报淹没了，愤怒的言辞像一群野蜂似的围绕在我那无法抵御的头上。其中许多是愤怒的，有几个是侮辱的。有一位美国老太太，生长在康科德，当时住在费城，对我发泄了她的强烈怒火。就算我诬告阿尔科特女士为来自纽格尼的食人者，她也不能再更生气了。读那信时，我对自己说："谢谢上帝，我没有娶那女子。"我认为我应写信告诉她，虽然我在地理知识上犯了一个错误，但她在常规礼仪上却犯了一个更大的错误。这将是我开始的语句，即要表达我的情绪，然后我要卷起袖子来告诉她我真实的想法。但我没有这样做，我克制住自己。我知道任何一个头脑发昏的人都会那样做，而大多数傻子正是那样做的。

我想我要超乎傻子，所以，我决意要将她的仇视变成友善，那将是一个巨大挑战，我将玩一场竞技游戏。我对自己说："如果我是她，我大概也会同她的感觉一样。"所以，我决定对她的观点表示同情。在我不久到费城的时候，便打电话给她，电话中的谈话大概是这样的：

我：××夫人，几个星期之前，你写给我一封信，我要为此谢谢你。

她：（用有深度、有教养、高尚的声调）请问你是谁？

我：我对你而言是一个陌生人。我的名字叫戴尔·卡耐基。几个星期之前，你听我在播音中讲到阿尔科特，我犯了一个不可宽恕的错误，我说她曾住在新何赛的康科德。那是一个愚笨的大错，我为此道歉。你还费工夫写信给我，真是太好了。

她：我很抱歉我写了那封信，卡耐基先生，我发了脾气。我必须道歉。

我：不！不！你不必道歉，道歉的应该是我，任何学过一些地理知识的人都不能说出我所说的那种蠢话。我曾在后一个星期日播音时道过歉，现在，我要对你本人表示道歉。

她：我生在马萨诸塞康科德，两个世纪以来，我的家庭在马萨诸塞很有名望，而且我以自己的家乡而十分自豪。听你说阿尔科特女士生在新何赛，实在使我难过。但不管怎么说，我对于寄给你的那封信真是很羞愧。

我：我要真诚地告诉你，你的难过不及我的十分之一。我的错误对马萨诸塞无害，但是伤及了你。有着像你这般地位与声望的人，是很少有浪费时间写信给在无线电台播音的人的，如果你在我的演讲中发现错误，我真诚希望你再写信给我。

她：你知道，我真的喜欢你接受我的批评的态度，你一定是一位很诚挚的人，我愿意更多地认识你。

就这样，因为我向她道歉，并同意她的观点，我得到了她的道歉，也获得了她对我的同情。我得到了控制自己脾气的收获，以和善报答侮辱的收获，我从中得到了无限的乐趣。

那些入主白宫的人，差不多每天都要面对人际关系中的棘手问题，塔夫脱总统也不例外。他从经验中深深感到了同情对于缓解恶感的极大价值。在他的《服务伦理》一书中，塔夫脱举了一个相当有趣的例子，证明他是如何使一位失望而有志气的母亲由愤怒变得柔和的。

"华盛顿有一位女士，"塔夫脱写道，"她的丈夫在政界颇有影响力，到我这里来与我周旋了六个多星期，要我给他儿子安排一个职位。她得到了多数参议员的赞助，并同他们一起来我这里说服我。然而，她所要求的这一位置是需要技术资格的，并且这一位置已由该部部长举荐委任给了别人。后来，我接到了这位女士的一封信，说我忘恩负义，因为我拒绝使她成为一个快乐的人。在这种情况下，我要做的事情也很简单。她还进一步抱怨，她与她的州代表，为我所特别重视的一个行政议案费尽心力，并因此得到了所有的投票，而我对她的报答却是如此。

"当你收到一封这样的信时，你所做的第一件事就是，如何正确地对待一个不礼貌或举止有些不合体的人。于是，你开始给他回信。然而，如果你聪明的话，你可以将这封信放在抽屉里并锁起来，先等上两天之后再拿出来——这样的信札，回答总要缓上两天——当你隔些时候再取出来，你就不会把它发出，这就是我所采取的办法。过了几天，我坐下来尽力给她写一封极其客气的信，告诉她我明白每一个做母亲的在这种情形下都会感到失望，但那种委任不能只按我个人的好恶来决定，我必须要选一个有技术资格的人，所以只得按照该部部长的推荐委任。我表示，希望他的儿子在他当时所在的位置上做出与她希望相符的成就。那封信使她息怒了，她给我写了一封短信，她说她很抱歉她曾写了那前一封信。

"实际上，我所做出的委任，没有即刻确定。隔了一段时间，我又接到一封信，说是由她丈夫代笔的，但笔迹与所有其他信件是相同的。信里告诉我，由于这次事情失望，她已经变得神经衰弱，卧床不起，并且患有严重胃病，并问我是不是能将已经委任的人的名字换上她儿子的，以使她恢复健康？看来我必须再写一封信了，这封是写给她丈夫的。我说我希望诊断不确切，我对他因夫人重病而产生的忧虑深表同情，但如果要将已经确定的名字撤换，这是不可能的，因为我所委任的人已经确定了。在我接到那封信的两天之内，我们在白宫举行过一场音乐会，最先到场向塔夫脱夫人和我致意的两人就是这对夫妇，虽然这位夫人不久前还装过病哩。"

索尔·赫罗克可以说是美国第一位音乐经理人。在几乎半个世纪的时间里，他与世界上一些著名的艺术家打交道，如切利亚宾、邓肯和潘洛夫。赫罗克先生告诉我，在他与那些喜怒无常的艺术家交往时，所得到的第一个经验就是同情——对他们可笑而古怪的脾气表现出更多的同情。

在3年时间里，他都作为切利亚宾音乐会的经纪人——切利亚宾是最能陶醉首都大戏院高贵观众的一个最伟大的低音歌唱家。但切利亚宾行事像一个被宠坏了的孩子。用伍勒先生那无法模仿的语句来说："每一天，他都是个糟糕的家伙。"

例如，切利亚宾会在他将要演唱的那一天的中午前后打电话给伍勒先生，说："沙尔，我觉得很糟糕，我的喉咙破得像没加工的汉堡包了，今晚我不能唱了。"伍勒先生同他辩论吗？不，他知道艺术经理人不能那样处理，所以他会跑到切利亚宾的旅馆，表示同情。"多么遗憾，"他会惋惜地说，"多么遗憾！我可怜的朋友，当然，你不能唱了。我将立即取消这约定。那只浪费你两三千美元，但与你的名誉相比较，那算得了什么。"

然后，切利亚宾会说："也许你最好下午再来，5点钟来，看那时我感觉怎样。"

到了5点多钟，伍勒先生就再赶到他的旅馆，给予同情。他会再度坚持取消约定，切利亚宾会再叹息着说："好吧，你再晚一点来看我，我到那时或许会好一点。"

到了7点半，这位伟大的低音歌唱家答应登台演唱了，只有一个条件，就是伍勒先生跑上首都大戏院的戏台报告说，切利亚宾患重感冒嗓子不好。伍勒先生会说谎地答应他会照办的，因为他知道那是能使这位低中音歌唱家出台演唱的唯一方法。

阿瑟·盖茨博士在他著名的《教育心理学》中说："所有的人普遍地渴望同情。孩子故意地显示他的伤害，或甚至故意割伤或打伤，以收获大量的同情。出于同样的原因，成人也会显示他们的伤痕，叙述他们的意外、病痛，特别是动手术开刀的情景。为真实的或想象的不幸而感到'自怜'，实际上，这差不多是人类的一种共性。"

所以，如果希望人们接受你的思想方式，那么，请对他人的愿望和想法表示同情。

大师金言

你明天所遇见的人中，有四分之三是渴望同情的。给他们同情，他们即刻就会喜爱你。

10
激发他人高尚的动机

我生活在密苏里，我曾到杰西·詹姆士的故乡基尼去拜访过。那时，他的儿子詹姆士还在他的农场。杰西的儿媳告诉我一些有关他的故事，杰西如何抢劫火车及银行，然后，将钱给邻近农夫们去抵付贷款。

杰西·詹姆士内心是一个理想主义者，正如达奇·苏尔兹，"双枪杀手"克罗雷，及阿尔·克邦一样。可以这样说，凡你所遇见的人，都很高看自己，并按照他们自己的想法，做一个善良而不自私的人。

J.皮尔庞特·摩根在他的一篇短文中分析说，每个人在做事的时候，通常有两种理由：一种是听起来好听，一种是真的很好。每个人都想要真的好的理由，你不用再去强调。因为我们每个人都是自己心中的理想家，喜欢听好听的理由。所以，如果我们想要改变人，先要激起他心中高尚的动机。可在商业中，那样不是太理想了吗？我们先拿汉弥尔顿·法莱尔先生为例。法莱尔先生有一位不满意的房客扬言他要迁居，但这房客的租约还有4个月才满，他通知法莱尔先生他要即刻迁出，不管契约。

"这个人曾在我这儿住了整整一个冬季——这是一年中消费最大的季节，"法莱尔先生在班中讲述这件事情时说，"而且，我知道在秋季以前，很难再将这公寓租出。我眼睁睁地看着220美元的钞票就这样飞走了——我真是急疯了。

"如果是在以前，我想我会来到那房客的住处，让他把契约读一遍，我要告诉他，如果他搬走，所有应交的房租必须全数交齐——我完全可以按合同向他收钱。

"可是，我没有把事情弄大，我想用别的方法解决这件事。所以我是这样做的：'××先生，'我说，'我已经听说了你要搬家，但我还是不相信你不是有意迁居的。多年的租房经验让我对人性多多少少有些了解。看得出你是一个十分重视信用的人。实际上，我相信你确实是这样的人，我敢打赌。

"现在，我的提议是这样的，你把你的决定先暂时放一放，你再重新考虑一下。如果你在下个月一号的房租到期日之前，仍然想搬走，我答应你的要求，同意你搬走，就当是我判断失误。但我仍然愿意相信你是一个有信用的人，一定会遵守合同。因为到底我们是人还是猴子——选择权就在我们自己手中。

"到了下个月，这位先生亲自来付房租。他说他同他的妻子商量过了，决定继续住下去。他们的结论是，履行契约是一件光荣的事。"

当诺斯克立夫爵士发现一份报纸刊登了他不愿意曝光的照片时，他写了一封信给报纸的编辑。但他说的是"请不要再刊布我的那张相片，我不喜欢"吗？不是，他激发了报纸编辑一种更高尚的动机。他激发我们每个人对我们母亲的敬爱。他写道，"请不要再刊布我的那张相片，我的母亲不喜欢它。"

当约翰·洛克菲勒阻止摄影记者偷拍他的孩子时，他也激发了摄影记者的高尚的动机。他没有说："我不希望你曝光他们的照片。"

他激发了我们内心深处不愿伤害儿童的动机。他对摄影记者说："诸位，你们自己也有孩子，你们知道，太多的宣传对孩子的影响是不太好的。"

肯定会有一些抱着怀疑态度的人说："噢，这类事情对诺斯克立夫及洛克菲勒或一位富于情感的小说家来说是非常容易的一件事。但，我倒是很愿意看看你是怎样对待那些不可理喻的人的！"

你或许是对的。没有什么东西能在任何情况下都管用——也没有什么东西对任何人都适用。如果你满意你现在的一切，为什么还要改变呢？如果你不满意，何不试一试？

无论如何，我想你一定会喜欢读我从前的一位学生汤姆士所讲的故事：

一家汽车公司的六位顾客，拒付修理汽车的费用。他们中没有一位顾客拒绝付账，但他们每一个人都说账单有误。虽然我们进行的每一项修理，顾客们都签过字。所以公司知道自己是没有错的——他们这样对顾客说了他们没错，这就是他们犯的第一个错误。

下面列举的是信用部的职员收这些过期的账目经过的步骤。你觉得他们能成功吗？

（1）他们拜访了每位顾客，并老实地告诉他，他们是来收那笔过期很久的欠账的。

（2）他们说得很清楚，公司是绝对没有错误的，所以这些顾客的质疑绝对是错误的。

（3）他们暗示，公司对汽车知识的了解比顾客们要多得多。他们没有什么好争论的。

（4）结果：他们辩论起来。

这些方法之中有使顾客和解付账的可能吗？你可以自己回答这个问题。事情发展到这个地步，信用部主任准备用法律手段解决这件事，幸好，这件事传到总经理的耳朵里。这位经理调查了这些欠账的主顾，他发现这几位顾客都有按时付款的好名声。这件事一定有什么误会——收账的方法有问题。所以他叫汤姆士去收这些"不能收的账"。下面这些是汤姆士先生所采取的步骤：

（1）我去拜访每位顾客拒绝付账的目的，汤姆士先生说，"同样是要收一笔过期很久的账——一笔我们知道我们是绝对没有错的账。但关于这点我对几位顾客只字未提，我对他们说，我来拜访是为做调查，看公司有什么做得不到位的地方。"

（2）我清楚地说明，在我听过顾客的意见以前，我没有任何意见要发表。我告诉他们公司并没有认为自己没有错误。

（3）我告诉他我只关心他的汽车，世界上没有任何人比他更了解他的汽车，他是这个问题的权威。

（4）我让他讲话，我静静地听他说，并表现出他所期望的注意与同情。

（5）最后，当顾客有了理智的情绪，我不带任何意见地将整个事情摊开说明。

我激发了他们高尚的动机。首先，我说，"我知道这件事我们处理得很不妥当。您已经被我们的一个代表烦扰、激怒，并给您的生活带来了不便，发生这种事真是不应该。我代表公司向您道歉。我坐在这里听您说您的理由，我不能不为您的公平与忍耐力所感动。而现在，因为您的公平与忍耐力，我想请您帮我一个忙，这个忙您做得会比其他任何人都好，而且您对这件事知道的要比其他人知道得多。这是您的账单，我可以修改一下，就像您是我们公司的经理一样，您是值得信任的。我把这件事全权交由您处理。您觉得应该怎么办就怎么办。"

他曾改过账单吗？"他的确这样做了，并且削减了不少。账单的价位从150美元至400美元不等——但顾客让自己占尽了便宜了吗？有一位顾客是这样！这位顾客拒绝为这笔有争议的款项支付一分钱，但那五位顾客付了他们该付的钱。最精彩的是——在后来的两年里，六位顾客又在我们公司买了新汽车！"

"经验告诉我，"汤姆士先生说，"当没有信息显示是顾客犯了错误的时候，想解决事情的唯一完美的方式就是相信他是真诚、诚实、可靠，并愿意付账的，并相信他们是正确的。换句话说，或是更明确地说，人都是诚实可信的，都要履行应尽的义务。没有人可以例外，我相信世界上有故意刁难的人存在，如果你能让他感觉到你相信他诚实、正值、公道，那他们也不会辜负你的期望。"

大师金言

我相信世界上有故意刁难的人存在，如果你能让他感觉到你相信他诚实、正值、公道，那他们也不会辜负你的期望。

ii
使自己的意图戏剧化

数年前，《费城晚报》曾遭到一次蓄意的诋毁运动的攻击。谣言迅速地散布开来。有人对晚报的广告商说，《费城晚报》刊登广告太多，新闻太少，对读者已经没有了吸引力，失去了报纸的价值。报社有必要立即采取行动澄清事实。

他们是如何做的呢？

下面就是他们的方法。晚报把普通版每天刊载的阅读内容分门别类地出版成一册书，书的名字叫《一日》。共307页——与精装书的厚度一样。而晚报将这些新闻阅读内容一日刊出，售价不是二美元，而是二美分。

那本书的刊印，直接说明了晚报曾刊登大量有趣的读物的事实。这比无聊的数字及空洞的交谈更有趣更深刻。

饰窗专家也深知戏剧化力量强大。例如，新老鼠药的制造商，给销售代理一个橱窗还有两只活老鼠。有老鼠做试验的那个星期，销量是平时的五倍。

詹姆斯·B.伯顿要做一个冗长的市场报告。他的公司刚刚完成一个润肤冷膏的市场研究。现在，他们需要一份市场竞争的相关数据。这个客户是地位最高——也最可怕的广告业主，他的第一次洽谈彻底失败了。

"第一次我进去，"伯顿先生解释说，"我觉得自己走错了路，我转到了没用的讨论和调查的方法上去。他辩论，我也辩论；他告诉我我错了，我就竭力地证明自己是正确的。

"最后，我辩论胜利，我自己很满意——但我的时间也到了，会谈结束了，我毫无收获。

"我第二次去见这个人的时候，我没有管那些数字及资料的表格，我把我的事实戏剧化地表现了出来。

"当我到他办公室的时候，他正忙着接电话，等他讲完电话，我打开我带来的皮箱，拿出32瓶冷膏放在他的桌上——这些都是他熟知的竞争对手的产品。

"在每只瓶上，我都贴了一个标签，上面写着我调查的结果。简单地，戏剧性地叙述了每个产品的故事。"

结果怎么样？

"我们不再辩论了。这里是些新的，但又不同的东西，他拿起一瓶又一瓶的冷膏瓶仔细阅读标签上的说明。一个气氛和谐的谈话开始了，他问了很多其他方面的问题，他听得非常有兴致。本来他只给了我10分钟的时间，但10分钟过去了，20分钟，40分钟，一个小时过去了，我们的谈话还在继续。

"我这次陈述的跟我以前陈述的事实一样，但这次我用了戏剧化的表演形式——两者的差异是多么大啊！"

大师金言

这是一个充满戏剧化的时代，仅仅陈述事实是不够的，还需要把事实生动化、趣味化、戏剧化。你必须学会表演。电影这样做，电视这样做，如果你想被人注意，你也必须这样做。

12
让他人不断面临挑战

查尔斯·斯瓦伯手下有一位厂长，他的工人经常完不成生产指标。

"怎么回事？"斯瓦伯问道，"像你这样能干的人，为什么会完成不了生产任务呢？"

"我不知道。"厂长回答说，"我哄过他们，逼过他们，也骂过他们，甚至，我还用开除吓唬过他们，但是就是不起作用，他们就是不愿意干活。"

这天，正巧到了上夜班的时间，夜班的工人都来了。"给我一支粉笔，"斯瓦伯说，然后，他问离他最近的一个人说："你们这班今天做了几个活？"

"6个。"

斯瓦伯一句话也没说，在地板上写了一个大大的"6"字就走开了。

上夜班的工人进来，看见这个"6"字，问是什么意思。

"大老板今天来我们这里，"日班的人说，"他问我们做了多少，我们告诉他6个，他在地板上写上的。"

第二天早晨，斯瓦伯又在这间工厂走过，夜班的工人已将"6"字去掉，换了一个"7"字。

日班来上工的工人看见一个大大的"7"写在地板上。夜班以为他们比日班做得好，是不是？好，他们要给夜班一些颜色看看。他们热情高涨地抓紧工作，那晚他们离开时，在地板上留下了一个神气活现的大大的"10"。工厂的情形逐渐好起来了。

不久，这个一度生产落后的工厂，比公司其他的工厂生产的产品都多。

原因是什么？

让查尔斯·斯瓦伯用自己的话来说吧。"竞争是实现目标最好的方法。我所说的竞争不是为了钱不惜一切手段，我说的竞争是争胜的欲望。"

没有挑战，西奥多·罗斯福就不会成为美国总统。这位骑士，刚从古巴回来就被推举为纽约州州长的候选人。反对他的人发现，他现在已经不是那州的合法居民了。罗斯福恐慌了，他想要退出选举。于是托马斯·卜拉德用激将法激励他，他向罗斯福大声叫道："难道圣巨恩山的英雄是一个懦夫吗？"

罗斯福继续奋斗下去，其余的事就是历史了。挑战不只改变了他的一生，也改变了美国的历史。

在阿乐·史密斯任纽约州长时，他遇到了这样一个问题。猩猩是鬼岛西面的最负恶名的一个监狱，那里没有监狱长，许多丑闻及谣言在狱中汹涌而出。史密斯需要一位强有力的人去治理猩猩监狱——一位像刚铁一样的强人。派谁去呢？他派去了纽约汉普顿的劳斯。

"去管理猩猩如何？"当劳斯站在他面前的时候，他愉快地说，"他们那里需要一个有经验有能力的人。"

劳斯很吃惊，他知道猩猩监狱的危险状况，那是一个政治性的差使，受政治变化的影响很大。那里的狱长一再更换——有一位在职只有三个星期，他要考虑他的终身事业。那值得他冒险吗？

史密斯看出了他的犹豫，他向后一倚，笑着说："年轻人，我不怪你害怕，那确实不是一个太平的地方，那里需要一个有能力的大人物去管理。"

史密斯就这样给劳斯抛下了一个挑战。是不是？劳斯喜欢尝试需要一个有能力的大人物的工作意念。

所以他去了，他住下了。他成为在那里任职时间最长的最著名的狱长。他写的《在猩猩的两年里》一书，销量达到几十万册。他在电台广播他在猩猩监狱中生活的故事，他的故事还被拍成电影。他对罪犯的"人性化"管理，创造了许多监狱改革的奇事。

大师金言

那是每个成功的人都喜欢的竞技游戏，他们把它当成是一种自我表现的机会，同时也是证明自己价值、战胜他人的机会。

第四章

如何更好地说服他人

称赞是温暖他人心灵的阳光，
没有阳光，我们就没有花儿和收成。
称赞会给他一种自重感，这样他就会
与你保持合作，而不是背叛。

01
从赞扬和欣赏开始

在卡尔文·柯立芝总统执政的时候，我的一位朋友于周末时到白宫做客。他来到总统私人办公室的门口时，听到柯立芝对他的女秘书说，"你今天早晨穿的衣服真好看，你是一个非常有吸引力的女孩子。"

这恐怕是沉默的柯立芝一生中赏赐给这位女秘书最荣耀的称赞了。是那样的不寻常，如此的出人意料，导致那女孩子面红耳赤，不知所措。然后，柯立芝对她说："不要难为情，我说这话只为使你觉得好过。从现在起，我希望你多注意一点你的缺点。"

他的方法似乎太直白，但他心理学却运用得十分巧妙，在我们听到那些对我们赞扬的话以后，再听不愉快的话，也是比较容易接受的。

理发师在替人修面之前，要先涂层肥皂。麦金利在1896年竞选总统时，就是这样做的。

当时，有一位著名的共和党人写了一篇演讲词，他自己觉得比西西洛、帕特里克·亨利和丹尼尔·韦伯斯特他们合起来写得还好。于是，这位先生非常高兴地把演讲词读给了麦金利听，这篇演讲词确实写得很好，但场合不太合适，很可能会引起一场批评风波。但麦金利不愿伤害这个人的感情。他一定不能扼杀了这个人的壮志情怀，但他又不得不说"不"。他是怎样巧妙地处理的?

"我的朋友，那是一篇精彩的演讲词，一篇伟大的演讲词，"麦金利说，"没有人能写得比这篇更好。它在许多场合都非常合适，但这次特殊的场合，你觉得它是特别适合吗？从你的立场上看，这的确非常合理，但我必须从整个党的立场来考虑它带来的影响。现在，你按照我的指示，回家重新写一篇再来拿给我看。"

他按照麦金利说的做了，麦金利加以修改，帮他改好了第二篇演讲词，后来，他成为竞选中一位有影响力的演讲员。

这里是亚伯拉罕·林肯所写的第二封最著名的信。（他的第一封最著名的信是写给毕克斯贝夫人的，对她在战争中丧失五个儿子表示哀悼。）这封信林肯大约只用5分钟完成，但在1926年的公开拍卖会上，它却卖得12 000美元。顺便说一下，这些钱比那时林肯苦干50年所存的钱还多。

这封信是在美国内战最黑暗的时期，1863年4月26日写的。18个月来，林肯的将领带着联军屡遭惨败。一切只是白费力气的、昏愚的人类的屠杀，全国上下一片惊惶，数千名士兵从军队逃走。甚至参议院的共和党议员也都乱了，他们强迫林肯退出白宫。"我们现在正走在灭亡的边沿上，"林肯说，"我觉得现在上帝甚至都在反对我们。我看不出一丝希望的曙光。"就是这样一个黑暗、忧愁、紊乱的时期，林肯写了这封信。

在这里，我将这封信展示出来，因为这显示了林肯是怎样在国家的命运取决于一位将军行动的时候，设法改变这名喧闹的将军的。这封信恐怕是林肯在做总统以后，写过的最锐利的一封，你可以看到，林肯在指出他严重的错误以前，他先称赞胡格将军。

是的，那些都是非常严重的错误。但林肯没有这样说，林肯是更保守、更有外交手段的。林肯写道："有些事，我对你不是十分满意。"讲的多机敏，多有外交手段！下面的就是致胡格将军的信：

我已经让你做了波多马克河军队的将领了。当然，我这样做是因为我有足够的理由。虽然如此，我还是希望你知道，有些事我对你不是十分满意。

我相信你是一名勇敢聪明的战士，当然我也喜欢这样的人。我也相信你不会将政治与职务混淆，在这件事上，你是对的。你对你自己有自信，那是一种有价值的，不过它不是必不可少的性格。

你很有志气，在一定的范围内，这是有益无害的。但在柏恩赛将军带领军队的时候，你出于个人的意愿，竭力地阻挠他的行动，这件事，我想，你对国家，对一位战功显赫的同僚长官，犯了一个大错。

我曾听说，我也相信，你最近曾说军队与政府都需要一位独裁者。当然，我没有因为这个，尽管有些是因为这个我才给了你指挥权。

只有那些成功的将领才能成为独裁者。我现在要求你的是军事上的胜利，我可以冒险将独裁权给你。

政府会尽力帮助你，就像为所有的指挥官已经做的和可以做的，最大限度地支持你。我非常担心你所致力灌输于军队的批评将领及不信任将领的精神，现在会反作用在你的身上，我会尽力帮你消灭这种精神。

当这种精神存在于军队中时，不是你，也不是拿破仑（如果他还活着），能从军队中得到什么益处。现在，别鲁莽，别鲁莽，但一定要用所有的精力及不懈的努力前进，以争取到我们的胜利。

你不是柯立芝、麦金利或林肯，你想知道这哲学是否在你日常生活中能派上用场。我们拿费城沃克公司的高伍为例。

沃克公司在费城承包建筑一座办公大厦，在指定的日期之前必须完工。一切都进展很顺利，眼看整个建筑马上就完成了。突然，做这建筑装饰的青铜工的包工者声称，他们不能按期交货。什么！如果这样，整个建筑都要被搁置！罚金！损失！都是因为这一个人！

长途电话，辩论，激烈的谈话，都是徒劳。于是高伍先生被派去纽约到这铜狮巢里去拔掉这狮子的胡须。

"你知道你的姓在布鲁克林是独一无二的吗？"高伍先生来到这位经理的办公室的时候问道。这位经理很惊异，"不，我不知道。"

"哦，"高伍先生说，"今天早晨，我下火车后，我查电话簿，找你的住址，在布鲁克林电话簿中只有你一个人是姓这个姓的。"

"我从没听说过，"经理说，他饶有兴趣地翻看着电话簿，"啊，这确实不是一个平常的姓，"他自豪地说，"差不多200年前，我的祖先就从荷兰搬到纽约来了。"接下来的几分钟，他一直在谈论他的家庭及他的祖先。他说完以后，高伍先生恭维羡慕他有这么大的一个厂子，而且比他曾参观过的几个同样的厂子都好。"这是我见过的最干净的铜器工厂。"高伍说。

"我把一生的精力都用在了经营这家铜器厂上，"经理说，"我很引以为豪。你愿意参观一下我的工厂吗？"

在参观期间，高伍先生恭维他工厂的构造系统，并告诉他他的工厂比其他的几家竞争者看起来要好，及好在哪里。高伍先生对几种特别的机器提出了自己的看法，那位经理宣称那些机器都是他自己发明的。他花了相当多的时间向高伍先生展示那些机器的构造，以及他们是如何运转并生产出许多优良铜器的，他坚持要请高伍先生吃午餐。

你要注意，直到这时，高伍先生来访的真实目的他还只字未提。

午餐以后，经理说，"现在，言归正传，我知道你来这儿的目的是什么。没想到我们的聚会会如此愉快，你可以先放心地回费城去，你们需要的材料制造好后，我马上就给你们送过去。就算别人家的订货不得不延迟，我也会先给你们做完。"

高伍先生甚至没有请求，就得到了他想要的每样东西。最后，材料按期交付，建筑在合同期满的那天完成了。

如果高伍先生用了平常人在这种情形下所用的锤打及暴烈的方法，能有这样的结果吗？所以，想赢得别人的赞同，从赞美及真诚的欣赏开始。

大师金言

从赞扬和欣赏开始，就像理发师在替人修面之前，要先涂上肥皂一样，可以减少被划破的可能，而赞扬和欣赏可以更好地改变和说服一个人。

02
间接委婉地指出他人的过错

一天中午，查尔斯·斯瓦伯从他的一个钢厂中经过，遇见他的几个工人在吸烟。刚好在他们的头上就有一块布告牌说"禁止吸烟"。斯瓦伯是否指着这布告牌说，"你们不认字吗？"没有，斯瓦伯绝对没有。他走到这些人前，给每人一支雪茄，说道，"孩子们，如果你们到外边去吸这些雪茄，我会很感激。"他们知道他们已经犯了这项规则——他们赞赏他，因为他没有说什么，并且给他们一点小礼物，使他们感觉重要。你不能不喜爱一位那样的人，是不是？

约翰·范纳美克用这同样的方法。范纳美克常在他开在费城的大百货店中每日巡行，有一次，他看见一位顾客在柜台前等着，却没有人招呼她。售货员在哪里？他们都聚在柜台远边的角上互相谈笑着。范纳美克一声不响，轻轻地来到柜台后面，他自己接待这位女子，将物品交给售货员去包装，然后他就走开了。

官员们常因为不接待民众而受批评，是的，他们很忙，但有时是因为他们的助手挡住了求见者，助手们不想让他们的上司太累。

卡尔·兰福特当了多年的奥兰多市的市长，迪士尼乐园就在那里。他经常对他的部下说，不要阻拦民众来见他。他宣布实行"开门政策"，但是，来访的市民们还是被他的秘书和下属们给拦在办公室的门外。

后来，这位市长想了一个办法。他让人卸掉了办公室的大门，他的下属们也知道不能再拦了。就这样，这位市长真的做到了"开门政策"。

仅仅改变一个三个字的单词就可以改变你人际交往的成败，而且还会得罪人，引发怨恨。

大部分人在赞扬完了别人，转到批评之前，都会用一个词"但是"。例如，要改变一个孩子不专心读书的态度，我们往往会这么说："约翰尼，我们为你感到骄傲，这个学期你的学习取得了进步，'但是'如果你在代数方面再多下点功夫的话，就更好了。"

这个例子，约翰尼在听到"但是"之前，感觉很好。可"但是"一出现，他马上怀疑这个赞许的可信度。他开始感到，这其实是个批评，他因此而反感。我们要改变他的愿望就无法实现了。如此一来，不但赞美的真实性大打折扣，对改变约翰尼的学习态度也没什么助益。

如果把"但是"换成"而且"，情况就好多了。让我们试一下："约翰，我们真为你骄傲，这个学期你的学习取得了进步，'而且'如果你在代数上再多下点功夫的话，就更好了。"

这一回，约翰尼会很愉快地接受这份赞许，因为他感觉到了赞扬和鼓励，而不是批评。他会愉快地按照我们希望的那样去做。

下面是罗得岛的玛姬·杰克在我们的课程中讲述的，她怎样让一帮懒惰的建筑工人，给她盖房子的同时又帮她打扫干净的故事：

刚开始的几天里，杰克太太下班回家之后，总是看到满院子的木屑。她没有说工人们什么，因为他们分内的活干得很好。于是，等工人走后，她和孩子们把院子里的碎木头收拾起来，并整齐地在屋角放好。第二天早上，她对工头说："我很喜欢昨天晚上这种整洁的样子，而且也不会冒犯邻居。"从此，工人每天下班前，都会收拾好碎木头，并整齐地放到一边。工头也每天都来检查一下。

在预备军人和正规军训练人员之间，最大的不同就是军人的发型，预备军人认为他们是普通民众，所以很抵触剪短头发。

哈雷·凯泽是美国陆军第542分校的士官长，当他训练一批预备军官时，想解决这个问题，按照他在正规军时的做法，他会用强制的命令。但现在，他不想这样做。

他对他们说："先生们，你们都是领导者。如果你们以身作则的话，会取得最好的效果。你们必须为你的听从者做个榜样。你们应该知道军队关于发型的纪律，虽然，我现在的头发比很多人短很多，我今天还是要去理发。你们可以照一下镜子，看看你们符合榜样的要求吗？我想你们会自觉的，我会给你们去营区理发部理发的时间。"

大师金言

对那些非常敏感的人，用巧妙的暗示，让他们改正自己的错误，会收到奇妙的效果。

03
首先陈述你自己的错误

数年前，我的侄女约瑟芬·卡耐基离开她在堪萨斯城的家到纽约来担任我的秘书。她19岁，三年前中学毕业，那时，她的办事经验比零稍多一点。现在，她已经是在苏伊士运河西面的一位最全能的秘书，但在最初，她十分敏感脆弱。有一天，我开始批评她的时候，我对我自己说道："且等一等，戴尔·卡耐基，且等一等。你的岁数比约瑟芬大一倍，你有多一万倍的办事经验，你如何能希望她有你的观点，你的判断，你的自主——何况你自己也很平庸？等一等，戴尔，你在19岁时做什么？记得你所做的呆笨的错误，愚鲁的大错吗？记得你做这……那个的时候吗？"

真诚地，公平地想过这些以后，我得到结论，约瑟芬19岁的平均能力比我那时还好——而这句话，我很惭愧地承认，以前没这样称赞过她。

所以在那以后，当我要让约瑟芬注意她的错误的时候，我常这样说，"约瑟芬，你做错了一件事，但天知道，我以前犯的错比你的还严重。你不是生而具有判断力的，那只由经验而来。你比我在你这岁数时好多了。我自己曾犯过许多愚钝的错误，我很不愿意批评人，但你不觉得如果这样做就更好了吗？"

如果批评的人开始先谦逊地承认他自己也并非无可挑剔，然后再听他说自己的错误似乎就没那么困难了。

加拿大有位工程师叫E.G.迪利斯通，他发现秘书常常把口授的信件拼错字，每一页几乎都要错两三个字。那么，他是如何让秘书改正这一错误的呢？

"就像许多工程师一样，别人并不以为我的英文或拼写有多好。我有个坚持了好几年的习惯，就是常常随身带着一个小笔记本，上面记下了我常拼错的字。我虽然常常指正秘书所犯的错误，但她还是我行我素，一点也没有改进的意思。我决定改变方式，当我又发现她拼错时，我坐到打字机旁，告诉她说：

"'这字看起来似乎不像，也是我常拼错的许多字之一，幸好我随身带有拼写簿（我打开拼写本，翻到所要的那页）。哦，就在这里。我现在对拼写十分注意，因为别人常常以此来评断我们，而且拼错字也显得我们不够内行。'

"我不知道后来她有没有采用我的方法。但很显然，自那次谈话之后，她就很少再拼错字了。"在批评别人之前承认自己也不是十全十美的，这样就比较容易让人接受了。

面对一个有错不改的人，你只要先说自己的错误，就能更容易地让他改正错误。马里兰州提蒙尼姆的克劳伦斯·周哈辛就知道这个道理。有一次，他看到了他15岁的儿子正在学抽烟。

"当然，我不想让大卫抽烟，"周哈辛先生告诉我，"但我和我妻子都一直在抽，我们起了不好的示范作用。我给他讲我自己吸烟的事。我对大卫说，我像他这么大时也开始吸烟了，很快我就上了瘾，吸烟严重损害了我的健康，而现在我几乎都戒不了了。我提醒他，我经常咳嗽得很厉害，如果他抽上几年，后果也会和我一样。我没有劝他不抽，或者警告他抽烟的害处。我只是告诉他我自己是怎么上瘾，然后受到怎样的影响。大卫考虑了一阵子，然后告诉我，他决定在上完高中前，就不吸了，而直到现在他都没有再吸。从那次谈话后，我也决定不吸了，在家人的帮助下，我成功地把它戒掉了。"

大师金言

在批评对方以前，首先陈述你自己的错误，比你直接批评他会产生更神奇的效果。

04
没有人喜欢受人指使

　　我最近很荣幸地同美国传记资深作家伊达·塔贝尔小姐一起吃饭，当我告诉她正在写这本书的时候，我们开始讨论这个重要的与人相处的问题。她告诉我当她写欧文·杨的传记时，访问过一位曾同杨先生坐在同一办公室三年的一个人，这人说在那样长的时间中，他从未听到欧文·杨给任何人下过命令。他总是给出建议，而不是命令。例如，欧文·杨从未说过："做这个或做那个"，或"别做这个，或别做那个"。他说，"你可以考虑一下这个"，或"你觉得那样会有效吗？"在他口述完一封信后，他常说，"你觉得如何？"在看过他助理的一封信以后，他说，"如果我们这样措辞或许比较好些。"他总给人机会自己去做事，他从来不告诉他的助手去做事。他让他们做，让他们从他们的错误中得到教训。

　　这种办法容易让一个人改正错误，保持个人的尊严，给他一种自重感，这样他就会与你保持合作，而不是背叛。

　　无礼的命令只会导致长久的怨恨——即使这个命令可以用来改正他人明显的错误。宾夕法尼亚州有位教师丹·桑塔雷利给我讲述了这样一件事：有个学生把车子停在了不该停的地方，因而挡住了别人的路。有个老师冲进教室很不客气地问："是谁的车子挡住了道？"等汽车主人回答之后，这位教师厉声说道，"马上把车子移开，否则我叫人把车拖走。"

这个学生是犯了错，车子是不该停在那里。但是，从那天开始，不只那个学生对那位老师心存不满，甚至别的学生也常常故意捣蛋，不让他有好日子过。

如果这位老师用不同的方式来处理这件事，结果又会怎样呢？他可以好好地问："谁的车子挡住了道？"然后，建议这位学生移开车子，以方便别人进出。相信这个学生会乐意这么做，也不致引起其他学生的公愤。

伊安·麦克唐纳是南非约翰内斯堡一家小工厂的总经理。这家工厂专门制造精密仪器零件。有人愿意向他们订购一大批货物，但要麦克唐纳先生确定能否如期交货。由于工厂的进度早已安排好，是否能在短时间内赶出一大批货，麦克唐纳不敢确定。

麦克唐纳没有催促工人赶工，他只是召集了所有员工，把事情向他们详细说明了一番，告诉他们，如果能按时完成这批订单，对公司和个人都会有很大益处的。于是，他开始提问：

"我们有什么办法可以处理这批订货？"

"有没有人想出其他办法，看我们工厂是不是可以赶出这批订货？"

"有没有什么办法可以调整一下时间或个人分配的工作，以加快生产进度？"

员工们纷纷提出意见，并且坚持接下订单。他们用"我们可以做到"的态度去处理问题，结果他们接下了订单，并且如期赶出了这批订货。

大师金言

不管你的地位有多高，你的权威有多大，都不要随意下命令，应该以提问的方式来代替命令，因为没有人喜欢接受命令。

05
保全他人的面子

多年前，通用电气公司遇到了一件不容易应付的事，公司不知道应不应该将查尔斯·司丹麦的部长职位撤去。司丹麦是电学上的一位奇才，但他担任的是会计部部长，这对他能力的发挥毫无用处，但公司不想得罪他，因为他是不可少的——但又极其敏感的一个人。所以，他们给他一个新头衔，通用汽车公司咨询工程师，工作性质一样，但却是由别人去主管那个部门。

司丹麦对这一安排很满意。

通用电气公司当然也很高兴。因为他们终于把这位容易发怒的明星调遣成功，而且没有引起任何风暴——因为，他仍保留了面子。

给别人留面子，这是多么重要啊！我们中很少有人能静心地想想这个问题！我们随意蹂躏别人的感情，为所欲为，纠错恐吓，当着别人的面批评孩子或员工，毫不顾虑对别人自尊的伤害！然而，几分钟的思考，一两句体恤的话，一点对对方态度的真实了解，对于缓和这种刺痛，真的很有帮助！

下次我们再遇见必须要解除仆役或职工的事情时，我们要记住。

"解雇员工没什么乐趣，被解雇更没什么乐趣。"（我这句话引自会计师马歇尔·格莱格的来信）"我们的营业额受季节的限制，所以，我们必须在所得税申报热潮过了以后解雇一些人。""我们有一句行话叫做'没有人喜欢砍斧头',因此我们养成了一种习惯,希望事情越早结束越好。我们使用的方法通常如下:请坐,某先生,季节已过,我们好像已经没有什么工作可以给你做了。当然,你也明白,你也只是我们因为忙不过来才雇佣的,等等。"

"这些话给这些被解雇的人造成的影响是失望,他们有一种被辞的感觉。他们中很多人是终身都从事会计这个行业,他们对如此草率就辞退他们的单位,也不会有什么留恋的。

"近来,我决定在解雇其他人时,对他们多加一些手段与体恤。所以我对他们每个人冬季的工作表现仔细考察过后,叫他们进来。我是这样说的:'史密斯先生,你的工作完成得非常好(如果他是真的做得好)。那次我们派你到纽瓦克去,工作困难且艰巨,尽管这样,你仍然非常出色地完成了。我们要你知道公司以你为荣。你很有能力,你的前途远大,不论你身在何处工作,公司都相信你,并永远支持你,希望你永远记住这点!'

"结果呢?这些人走了,但对于被辞的感觉却好得多。他们不觉得他们是被辞的。他们知道如果公司有工作给他们做,我们会继续聘用他们。而且当公司再需用他们的时候,他们会带着他们热切的感情高兴地继续回到这里。"

在我们的一次训练班上,两个学员讨论了挽回面子给人带来的积极作用和消极作用。

宾夕法尼亚州的弗雷德·克拉克谈到了发生在他们公司的一段插曲:

有一次开生产会议的时候,副总裁提出了一个尖锐的问题,是有关生产过程的管理问题。他气势汹汹,矛头指向生产部总监,一副准备挑错的样子。为了不在同事中出丑，生产总监对问题避而不答。这使副总裁更为恼火，直截了当地骂生产总监是个骗子。

"再好的工作关系，都会因这样的火暴场面而毁坏。凭良心说，那位总监是个很好的雇员。但从那天开始，他再也不能留在公司里了。几个月后，他转到了另一家公司，在那里，他表现很好。"

另一位学员安娜·玛桑也谈到相同的情形，但因处理方法不同，结果却不一样。玛桑小姐在一家食品包装公司当市场调查员，她刚接下第一份差事——为一项新产品做市场调查。她说道："当结果出来的时候，我几乎崩溃了。由于计划工作的一系列错误，整个结果也跟着完全错误，必须从头再来。更糟糕的是，报告会议马上就开始了，我根本没有时间跟老板商量这件事。

"当他们要我做报告的时候，我吓得全身发抖。我尽量使自己不哭出来，免得惹得大家嘲笑，因为我过于情绪化。我简短地说明了一下情形，并表示要重新改正，以便在下次会议时提出。坐下后，我等着老板大发雷霆。

"出乎意料的是，他先感谢我工作勤奋，并表示新计划难免会有错。他相信新的调查一定会正确无误，会对公司有很大帮助。他在众人面前肯定我，相信我已尽了力，并说我缺少的是经验，而非能力。

"我挺直胸膛离开会场，并下定决心不再让这种情形发生。"

大师金言

有时即使我们是对的，别人是错的，如果让他过于丢面子的话，只能会让事情变得更糟。所以，无论何时，我们都要记住：使对方保持他的面子。这也是你有修养的体现。

06
激励他人获得成功

彼得·巴洛是我的一个老朋友，他自己有一个马戏团，他的一生都在随同马戏班及技术表演团到处旅行。我喜欢看他训练新狗，我发现，只要狗有轻微的进步，他就会轻轻地拍拍它，称赞它，并给它肉吃，就好像他完成了一件大事一样。

这没什么大惊小怪的，数百年来，训练动物的人用的都是同样的方法。

我很奇怪，为什么在要改变人的时候，我们不用改变狗的同样的方法呢？我们为什么不以肉代鞭？以称赞代替惩罚？就算是最轻微的进步，我们也要称赞鼓励，那样可以激励他人不断继续前进。

很多年前，有一个在那波立斯一个工厂中做工的10岁的孩子，他非常希望自己以后能成为一个歌唱家，但他的第一位教师打击了他。"你没有唱歌的天赋，"他说，"你没有唱歌的嗓子，你的声音听起来像百叶窗中的风声。"

但他的母亲，一个贫苦可怜的农家妇女，她紧紧地抱着他，并告诉他说她知道他能唱，她已经看出他的进步。她整天光着脚，为的就是把钱省下来付他学音乐的费用。那位农家母亲的称赞与鼓励改变了那孩子的一生，他最终成了一名著名的歌剧歌手。也许你已经听说过他，他的名字叫恩利科·卡鲁沙。

在19世纪早期，伦敦一位青年，希望自己以后能成为一个作家，但一切都好像是在同他作对一样。他上学的时间没超过4年，他的父亲因还不起债而被捕入狱，这位青年常常饱受饥饿。后来，他找到一份工作，是在一间老鼠横行的货房中往黑油瓶上粘贴签条。夜里，他就跟两个孩子睡在一间极其简陋的阁楼里，这两个孩子是来自伦敦贫民窟的肮脏的顽童。他对自己的写作能力没有任何信心。因此，他总是在深夜里偷偷地出去，把他写的稿子邮出去，以免别人笑话他总是遭到别人拒绝。终于有一天，他的一篇稿子被接受了。事实上，他没有得到一先令的稿费，但编者称赞了他，给他的稿子以肯定，他高兴得泪流满面，一个人在大街上游荡。

从一篇故事被刊载得到称赞及承认，改变了他的终身事业，因为如果不是那个鼓励，他可能会一辈子都在老鼠横行的工厂里工作。或许，你也听说过这个孩子的名字，他的名字是狄更斯。

林格尔斯波夫先生决定用在训练课上学到的原则来解决这一问题，他做报告说："我们决定用赞许的办法，而不是像以前那样针对他们的失误唠唠叨叨。当我们所看到的全是他们的负面因素时，做到这一点是很不容易的。真是很难找到什么事是值得我们赞许的。我们竭力寻找一些闪光点，头一两天，让人不安的事情没再发生。接下来，其他错误也找不出来了。他们开始看重我们给他们的赞许，他们甚至改变自己的方式而把事情做对做好。我们双方对此都不敢相信。当然，这种情况并没有持续很久，但确实比以前好多了，我们也没有必要像过去那样提出反馈意见。孩子们做的正确的事远远多于他们做错的事。"所有这一切都是由于对孩子们小小的进步大加赞许，而不是责备他们的过失。

在工作方面，这一方法也同样灵验。加利福尼亚的基思·罗帕将在解决公司中的一件事情时，就运用了这一原则。他的印刷厂重视质量，他们拉来一些资料。负责这笔业务的印刷工是一位刚来不久的新员工，还没有适应这份工作。他的上司对他的消极态度深感不安，并在考虑是否应该中止他的服务。

罗帕先生得知这一情形之后，他亲自来到车间，与这位年轻人做了一次谈话。他告诉这位员工，他对他的工作十分满意，并且称赞他干了一段时间以来最令他满意的印刷活儿。他告诉这位年轻人为什么这些业务要进行督查，以及这位年轻人对公司的贡献是多么重要。

你认为这样会使年轻的印刷工改变对公司的态度吗？几天以内，有了一个完全的转变，他跟其他的几位同事说了那次谈话的事情，并且说公司真的很欣赏他们努力工作。从那以后，他成了一位忠诚的员工。

讲到改变人，假如我们要激励我们所接触的人，挖掘他们身上的潜能，我们能做的实际上比改变的这个人能做的还要多。我们真能改变他们。

你觉得夸张吗？那就先来听听威廉·詹姆士教授的名言，他是美国最著名的心理学家、哲学家。他说：

与我们应该成就的相比较，我们不过是半醒着。我们现在只利用了我们身心资源的一小部分。从广义上说，人类的个体就这样的生活着，远在他可以承受的极限之内。他有各种力量，只是习惯于不去开发利用。

是的，正阅读这几句话的你也具有各种各样的力量，只是你习惯于不去利用。这些你不习惯利用的力量中，其中一种就是称赞别人，激励别人，认识他们潜藏的神秘的能力。

大师金言

当一个人受到批评时，他的能力就会降低，而当他受到鼓励时，他就会精神焕发。要"诚于嘉许，宽于称道"。

07
给狗一个好名字

简单地说，如果你想在某方面改造一个人，那就做得好像他早就已经具备这样的性格特征一样。莎士比亚说："假定一种美德，如果你没有。"最好是假定，并公开地说，对方有你想让他发展的美德。给他一个好名誉让他去实现，他就会尽量努力，而不愿让你失望。

乔吉特·雷布兰克在她所写的《我同马克林的生活》一书中，曾叙述一个曾经卑贱的比利时女仆所发生的惊人变化。

"一个我附近的饭店的女仆来给我送饭，"她写道，"因为她最开始的职业是一个厨房助手，所以人们经常称她为'洗碗的玛莉'。她好像是一个鬼怪，斜眼、弯腿，肉体及精神都让人觉得可怜的人。

"一天，她来给我送面，两只手红红的，我非常直爽地对她说，'玛莉，你不知道你身体里有什么宝藏。'

"习惯约束自己情绪的玛莉没有任何反应，几分钟过去了，她还是不敢冒险表示一点点的姿势，生怕惹祸。后来她将盘子放在桌上，叹了口气，很巧妙地说，'夫人，我不会相信的。'她没有怀疑，她没有发问，她只是回到厨房，反复地重复我说过的话。从此，她变得自信满满，没有人再同她开玩笑了。从那天起，甚至也有人会给她相当的体恤，但最奇怪的变化发生在卑微的玛莉本身。她相信她身上有一种看不见的奇宝，她开始非常小心地留意她的面部及身体，她干枯的青春好像又重新开起花来，并将她的平凡之处遮掩起来。

"两个月以后，在我要离开的时候，她告诉我她要同厨师的侄子结婚了。'我将要做太太了。'她说着并向我致谢。短短的一句话改变了她整个的人生。"

当吕士纳要影响在法国的美国士兵的行为时，她也采用了同样的办法。哈伯德将军——一位最受人欢迎的美国将军，曾经告诉吕士纳说，按他的意见，在法国的200万美国兵，是他曾接触过的最清洁、最合乎理想的人。

过分的称赞吗？或许是的，但且看吕士纳如何应用它。

"我从未忘记告诉兵士们那将军所说的话，"吕士纳写道，"我一刻也不怀疑它的真实性，但我，即使不真实，知晓哈伯德将军的意见将激励他们努力达到那个标准。"

有一句古语说："给狗一个恶名，不如把它吊死。"但给它一个好名——看有何结果！

差不多每一个人——富人、穷人、乞丐、盗贼——都会保全所赐予他的这诚实的名誉。

"如果你必须应付盗贼，"猩猩狱长劳斯说，"只有一个可能的方法可以制服他——待他好像他是一个很体面的君子。假定他是规规矩矩的，这样他会有所反应，并把有人信任他引以为豪。"

所以，如果你要说服他人，应记住给人一个美名让他去保全。

大师金言

有一句古语说，"给狗一个恶名，不如把它吊死。"但给它一个好名——看看会发生什么。给人一个好名誉，他就会向好的方向努力。

08
鼓励更易使人改正错误

我有一位朋友，他还没有结婚，40岁左右，他订了婚，他的未婚妻最近劝他去学跳舞功课，虽然他去学已经有点晚了，但是，他还是要去学。"上帝知道，我真需要学习跳舞，"他告诉我当时的情况时坦白地说，"因为我跳起舞来还像20年前我开始学的时候一样。我的第一位教师，她告诉我的应该是真话，她说，我跳得完全不对，我必须将以前的全都忘掉，重新开始，她的话使我饱受打击。我没有动力再继续学下去，所以，我辞了她。

"第二位舞蹈老师可能是在说谎，但我还是比较喜欢她。她态度冷淡地对我说，我的舞姿虽然看起来发硬，但我的基础还不错，并且她使我相信要不了多久，我就可以再学几种新步法。第一位教师因为着重强调我的错误而使我灰心，这位教师正好相反，她不断地称赞我做得对的事，很少指出我的错误。'你很有跳舞的天分，'她非常肯定地对我说。'你天生就是一位舞蹈家。'现在，我的常识告诉我，我以前和将来最多也只能是一个四等的跳舞者，但在我内心的深处，我仍愿意相信她说的话是真的。确实的，我是付了钱才使她说那样的话的，但为什么一定要说穿那个呢？

"不管怎么样，我知道，她说的那些我很有跳舞的天分，我能跳得更好之类的话鼓励了我，给了我希望，使我有了想要进步的决心。"

告诉你的孩子，你的丈夫，或你的员工，他们在某件事上是愚笨的，他对那事完全没有天赋，他做的一切都是错了，你差不多就已经摧毁了他们要进步的各种动力。但如果用相反的方法——慷慨地鼓励他们，让他们觉得事情好像很容易去做，使对方知道你相信他有能力做好，他对这事还有尚未发展的才能——他就会为了胜利终夜地练习不止。

那是洛威尔·汤姆士所用的方法。他是人际关系学上一位伟大的艺术家。他会给你信任，给你勇敢和灵感。

大师金言

用鼓励的方法，错误就更容易改正了。

09

使人乐于去做你想要做的事

回溯到1915年，正值第一次世界大战时期。这一年，整个美国都惶恐不安，欧洲各国彼此杀戮，这是人类历史上从未见过的大规模的野蛮战争。还会有和平吗？当时没有人知道，但是，伍德罗·威尔逊决意尝试一下，他要派遣一个代表作为和平专使赴欧洲与各交战国切商。

主张和平的国务总理威廉·勃拉恩，特别希望这次能作为和平专使赴欧洲。他知道这是一个建立功勋、名垂青史的好机会。但威尔逊却委派了另一个人——他的挚友爱德华·郝斯上校。威尔逊还给郝斯另外分配了一个棘手的任务，就是由郝斯亲自把这个不受欢迎的消息告诉给勃拉恩，而且还不能触怒勃拉恩。

郝斯上校在日记中写道："当他听说是我作为和平专使去欧洲的时候，他失望极了，他说他本打算自己去做这件事。我回答说，总统认为任何人正式地去做这件事都不合适，而且如果派他去，肯定会引起许多人的注意，人们都会觉得奇怪，为什么是他到那里去……"

你看出这其中暗示什么了吗？郝斯简直就是在告诉勃拉恩，他是太重要了，去欧洲这样的工作根本不用他去——结果怎么样呢？勃拉恩满意了。

我认识一个人，他经常要推掉很多演讲的邀请，来自朋友的邀请，也有来自盛情难却的人们的邀请。虽然如此，但他做得很巧妙，至少让被拒绝的人很满意他的推辞。他是怎样做的呢？他不是说他太忙，太这样或是太那样。没有，在表示了对被邀的感谢与不能接受邀请的抱歉以后，他会为邀请的人建议找另一位演讲员做演讲。换句话说，他不给对方因为被拒绝而感到不愉快的时间，而是让这位被拒绝的人立刻想办法邀请到另一位演讲员为他们做演讲。

幼稚吗？可能是吧。但当拿破仑创立荣誉军队，为他的士兵发1500枚十字徽章，并为他的18位将军授予"法国大将"，称他的部队为"大军"的时候，人们也说他幼稚，说拿破仑把这些战场上的老手当"玩物"，而拿破仑回答说："人们是受玩物统治的。"

这种授予人名衔和权威的方法对拿破仑有用，对你也会有用。例如，我的一位在纽约的朋友，斯卡斯代尔的琴德夫人，她因为孩子们经常到她的草地上乱跑而烦恼不堪。她尝试过批评他们，她也设法诱惑他们，但都毫无效果。后来，她给那群孩子中最坏的一个孩子一个头衔，让他有了一种权威的感觉，她让那个孩子做她的"侦探"，帮她管理，不准有人擅入她的草地，问题就这样解决了。她的"侦探"在后院点了一把火，把一根铁棒烧得通红来吓唬那些随意践踏草地的孩子。

当你运用好这一方法时，人们就更愿意做你要他们做的事。

大师金言

不给对方因为被拒绝而感到不愉快的时间，而是让这位被拒绝的人立刻想办法去完成他的工作。但是要记住，使对方乐于做你所建议的事。

第五章

如何让你的家庭
幸福快乐

在地狱中，魔鬼为了破坏爱情而发明的一定会成功而恶毒的办法中，唠叨就是最厉害的了。它永远不会失败，就像眼镜蛇咬人一样，总是具有破坏性，总是会置人于死命。用宽容、爱和欣赏代替唠叨，才会让你的家庭更幸福。

01
婚姻为什么会出问题

当你的婚姻出现裂痕时，你是意气用事、大吵一顿，还是心平气和地，问问你自己"为什么婚姻会出问题？"

美国杂志在1933年6月份刊出艾麦特·克鲁西一篇叫做"婚姻为什么出问题"的文章。下面那些问题，就是从这篇文章中转载过来的。当你答复这些问题的时候，你或许会发现这些问题很值得一答。如果每个问题你的答复是"是"的话，一题就可得10分。

问丈夫的问题：

（1）你是否还是在"追求"你的太太？如偶尔送她一束花，记住她的生日和结婚纪念日，或出乎她意料的殷勤，非她所预期的体贴。

（2）你是否注意永远不在他人面前批评她？

（3）除了家庭开支以外，你是否还会给她一些钱，让她随意使用？

（4）你是否花精神去了解她各种女性方面的情绪问题，并帮助她度过疲倦、紧张和不安的时期？

（5）你是否至少空出你一半的娱乐时间，跟你太太共度？

（6）除了可以显示她的长处，你是否机智地避免把你太太的烹调手艺和理家本领跟你母亲或某某人的太太相比较？

（7）对于她的知识生活，她的俱乐部和社团，她所看的书，和她对地方行政的看法，你是否也有一定的兴趣？

（8）你是否能够让她和其他男人跳舞，和接受他们的友谊照顾，而不会说些吃醋的话？

（9）你是否经常注意找机会夸奖她，表达你对她的赞赏？

（10）关于她为你做的小事情，如缝纽扣，补袜子，把衣服送去洗，你是否会谢谢她？

问太太的问题：

（1）你是否让丈夫有处理公事上的完全自由，并避免批评他交往的人、他所选的秘书，或他所保留的自由时间？

（2）你是否尽力使家庭有品味和有吸引力？

（3）你是否常常改变口味，使他坐到桌上的时候还弄不清楚会吃什么？

（4）对于你丈夫的事业，你是否有适当的了解，以便跟他做有助益的讨论？

（5）在金钱拮据的时候，你是否能勇敢地、愉快地面对这种情形，并不批评你丈夫的错处，或把他跟成功的人做不利于他的比较？

（6）对于他的母亲或其他亲戚，你是否尽特别的努力，和他们融洽相处？

（7）你选择衣着时，是否注意到他对颜色和样式上面的偏好？

（8）为了家庭和睦，你是否牺牲一点自己的意见？

（9）你是否尽力学学丈夫所喜爱的玩意，以便和他共享休闲的时间？

（10）你是否阅读当今的新闻、新书和新技术，以便在智慧兴趣方面，配合你的丈夫？

大师金言

　　当婚姻出现裂痕时，一定要让自己冷静下来，问问自己，是不是自己也有过错。

02
喋喋不休会毁了你的婚姻

19世纪中期，法国皇帝拿破仑三世，就是拿破仑·波拿巴的侄儿，他和世界上最美丽的女人伊金尼·迪芭女伯爵坠入情网。很快，他们就结婚了。他的那些大臣们纷纷劝告说，迪芭只是西班牙一个并非显赫的伯爵女儿。可是拿破仑却反驳说："这又有什么关系呢？"

是的，她的优雅、她的青春、她的诱惑、她的美丽，使拿破仑感到了神仙般的幸福。

拿破仑和他的妻子具有健康、权力、声望、美貌、爱情，一切美满婚姻所完全具备的条件，那简直就是最完美的婚姻，它的光彩让人炫目。

可是，没有多久，这炫目的光彩就暗淡下来，后来只剩下灰色。拿破仑可以用他的爱和皇权使迪芭小姐成为法兰西的皇后。可是他爱情的力量、国王的权威，却无法阻止这个女人的疑心、嫉妒和喋喋不休。

迪芭在嫉妒疑心的驱使下，无视他的命令，甚至不许拿破仑有任何私人秘密。她经常会在他处理国事时留然闯入他的办公室，在他讨论最重要的事务时，不停地干扰，甚至决不允许他单独一个人，总怕拿破仑会跟其他的女人相好。

她常对姐姐抱怨她的丈夫，诉苦、哭泣、喋喋不休！她会闯进他的书房，暴跳如雷、恶言谩骂。拿破仑三世拥有许多富丽的宫殿，身为一国的元首，却找不到一间小屋子能使他宁静安居下来。

伊金尼·迪芭小姐的那些吵闹，又得到了什么呢？

答案如下：我引用莱哈特的巨著《拿破仑三世与伊金尼：一个帝国的悲喜剧》："于是，拿破仑三世常常在夜间，从一处小侧门溜出去，头上的软帽盖着眼睛，在他的一位亲信陪同之下，真的去找一位等待着他的美丽女人，再不然就出去看看巴黎这个古城，到神仙故事中的皇帝所不常看到的街道溜达溜达，呼吸着本来应该拥有的自由空气。"

这就是伊金尼唠叨所得到的后果。不错，她是坐在法国皇后的宝座上，不错，她是世界上最美丽的女人。但在唠叨的毒害之下，她的尊贵和美丽，并不能保持住爱情。伊金尼可以提高她的声音，哭叫着说："我所最怕的事情，终于降临在我的身上。"降临在她的身上？其实是她自找的，这位可怜的女人，一切都是因为她的嫉妒和唠叨。

在地狱中，魔鬼为了破坏爱情而发明的一定会成功而恶毒的办法中，唠叨就是最厉害的了。它永远不会失败，就像眼镜蛇咬人一样，总是具有破坏性，总是会置人于死命。

俄国大文豪托尔斯泰的夫人也明白这一点，可是已经太晚了。当她临死前，向她的女儿忏悔说："是我害死了你们的父亲。"她的女儿们没有回答，几个人抱头大哭。她们知道母亲说得不错。她们知道她是以不断的埋怨、永远没完没了的批评和永远没完没了的唠叨，把他害死的。

可是从各方面来说，托尔斯泰和他的夫人处在优越的环境里，应当十分快乐才对。托尔斯泰是历史上最伟大的文学巨匠之一，他的两部名著《战争与和平》和《安娜·卡列尼娜》，都是人类文学史上不朽的作品。

托尔斯泰真是太出名了，他在世时备受人们的爱戴，崇拜他的人终日追随在他身边，将他所说的每一句话，都像宝贝一样记下来。甚至连"我想我该去睡了！"这样一句平淡无奇的话，也都记录下来。现在俄国政府，把他所有写过的字句都印成书籍，这样合起来有100卷之多。

除了美好的声誉外，托尔斯泰和他的夫人有财产、有地位、有孩子。普天下几乎没有像他们那样美满的姻缘。他们的结合似乎是太美满，太甜蜜了。所以开始时，他们也确实幸福。他们相信他们一定会白头偕老。因此，两个人跪在一起，祈祷全能的上帝，永远不断地把这种幸福赐给他们。

后来，发生了一件惊人的事，托尔斯泰渐渐地改变了。他变成了完全不同的一个人，他对自己过去的作品感到羞愧。就从那时候开始，他把剩余的生命，贡献于写宣传和平、消灭战争和解除贫困的小册子。

这位曾经承认在他年轻的时候，犯过每一件可以想象得出的罪恶——甚至包括谋杀——的人，试着要完全遵循耶稣所说的话。他把自己的产业都送给别人，过着穷苦的生活。自己在田地上工作，砍柴叉草。自己做鞋，扫地，用木碗吃饭，以及试着去爱他的敌人。

托尔斯泰的一生是一场悲剧，而之所以成为悲剧，原因在于他的婚姻。他的夫人喜爱华丽，但他却看不起。她热爱名声和社会的赞誉，但这些虚浮的事情，对他却毫无意义。她渴望金钱财富，但他认为财富和私人财产是罪恶的事。多年以来，由于他坚持把著作的版权一毛钱也不要地送给别人，她就一直地唠叨着，责骂着和哭闹着。

她希望有金钱和财产，而他却认为财富和私产是一种罪恶。

这样经过了好多年，她吵闹、谩骂、哭叫，因为他坚持放弃他所有作品的收益，不收任何的稿费、版税，可是，她却希望得到这些财富。当他反对她时，她就会像疯子似的哭闹，倒在地板上打滚，她手里拿了一瓶鸦片烟膏，要吞下去。

在某天晚上，这个青春已去、容颜已老、心受折磨的妻子，还在渴望着爱情的温暖，她跪在丈夫膝前，央求他朗诵50年前他为她所写的最美丽的爱情诗章。当他读了那早已永远逝去的美丽的快乐时光后，两个人都哭了。现实的生活，跟他们早先拥有的罗曼蒂克之梦多么的不同！而且多么明显的不同！

最后，在托尔斯泰82岁的时候，他再也忍受不住家庭折磨的痛苦，就在1910年10月的一个大雪纷飞的夜晚，他摆脱了妻子而逃出家门。

11天后，托尔斯泰因患肺炎，倒在一个车站里。他临死前的请求是：不允许他的妻子来看他。

这就是托尔斯泰夫人抱怨、吵闹和歇斯底里所造成的悲剧。

或许你会觉得，她是有许多事情要唠叨的，而且是应该的。可是，你想一想，你喋喋不休的唠叨，最后怎么样了呢？唠叨得到些什么好处呢？唠叨是不是把一件不好的事弄得更糟呢？

"我真的认为我是神经病。"这就是托尔斯泰伯爵夫人对这段经过的看法，但是，已经太晚了。

　　林肯一生的大悲剧，是他的婚姻，而不是他在迎来胜利之时而被刺杀。请注意，是他的婚姻成为他一生的悲剧。那个疯狂的演员布斯开枪击中林肯以后，林肯就不省人事，永远不知道他被杀了。但是几乎23年来的每一天，他所得到的是什么呢？根据他律师事务所合伙人荷恩登所描述的，是"婚姻不幸的苦果"。"婚姻不幸"？说的还是婉转的呢。几乎有四分之一世纪，林肯夫人唠叨着他，骚扰着他，使他不得安静。

　　她老是抱怨这，抱怨那，老是批评她的丈夫。他的一切，在她看来从来就没有对的。她数落他，说他老是伛偻着肩膀，走路的样子也很怪。他提起脚步，直上直下的，像一个印第安人。她抱怨他走路没有弹性，姿态不够优雅，她模仿他走路的样子以取笑他，并唠叨着他，要他走路时脚尖先着地，就像她从勒星顿孟德尔夫人寄宿学校所学来的那样。

　　林肯的两只大耳朵，成直角地长在他头上的样子，她也不喜欢。她甚至还告诉他，说他鼻子不直，嘴唇太突出，看起来像痨病鬼，手和脚太大，而头又太小。

　　亚伯拉罕·林肯和玛利·陶德在各方面都是相反的，教育、背景、脾气、爱好，以及想法，都是相反的。他们经常使对方不快。

　　"林肯夫人高而尖锐的声音，"这一代最杰出的林肯权威，已故参议员亚尔伯特·贝维瑞治写着，"在对街都可以听到，她盛怒时不停的责骂声，远传到附近的邻居家。她发泄怒气的方式，常常还不仅是言语而已。她暴乱的行为真是太多了，真是说也说不完。"

　　举一个例子来说，林肯夫妇刚结婚之后，跟杰可比·欧莉夫人住在一起——欧莉夫人是一位医生的遗孀，环境使她不得不分租房子和提供膳食。

一天早晨，林肯夫妇正在吃早饭，不知道林肯做了什么，引起了他太太的暴躁脾气。究竟是什么事，现在已经没有人记得了。但是林肯夫人在盛怒之下，把一杯热咖啡泼在她丈夫的脸上。当时还有许多其他房客在场。

当欧莉夫人进来，用湿毛巾替他擦脸和衣服的时候，林肯羞愧地静静坐在那里，不发一言。

林肯夫人的嫉妒是如此的愚蠢、凶暴，和令人不能相信，只要读到她在大众场合所弄出来的可悲而又有失风度的场面——而且在75年以后——都叫人惊讶不已。她最后终于发疯了。对她最客气的说法，也许是说，她之所以脾气暴躁，或许是受了她初期精神病的影响。

这样的唠叨、咒骂、发脾气，是否就改变了林肯呢？在某方面说，的确使林肯有所改变。确实改变了他对她的态度，确实使他深悔他不幸的婚姻，以及使他尽量避免和她在一起。

当时春田镇的律师一共有11位，要赚取生活费并不容易，因此，当法官大卫·戴维斯到各个地方开庭的时候，他们就骑着马跟着他，从一个郡到另一个郡。这样，他们才能在第八司法区所属各郡郡政府所在的各镇，弄到一些业务。

每个星期六，其他的律师都想办法回到春田镇和家人共度周末。可是林肯并不回春田镇——他害怕回家。春天三个月，然后秋天再三个月，他都随着巡回法庭留在外面，而不愿走近春田镇。

他每年都是这样。乡下旅馆的情况常常很恶劣，但尽管恶劣，他也宁愿留在旅馆，而不要回到自己家里去听他太太的唠叨和受她暴躁脾气的气。

这些就是林肯夫人、伊金尼皇后和托尔斯泰伯爵夫人唠叨所得到的后果。她们给生活带来的什么也没有，只有悲剧。她们毁坏了一切她们所最珍贵的东西。

贝丝·韩博格在纽约市家务关系法庭任职11年，曾经审判了好几千件遗弃的案子，她说男人离开家庭主要原因之一是因为太太过于唠叨。或者如泰晤士邮报所说的："许多太太们不停地在慢慢挖自掘婚姻的坟墓。"

大师金言

如果你要维持家庭生活的幸福快乐，一定要记住："绝对绝对不可以唠叨。"

03
爱和容忍对方

"在生活中，我会做出许多傻事，"英国政治家及小说家迪斯累利这样说道。他在1868年及1874到1880年任首相，人们曾把他的一生拍摄成电影，其中一部为《良相佐国》，他是一位成功的政治家。他曾说："但我从来不想为爱情而结婚。"

他的确是这样做的。他35岁以前一直过着单身的生活，直到那一年他遇到了一位有钱的头发花白的且比他大15岁的寡妇，50岁的年纪，头发全白了。他向她求婚了。她也知道他找她是为了她的钱，所以她告诉他，她要观察他一年再说。一年后，他们真的结婚了。这故事听起来让人觉得太功利，太不浪漫了。但奇怪的是，迪斯累利的婚姻，竟变成在充满破碎和污点的婚姻史中最成功的例子之一。

他们的婚姻非常成功。他这位富婆妻子既不年轻，也不美貌，更不聪明。她说话时常常发生文字和历史的错误。她对服装的兴趣古怪，对房间装饰的兴趣奇异，但重要的一点她却做得非常好，那就是她懂得怎样驾驭男人。她从不和丈夫对抗，当迪斯累利在外面和别的夫人们唇枪舌剑地谈得筋疲力尽回家以后，玛莉安能让他在轻松愉快的闲谈中放松下来，渐渐地他变得越来越恋家了。因为在家里，有玛莉安的宠爱和温暖。家成为他获得心神安宁并沐浴于玛莉安的敬爱和温暖的地方。她是他的伴侣、亲信和顾问，她是他最信任的人，是可以放心地征求意见的人。因此，他每天晚上结束了下议院的工作后，都会急急忙忙地赶回家，告诉她每日的新闻，而最重要的是玛莉安总是充满信心地鼓励他。

30多年间，玛莉安把全部的身心都放在了迪斯累利身上，她尊重自己的财产，因为那会使迪斯累利生活得更加安逸。她心甘情愿，认为这一切都是值得的。同时她也得到了，他把她看作是自己的主宰，他请求维多利亚女王封玛莉安为贵族。所以在1868年，她被封为女伯爵。

尽管玛莉安有时在公共场合表现得不好，但他从不批评她。当有人嘲笑她时，他就会立刻起来猛烈、忠诚地护卫她。玛莉安不是完美的，但30年来，她从未厌倦谈论自己的丈夫，并30年如一日地鼓励和呵护他，这让迪斯累利感到玛莉安是他一生最重要的人。

玛莉安并非十全十美，可迪斯累利总是非常聪明地不去惹她生气。所以，他们的婚姻才会如此幸福长久。

凡斯特·乌德在《在家庭中一起成长》一书里也说："要想有一个美满的婚姻，除了对方要合适外，自己也要让对方觉得合适。"

改造是一种带破坏性的作业。爱情是一件易碎品，就像一只瓷瓶，瓷瓶上有一块疙瘩，你看着不舒服想把它打磨平整，用心无疑是好的，但有时看到的却是这样一种结局：疙瘩没有打平，瓷瓶先碎了。

如果你要家庭生活幸福快乐，一定要记住："不要想按着你的意思，来改变你的伴侣。"

大师金言

和别人相处要学的第一件事，就是对于他们寻求快乐的特别方式不要加以干涉，如果这些方式并没有强烈地妨碍到我们的话。

04
批评会导致家庭不和

正如唠叨是影响婚姻和家庭幸福的礁石一样，批评也是婚姻幸福的敌人，是造成大多数婚姻不幸的罪魁祸首之一。

迪斯累利在公职生活中最难缠的对手，就是那伟大的格莱斯顿。他也是一位伟大的政治家，1868到1894年间，他曾四度担任英国首相。他们真是奇怪，他们对于在帝国之下每一件可以争辩的事物都相互冲突，但他们却有一个相同的地方：他们的生活都充满幸福和快乐。

格莱斯顿夫妇在一起生活了59年，他们一直彼此相爱。这位英国最威严的首相格莱斯顿时常轻握着他夫人的玉手和她在火炉边的地毯上跳着舞，唱着这首歌：

夫衣褴褛，妻衣亦俗，
人生浮沉，甘苦与共。

在公众面前，格莱斯顿是可畏的，他锋芒毕露。一回到家里，他从不批评指责任何人。当他早晨来到楼下客厅里用早餐时，发现家人还未起床，他就大声地唱歌，家人听到这嘹亮的歌声，就知道这个大忙人要吃早饭了。他保持着外交家的风度，体谅人的心意，并强烈地控制自己，不对家事有所批评。

俄罗斯也有一位在处理家务问题上与格莱斯顿相类似的人，她就是女皇叶卡捷琳娜二世。她当时统治着一个世界上最大的帝国，有着至高无上的权力。在政治上而言，她是一个残酷的暴君，发动一场又一场的战争，判许多的敌人死刑。但是如果她的厨子把肉烧焦了，她却什么话也不说，反而笑着吃掉。这种容忍的功夫，一般做丈夫的，都应该好好学习。

关于婚姻不幸福的原因，权威人士桃乐丝·狄克斯宣称说，50%以上的婚姻是不幸福的，许多罗曼蒂克梦想之所以破灭在雷诺（美国离婚城）的岩石上，原因之一是毫无用处却令人心碎的批评。

因此，如果你要维持家庭生活的幸福快乐，一定要记住："不要批评。"

夫妻之间不要随意地批评，那么对待孩子呢？在家庭中，孩子占据了主要的地位。如果孩子犯了错误，是否也不要批评呢？曾经有一家报纸刊登了一篇名为《爸爸忘记了》的文章，这篇文章写得真诚感人，被多次转载，后来广播电视也多次播出。更让人惊奇的是，连大学和中学的刊物也纷纷转载，一直到现在，数以千万计的人都读过，为之感动。这究竟是一篇怎样的文章呢？为什么它会有如此巨大的魔力？下面是该文的部分摘要。

爸爸忘记了

W. 利文斯顿·拉米德

听着，儿子，我有一些话想要对你说。此时你正熟睡，一只小手窝在脸蛋下面，金色的头发卷曲地贴在你潮湿的额头上。

我悄悄走进的房间。几分钟前我还坐在房里阅读文件，突然，一阵悔恨汹涌而来，终于，带着满腔内疚，我来到你的身边。

儿子，我想起了一些事情，我常对你发脾气：当你穿戴好衣帽准备上学的时候，我责怪你只用毛巾胡乱擦了把脸；然后我责骂你不擦鞋；看到你乱扔东西，我大发脾气。

吃早餐的时候也一样，我经常责骂你打翻食物、吃饭不细嚼慢咽、把胳膊放在桌上、面包上奶油涂得太厚，等等。等到你离开餐桌去玩儿，我也准备出门，你转过身，挥着小手喊："再见，爸爸！"我却皱着眉头回答："肩膀挺正！"

到了傍晚，情况还是相同。我走在路上，偷偷看着你，看见你跪在地上玩儿玻璃弹珠，脚上的长袜都磨破了。我不顾你的面子，当着别的孩子的面叫你回家。并对你大声喊道，长袜子是很贵的，你要穿就必须爱惜一点！

想象一下，儿子，这话居然出自一位父亲之口！

你还记得吗？就在刚才，我在书房里看报纸，你怯生生地走过来，眼里带着胆怯的神色，站在门口犹豫不前。我从报端上望过去，不耐烦地叫道："你想做什么？"

你什么也不说，只是迅速跑过来，双手拥抱并亲吻我。你小手臂的力量显示出一份爱，那是上帝种在你心田里的，任何漠视都不能使它凋萎。你吻过我就走了，"吧嗒""吧嗒"地跑上楼。

是的，儿子，就在那时候，文件从我手中滑落，令人可怕的悲伤袭击了我。坏习惯让我做了些什么？习惯性地挑剔错误和责备，这就是我对你——一个小男孩的奖赏。

儿子，我并不是不爱你，只是我对年幼的你抱有太多的期望，一直以来我都在用自己年龄的标准来衡量你。

你的性格里有那么多真实而美好的东西，小小的心胸像弥漫在群山间的黎明一般开阔，因为你是如此自然地冲进来吻我并道晚安。

今晚的一切都不再重要，儿子，我来到你身边，我在黑暗中跪在你床边，深感惭愧！

这是一种薄弱的赎罪。我知道你未必会理解我所说的这一切。

但是，从明天起，我会认真地做一个真正的父亲！我要和你成为好朋友，你痛苦的时候同你一起痛苦，欢乐的时候同你一起欢乐。

我会每天告诉自己："他只不过是一个小男孩——一个小男孩！"

我总是把你当成大人，孩子，像我现在看到的你，疲倦地缩在床上，完全还是婴孩的模样。记得昨天你还躺在妈妈怀里，头靠在妈妈肩上。

我要求的实在太多，太多了。

夫妻相处之道在于坦诚与体谅，世界上没有完美的配偶，但你一定要懂得经营，聪明的人懂得怎样使不可能完美的婚姻变得尽可能的完美。怎样才能做到这一点呢？请牢记以下名言：多些信任和接纳，给予空间，并以行动表示谅解；多包容，多忍耐，多欣赏，少批评，少抱怨。

互相信任和包容，才是幸福婚姻的良方。

大师金言

许多罗曼蒂克的梦想破灭了！50%以上的婚姻不幸福。原因之一是：毫无用处却令人心碎的批评。

05
真诚地欣赏对方

"大部分的男人，在寻找太太的时候，"洛杉矶家庭关系学社社长保罗·波皮诺说，"不是去找一位能干的办事的人，而是要找一位诱人而又愿意满足他的虚荣心，并能够使他们觉得超人一等的人。因此，一个公司或机构的女主管，可能会有人来请她吃饭，但只是一次而已。她很可能会把她所记得的，在大学念《现代哲学主流》的时候所听的一点东西搬出来，并甚至还坚持要付自己的账。结果呢，以后她就得学着一个人吃饭了。没有上过大学的打字小姐却不相同，当被人请去吃饭的时候，她会以热情的目光注视着她的护花使者，说话带着无限的深情。'现在请你告诉我一些有关你自己的事。'结果，他对他人说，'她并不十分美丽，但我从来没有遇到过比她更会说话的人。'"

对于女人在打扮美丽和穿着入时方面所花去的心思，男人应该表示出他的激赏。所有的男人，都知道女人非常注意衣着，但也常常会忘记这件事。例如，有一个男人和一个女人，在街上遇到了另一个男人和女人，这位女人很少会看另一个男人，她把注意力都集中到另一位女人的衣着上了。

几年以前，我的祖母在98岁的高龄去世了。就在她死前不久，我们给她看一张她自己在三分之一世纪以前所照的照片。她的眼睛已经不太好，看不清楚照片，但她只问了一个问题："我穿的是什么样的衣服？"你看！一位风烛残年的老妇人久病在床，近一世纪的时光已耗尽她一切精力，她记忆力衰退得那么快，甚至连自己的女儿也认不出来，仍然还想知道在三分之一世纪之前她穿的是什么衣服。她问这个问题的时候，我就在她病榻的旁边。这件事情，留给我深刻的印象。

男人们很少会记得他们5年以前穿的是什么西装或衬衣，而且根本就没有记住这些事情的念头。但是女人就不同了，我们男人真应该认清这点，法国上层阶级的男人，在这方面很有教养，不但对女人穿戴的衣帽表示赞美，并且在一个晚上不止赞美一次，而是好几次。五千万个法国男人都这么做，一定有他们的道理。

曾经有一篇故事，可能这样的事从来就没有发生过，但它却说明了一个道理：

一位生活在农村的女人，有次辛苦了一天以后，在她的男人们面前放了一大堆牧草。当他们愤怒地问她是否发疯的时候，她回答说："哼，我怎么晓得你们会注意到吃的是什么东西？我已经为你们煮了20年的饭，一直就没有听到你们说过什么话，这样正好让我知道你们不是在吃牧草！"

过去，在莫斯科和圣彼得堡娇生惯养的上流社会，表现出来的态度更好。在沙皇时代的俄国，上流社会中有一个习惯，当他们享受了一顿美好的晚餐以后，他们一定要把厨师请出来，当面感谢并赞美。

你为什么不对你太太这样做呢？下次，当鸡排炸得嫩脆可口，就对她如此说。让她知道你非常欣赏她的手艺，而不是在吃牧草，或者如德克萨斯·吉南所常说的，"大大地为那个小女人喝彩一番"。

假如你是那样的话，就让她知道，她对于你的幸福快乐占着重要的地位。迪斯累利是英国最伟大的政治家之一，但根据我们刚才所看到的，即使对全世界他也不讳言"非常感激那位小妇人"。

不久之前，在一本杂志上，我看到了一段访问艾迪·康塔的记录。

"我得自夫人的帮助，比得自世界上任何其他人还多，"艾迪·康塔说，"当我年轻的时候，她是我的益友，使我走上正途。我们结婚以后，她节省下每一块钱，并拿去投资再投资，为我建立起一大笔资产。我们有五个可爱的子女，她经常为我把家里弄得舒舒服服。如果我能够有所成就，一切应归功于她。"

在好莱坞，婚姻一度被认为是冒险，即使伦敦的鲁易保险公司也不敢保险，但是华纳·白斯特的婚姻却是少数几个特别幸福婚姻中的一个。白斯特太太结婚之前的名字是魏妮菲·布瑞苏，她放弃了如日中天的舞台事业而结婚了，但是她从来不以她的牺牲来破坏他们的幸福。"她失去了在舞台上受大众喝彩的机会，"华纳·白斯特说，"但我却尽一切的努力，要使她知道我对她的喝彩。如果女人要从她丈夫之处得到快乐，那一定是得自他的赞赏和忠实的热爱。如果赞赏和忠实的热爱出自他的真心，他就会得到幸福快乐。"

如果你要维持家庭生活的幸福快乐，最重要的原则之一是——衷心地表示赞赏。

大师金言

不论男人或女人，都希望获得赞美和热爱。如果能够真心地表示赞赏和热爱，就会得到幸福快乐。

06
注重生活中的小事

自古以来，花就被认为是爱的语言。它们不必花费你多少钱，在花季的时候尤其便宜，而且常常街角上就有人在贩卖。但是从一般丈夫买一束水仙花回家的情形之少来看，你或许会认为它们像兰花那样贵，像长在阿尔卑斯山高入云霄的峭壁上的薄云草那样难于买得到。可是，有没有一个做丈夫的，经常不忘记带一束鲜花回家给太太？你或许以为它们都是贵如兰花，再不就是你把它们看做了瑶池中的仙草，才不想付出那般的代价，带回去给太太？

不要等到太太生病住院时才给她买花。你可以经常买束花送给她，在她生日的时候，在情人节的日子，或者仅仅是因为在周末，看看会有什么效果。

乔治·柯汉是百老汇的大忙人，他每天都会给他的母亲打两次电话，直到她老人家去世的时候，这已经成为他的习惯。你以为每次柯汉打电话给母亲，是有什么重要新闻要告诉这位老人家？不是的。他只是在表达自己对母亲的关心，自然母亲也感到很幸福。女人对生日，或是什么纪念日，会很重视！那是什么原因？那该是女人心理上一个神秘的谜！

很多男人都把应该记住的日子忘得干干净净。可是有几个日子是千万不能忘记的，就像某年的那一天，是妻子的生日；某年的那一天，是他跟妻子结婚的日子。如果不能完全记起来，最重要的，别把妻子的生日忘记。

有若干的男士们，对夫妻间每天发生的琐碎事，都太低估了。这样长久下去，会忽略了这些事实的存在，就会有不幸的后果发生。

雷诺的几家法庭，每周六开庭办理结婚和离婚手续。来办理离婚的竟然占到来办理结婚的11%。这些夫妻离婚的原因，很少是因为什么不可调和的大矛盾，他们之所以过不下去了，大多因为一些鸡毛蒜皮的小事。

如果你有这份兴致，可以天天坐在雷诺法院里，听那些怨偶们所提出的他们离婚的理由，你就会知道爱情是"毁于细微的小事"。

现在你把这几句话写下，贴在你帽子里或是镜子上，使你每天可以看到，这几句话是：

很多东西一疏忽就溜掉了，所以，要及时地做那些对人有帮助的事情，要及时地对人表达你的关心。及时地去做，不要等待，因为很多东西一疏忽就会溜掉。

如果你要担心的事总是未被注意的小事，如"不盖牙膏盖"等，经过一段时间，它们可能破坏你们两人的关系。因此，应该特别留神日常生活小节。当然，你需要留意有积极作用的小事，例如：你出其不意地吻他一下，或者说几句赞扬他的话。因为，成功的关系是建立于日常的关心和爱护的基础上。所以，要想保持家庭生活快乐，一定要记住注重那些看似小事的事情。

【大师金言】

　　有千万个家庭，就有千万种生活方式。虽然生活方式各不相同，但有一个准则在生活中要注意，这是生活安定平和的保证：不要忽视生活小节。

07
要殷勤有礼

瓦特·邓路之，是美国最伟大的演说家之一，并且和曾经做过一次总统候选人的詹姆斯·布雷恩的女儿结婚。自从多年以前他们在苏格兰的安祖·卡耐基家里相遇之后，邓路之夫妇就过着令人羡慕的快乐生活。

秘诀在哪里？

"选择伴侣要注意的第二点是，"邓路之夫人说，"我把殷勤有礼列在婚姻之后。但愿年轻的太太们，对于她们的丈夫就像对待陌生人一样有礼！如果泼辣，任何男人都会跑掉。"

对于陌生人，我们不会想到去打断他的话说："老天，你又把你老太婆的裹脚布搬出来了！"没有得到允许，我们不会想去拆开朋友的信件，或者偷窥他们私人的秘密。只有对我们自己家里的人，也就是我们最亲密的人，我们才敢在他们有错误时污辱他们。

我们再引用桃乐丝·狄克斯的话："非常令人惊奇地，但确实千真万确地，唯一对我们口吐难听的、污辱的、伤害感情话语的人，就是我们自己家里的人。"

"礼貌，"亨利·克雷·瑞生纳说，"是内在的品质，它看守破门，并招引门里院中花儿的注意。"

礼貌对于婚姻，就像机油对于马达一样的重要。

奥利佛·文德尔·荷姆斯写的，并受读者喜爱的《早餐的独裁者》这本书，可能任何家庭都有，但是在他自己的家里却没有。事实上他太顾虑别人了，即使心情不好，也尽量想办法不让他的家人知道。自己要承受这些不快，还要不使不快影响到其他人，真是够受的。

这是荷姆斯的做法。但是一般人怎样呢？办公室里出了差错，他失去了一笔买卖，或挨了老板一顿官腔，他累得头痛，或没有赶上交通车——他几乎还没有回到家，就想把气出在家人的头上。

一般人如果有快乐的婚姻，就远比独身的天才生活得更快乐。俄国伟大的小说家屠格涅夫受到整个文明世界的赞誉，但是他说："如果在某个地方有某个女人对我过了吃晚饭的时间还没有回家，会觉得十分关心，我宁愿放弃我所有的天才和所有的著作。"

幸福快乐婚姻的机会，究竟有多少呢？如我们已经提到过的桃乐丝·狄克斯认为，半数以上的婚姻都是失败的，但保罗·波皮诺博士的看法相反。他说："男人在婚姻上获得成功的机会，比他在任何行业上获得成功的机会都大。所有进入买卖食品杂货行业的男人，70%会失败。所有步入结婚礼堂的男人和女人，70%会成功。"

婚姻幸福的机会究竟如何？我们已经说过，狄克斯相信一半以上是失败的，但波皮诺博士想法不同。他说："一个男人在婚姻上成功的机会，比在其他任何事业上都多。所有进入杂货业的男人，70%失败，进入婚姻的男女，70%成功。"

狄克斯这样概括，"与婚姻相比，出生不过是一生的一幕，死亡不过是一件琐屑的意外……女人永远不能明白，为什么男人不用同样的努力，使他的家庭成为一个发达的机关，如同他使他的经营或职业成功一样……虽然有一个妻子，一个和平快乐的家庭，比赚100万元对一个男人更有意义……女人永远不明白，为什么她的丈夫不用一点外交手段来对待她。为什么不多用一点温柔手段，而不是高压手段，这是对他有益的。"

他还说："大凡男人都知道，他可先让妻子快乐然后使她做任何事，并且不需任何报酬。他知道如果他给她几句简单的恭维，说她管家如何好，她如何帮他的忙，她就会要节省一分钱了。每个男人都知道，如果他告诉他的妻子，她穿着去年的衣服如何美丽、可爱，她就不会再买最时髦的巴黎进口货了。每个男人都知道，他可把妻子的眼睛吻得闭起来，直到她盲如蝙蝠；他只要在她唇上热烈地一吻，即可使她像牡蛎一样闭上嘴。而且每个妻子都知道，她的丈夫都知道自己对他需要些什么，因为她已经完全给他表白过，她又永远不知道是要对他发怒，还是讨厌他，因为他情愿与她争吵，情愿浪费他的钱为她买新衣、汽车、珠宝，而不愿为一点小事去谄媚，按她所迫切要求的来对待她。"

所以，如果你要保持家庭生活快乐，就要"对你的妻子（丈夫）有礼貌"。

大师金言

不讲理是吞食爱情的癌细胞。虽然我们都知道这一点，但糟糕的是，我们对待自己的亲人，居然赶不上对待陌生人那样有礼。

08
不要做"婚姻上的无知者"

婚姻的快乐幸福，很少是机会的产物。它们是建造起来的，而且，是根据理智的和审慎的计划。

社会卫生局秘书长凯瑟琳·见门特·戴维斯博士，有一次说服了1000位已婚妇女，非常坦白地答复一系列有关隐私的问题。结果令人非常吃惊——揭露一项一般美国成人性不快乐的惊人情形。

当她仔细看完那1000位已婚妇女交来的答案以后，戴维斯博士立刻就把她的看法发布出来，她认为美国离婚的主要原因之一，是肉体方面的乱点鸳鸯谱。

乔治·韩米尔顿博士的调查，也证实了这项发现。韩米尔顿博士用4年的时间研究100位男人和100位女人的婚姻。他向那些男人和女人个别地请问有关他们婚姻生活方面的400个问题，并对他们的问题做广泛而彻底的讨论——其彻底的程度，使得这项调查花了4年的时间。在社会学方面，这项工作受人重视，因此就得到了一群慈善家的资助。有关这次调查的结果，看一看韩米尔顿和麦克高文所著的《婚姻的问题是什么》一书就可以知道。

那么，婚姻的问题究竟是什么呢？"只有极为偏见和鲁莽的精神病医师，"韩米尔顿博士说，"才会说婚姻大部分的摩擦，不是根源于性的不调和。不论是什么情形，如果性关系本身很满足，即使因其

最美丽可爱的女子结了婚。可是，我们的蜜月之旅却很糟糕，尤其对于她来说，更是失望之极。当我们到了夏威夷之后，她更是觉得我们的婚姻太不幸了，要不是她羞于面对亲朋好友，并承认婚姻生活的失败，她早就回美国了。

"在远东头两年的婚姻生活，我们都过得很不愉快，我甚至好几次想要自杀。可是，有一天，我偶然读到了一本书，它让我的生活有了翻天覆地的变化。阅读是我最大的爱好。那天，我去拜访同在远东的美国朋友，在参观他有丰富藏书的书房时，我发现了一本威尔蒂博士所著的名为《理想婚姻》的书。单看书名，似乎是一本讲大道理的说教书，不过，出于好奇，我还是翻开读了几页。我发现里面全都在谈论关于婚姻中的"性生活"——坦诚而客观地讲解分析，而不是粗俗之谈。

"要是有人对我说我应该读一读和'性'有关的书，我会感到受到了羞辱。看那种书？我甚至可以自己写一本那方面的书。可是我的婚姻生活确实处在危机之中，我决定好好读读这本书，于是，我鼓起勇气问朋友我是否可以借这本书回家看。我现在想说，读那本书真的是我生命中特别重要的一件事。我的妻子也读了那本书，就是这本书，令我们婚姻从破裂的边缘走向幸福与快乐。如果我有100万美元，我会买下那本书的版权，印上几百万册，免费发放给所有的夫妇。

"我曾读过著名心理学家沃尔逊博士写过的这么一段话：'对性的交流，无疑是人们生命中非常重要的一件事。可惜的是，这件事却成为大部分夫妻的婚姻结束的真正根源，对，就是这件事。'

"无疑，沃尔逊博士的话很有道理，那我们为何还要让对性一无所知的年轻男女们结婚，毁灭他们的婚姻生活呢？

　　"如果你想知道婚姻中究竟是哪里出了问题，韩米尔顿博士可以告诉你，他曾花了4年时间来调查这个问题，和麦克高文博士合成了《婚姻的问题是什么》一书。他在书里写道：'大部分不美满的婚姻，其根源都在于性生活的不协调，聪明的心理学家都赞同这个观点。不论从什么角度来说，只要在性生活方面达到协调，婚姻生活中许多其他的问题都变得容易解决。'

　　"我相信他的观点，因为我自己已从不美满的婚姻中明白了这个道理。"

　　大师金言

　　"如何使你的家庭生活更快乐"，建议你"读一本有关婚姻中性生活的好书"。

第六章

经营好自己的人生

我们已经在美好的童话国度生活了许多年，可我们一无所知，被蒙蔽住了双眼，拥有得太多，却忽略了生活的真正乐趣。重拾这些美妙的东西，我们的人生就会更美好。

01
养成良好的工作习惯

第一个好的工作习惯是：清理办公桌上的所有纸张，只留下和手头工作有关的。

秩序也应该成为商务的第一规则。不是吗？是的，每一个商务人士的桌子上都堆满了纸张，而他已经找了几个星期。一家新奥尔良报纸的发行人曾经跟我说过，秘书偶尔帮他清理了一下桌子，结果发现了一台打字机。两年来，大家一直在寻找它。

如果桌子上堆满报告、信件、备忘录诸如此类的东西，肯定会让人产生混乱、紧张和焦虑。更糟糕的是，它让你觉得自己有100万件事等着处理，但根本没时间，也根本完不成。一旦产生这种情绪，你就更容易患上高血压、心脏病和胃溃疡。

如果你参观过华盛顿的国会图书馆，一定能看到天花板上的5个单词——那5个单词是著名诗人波普写的：

"秩序是天国的第一条法则。"

约翰·斯托克教授就职于宾夕法尼亚州州立大学医学院，他曾在美国医药学会的全国大会上宣读自己的一篇论文，题目叫《机能性神经衰弱引起的心理并发症》。他的论文列举了11条容易诱发心理疾病的情形，其中有一项"病人心理状况研究"：

第一条就是：一种被强迫的感觉，好像要做的一件简单的事情永远也做不完。

第二个好的工作习惯是：按事情的重要程度，安排工作顺序。

亨瑞·杜哈提创办了遍布全美的市务公司，他曾说过不管出多么高的工资，都找不到一个同时具有两种能力的人。第一种能力是思考，第二种能力是按照事情的重要程度安排事情。

查尔斯·卢克曼原本是个默默无闻的人，经过12年的努力，将自己变成培素登公司的董事长，每年除了10万美元的薪金之外，还有100万美元的进账。他说自己之所以能成功，就在于具备亨瑞·杜哈提说过的不可能同时具备的两种能力。卢克曼说："在我的记忆当中，每天我都是早上5点起床，因为这时的头脑最清醒，可以比较周全地计划当天的工作，然后按事情的重要程度，安排处理的先后顺序。"

在美国的保险行业中，富兰克林·白吉尔无疑是最成功的推销员之一，他根本不会等到第二天早上五点才开始计划当天的工作，他在头一天晚上就已经考虑好了。他给自己制定了一个目标——一天必须卖掉多少金额的保险，如果没有完成，就累加到第二天，从不间断。

如果萧伯纳没有坚持这一原则，那么他现在很可能还是一个银行出纳，不会成为优秀的戏剧家。他给自己拟定计划：每天至少写出5页东西，不管是什么。在这个计划的鼓舞下，他整整坚持了9年。

尽管在过去的9年里，他每天只能赚到30美元。当然，人们不可能一直按事情的重要程度来安排，不过，按照计划做事的好处，绝对超出了随兴致处理问题。

第三个好的工作习惯是：如果碰到必须马上做决定的问题，要坚决果断，千万不要拖延。

已故的H.P.霍华是我从前的学生，他告诉我在他担任美国钢铁公司董事长的时候，每次的董事会总要花很长时间，讨论很多问题，但解决的事情少得可怜。而且每个董事在会后都要带一大包文件回家，经常看到三更半夜，依然没有结果。

最后，霍华先生提出一个建议：每次董事会只讨论一个问题，然后马上做出结论，绝不耽搁。虽然得出一个结论需要研究更多的资料，但在讨论下一个问题之前，这个问题一定能解决。霍华先生告诉我："改革的结果令人惊叹，因为它非常有效，所有的陈年旧账都解决得清清楚楚，董事们再也不必带着文件回家，而且大家也不再因为问题无法解决而忧虑。"一个好的工作习惯不仅适用于美国钢铁公司，对你我也同样合适。

第四个好的工作习惯是：学会组织，把责任分给下属，让他们去监督和执行。

很多商人不懂得如何把责任分给下属，他们坚持亲力亲为，这种做法无异于自掘坟墓。因为很多细节小事会让他们手忙脚乱，觉得时间不够用，结果产生焦虑、紧张、疲惫。

一个管理着大公司的人，如果没有学会组织人员分层监督，那么最可能出现的情况就是他在五六十岁的时候死于由焦虑和紧张引起的心脏病。

我知道学会分层监督非常困难，尤其是对我就更难了。因为如果负责人不理想，会产生很大的灾难。我也从过去的经验中认识到，一个上级主管如果希望自己的生活远离忧虑和紧张，他就必须这么做。

大师金言

一个人如果习惯在书桌上堆满文件，不妨清理一下桌子，只留下急需处理的文件，那么他很快就会发现，自己的工作更容易进行。

02
不要报复你的敌人

　　几个世纪以来，人类总是景仰那些不怀恨仇敌的人。我常到加拿大的一个国家公园，欣赏美洲西部最壮丽的山景，这座山是为了纪念英国护士爱迪丝·康威尔于1915年10月12日在德军阵营中殉难而命名的。她的罪名是什么？就因为她在比利时家中收留与照顾了一些受伤的法军与英军士兵，并协助他们逃往荷兰。在即将行刑的那天早上，军中的英国牧师到她被监禁的布鲁塞尔军营看望她，康威尔喃喃说道："我现在才明白，光有爱国情操是不够的，我不应该对任何人怀恨或怨恨。"4年后，她的遗体被送往英国，并在威斯敏斯特教堂内举办了一个纪念仪式。我曾在伦敦住过一年，常到康威尔的雕像前，读着她不朽的话语："我现在才明白，光有爱国情操是不够的，我不应该对任何人怀有敌意或怨恨。"

　　怎样才能原谅和忘记误解和错怪自己的人呢？这是一个有效的方法，那就是让自己去做一些超出自己能力的理想中的事情，这样一来，我们所碰到的侮辱和敌意就显得无关紧要了。我们不会有精力去计较理想之外的事。举例来说，在1918年，密西西比州松树林里发生了一场极富戏剧性的事情，差点儿引发了一次火刑。劳伦斯·琼斯——一个黑人讲师，差点儿被烧死。几年前，我曾去看过劳伦斯·琼斯创建的一所学校，还发表了一次演说。我要讲的故事发生在很早以前。

第一次世界大战期间，大众的情感极易冲动，密西西比州中部流传着一种谣言，说德国人正在唆使黑人起来叛变。有人控告劳伦斯·琼斯激起族人的叛变。一大群白人在教堂的外面听见劳伦斯·琼斯对听众大声地喊道："生命，就是一场搏斗！每个黑人都应该穿上自己的盔甲，以战斗求生存，求成功。"

"战斗、盔甲，足够了！"这些年轻人趁黑夜冲了出去，纠集了一大群人，回到教堂里来，将传教士紧紧捆住，拖到一英里外的荒野里，将他吊在一大堆干柴上面，并且点燃了火柴，准备烧死他。这时，其中有一个人说话了："在烧死他以前，让这个多嘴多舌的人说说话，说话啊！说话啊！"

劳伦斯·琼斯站在柴堆上，脖子上套着绳圈，为自己的生命和理想发表了一番演说。他于1907年毕业于爱荷华大学，以纯良的性格和学问，以及音乐方面的天赋赢得了所有老师和学生的喜爱。毕业后，他拒绝了一家酒店留给他的职位，拒绝了一个有钱人愿意资助他继续学习音乐的计划——因为他怀有更崇高的理想。当他读完布克尔·华盛顿的传记时，他就已决心献身于教育事业，去教育那些因贫穷而无法接受教育的黑人孩子。于是，他回到贫瘠的南方——密西西比州杰克镇以南25英里的一个小地方，将自己的手表当了1.65美元，在树林里用树桩当桌子，开始了他的露天学校。

劳伦斯·琼斯告诉那些愤怒得想要烧死他的人们，自己所做过的种种努力——教育那些没有上过学的男孩和女孩，训练他们做好农夫、机匠、厨子、家庭主妇。他还谈到许多白人曾经协助他建立这所学校——送给他土地、木材、猪、牛和钱，帮助他继续他的教育事业。

后来，当有人问起劳伦斯·琼斯，还恨不恨那些想吊死和烧死他的人。他回答说，自己太忙了，有太多的理想需要实现，根本没有时间去恨别人——他将所有的心思都用在一些超过他能力的伟大的事业上了。"我根本没有时间去和别人吵架，"他说，"也没有时间后悔。没有任何人能强迫我低下到会恨他的地步。"

事件发生的当时，琼斯的态度十分诚恳，令人感动。整个过程中，他没有丝毫的哀求，只希望别人能了解自己的理想。暴民们开始软化了。最后，人群中有一个曾经参加过南北战争的老兵说："我相信他说的是真话，我认得那些他提起的白人，他是在做一件好事，我们弄错了，我们应该帮助他而不是吊死他。"说完，老兵摘下自己的帽子，在人群中传来传去，在这些准备把这位教育家烧死的人群里，募集到52.4美元，交给了琼斯——这个曾经说过"我没有时间去吵架，我没有时间后悔，也没有哪一个人能强迫我低下到会恨他的地步"的人。

依匹克特修斯在1900年前就曾经说过，我们种因就会得果。无论如何，命运总会让我们为自己的过错付出代价。"归根到底，"依匹克特修斯说，"每个人都会为自己的过失付出代价。懂得这一点的人不会跟任何人生气，不会和人争吵，不会辱骂他人，责怪他人，触犯他人，怨恨他人。"

纵观美国历史，可以说没有任何人受到的责难、怨恨和陷害比林肯多。可根据韩登那篇不朽的传说记载，林肯从来不以自己的好恶来评判他人。如果有什么任务需要完成，他会想到自己的对手一样能做得好。他知人善用，那些曾经羞辱过他，对他大为不敬的人，如果适合某一位置，林肯会不计前嫌任用他，如同委派自己的朋友去做一样……他从来没有因为某人是自己的敌人，或者是自己不喜欢的人而解除他人的职务。

事实上，许多被林肯委任居于高位的人，都曾批评或羞辱过他——如麦克里兰、爱德华·史丹顿和蔡斯……但林肯相信"没有人会因为他做了什么而被歌颂，也不会因为他做了什么或没有做什么而被罢免。因为人们都受环境条件、教育程度和生活习惯甚至遗传的影响，使他们成为现在这个样子，将来也永远是这个样子。"

在我的成长过程中，每天晚上我的家人都会从《圣经》里面摘出章句或诗句，然后一起跪下来念"家庭祈祷文"。我现在仿佛还听见，在密苏里一座孤寂的农庄里，我的父亲每个夜晚念诵《圣经》的声音："爱你的仇人，善待以你为敌的人；为诅咒你的人祝福，为欺凌你的人祈祷。"

我的父亲做到了耶稣教给的那些话，也使他的内心得到了一般将官和君主都无法得到的平静。

许多年以前的一个晚上，我外出旅行时经过黄石国家公园。一位森林管理员骑在马上，和我们这群兴奋的游客谈起熊的故事。他说："有一种大灰熊也许能击倒除了水牛和另一种黑熊以外的其他所有动物。但是有一天晚上，我却发现一只小动物——只有一只，能够让大灰熊和它在灯光下一起共食。那是一只臭鼬！大灰熊知道自己的巨掌一下就可以把这只臭鼬打昏，可是它为什么不那样做呢？因为它从经验里学到，那样做得不偿失。"

我同样也懂得这个道理。我在孩童时，曾在密苏里的农庄上抓过四只脚的臭鼬。成年之后，我在纽约街头也经常碰到一些像臭鼬一样的却长着两只脚的人。从许多不幸的经验中我发现，无论招惹哪一种臭鼬，都是得不偿失的。

当我们憎恨我们的仇人时，实际上等于给了他们战胜我们的力量。这种力量可能会影响我们的睡眠、我们的胃口、我们的血压、我们的健康和我们的快乐。如果仇人们知道他们是如何令我们担心，令我们苦恼，令我们一心想报复的话，他们一定会兴高采烈地跳起舞来。我们心中的怨恨不仅无法伤害到他们，反而使我们的生活变得像地狱一般。

"如果自私的人想占你的便宜，不要理会他们，更不要想着试图报复。一旦你与他扯平了，你就会伤害自己，比伤害那家伙更多……"你猜这是谁说的？听起来仿佛是一个伟大的理想主义者所说的，其实不然，这段话最初出现在一份由米尔瓦基警察局发出的通告上。

报复心是怎么伤害你的呢？伤害的地方可多了。根据《生活》杂志的一篇文章，报复甚至会有损人的健康状况：高血压患者最主要的特征就是容易愤怒。长期愤怒，高血压和心脏病就会随之而来。

现在，你应该懂得耶稣所说的"爱你的仇人"，不仅仅是一种道德上的训诫，而且是在宣扬一种20世纪的医学原理。当他说"原谅77次"的时候，他是在告诉我们如何避免高血压、心脏病、胃溃疡和其他种种疾病。

我的一个朋友最近心脏病突发，医生命令他躺在床上，并告诫他无论发生什么事都不能动气。懂得一点儿医学知识的人都知道，心脏衰弱的人，发脾气可能会送命。几年前，在华盛顿州的斯博坎城，就曾经有一名饭馆老板因过度生气而猝死。我手边有一封华盛顿州斯博坎城警察局局长杰瑞·史瓦脱写的信，他在信上说："68岁的威廉·坎伯开了一家小餐馆，因为厨子用茶杯盛咖啡而感到非常生气，他抓起一把左轮枪去追那个厨子，结果因为心脏病发作倒地而亡，死时手里还紧紧抓着那把枪。验尸官的报告显示，他是因为愤怒引起心脏病发作而死的。"

当耶稣说"爱你的仇人"时，他也是在告诉我们怎样改进我们的外表。我想你也和我一样，经常可以看到一些女人，她们的脸上常常因为过多的怨恨而布满皱纹，因为悔恨而扭曲，表情僵硬。无论如何美容，都比不上让她们的心中充满宽容、温柔和爱。

怨恨甚至可能会影响我们对食物的享受。《圣经》上说："怀着爱心吃菜，要比怀着怨恨吃牛肉好得多。"

如果仇人们知道怨恨会搞得我们筋疲力尽，使我们疲惫而紧张不安，使我们的容颜受到损害，使我们得心脏病，甚至可能置我们于死地，他们难道不会拍手称快吗？

即使我们无法爱我们的仇人，但至少应该学会爱我们自己，要使仇人无法控制我们的快乐、我们的健康和我们的容颜。正如莎士比亚所言：

不要因你的敌人而燃起一把怒火，

最终却烧伤了你自己。

大师金言

让我们永远不要试图去报复我们的仇人，因为如果我们那样做的话，我们会深深地伤害自己。让我们像艾森豪威尔将军那样：不要浪费一分钟的时间去想那些我们不喜欢的人。永远不要让愤怒遮掩理智，如果任由头脑发热，怒火燃烧，失去理智，意气用事，则会害人害己，将人生置于不利的境地。

03
享受施与的快乐

要追求真正的快乐，就必须抛弃别人会不会感恩的念头，只享受施与的快乐。

几千年来，为人父母者一向因为孩子不知感恩而非常伤心。即使莎剧主人公李尔王也不禁喊道："不知感恩的子女比毒蛇的利齿更痛噬人心。"

可是，孩子们为什么要感恩呢？除非我们去教育他们。忘恩本是人的天性，它像随地生长的杂草。感恩则有如玫瑰，需要细心栽培及爱心的滋润。

如果我们的孩子不知感恩，应该怪谁？也许该怪的就是我们自己。如果我们从来不教导他们向别人表示感谢，怎么能期望他们来谢我们？

我认识一个住在芝加哥的人，常常对人抱怨自己的两个继子不知感恩。其抱怨倒也不是完全没有理由。他娶了一个寡妇，那个女人要他四处借钱，以供养她的两个儿子读大学。他在一个纸盒厂做工，一个星期才赚不到40元钱，得买食物、衣服、燃料，得付房租，还得还债。就这样，他像一个苦力一样辛辛苦苦干了四年，却从来没有一句抱怨。

有没有人感谢他呢？没有，太太认为这是理所当然的，两个宝贝继子也是如此认为。他们从来也不觉得自己欠继父什么，甚至于连"谢谢"也不愿意说。

这该怪谁呢？怪孩子们吗？不错。可是更该怪的是做母亲的。在她看来，根本不应该在两个年轻人身上增加过多的"负疚感"。她不希望自己的两个儿子一开始就欠人家什么，因此从来没有想到要说"你们的继父真是个好人，帮你们读完了大学"，而是采取相反的态度"这是他起码应该做的。"

她以为这样做会对她的两个儿子的成长有好处，可实际上，这等于是让自己的孩子在走上人生道路的开端，产生全世界都欠自己的一种危险的观念。这种观念实在很危险——后来她这两个儿子其中的一个想向老板"借一点儿钱"，结果进了监狱。

我们必须牢记，孩子的行为完全是由父母造成的。举个例子吧：我的姨妈——薇奥拉·亚历山大，她就从来没想过自己的孩子会对她感恩。小时候，我记得姨妈把自己母亲接到家里来，同时也照顾自己的婆婆。现在闭上眼睛，我依然清楚地记得两位老太太坐在姨妈农庄壁炉前的情景。她们会不会给姨妈增添麻烦呢？当然会。可是，你在她的一言一行中丝毫看不出烦恼。对两位老太太，她顺从她们，宠她们，让她们非常舒服地度过晚年。除了两位老人家，姨妈还必须照顾六个孩子。但她从来没有觉得自己这么做有什么特别，也不期望因把两位老太太接到家里而赢得他人的赞美。在她心目中，这是一件十分自然的事，也是应该做的事，而且是她希望做的事。

今天的薇奥拉姨妈在哪儿呢？在她守寡20多年后，五个孩子都已长大成人——分别组织了五个小家庭，大家争着要跟妈妈住在一起。孩子们都非常敬佩她，无论如何都不愿意离开她。这是感恩吗？不是，这是爱——纯粹的爱。这些孩子在自己童年时，就深受爱的熏陶，现在情况反过来了，他们能付出爱心也就没有什么值得奇怪的了。

因此让我们记住：要培养出知恩图报的孩子，就要自己先身体力行。要注意我们的一言一行，要记住不要在孩子们面前蔑视别人曾经给我们的好处。永远不要说"看看苏表妹送给我们的圣诞礼物，这些桌布，都是她自己钩的，没花她一毛钱。"这种话也许只是顺口说说，可孩子们却可能听进心里去。

避免为别人不知感激而难过和忧虑，请记住，第三条规则是：

（1）不要因为别人忘恩负义而不快乐，要认识到这不过是一件十分自然的事。

（2）让我们记住找到快乐的唯一方法，就是施恩勿望回报，只为施与的快乐而施与。

（3）让我们记住感恩是教化的结果。如果我们希望自己的子女能知道感激，我们就要训练他们这样做。

大师金言

要培养出知恩图报的孩子，就要自己先身体力行。要注意我们的一言一行，要记住不要在孩子们面前蔑视别人曾经给我们的好处。

04
多想想得意的事

有一位朋友名叫露西莉·布莱克，她在学会自我满足、不为失去而忧虑之前，几乎也濒临悲剧的边缘。

我认识露西莉已多年，我们曾经一起在哥伦比亚大学新闻学院选修短篇小说写作。九年前，当她住在亚利桑那州的杜森城时，生活曾遭遇过一次巨变。以下就是她讲述的故事：

"我的生活一直很忙乱，一边在亚利桑那大学学风琴，一边在城里开一所语言学校，与此同时还在所住的沙漠牧场上教音乐欣赏课程。我整天参加大大小小的宴会、舞会，在星光下骑马。直到有一天早晨，心脏病突发，整个人都垮了下来。'你必须躺在床上静养一年。'医生说。他居然没有给我任何鼓励，使我相信自己能够完全康复。

"在床上躺一年，像一个废人，甚至可能会死掉。我吓坏了，反复地问自己，为什么我的命运如此坎坷，遭遇如此不幸的事情呢？难道我做错了什么，该受如此报应？我又哭又叫，心里充满了怨恨。但无论如何，我只能遵照医生的话，躺在床上等待命运的裁决。我有一位邻居名叫鲁道夫，是个艺术家。他对我说：'也许你觉得在床上躺一年是一件十分痛苦的事情，而事实上并非如此。你可以充分利用这段时间，重新认识自己。相信这几个月对你思想的提高，会比你大半辈子还要多。'听了这番话以后，我心情平静下来，开始尝试着学习一些新的价值观念，阅读一些能对人有所启发的书籍。有一天，我听到一个广播电台的新闻评论员说："你应该谈论自己所了解的事情。"这类话以前我不知道听过多少遍，但现在才真正深入内心。我决心只想那些对我的生活有积极意义的东西——快乐而健康的事物。每天早上，我都强迫自己想一些令人激动的事情：我没有痛苦，我有一个可爱的女儿，我的眼睛看得见，耳朵听得到，收音机里播放着优美的乐曲，有充足的时间看书学习，吃得好睡得香，有很好的朋友，来看我的人多到医生不得不挂一个牌子——每次只许接待一个客人，并且限定接待的时间……我应该为自己感到高兴。

"从那时到现在已经有9年时间了，现在我的生活很丰富也很生动。我非常感激在床上度过的那一年，那是我在亚利桑那州所度过的最有价值、最快乐的一年。至今我依然保持当年养成的习惯，每天早晨数一数自己有多少得意之事，这是我人生最宝贵的财富。有时候，我觉得很惭愧，因为直到我担心自己会死去之前，才真正学会怎样生活。"

我亲爱的露西莉，你可能并不清楚，你的感悟正和200多年前的萨穆尔·约翰逊博士不谋而合，"让自己学着只看事物好的一面并养成习惯，这会比你每年多赚1000英镑更有价值。"我想你大概也不知道，约翰逊博士并非天生乐观积极，他曾在贫苦和艰难中挣扎了20年，几经努力，最终成为他那个时代最著名的作家，也是历史上享有盛誉的演讲家。

洛根·皮尔萨·史密斯用很简单的几句话，说明了一个大道理"人在生活中应该有两个目标：第一个目标是努力得到你想要的。第二就是要在得到后满足而快乐，这一点唯有最具智慧的人才可做到。"

你能否想象在厨房刷洗碗碟也是一件快乐无比的体验呢？如果你想的话，就可以找一本名叫《我希望能看见》的书来看，作者是波姬·阿黛尔，这本书里述说了这位女性作者勇于直面现实的故事。

这本书的作者是一个女人，她失明几乎长达50年，她写道："我只有一只完好的眼睛，上面也都是疤痕，我只能透过眼睛左侧的小缝来看外面的世界。我看书时，不得不把书几乎贴到脸上，并把另一只眼睛斜向一边。"

但她拒绝别人的怜悯，甚至不希望别人将她视作"和正常人不一样的人"。小时候，她非常想和其他孩子一起玩跳房子，可她看不清地上画的线，她就在其他孩子都回家后，趴在地上，用一只眼睛贴近地面察看，将每一条线都牢牢记在心底。没过多久，她居然成为那群孩子中跳得最好的一个。她看书的时候，将书页紧贴在脸前，几乎碰到了眼睫毛。就这样，她一直坚持读书，后来获得了两个学位：先拿到明尼苏达州立大学的学士学位，后来获得哥伦比亚大学硕士学位。

她开始教书的时候，是在明尼苏达州丰收镇的一个村庄，多年后成为南达科他州奥格塔那学院的新闻和文学教授。她在学院工作了13年，被许多女子俱乐部邀请去演讲，还在广播电台主持评点图书的节目。她写道："在我内心深处，总是惶恐不安，担心自己会随时完全失明。为了不被恐惧所摆布，我努力让自己快乐一点再快乐一点，几近快乐的极限。"

然后，在1943年，那一年她52岁，一个奇迹发生了。她去著名的麦威眼科医院做了一次手术，她的世界豁然明亮了40倍。在她眼前，呈现的是一个充满新鲜和趣味的新世界。她发现，即便只是在厨房的水池里洗碗碟，也是乐趣无穷的事情。她在书里写道："我把水池里的洗涤剂产生的泡沫，抓起一把来，迎着光亮看，在大大小小的泡沫里，我看到了一道又一道明亮绚丽的彩虹。"

你和我都该为此羞愧。我们已经在美好的童话国度生活了许多年，可我们一无所知，被蒙蔽住了双眼，拥有得太多，却忽略了生活的真正乐趣。

大师金言

如果我们想停止忧虑，塑造快乐人生，多想想你得意的事——而不是烦恼。

05
拥有自己的信仰

在密苏里州独立市的雷特街，有一个名叫雷纳·川吉的先生。1928年，他继承了一笔价值10万美元的产业。但到了1938年，他却宣告破产，事情是这样的：

雷纳·川吉的父亲不但事业有成，而且为人极为慷慨。在他上高中时，只要用钱，父亲都允许他随时用银行的账号开支票。到他上大学时，他更是精于此道，他只知道如何用父亲的账号去签支票。他这样的生活方式一直到他父亲去世。

父亲去世时，给川吉留下一大片而且十分值钱的土地，土地就在密苏里河下游靠近莱辛顿一带。他开始以农夫自居，但没过多久，大萧条横扫全美各地，他第一年的账务便出现严重赤字。于是他抵押了一片土地去偿还债务和填补银行存款，但始终不景气，使他不得不把那片抵押的土地以极低的价格卖出。因为他仍需钱用，便又以同样的方法陆续把田地低价卖出。最后，算总账的日子终于来了，他已一无所有。

雷纳·川吉如果想继续活下去，就必须面对现实，去找一份工作。这时，他除了面对自己的困境之外，也开始寻找自己究竟信仰什么。以前他一直人云亦云地认为美国是个充满机会的国度，只要努力便能达到目标。现在，虽然正逢萧条时刻，工作机会不多，但他个人仍有一些长处。他的健康状态良好，有大学文凭和一些商业知识，并且还有从失败和错误中所得到的经验和教训。他现在需要采取行动，于是他开始不让自己颓废下去，强迫自己用信心来取代恐惧和疑惑。他相信在这个充满机会的世界，只要有决心，每个人都可以挣得一席之地。就是这份信念，使他不轻言放弃。

终于，雷纳·川吉在堪萨斯市的一家财务公司找到了一份工作，并在那里愉快地工作了4年。后来他辞去职务，再度回到农场。这次事情进行得相当顺利。他慢慢建立起自己的信用，并逐渐扩大自己事业的范围。他买进卖出，获得了一些利润。这一次，他终于走上了成功之路。

他曾经失去的产业，都被他再度赚了回来。他的努力没有白费，但更重要的是把这些宝贵的经验都传给了他的两个儿子。这比给他们丰厚的财富更有价值。雷纳·川吉从一个被娇宠、不知责任为何物的男孩，一夜之间认清了自己不但需要信仰，并且要采取行动来印证它。正是由于他对美国有信心，因此使他能像成人一样面对现实。

每个奇迹中都孕育着始终如一的信念。坚信自己的信念，是走向成功的法宝。静下心来，按着自己的信念专心努力地去做，成功必然属于自己。

仅有信仰并不足以让我们变得成熟。信仰的好处是能增强勇气，使人们在接受考验的时候，不至临阵退却。除非以信仰做基础，然后付诸行动，否则任何道理、原则都没有什么用处。

荷特利太太住在加拿大的沙卡契文市，是个快乐平凡的家庭主妇。她的生活一直很如意，直到有一天发生的一场可怕车祸，使她毫无防备地掉进了一个深渊里。开始，大家都以为她是脊椎骨断裂。后来经 X 光显示，虽然她的脊椎骨没有断裂，但骨骼表面长出了一块刺状物。医生叮嘱必须卧床休养三周，并且还带来了一个坏消息。医生告诉她，由于她的脊椎骨有严重的僵硬现象，也许在五六年后，她会全身瘫痪。

荷特利太太知道这个结果时，一下了惊呆了。她一向活泼好动，又从未遇到过不顺心的事，但现在不幸终于发生了。她卧床静养的时间由三周延长到四周，而后又是五周、六周……她此时全没有了勇气和乐观，心里只有无尽的恐惧。她只觉得自己一天比一天衰弱。

一天早上，她从噩梦中醒来，发现自己的思绪如水晶般清澈透明。她告诉自己，5年的岁月已不算短，她还可以做许多事情。只要自己继续治疗，并且有战胜病魔的决心，或许还能改善自己的状况。由于自己已经有了坚定的战胜病魔的决心，她觉得自己心中的恐惧和无力感立刻消失了。她挣扎着起床，想要立刻开始新的生活。

她找了两个字作为自己的座右铭，时刻不断地提醒自己：向前，向前！

这已经是5年前的事。如今她再度做身体检查，医生认为她的椎骨的状况良好，看起来可以继续维持另一个5年。医生特嘱她要保持愉快的心情，对生命感兴趣，并且继续前行。这正是她的信念。

在夏威夷也有一位像荷特利太太一样的人，他是个建筑承造商，也坚信人不可轻言放弃。他不但如此坚信，并且时刻在行动中表现出来，因此事业上做得十分成功。他就是保罗·莫哈先生。

1931年，莫哈先生在建筑和工业界四处打听，想要找一份工作。那时他年轻，没有工作经验，所以处处碰壁，工作根本没有着落。由于当时不景气，没有公司需要增聘工程或制图人员，就连经验丰富的老手也往往被解聘。他当时很气馁，但后来他决定，如果再没有公司用他，他就自己来做。他从亲友那里借了500美元，成立了一家小小的建筑承造公司。当时公司很不景气，想盖房子的人谁也不愿找一名没有经验又没名气的人来做。但无论怎样，他都鼓起勇气，下定决心要干到底。凭着这份坚持和信念，他终于找到了几份小生意做。

他的第一笔生意是承造一栋2500美元的房子。由于缺乏经验，估价不准，结果他赔了200美元。但是，有了这次失败的经验，接下去的几桩生意便弥补了过来。由于他坚信人不可轻言放弃，终于渡过了一生中最大的难关。

人生中所梦想的每一件事最后都会回归到你身上，我们的生命就是很简单地响应我们所梦想过的事。因为梦想是人生的动力，在生命的每个脚印中都刻下了痕迹。如果你要这个世界有更多的爱，那么你就要在你的心中创造更多的爱，如果你要你的成就更辉煌，那么你也要先让你自己更优秀，这样的关系可以套用在每一件事上。生命，会响应给你每一件你曾梦想过的事。生命中没有意外，它就是你的反射。

大师金言

我们必须信仰某些事物，但是，假如我们没有就此信仰去采取行动，一切仍然无用。只有信心而没有作为，是无济于事的。

06
不要让他人的看法左右自己

要想成为一个真正的人，你必须先是个不盲从的人。你心灵的完整性是不可侵犯的，当你放弃自己的立场，而想用别人的观点去看一件事的时候，错误便造成了。

涉世未深的年轻人，常常会害怕自己与众不同。无论是穿着、行动、言谈或思考模式，都尽量和自己所属的圈子认同。家里有青少年的父母最怕听到这样的话："玛丽的妈妈都让她擦口红了。""别的女孩像我这样的年龄，早都和男朋友约会了。""你们是要我当个怪物吗？没有人会在11点钟以前赶回家的。"等等。人们大都喜欢和同龄人相比，他们很在意玩伴或朋友对自己的看法。他们存在的最重要证据，就是被同伴接受。如果同伴之间的标准和父母的标准发生冲突，也会对他们造成极大的困扰。因此，这也正是让父母头痛的地方。

当身处陌生的环境，又没有经验可以参考时，最好是顺应一般人的标准。等到自己的经验和信心足以给自己力量时，再按照自己的信心和标准去做。如果还不明了自己反对的对象或理由便贸然从事改革，也只是愚人的做法。

不管怎样，时间总会给人发展出一套自己的价值系统。例如，人们会发现诚实是最好的行事方针。这不仅因为有许多人曾这样教育我们，也是由自己的观察、经历和思索的结果得来的。值得庆幸的是，对于整个社会来说，大部分人都同意某些生活上的重要基本原则。否则，将会天下大乱。

然而，那些生活的基本原则也有受到考验的时候，尤其是那些不愿随波逐流、人云亦云的人会提出改革，这便是文明进步的动力。如人们一直不敢贸然反对行之有效的奴隶制度，直到有一部分前卫者起来大声疾呼，最后才逐渐得到响应。另外，如剥削童工、酷刑逼供、不人道的刑罚等，实在举不胜举。这些不合理的现象，曾经被大多数人接受，并且也没有人提出质疑。直到有一少部分人起来反对，并坚持到底，才出现了转机。

不随波逐流并不容易，至少不是一件愉快的事，甚至还有危险性。大多数人宁愿躲在人群中，顺应环境，也不愿对统治者的领导提出质疑或反对。但是，他们并没有意识到这种安全的虚伪性。大众的心理其实很脆弱，最容易被人牵着走。像追求安全感一样，人们顺应环境，最后往往会变成环境的奴隶。真正的自由，在于接受生活的挑战，在于不断奋斗，并经历各种事情。

著名的战地特派员艾得吉·莫瑞曾说："一般人并不追求消极性的德行，如顺应环境、安全或所谓的幸福等而达到人格的完整性，而是凭借承受重担而到达卓越的境地。我们的祖先一直了解，健康的人从不逃避困难。"

也有人认为，那些不随波逐流的人，通常是一些古怪、喜欢标榜与众不同或喜欢哗众取宠的人。通常人们不会认为一个留着大胡子的人，或穿着T恤参加正式宴会的人，或一个在大街上光脚走路的人，或在剧院抽雪茄的女士，是一些喜好自由的独立人士，反而会认为他们只不过像动物园里的猴子一样，文明程度不很高罢了。

　　成熟的性格能增进人们的信念，也能驱使人们去遵守这些信仰。每个人对自己、对全人类都有一种责任，就是好好地运用自身所有的各种能力，来增加全人类的福祉。爱默生在这方面所采取的坚定立场一向赢得人们的尊敬。他在世时，很多从事反奴隶或其他各种改革运动的人都希望得到他的支持，但他都拒绝了。他当然也很同情这些运动，也希望他们能做得更好。因为那并不是他的专长，所以他认为不应该把自己的精神和能力运用到这些运动上面。虽然因此而遭人误解，但他仍坚持这个原则，并在所不惜。

　　不随便迁就一项普遍为人所坚持的原则，或坚持一项并不被人支持的原则，都是件不容易的事。一个不随波逐流的人，愿意在受到攻击时坚持信念到底，这的确需要极大的勇气。

　　在一次社交聚会上，人们正在谈论最近发生的某个议题。当时，在场的人都赞同某个观点，只有一位男士表示异议。他先是客气地不表示意见，后因有人问他看法，他才说，他本来希望人们不要问他，因为他是与各位站在不同的一边，而这又是一个愉快的社交聚会。但既然人们问到他，他就要把自己的看法说出来。接着，他便把看法简要地说明一下，立刻遭到大家的围攻。但他仍坚定不移地固守自己的立场，毫不退让。结果，虽然他未说服众人同意他的观点，却赢得了大家的尊重。因为他坚持自己的信仰，没有做别人的应声虫。

　　美国人曾经必须靠个人的决断来求取生存。那些驾着马车向西部开发的拓荒者，遇到事情时并没有机会找专家来帮忙解决问题。不管是遇到紧急情况或任何危机，他们也只能依靠自己。印第安人来攻击的时候，没有警察，他们只能依靠自己的智慧和力量；要想安顿家庭，没有建筑公司，完全得靠自己的双手；生病时，没有医生，他们便依靠常识或家庭秘方；想要食物，更是靠自己去耕种或猎捕。这些人，每当遇到生活上的各种问题，都得立即下判断、做决定。事实上，他们也一直做得很好。

现在人们生活在一个充满专家的时代。由于人们已十分习惯于依赖这些专家权威性的看法，所以便逐渐丧失了对自己的信心，以至于不能对许多事情提出自己的意见或坚持信念。这些专家之所以取代了人们的社会地位，是因为是人们让他们这么做的。

现在的教育模式，是针对一种既定的性格特征来设计的，因此这种教育模式很难训练出领导人才。因为大多数人都是跟从者，不是领导者，所以人们即使很需要进行领导人才的训练，但同时也很需要训练一般人如何有意识、有智慧地去遵从领导。只有这样，才不会像被送上屠宰场的牛群一样，只会盲目地跟着走。

根据教育家华特·巴比的理论，孩子们是按照国家所需要的人格特征来给予训练的，所以训练后都能养成如下的特性：能社交、平易近人，能随时调整自己以适应群体的生活等等。畏缩性格被认为是不能适应环境的表现，每个孩子都必须参与游戏，都轮流做领导人；每个孩子都必须针对某个题目发表意见，都必须讨别人的喜欢。但是，如果让这些国家未来的主人翁都能在这样的教育体系下愉快地接受训练，那就必须让那些有独立个性的孩子也有独立的空间。如果孩子喜欢音乐而不喜欢踢足球，或是喜欢阅读而不喜欢玩棒球，都应当允许他们按照他们自己的意愿去做，而不应把他们看成是与群体格格不入的人。

在一般的公立学校，那些敢提高自己的声音，为子女的教育方式提出看法和意见的父母，确实需要勇气。因为通常人们会认为，教育上的问题自有专家们来处理。

有一位城郊的年轻人勇敢地站出来，为自己女儿的教育方式讲话。他是个能独立思考的人，并对自己的信念极具信心。他不断地提出问题，而且独自与公众的意见奋战。一年后，有一些人受他的影响，推选他为社区教育委员会的委员。现在，不但他自己的子女受益，更有多数学生因他所提出的意见而连带着受益。

有许多小儿科医生会告诉父母如何喂养、抚育和照顾孩子，也有许多幼儿心理学家告诉父母如何教育子女；经商时，有许多专家会告诉父母如何使生意成交；在政治上，人们投票很少是因为个人的选择，大部分人是盲从某些特定团体的意见；就是人们的私生活，有时也要受某些专家意见的影响。很多人都没有想到，其实自己就是世界上最伟大的专家。

普林斯顿大学校长哈洛·达斯，对顺应群体与否的问题十分关切。他在1955年的毕业生典礼上，以《成为独立个性的重要性》为题发表演讲。他指出：无论人们受到多大的压力，使他不得已改变了自己去顺应环境，但只要他是个具有独立个性气质的人，就会发现，无论他如何尽力想用理性的方法向环境投降，他仍会失去自己所拥有的最珍贵的资产——尊严。维护自己的独立性，是人类具有的神圣要求，是不愿当别人的橡皮图章的表现。随波逐流，虽然可得到某种情绪上的一时满足，但人们的心灵定会时时受到它的干扰。

1955年6月，澳大利亚驻美大使波希·施班特爵士在受任为纽约联合大学的名誉校长时，曾发表了如下演讲：

生命对我们的意义，是要把我们所具有的各种才能发挥出来。我们对自己的国家、社会、家庭，都具有责任。这是我们到这个世上来的理由，也能使我们活得更有用处。假如我们不去履行这些义务，社会就不会有秩序，我们的独立性和天赋就不能发挥出来。

没有独立的思维方法、生活能力和自己的主见，那么，生活、事业就无从谈起。众人观点各异，总是听从别人的意见也会导致无所适从。最好的办法是把别人的话当作参考，仔细权衡斟酌之后，一切才能处之泰然。

大师金言

人们只有在找到自我的时候，才会明白自己为什么会到这个世界上来，要做些什么事、以后又要到什么地方去等这类问题。

07
记住这两个词："思想""感恩"

    我认识哈罗德·艾伯特已经很多年了，他曾经当过我的教导主任。有一次，我们在堪萨斯相遇，他特意开车送我回位于密苏里州贝尔城的农庄。路上，我问他是怎样保持快乐心态的，他便给我讲述了一个我永远也忘不了的有趣故事。

    "我以前经常担忧，"他说，"不过，1934年春的某一天，我在一条街上所看到的一幅景象驱逐了我所有的烦恼。前后过程不到10秒钟，不过这10秒钟内，我所学到的比过去10年还多。我在韦伯城开过两年的杂货店，"哈罗德·艾伯特在告诉我这个故事时说，"我不但用光了所有的积蓄，还欠下了一大笔债，得7年才能付清。杂货店正是那天的前一个星期六停止营业的。我正打算到银行借点钱，好动身到堪萨斯城找个工作。我像一个一败涂地的人在路上走着，失去了斗志和信心。忽然间，我看到对街过来一个没腿的人，他坐在一块小木板上，下面用溜冰鞋轮做了四个滚轮，两手各拿一块木头在地面上支撑划动自己。他过了街，正要把自己抬高几英寸以越过马路到人行道来。正当他费力抬高他身下的木板时，他的眼光与我相遇，并向我笑了一笑。'早安，先生！今天天气真好，不是吗？'他的声音里充满了朝气。我看着他，才发现自己是多么富有。我有两条腿，我可以走路，我对我的自怜感到羞耻。我告诉自己，这样一个失去了双腿之人还能开心、快乐、充满自信，我拥有双腿，当然也可以做得到。我顿时觉得精神多了。原来我只打算借100美元，现在我有勇气要求借200美元。本来我只打算试试看能不能找个工作，但现在，我有信心宣布我要去找个工作。我拿到借款，也找到了一份工作。"

"现在我在浴室的镜子上贴了一段话，每天早上刮胡子时都要念一遍：我正在因为自己没有鞋而难过，直到遇见一个没有双脚之人，我的难过顿时消失了。"

飞行家艾迪·雷肯贝克曾毫无希望地迷失在太平洋上，他和他的同伴在求生筏上漂流了21天。有一次我问他，他从那次经历中学到的最重要一课是什么。他的回答是："我从那次经历中学到的最重要一课是，只要有足够的饮水与食物，你就不该再有任何抱怨。"

《时代》杂志有一篇文章提到在南太平洋受伤的一位士官的故事。他的喉咙被碎片击中，接受了七次输血。他写了一个小条子给医生，"我能活下去吗？"医生回答："可以的。"他又写道，"我还可以讲话吗？"回答也是肯定的。他再写了一张纸条："那我还操什么心呢？"

你为什么不现在就停下来，问问自己："我到底在烦恼什么呢？"你多半会发现，你担心的事既不重要，也没意义。

我们的生活中大概 90％的事情都进行得很顺利，只有10％有问题。如果我们想要快乐，只需把注意力集中在那90％的好事上，不去看那10％就可以了。如果我们想要烦恼、抱怨、得胃溃疡，那只要把注意力集中在10％的不满意之处，而忽略那90％也就可以了。

英国的许多教堂里可以看到这两个词："思想""感恩"。我们心中也应该铭记着这两个词。想想所有我们应该感谢的事，并真正感谢。

乔纳森·斯威夫特，《格列佛游记》的作者，他可以算得上是英国文学史上最悲观的人了，他为自己的出生很难过，过生日时他常穿着黑色的丧服守斋。即使在那样的绝望中，他仍没有忘记"只有快乐的心境可以带来健康。"他曾宣称："世上最好的医生是——节食、安静、快乐。"

你和我，每一天，每一小时，都可以得到"快乐医生"的免费服务，只要我们能把注意力集中在我们所拥有的那么多令人难以置信的财富上——那些财富可能远远胜过阿里巴巴的宝藏。给你一亿元交换你的双眼，如何？两只脚值多少钱？你的双手呢？听觉呢？你的子女？你的家庭？算算你所拥有的资产，你一定会发现，即使把洛克菲勒、福特、摩根三个家族所有的财富都给你，你也不会愿意出让自己现在拥有的这些。

但是，我们会感谢自己所拥有的一切吗？噢！不！叔本华说：我们很少想我们所拥有的，却总是想自己没有的。这种倾向实在是世上最令人不幸的事之一。它带来的灾难只怕比历史上所有的战争与疾病都重大。

也正是这一点，几乎使约翰·柏马"从一个正常人变成一个脾气恶劣的老家伙"，并且差一点毁了他的家庭。我知道这件事，因为他曾经向我讲述过。

"从部队退役不久，"柏马先生说，"我开始做生意，通过夜以继日地勤奋努力，一切进展顺利。但是很快问题就发生了，我买不到零件和原料。这可能使我被迫放弃生意，为此，我内心充满了忧虑，从一个普通人变成一个脾气恶劣的老家伙，性格也变得尖酸刻薄——

当时我无法自知，直到现在才明白。情况越来越恶劣，几乎让我失去了自己快乐的家庭。然而，有一天，一个曾在我手下当兵的年轻人对我说：'约翰，你应该感到惭愧，你这副样子仿佛世界上只有你一人有烦恼一样。就算把工厂关掉，又能怎么样呢？等事情恢复正常后，你还可以重新开始。本来你可以有更多值得感激的事，可是你却不断地抱怨。天啊，我真希望我是你。你看看，我只有一只胳膊，半边脸都烧伤了，可我从来不抱怨。如果你继续满腹牢骚的话，你不仅会失去你的生意，还会失去你的健康、你的家庭和你的朋友。'

"这番话使我猛然醒悟过来，我发现自己正走在一条歧路上。我下定决心要加以改变，重新找回我自己，现在我做到了这一点。"

大师金言

只要有足够的饮水与食物，你就不该再有任何抱怨。